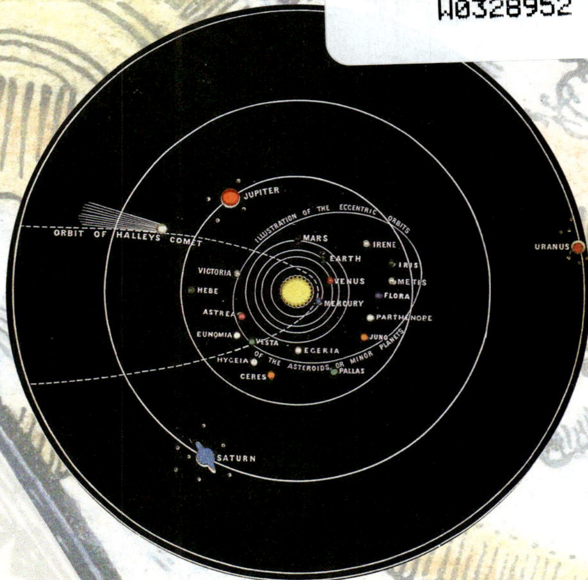

Kopernikus Heliozentrisches Weltbild, Erde und Sonne tauschen ihre Stellung

Galilei Astronomische Beobachtungen mit dem Fernrohr: Berge auf dem Mond, Jupitermonde, Venusphasen

Kepler Planeten auf Ellipsenbahnen, ein Brennpunkt befindet sich jeweils in der Sonne

Newton Gravitationsgesetz, Erklärung der Planetenbewegungen durch die Gravitationskraft

Gymnasium Bayern

FOKUS

Physik

10

Cornelsen

Physik Fokus

Liebe Schülerin, lieber Schüler,

hier einige Hinweise zum Umgang mit deinem neuen Physikbuch.
Es soll dich auf Neues neugierig machen und dich zur Auseinandersetzung mit Naturphänomenen anregen.

Experimente · Probier's mal! · Selbst erforscht
Aufgaben

Vielseitige Arbeitsaufträge sollen dir helfen, selbstständig zu lernen. Dein Lehrer wird aus dem umfassenden Angebot geeignete Aufträge auswählen.
Probier's mal! enthält Versuche, die du mit einfachen Materialien auch zu Hause ausprobieren kannst.
Experimente wirst du eher im Physiklabor durchführen.
Größere Projekte kannst du in *Selbst erforscht* angehen, oft zusammen mit anderen Mitschülern.

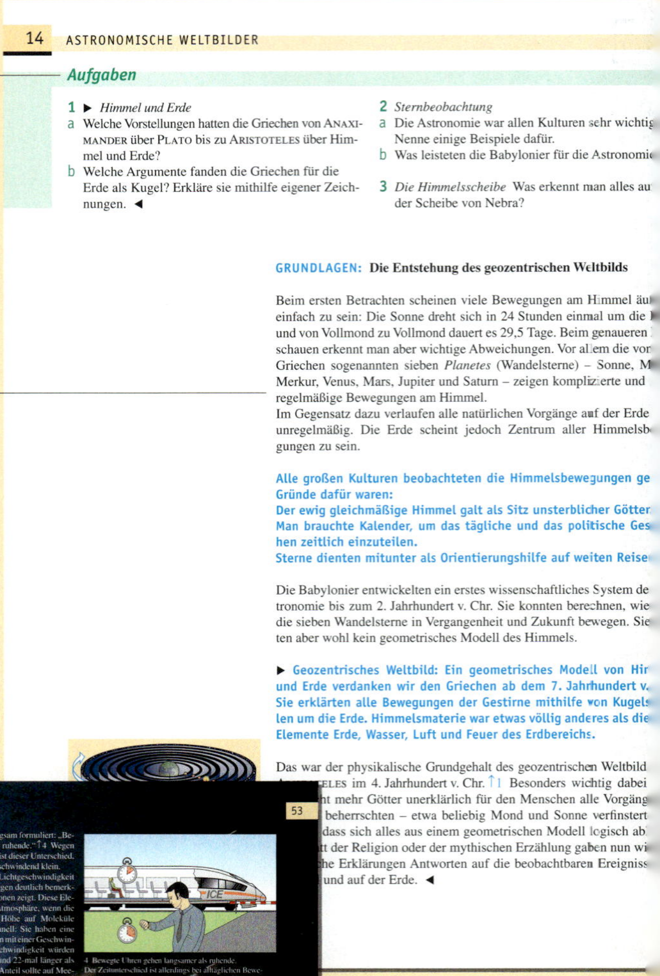
14 ASTRONOMISCHE WELTBILDER

Aufgaben

1 ▶ *Himmel und Erde*
a Welche Vorstellungen hatten die Griechen von ANAXIMANDER über PLATO bis zu ARISTOTELES über Himmel und Erde?
b Welche Argumente fanden die Griechen für die Erde als Kugel? Erkläre sie mithilfe eigener Zeichnungen. ◀

2 *Sternbeobachtung*
a Die Astronomie war allen Kulturen sehr wichtig. Nenne einige Beispiele dafür.
b Was leisteten die Babylonier für die Astronomie

3 *Die Himmelsscheibe* Was erkennt man alles au der Scheibe von Nebra?

GRUNDLAGEN: Die Entstehung des geozentrischen Weltbilds

Beim ersten Betrachten scheinen viele Bewegungen am Himmel äu einfach zu sein: Die Sonne dreht sich in 24 Stunden einmal um die und von Vollmond zu Vollmond dauert es 29,5 Tage. Beim genaueren schauen erkennt man aber wichtige Abweichungen. Vor allem die vor Griechen sogenannten sieben *Planetes* (Wandelsterne) – Sonne, M Merkur, Venus, Mars, Jupiter und Saturn – zeigen komplizierte und regelmäßige Bewegungen am Himmel.
Im Gegensatz dazu verlaufen alle natürlichen Vorgänge auf der Erde unregelmäßig. Die Erde scheint jedoch Zentrum aller Himmelsb gungen zu sein.

Alle großen Kulturen beobachteten die Himmelsbewegungen ge Gründe dafür waren:
Der ewig gleichmäßige Himmel galt als Sitz unsterblicher Götter
Man brauchte Kalender, um das tägliche und das politische Ges hen zeitlich einzuteilen.
Sterne dienten mitunter als Orientierungshilfe auf weiten Reise

Die Babylonier entwickelten ein erstes wissenschaftliches System de tronomie bis zum 2. Jahrhundert v. Chr. Sie konnten berechnen, wie die sieben Wandelsterne in Vergangenheit und Zukunft bewegen. Sie ten aber wohl kein geometrisches Modell des Himmels.

▶ Geozentrisches Weltbild: Ein geometrisches Modell von Hir und Erde verdanken wir den Griechen ab dem 7. Jahrhundert v. Sie erklärten alle Bewegungen der Gestirne mithilfe von Kugels len um die Erde. Himmelsmaterie war etwas völlig anderes als die Elemente Erde, Wasser, Luft und Feuer des Erdbereichs.

Das war der physikalische Grundgehalt des geozentrischen Weltbild ...ELES im 4. Jahrhundert v. Chr. ↑1 Besonders wichtig dabei ...t mehr Götter unerklärlich für den Menschen alle Vorgäng beherrschten – etwa beliebig Mond und Sonne verfinstert dass sich alles aus einem geometrischen Modell logisch ab ...t der Religion oder der mythischen Erzählung gaben nun wi ...he Erklärungen Antworten auf die beobachtbaren Ereigniss und auf der Erde. ◀

Grundlagen

Hier werden die verbindlichen physikalischen Inhalte erklärt. Merksätze heben das Wichtigste blau hervor.
Am Ende des Schuljahrs sollst du über ein *Grundwissen* in Physik verfügen. Texte und Aufträge, die zum Grundwissen führen, sind gekennzeichnet: ▶ Anfang … Ende ◀
Im letzten Kapitel des Buchs wird das Grundwissen kurz und übersichtlich zusammengefasst.

Ausblick

In ergänzenden Abschnitten bekommst du zusätzliche Informationen – nicht nur physikalische!

52 Physik erlebt
Absolut – relativ
53

Physik erlebt

Faszinierende Erscheinunge werden in diesen ergänzen den Abschnitten aus physikalischer Sicht näher betrachtet!

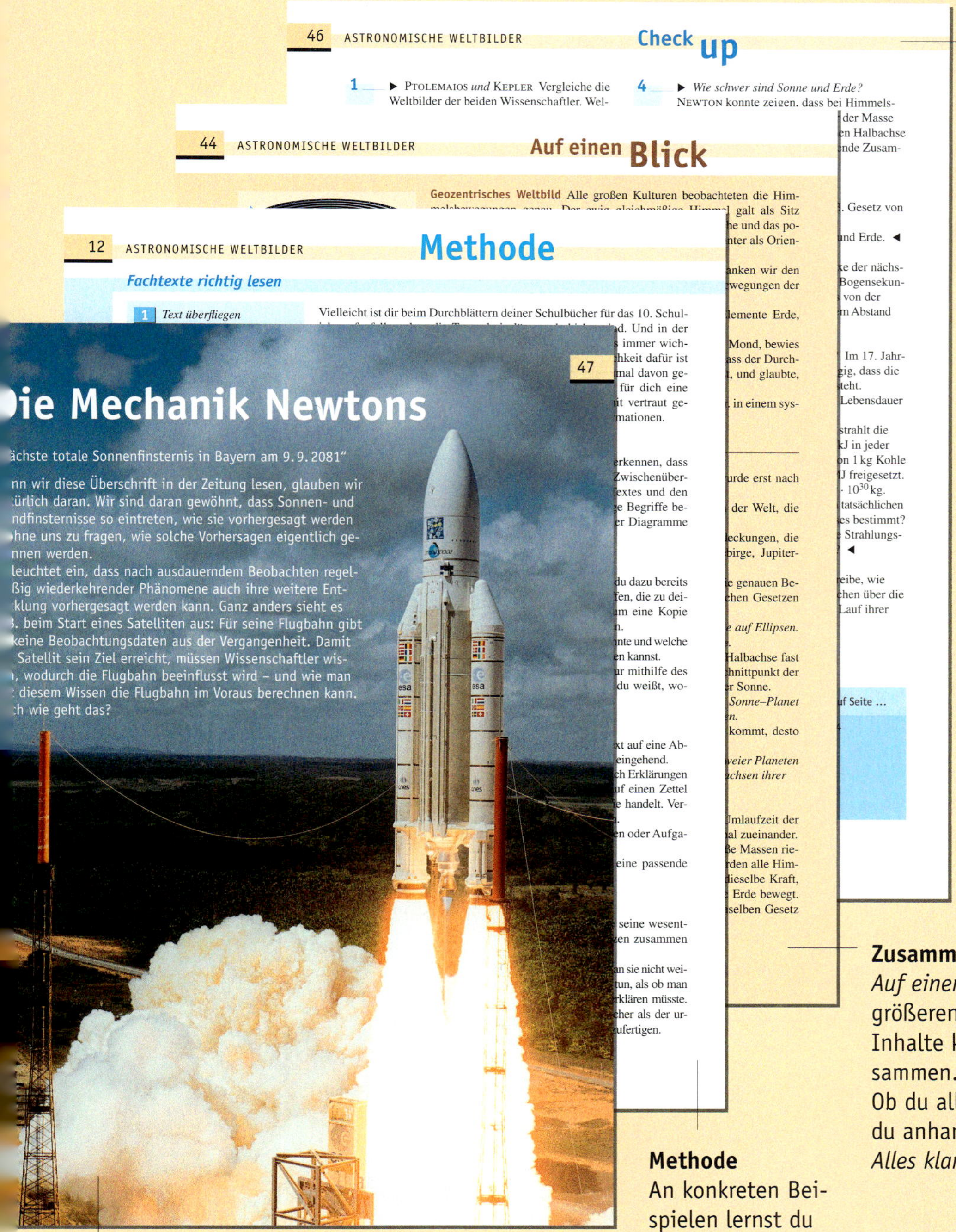

Check-up
Teste das Erlernte aus einem großen Bereich einmal ohne Lehrer! Die Lösungen stehen zum Vergleichen im Anhang.

↑1 So wird in den Texten auf Bilder hingewiesen.

www So wird auf einen zugehörigen Inhalt im Internet hingewiesen.

Zusammenfassung
Auf einen Blick fasst am Ende eines größeren Bereichs die wichtigsten Inhalte kurz und übersichtlich zusammen.
Ob du alles verstanden hast, kannst du anhand der Aufgabensammlung *Alles klar?* überprüfen.

Methode
An konkreten Beispielen lernst du besondere Methoden kennen.

Einstiege
Die drei großen physikalischen Abschnitte in der 10. Jahrgangsstufe beginnen jeweils mit einer kurzen Einführung. Unterhaltsame Texte und Bilder sollen dich auf die nachfolgenden Inhalte einstimmen.
Auftaktseiten zu den einzelnen Kapiteln bringen dir das Thema der nächsten Unterrichtsstunden näher. Hier werden physikalische Fragestellungen „entfaltet“, die in den folgenden Arbeitsaufträgen und Grundlagen beantwortet werden.

Autoren: Dr. Angela Fösel, Nürnberg; Hans-Peter Götz, Reutlingen; Dr. Bernd Reinhard, Ursberg; Peter Sander, Dachau; Stefan Schweitzer, München; Dr. Jürgen Teichmann, München; Anton Thanner, Weilheim; Sylvia Vitz, München

Berater: Dr. Monika Christl, Vilsbiburg; Reinhardt Neumeyer, Mühldorf am Inn; Roland Reger, Dachau; Bernadette Schorn, München; Dr. Friedrich Wörlen, Roth; sowie Hans-Peter Fischbach, Freiburg; Dr. Gert-Ludwig Ingold, Augsburg; Dr. Thomas Link, Eschborn

Redaktion: Thomas Gattermann, Stephan Möhrle

Grafik: Uta Bettzieche, Rainer Götze

Layoutkonzept: Wolfgang Lorenz

Umschlaggestaltung: Susanne Niklaus, Berlin

Layout: V+I+S+K Büro für Visuelle Kommunikation

Technische Umsetzung: Dierk Ullrich; V+I+S+K Büro für Visuelle Kommunikation

www.cornelsen.de/fokus-physik
Unter dieser Adresse befinden sich multimediale Zusatzangebote.
So kommt man zur gewünschten Seite im Internet:
1. Webseite aufrufen.
2. Buchkennung PHFK85318 und Mediencode (z. B. 76-1) eingeben.

www.cornelsen.de

1. Auflage, 3. Druck 2009

Alle Drucke dieser Auflage sind inhaltlich unverändert
und können im Unterricht nebeneinander verwendet werden.

Druck: CS-Druck CornelsenStürtz, Berlin

ISBN 978-3-464-85318-4

Inhalt gedruckt auf säurefreiem Papier
aus nachhaltiger Forstwirtschaft.

Inhalt

Aus dem Profilbereich

Grundwissen Physik

Anhang

Astronomische Weltbilder

Die Halberde geht über dem Mond auf – eine faszinierende Ansicht, die erst durch die Raumfahrt der letzten Jahrzehnte möglich wurde. Über viele Jahrtausende hinweg hätte diese Aufnahme das Weltbild der Menschen zutiefst erschüttert. Nur die Erde war eine „begreifbare" Welt. Die Himmelskörper wurden als Götter angesehen. Erst nach und nach entwickelten sich die Vorstellungen weiter. Schließlich war die Erde nicht mehr im Zentrum des Kosmos. Die großen Fortschritte der letzten vier Jahrhunderte haben bewiesen: Sie ist nur ein Stäubchen im Weltall. Der Menschheit gelang es sogar, die Grenzen der Erde zu verlassen und das Weltall mit neuen Augen zu betrachten.

Die Entwicklung unseres Weltbilds

Die Erde im Mittelpunkt der Welt

Nach der politischen Zeitenwende 1989 in Ostdeutschland nutzten auch Schatzräuber die Gunst der Stunde. Mit Metalldetektoren suchten sie nach vergrabenen Münzen, Schmuck … Und sie fanden etwas Sensationelles: die Himmelsscheibe von Nebra. ↑1 Heute ist sie im Landesmuseum in Halle zu bewundern. Damals konnte man die Räuber erst nach internationaler Fahndung stellen. Die Himmelsscheibe ist aus Bronze und hat einen Durchmesser von rund 32 cm. Goldauflagen stellen Sterne, die Mondsichel, die volle Sonne (oder den Vollmond) und vielleicht die „Sonnenbarke" dar.
Die verschiedenen Orte des Sonnenaufgangs im Jahreslauf werden durch breite Goldstreifen links und rechts dargestellt (leider existiert der linke Goldstreifen nicht mehr). Die Scheibe ist etwa 3600 Jahre alt. Sie ist die älteste Himmelsdarstellung dieser Art überhaupt und stellt wohl einen magischen Sonne-Mond-Kalender dar, der einem mächtigen Fürsten gehörte.

1 Die Himmelsscheibe von Nebra

Galaxien, ferne Welten, Raumschiffe … – unsere Vorstellungen und Visionen vom Weltall haben kaum noch etwas mit denen der Menschen in der Bronzezeit gemeinsam. ↑2 Wie war es möglich, dass sich die Weltbilder so grundlegend verändern konnten?
Entscheidend war, dass nicht mehr Götter, unerklärlich für den Menschen, den sichtbaren Himmel beherrschen sollten. Schritt für Schritt setzte man Vernunft, Beobachtung und Experimente ein, um die Welt zu verstehen. Die Ergebnisse waren mitunter mit den herrschenden Vorstellungen nicht in Einklang zu bringen. Dann wurden sie oft einfach ignoriert. Schließlich erzwangen sie aber doch neue Vorstellungen mit gravierenden Auswirkungen auf Gesellschaft und Technik. So wurde das Selbstverständnis des Menschen mehrmals infrage gestellt. Einige Forscher, die sich gegen alte „Lehrmeinungen" und ihre Vertreter stellten, bezahlten dafür sogar mit ihrem Leben.

Das Kapitel gibt dir tiefe Einblicke in ein spannendes und wichtiges Stück Menschheitsgeschichte: die Entwicklung der astronomischen Weltbilder. Die Ausblicke „Weltbilder im Wandel" enthalten anregende Informationen dazu – vielleicht kannst du sie in einem Referat oder Projekt nutzen. Kurze Zusammenfassungen findest du jeweils in den Grundlagen.

2

Der gestirnte Himmel mit Sonne, Mond und Sternen hat schon die Menschen früher Kulturen in ihren Bann geschlagen:

- Alle Bewegungen am Himmel waren unglaublich regelmäßig. Die Gestirne leuchteten so vollkommen und schienen großen Einfluss auf die Erde zu haben (bei der Sonne ganz selbstverständlich), dass man sie für Götter hielt.
- Vor allem waren Sonne und Mond wichtig für die Zeiteinteilung in Jahre (Sonne), Monate (Mond) und natürlich Tage und Nächte.
- Schließlich waren die vielen Sterne eine Art Navigationssystem auf Reisen, etwa in großen Sandwüsten im Vorderen Orient und in Asien, wenn man keine sonstigen Anhaltspunkte wie markante Berge sah. Auch bei den Entdeckungsreisen der Europäer auf den Weltmeeren ab dem 15. Jahrhundert n. Chr. spielte die Sternnavigation eine große Rolle.

Sternbilder und Himmelsbewegungen

Sternbilder wurden unter anderem als Orientierungshilfe erfunden, um den Wirrwarr von Sternen besser im Gedächtnis halten zu können. ↑3 Dazu verewigte man Götterbilder, -geschichten und Sagen am Himmel.
Auf der Himmelsscheibe von Nebra, die aus der Zeit der Kelten vor 3600 Jahren stammt, kann man sieben dichter gedrängte Sterne erkennen. ↑1 Welche Geschichte die Kelten dazu erfunden haben, wissen wir nicht. Aber seit den Griechen kennt man diese Sternansammlung als Plejaden, die sieben Töchter des Atlas, der das Himmelsgewölbe trug. ↑4 Die Plejaden gingen vor 3600 Jahren um den 10. März und den 17. Oktober herum kurz vor Sonnenaufgang unter. Die beiden Daten waren für Bauern zum Pflügen und zum Ernten sehr wichtig.
Man beobachtete, dass sieben Gestirne am Himmel auf eigenständigen Bahnen zwischen den Fixsternen „wandern" und nicht wie diese gemeinsam über den Himmel ziehen. Die fünf sternförmigen davon wurden von den Griechen *Planetes* (Wandelsterne) genannt. Oft schlug man Sonne und Mond einfach dazu, sodass es also sieben Wandelsterne gab. ↑5 (Uranus und Neptun wurden erst viel später mithilfe des Fernrohrs entdeckt.)

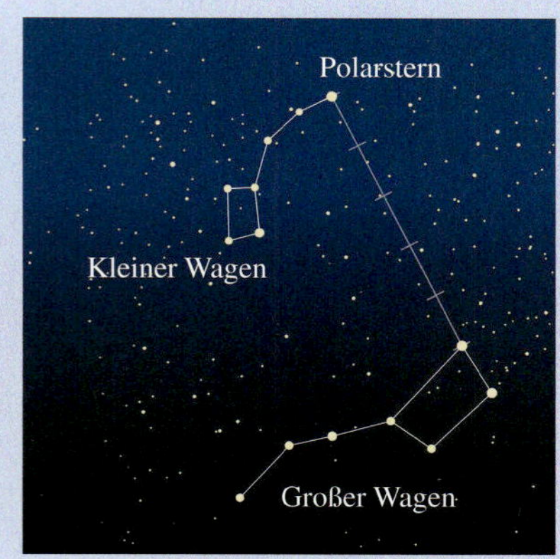

3 Polarstern als Wegweiser, vom Großen und Kleinen Wagen aus gefunden

4 Ein modernes Foto der Plejaden. Wie viele hellere Sterne kannst du zählen?

5 Sieben Planeten (Wandelsterne)

Babylonische Astronomie

Die erste genaue Berechnung auch anderer Himmelsbewegungen als der Sonne und des Monds haben wir den *Babyloniern* zu verdanken. Sie waren besonders an Astrologie interessiert: dem Glauben, dass bestimmte Stellungen der Gestirne günstig waren, um etwa einen Handel abzuschließen oder einen erfolgreichen Krieg zu beginnen. Als besonders bösartig galten Mond- oder Sonnenfinsternisse, für deren Berechnung man sowohl Mond- als auch Sonnenbahn kennen musste.

1 Eine Tabelle mit Sternbeobachtungen, in babylonischer Keilschrift

Die Babylonier entwickelten zum ersten Mal Sternbeobachtung und -kalkulation zu einer Art wissenschaftlichem System. Es gelang ihnen, die komplizierten Bewegungen der sieben besonderen Gestirne – Sonne, Mond, Merkur, Venus, Mars, Jupiter und Saturn – genau zu berechnen. Das taten sie anhand langer Tabellen, die auf Tontafeln eingeprägt waren. ↑1 Sie schlossen von vielen beobachteten Planetenorten auf weitere zukünftige oder auch vergangene. Schließlich konnten sie im 2. Jahrhundert v. Chr. Mondfinsternisse auf etwa eine Stunde genau vorhersagen.

Die Erde als Scheibe im Zentrum der Welt

Die Erde, als Scheibe gedacht, stand im Zentrum all dieser Bewegungen. Wir wissen nicht, ob man sich in Babylon überhaupt vorstellte, dass die Gestirne am Abend begannen unter der Erde weiterzukreisen, bis sie am Morgen wieder auftauchten. Solche Bewegungen konnte man, da sie in der Nacht stattfanden, nicht beobachten. Auf jeden Fall hatten die Babylonier kein geometrisches Modell aller Himmelsbewegungen.

Die Babylonier teilten den Kreis am Himmel, auf dem die Sonne im Lauf eines Jahrs vor den Fixsternen entlangzieht, in 12 Sternbilder ein. Er heißt „Tierkreis“, da die meisten Sternbilder Tiere darstellen. Vor jedem dieser Sternbilder bleibt die Sonne einen Monat. Sie steht dann tagsüber vor den Sternbildern (man kann also die Sonne und das jeweilige Sternbild nicht gleichzeitig sehen).

Geometrie und Astronomie bei den Griechen

Die *Griechen* entwickelten zum ersten Mal und ausführlich die Vorstellung, dass Gestirne vollständig um die Erde herum kreisten. Gleichzeitig entwickelten sie die Geometrie als erste exakte Wissenschaft und wendeten sie auf die Astronomie an.

2 Leuchtende Himmelsmaterie in nebelartigen Schläuchen

ANAXIMANDER stellte sich um 600 v. Chr. vor, dass es leuchtende Himmelsmaterie gibt und nicht leuchtende, die nebelartig ist. Die leuchtende Himmelsmaterie war in nebelartigen Schläuchen gefangen, die wie Räder um die zylindrische Erde kreisten. ↑2 Das können wir als eine erste, wenn auch sehr einfache physikalische Vorstellung des Himmels bezeichnen. Die Schläuche sollten jeweils Löcher haben, die uns als Sonne oder Mond oder Sterne erschienen.

Vielleicht waren solche Vorstellungen durch die Entwicklung von Handwerk und Technik in Griechenland beeinflusst. So spielte die Drehscheibe zum Töpfern oder zum Drehen von riesigen Säulentrommeln (als Teilstücke der Tempelsäulen) eine große Rolle.

Die Erde als Kugel im Zentrum der Welt

Schon vor 400 v. Chr. wurde auch angenommen, dass die Erde eine Kugel sei. Die Kugelform war in den Vorstellungen des Philosophen PLATO die vollkommenste geometrische Form. Die Theorie des Mathematikers und Astronomen EUDOXOS in dieser Zeit erklärte alle Bewegungen am Himmel durch Kreisdrehungen von Kugeln um die Erde.

Aristoteles

▶ ARISTOTELES schließlich fasste im 4. Jahrhundert v. Chr. alles Vorgängerwissen zusammen und dachte sich eine zweigeteilte Welt:

- *Der eine Teil der Welt sind die vier Elemente des Erdbereichs: Erde, Wasser, Luft, Feuer.* Sie können sich teilweise ineinander umwandeln. Alle Vorgänge auf der Erde sind unregelmäßig und vergänglich. Das schwerste Element Erde sammelt sich im Zentrum der Welt, es macht also den festen Kern unserer Erdkugel aus. Über der festen Erde schichtet sich das leichtere Wasser, darüber die noch leichtere Luft und schließlich folgt die Feuersphäre, in der auch Blitze und Kometen entstehen sollten.
- *Der andere Teil der Welt ist der Himmel ab der Mondbahn.* Diese himmlische Materie, das fünfte Element, war völlig verschieden von den Elementen des Erdbereichs. Sie war ohne Gewicht, bewegte sich ewig regelmäßig und war unvergänglich.

Es gab also eine schwere Erde und einen leichten, völlig anderen Himmel. In ihm waren alle Gestirne auf Kugelschalen des Himmelselements befestigt. Diese Kugelschalen ordneten sich wie „Zwiebelschalen" um die Erde herum an und drehten sich mit konstanter Geschwindigkeit. ↑3

3 Vereinfachtes geozentrisches Weltbild der Griechen ab dem 5. Jh. v. Chr. In Wirklichkeit brauchte ARISTOTELES für jeden Wandelstern mehr als nur eine Kugelschale.

ARISTOTELES gab verschiedene Argumente an, warum die Erde eine Kugel sein muss:

- Alle schwere Materie will von allen Seiten aus so tief wie möglich zum Zentrum des Weltalls fallen und sich dort gleichmäßig vereinen. Deshalb entsteht eine kugelige Erde.
- Bei Mondfinsternissen hat der Schatten der Erde auf dem Mond stets eine runde Form. ↑4
- Wenn man auf der Erde von Norden nach Süden reist, sieht man immer neue Sterne, während die Sterne des Nordens unter den Horizont sinken.

Erst später führten griechische Astronomen auch die Erfahrung auf, dass Seefahrer, die an eine Küste heransegeln, zuerst Bergspitzen sehen und erst beim Näherkommen Turmspitzen und zuletzt die flache Küste. ↑5 ◀

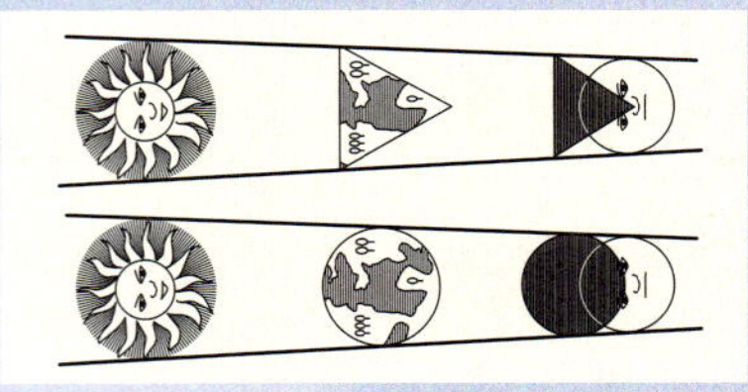

4

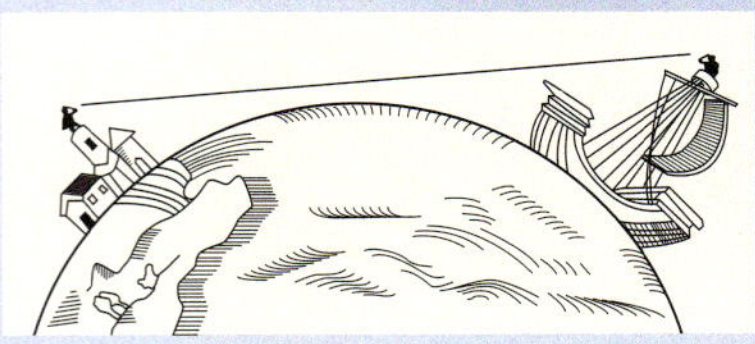

5

Methode

Fachtexte richtig lesen

1 *Text überfliegen*
2 *Bekanntes finden*
3 *Gründlich lesen*
4 *Wichtiges wiedergeben*
5 *Wiederholen*

1 5-Schritt-Lesemethode

Vielleicht ist dir beim Durchblättern deiner Schulbücher für das 10. Schuljahr aufgefallen, dass die Texte darin länger als bisher sind. Und in der Oberstufe wird sich dieser Trend fortsetzen. Daher wird es immer wichtiger, dass du gut mit Texten umgehen kannst. Eine Möglichkeit dafür ist die *5-Schritt-Lesemethode*. ↑1 Eventuell hast du schon einmal davon gehört. Das wäre fantastisch! Dann sind die beiden Seiten für dich eine Grundlage zum Auffrischen. Und wenn du noch nie damit vertraut gemacht wurdest, bietet dir dieser Text die notwendigen Informationen.

1 *Text überfliegen*

Auch ohne den Text genau durchzulesen, kannst du erkennen, dass er in Abschnitte gegliedert ist. Überschriften und Zwischenüberschriften geben erste Hinweise auf das Thema des Textes und den Inhalt der einzelnen Absätze. Manchmal sind wichtige Begriffe bereits hervorgehoben. Auch Abbildungen, Tabellen oder Diagramme geben erste Informationen.

2 *Bekanntes finden*

Da du nun das Thema des Textes kennst, überlege, was du dazu bereits weißt. Suche im Text nach Stichworten und Fachbegriffen, die zu deinem Vorwissen passen. Wenn es sich bei dem Text um eine Kopie handelt, kannst du die wichtigen Stellen auch markieren.
Überlege, was der Text an Neuem für dich bereithalten könnte und welche Fragen du nach gründlichem Lesen vermutlich beantworten kannst.
Vielleicht findest du zum Schluss Aufgaben, die du nur mithilfe des Textes beantworten kannst. Lies sie dir durch, damit du weißt, worauf du beim gründlichen Lesen achten musst.

3 *Gründlich lesen*

Lies den Text abschnittweise Satz für Satz. Wenn im Text auf eine Abbildung verwiesen wird, so betrachte sie an dieser Stelle eingehend.
Notiere die Begriffe, die du nicht verstehst, und suche nach Erklärungen (Lexikon, Internet …). Schreibe wichtige Stichworte auf einen Zettel bzw. markiere sie im Text, wenn es sich um eine Kopie handelt. Versuche dich dabei auf 10 Wörter pro Seite zu beschränken.
Überlege bei jedem Abschnitt, auf welche deiner Fragen oder Aufgaben er eine Antwort gibt.
Finde nach dem Durchlesen eines Absatzes jeweils eine passende Überschrift für ihn.

4 *Wichtiges wiedergeben*

Wenn der Text sehr ausführlich geschrieben ist, fasse seine wesentlichen Aussagen schriftlich mit einigen wenigen Sätzen zusammen oder erstelle eine aussagekräftige beschriftete Skizze.
Oft sind physikalische Texte bereits so geschrieben, dass man sie nicht weiter zusammenfassen kann. Dann empfiehlt es sich, so zu tun, als ob man einem Mitschüler, der den Text nicht kennt, den Inhalt erklären müsste. Formuliere dazu einen eigenen Text, der dann ausführlicher als der ursprüngliche ist. Oft ist es sinnvoll, zusätzliche Skizzen anzufertigen.

Musteraufgabe:
Lies den Text „Die Erde im Mittelpunkt der Welt“ (Seite 9–11) mithilfe der 5-Schritt-Lesemethode.

Lösungshinweise:

1 *Text überfliegen*
Es geht um die Vorstellung vom Weltall, bei der die Erde den Mittelpunkt des Universums bildet. Offensichtlich waren die Babylonier und die Griechen (hier vor allem ANAXIMANDER, EUDOXOS und ARISTOTELES) Anhänger dieses Weltbilds. ARISTOTELES dachte sich die Welt aus Elementen aufgebaut und ging davon aus, dass die Erde eine Kugel ist.

2 *Bekanntes finden – fremde Begriffe aufschreiben*
Was du schon zu diesem Thema weißt, musst du natürlich selbst überlegen. Fragen, die der Text beantworten kann, sind z. B. die Aufgaben auf Seite 14.

3 *Gründlich lesen*
Beim Durchlesen stellst du vielleicht fest, dass folgende Begriffe bisher nicht bekannt sind: Sonnenbarke, geozentrisch, mythisch, Mythologie. Beim Nachschlagen der Bedeutungen findet man manchmal nur Teile des Worts (z. B. Barke statt Sonnenbarke).
Folgende Stichworte eignen sich dazu, sie zu notieren: Sterne für Zeiteinteilung und Sternbilder zur Navigation wichtig, erste Berechnungen am Himmel durch Babylonier, erstes geometrisches Himmelsmodell bei den Griechen, Erde bei ihnen eine Kugel.

4 *Wichtiges wiedergeben*
Der vorgegebene Text ist sehr ausführlich. Daher eignet er sich für eine schriftliche Zusammenfassung (oder ein Tafelbild):
Himmelsbeobachtungen gibt es bereits seit mehreren Tausend Jahren. Die Himmelskörper wurden für Götter gehalten, dienten zur Zeiteinteilung, Sterne bzw. Sternbilder wurden als Navigationshilfen benutzt.
Erste genaue Berechnungen der Himmelsbewegungen machten die Babylonier, da sie die Stellungen der Gestirne für ihre astrologischen Vorhersagen benötigten. Sie stellten sich die Erde als Scheibe vor, hatten jedoch kein geometrisches Modell für die Bewegungen aller Himmelskörper. Ein solches Modell entwickelten erst die Griechen. Für sie war die Erde eine Kugel, die aus vier Elementen (Erde, Wasser, Luft, Feuer) bestehen sollte. Argumente für die Kugelform waren, dass alle Materie zum Zentrum des Weltalls fallen will, dass bei Sonnen- und Mondfinsternissen runde Schatten zu beobachten sind, dass man beim Reisen nach Süden immer neue Sterne sieht, während andere verschwinden, und dass man auf Schiffen zuerst nur die Spitzen der Berge sehen kann. Nach Auffassung der Griechen bestanden die Himmelskörper aus einem fünften Element und bewegten sich auf Kreisen.

5 *Wiederholen*
Beantworte nach dem erneuten Durchlesen des Textes die Aufgaben 1 und 2 auf Seite 14. Wenn du sie aus dem Gedächtnis und ohne Zuhilfenahme des Textes beantworten kannst, hast du das Wesentliche verstanden.

5 *Wiederholen*
Lies den Text noch einmal im Zusammenhang durch.
Wenn du nun deine Fragen aus Schritt 2 beantworten kannst bzw. die abschließenden Aufgaben zum Text lösen kannst, so hast du alles verstanden.

Aufgaben

1 ▶ *Himmel und Erde*
a Welche Vorstellungen hatten die Griechen von ANAXIMANDER über PLATO bis zu ARISTOTELES über Himmel und Erde?
b Welche Argumente fanden die Griechen für die Erde als Kugel? Erkläre sie mithilfe eigener Zeichnungen. ◀

2 *Sternbeobachtung*
a Die Astronomie war allen Kulturen sehr wichtig. Nenne einige Beispiele dafür.
b Was leisteten die Babylonier für die Astronomie?

3 *Die Himmelsscheibe* Was erkennt man alles auf der Scheibe von Nebra?

GRUNDLAGEN: Die Entstehung des geozentrischen Weltbilds

Beim ersten Betrachten scheinen viele Bewegungen am Himmel äußerst einfach zu sein: Die Sonne dreht sich in 24 Stunden einmal um die Erde und von Vollmond zu Vollmond dauert es 29,5 Tage. Beim genaueren Hinschauen erkennt man aber wichtige Abweichungen. Vor allem die von den Griechen sogenannten sieben *Planetes* (Wandelsterne) – Sonne, Mond, Merkur, Venus, Mars, Jupiter und Saturn – zeigen komplizierte und doch regelmäßige Bewegungen am Himmel.
Im Gegensatz dazu verlaufen alle natürlichen Vorgänge auf der Erde sehr unregelmäßig. Die Erde scheint jedoch Zentrum aller Himmelsbewegungen zu sein.

Alle großen Kulturen beobachteten die Himmelsbewegungen genau. Gründe dafür waren:
Der ewig gleichmäßige Himmel galt als Sitz unsterblicher Götter.
Man brauchte Kalender, um das tägliche und das politische Geschehen zeitlich einzuteilen.
Sterne dienten mitunter als Orientierungshilfe auf weiten Reisen.

Die Babylonier entwickelten ein erstes wissenschaftliches System der Astronomie bis zum 2. Jahrhundert v. Chr. Sie konnten berechnen, wie sich die sieben Wandelsterne in Vergangenheit und Zukunft bewegen. Sie hatten aber wohl kein geometrisches Modell des Himmels.

▶ **Geozentrisches Weltbild: Ein geometrisches Modell von Himmel und Erde verdanken wir den Griechen ab dem 7. Jahrhundert v. Chr. Sie erklärten alle Bewegungen der Gestirne mithilfe von Kugelschalen um die Erde. Himmelsmaterie war etwas völlig anderes als die vier Elemente Erde, Wasser, Luft und Feuer des Erdbereichs.**

Das war der physikalische Grundgehalt des geozentrischen Weltbilds von ARISTOTELES im 4. Jahrhundert v. Chr. ↑1 Besonders wichtig dabei war, dass nicht mehr Götter unerklärlich für den Menschen alle Vorgänge am Himmel beherrschten – etwa beliebig Mond und Sonne verfinsterten –, sondern dass sich alles aus einem geometrischen Modell logisch ableiten ließ. Statt der Religion oder der mythischen Erzählung gaben nun wissenschaftliche Erklärungen Antworten auf die beobachtbaren Ereignisse am Himmel und auf der Erde. ◀

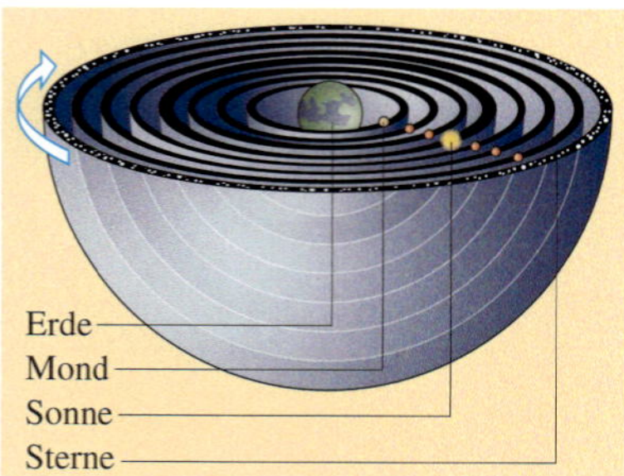

1 Geozentrisches Weltbild (vereinfacht)

Ausblick Orion – der Jäger am Winterhimmel

Das Sternbild Orion ist das schönste Wintersternbild. ↑2 Man kann es ungefähr von Oktober bis März am Himmel erkennen. Sieben Sterne sind besonders hell: Vier davon bilden ein großes, etwas unregelmäßiges Viereck; drei weitere stehen in der Mitte davon in einer Linie aufgereiht, von ihnen aus kann man einige schwächere senkrecht nach unten verfolgen.

Die griechische Mythologie malte sich aus diesen helleren und vielen schwächeren Sternen einen großen Jäger zurecht. ↑3 Die beiden oberen Sterne des Vierecks markieren seine Schultern, die beiden unteren seine Beine und die drei enger zusammenstehenden in der Mitte den Gürtel des Jägers. Von ihm hing das Schwert herunter. Die Kopfsterne leuchten so schwach, dass sie heute im Stadtlicht selten zu erkennen sind.

Südamerikanische Indianer erfanden keine Bilder am Himmel, sondern Geschichten: Der mittlere „Gürtelstern" war ein von zwei Polizisten gefangener Dieb, der gerade vier Aasgeiern zum Fraß vorgeworfen wurde.

Erst seit dem 19. Jahrhundert weiß man, dass die Sterne verschieden weit von der Erde entfernt sind. ↑4 Sternbilder sind also reine Illusionen aus irdischer Sicht. So ist der obere linke Schulterstern, der rötlich schimmernde Beteigeuze, 310 Lichtjahre von der Erde entfernt. Er ist ein roter Riesenstern. Der nächsthellere ist Rigel, der rechte Beinstern. Er ist ein blauweißer Überriese und 900 Lichtjahre entfernt.

Der Jäger Orion bekam übrigens einen Hund zur Begleitung. ↑3 Der Stern Sirius darin ist der hellste Fixstern des Himmels: Er ist so „klein" wie unsere Sonne und nur 9 Lichtjahre entfernt. Sirius und ein Weißer Zwerg umkreisen einander in geringem Abstand (kleines Bild).

Orion war auch an sieben schönen Schwestern, den Plejaden, interessiert. Sie stehen am Himmel, gut sichtbar, rechts über ihm. Wie viele kannst du am Nachthimmel erkennen?

4 *Die Gedanken sind frei* Erfinde ein anderes Bild oder eine andere Geschichte zum Sternbild Orion oder zum Großen Wagen.

5 *Recherche* Suche und präsentiere Informationen zum Sternbild Orion und zu den Plejaden.

6 *Tierkreiszeichen* Informiere dich über die 12 Sternbilder des „Tierkreises".
Kann man ein Tierkreissternbild während des Monats, in dem die Sonne in diesem Sternbild steht, am Himmel sehen?

2 Sternbild Orion

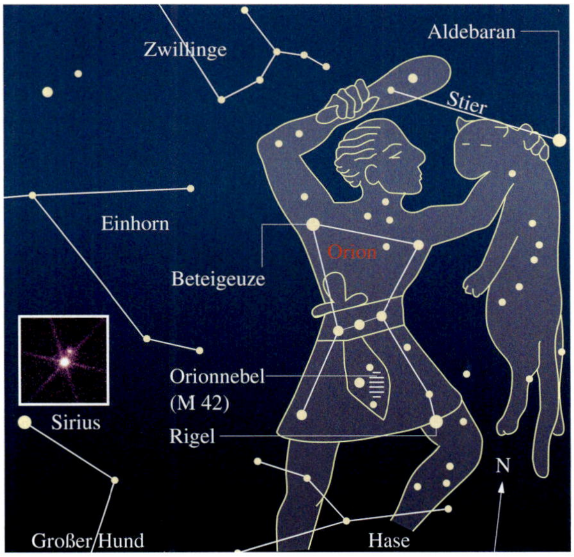

3 Orion, der große Jäger

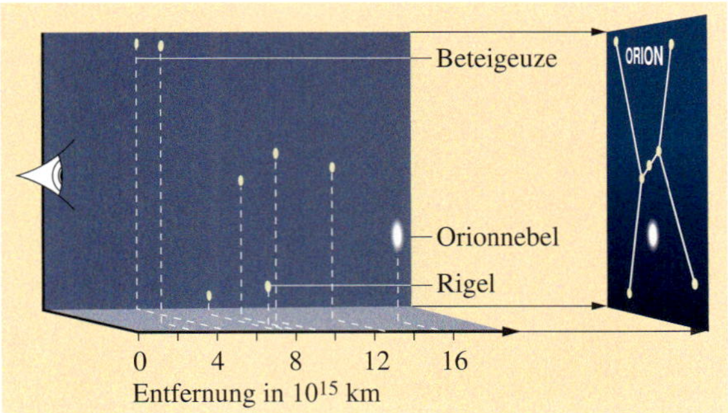

4 Modell für die räumliche Lage der Sterne des Orions

Geozentrisches Weltbild und Mathematik

1 Bruchstück des Antikythera-Mechanismus

Im Jahr 2006 wurde ein riesiger Computertomograf in das archäologische Museum Athen gebracht – nicht um Menschen zu „durchleuchten", sondern einen mechanischen Computer aus dem 1. Jahrhundert v. Chr. ↑1
Man nennt ihn Antikythera-Mechanismus, weil er vor der griechischen Insel Antikythera vor mehr als hundert Jahren auf einem in der Antike untergegangenen Schiff gefunden wurde.

Der Mechanismus besteht aus etwa 30 Zahnrädern aus Bronze. Erst 1600 Jahre nach seinem Zusammenbau, als die mechanische Räderuhr weit genug entwickelt war, gab es kompliziertere Geräte. Der Antikythera-Mechanismus ist ein Kalenderrechner für Sonne- und Mondbewegung und darüber hinaus eine Art Planetarium, das auch die Bewegungen anderer Wandelsterne (z. B. der Venus) über Zahnräder darstellte. ↑2
Wie war es möglich, dass antike Astronomen und Feinmechaniker so fantastisch zusammenarbeiteten? Warum kennen wir nicht mehr solcher Geräte bzw. keinerlei schriftliche Berichte über sie? Weshalb entwickelten die Griechen keine Räderuhren oder ähnlich komplizierte Maschinen? Antworten kann man heute nur vermuten.

2 Modell des Antikythera-Mechanismus

Kreisbewegungen um die Erde herum waren pure Geometrie. Damit konnten die Griechen die Bewegungen am Himmel immer genauer beschreiben. Und auch die Beobachtungen der Bewegungen von Sonne, Mond und Sternen wurden exakter. Der erste griechische Wissenschaftler, der sie mit genialen geometrischen Überlegungen verknüpfte, war ARISTARCHOS von der Insel Samos 260 v. Chr. Er berechnete, dass die Sonne von der Erde 19-mal so weit entfernt sein müsse wie der Mond. Da sie am Himmel genauso groß wie der Mond erscheint, muss ihr Duchmesser also auch 19-mal so groß sein wie der Mond. Die Erde sollte außerdem rund 7-mal kleiner sein als die Sonne. Die Berechnungen von ARISTARCHOS sind ein gutes Beispiel dafür, was Wissenschaft vermag, wenn sie Naturbeobachtung und Mathematik verknüpft – im Gegensatz zu mythischen Erklärungsversuchen. Das gilt, obwohl seine Ergebnisse falsch waren! Aber erst mehr als 1900 Jahre später fand man bessere Werte.

Beweis, dass die Sonne größer ist als die Erde

ARISTARCHOS kombinierte verschiedene Beobachtungen am Himmel miteinander und schloss zunächst daraus, dass die Sonne 19-mal weiter von der Erde entfernt sein musste als der Mond:
Genau bei Halbmond musste das Dreieck Beobachter–Halbmond–Sonne rechtwinklig sein. ↑3 Allerdings war und ist die Zeitbestimmung des genauen Halbmonds sehr schwierig! Als ARISTARCHOS im Rahmen der ihm möglichen Genauigkeit beobachtete, dass der Halbmond gerade erreicht war, maß er den Winkel zwischen der Richtung zum Mond und der Richtung zur Sonne (wir wissen nicht wie). Seine Messung ergab 87°. Daraus folgte als Quotient aus Mond- und Sonnenentfernung 1 : 19 ($\cos 87° = \frac{1}{19}$). Also war die Sonne für ARISTARCHOS 19-mal so weit entfernt wie der Mond. Noch KOPERNIKUS und BRAHE im 16. Jahrhundert n. Chr. übernahmen diesen Wert.

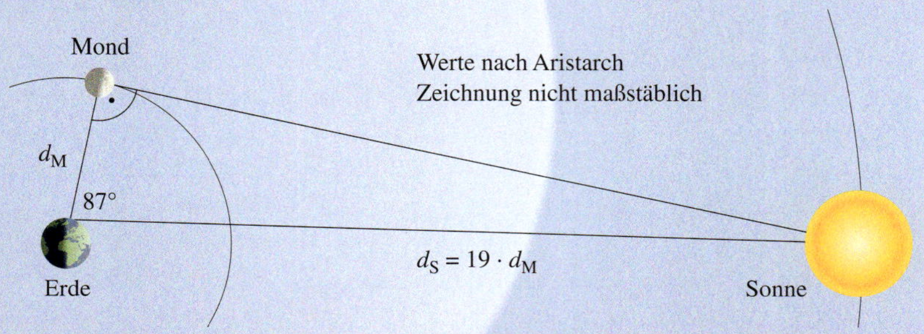

3 ARISTARCHOS: Bestimmung des Unterschieds von Mond- und Sonnenentfernung

▶ ARISTARCHOS fand durch weitere Beobachtungen heraus, dass der Erdschatten bei Mondfinsternissen ungefähr zwei Mondbreiten groß war. Daraus berechnete er, dass die Erde rund 2,5-mal so groß wie der Mond sein musste und die Sonne fast 7-mal größer als die Erde war.
Damit war zum ersten Mal bewiesen, dass die Sonne viel größer als die Erde sein musste. Vielleicht nahm ARISTARCHOS *deshalb als erster Astronom an, dass die Sonne und nicht die Erde im Zentrum des Universums stand.* ◀
Bis KOPERNIKUS fand seine Auffassung allerdings kaum Anhänger. Sie war schroff gegen die Lehrmeinung des ARISTOTELES gerichtet, ARISTARCHOS soll sogar wegen Gotteslästerung angeklagt worden sein. (Heute wissen wir, dass die Sonne 382-mal so weit entfernt wie der Mond und etwa 109-mal größer als die Erde ist.)

Die Geometrie berechnet Erde und Himmel.

Nach der Zeit des ARISTARCHOS wurden Rechnungen und Geometrie immer exakter auf Himmel und Erde angewandt. Keiner zweifelte aber daran, dass die Erde im Zentrum der Welt stand.
ERATOSTHENES maß im gleichen Jahrhundert als Erster den Umfang und damit auch den Durchmesser der Erdkugel.
Der Astronom HIPPARCHOS entwickelte im 1. Jahrhundert v. Chr. – die Griechen waren schon den Römern untertan – aus den genauesten babylonischen Beobachtungen und dem geometrischen Himmelsmodell seiner Vorgänger eine Wissenschaft, die alle Bewegungen am Himmel gut genug beschreiben konnte:
– Dabei verwendete er nicht mehr nur die geozentrischen Kreise aller Gestirne um die Erde wie noch ARISTOTELES, sondern wählte die schon

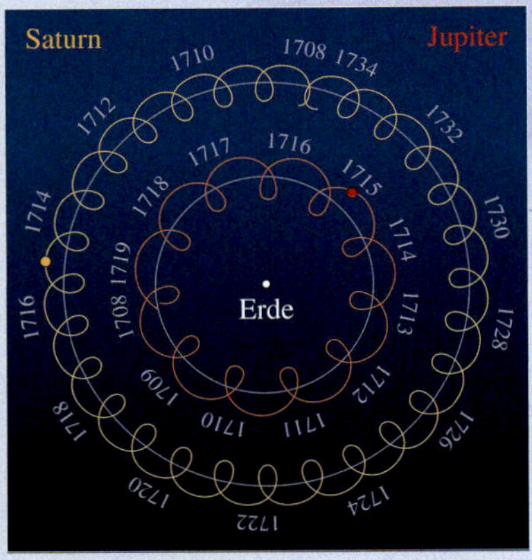

1 Die Epizkel von Jupiter und Saturn auf der Bahn um die Erde (hier im 18. Jahrhundert n. Chr. berechnet)

2 Relativbewegung des Mars am Himmel im Zeitraum von 7 Monaten gegen den Hintergrund der Sterne

um 200 v. Chr. vorgeschlagenen Kreise auf Kreisen (Epizykel): ↑1 Dabei rollte ein Kreis auf einer Kreisbahn um die Erde ab. Außerdem gehörten auch Kreise, deren Mittelpunkt neben dem der Erde lag, zu HIPPARCHOS Theorie. Beide Abweichungen von dem einfachen Modell sollten helfen, die merkwürdigen Schleifenbahnen der Planeten, die man am Himmel beobachtete, zu erklären. ↑2

– Er maß als Erster, wie weit der Mond von der Erde entfernt ist. (Von PTOLEMAIOS wurde die Entfernung später zu 60 Erdradien bestimmt.)

Im 1. Jahrhundert v. Chr. konnte man mechanisch präzise Planetarien herstellen, die wahrscheinlich reiche und an Wissenschaft interessierte Bürger z. B. in Rom unterhalten sollten. Sie erlaubten die mechanische Kalkulation von Sonnen- und Mondfinsternissen sowie anderen Himmelsbewegungen. Der Antikythera-Mechanismus ist das einzige Beispiel, das uns von diesen Planetarien erhalten blieb. Warum gibt es nicht mehr davon? Es waren wohl nur einige wenige mathematische Astronomen, die mit sehr begabten Handwerkern zusammenarbeiteten. Und weder schien es den Astronomen wert, über solche Mechanismen zu schreiben, noch waren Handwerker dazu fähig – und sie hielten ihre besondere Kunst sicher auch geheim.

Ptolemaios – das erste Handbuch der Astronomie

▶ Im 2. Jahrhundert n. Chr. fasste der griechische Astronom PTOLEMAIOS alles Wissen zusammen und schrieb das erste systematische Handbuch der Astronomie. Er arbeitete im Zentrum der spätantiken Wissenschaft, in Alexandria. Sein Werk wurde dem christlichen Europa erst über den Umweg der arabischen Übersetzung wieder bekannt, mit dem aus dem Griechischen abgeleiteten Titel „Almagest". 1400 Jahre lang – bis KOPERNIKUS – stützte sich jeder Astronom auf dieses Buch. ↑3

Im Almagest betonte PTOLEMAIOS, dass die Erde unbeweglich im Zentrum der Welt steht, so wie ARISTOTELES es begründet hatte:

– *Alle schweren Körper wollen zum Erdmittelpunkt, dem Weltmittelpunkt, fallen. Denn nur dort ist alles in Ruhe. Und schwere Körper wollen möglichst in Ruhe bleiben.*
– *Die schwerelose Himmelsmaterie ist am weitesten von Weltmittelpunkt entfernt und kann am leichtesten in ewiger Bewegung bleiben.*
– *Gäbe es eine tägliche Drehung der Erde von West nach Ost, könnten Wolken oder sonstige Körper über der Erdoberfläche mit dieser schnellen Bewegung nicht mithalten. Das heißt, alles in der Luft würde für uns scheinbar umgekehrt driften, nämlich von Ost nach West. Das beobachten wir aber nicht.*
– *Selbst wenn die Luft zusammen mit der Erde täglich rotieren würde, könnten schräg hochgeworfene Gegenstände keine eigene Bewegung mehr haben. Die Luft würde sie sofort mitreißen* (wie ein Luftballon vom Wind sofort mitgerissen wird). *Sie müssten deshalb für uns scheinbar stillstehen. Auch das beobachten wir nicht.*

Ein astronomisches Argument gegen eine jährliche Bewegung der Erde um die Sonne war, dass niemand eine Fixsternparallaxe messen konnte. Von einer bewegten Erde aus müsste sich jeder Fixstern ein wenig am Himmel im Rhythmus der Erdbewegung um die Sonne verschieben (s. „Fortschritt durch genaues Beobachten und Berechnen" auf Seite 20). Er wird ja z. B. im Winter und Sommer von verschiedenen Stellen der Erdbahn aus beobachtet. ◀

3 PTOLEMAIOS bei der genauen Mondbeobachtung (gezeichnet 1508). Hinter ihm steht die Wissenschaft Astronomie, als Muse dargestellt.

Stellen wir uns eine Pro-und-Kontra-Diskussion zwischen ARISTARCHOS und PTOLEMAIOS vor: Steht die Erde still im Mittelpunkt der Welt oder bewegt sie sich um die Sonne?

„Nein“, sagt PTOLEMAIOS, *„sie steht still. Neben allen sonstigen Gründen sehen wir ja, dass die Sterne sich nicht verschieben. Es gibt keine Fixsternparallaxe.“*

ARISTARCHOS antwortet: *„Lieber* PTOLEMAIOS, *beginnen wir doch bitte noch einmal von vorne. Halte deinen Finger etwa 30 bis 40 cm vor die Augen und kneife dann abwechselnd ein Auge zu. Sofort scheint sich der Finger vor dem Hintergrund deines Zimmers, etwa einem Bild an der Wand, hin und her zu verschieben. Dein linkes Auge entspricht jetzt der Sommerstellung der Erde auf ihrer Bahn um die Sonne. Das rechte Auge entspricht ihrer Winterstellung. Dein Finger soll ein Stern sein. Wenn man also von verschiedenen Positionen der Erdbahn aus einen Stern, so wie du deinen Finger, beobachtet, müsste sich der Stern auch verschieben.“*
(Probiere das einmal selbst aus!)

PTOLEMAIOS kennt natürlich den Versuch und wiederholt ungeduldig: *„Ich kann aber von der Erde aus keine Verschiebung von Sternen beobachten. Also steht die Erde still!“*

Doch ARISTARCHOS hat auf diese Antwort gewartet: *„Lieber* PTOLEMAIOS, *halte deinen Finger ganz nah an die Augen und kneife einmal links und rechts zu. Was beobachtest du? Der Finger springt stark vor dem Hintergrund hin und her. Nun halte ihn so weit entfernt wie möglich vor deine Augen. Was beobachtest du jetzt? Er springt nur noch wenig hin und her. Und wenn wir ihn 10 m entfernt vor unsere Augen halten könnten? Dann würden wir gar kein Hin-und-her-Springen mehr beobachten können! Obwohl wir auch hier einmal mit dem linken und dann mit dem rechten Auge schauen. Genauso kann also die Erde auf verschiedenen Positionen ihrer Bahn um die Sonne stehen, aber wir sehen keine Verschiebung von Sternen – weil sie einfach zu weit weg sind, viel weiter, als du, lieber* PTOLEMAIOS, *glaubst.“*

PTOLEMAIOS ist um eine Antwort nicht verlegen: *„Gut, dann müssten sie aber mehr als 300-mal weiter weg sein als die Sonne! Dann, in der Tat dann kann die Erde sich bewegen, weil nun die Fixsternverschiebung so klein bleibt, dass ich sie nicht messen kann, kleiner als meine Messgenauigkeit von* $\frac{1}{3}°$. *Doch solch eine Entfernung ist unglaublich. So groß kann das Weltall nicht sein! Nach meinen Berechnungen sind alle Fixsterne auf einer festen Schale aus Himmelsmaterie befestigt, die höchstens 18-mal weiter weg ist als die Sonne. Mehr Weltall gibt es nicht.“*

Und damit wäre die Pro-und-Kontra-Diskussion zu Ende gewesen. Niemand wollte damals glauben, dass das Weltall viel größer als 18-mal die Entfernung zwischen Erde und Sonne sein konnte. Und wenn wir PTOLEMAIOS gesagt hätten, dass selbst der allernächste Fixstern schon mehr als 100 000-mal so weit entfernt von uns ist wie die Sonne, hätte er uns für verrückt erklärt.

GRUNDLAGEN: Fortschritt durch genaues Beobachten und Berechnen

▶ Kreisbewegungen von Gestirnen um die Erde konnte die griechische Geometrie gut beschreiben. Wichtig waren auch genauere Beobachtungen.

Aristarchos von Samos um 260 v. Chr. bewies als Erster, dass die Sonne viel weiter entfernt von der Erde ist als der Mond.
Er fand auch heraus, dass der Durchmesser der Sonne mehrere Male größer als der der Erde sein muss. Deshalb glaubte er, dass die viel größere Sonne im Zentrum der Welt stehen müsste – und nicht wie allgemein angenommen die Erde.

Von seinen Nachfolgern in Griechenland wurde die Astronomie als geometrisch exakte Wissenschaft weiter verbessert:

- Eratosthenes ermittelte im gleichen Jahrhundert sehr genau, wie groß der Umfang (in heutigen Einheiten rund 40 000 km) und damit der Radius der Erde war.
- Hipparchos verschmolz im 1. Jahrhundert v. Chr. die genauesten babylonischen Beobachtungen mit der griechischen geometrischen Astronomie und konnte nun alle Bewegungen am Himmel für damalige Zwecke genügend exakt berechnen. Er benutzte dazu Kreise auf Kreisen sowie exzentrische Kreise.

Ptolemaios fasste im 2. Jahrhundert n. Chr. alles bisher Geleistete im ersten systematischen Handbuch der Astronomie (Almagest) zusammen. In seinem geozentrischen Weltbild stand die Erde unbeweglich im Zentrum der Welt.
Ein astronomisches Argument gegen eine jährliche Bewegung der Erde um die Sonne herum war, dass keine Fixsternparallaxe beobachtet wurde.

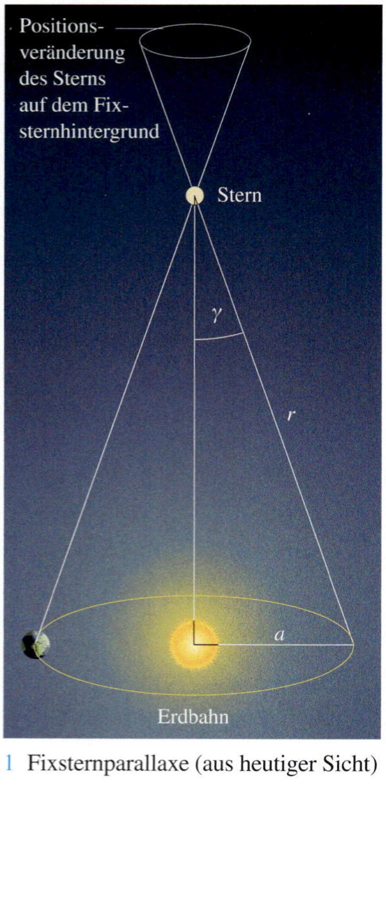

1 Fixsternparallaxe (aus heutiger Sicht)

Fixsternparallaxe Von der bewegten Erde aus ist ein beliebiger Fixstern z. B. im Winter und im Sommer in unterschiedlichen Richtungen am Himmel zu sehen. ↑1 Heute wissen wir, dass selbst die nächsten Fixsterne so weit entfernt sind, dass der Parallaxenwinkel γ extrem klein ist – mit bloßem Auge kann die Fixsternparallaxe daher nicht nachgewiesen werden. Zur Zeit des Ptolemaios ging man aber noch davon aus, dass die Fixsterne nicht viel weiter als etwa 18-mal den Abstand zwischen Erde und Sonne entfernt sind. Die Fixsternparallaxe hätte also beobachtbar sein müssen. ◀

Weltbild und Berechnungen wurden bis Kopernikus, 1400 Jahre später, nicht mehr grundsätzlich verbessert.

Aufgaben

1 *Ruht die Erde?* Warum war PTOLEMAIOS gegen die Bewegung der Erde? Beschreibe seine Gründe.

2 ▶ *Wer ist uns näher?* Welches Himmelsereignis beweist, dass die Sonne weiter von der Erde entfernt ist als der Mond? ◀

3 *Wie groß ist die Erde?* ERATOSTHENES wusste, dass an einem bestimmten Tag des Jahres – zur Sommersonnenwende – der senkrecht aufgestellte Stab einer Sonnenuhr in Syene (Ägypten, beim heutigen Assuan) mittags keinen Schatten warf. Die Sonne stand also senkrecht über ihm. Zur gleichen Zeit stand die Sonne im 5000 Stadien nördlich gelegenen Alexandria (Ägypten, Mittelmeerküste) um „$\frac{1}{50}$ des Kreises" vom höchsten Punkt des Himmels entfernt. ↑2 Der Stab einer Sonnenuhr warf also einen kleinen Schatten. Folglich musste auch die Entfernung zwischen Syene und Alexandria $\frac{1}{50}$ des gesamten Erdkreises betragen.
a Berechne den Umfang der Erde in Stadien und in Kilometern. *Hinweis:* 1 Stadion = 159 m
b Berechne auch den Erdradius.
c Berechne aus dem Erdradius von Teil b und der damals bekannten relativen Mondentfernung die Entfernung des Monds in Stadien und in Kilometern.

4 *Alpha Proxima Centauri* Der nächste Fixstern ist, wie man heute weiß, 4,5 Lichtjahre von der Erde entfernt.
a Gib die Entfernung in Kilometern und in Erdradien an.
b Vergleiche das Ergebnis mit der Annahme des PTOLEMAIOS, nach der die Fixsterne 20 000 Erdradien entfernt waren. Wievielmal weiter entfernt ist der nächste Fixstern, als PTOLEMAIOS glaubte?

5 *Erdumfang bestimmen – mit der Landkarte* Neben der Methode des ERATOSTHENES finden wir bei den Griechen ein noch einfacheres (aber damals ungenaueres) Verfahren, um den Erdumfang zu messen. Dazu braucht man:
- die Differenz der geografischen Breite zwischen zwei Orten, die auf dem gleichen Längengrad liegen. Sie ist gleich dem Unterschied der Sonnenhöhe oder einer Sternhöhe am gleichen Tag zur gleichen Zeit.
- die Entfernung zwischen diesen Orten. Daraus ergibt sich wie bei ERATOSTHENES der Umfang der Erde.

Suche aus dem Atlas die geografischen Breiten von München und Magdeburg heraus sowie die Entfernung der beiden Städte (sie liegen etwa auf dem gleichen Längengrad). Berechne daraus den Erdumfang.

6 ▶ *Entfernung der Fixsterne* Wie kommt PTOLEMAIOS in unserer Pro-und-Kontra-Diskussion mit ARISTARCHOS wohl auf die „unglaubliche" Entfernung der Fixsterne von mehr als 300-mal des Abstands zwischen Erde und Sonne?
Berechne die Entfernung aus dem Dreieck Erde–Sonne–Fixstern und dem Sinus des Parallaxenwinkels $\gamma = \frac{1}{6}°$. ◀

7 ▶ *Wie weit sind Sonne und Mond entfernt?* Genau bei Halbmond beträgt der Winkel zwischen Mond- und Sonnenverbindungslinie 89°51′ – und nicht 87° wie bei ARISTARCHOS.
Berechne aus dem genaueren Wert, wie viel weiter die Sonne von der Erde entfernt ist als der Mond. Vergleiche dein Ergebnis mit dem Wert, den ARISTARCHOS ermittelte. ◀

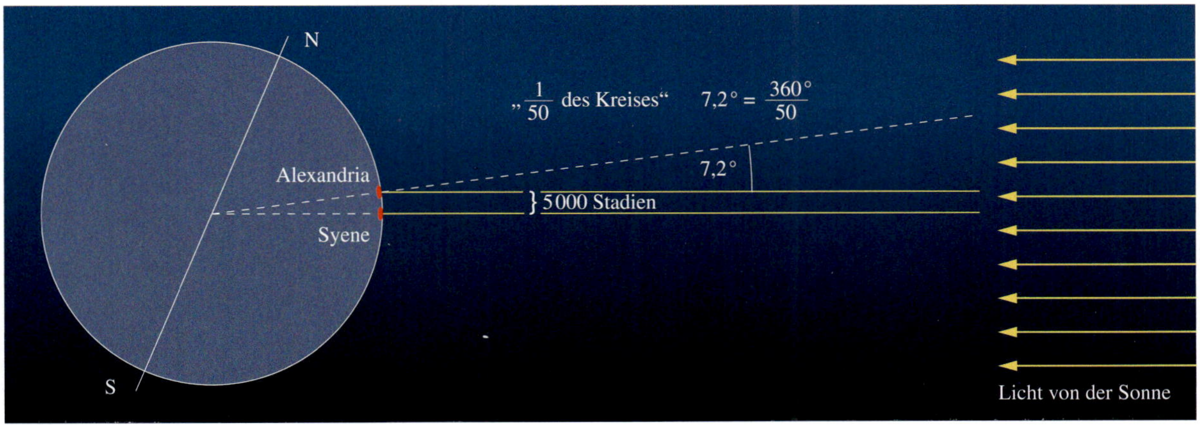

2 Bestimmung des Erdumfangs nach ERATOSTHENES (Zeichnung nicht maßstäblich)

Die Sonne im Zentrum

Seit den 1990er Jahren hat man schon viele Planeten entdeckt, die sich um ferne Sonnen bewegen. Ungefähr jeden Monat kommt einer dazu. Allerdings sind sie fast alle so groß wie Jupiter oder noch größer. Erst 2006/07 wurde ein erdähnlicher Planet in rund 20 Lichtjahren Entfernung von unserem Sonnensystem entdeckt. ↑1 Er ist etwa 50 % größer als die Erde und auch im richtigen Abstand zu seiner nicht so heißen rötlichen Sonne: Lebewesen hätten es gerade noch ausreichend warm. Das Bild hier hat allerdings noch ein Künstler gezeichnet. So gut können das die Astronomen mit ihren Fernrohren noch nicht sehen.

1 Das Planetensystem um den Stern Gliese 581

Dass Planeten sich um ihre Sonne bewegen, ist heute selbstverständlich geworden. Noch zu Zeiten von KOPERNIKUS und GALILEI konnte man für die Behauptung, dass die Erde nicht im Mittelpunkt der Welt stehe, von der Kirche verurteilt werden. ↑2 Allerdings gab es damals auch nur wenige Beweise für ein heliozentrisches Weltbild – und für die tägliche und jährliche Bewegung der Erde keinen einzigen.

2 Hinrichtung von GIORDANO BRUNO (1548–1600): Er hatte die Ansicht unterstützt, dass sich die Erde um die Sonne dreht und das Weltall unendlich ist.

Islamische Gelehrte überliefern die griechische Astronomie

Im Mittelalter, bis zum 12. Jahrhundert, bemühte sich kaum jemand in den christlichen Ländern, die griechische Astronomie kennenzulernen. Griechische Philosophie und Wissenschaft galten als heidnisch, d. h. unnötig oder sogar gefährlich für das Seelenheil. Glücklicherweise haben islamische Gelehrte (in Bagdad, Nordafrika, in Sizilien und Spanien) die griechische Astronomie bewahrt und weiterentwickelt.

Astronomie und christlicher Glaube

Erst ab dem Ende des 12. Jahrhunderts entdeckten Christen die griechische Wissenschaft, indem sie arabische Schriften übersetzten. Allerdings hatte das Christentum nie daran gezweifelt, dass die Erde eine Kugel war. So verglichen Kirchenväter die Welt mit einem Ei, die Erde entsprach dabei dem Eidotter. Auch der Reichsapfel der deutschen Kaiser war Symbol der Erdkugel. ↑3 Das Weltbild in Europa wurde vom christlichen Glauben beeinflusst. ↑4 Die kugelförmige Erde steht im Mittelpunkt des Weltalls. Alle Planeten, die aus dem fünften Element des Himmels bestehen, kreisen um sie. Über dieser materiellen Welt beginnt die Welt der Philosophie mit ihren geistigen Prinzipien und über dieser die Welt des Glaubens mit den Engelscharen – alles in Sphären, d. h. Kugelschalen, um die Erde herum gedacht. Am höchsten steht Gott, der die gesamte Welt in seinen Armen hält und bewegt (lat. *primum mobile:* erster Beweger).

Mathematisch war dieses Weltbild natürlich nicht brauchbar. Man hatte es einfach von ARISTOTELES und EUDOXOS entlehnt und mit christlichem Gedankengut gefüllt.

Bewegung der Erde?

Im 14. Jahrhundert war das mathematisch-geozentrische Weltbild der Griechen gut bekannt und wurde an den Universitäten gelehrt. Doch war die Erde wirklich in Ruhe? Gott war ja allmächtig. Es hätte doch auch Gründe für ihn geben können, die Erde zu bewegen und nicht die Sonne. JEAN BURIDAN und NICOLE ORESME, zwei Wissenschaftler der Universität Paris, diskutierten im 14. Jahrhundert eine tägliche Bewegung der Erde statt der Sonne und fanden Gründe, die dafürsprachen:

- Himmelskörper sind edler als die Erde und befinden sich deshalb in Ruhe. Ruhe ist eben vollkommener als Bewegung. Deshalb beten Christen auch um „ewige Ruhe".
- Die Lufthülle dreht sich mit der Erde herum, wie die Luft in einem fahrenden geschlossenen Boot mit dem Boot fährt, ohne dass die Insassen davon etwas merken.
- Ein hochgeworfener Körper kann von der Lufthülle der Erde mitgenommen werden – seine Bewegung setzt sich aber aus seiner eigenen Bewegung nach oben und der Drehung der Lufthülle zusammen.

Am Ende der Diskussion „ruderten" die beiden aber sicherheitshalber wieder zurück: Gott hat die Welt nun einmal anders geschaffen, die Erde ruht im Weltzentrum. Das müsse man einfach glauben.

Ob ruhende Erde oder bewegte Erde, exakte Astronomie war weiter wichtig für genaue Kalender. Die aus der römischen Zeit übernommene Jahreslänge war etwas größer, als die wirkliche Jahresbahn der Sonne angibt. Es gab heftige Debatten und Lösungsversuche dazu. Schließlich führte Papst GREGOR 1582 den noch heute benutzten Kalender ein. Astronomie war also im Gespräch. Sie gehörte zur Grundbildung der mittelalterlichen Universität. Diese Grundbildung musste jeder absolvieren, bevor er die drei möglichen Fachstudien Jura, Medizin oder Theologie ergreifen konnte.

3 Kreuz und Reichsapfel

4 Christliches Weltbild des Mittelalters („hermetisches" Weltbild)

Weltbilder im Wandel

Nikolaus Kopernikus

1 KOPERNIKUS

▶ So kam auch NIKOLAUS KOPERNIKUS ab 1491 an der Universität Krakau zum ersten Mal mit Astronomie in Kontakt. ↑1 Bei seinen Weiterstudien in Italien 1496 befasste er sich eingehender damit. Kurz nach 1500 verfasste er die Skizze eines heliozentrischen Weltsystems nach der Idee des ARISTARCHOS. Im Lauf seines Lebens als Domherr, Arzt und Wirtschaftsfachmann in Frauenburg (Ostpreußen) schuf er aus dieser Skizze ein neues Handbuch der Astronomie, das dem Almagest des PTOLEMAIOS ebenbürtig war. Bei ihm stand nun die Sonne im Zentrum der Welt. ↑2 Um sie herum kreiste die Erde samt allen übrigen bekannten fünf Wandelsternen. Die Erde drehte sich täglich um sich selbst. Wie war es aber mit der Fixsternparallaxe? KOPERNIKUS konnte keine beobachten. Er musste daher annehmen, dass die Sterne viel weiter weg waren als die 20000 Erdradien bei PTOLEMAIOS.

Sein Hauptwerk „Die Umdrehungen der Himmelssphären" wurde erst in seinem Todesjahr 1543 veröffentlicht. Das mathematisch ausgeführte Weltsystem brauchte viele Epizykel und sonstige Kreise und war damit ähnlich kompliziert wie das des PTOLEMAIOS! Auch KOPERNIKUS glaubte noch an Himmelssphären, auf denen die Planeten befestigt waren, und nicht an frei im Weltall sich bewegende Himmelskörper. Nur Erde und Sonne hatten bei ihm ihren Platz getauscht. Das brachte Vorteile:

- Weil die Erde sich drehte, konnte der Fixsternhimmel in Ruhe bleiben.
- Weil die Erde um die Sonne kreiste, war die Erklärung der Planetenschleifen einfacher. ◀

Aus dem heliozentrischen System folgte manches, was KOPERNIKUS noch gar nicht zu denken wagte:

- Wenn Planeten um unsere Sonne kreisten, konnte es dann nicht auch Planeten um andere Sterne geben? Aber Sterne waren für KOPERNIKUS noch keine Sonnen.
- Wenn die Erde ein Himmelskörper wie alle anderen war, konnten dann auch Felsen auf dem Mars oder Jupiter herunterfallen?

2 Das heliozentrische Weltbild nach KOPERNIKUS (vereinfacht). KOPERNIKUS sitzt rechts und vermisst die Himmelskugel. Links sitzt PTOLEMAIOS.

Renaissance – Zeit des Aufbruchs

KOPERNIKUS hatte keine besseren philosophischen oder physikalischen Argumente für die Erdbewegung als BURIDAN und ORESME. Er lebte aber in einer Zeit, der Renaissance, in der das Bürgertum immer mehr Selbstbewusstsein erlangte. Man glaubte an Fortschritt – selbst gegenüber dem so bewunderten griechischen Wissen. KOPERNIKUS war Zeitgenosse anderer Denker, die sich gegen gültige Lehren wandten: MARTIN LUTHER in der Theologie, NICCOLÒ MACHIAVELLI in der politischen Philosophie ... Der Nürnberger MARTIN BEHAIM hatte einen ersten Erdglobus konstruiert, CHRISTOPH KOLUMBUS hatte mit der Entdeckung Amerikas 1492 gezeigt, wie unbekannt die Erdkugel war. 1519 bis 1522 gelang es der Mannschaft des portugiesischen Kapitäns FERDINAND MAGELLAN, die Erde zum ersten Mal zu umsegeln. ↑3

3

1 *Bilderrätsel* Wichtige Erfindungen und Entdeckungen vom Mittelalter zur Renaissance – bis kurz vor GALILEI. Ordne sie dem Bild zu: Räderuhr, Steigbügel, Entdeckung Amerikas, Buchdruck, Kompass, Pulver und Schusswaffen, Destillation von reinem Alkohol, Guajakholz (man glaubte, das würde die Syphilis heilen).

Galileo Galilei

▶ Das Buch des KOPERNIKUS aus dem Jahr 1543 fand nur eine geringe Verbreitung. Erst 50 Jahre später gab es wichtige Wissenschaftler, die seine Bedeutung erkannten. Der berühmteste Physiker darunter war GALILEO GALILEI. In Padua, das damals zur Republik Venedig gehörte, machte er mit dem gerade erfundenen Fernrohr ab dem Jahr 1609 aufregende Entdeckungen.

- Auf dem Mond gab es Berge. ↑4 Die Himmelskörper konnten also doch nicht so verschieden von der Erde sein, wie es das griechische Weltbild vermutete.
- GALILEI fand etwa 100- bis 1000-mal mehr Sterne, als man bisher mit bloßem Auge beobachten konnte. Die ganze Milchstraße bestand aus einzelnen Sternen. Es gab also sehr vieles, was in der Antike nicht bekannt war.

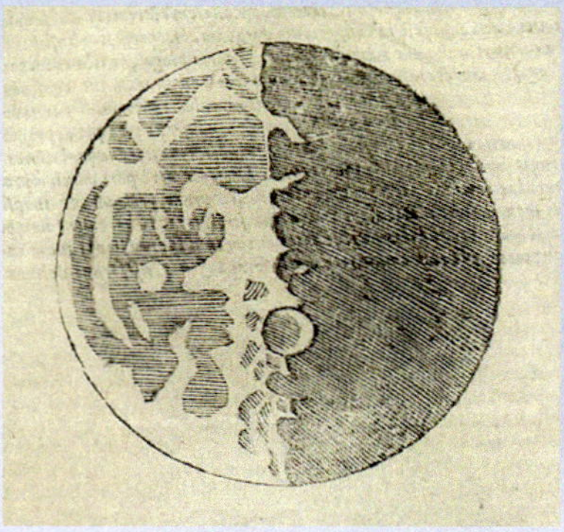

4 Mondoberfläche (Zeichnung von GALILEI)

Weltbilder im Wandel

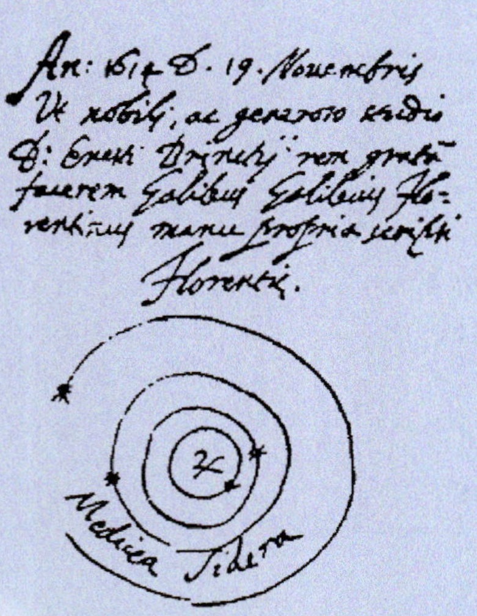

1 Aufzeichnungen Galileis zu den Beobachtungen der Jupitermonde

- Um den Jupiter kreisten vier kleine Lichtpunkte, die er Mediceische Planeten nannte: zu Ehren des Großherzogs Cosimo di Medici von Florenz und seiner drei Brüder. ↑1 (Heute werden sie Galileische Monde genannt.) Das bedeutete, dass es Himmelskörper gab, die sich nicht um die Erde bewegten und die außerdem die Sphäre des Jupiter durchstießen – falls es diese Kugelschalen aus Himmelsmaterie überhaupt gab.
- Die Venus zeigte im Fernrohr Phasen wie der Mond. Es gab sogar fast eine „Vollvenus“, analog zum Vollmond. Das konnte im geozentrischen Weltbild nicht vorkommen.
- Er entdeckte, parallel zu anderen Astronomen, dunkle Flecken auf der Sonne. Selbst die strahlende Sonne konnte also nicht aus vollkommener Himmelsmaterie bestehen. ◀

Galilei glaubte nun endgültig, dass Kopernikus mit seinem heliozentrischen System recht hatte.
Im Jahr 1616 verdammte allerdings die katholische Kirche das kopernikanische System, bei dem die Sonne im Zentrum der Welt ruhte, als unvereinbar mit der Heiligen Schrift. Denn im Alten Testament, im Buch Josua, ließ Gott als Wunder die Sonne stillstehen – also musste sie sich normalerweise bewegen.

Galileis Verurteilung

Als Galilei trotzdem 1632 eine Verteidigung des Kopernikus veröffentlichte, wurde sein Buch verboten. ↑2 Galilei wurde 1633 nach Rom zitiert und musste vor dem Gerichtshof der Inquisition abschwören. ↑3 Er konnte von Glück reden, dass er nicht wie der Mönch und Kopernikusanhänger Giordano Bruno gefoltert und verbrannt wurde. Auch die politische Lage war gegen ihn gerichtet. So drang der schwedische König mit seinem protestantischen Heer bis in die Alpen vor. Die römische Kirche musste nun jeden, der abwich, fürchten (und umgekehrt). Galilei erhielt lebenslangen Hausarrest. Jetzt konnte er immerhin sein zweites großes Buch, das über die Mechanik, beenden. Darin beschrieb er das Fallgesetz. Er musste das Buch allerdings aus dem bewachten Haus herausschmuggeln. Veröffentlicht wurde es in Holland.

2 Titelbild von Galileis „Dialogo“

3 Galilei vor dem Officium (Gemälde aus dem 17. Jahrhundert)

GRUNDLAGEN: Die Sonne rückt in den Mittelpunkt

Erst über islamische Gelehrte lernte das christliche Europa im Mittelalter das geometrisch ausgebaute geozentrische Weltbild der Antike kennen. Das geschah ab dem 13. Jahrhundert, vorher durfte heidnisches griechisches Wissen an christlichen Universitäten nicht diskutiert werden. Die Kugelgestalt der Erde war allerdings auch im Christentum nie angezweifelt worden. Im 15. Jahrhundert diskutierte man philosophisch, ob sich nicht doch die Erde täglich drehen könnte statt des gesamten Himmels. Letztendlich blieb man aber bei dem alten Weltbild. ↑4

▶ NIKOLAUS KOPERNIKUS wurde 1543 zum ersten Erneuerer der antiken Astronomie – so verstand er sich selbst –, als sein Hauptwerk „Die Umdrehungen der Himmelssphären" veröffentlicht wurde.

Heliozentrisches Weltbild: Die Sonne ist das Zentrum der gesamten Welt. Die Erde und alle Planeten bewegen sich um sie herum. ↑5

Doch war die kopernikanische Astronomie nicht viel einfacher als die des PTOLEMAIOS. Sie brauchte ebenso viele Epizykel und sonstige Kreise. KOPERNIKUS hatte auch keine neuen philosophischen oder physikalischen Argumente, warum die Erde sich bewegte. Sein heliozentrisches Weltbild entstand allerdings in einer Zeit des Aufbruchs, in der das Bürgertum stolz darüber war, große Fortschritte gegenüber der Antike gemacht zu haben. Deshalb traten auch Gelehrte selbstbewusster gegen die Tradition auf.

Der Physiker GALILEO GALILEI benutzte 1609 als Erster das gerade entdeckte Fernrohr, um das kopernikanische Weltbild zu stützen. So zeigten die Mondgebirge, dass der Himmel unvollkommen war. Die Jupitermonde kreisten in der Tat nicht um die Erde, sondern um den Planeten Jupiter. Für seine heliozentrischen Ansichten wurde er von der katholischen Kirche 1633 verurteilt und musste abschwören. ◀

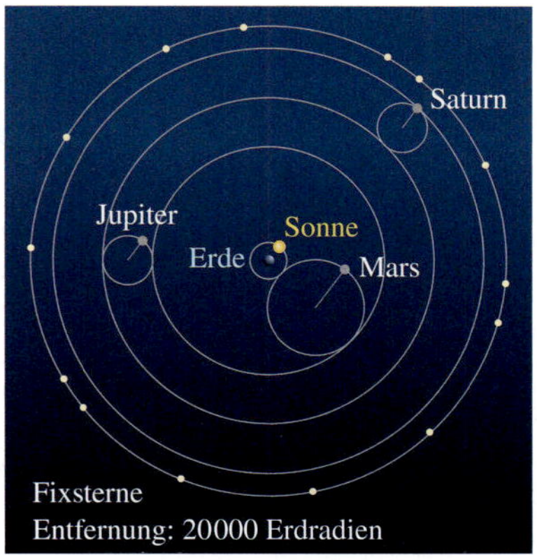

4 Geozentrisches Weltbild nach PTOLEMAIOS ab Sonne bis Saturn, mit Epizyklen. (Merkur und Venus bewegen sich zwischen Erde und Sonne und sind zur Vereinfachung nicht eingezeichnet.)

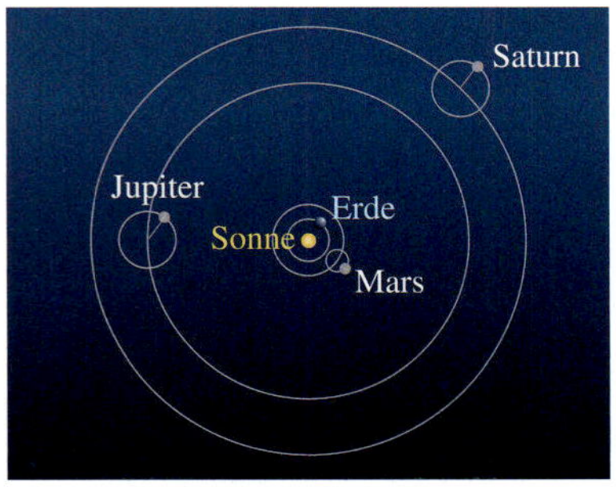

5 Heliozentrisches Weltbild nach KOPERNIKUS, mit Epizyklen (vereinfacht)

Aufgaben

1 ▶ *Weltbild im Mittelalter* Beschreibe, wie sich die Vorstellungen zu Erde und Himmel im christlichen Mittelalter bis vor KOPERNIKUS entwickelten. ◀

2 *Zwei Genies* Beschreibe die Leistungen und Probleme von KOPERNIKUS und GALILEI.

3 *Venusphasen* Zeige, dass eine Venus, die um die Sonne kreist, Phasen zeigt wie unser Mond. Wieso lässt sich aber keine exakte „Vollvenus" beobachten?

4 *Die dunkle Seite des Monds* Bei schmaler Mondsichel leuchtet auch der dunkle Teil des Monds schwach. (Beobachte dieses Phänomen selbst einmal am Nachthimmel.) Woher könnte dieses schwache Licht stammen?

5 ▶ *Galileische Monde* Die Jupitermonde passten nicht in das geozentrische Weltbild. Gib zwei Gründe dafür an. ◀

6 *Kalenderreform* Das römische Jahr, wie es JULIUS CÄSAR 45 v. Chr. einführte, war durchschnittlich 365,25 Tage lang (365 Tage und alle vier Jahre ein Schalttag). Das wirkliche astronomische Jahr ist aber nur 365,2422 Tage lang.

a Der Frühlingsanfang wurde beim Konzil von Nizäa 325 n. Chr. genau auf den 21. März festgelegt. Berechne, wann er nach dem julianischen Kalender im Jahr 1582 stattfand.

b Finde heraus, welche zwei Entscheidungen Papst GREGOR im Jahr 1582 traf, um den Kalender auf Dauer zu korrigieren.

Die Gesetze von Kepler

TYCHO BRAHE war der führende Astronom in der zweiten Hälfte des 16. Jahrhunderts. Sein Observatorium auf der Insel Hven (zwischen Dänemark und Schweden) war die am besten ausgestattete Sternwarte Europas – noch vor der Erfindung des Fernrohrs. ↑1
Im Keller des Observatoriums führte BRAHE auch Experimente zur Alchemie durch.
Mit dem fest in die Sternwarte eingemauerten Steinquadranten (im Vordergrund des Bilds) konnte BRAHE die Richtung eines Sterns auf eine Bogenminute (ein Sechzigstel eines Winkelgrads) genau messen – aber nur durch die Visierscharte oben links. BRAHE selbst zeigt im Bild gerade mit der Hand dorthin. Es wird ein Stern beobachtet, der durch den höchsten Punkt seiner Bahn am Himmel läuft. Den Abstand verschiedener Sterne, die vorbeizogen, maß BRAHE mithilfe der Zeit, die sie brauchten, bis sie in der Visierscharte auftauchten. Dazu baute er die genauesten Uhren, die es damals gab (unten rechts im Bild).
Aus diesem Beobachtungsmaterial berechnete sein Assistent, JOHANNES KEPLER, dass sich der Mars gar nicht auf einer Kreisbahn um die Sonne bewegt!

1 Die Sternwarte von TYCHO BRAHE

2 Hubble Space Telescope

Bewegen sich die Planeten wirklich auf Kreisen um die Sonne herum? Wird ihre Geschwindigkeit mit zunehmender Entfernung von der Sonne größer oder kleiner? Gefährliche Fragen in Zeiten, da sich die Anhänger des kopernikanischen Weltbilds leicht dem Vorwurf der Ketzerei ausgesetzt sahen. Dennoch beschäftigte sich der Astronom JOHANNES KEPLER (1571–1630) sehr intensiv damit. Und er fand Antworten: Mithilfe der Mathematik beschrieb er die Bahnen der Planeten, ihre Geschwindigkeiten und Umlaufzeiten. Seine Ergebnisse sind noch heute als *keplersche Gesetze* bekannt. Mit ihnen lassen sich nicht nur die Bewegungen der Planeten um die Sonne herum beschreiben, sondern auch die von Monden um Planeten herum. Und die Bahnen der heutigen Satelliten, die die Erde umrunden, folgen ebenfalls den keplerschen Gesetzen. ↑2

Das erste mathematische Handbuch der Astronomie hatte PTOLEMAIOS im 2. Jahrhundert n. Chr. geschrieben. Bei ihm stand die Erde noch unbewegt in der Mitte des Weltalls. Erst 1543 gab es ein neues Standardwerk zur Astronomie, von KOPERNIKUS geschrieben. Nun stand die Sonne im Zentrum der Welt und alles kreiste um sie (bis auf den Mond). Doch die Tabellen der Planetenbahnen, die nach KOPERNIKUS berechnet wurden, waren bald so ungenau wie die 1400 Jahre alten griechischen Tabellen. War das heliozentrische System doch falsch? TYCHO BRAHE glaubte selbst nur zum Teil daran: Zwar sollten alle Planeten um die Sonne kreisen – aber die Sonne sollte weiterhin die ruhende Erde im Weltzentrum umrunden.
Sein genialer Assistent JOHANNES KEPLER dagegen war überzeugt, dass KOPERNIKUS recht hatte. Mit den exzellenten Beobachtungswerten von BRAHE rechnete er jahrelang herum. „Mars wehrt sich ständig", klagte er. Was er auch tat, nie stimmten seine Bahnmodelle völlig mit den Daten überein. Schließlich entschloss er sich zu einem schweren Schritt: Nicht mehr Kreisbahnen sollten am Himmel alles erklären, wie das seit mehr als 2000 Jahren galt, sondern kompliziertere Kurven. Er versuchte es unter anderem mit einem Oval und landete schließlich, nach langen Überlegungen und immer neuen Ansätzen, bei der Ellipse. Und nur bei Mars waren die Beobachtungen so genau, dass er die Ellipsenbahn beweisen konnte! Allerdings wird in seinem Hauptwerk („Neue Astronomie", 1609) klar, dass er für alle Planeten inklusive der Erde an Ellipsen glaubte. Hier formulierte er auch seine ersten beiden Gesetze der Planetenbewegung. Erst 10 Jahre später ergänzte er das dritte Gesetz. ↑3 In der „Neuen Astronomie" schlug er einen forschen Ton gegenüber der Kirche an: „In der Theologie gilt das Gewicht der Autoritäten, in der Philosophie aber das der Vernunftgründe."
KEPLER vermutete auch als Erster, dass eine riesige Kraft in der Sonne stecken musste, die die Planeten bewegt. Das war ebenfalls revolutionär! Er hielt sie für magnetisch. Es gab für ihn keine „natürliche" Bewegung mehr, wie bei ARISTOTELES oder sogar noch bei GALILEI, die man eventuell sogar göttlich erklären musste: „Mein Ziel ist es zu zeigen, dass die himmlische Maschine nicht eine Art göttliches Lebewesen ist, sondern gleichsam ein Uhrwerk …, insofern nahezu alle die mannigfaltigen Bewegungen von einer einzigen, ganz einfach magnetischen, körperlichen Kraft besorgt werden, wie bei einem Uhrwerk alle Bewegungen von dem so einfachen Gewicht."
KEPLER war wie BRAHE Astrologe bei Kaiser RUDOLF II. in Prag. Seine Hauptaufgabe war es, Horoskope für den kaiserlichen Hof zu berechnen. Man glaubte, dass in den Sternen das Schicksal der Menschen vorhersehbar war. So beschäftigte sich KEPLER jahrelang mit der wunderbaren Harmonie der Planetenabstände von der Sonne, wie er es glaubte. ↑4 ↑5

„Die Sphäre der Erde ist das Maß für alle anderen.
Zeichne ein Dodekaeder um sie. Die diesem Dodekaeder umschriebene Sphäre ist die des Mars. Zeichne jetzt ein Tetraeder um die Marssphäre. Die diesem Körper umschriebene Sphäre gehört dem Jupiter. Schreibe jetzt einen Würfel um die Jupitersphäre. Die ihm umschriebene Sphäre ist die des Saturnus.
Zeichne nun ins Innere der Sphäre der Erde ein Ikosaeder. Die ihm eingeschriebene Sphäre gehört der Venus. Zeichne ein Oktaeder in diese Sphäre. Die diesem Oktaeder eingeschrieben Sphäre gehört endlich dem Merkur.
Und siehe, somit ist die Zahl der Planeten erklärt!"

4 KEPLER

Johannes Kepler – vom Kreis zur Ellipse

„Nachdem ich in unablässiger Arbeit einer sehr langen Zeit die wahren Umlaufzeiten mithilfe der Beobachtungen TYCHO BRAHES ermittelt hatte, zeigte sich mir endlich die wahre Beziehung der Umlaufzeiten zu ihren Bahnen. Am 8. März des Jahres 1618 … ist sie in meinem Kopf aufgetaucht. Ich hatte aber keine glückliche Hand, als ich sie der Rechnung unterzog, und verwarf sie als falsch. Schließlich kam sie am 15. Mai wieder und besiegte in einem neuen Anlauf die Finsternis meines Geistes, wobei sich zwischen meiner siebzehnjährigen Arbeit an den tychonischen Beobachtungen und meiner gegenwärtigen Überlegung eine so vortreffliche Übereinstimmung ergab, dass ich zuerst glaubte, ich hätte geträumt und das Gesuchte in den Beweisunterlagen vorausgesetzt."

3 KEPLER, 1619

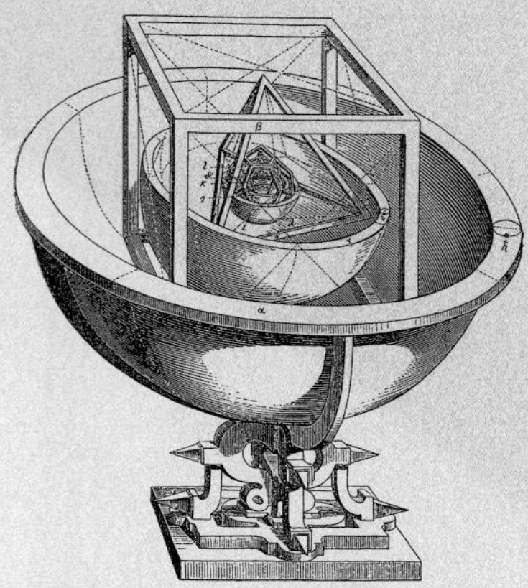

5 Die harmonische Schachtelung aller Planetenabstände in platonischen Körpern nach KEPLER (bevor er die elliptischen Bahnen fand)

GRUNDLAGEN: Die keplerschen Gesetze

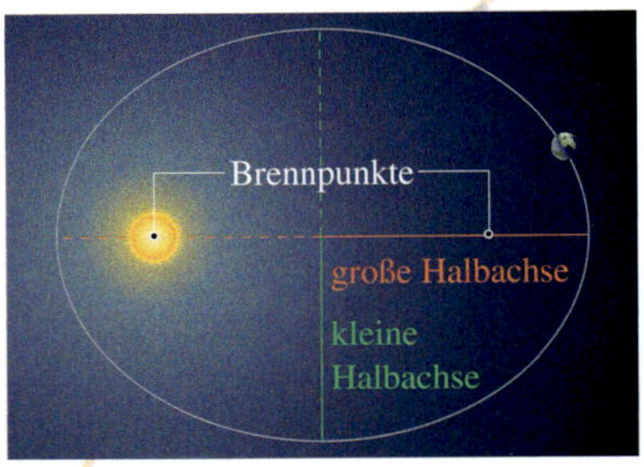

1 Ellipsenbahn eines Planeten (Abweichung von der Kreisform übertrieben)

2 Die Abweichung der Marsbahn (orange) von der Kreisform (schwarz, gestrichelt) ist nur sehr gering.

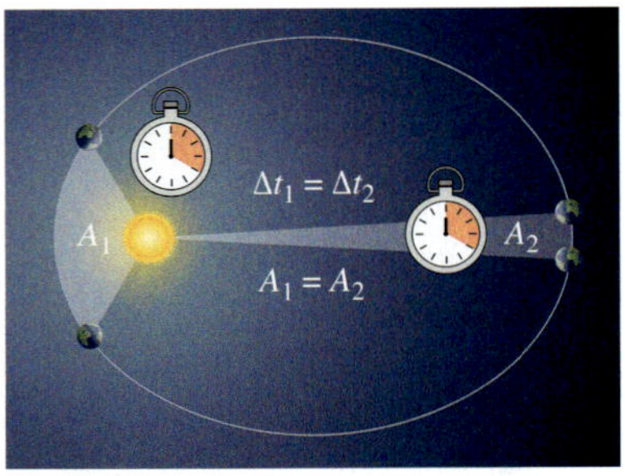

3 Gleiche Zeitspannen – gleich große Flächen

Ausblick

Statt in Kilometern werden Entfernungen im Sonnensystem oft als Vielfache des Abstands zwischen Erde und Sonne angegeben. Die große Halbachse der Erdbahn wird als *Astronomische Einheit (AE)* bezeichnet: $\text{AE} = 149{,}598 \cdot 10^6\,\text{km}$.

▶ JOHANNES KEPLER fasste die Beobachtungen der Planetenbewegungen in drei mathematischen Gesetzen zusammen. Sie ermöglichten genaue Berechnungen vergangener und zukünftiger Positionen.

1. Gesetz von Kepler: Die Planeten umlaufen die Sonne auf Ellipsen. Jeweils ein Brennpunkt dieser Ellipsen liegt in der Sonne. ↑1

Bei den meisten Planetenbahnen sind große und kleine Halbachse fast gleich lang. Die Bahnen weichen kaum von der Kreisform ab. ↑2 Der Schnittpunkt der Ellipsenachsen befindet sich sogar innerhalb der Sonne.

2. Gesetz von Kepler: Die gedachte Verbindungslinie Sonne–Planet überstreicht in gleichen Zeitspannen gleich große Flächen. ↑3

Mithilfe dieses Gesetzes lässt sich leicht erkennen, dass die Geschwindigkeit eines Planeten auf seiner Ellipsenbahn nicht immer gleich groß ist. ↑3 Die Strecke, die der Planet bei geringerer Sonnenentfernung (also am Rand von A_1) in der Zeitspanne Δt zurücklegt, ist größer als bei größerer Sonnenentfernung. Daraus folgt:
Je näher ein Planet auf seiner Ellipsenbahn der Sonne kommt, desto größer ist seine Geschwindigkeit.

Das letzte keplersche Gesetz stellt eine Beziehung zwischen den Umlaufzeiten zweier Planeten und den großen Halbachsen ihrer Bahnen her.

3. Gesetz von Kepler: Die Quadrate der Umlaufzeiten zweier Planeten verhalten sich wie die dritten Potenzen der großen Halbachsen ihrer Bahnellipsen: $\frac{T_1^2}{T_2^2} = \frac{a_1^3}{a_2^3}$.

Bringt man diese Beziehung in die Form $\frac{a_1^3}{T_1^2} = \frac{a_2^3}{T_2^2}$, dann erkennt man, dass der Quotient $\frac{a^3}{T^2}$ für alle Planeten denselben Wert hat. ↑4 Es gilt: $\frac{a^3}{T^2} \approx 1\,\frac{\text{AE}^3}{\text{a}^2}$.

Mit zunehmender Länge der großen Halbachse wird also auch die Umlaufzeit der Planeten immer größer – beide Größen sind aber nicht direkt proportional zueinander.
Auch für die Bewegungen von Monden um Planeten erhält man konstante, aber je nach Planet verschiedene Quotienten $\frac{a^3}{T^2}$. ↑5 ◀

Planet	Große Halbachse a in AE	Umlaufzeit T in a	$\frac{a^3}{T^2}$ in $\frac{\text{AE}^3}{\text{a}^2}$
Merkur	0,387 10	0,240 847	1,000
Venus	0,723 33	0,615 197	1,000
Erde	1	1,000 02	1,000
Mars	1,523 7	1,880 85	1,000
Jupiter	5,203 4	11,862 6	1,001
Saturn	9,537 1	29,447 5	1,000
Uranus	19,191	84,016 8	1,001
Neptun	30,069	164,791	1,001

4

Monde	$\frac{a^3}{T^2}$ in $\frac{\text{AE}^3}{\text{a}^2}$
Jupitermonde	0,000 95
Saturnmonde	0,000 28
Erdmond	0,000 0030

5

Mars

Aufgaben

Musteraufgabe: ▶ Seit 1999 liefert der Satellit *Chandra* Bilder von Himmelskörpern, die Strahlung im Röntgenbereich aussenden. Die Umlaufbahn ist stark elliptisch: Der kleinste Abstand zur Erdoberfläche beträgt $16{,}00 \cdot 10^3$ km, der größte $133{,}00 \cdot 10^3$ km. Wie lange braucht Chandra für eine Erdumrundung? *Hinweis:* Der Erdradius beträgt $6{,}37 \cdot 10^3$ km.

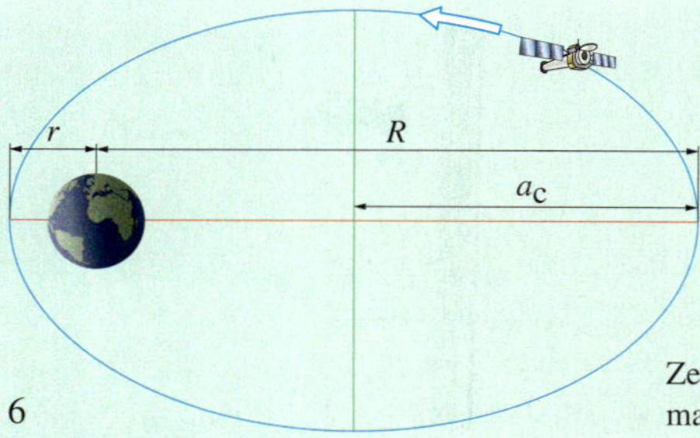

6

Lösung:
Um die Umlaufzeit zu berechnen, brauchen wir die Länge a_c der großen Halbachse von Chandras Ellipsenbahn. In guter Näherung gilt: $a_c = \frac{1}{2}(r + R)$. ↑6
Damit erhalten wir unter Berücksichtigung des Erdradius:
$a_c = \frac{1}{2}(22{,}37 + 139{,}37) \cdot 10^3\,\text{km} = 80{,}87 \cdot 10^3\,\text{km}$
$a_c = 0{,}000\,5406\,\text{AE}$.
Nach dem 3. keplerschen Gesetz gilt:
$\frac{a_c^{\,3}}{T_c^{\,2}} = \frac{a_m^{\,3}}{T_m^{\,2}}$ (a_m, T_m: Bahndaten des Monds).

Für den Mond gilt: $\frac{a_m^{\,3}}{T_m^{\,2}} = 0{,}000\,0030\,\frac{\text{AE}^3}{\text{a}^2}$.
Daraus folgt:
$\frac{a_c^{\,3}}{T_c^{\,2}} = 0{,}000\,0030\,\frac{\text{AE}^3}{\text{a}^2}$
$T_c^{\,2} = \frac{a_c^{\,3}}{0{,}000\,0030\,\frac{\text{AE}^3}{\text{a}^2}} = \frac{(0{,}000\,5406\,\text{AE})^3}{0{,}000\,0030\,\frac{\text{AE}^3}{\text{a}^2}}$
$T_c^{\,2} = 0{,}000\,053\,\text{a}^2$
$T_c = 0{,}0073\,\text{a} = 64\,\text{h}$
Chandras Umlaufzeit beträgt 64 h. ◀

1 *Nicht immer gleich schnell* Ein Komet umrundet die Sonne. ↑7 In welchem Punkt seiner Bahn ist er schneller: in A oder B? Begründe deine Antwort.

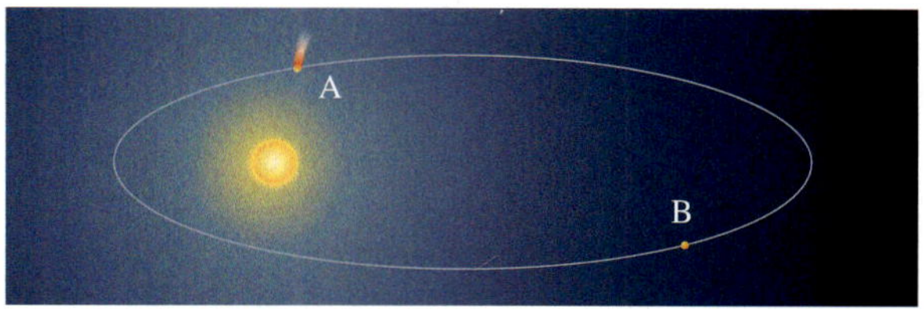

7

2 *Kepler interaktiv* Beobachte die keplerschen Gesetze an verschiedenen Planetenbahnen. www 31-1

3 *Kometenbahn* Seit mehr als 2000 Jahren wird der regelmäßig wiederkehrende *Halleysche Komet* beobachtet. Im Jahr 1986 durchlief er den sonnennächsten Punkt *(Perihel)* seiner Bahn, zu dem er erst im Jahr 2062 wieder zurückkehren wird.
a Wie lang ist die große Halbachse seiner Bahnellipse?
b Im Perihel ist der Halleysche Komet 90 Millionen Kilometer von der Sonne entfernt. Wie groß ist der Abstand im *Aphel* (sonnenfernster Punkt der Bahn)? *Tipp:* Siehe Musteraufgabe.

4 ▶ *Rund um den Jupiter* GALILEI entdeckte mit seinem Fernrohr die vier großen Jupitermonde Io, Europa, Ganymed und Callisto.
a Die Umlaufzeiten der Monde unterscheiden sich. ↑8 Was kannst du über die großen Halbachsen ihrer Bahnellipsen aussagen (ohne Rechnung)?

Jupitermond	Io	Europa	Ganymed	Callisto
Umlaufzeit	1,77 d	3,55 d	7,15 d	16,7 d

8

b Die Umlaufzeit von Europa ist etwa doppelt so groß wie die von Io. Ist auch seine große Halbachse von Europas Bahn doppelt so groß?
c Berechne die großen Halbachsen der Bahnellipsen für die vier Jupitermonde. ◀

5 *GPS-Satellit* Ein NAVSTAR-Satellit des *Global Positioning System (GPS)* umkreist die Erde in 20 183 km Höhe. Berechne die Umlaufzeit. *Tipp:* Siehe Musteraufgabe.

6 *Geostationär* Der Rundfunk- und Fernsehsatellit *Astra 1L* scheint immer über dem gleichen Ort der Erdoberfläche zu „stehen".
a Wie groß ist die Umlaufzeit des Satelliten? *Tipp:* Du brauchst nicht zu rechnen!
b Berechne die große Halbachse der Umlaufbahn des Satelliten sowie seine Höhe über der Erdoberfläche.
c Über welchem Ort der Erdoberfläche „steht" Astra 1L? *Tipp:* Im Internet gibt es Programme zum „Aufspüren" von Satelliten *(satellite tracking)*.

Vom mechanischen Weltbild zum Himmel als Labor

VINCENT VAN GOGH malte die berühmte „Sternennacht", als er am Ende seines Lebens kurze Zeit in einer Nervenheilanstalt verbrachte. ↑1 Vor allem der riesige Spiralnebel sah nach krankhafter Fantasie aus. Inzwischen ist sicher, dass VAN GOGH sich sehr für die damalige Entdeckung der Spiralnebel, das sind Sternsysteme ähnlich unserer Milchstraße, interessierte. Außer dem Spiralnebel sind zu sehen: Mond, Venus (rechts neben dem Baum), Sternbild Widder (die zwei Sterne neben dem Mond, zusammen mit dem Stern rechts an der Zypressenspitze). Die Anordnung kann man im Planetarium nachstellen, so genau hat VAN GOGH beobachtet.

1 „Sternennacht" von VINCENT VAN GOGH, 1889

„Die ganze Schwierigkeit der Naturlehre scheint darin zu bestehen, aus den Erscheinungen der Bewegung die Kräfte zu erforschen und dann durch diese Kräfte die übrigen Erscheinungen zu erklären … Im dritten Buch haben wir als Beispiel das Weltsystem erklärt. Dort leiten wir aus den Erscheinungen am Himmel mithilfe der … mathematisch bewiesenen Sätze die Kräfte der Schwere ab, aufgrund derer die Körper sich der Sonne und den einzelnen Planeten annähern wollen. Aus diesen Kräften werden dann, durch andere ebenfalls mathematische Sätze, die Bewegungen der Planeten, Kometen, des Mondes und des Meeres erklärt. Möchte es gelingen, die übrigen Erscheinungen der Natur auf dieselbe Weise aus mechanischen Prinzipien abzuleiten!"

2 ISAAC NEWTON

ISAAC NEWTON wurde am 4. Januar 1643 in Woolsthorpe (England) geboren. Schon als Gymnasiast erregte er mit physikalischen Scherzen Aufsehen. So bastelte er eine faltbare Papierlaterne, die am Schwanz eines in die Luft gestiegenen Papierdrachens leuchtete und die ganze Nachbarschaft erschreckte – wohl weil sie ihn für einen unheilvollen Kometen am Himmel hielt. An der Universität passte ihm der altbackene Lehrstoff nicht, so bestand er nur mit Ach und Krach eine Stipendiumsprüfung. Ihn interessierten neuartige Fragen: die Farbzerlegung des weißen Sonnenlichts, die Theorie der Schwerkraft und in der Mathematik die Infinitesimalrechnung. Seine ungewöhnliche Begabung wurde nun doch schnell erkannt. Mit 26 Jahren ernannte man ihn zum Professor für Mathematik an der Universität Cambridge. Im Vorwort zu seinem berühmten Buch „Mathematische Prinzipien der Naturlehre" von 1687 gab er sich überzeugt, dass man die ganze Natur – also auch das Leben – in der Mechanik aufgrund von Bewegungen (der Weltkörper, der Atome …) mathematisch erklären kann. ↑2 Andererseits war ISAAC NEWTON tief religiös und glaubte, dass Gott noch ab und zu in diese Welt eingreifen müsse, um alle Bewegungen so harmonisch zu erhalten, wie wir sie beobachten.
FRIEDRICH WILHELM HERSCHEL (1738–1822) entdeckte erst mit 35 Jahren seine Liebe zur Astronomie. Er baute die größten Spiegelteleskope seiner Zeit und durchmusterte mit unendlicher Geduld den Sternenhimmel. HERSCHEL verglich ihn mit einem Garten: Ähnlich wie Blumen sollten sich Sterne mit der Zeit verändern, sodass man im übertragenen Sinn von Geburt, Lebensphasen und Tod sprechen kann. In diesem Vergleich kommt die Idee zum Ausdruck, dass auf der Erde und im Himmel die gleichen Gesetze herrschen. Sie erwies sich als äußerst fruchtbar für die Physik und die Chemie.

Als eine große Pestepidemie London 1666 in Angst und Schrecken versetzte, zog sich der englische Mathematiker und Physiker Isaac Newton auf das Land zurück und arbeitete dort seine neue Theorie der *Gravitation* aus.

Johannes Kepler – magnetische Anziehung

Schon Johannes Kepler hatte darüber nachgedacht, dass auf Himmelskörpern eine Anziehungskraft existieren müsse. Deshalb müssten Steine überall herunterfallen. Er hatte sogar analog zur magnetischen Kraft eine Kraft in der Sonne angenommen, die strahlenförmig von der Sonne ausging. Diese Kraftstrahlen drehten sich zusammen mit der Sonne um ihre Achse. Sie sollten alle Planeten inklusive der Erde mit um die Sonne herumreißen. Kepler dachte auch darüber nach, an welchem Punkt im Weltraum die Anziehungskraft des Monds und der Erde sich genau ausgleichen würden. Aber war die Kraft der Sonne auf die Planeten oder die der Erde auf den Mond dieselbe Kraft, mit der Steine auf die Erde gezogen wurden?

René Descartes – Wirbel

Der Philosoph und Mathematiker René Descartes sagte: „Nein.“ Die Kräfte zwischen Sonnen im Weltall (er hielt schon alle Sterne für Sonnen) und Planeten vermittelte nach seiner Vorstellung ein unsichtbarer Hilfsstoff, der um die Sonnen herumwirbelte und alle Planeten mitriss, so wie ein Wasserwirbel das mit Blättern und anderen leichten Teilchen tut. ↑3

Aber mit dieser Wirbelvorstellung konnte man nicht mathematisch arbeiten. So war es beispielsweise unmöglich, die keplerschen Gesetze der Planetenbewegung herzuleiten.

Isaac Newton – Gravitation

▶ Isaac Newton glaubte zunächst ebenfalls an solche Wirbel. Später aber nahm er stattdessen an, dass es eine Kraft gibt, die in den Sonnen, Planeten und Monden steckt und die über große Entfernungen wirkt: die Schwerkraft oder Gravitationskraft. Sie sollte mit zunehmender Entfernung quadratisch abnehmen. Die Gravitationskraft war für Newton die gemeinsame Ursache dafür, dass sich Planeten um ihre Sonnen bewegen *und* dass Steine auf die Erde fallen.

3 Das Weltall mit unzähligen Sonnensystemen (nach Descartes): Himmelswirbel, die hier wie Wolken aussehen, bewegen die Planeten.

Weltbilder im Wandel

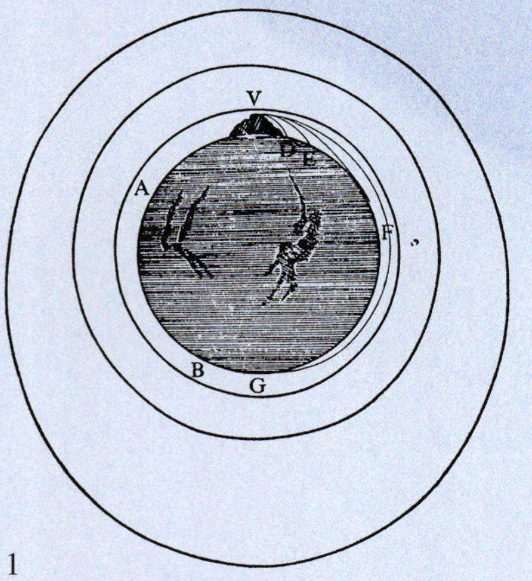

1

Warum fällt eigentlich der Mond nicht auf die Erde wie ein Stein? Diese Frage führte NEWTON zu seinen drei berühmten Axiomen der Mechanik, von denen schon das erste scharf gegen die griechische Theorie der Bewegung gerichtet war:

Nicht die Kreisbewegung war die natürlichste aller Bewegungen. Vielmehr bewegt sich jeder Gegenstand geradlinig weiter, ohne schneller oder langsamer zu werden, wenn keine Kraft auf ihn wirkt.

Ein Stein, der weggeworfen wird, „versucht“ also, seine geradlinige Bewegung beizubehalten. Dabei dreht er sich allerdings mit der Lufthülle und der Erde um den Erdmittelpunkt weiter. Die Schwerkraft zieht ihn währenddessen zur Erde zurück, sodass er schließlich in einer gekrümmten Kurve herunterfällt. Je schneller man ihn abwirft, desto länger braucht die Schwerkraft, ihn zurückzuziehen, und desto weiter wird die Kurve, in der er zur Erde zurückfällt. Und wenn man ihn schnell genug werfen könnte, würde seine Fallkurve so weit reichen, dass er schließlich um die ganze Erde herumfällt – wie der Mond. ↑1 NEWTON nahm nun:

- den Erdradius (der damals gerade neu zu umgerechnet 6370 km vermessen worden war)
- die Geschwindigkeit des Monds um die Erde
- den Abstand des Monds von der Erde, der nach PTOLEMAIOS durchschnittlich 60 Erdradien betrug

Gravitationsgesetz

Daraus berechnete er, dass die Anziehungskraft der Erde, wie wir sie bei fallenden Steinen messen können, im Abstand des Monds in der Tat genau quadratisch abgenommen hat: Beide Kräfte sind also identisch. Himmelskräfte auf die Planeten und irdische Kräfte auf Steine sind ein und dasselbe! Auf der Erde wie im Himmel gilt das gleiche Gesetz der Schwerkraft. NEWTON formulierte es dann auch als Erster mathematisch.

Die Mechanik des Himmels und der Erde sind gleich, nicht völlig unterschiedlich wie noch in der griechischen Antike und im Mittelalter gedacht.

Das mechanische Weltbild

Schon im 18. Jahrhundert glaubte man, mithilfe der Mechanik alle Vorgänge und sogar Lebewesen erklären zu können. ↑2 ↑3

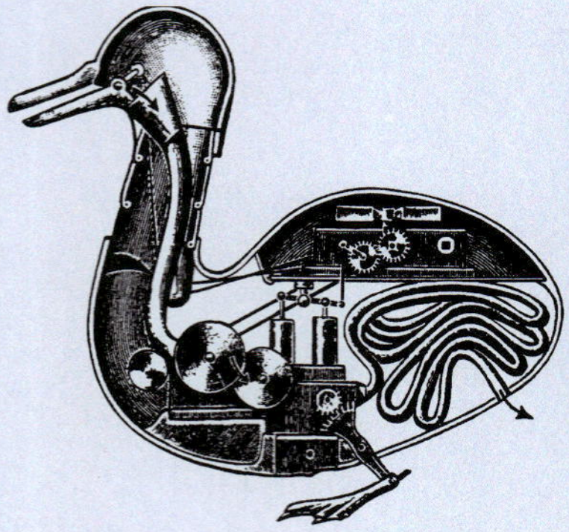

2 Die Ente: ein mechanisches Lebewesen?

3 Mechanisches Modell der Bewegungen im Sonnensystem

Das mechanische Bild des Himmels wurde jedenfalls sehr erfolgreich:
- EDMOND HALLEY, ein Freund NEWTONS, wies nach, dass Kometen, die man alle 76 Jahre gesehen hatte, ein und derselbe Himmelskörper waren. ↑4 Er gehorcht dem Gravitationsgesetz genauso wie die Planeten und bewegt sich in einer lang gestreckten Ellipse um die Sonne herum.
- Ebbe und Flut ließen sich nun durch die Anziehungskraft des Monds verhältnismäßig einfach erklären.
- Kleine Schwankungen der Bahn von Uranus – der Planet war 1781 von HERSCHEL entdeckt worden – ließen vermuten, dass ein noch weiter außen kreisender Himmelskörper mit seiner Schwerkraft auf den Uranus wirkte. JOHN COUCH ADAMS und URBAIN LE VERRIER berechneten unabhängig voneinander die Bahn des unbekannten Planeten. LE VERRIER bat den Berliner Astronomen JOHANN GOTTFRIED GALLE, nach dem Planeten zu suchen – und der fand ihn nahe am vorausberechneten Ort. ↑5 Die sensationelle Neuigkeit stieß auch in der Öffentlichkeit auf ungeheures Interesse: Die Entdeckung des Neptuns aufgrund von Berechnungen wurde als großer Triumph der newtonschen Himmelsmechanik und des menschlichen Verstands gefeiert. (Noch mehr Interesse allerdings erhielt der Streit, wem die Anerkennung gebührte, den Neptun gefunden zu haben.)

4 Halleyscher Komet: Als er 1456 gesichtet wurde, wurde der Komet von Papst CALIXTUS III. exorziert.

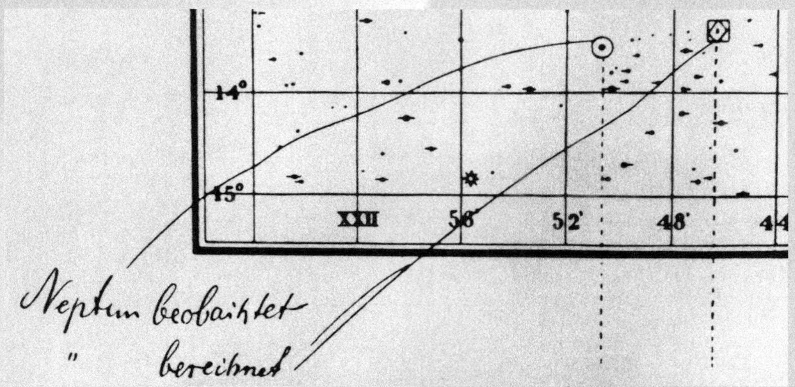

5 23. September 1846: Entdeckungskarte des Planeten Neptun, gezeichnet von JOHANN GOTTFRIED GALLE (1812–1910)

Kein ernsthafter Wissenschaftler zweifelte noch daran, dass die Sonne mit ihrer überwältigend großen Masse im Zentrum aller Planetenbahnen steht. Dass das Volumen der Sonne mehr als eine Million Mal größer als das der Erde ist, erschloss man aus der jetzt richtig bekannten Entfernung: Der Abstand zwischen Erde und Sonne ist nicht 19-mal so groß wie der zwischen Erde und Mond (wie die Antike geglaubt hatte), sondern 382-mal.
Es dauerte allerdings noch weitere 100 Jahre, bis 1838 die lange gesuchte Fixsternparallaxe entdeckt wurde, der direkte Beweis für die jährliche Bewegung der Erde um die Sonne. FRIEDRICH WILHELM BESSEL entdeckte, dass sich ein kleiner Stern im Sternbild Schwan im Rhythmus der Erdbewegung um etwa 0,3 Bogensekunden hin und her bewegt. ↑6 Aus der Entfernung Erde–Sonne berechnete er, dass der Stern rund 100 Billionen Kilometer entfernt sein musste – 500 000-mal weiter als die Sonne von der Erde! Dabei war dies einer der allernächsten Sterne. Und PTOLEMAIOS hatte noch geglaubt, dass alle Fixsterne nur 18-mal weiter weg standen als die Sonne! ◀

6 BESSELS Fernrohr (Heliometer), von FRAUNHOFER gebaut

1 40-Fuß-Teleskop (1790) von FRIEDRICH WILHELM HERSCHEL

„Nebel" im Weltall zeigten sich bald mithilfe der immer größeren Fernrohre ↑1 als Ansammlung ungeheuer vieler Sterne, ähnlich unserer Milchstraße. Viele hatten eine spiralige Struktur, wie sie VAN GOGH malte.

Der Himmel als physikalisch-chemisches Labor

▶ Um das Jahr 1814 gelang dem Münchner Optiker JOSEPH FRAUNHOFER eine seltsame Entdeckung, die die ganze Astronomie und ihr Weltbild noch einmal revolutionieren sollte. Im Farbspektrum des Sonnenlichts von Rot bis Violett beobachtete er Hunderte von dunklen Linien (heute kennen wir Zehntausende)! ↑2 ↑3 Bald wurde klar: Diese Linien geben an, welche chemischen Elemente wie stark in der Gashülle der Sonne vorhanden sind. Nun begann eine ganz neue Astrophysik mithilfe der neuen Methode: der *Spektralanalyse*. Schon Ende des Jahrhunderts waren Tausende von Sternen fotografiert und ihre Spektren verglichen. (Diese Spektren werden auch als *Absorptionsspektren* bezeichnet – vielleicht hast du sie bereits in der Jahrgangsstufe 9 kennengelernt.) Es gab offensichtlich im Weltall keine anderen chemischen Elemente als auf der Erde.

2 FRAUNHOFERS Spektralapparat: Das Glasprisma zerlegt das Sonnenlicht in seine Farben. Mit dem Fernrohr werden sie beobachtet.

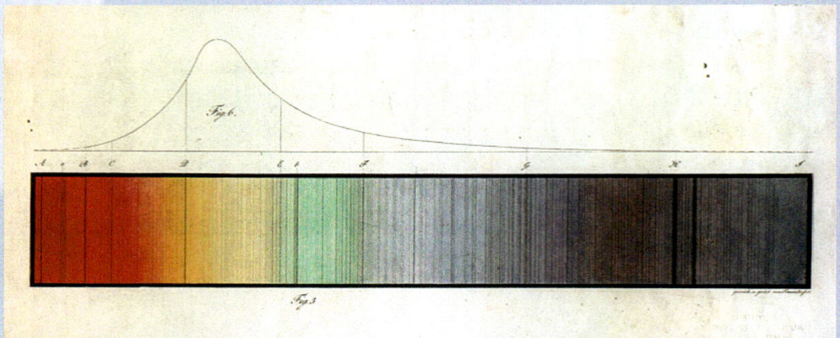

3 Die dunklen Linien im Sonnenspektrum, die FRAUNHOFER etwa 1814 fand

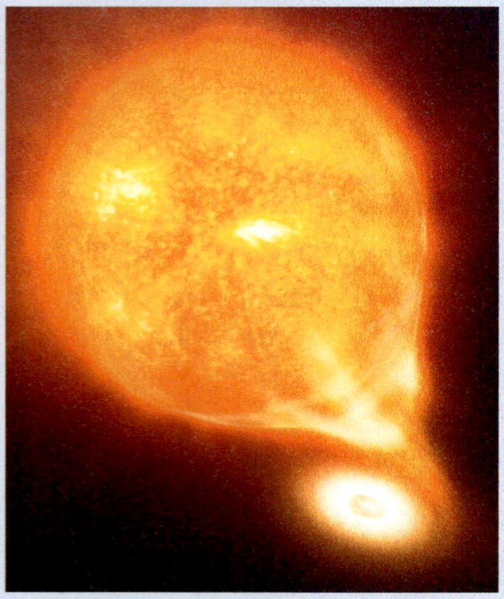

4 Ein Roter Riese umkreist einen Weißen Zwerg (nicht sichtbar im Zentrum der kleinen hellen Gasscheibe).

Mit dem inzwischen etablierten Energieerhaltungssatz wurde klar, dass die Sterne ihre Energie über Zigtausende von Jahren nicht aus dem Nichts erzeugen können. Irgendwann muss ihre Strahlung verlöschen. Doch woher kommt diese Energie und wie entwickeln sich Sterne im Lauf ihres „Lebens"? Sie müssen offensichtlich aus sehr heißen Gasen bestehen. Ihre Oberfläche hat aber je nach Stern sehr unterschiedliche Temperaturen. Bei unserer Sonne ermittelte man eine Oberflächentemperatur von rund 5500 °C. Kurz nach 1900 entdeckte man viel größere Sterne als unsere Sonne, die aber nicht so heiß waren. Sie leuchteten rötlich, sodass man sie Rote Riesen nannte. ↑4 Außerdem wurden Sterne entdeckt, die wesentlich kleiner als unsere Sonne waren, aber sehr viel heißer: die Weißen Zwerge. Aber wo sie im Lebensweg der Sterne standen, war noch weiterhin ein Geheimnis. Immerhin, aus dem so unglaublich großen Weltall hatte die neue Astrophysik ein Labor für Sternphysik und -chemie gemacht. ◀

GRUNDLAGEN: Vom mechanischen Weltbild zum Himmel als Labor

KOPERNIKUS glaubte noch, dass alle Kreisbewegungen im Weltall natürlich und ewig sind. Also fragte er auch nicht danach.

▶ **Newton zeigte, dass große Massen riesige Kräfte bewirken. Ohne Gravitationskraft würden alle Himmelskörper geradeaus fliegen.** ↑5 **Er bewies seine Behauptungen, indem er berechnete, dass dieselbe Kraft, die Steine auf die Erde fallen lässt, den Mond um die Erde bewegt (siehe S. 134).**

Es schien, als könne die Mechanik alle Vorgänge, sogar das Leben, erklären. Die seit der Antike gesuchte Fixsternparallaxe wurde 1838 gefunden.

Aus dem Abstand zwischen Erde und Sonne sowie der Fixsternparallaxe wurde berechnet, dass selbst die nächsten Fixsterne rund 100 Billionen Kilometer entfernt sind!

Man beobachtete mit immer leistungsfähigeren Fernrohren, dass „Nebel" im Weltall Ansammlungen von Sternen ähnlich unserer Milchstraße sind. ↑6
JOSEPH FRAUNHOFER entdeckte dunkle Linien im Spektrum der Sonne.

Die Spektralanalyse regte eine neue Astrophysik an, mit der man Physik und Chemie der Sterne auf der Erde untersuchen kann. ↑7 **Man erkannte, dass es im Weltall die gleichen chemischen Elemente gibt wie auf der Erde. Der Intensitätsverlauf der Strahlung enthält Informationen über die Temperatur an der Oberfläche der Sterne.**

Da der Energievorrat der Sterne nicht unendlich sein kann, folgerte man, dass sich Sterne entwickeln und irgendwann verlöschen müssen. ◀

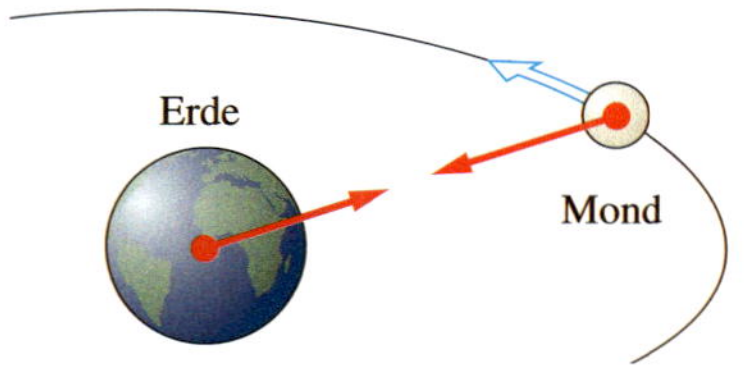

5 Die Bahn des Monds wird durch die Gravitationskraft der Erde bestimmt.

6 Andromedagalaxie

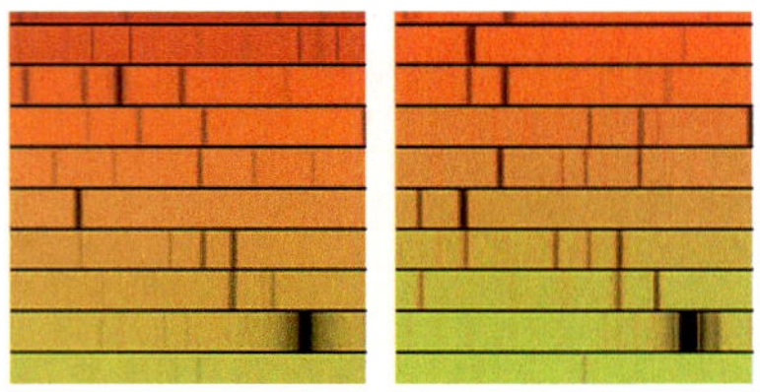

7 Ausschnitt aus den (Absorptions-) Spektren von Sonne und Arcturus

Aufgaben

1 ▶ NEWTON Was war seine entscheidende Leistung für das heliozentrische Weltsystem? ◀

2 ▶ *Was bleibt?* Welche Erfolge hatte das mechanische Weltbild? Welche Visionen erfüllten sich nicht? ◀

3 ▶ *Stern Nummer 61* Der Astronom BESSEL maß 1838 für diesen Stern im Schwan eine Fixsternparallaxe von 0,3 Bogensekunden.
a Berechne die Entfernung des Sterns von der Erde in Lichtjahren und in Kilometern.
b Wievielmal weiter ist der Stern von uns entfernt als PTOLEMAIOS dachte (20 000 Erdradien)? ◀

4 ▶ *Spektralanalyse* Beschreibe diese wichtige Methode der Astronomie. Welche Entdeckungen konnte man mit ihr machen? ◀

5 *Wie groß ist die Sonne?* Die Sonne ist von der Erde etwa $150 \cdot 10^6$ km entfernt. Die Strahlen von zwei gegenüberliegenden Randpunkten schließen für einen Beobachter auf der Erde einen Winkel von 0,5° ein. Berechne aus diesen Angaben den ungefähren Durchmesser der Sonne.

6 *Exoplaneten* Die seit den 1990er Jahren entdeckten Planeten in fernen Sonnensystemen hat man mit der gleichen Methode entdeckt wie den Neptun 1845. Schwankungen der Planetenbahnen spielen dabei allerdings keine Rolle, da die Planeten selbst bisher nicht direkt beobachtbar sind. Welche Bahnschwankungen untersucht man wohl?

7 ▶ *Gravitationskraft* Was bewirkt sie? Beschreibe Beispiele von der Erde und aus dem Weltall. ◀

Einstein, Urknall und Dunkle Materie

Im Jahr 1967 entdeckte JOCELYN BELL, Doktorandin am Observatorium für Radioastronomie im englischen Cambridge, dass von einer bestimmten Himmelsstelle Radiosignale kamen, in kurzen Abständen von rund 1,3 Sekunden – fast wie ein Zeitzeichen. Im Spaß nannten die Wissenschaftler diese Radioquelle zunächst LGM *(little green men)*. ↑1 www 38-1

1 JOCELYN BELL und ihr Antennenfeld (im Vordergrund), mit dem sie den ersten Neutronenstern entdeckte

2 Kreiselnder Neutronenstern (Pulsar), Computerillustration

Bald wurde klar, dass hier keine ferne Zivilisation Zeitsignale zur Erde sandte. Die Signale hätten sich sonst im Rhythmus der Planetenbewegung um ihre Sonne verändern müssen. Die Botschaft war außerdem zu simpel und die ausgesandte Energie ungeheuer hoch.
Nach einiger Zeit fand man heraus, dass diese und ähnliche Radiosignale von zusammengebackenen Sternresten stammten, die bei riesigen Supernova-Explosionen übrig geblieben waren. Über solche Sternreste, nur noch aus Neutronen bestehend und etwa 20 km klein, hatte man schon seit 30 Jahren nachgedacht. Aber kein Theoretiker hatte geglaubt, dass sie irgendeine messbare Strahlung aussenden würden. Die hatte nun eine Doktorandin entdeckt! Es gab also wirklich Neutronensterne. Sie können sich unglaublich schnell drehen, schneller als einmal pro Sekunde. Dabei senden sie Radiostrahlung wie ein Leuchtfeuer ab. ↑2

3 Noch vor 100 Jahren stellte man sich unsere Milchstraße viel größer als alle anderen „Nebel" vor.

Anfang des 20. Jahrhunderts schien klar, dass die noch junge Atomphysik und die schon erprobte Spektralanalyse als experimentelle Methode der Schlüssel zu allen Geheimnissen des Weltalls sein mussten. 1896 wurde die Radioaktivität entdeckt. Die Radioaktivität der Gesteine erlaubte es, das Alter der Erde und damit des Sonnensystems zu ermitteln. Es ergab sich die unvorstellbare Zahl von mehreren Milliarden Jahren! Wie war es möglich, dass die Sonne über so lange Zeit unglaubliche Energiemengen ins Weltall strahlte? Woher kam diese Energie?
Dazu gab es noch weitere spannende Fragen: War das Weltall nur ungeheuer groß oder sogar unendlich? War es irgendwann entstanden oder bestand es schon ewig? Wird es noch ewig bestehen oder irgendwann vergehen?
Noch immer glaubte man, dass die unzähligen Sternsysteme, die der Milchstraße ähnelten, viel kleiner als unsere eigene Galaxie waren – ein letzter Rest von geozentrischer Sicht. ↑3 War diese Vorstellung richtig? Man dachte, sie würden sehr nahe bei uns stehen, weil man ihre Entfernungen von der Sonne nicht messen konnte. Die Abstände waren zu groß für die Methode der Fixsternparallaxe. Doch fand man bald neue Messmöglichkeiten.

Billionen Galaxien – Galaxienflucht

Kurz nach 1900 entdeckte die Astronomin HENRIETTA LEAVITT eine raffinierte Möglichkeit, Entfernungen zu anderen Galaxien zu messen. Es gibt „veränderliche" Sterne, die in regelmäßigen Abständen heller und wieder dunkler werden. LEAVITT fand heraus, dass sich die Helligkeit dieser Sterne umso langsamer verändert, je größer ihre maximale Helligkeit ist. Wenn man in einer fremden Galaxie einen Stern findet, der sich in einem bestimmten Takt verändert, weiß man also, wie groß seine maximale Helligkeit ist. Von der Erde aus betrachtet, haben veränderliche Sterne mit gleichem Takt aber scheinbar unterschiedliche maximale Helligkeiten. Denn je weiter sie entfernt sind, desto schwächer erscheinen sie ja (ihre scheinbare Helligkeit nimmt quadratisch mit der Entfernung ab). Daraus kann man die Entfernung des Sterns und damit der fremden Galaxie berechnen.

▶ *Mit* LEAVITTS *Methode maß* EDWIN POWELL HUBBLE, *dass die Galaxien außerhalb unserer Milchstraße sehr weit entfernt sind und deshalb nicht kleiner als unsere Galaxie sein können. Unsere Sonne ist also nicht nur ein Staubkorn unter mehr als 100 Milliarden Sternen unserer Milchstraße – unsere Milchstraße selbst ist ein noch unbedeutenderes Staubkorn unter Billionen (wie wir heute schätzen) anderer Galaxien.* ↑4
HUBBLE *wies außerdem 1929 nach, dass sich fast alle Galaxien von uns entfernen. Diese „Galaxienflucht" erfolgt umso schneller, je weiter sie schon weg sind.*

4 In dem fotografierten Bereich des Weltraums kann man 100 000 Galaxien zählen. Alle entfernen sich voneinander.

Albert Einstein – Relativitätstheorien

Inzwischen hatte ein junger Physiker, ALBERT EINSTEIN, 1905 seine *spezielle Relativitätstheorie* aufgestellt. Er behauptete:

- Die Lichtgeschwindigkeit ist im gesamten Universum konstant, unabhängig davon, wie schnell sich eine Lichtquelle (oder der Beobachter) bewegt.
- Zeit und Raum sind relativ, d. h., sie hängen vom Beobachter, dem beobachteten Objekt und deren Bewegungen ab. Einen absoluten Raum (lat. *absolutus:* losgelöst) und eine absolute Zeit gibt es nicht.
- Energie und Masse sind gleichwertig. Man kann sie in einander umrechnen. Es gilt die Beziehung:
  Energie = Masse · Lichtgeschwindigkeit^2 (kurz: $E = m \cdot c^2$).

Ein zweiter Paukenschlag für die Astronomie und ihr modernes Weltbild war EINSTEINS *allgemeine Relativitätstheorie*, die er im Jahr 1915 veröffentlichte:

- Licht wird auf seinem Weg in der Nähe massereicher Himmelskörper abgelenkt, ähnlich wie die Planeten auf ihren Bahnen um die Sonne. Materie „krümmt" Raum und Zeit, sodass alles auf vorgepressten „Schienen" laufen muss, eben auch das Licht. ↑5 Es gibt damit, anders als bei NEWTON, keine Gravitationskräfte mehr, die in die Ferne wirken. (Also hat DESCARTES doch ein wenig recht bekommen – auch wenn es keine Wirbel aus Himmelsmaterie gibt!) Planeten bewegen sich auf Ellipsenbahnen, weil der gekrümmte Raum sie dazu zwingt.
- Der Raum ist kein leeres „Gefäß" wie bei NEWTON, in das alle Sterne „eingefüllt" werden. Die Himmelsmaterie von Sternen, Planeten, Staub und Gasen im Weltraum selbst bestimmt den Raum. Ohne sie gäbe es gar keinen Raum.

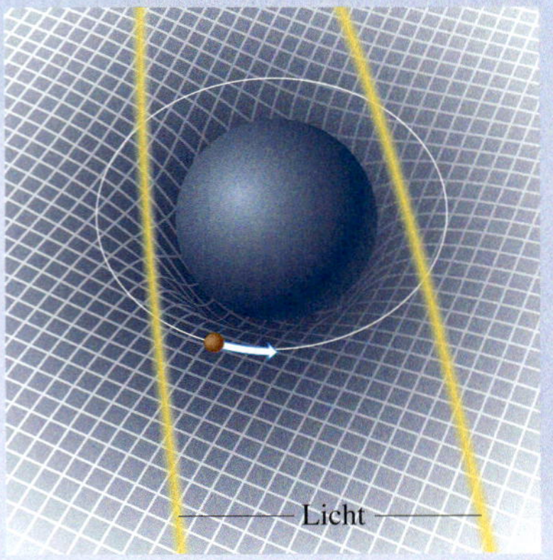

5 Materie „krümmt" Raum und Zeit.

– Wenn sich die Zusammenballung von Materie an einer Stelle des Weltraums verändert, muss sich auch der Raum verändern. Das gilt beispielsweise bei einer riesigen Sternexplosion, bei der der größte Teil der Sternmasse in das Weltall geblasen wird. Dann „jagen" Gravitationswellen durch das Weltall, die von solchen Ereignissen künden. (Gravitationswellen sind als einzige der einsteinschen Hypothesen bis heute noch nicht direkt nachgewiesen.)

Schwarze Löcher, Rote Riesen, Weiße Zwerge

Aus EINSTEINS allgemeiner Relativitätstheorie folgt auch, dass ein Himmelskörper so dicht zusammengedrückt sein kann, dass um ihn herum riesige Gravitationskräfte wirken. Selbst Licht kann nicht mehr von ihm entweichen. Wir nennen solche Himmelsgegenden heute *Schwarze Löcher*. Das erste hieb- und stichfest nachgewiesene Schwarze Loch gibt es im Zentrum unserer Milchstraße. Es hat etwa 3,5 Millionen Sonnenmassen.

EINSTEINS Theorie lieferte auch eine Erklärung für die „Galaxienflucht": Die Galaxien entfernen sich voneinander, weil sich der Raum ausdehnt. Bildlich gesprochen sind die Galaxien wie Rosinen in einem Kuchen, der beim Backen aufgeht. ↑1

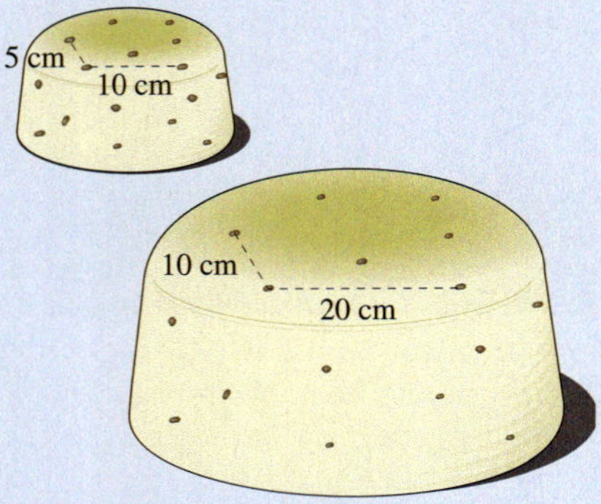

1 Modell für die „Galaxienflucht": aufgehender Rosinenkuchen

Atomphysik, Kernphysik, Relativitätstheorie und beobachtende Astronomie klärten bis zur Mitte des 20. Jahrhunderts endgültig, was Sterne eigentlich sind: Sie verschmelzen die allermeiste Zeit ihres Lebens Wasserstoff zu Helium. Die durch Fusion erzeugte Strahlungsenergie geben sie ins Weltall ab. Ist der Wasserstoff zu rund 10 % verbraucht, blähen sich Sterne zu Roten Riesen auf. Sind sie viel größer als unsere Sonne, explodieren sie am Ende ihres Lebens – nach vielen Millionen Jahren – als Supernovae. ↑2 Zurück bleibt ein Neutronenstern oder ein Schwarzes Loch, in dem der Reststern immer weiter zusammengedrückt wird, bis er schließlich unaufhaltsam in sich zusammenstürzt. Sind Sterne kleiner als unsere Sonne, stoßen sie nach Milliarden von Jahren riesige Gasmengen ab. Zurück bleibt ein Weißer Zwerg, der immer kälter und dunkler wird. ↑3

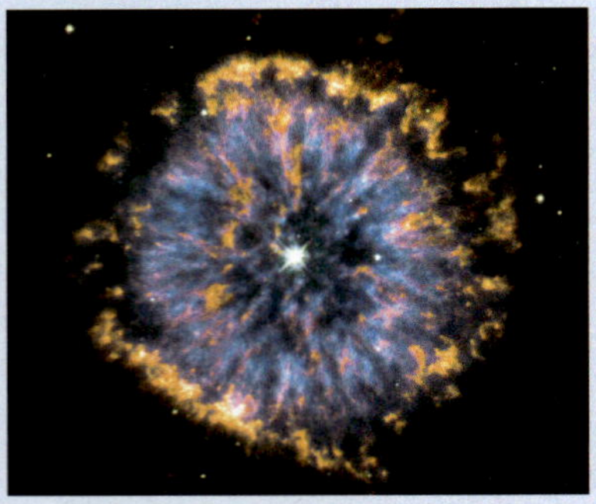
2 Supernova

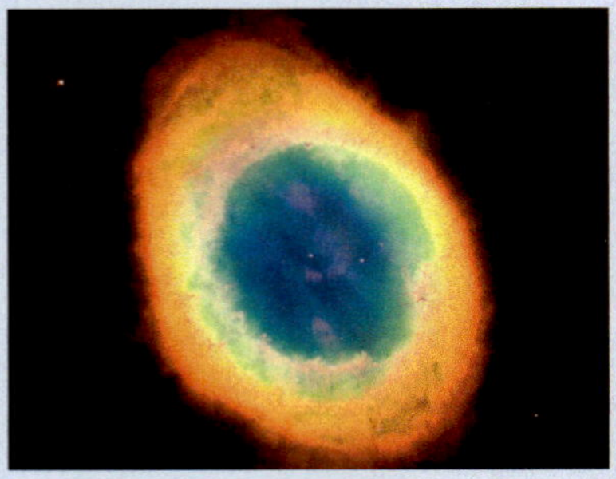
3 Weißer Zwerg im Zentrum der von ihm abgestoßenen Sternhülle

Kosmische Hintergrundstrahlung und Urknall

1965 wurde entdeckt, dass Mikrowellenstrahlung von allen Seiten unsere Erde erreicht. Sie entspricht im Mittel der Strahlung eines Körpers, der eine Temperatur von 2,7 K hat. ↑4 Man deutet diese Hintergrundstrahlung als „Nachhall" einer Entwicklungsphase unseres Weltalls, die rund 300 000 Jahre nach dem „Urknall" lag, bei dem vor ungefähr 14 Milliarden Jahren das Universum entstand. Es ist also etwa 14 Milliarden Lichtjahre groß. ◄

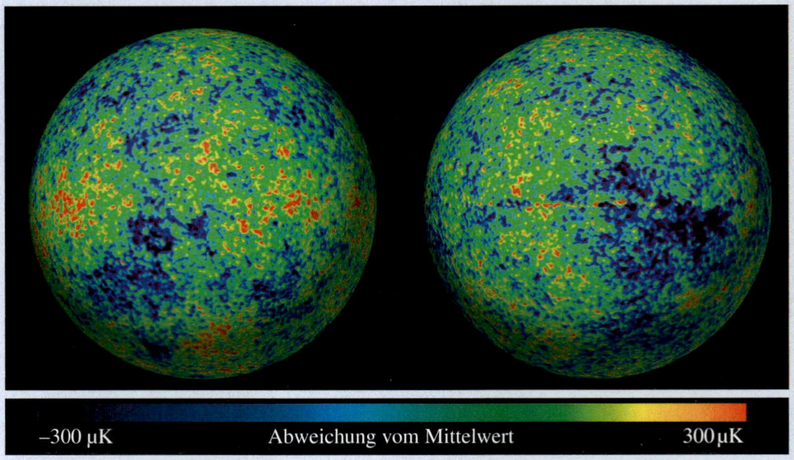

4 Karte der Mikrowellenstrahlung, die auf die Erde (in der Mitte der Kugel) trifft. Die Temperaturen, die die Strahlung anzeigt, weichen um bis zu 0,0003 °C vom Mittelwert ab – das frühe Weltall war also nicht ganz gleichmäßig von Energie erfüllt.

Pulsare

1967 entdeckte JOCELYN BELL den ersten Neutronenstern. Diese kosmischen Leuchtfeuer heißen noch heute Pulsare, obwohl sie eigentlich keine „pulsierenden" Sterne sind. Woher kommt ihre immense Strahlung? Sie besitzen ein sehr starkes Magnetfeld, das geladene Materie (Plasma) aus der Umgebung geradezu „einsaugt". Diese Materie prallt auf die Pole des Neutronensterns und erhitzt sie auf Millionen Grad Celsius. ↑5 Die erhitzten Pole senden daraufhin Strahlungsbündel ins Weltall ab.

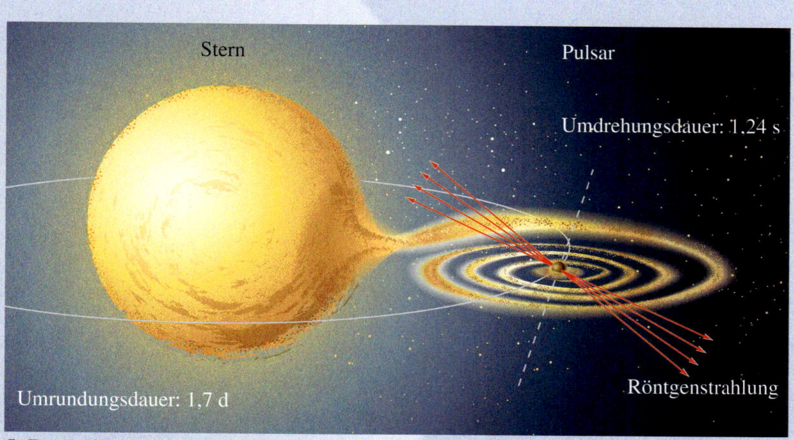

5 Doppelsternsystem: Ein Pulsar kreist mit einem normalen Stern zusammen um einen gemeinsamen Schwerpunkt.

Planeten um ferne Sonnen

▶ In den 1990er Jahren wurden die ersten Planeten um ferne Sonnen entdeckt. Das bewies endgültig, dass unsere Sonne nichts Besonderes im Weltall ist.

Dunkle Materie und Dunkle Energie

In den letzten Jahren haben Astronomen Unerklärliches beobachtet, das den bisherigen Vorstellungen widerspricht. So drehen sich Galaxien viel schneller, als sie nach dem Gravitationsgesetz NEWTONS dürften. Die Masse ihrer Sterne ist zu gering für die beobachteten Umdrehungsgeschwindigkeiten. Und die Entstehung von Galaxien in der Frühzeit des Weltalls erfolgte sechsmal schneller, als man aus der bisher angenommenen Gesamtmasse berechnet hatte. Um die Widersprüche aufzulösen, nehmen Astronomen an, dass es neben der leuchtenden Materie von Sternen und Gasnebeln fünf- bis sechsmal so viel unsichtbare *Dunkle Materie* gibt. Von ihr weiß man nichts – außer dass sie Schwerkraft ausübt und deshalb z. B. Galaxien schneller rotieren lässt oder Licht ferner Galaxien ablenkt. ↑6

6 Ein Ring (blau) aus Dunkler Materie in einem 5 Milliarden Lichtjahre entfernten Galaxienhaufen. Der Ring wurde vom Computer berechnet – zu sehen ist er in Wirklichkeit nicht.

Seit einigen Jahren beobachtet man, dass sich das Universum mit allen Galaxien immer schneller ausdehnt. Ähnlich wie bei der Dunklen Materie nimmt man an, dass es eine *Dunkle Energie* gibt, die für die beschleunigte Ausdehnung verantwortlich ist. Mithilfe von EINSTEINS Formel $E = m \cdot c^2$ kann man die Energie in Masse umrechnen. Danach bestünde das Weltall nur zu 4 % aus dem, was alle Weltbilder seit Jahrtausenden kennen: aus „normaler" Materie! Alles andere wäre Dunkle Materie (23 %) und Dunkle Energie (73 %). ◀
Vielleicht brauchen wir einen neuen EINSTEIN, um dieses „dunkle" Weltbild der Gegenwart näher zu erklären. Er müsste die Quantentheorie, die das Allerkleinste – z. B. im Innern eines Schwarzen Lochs oder am Beginn des Urknalls – beschreibt, mit der allgemeinen Relativitätstheorie zusammenbringen.

GRUNDLAGEN: Elemente der Astrophysik des 20. Jahrhunderts

Ab 1900 bildeten sich wichtige Fragen einer neuen Astrophysik heraus:
- Woraus bestehen Sterne? Wie wird die gewaltige Strahlungsenergie in ihnen erzeugt? Wie entwickeln sich die Sterne?
- Ist unsere Milchstraße einzigartig?
- Entwickelt sich auch das Weltall oder ist es immer gleich geblieben?

▶ **Sterne bestehen aus sehr heißen Gasen. Bei unermesslich vielen Fusionen von Wasserstoff zu Helium setzen sie in jeder Sekunde gewaltige Energien frei.** ↑1 **Sind etwa 10 % des Wasserstoffs verbraucht, blähen sich die Sterne auf, explodieren und stoßen ihre Gashüllen ab. Dabei können Rote Riesen, Weiße Zwerge, Schwarze Löcher … entstehen.**

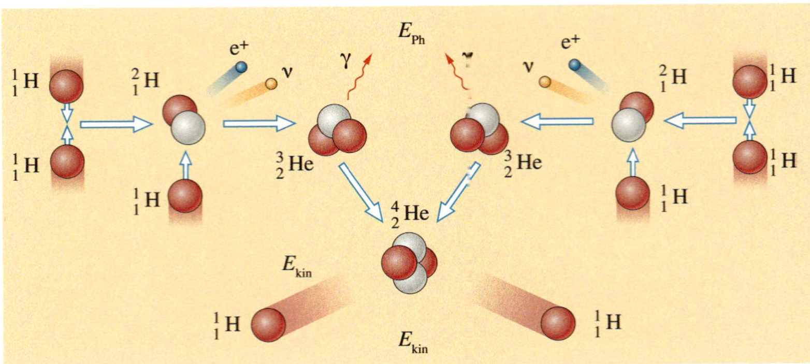

1 In Sternen setzen Kernfusionen Energie (Photonen, Bewegungsenergie) frei.

Es gibt Billionen von Galaxien. Das Weltall hat sich wahrscheinlich aus einem Urknall entwickelt und dehnt sich weiter aus. ↑2

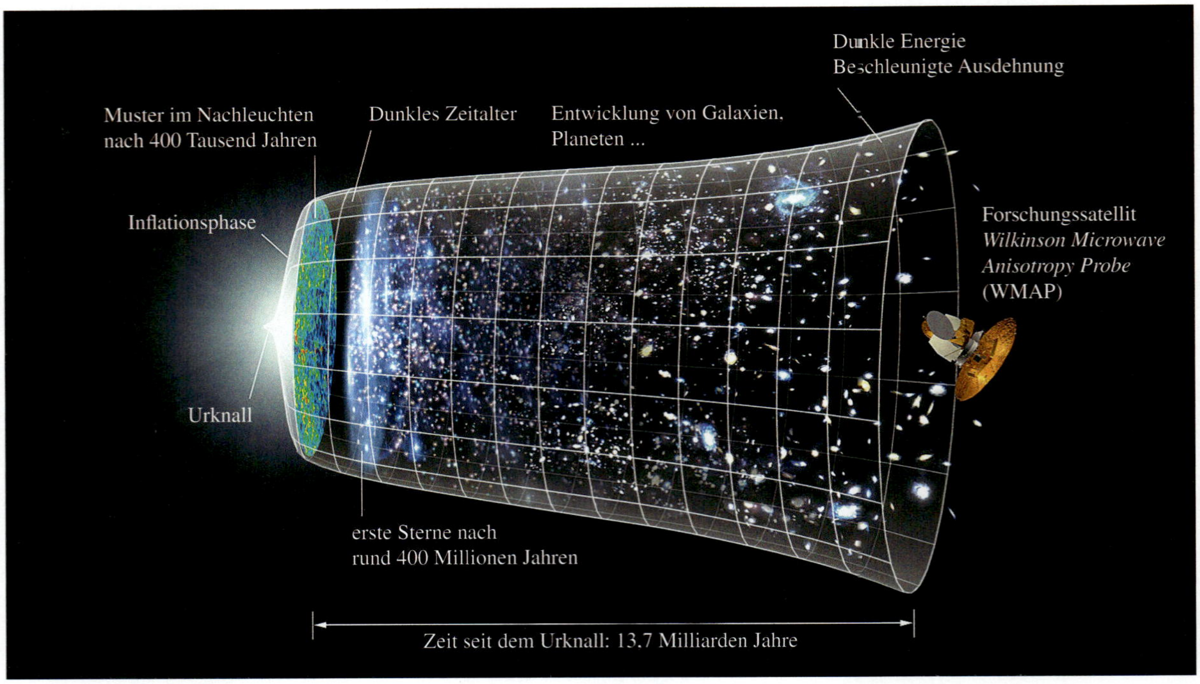

2 Unser Universum „durchlebte" vom Urknall bis heute mehrere Phasen. Der „Trichter" zeigt nicht die Form des Weltalls, sondern soll veranschaulichen, wie sich das Universum mit zunehmender Zeit ausgedehnt haben könnte.

Die Relativitätstheorien von EINSTEIN brachten neue Vorstellungen von Raum, Zeit und Gravitation, die sich von NEWTONS Vorstellungen unterscheiden.

Die Lichtgeschwindigkeit ist die höchste Geschwindigkeit im Kosmos und unabhängig davon, wie schnell sich die Lichtquelle oder der Beobachter bewegen.
Raum und Zeit hängen vom Beobachter, dem beobachteten Körper und ihrer Bewegung ab. Der Raum ist kein leeres Gefäß, in das Materie eingefüllt ist: Die Materie bestimmt selbst den Raum.

Seit Kurzem nehmen Astronomen an, dass es neben der leuchtenden Materie von Sternen und Gasnebeln fünf- bis sechsmal so viel unsichtbare *Dunkle Materie* gibt. ↑3 Ihre Schwerkraft könnte z. B. folgende Beobachtungen erklären:
- Galaxien drehen sich viel schneller, als nach dem Gravitationsgesetz NEWTONS vorausgesagt wurde. Die Masse ihrer Sterne ist zu gering für die beobachteten Umdrehungsgeschwindigkeiten.
- Die Entstehung von Galaxien in der Frühzeit des Weltalls erfolgte sechsmal schneller, als man aus der bisher angenommenen Gesamtmasse berechnet hatte.

Das Universum dehnt sich immer schneller aus. Für die beschleunigte Ausdehnung könnte eine *Dunkle Energie* verantwortlich sein. Mithilfe von EINSTEINS Formel $E = m \cdot c^2$ kann man die Energie in Masse umrechnen. Danach bestünde das Weltall nur zu 4 % aus „normaler" Materie! ◄

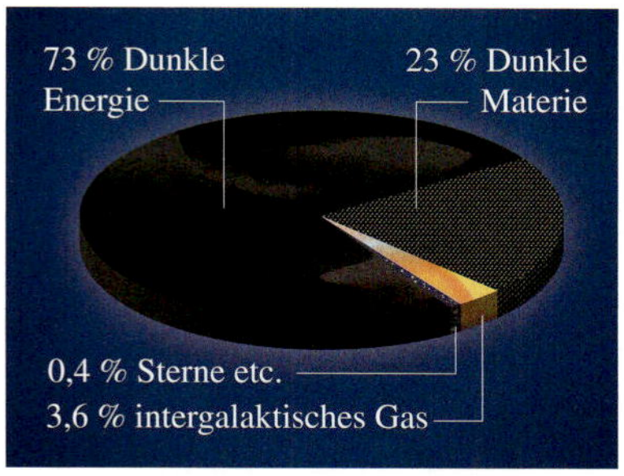

3 Vermutete Massenzusammensetzung des Weltalls

Aufgaben

1 ► *Übersicht* Fasse die wichtigsten Entdeckungen des astrophysikalischen Weltbilds im 20. Jahrhundert kurz zusammen. ◄

2 *Pulsar im Zimmer* Als „Pulsar" brauchst du eine kleine Taschenlampe: Hänge sie schräg an einen Faden, schalte sie ein und lass sie kreiseln. Dein Auge ist der Beobachter auf der Erde: Wo muss es sich befinden, damit du genau in den kreiselnden Lichtstrahl siehst?
Vergleiche deinen Modellversuch mit der Vorstellung eines rotierenden Neutronensterns.

3 ► *Allgemeine Relativitätstheorie* Stelle wichtige Folgerungen für die Astronomie aus EINSTEINS Theorie zusammen. ◄

4 ► *Galaxienflucht* Mit Konfetti und einem Luftballon kannst du dir einen Modellversuch zur Galaxienflucht basteln. Klebe dazu Konfettistückchen auf einen schwach aufgeblasenen Luftballon und blase diesen dann groß auf. Die Papierstückchen stellen Galaxien dar. Was beobachtest du? ◄

5 ► *Gekrümmter Raum – selbst gebastelt* Zeichne auf ein Blatt festes Papier einen großen Kreis, einen Stern und zwei Lichtstrahlen. ↑4 Schneide den Kreis aus. Nun schneidest du ihn bis zur Mitte ein (gepunktete Linie) und ziehst ihn dann zu einem flachen Kegel zusammen. Fixiere den Kegel mit einer Büroklammer. Was beobachtest du, wenn du ihn wieder passend in den Papierausschnitt hältst: Laufen die Lichtstrahlen noch so gerade wie zuvor? ◄

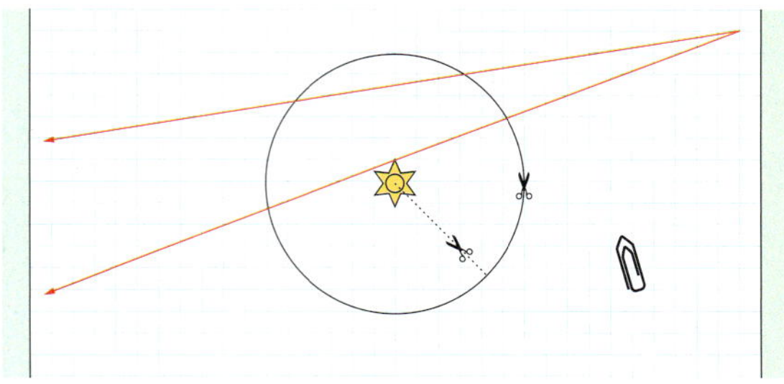

4

Auf einen Blick

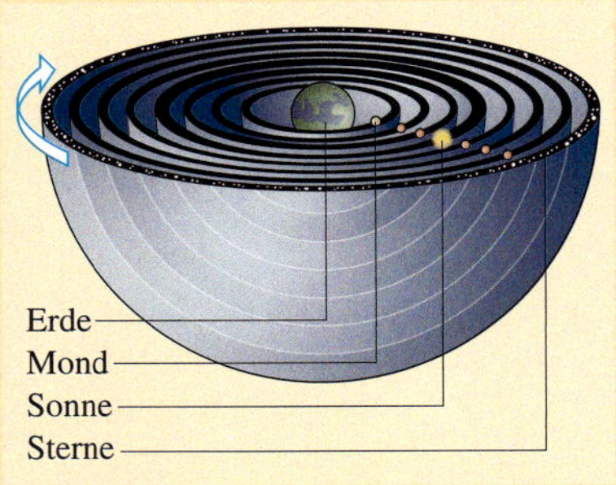

1 Geozentrisches Weltbild der Antike (vereinfacht)

Geozentrisches Weltbild Alle großen Kulturen beobachteten die Himmelsbewegungen genau. Der ewig gleichmäßige Himmel galt als Sitz unsterblicher Götter. Man brauchte Kalender, um das tägliche und das politische Geschehen zeitlich einzuteilen. Sterne dienten mitunter als Orientierungshilfe auf weiten Reisen.

▶ Ein geometrisches Modell von Himmel und Erde verdanken wir den Griechen ab dem 7. Jahrhundert v. Chr. Sie erklärten alle Bewegungen der Gestirne mithilfe von Kugelschalen um die Erde. ↑1

Himmelsmaterie war etwas völlig anderes als die vier Elemente Erde, Wasser, Luft und Feuer des Erdbereichs.

Dass die Sonne viel weiter von der Erde entfernt ist als der Mond, bewies ARISTARCHOS VON SAMOS um 260 v. Chr. Er fand heraus, dass der Durchmesser der Sonne mehrere Male größer als der der Erde ist, und glaubte, dass die größere Sonne im Zentrum der Welt stehen müsse.

PTOLEMAIOS fasste die Astronomie im 2. Jahrhundert n. Chr. in einem systematischen Handbuch, dem Almagest, zusammen. ◀

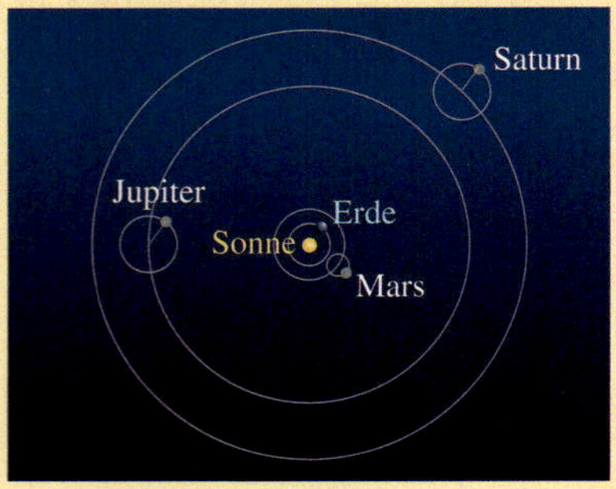

2 Heliozentrisches Weltbild nach KOPERNIKUS (vereinfacht)

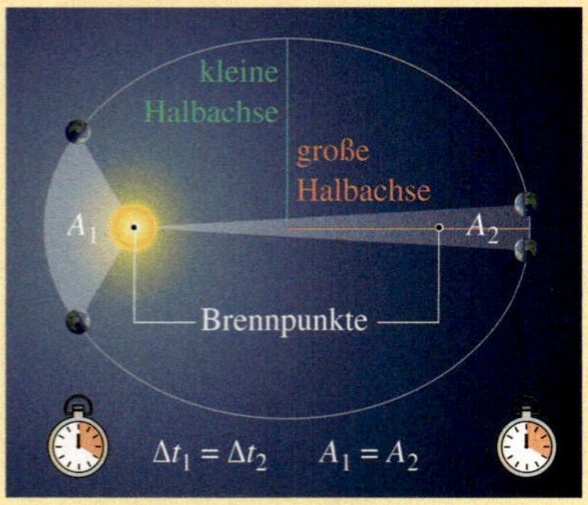

3 Ellipsenförmige Planetenbahnen

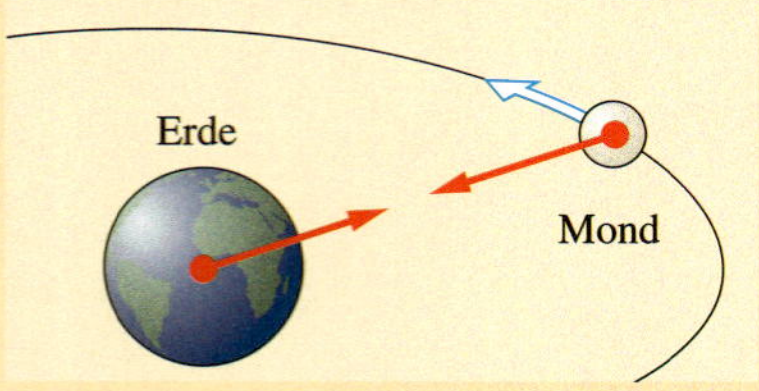

4 Gekrümmte Bahn durch Gravitation

Heliozentrisches Weltbild Das geozentrische Weltbild wurde erst nach 1400 Jahren abgelöst.

▶ KOPERNIKUS „stellte" 1543 die Sonne in das Zentrum der Welt, die Erde und alle Planeten bewegen sich um sie herum. ↑2

GALILEO GALILEI unterstützte dieses Weltbild durch Entdeckungen, die ihm das neu entwickelte Fernrohr ermöglichte: Mondgebirge, Jupitermonde (nicht auf Kugelschalen), Venusphasen …

JOHANNES KEPLER fasste zu Beginn des 17. Jahrhunderts die genauen Beobachtungen der Planetenbewegungen in drei mathematischen Gesetzen zusammen: ↑3

- *1. Gesetz von* KEPLER*: Die Planeten umlaufen die Sonne auf Ellipsen. Jeweils ein Brennpunkt dieser Ellipsen liegt in der Sonne.*
  Bei den meisten Planetenbahnen sind große und kleine Halbachse fast gleich lang. Die Bahnen sind nahezu kreisförmig. Der Schnittpunkt der Ellipsenachsen befindet sich in Wirklichkeit innerhalb der Sonne.
- *2. Gesetz von* KEPLER*: Die gedachte Verbindungslinie Sonne–Planet überstreicht in gleichen Zeitspannen gleich große Flächen.*
  Je näher ein Planet auf seiner Ellipsenbahn der Sonne kommt, desto größer ist seine Geschwindigkeit.
- *3. Gesetz von* KEPLER*: Die Quadrate der Umlaufzeiten zweier Planeten verhalten sich wie die dritten Potenzen der großen Halbachsen ihrer Bahnellipsen:* $\frac{T_1^2}{T_2^2} = \frac{a_1^3}{a_2^3}$.
  Je länger die große Halbachse ist, desto größer ist die Umlaufzeit der Planeten. Beide Größen sind aber nicht direkt proportional zueinander.

ISAAC NEWTON zeigte Ende des 17. Jahrhunderts, dass große Massen riesige Anziehungskräfte ausüben. Ohne Gravitationskraft würden alle Himmelskörper nur geradeaus fliegen. ↑4 Er berechnete, dass dieselbe Kraft, die Steine auf die Erde fallen lässt, auch den Mond um die Erde bewegt. Bewegungen auf der Erde und im Weltall können mit demselben Gesetz beschrieben werden. ◀

Kosmologisches Weltbild ▶ Die Spektralanalyse von JOSEPH FRAUNHOFER (1814) erlaubte es, Sterne aufgrund ihrer Strahlung zu untersuchen. ↑5 Man erkannte, dass es im Weltall die gleichen chemischen Elemente gibt wie auf der Erde. Der Intensitätsverlauf der Strahlung enthält außerdem Informationen über die Temperatur an der Oberfläche der Sterne.
Die seit der Antike gesuchte Fixsternparallaxe wurde 1838 gefunden. Selbst die nächsten Fixsterne sind viele Billionen Kilometer entfernt.
Im 20. Jahrhundert hat die Astronomie von EINSTEINS Relativitätstheorien sowie der neuen Atom- und Kernphysik profitiert:
- Sterne bestehen aus sehr heißen Gasen. Bei der Fusion von Wasserstoff zu Helium setzen sie gewaltige Energien in Form von Strahlung frei. Sind etwa 10 % des Wasserstoffs verbraucht, blähen sie sich auf, explodieren und stoßen ihre riesigen Gashüllen ab. Dabei können Rote Riesen, Weiße Zwerge, Schwarze Löcher … entstehen.
- Nach EINSTEIN ist die Lichtgeschwindigkeit die höchste Geschwindigkeit im Kosmos. Raum und Zeit hängen vom Beobachter, dem beobachteten Körper und ihrer Bewegung ab. Raum und Zeit werden durch die Materie bestimmt. Die Krümmung von Raum und Zeit führt zu den gekrümmten Bahnen der Planeten und des Lichts. ↑6
- Unsere Erde, das Sonnensystem und sogar die Milchstraße sind nur Staubkörner im Weltall: Es gibt Billionen von Galaxien.
- Das Universum hat sich wahrscheinlich aus einem Urknall vor rund 14 Milliarden Jahren entwickelt und dehnt sich noch weiter aus.

Die Astronomie kennt noch ungelöste Rätsel: Gibt es Gravitationswellen? Existieren Dunkle Materie und Dunkle Energie tatsächlich? … ◀

5 Ausschnitt aus dem (Absorptions-) Spektrum der Sonne

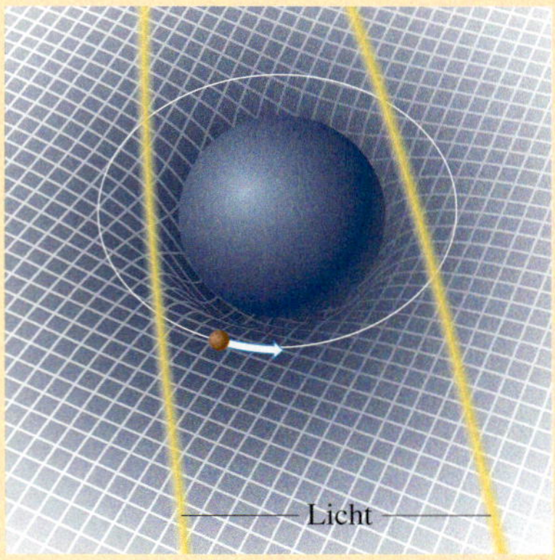

6 Materie krümmt Raum und Zeit.

Alles klar?

1 ▶ *Geozentrisch – heliozentrisch* Welche Gründe sprachen dafür, dass die Erde im Mittelpunkt der Welt steht? Mit welchen Beobachtungen und Argumenten ist die Sonne in den Mittelpunkt „gesetzt“ worden? ◀

2 ▶ *Sonnensystem*
a Welcher Planet umrundet die Sonne am schnellsten, welcher am langsamsten? Begründe die Antwort mithilfe der keplerschen Gesetze.
b Venus, Merkur und Jupiter am Morgenhimmel des 19. 11. 1993: ↑7 Wie könnte die Stellung dieser Planeten und der Erde im Sonnensystem an diesem Tag ausgesehen haben?
c Erkläre die Schleifenbahnen, die der Mars vor dem Hintergrund des Himmels vollführt. ◀

3 ▶ *Zeitmaschine* Begründe diese Aussage: Ein Blick zum Sternenhimmel ist ein Blick in die Vergangenheit. Wie weit kann man zurückblicken? ◀

4 ▶ *Übersicht* Fasse die Entwicklung der astronomischen Weltbilder in einer Mindmap zusammen. Gib darin auch technische und mathematische Fortschritte an, die zu Veränderungen des Weltbilds führten. ◀

7

Check up

1 ▶ PTOLEMAIOS *und* KEPLER Vergleiche die Weltbilder der beiden Wissenschaftler. Welche Gemeinsamkeiten und welche charakteristischen Unterschiede gibt es? Auf welche Annahmen verzichtete KEPLER, die bis dahin allen Weltbildern zugrunde lagen? ◀

2 ▶ *Vollvenus* GALILEI beobachtete als Erster, dass die Venus auch fast als „Vollvenus" erscheinen kann. Erkläre, warum diese Beobachtung im Widerspruch zum geozentrischen Weltbild steht, das heliozentrische Weltbild dagegen stützt. ◀

3 ▶ *Gesetze von* KEPLER

a Berechne, wie sich die Umlaufzeiten der Planeten Venus, Erde und Mars zueinander verhalten.
Hinweis: Die großen Halbachsen der Bahnen von Venus, Erde und Mars haben eine Länge von: 0,72 AE; 1,00 AE; 1,52 AE.

b Wie verhalten sich die Bahngeschwindigkeiten der drei Planeten zueinander?
Hinweis: Nimm zur Vereinfachung an, dass die Bahnen kreisförmig sind.

c Zeige, dass für die Jupitermonde Ganymed und Callisto das 3. keplersche Gesetz gilt.
Hinweise: Die Umlaufbahnen der Monde haben große Halbachsen von $1\,070 \cdot 10^3$ km und $1\,880 \cdot 10^3$ km. Ihre Umlaufzeiten betragen 7,155 Tage und 16,689 Tage. ◀

4 ▶ *Wie schwer sind Sonne und Erde?* NEWTON konnte zeigen, dass bei Himmelskörpern, die einen Zentralkörper der Masse m_z umlaufen, zwischen der großen Halbachse a und der Umlaufzeit T der folgende Zusammenhang besteht:

$$\frac{a^3}{T^2} = 1{,}69 \cdot 10^{-12}\,\frac{\text{N} \cdot \text{m}^2}{\text{kg}^2}\, m_z.$$

a Leite aus dieser Beziehung das 3. Gesetz von KEPLER her.

b Berechne die Masse von Sonne und Erde. ◀

5 ▶ *Nahe Fixsterne?* Die Parallaxe der nächsten Fixsterne ist kleiner als eine Bogensekunde. Wie weit sind sie mindestens von der Sonne entfernt? Vergleiche mit dem Abstand zwischen Erde und Sonne. ◀

6 ▶ *Die Sonne – ein Kohlenofen?* Im 17. Jahrhundert war die Idee nicht abwegig, dass die Sonne aus brennender Kohle besteht.

a Wie lang wäre in diesem Fall die Lebensdauer der Sonne?
Hinweise: Wie man heute weiß, strahlt die Sonne eine Energie von $4 \cdot 10^{23}$ kJ in jeder Sekunde ab. Beim Verbrennen von 1 kg Kohle wird eine Energie von rund 30 MJ freigesetzt. Die Sonne hat eine Masse von $2 \cdot 10^{30}$ kg.

b Vergleiche dein Ergebnis mit dem tatsächlichen Alter der Sonne. Wie wurde dieses bestimmt? Durch welchen Vorgang wird die Strahlungsenergie in der Sonne freigesetzt? ◀

7 ▶ *Weltbilder im Wandel* Beschreibe, wie sich die Vorstellungen der Menschen über die Stellung der Erde im Weltall im Lauf ihrer Geschichte geändert haben. ◀

› Die Lösungen findest du im Anhang.

Schätze deine Kenntnisse und Fähigkeiten ein.
Ordne dazu deiner Lösung im Heft ein Smiley zu:
☺ Ich konnte die Aufgabe richtig lösen.
😐 Ich konnte die Aufgabe nicht komplett lösen.
☹ Ich konnte die Aufgabe nicht lösen.

Aufgabe	Fähigkeit	Hilfe findest du auf Seite ...
1, 2, 7	Geozentrisches und heliozentrisches Weltbild beschreiben.	14, 20, 27, 30, 44
2	Heliozentrisches Weltbild zur Erklärung von Himmelsphänomenen anwenden.	27, 44
3, 4	Keplersche Gesetze anwenden.	30 f.
5	Die Fixsternparallaxe zur Entfernungsberechnung im Weltall anwenden.	20
6	Die Vorgänge in der Sonne und ihre Lebensdauer aus Sicht der Energie betrachten.	42 (und Lexikon)
1, 2, 7	Den Wandel astronomischer Weltbilder beschreiben.	

Die Mechanik Newtons

„Nächste totale Sonnenfinsternis in Bayern am 9. 9. 2081“

Wenn wir diese Überschrift in der Zeitung lesen, glauben wir natürlich daran. Wir sind daran gewöhnt, dass Sonnen- und Mondfinsternisse so eintreten, wie sie vorhergesagt werden – ohne uns zu fragen, wie solche Vorhersagen eigentlich gewonnen werden.
Es leuchtet ein, dass nach ausdauerndem Beobachten regelmäßig wiederkehrender Phänomene auch ihre weitere Entwicklung vorhergesagt werden kann. Ganz anders sieht es z. B. beim Start eines Satelliten aus: Für seine Flugbahn gibt es keine Beobachtungsdaten aus der Vergangenheit. Damit der Satellit sein Ziel erreicht, müssen Wissenschaftler wissen, wodurch die Flugbahn beeinflusst wird – und wie man mit diesem Wissen die Flugbahn im Voraus berechnen kann. Doch wie geht das?

Newtons Gesetze

Grundlage für die Beschreibung von Bewegungen

Die bedeutendste Kultstätte der hellenistischen Welt war das Orakel in Delphi. Im Tempel wurden von Priesterinnen Weissagungen ausgesprochen, deren Quelle der Gott APOLLON selbst war – so der Glaube der Pilger, zu denen nicht nur einfache Menschen, sondern auch die mächtigsten Herrscher gehörten. ↑1 Die Worte der Priesterinnen gelangten allerdings erst nach der Interpretation durch Oberpriester zu den Gläubigen. Da die Priester überall Informanten hatten, gehörten sie zu den bestunterrichteten Leuten im antiken Griechenland. Sie waren also Experten der politischen und religiösen Lage. Da ihre Interpretationen oft mehrdeutig formuliert waren, erscheint es durchaus plausibel, dass sich einige Vorhersagen tatsächlich erfüllten und der Glaube an die hellseherischen Fähigkeiten gefestigt wurde.

1 AEGEUS, König von Athen, befragt das Orakel von Delphi

Sir ISAAC NEWTON (1642–1727) ist einer der berühmtesten Wissenschaftler der Geschichte. Ihm ist es gelungen, physikalische Naturgesetze zu formulieren, die den weiteren Verlauf des Geschehens prinzipiell bestimmen, wenn man den Ausgangszustand genau kennt.

Moderne Supercomputer machen z. B. von NEWTONS Gesetzen Gebrauch, wenn nach Eingabe bekannter Daten die weitere Entwicklung eines Planetensystems vorausberechnet wird. ↑2 Man spricht dann von Computersimulationen. Die komplizierten Ausgangssituationen werden vereinfacht, aber dennoch so gut wie möglich durch eine riesige Menge von Zahlen widergespiegelt. Und jedem Rechenschritt in Richtung Zukunft liegen die Naturgesetze zugrunde, die auch die reale Welt bestimmen – so genau man sie kennt.

Dir ist sicher schon aufgefallen, was das Orakel mit dem Wissenschaftler des 17. Jahrhunderts und dem modernen Supercomputer verbindet. Der Tempel spiegelt das Urbedürfnis der Menschen wider, einen Blick in die Zukunft zu werfen. Sir ISAAC NEWTON formulierte als Erster eine elementare wissenschaftliche Methode, die heute dank der Rechenleistung moderner Computer in vielen Bereichen – auch unseres Alltags – brauchbare Vorhersagen ermöglicht.

2 Kosmologiesupercomputer der Universität Durham

Ausblick Anfangsbedingungen und Kräfte

Eine Bogenschützin visiert die Zielscheibe an. ↑3 Um den gewünschten Endzustand zu erreichen, versucht sie beim Zielen die Anfangsbedingungen der Pfeilbewegung passend festzulegen. Denn nach dem Loslassen der Sehne greift sie nicht mehr ins Geschehen ein. (Der Bogen wird beim Schuss so ruhig wie möglich gehalten.) Beim Abschuss bestimmt hauptsächlich die beschleunigende Kraft des sich entspannenden Bogens die Bewegung des Pfeils. Der Flug wird von der Gewichtskraft auf den Pfeil sowie von den Kräften zwischen Pfeil und Luft festgelegt. Ändern sich diese Einflüsse, z. B. durch Seitenwind, so reagiert die Sportlerin darauf, indem sie andere Anfangsbedingungen schafft. Beim Wettkampf gelten für alle Teilnehmer nahezu gleiche Kräfte, sodass die Wahl der Anfangsbedingungen entscheidet.

3

Beim Curling setzt der „Lead" den „Stein" in Bewegung. ↑4 Zusätzlich gibt er dem Stein eine Drehung. Damit werden die Anfangsbedingungen der Bewegung des Steins festgelegt: Startpunkt, Geschwindigkeit der geradlinigen Bewegung (Betrag und Richtung) sowie Rotationsgeschwindigkeit. Nun gleitet der sich drehende Stein in einem Bogen zum rund 38 m entfernten Zielkreis, dem „House". Die Bahn wird von der Reibungskraft zwischen Eis und Stein bestimmt.
Mit ihren Besen können „Second" und „Third" die Reibungskraft beeinflussen: Durch das Wischen entsteht auf dem Eis ein Wasserfilm, der sofort

4

wieder gefriert und das Eis noch glatter macht. Wird es glatt gewischt, treten zwei Effekte gleichzeitig auf: Der Stein rutscht weiter und die Krümmung des „Curls", d. h. des Bogens, nimmt ab.

Beim Skirennen sind die Anfangsbedingungen nebensächlich. Entscheidend über Sieg und Niederlage ist allein das Geschick, so schnell wie möglich auf dem Kurs zwischen den Stangen zu steuern. ↑5 Dies gelingt, indem der Rennläufer im richtigen Moment an der richtigen Stelle die richtige Kraft einsetzt. Physikalisch betrachtet, gelten für alle Teilnehmerinnen nahezu gleiche Anfangsbedingungen. Die Läufe unterscheiden sich dadurch, dass Kräfte unterschiedlich eingesetzt werden.

5

GRUNDLAGEN: Der Grundgedanke der newtonschen Theorie

1

Ein Grundprinzip aller Vorhersagen leuchtet sofort ein: Wenn die Prognosen der Zukunft nahekommen sollen, müssen genügend Informationen über die Ausgangslage und die Zusammenhänge der Dinge vorliegen. In der „klassischen" Physik formulierte NEWTON als Erster dieses Prinzip genau.

▶ Physikalische Systeme bestehen aus einzelnen Körpern (oder Teilchen), die eine Masse besitzen und zwischen denen Kräfte wirken. Die wesentlichen physikalischen Informationen über den augenblicklichen Zustand eines Systems stecken in den Aufenthaltsorten und Geschwindigkeiten aller beteiligten Körper. Die weitere zeitliche Entwicklung des Systems ist durch die Kräfte und die Massen der Körper eindeutig festgelegt.

Die Informationen über den Anfangszustand des Systems nennen wir *Anfangsbedingungen*. Die Kräfte zwischen den Körpern bezeichnen wir auch als *Wechselwirkungen*. Damit lässt sich das Grundprinzip der Vorhersagen physikalisch folgendermaßen formulieren:

Der zukünftige Zustand eines physikalischen Systems hängt von den Anfangsbedingungen, den Massen und den Wechselwirkungen zwischen den beteiligten Körpern ab. ↑1 ◀

Ausblick Newton gegen Leibniz – Krieg der Philosophen

"Perhaps one the most infamous controversies in the history of science is the one between NEWTON and LEIBNIZ over the invention of the infinitesimal calculus. During the 17th century, debates between philosophers over priority issues were dime-a-dozen. … Probably, what set this particular case apart from the rest was the stature of the men involved, the significance of the work that was in contention, the length of time through which the controversy extended, and the sheer intensity of the dispute.

NEWTON and LEIBNIZ were at war in the later parts of their lives over a number of issues. Though the dispute was sparked off by the issue of priority over the invention of the calculus, the matter was made worse by the fact that they did not see eye to eye on the matter of the natural philosophy of the world. NEWTON's action-at-a-distance theory of gravitation was viewed as a reversion to the times of occultism by LEIBNIZ and many other mechanical philosophers of this era. This intermingling of philosophical issues with the priority issues over the invention of the calculus worsened the nature of the dispute.

One of the reasons why the dispute assumed such alarming proportions … was because of the prevailing 17th century conventions about priority and attitude towards plagiarism. Today, we consider the criterion of printed publication to confer on the author credit for the published work. However, in the 17th century, correspondence and even disclosure in front of reliable witnesses of private manuscripts or instruments had considerable weight; the work need not necessarily have been published."

2 S. SUBRAMANYA SASTRY

NEWTON präsentierte 1687 in seinem zentralen Werk „Philosophiae Naturalis Principia Mathematica" – bekannt als *Principia* – nicht nur elementare Bewegungsgesetze in mathematischer Form. Wichtige neue Rechenmethoden, um von den Gesetzen zu vollständigen Bewegungsbeschreibungen zu gelangen, lieferte er gleich mit. Ein anderer großer Denker der Zeit, GOTTFRIED WILHELM LEIBNIZ (1646–1716), hatte bereits 1684 ebenfalls Grundlagen zum gleichen mathematischen Thema veröffentlicht, das wir heute als Differenzialrechnung bezeichnen. Einige Jahre später entzündete sich ein erbitterter Streit darüber, wer von wem abgeschrieben habe. ↑2 NEWTON bat die einflussreiche Royal Society, deren Präsident er selbst war, um Schlichtung und verfasste den Abschlussbericht persönlich: LEIBNIZ wurde als Plagiator hingestellt, ohne zu seiner Version der Ereignisse befragt worden zu sein.

Heute ist man der Auffassung, dass beide Genies ihre Methoden eigenständig entwickelt haben. ↑3

"It was certainly ISAAC NEWTON who first devised a new infinitesimal calculus and elaborated it into a widely extensible algorithm, whose potentialities he fully understood; of equal certainty, the differential and integral calculus, the fount of great developments flowing continuously from 1684 to the present day, was created independently by GOTTFRIED LEIBNIZ."

3 R. HALL

GRUNDLAGEN: Der Fortschritt durch die newtonsche Theorie

Auch vor NEWTONS Theorie waren für einige Bewegungen mathematische Formeln bekannt, die Anfangs- und Endzustände miteinander verknüpften oder die Bewegungen im Ganzen beschrieben.
Beispiel: KEPLER gelang es, die Bewegungen der Planeten in seinen Gesetzen zusammenzufassen.
Doch solche aus der Beobachtung gewonnenen „Gesetze" – vielleicht wäre es besser zu sagen: „wiederkehrende Regelmäßigkeiten" – konnten nicht erklären, warum sich die Körper so bewegen, wie man es beobachtete.

▶ "Before NEWTON the motion of things … were a mystery, but after NEWTON there was a complete understanding." Damit bringt der amerikanische Physiker und Nobelpreisträger RICHARD FEYNMAN (1918–1988) den Umbruch, den die drei Gesetze NEWTONS in der Entwicklung der Physik hervorriefen, treffend auf den Punkt.

1. Gesetz von Newton: Trägheitsgesetz
Wenn die resultierende Kraft F auf einen Gegenstand gleich null ist, bleibt seine Geschwindigkeit in Betrag und Richtung gleich. ↑4

2. Gesetz von Newton: Bewegungsgesetz
Wenn die resultierende Kraft F auf einen Gegenstand der Masse m nicht gleich null ist, ändert sich seine Geschwindigkeit v nach der Bewegungsgleichung $F = m \cdot a = m \cdot \frac{\Delta v}{\Delta t}$. ↑5
Die Beschleunigung a erfolgt in Richtung der Kraft.

3. Gesetz von Newton: Wechselwirkungsgesetz
Körper üben Kräfte immer wechselseitig aufeinander aus. Die beiden Kräfte, die zwei Körper wechselseitig aufeinander ausüben, sind gleich groß und entgegengesetzt gerichtet. ↑6

Bei Kenntnis der Kräfte kann mit diesen Gesetzen prinzipiell der Verlauf von Bewegungen vorausberechnet werden. Die Bewegungen sind damit im naturwissenschaftlichen Sinn erklärt. ◀

Ausblick

Das Trägheitsgesetz ist ein Spezialfall des Bewegungsgesetzes für F gleich null. Physikalisch betrachtet handelt es sich gar nicht um ein eigenes Gesetz! NEWTON hat es dennoch extra benannt, da es bereits zuvor von GALILEI (fälschlicherweise für Kreisbewegungen!) gefordert wurde.

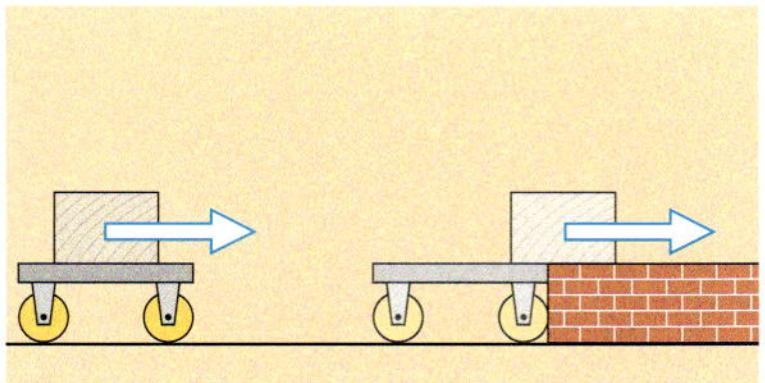

4 Trägheitsgesetz (Beispiel)

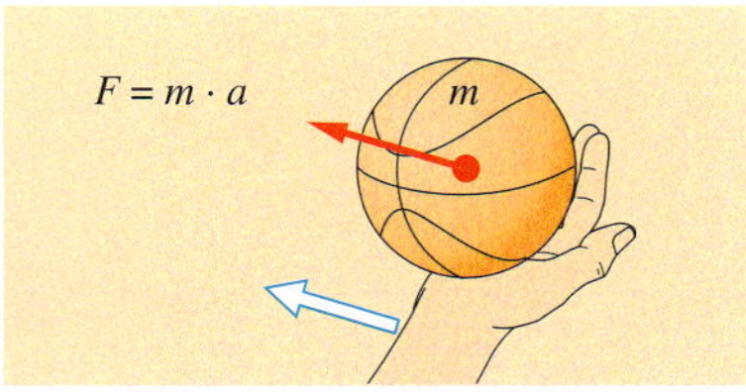

5 Bewegungsgesetz (Beispiel)

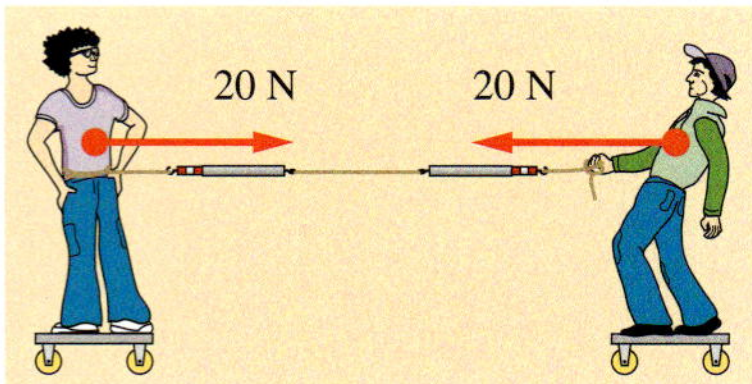

6 Wechselwirkungsgesetz (Beispiel)

NEWTONS Theorie zeichnet sich durch einen großen Geltungsbereich aus, der insbesondere alle Bewegungen umfasst, die wir im Alltag beobachten. Heute weiß man aber, dass sie z. B. im Innern der Atome nicht sinnvoll angewendet werden kann: Dort benötigt man die Quantenphysik (s. Kapitel: „Einblick in die Quantenphysik"). Auch bei Bewegungen, die nahezu mit Lichtgeschwindigkeit ablaufen, ist NEWTONS Theorie nicht mehr gültig. Hier braucht man die Relativitätstheorie ALBERT EINSTEINS (einige interessante Aussagen dieser Theorie s. „Physik erlebt: Absolut – relativ").

Physik erlebt

Absolut – relativ

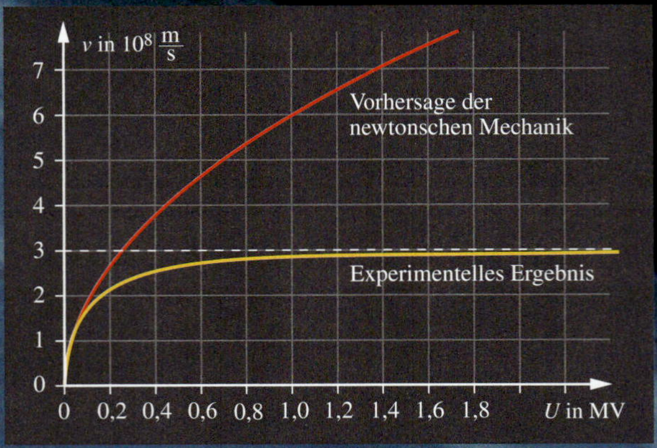

1 Wenn Elektronen in einem Teilchenbeschleuniger immer mehr Energie zugeführt wird (U wird immer größer), nimmt ihre Geschwindigkeit v nicht unbegrenzt zu.

▶ Die von NEWTON geprägte Mechanik hat sich bewährt. Mit ihr lassen sich dynamische Vorgänge bei den für uns alltäglichen Geschwindigkeiten ausreichend exakt beschreiben und vorhersagen.

Bei sehr großen Geschwindigkeiten tauchen aber Effekte auf, die sich damit nicht mehr verstehen lassen. So müsste ein Körper jede beliebige Geschwindigkeit erreichen können, wenn ihn eine Kraft nur lange genug beschleunigt. Experimente zeigen jedoch, dass es eine Grenzgeschwindigkeit gibt, die von Materie weder erreicht noch überschritten werden kann: die Lichtgeschwindigkeit. ↑1 Sie ist der Kernpunkt von ALBERT EINSTEINS spezieller Relativitätstheorie. Was er 1905 nur postulierte, ist inzwischen im Experiment bestätigt worden: Die Lichtgeschwindigkeit ist absolut. Das heißt, es spielt keine Rolle, wie man sich relativ zu einer Lichtquelle bewegt (auf sie zu, von ihr weg …): Man registriert immer die gleiche Lichtgeschwindigkeit. ↑2 Dies steht in krassem Gegensatz zur Erfahrung mit „üblichen" Bewegungen. ↑3

Die Absolutheit der Lichtgeschwindigkeit hat eine wichtige Folge: Die Zeit ist relativ.

Vor EINSTEIN galt die Zeit noch als absolut. Es entspricht der Erfahrung bei alltäglichen Geschwindigkeiten, dass der gleiche Vorgang stets die gleiche Zeitdauer in Anspruch nimmt, auch wenn sich die Zeitnehmer gegeneinander bewegen. So dauert das Pfeifsignal eines vorbeifahrenden Zugs für einen Wartenden auf dem Bahnsteig scheinbar genauso lange wie für einen Reisenden in diesem Zug. Die spezielle Relativitätstheorie zeigt aber, dass beide Zeiten nicht exakt gleich lang sind: Für den Bahnfahrer dauert das Pfeifen etwas kürzer als für die

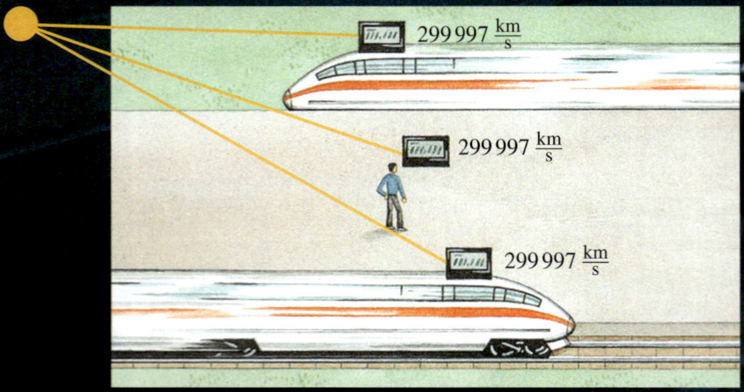

2 Der Messwert der Lichtgeschwindigkeit hängt nicht von der Bewegung des Messgeräts ab.

3 Der Messwert der Windgeschwindigkeit hängt von der Bewegung des Messgeräts ab.

Person auf dem Bahnsteig. Einprägsam formuliert: „Bewegte Uhren gehen langsamer als ruhende.“ ↑4 Wegen der geringen Zuggeschwindigkeit ist dieser Unterschied, Zeitdilatation genannt, jedoch verschwindend klein.
Bei Geschwindigkeiten nahe der Lichtgeschwindigkeit macht sich die Zeitdilatation dagegen deutlich bemerkbar, wie sich am Beispiel von Myonen zeigt. Diese Elementarteilchen entstehen in der Atmosphäre, wenn die kosmische Strahlung in 10 km Höhe auf Moleküle trifft. Myonen zerfallen sehr schnell: Sie haben eine Halbwertszeit von 1,52 µs. Myonen mit einer Geschwindigkeit von 99,8 % der Lichtgeschwindigkeit würden für eine Flugstrecke von 10 km rund 22-mal länger als ihre Halbwertszeit benötigen, ihr Anteil sollte auf Meereshöhe also kaum noch nachweisbar sein. Tatsächlich misst man aber viel mehr solcher Myonen als erwartet! Die spezielle Relativitätstheorie erklärt diesen Widerspruch: Während ein Zeitnehmer auf dem Erdboden eine Flugdauer von 33 µs misst, verstreichen für einen Zeitnehmer, der mit den Myonen „reist“, lediglich 2,1 µs. ◄

Wenn es um höchste Genauigkeit geht, muss die Zeitdilatation auch schon bei viel kleineren Geschwindigkeiten berücksichtigt werden. Bei der satellitengestützten Navigation (GPS) wird ein Funksignal gleichzeitig vom Erdboden zu mehreren Satelliten ausgesendet, die untereinander per Funk kommunizieren. ↑5 Aus den Differenzen der Signallaufzeiten wird die Position des Senders ermittelt. Kleinste Fehler in der Zeitmessung würden, mit der Lichtgeschwindigkeit multipliziert, große Fehler bei der Positionsbestimmung bedeuten. Dass die Satelliten ständig in Bewegung sind, muss also bei der Berechnung der jeweiligen Satellitenzeit wegen der speziellen Relativitätstheorie mit einbezogen werden, um verlässliche Resultate zu erzielen.
Unabhängig von der geschwindigkeitsabhängigen Zeitdilatation der speziellen Relativitätstheorie beschreibt die allgemeine Relativitätstheorie eine Zeitdilatation im Gravitationsfeld der Erde. Abhängig von ihrer Entfernung zum Mittelpunkt der Erde messen Beobachter verschiedene Zeitdauern für den gleichen Vorgang. Je weiter man sich vom Mittelpunkt entfernt, desto länger wird die gemessene Zeitdauer. Plakativ ausgedrückt: „Uhren auf dem Berg gehen schneller als Uhren im Tal.“ ↑6 53-1
Dadurch entspricht einem Jahr auf Höhe der Bodenstationen des Satellitennavigationssystems ein Jahr und eine Millisekunde in Höhe der Satelliten. Außerdem muss noch berücksichtigt werden, dass sich die Satelliten auf elliptischen Bahnen mit veränderlichem Erdabstand bewegen.

4 Bewegte Uhren gehen langsamer als ruhende.
Der Zeitunterschied ist allerdings bei alltäglichen Bewegungen verschwindend klein.

5 Satellitennavigation: höchste Anforderungen an die Zeitmessung

6 Uhren auf dem Berg gehen schneller als Uhren im Tal.
Der Zeitunterschied ist allerdings bei alltäglichen Höhenunterschieden verschwindend klein.

Aufgaben

	a	b	c	d	e	f	g
F	2,0 kN	2,0 kN	2,0 kN	?	?	30 N	30 N
m	1,25 t	250 kg	?	20 g	30 mg	?	?
a	?	?	$8{,}0\,\frac{m}{s^2}$	?	?	?	?
v_{vorher}	$0\,\frac{m}{s}$	$0\,\frac{m}{s}$	$60\,\frac{km}{h}$	$0\,\frac{m}{s}$	$-10\,\frac{m}{s}$	$0\,\frac{m}{s}$	$0\,\frac{m}{s}$
$v_{nachher}$	?	?	?	$50\,\frac{m}{s}$	$35\,\frac{m}{s}$	?	?
Δt	2,5 s	2,5 s	2,5 s	?	70 ms	0,80 s	0,80 s
Δs	?	?	?	5,0 cm	?	50 cm	100 cm

1

1 ▶ *Lückenfüller* Übertrage die Tabelle in dein Heft und berechne die fehlenden Werte mithilfe des Bewegungsgesetzes von NEWTON. ↑1
Hinweis: Die Kraft F sei während eines Vorgangs jeweils konstant. ◀

2 ▶ *Schlagballwurf* Die ungewöhnliche Abwurftechnik von Markus wird mithilfe einer Videoanalyse untersucht. Dabei stellt sich heraus, dass er den Ball auf einer Strecke von 0,80 m praktisch konstant mit $2{,}5\,\frac{m}{s^2}$ beschleunigt und dann abwirft.

a Wie groß ist die kinetische Energie, die Markus dem Ball beim Beschleunigen zuführt?
Hinweis: Der Wurfball wiegt 80 g.

b Wie lange dauert der Beschleunigungsvorgang? Mit welcher Geschwindigkeit wirft Markus den Ball ab? ◀

3 ▶ *Wer wird schneller, wer kommt weiter?*

a Frau Reinhard beschleunigt mit ihrem Sportwagen aus dem Stand kurz und kraftvoll. Danach geht sie vom Gas, sodass die Geschwindigkeit konstant bleibt.
Welche Geschwindigkeit erreicht Frau Reinhard? Wie weit ist sie nach 10 s gekommen? Warum muss der Sportwagen auch bei konstanter Geschwindigkeit angetrieben werden?
Hinweise: Wagen und Fahrerin wiegen zusammen 1,6 t. Die Beschleunigungsphase dauert 3,0 s, dabei wirkt eine Kraft von 10 kN.

b Welche Geschwindigkeit und Entfernung erreicht Herr Reinhard mit seinem Motorrad bei gleichem Fahrverhalten in 10 s? Vergleiche mit dem Rennwagen.
Hinweise: Motorrad und Fahrer wiegen zusammen 320 kg. Die beschleunigende Kraft in den ersten 3,0 s beträgt 3,0 kN. ◀

4 ▶ *Aufschlag beim Tennis* Mareike wirft den Ball zum Aufschlag senkrecht nach oben. ↑2 Wie wird seine weitere Bewegung bis zum Schlag verlaufen?

a Warum gelingt bei diesem Vorgang der „Blick in die Zukunft" relativ leicht?

b Welche Information ist nötig, um im Voraus berechnen zu können, wie hoch der Ball zu einer bestimmten Zeit über dem Platz ist?

c Beschreibe die Bewegung des Balls qualitativ. Gibt es mehrere Möglichkeiten? Wenn ja, welche ist sportlich sinnvoll? Warum?

d *Für Experten:* Welche maximale Höhe erreicht der Ball? Nach welcher Zeit ist diese Höhe erreicht? Auf welcher Höhe muss Mareike den Ball schlagen, wenn sie eine Ausholzeit von 1 s einplant?
Hinweise:
– Mareike wirft den Ball 1,9 m über dem Boden mit einer Geschwindigkeit von $v_0 = 6\,\frac{m}{s}$ ab.
– Bei den Überlegungen zur maximalen Höhe können der Energieerhaltungssatz und die Durchschnittsgeschwindigkeit helfen. ◀

2

Aufgaben

5 ▶ *Antrieb durch Wegschleudern* Gerda hat bei einer Wasserschlacht die Ruder ihres Schlauchboots verloren. Außerdem ist es voller Wasser. Das macht sie sich sogleich als Antrieb zunutze: Sie schöpft es mit einem Eimer heraus und schleudert es nach hinten vom Boot weg.

a Welche Beschleunigung erfährt das Wasser, welche das Boot? Welche Geschwindigkeit erreicht das Boot nach dem ersten Wegschleudern? *Hinweise:* Der Eimer fasst 5 ℓ. Gerda beschleunigt das Wasser mit einer Kraft von 150 N jeweils 0,8 s lang. Die Gesamtmasse von Gerda und Boot beträgt 150 kg. Siehe Musteraufgabe.

b Welche Geschwindigkeit erreicht das Boot nach dem zweiten Wegschleudern? ◀

Musteraufgabe

▶ Familie Berger ist mit dem Boot zurück am Steg angekommen. ↑3 Der Vater steht am Bug des still schaukelnden Boots und springt nach vorne zum Steg ab. Und was geschieht mit dem Boot?

a Welche Beschleunigung erfährt der Vater, welche der „Rest" (Familie plus Boot)? Welche Geschwindigkeiten werden jeweils erreicht?
Hinweise: $m_V = 80\,\text{kg}$; $m_R = 240\,\text{kg}$; Abstoßdauer: $\Delta t = 0{,}3\,\text{s}$; Abstoßkraft: $F = 200\,\text{N}$

b In welchem Verhältnis stehen die Beträge der Geschwindigkeiten zueinander? Wo kannst du dieses Verhältnis noch entdecken?
Fasse dein Ergebnis in einer „Bilanzgleichung" zusammen.

c Welche Strecken (gemessen vom Ausgangsort) werden beim Sprung jeweils zurückgelegt?
Wie weit haben sich der Vater und der „Rest" unmittelbar nach dem Absprung voneinander entfernt?

d Wie groß ist die Arbeit, die der Vater beim Sprung verrichtet? Vergleiche diese Arbeit mit der Summe der kinetischen Energien, die der Vater und der „Rest" erreichen.

Lösung:

a Nach dem Wechselwirkungsgesetz wirken auf den Vater und den „Rest" gleich große, aber entgegengesetzt gerichtete Kräfte.
Die Beschleunigungen berechnen wir mithilfe des Bewegungsgesetzes, die Geschwindigkeiten ergeben sich aus dem Produkt mit der Abstoßdauer.
Vater:

$$a_V = \frac{F}{m_V};\ a_V = \frac{200}{80}\,\frac{\text{m}}{\text{s}^2} = 2{,}5\,\frac{\text{m}}{\text{s}^2}$$

$$v_V = a_V \cdot \Delta t;\ v_V = 2{,}5 \cdot 0{,}3\,\frac{\text{m}}{\text{s}} = 0{,}75\,\frac{\text{m}}{\text{s}}$$

3

„Rest":

$$a_R = \frac{-F}{m_R};\ a_R = \frac{-200}{240}\,\frac{\text{m}}{\text{s}^2} = -0{,}83\,\frac{\text{m}}{\text{s}^2}$$

$$v_R = a_R \cdot \Delta t;\ v_R = -0{,}83 \cdot 0{,}3\,\frac{\text{m}}{\text{s}} = -0{,}25\,\frac{\text{m}}{\text{s}}$$

b Geschwindigkeitsverhältnis (Betrag):

$$\frac{v_V}{v_R} = 3$$

Genauso groß ist das „umgekehrte" Massenverhältnis:

$$\frac{m_R}{m_V} = 3.$$

Bilanzgleichung:

$$\frac{v_V}{v_R} = \frac{m_R}{m_V} \quad \text{oder} \quad v_V \cdot m_V = v_R \cdot m_R$$

c Zurückgelegte Strecken:

$$\Delta s_V = \tfrac{1}{2}\,a_V\,(\Delta t)^2;\ \Delta s_V = \tfrac{1}{2} \cdot 2{,}5 \cdot 0{,}3^2\,\text{m} = 0{,}113\,\text{m}$$

$$\Delta s_R = \tfrac{1}{2}\,a_R\,(\Delta t)^2;\ \Delta s_R = \tfrac{1}{2} \cdot (-0{,}83) \cdot 0{,}3^2\,\text{m} = -0{,}037\,\text{m}$$

Abstand:

$$d = 0{,}150\,\text{m}$$

d Verrichtete Arbeit:

$$W = F \cdot d;\ W = 200 \cdot 0{,}150\,\text{J} = 30{,}0\,\text{J}$$

Kinetische Energien nach dem Absprung:

$$E_V = \tfrac{1}{2}\,m_V \cdot v_V^2;\ E_V = \tfrac{1}{2} \cdot 80 \cdot 0{,}75^2\,\text{J} = 22{,}5\,\text{J}$$

$$E_R = \tfrac{1}{2}\,m_R \cdot v_R^2;\ E_R = \tfrac{1}{2} \cdot 240 \cdot 0{,}25^2\,\text{J} = 7{,}5\,\text{J}$$

Summe der kinetischen Energien:

$$22{,}5\,\text{J} + 7{,}5\,\text{J} = 30{,}0\,\text{J} = W$$ ◀

GRUNDLAGEN: Kräfte bei frontalen Stößen

1 Volley beim Tennis

Wir betrachten einen Volley beim Tennis. ↑1 Der Ball trifft auf den Schläger und fliegt in genau entgegengesetzter Richtung zurück. Nehmen wir einmal an, dass der Ball mit einer Geschwindigkeit von $v_1 = 17\,\frac{\text{m}}{\text{s}}$ auftrifft und mit einer Geschwindigkeit von $v_2 = -13\,\frac{\text{m}}{\text{s}}$ zurückfliegt. Mit welcher Kraft F muss der Schläger in Ruhe gegen den Ball gehalten werden, um diese Geschwindigkeitsänderung zu bewirken?
Hinweise: Der Tennisball wiegt 58 g (= 0,058 kg). Die Stoßzeit Δt beträgt rund 0,1 s.
Für die mittlere Kraft, mit der der Ball während des Stoßes beschleunigt wird, gilt nach dem Bewegungsgesetz:

$$F = m \cdot a = m \cdot \frac{\Delta v}{\Delta t}$$

$$F = 0{,}058 \cdot \frac{-13 - 17}{0{,}1}\,\text{N} = 0{,}058 \cdot \frac{-30}{0{,}1}\,\text{N} = -17{,}4\,\text{N} \quad \text{(Kraft zeigt nach links.)}$$

Das entspricht rund der 30-fachen Gewichtskraft auf den Ball!
Bei allen frontalen Stößen gilt der gleiche Zusammenhang zwischen der mittleren Kraft, der Geschwindigkeitsänderung und der Stoßzeit.

Die mittlere Kraft während eines frontalen Stoßes beträgt:

$$F = m \cdot \frac{\Delta v}{\Delta t} = m \cdot \frac{v_2 - v_1}{\Delta t}.$$

Kräfte treten immer wechselseitig auf: Ball *und* Schläger werden beschleunigt. Die Kraft auf den Ball ist genauso groß wie die Kraft auf den Schläger. Beide Kräfte sind aber entgegengesetzt gerichtet: Die Kraft auf den Ball ist in unserem Beispiel nach links gerichtet (negatives Vorzeichen), die Kraft auf den Schläger nach rechts (positives Vorzeichen). Durch die angespannten Muskeln und den rutschfesten Stand bilden Schläger, Körper und Erdboden eine Einheit. Ihre Gesamtmasse ist so groß, dass die Geschwindigkeitsänderung (Beschleunigung) bei einer Kraft von 17,4 N praktisch null ist.

Aufgaben

2

1 *Volley beim Tennis* Roger ist zum Netz gesprintet und spielt einen Volley. Der Ball fliegt genau in die entgegengesetzte Richtung zurück. Mit welcher Kraft hält Roger den Schläger (in Ruhe)?
Hinweise: $m_{\text{Ball}} = 58$ g; $v_1 = 70\,\frac{\text{km}}{\text{h}}$; $v_2 = -50\,\frac{\text{km}}{\text{h}}$;
Dauer des Stoßes $\Delta t = 50$ ms

2 *Siebenmeter beim Handball* Der Torhüter pariert einen Siebenmeterwurf, laut klatscht der stramm geworfene Ball gegen seine Handfläche. ↑2 Welche Geschwindigkeit hatte eigentlich das „Geschoss“?
Hinweise: Die starre Hand hat 20 ms lang mit einer Kraft von 750 N gegengehalten. Der Ball ($m = 450$ g) ist mit einer Geschwindigkeit von 8,0 $\frac{\text{m}}{\text{s}}$ zurückgeprallt.

GRUNDLAGEN: Luftwiderstandskraft

▶ Wovon hängt eigentlich der Luftwiderstand beim Radfahren ab? Fährt man bei Windstille, so müssen Rad und Fahrer die zuvor ruhende Luft wegschieben. ↑3 Je größer Angriffsfläche A und Luftdichte ϱ sind, desto größer sind Volumen V und Masse m der beschleunigten Luft. Und je größer die Geschwindigkeit v ist, desto mehr nimmt die Luftgeschwindigkeit zu. Größere Masse und Beschleunigung der Luft bedeuten jeweils, dass eine größere Kraft zum Beschleunigen erforderlich ist (Bewegungsgesetz). Damit übt auch die Luft auf den Fahrer eine größere Kraft aus, die seiner Bewegung entgegenwirkt (Wechselwirkungsgesetz). Es gilt:

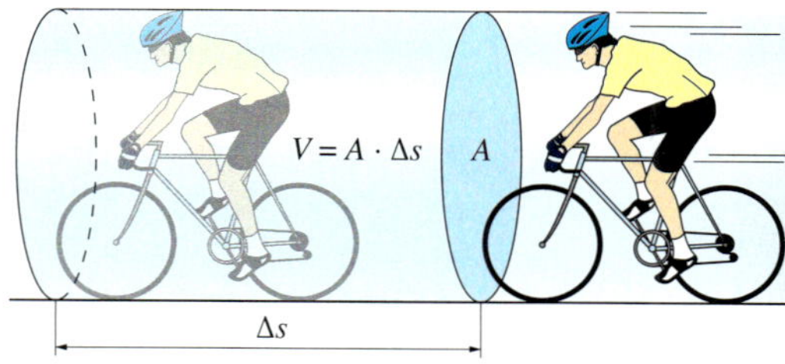

3 Angriffsfläche A des Radfahrers und Volumen V der verdrängten Luft

Die Luftwiderstandskraft wächst mit dem Quadrat der Geschwindigkeit: $F_L = \frac{1}{2} c_W \cdot A \cdot \varrho \cdot v^2$.
Der Luftwiderstandsbeiwert c_W beschreibt, wie stromlinienförmig der bewegte Gegenstand ist. Er wird durch Messungen bestimmt. ↑4 ◀

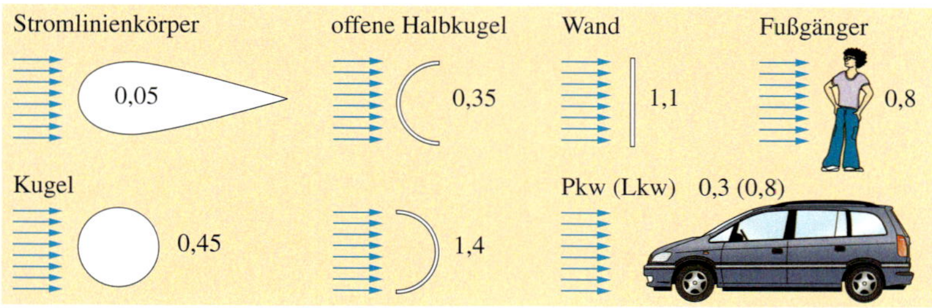

4 Einige Luftwiderstandsbeiwerte

Aufgaben

3 ▶ *Luftwiderstand* Gewinne ein „rechnerisches Gefühl" für die bremsende Kraft der Luft.

a Zwei Autos bieten der Luft jeweils eine Angriffsfläche von $A = 2{,}0\,\mathrm{m}^2$. Eines hat einen c_W-Wert von 0,4, das andere von 0,3. Welches ist windschnittiger?

b Berechne die Luftwiderstandskraft F_L bei 10 $\frac{\mathrm{km}}{\mathrm{h}}$, 20 $\frac{\mathrm{km}}{\mathrm{h}}$ … 130 $\frac{\mathrm{km}}{\mathrm{h}}$. Trage deine Ergebnisse in eine Tabelle ein. Vervollständige die Zusammenhänge:
2-fache Geschwindigkeit → … Luftwiderstandskraft.
3-fache Geschwindigkeit → … Luftwiderstandskraft.

c Stelle die Ergebnisse aus Teil b in einem gemeinsamen v-F_L-Diagramm dar.

d Wie schnell sind die Autos, wenn die Luftwiderstandskraft 0,50 kN beträgt? Löse die Aufgabe mithilfe des Diagramms und rechnerisch. ◀

4 ▶ *Schneller geht's nicht!*

a Auch wenn ein Auto mit konstanter Kraft beschleunigt wird, wird es nicht immer schneller! Warum nimmt die Geschwindigkeit nach einiger Zeit nicht weiter zu?
Tipp: Kräftegleichgewicht

b Mit welcher Kraft wird das Auto bei 90 $\frac{\mathrm{km}}{\mathrm{h}}$ durch Luftwiderstand und Rollreibung (250 N) abgebremst? ↑5

c Je größer die Antriebskraft F und die Geschwindigkeit v sein sollen, desto größer muss die Leistung P des Motors sein: $P = F \cdot v$.
Berechne die Leistung des Motors bei 90 $\frac{\mathrm{km}}{\mathrm{h}}$.

d Bestimme die Höchstgeschwindigkeit des Autos. Wie groß ist dabei die Motorleistung?
Hinweis: Bei Höchstgeschwindigkeit beträgt die Antriebskraft 1,25 kN. ◀

e Eine Raumsonde bewegt sich reibungsfrei. Wenn sie nur genügend lange beschleunigen würde, könnte sie beliebig schnell werden – oder nicht?

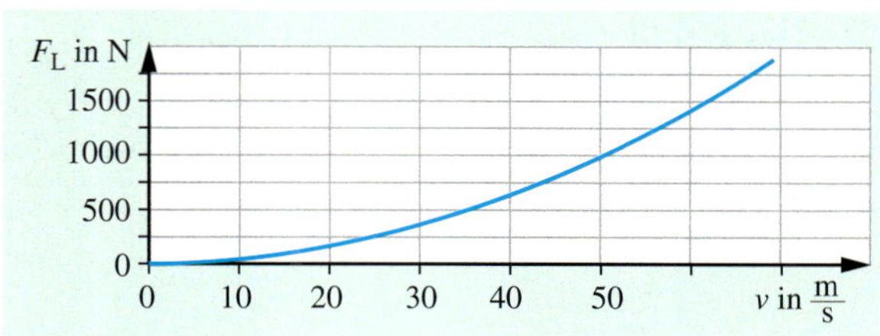

5 Luftwiderstandskraft auf ein Auto

Der Impuls

Sekunden vorher standen beide Autos noch rund 50 m voneinander entfernt. ↑1 Von einer hydraulischen Seilzuganlage auf jeweils $56\,\frac{\text{km}}{\text{h}}$ beschleunigt, prallen die ungleichen Kontrahenten aufeinander – danach sind sie schrottreif.
Die Insassen eines kleinen Autos haben bei einem Zusammenstoß mit einem viel schwereren Auto ein viel höheres Verletzungsrisiko. Forscher untersuchen im Auftrag der Automobilindustrie, wie man diesen Nachteil durch zusätzliche konstruktive Maßnahmen ausgleichen kann.

1 Crashtest: David gegen Goliath

2 „Abrissbirne" im Einsatz

Es muss nicht immer Sprengstoff sein: Dicke Mauern lassen sich auch mit einer „Abrissbirne" einreißen. ↑2 Ihre zerstörerische Wirkung ist umso größer, je mehr „Wucht" oder „Schwung" die Kugel hat. Hinter diesen Begriffen verbirgt sich eine wichtige physikalische Größe: der *Impuls*. Wie hängt er mit der Masse und der Geschwindigkeit der Kugel zusammen? Und welche Rolle spielt ihre kinetische Energie?
Das kann doch nicht wahr sein: Nach dem Anstoß durch die weiße Kugel rollen alle Kugeln in die Gegenrichtung? ↑3 ↑4 Nach dem Energieerhaltungssatz wäre die Rückwärtsbewegung nicht ausgeschlossen: Er enthält nur Aussagen über die Quadrate der Geschwindigkeiten, Richtungen gehen nicht ein. Tatsächlich wird dieser Fall aber nie eintreten: Der *Impulserhaltungssatz* verbietet es.
Anhand einfacher Experimente mit Bällen, Kugeln oder Fahrbahnwagen wirst du den Impuls und seine Gesetze kennenlernen. Übertragen auf „echte" Vorgänge zeigt sich, wie einfach z. B. die physikalische Beschreibung der Folgen eines Zusammenstoßes zweier Autos sein kann.

3 Direkt vor dem Zusammenstoß

4 Warum kann es direkt nach dem Zusammenstoß nicht so weitergehen?

Probier's mal!

1 ▶ Ballkampf

David gegen Goliath einmal anders. ↑5 Du benötigst einen leichten und einen schweren Ball (z. B. einen Fußball und einen Gymnastikball) sowie ein kleines „Podest“ als Ablage.

a Lege den leichteren Ball auf das „Podest“ und wirf ihn mit dem anderen Ball herunter. Beobachte genau, was nach dem Treffer passiert.

b Vertausche die Bälle und versuche den schwereren Ball herunterzuwerfen. Beobachte wieder genau.

c Was ist bei beiden Versuchen gleich, was ist verschieden? Wie lassen sich die Unterschiede erklären? ◀

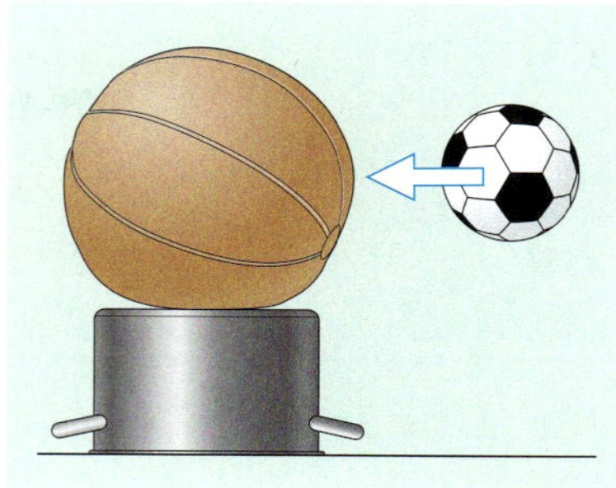

5

Experimente

2 Sprung vom Rollbrett

a Wie weit kannst du aus dem Stand springen?
– Absprung vom Fußboden
– Absprung von einem Rollbrett
Achtung: Verwende ein großes Brett mit festen Rollen. Bei den Sprüngen rollt es nach hinten weg und soll dabei niemanden verletzen oder Gegenstände beschädigen!

b Stellt euch zu zweit oder zu dritt auf das Rollbrett und springt gleichzeitig ab. Wie weit kommt ihr? Was ändert sich im Vergleich zum Einzelspringen?

c Wie lassen sich größere Sprungweiten erzielen?

d Erkläre die Versuchsergebnisse physikalisch.

3 ▶ Auseinanderstöße ↑6

Wird der Faden zwischen den ruhenden Gleitern durchgeschnitten, werden sie von den gespannten Federn beschleunigt.

a Überprüfe die Vermutung: „Gleiche Massen – gleiche Geschwindigkeiten“.

b Wie müssen die Gleiter beladen werden, damit der eine Gleiter zweimal (dreimal, eineinhalbmal ...) so schnell wird wie der andere? Notiere die Massen und Geschwindigkeiten in einer Tabelle.
Welche Regel legen die Messwerte nahe: „Doppelte (dreifache) Masse – ... Geschwindigkeit“? ◀

c *Für Experten:* Leite die Regel aus den Gesetzen von NEWTON her.

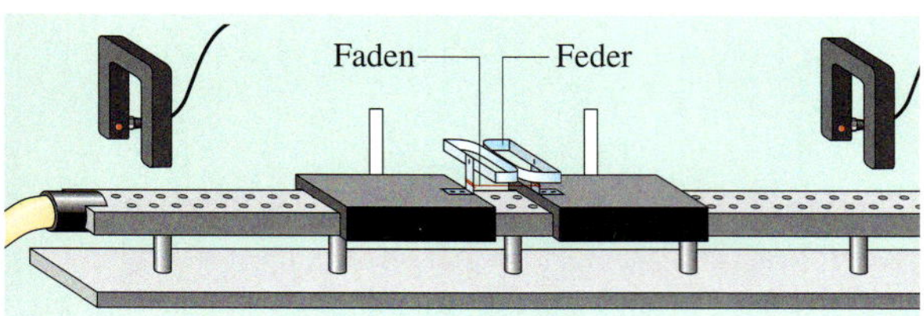

6

4 ▶ Zusammenstöße ↑7

Gibt es einen Zusammenhang zwischen den Geschwindigkeiten v_1 und v_2 vor dem Stoß und den Geschwindigkeiten u_1 und u_2 nach dem Stoß?

a Miss die Geschwindigkeiten erst für gleich und dann für verschieden beladene Gleiter. Überprüfe anhand der Messwerte, ob folgende Gleichungen gelten:
1) $v_1 + v_2 = u_1 + u_2$
2) $v_1 \cdot m_1 + v_2 \cdot m_2 = u_1 \cdot m_1 + u_2 \cdot m_2$
3) $\frac{v_1}{m_1} + \frac{v_2}{m_2} = \frac{u_1}{m_1} + \frac{u_2}{m_2}$
4) $\frac{1}{2} m_1 \cdot v_1^2 + \frac{1}{2} m_2 \cdot v_2^2 = \frac{1}{2} m_1 \cdot u_1^2 + \frac{1}{2} m_2 \cdot u_2^2$
Hinweis: Die Geschwindigkeit soll in unserer Zeichnung bei einer Bewegung nach rechts einen positiven Zahlenwert haben (z. B. 2 $\frac{m}{s}$) und bei einer Bewegung nach links einen negativen (z. B. –3 $\frac{m}{s}$).

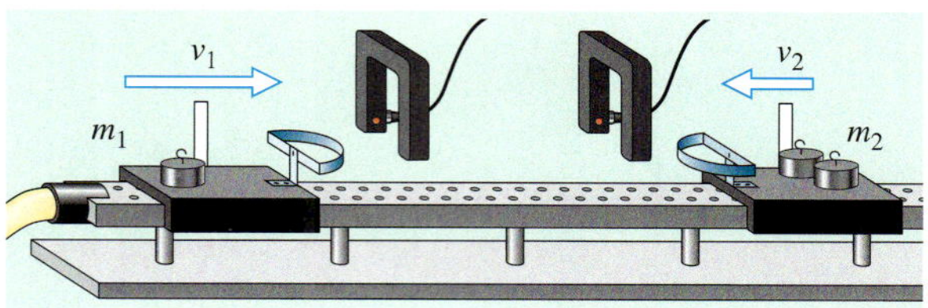

7

b So kann man Unfälle simulieren, bei denen sich Autos ineinander verkeilen. ↑8 Überprüfe anhand von Messwerten, welche der vier Gleichungen von Teil a erfüllt sind. Was fällt dir dabei auf? ◀

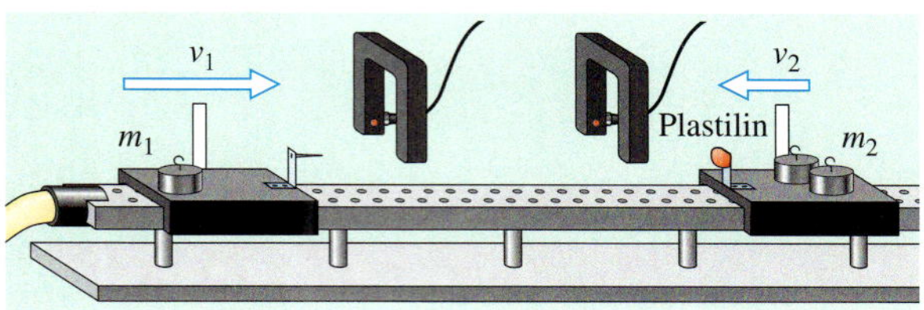

8

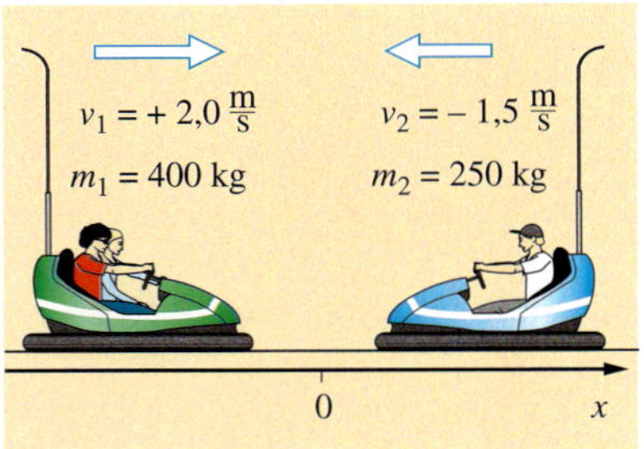

1

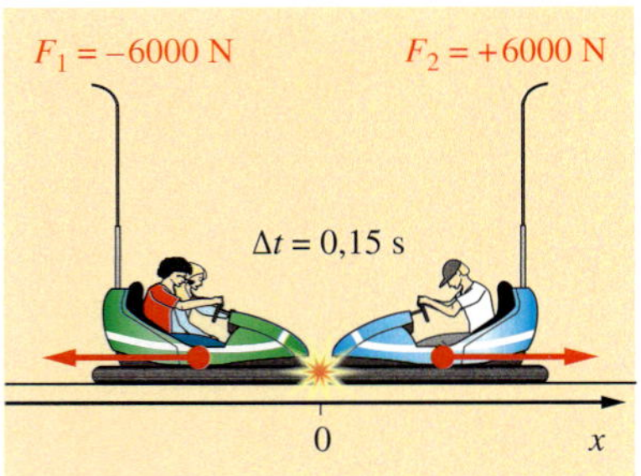

2

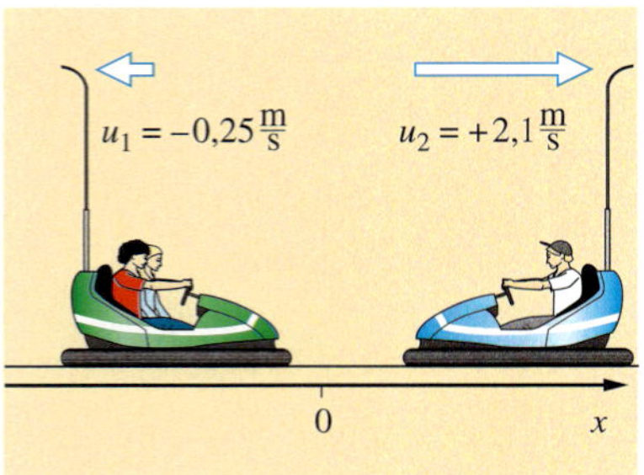

3

GRUNDLAGEN: Vom frontalen Zusammenstoß zum Impuls

Geschwindigkeiten Beim Autoscooter stoßen zwei Wagen frontal zusammen. ↑1 ↑2 Wie lassen sich die Geschwindigkeiten nach dem Stoß berechnen? ↑3 Dazu wenden wir das Wechselwirkungsgesetz und das Bewegungsgesetz von NEWTON an. Vorher legen wir noch fest: Kräfte und Geschwindigkeiten, die in der Zeichnung nach rechts (links) zeigen, sollen positive (negative) Zahlenwerte haben. Und nun zur Rechnung:

– Zur Vereinfachung nehmen wir an, dass während der Stoßdauer Δt beide Wagen konstante Kräfte aufeinander ausüben. Nach dem Wechselwirkungsgesetz sind sie gleich groß und entgegengesetzt gerichtet: $F_2 = -F_1 = 6000\,\text{N}$.
– Nach dem Bewegungsgesetz gilt für konstante Beschleunigungen:
$$F = m \cdot a = m \cdot \frac{\Delta v}{\Delta t}.$$
Damit ergibt sich für die Geschwindigkeitsänderung des Wagens 2:
$$F_2 = m_2 \cdot \frac{u_2 - v_2}{\Delta t}; \quad u_2 - v_2 = \frac{F_2}{m_2} \cdot \Delta t$$
$$u_2 - v_2 = \frac{6000\,\text{N}}{250\,\text{kg}} \cdot 0{,}15\,\text{s} = 3{,}6\,\frac{\text{m}}{\text{s}}$$
Folglich beträgt die Geschwindigkeit u_2 des Wagens 2 nach dem Stoß: $u_2 = -1{,}5\,\frac{\text{m}}{\text{s}} + 3{,}6\,\frac{\text{m}}{\text{s}} = 2{,}1\,\frac{\text{m}}{\text{s}}$.
– Für den Wagen 1 gilt entsprechend:
$$u_1 - v_1 = \frac{F_1}{m_1} \cdot \Delta t; \quad u_1 - v_1 = -\frac{F_2}{m_1} \cdot \Delta t$$
$$u_1 - v_1 = -\frac{6000\,\text{N}}{400\,\text{kg}} \cdot 0{,}15\,\text{s} = -2{,}25\,\frac{\text{m}}{\text{s}}$$
Geschwindigkeit u_1 des Wagens 1 nach dem Stoß: $u_1 = 2{,}0\,\frac{\text{m}}{\text{s}} - 2{,}25\,\frac{\text{m}}{\text{s}} = -0{,}25\,\frac{\text{m}}{\text{s}}$

Teilt man die Änderungen der Geschwindigkeiten durcheinander, dann erhält man ein interessantes Ergebnis:
$$\frac{u_2 - v_2}{u_1 - v_1} = \frac{\frac{F_2}{m_2} \cdot \Delta t}{-\frac{F_2}{m_1} \cdot \Delta t} = -\frac{m_1}{m_2}.$$

Die Geschwindigkeitsänderungen „verhalten" sich beim frontalen Stoß umgekehrt wie die Massen: Ist ein Wagen doppelt so schwer wie der andere, dann ist seine Geschwindigkeitsänderung nur halb so groß. Falls die eine Geschwindigkeitsänderung bekannt ist, kann die andere aus dem Massenverhältnis berechnet werden. Kraft und Stoßdauer spielen dafür keine Rolle.

Energiebilanz Bleibt eigentlich die gesamte kinetische Energie der Wagen bei dem Zusammenstoß erhalten?

– *Vor dem Stoß:* $E_{\text{kin}} = \frac{1}{2} m_1 \cdot v_1^2 + \frac{1}{2} m_2 \cdot v_2^2$
$E_{\text{kin}} = \frac{1}{2} \cdot 400 \cdot 2{,}0^2\,\text{J} + \frac{1}{2} \cdot 250 \cdot 1{,}5^2\,\text{J} = 1081\,\text{J}$
– *Nach dem Stoß:* $E_{\text{kin}} = \frac{1}{2} m_1 \cdot u_1^2 + \frac{1}{2} m_2 \cdot u_2^2$
$E_{\text{kin}} = \frac{1}{2} \cdot 400 \cdot 0{,}25^2\,\text{J} + \frac{1}{2} \cdot 250 \cdot 2{,}1^2\,\text{J} = 564\,\text{J}$

Die kinetische Energie nimmt also ab, ein Teil wird beim Stoß in innere Energie umgewandelt. Aus den Massen und Geschwindigkeiten lässt sich aber eine andere Größe bilden, die vor und nach dem Stoß gleich groß ist: der *Impuls*.

Impuls Wir betrachten jetzt stellvertretend für alle Frontalzusammenstöße und Auffahrunfälle, die ohne Ablenkung zur Seite erfolgen, die Stöße zweier Gleiter auf einer Luftkissenfahrbahn. ↑4–↑6

- *Vor dem Stoß:*
  Der Gleiter 1 hat die Masse m_1 und die Geschwindigkeit v_1.
  Der Gleiter 2 hat die Masse m_2 und die Geschwindigkeit v_2.
  Nach dem Stoß:
  Der Gleiter 1 hat die Masse m_1 und die Geschwindigkeit u_1.
  Der Gleiter 2 hat die Masse m_2 und die Geschwindigkeit u_2.
  Bei dem Stoß:
  Zur Vereinfachung nehmen wir an, dass während der Stoßdauer Δt beide Gleiter konstante Kräfte aufeinander ausüben. Nach dem Wechselwirkungsgesetz sind diese Kräfte gleich groß und entgegengesetzt gerichtet:
  $F_2 = -F_1$.
- Nach dem Bewegungsgesetz gilt für konstante Beschleunigungen:
  $F = m \cdot a = m \cdot \frac{\Delta v}{\Delta t}$.
  Einsetzen für beide Gleiter ergibt:
  $F_2 = -F_1$
  $m_2 \cdot \frac{u_2 - v_2}{\Delta t} = -m_1 \cdot \frac{u_1 - v_1}{\Delta t}$
  $m_2 \cdot (u_2 - v_2) = -m_1 \cdot (u_1 - v_1)$
  $m_2 \cdot u_2 - m_2 \cdot v_2 = -m_1 \cdot u_1 + m_1 \cdot v_1$
- Wenn wir diese Gleichung umsortieren, sodass die Geschwindigkeiten nach dem Stoß auf der linken Seite stehen und die vor dem Stoß auf der rechten, erhalten wir eine Bilanzgleichung „nachher – vorher“:
  Nach dem Stoß *Vor dem Stoß*
  $m_1 \cdot u_1 + m_2 \cdot u_2 = m_1 \cdot v_1 + m_2 \cdot v_2$
  Die Summanden in dieser Bilanzgleichung haben alle dieselbe Form: „Masse mal Geschwindigkeit“.

▶ **Das Produkt aus Masse *m* und Geschwindigkeit *v* eines Körpers spielt in der Physik eine wichtige Rolle bei der Beschreibung von Bewegungen. Es wird als Impuls *p* bezeichnet:**
$p = m \cdot v$. ↑7

Die Einheit des Impulses ist $1\,\mathrm{kg}\,\frac{\mathrm{m}}{\mathrm{s}}$.
Der Impuls ist wie die Geschwindigkeit eine gerichtete Größe, seine Richtung stimmt mit der Bewegungsrichtung überein.
Mithilfe des Impulses lässt sich die Bilanzgleichung kurz und prägnant ausdrücken.

Die Summe der Impulse ist vor und nach dem Stoß gleich groß:
$p_{1,\mathrm{nach}} + p_{2,\mathrm{nach}} = p_{1,\mathrm{vor}} + p_{2,\mathrm{vor}}$.

An keiner Stelle der Herleitung wurde verwendet, dass die mechanische Energie erhalten bleibt. Die Bilanzgleichung gilt daher auch, wenn beim Stoß mechanische Energie in innere Energie umgewandelt wird. ◀

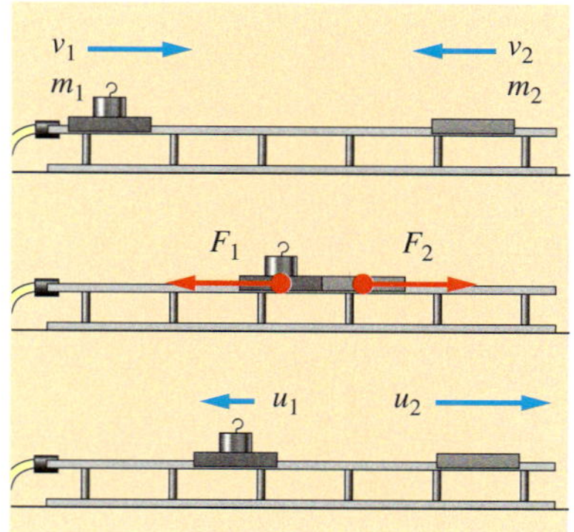

4 Frontalzusammenstoß

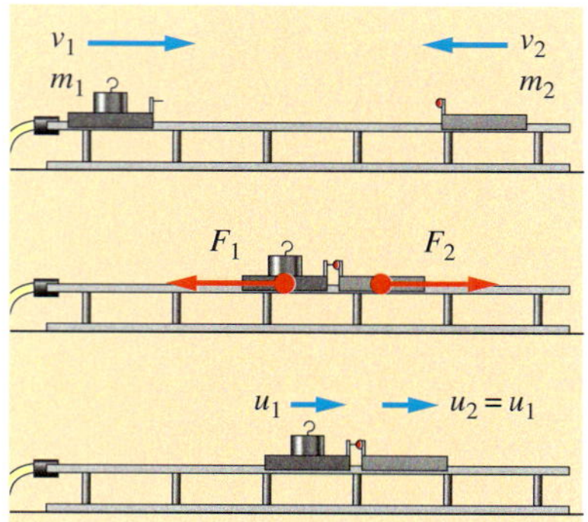

5 Frontalzusammenstoß: Gleiter setzen Fahrt gemeinsam fort.

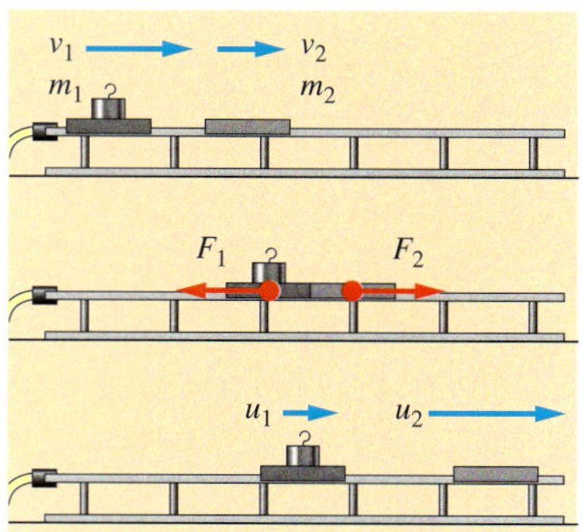

6 Auffahren

7 Impuls vor dem Crash

Aufgaben

1 ▶ *Übung macht …* Berechne die jeweils fehlende Größe. ↑1 ◀

m	3,0 kg	1,5 t	?	25 kg	450 g	?
v	$3{,}0\,\frac{\text{m}}{\text{s}}$	$120\,\frac{\text{km}}{\text{h}}$	$18\,\frac{\text{km}}{\text{h}}$	?	?	?
p	?	?	$100\,\text{kg}\,\frac{\text{m}}{\text{s}}$	?	$15{,}3\,\text{kg}\,\frac{\text{m}}{\text{s}}$	$20\,\text{kg}\,\frac{\text{m}}{\text{s}}$
E_{kin}	?	?	?	350 J	?	40 J

1

2 ▶ *Gleicher Impuls – gleiche Geschwindigkeit?* Wie schnell muss ein Fußball fliegen, damit sein Impuls so groß ist wie der eines Tennisballs mit $v_T = 130\,\frac{\text{km}}{\text{h}}$? Recherchiere die nötigen Daten. ◀

3 ▶ *Sport, Impuls und Energie*

a Berechne Impuls und Energie der verschiedenen „Geschosse" beim Abschuss. ↑2

	m	v	p	E_{kin}
Golfball	45 g	$260\,\frac{\text{km}}{\text{h}}$	?	?
Fußball	430 g	$123\,\frac{\text{km}}{\text{h}}$	?	?
Pfeil beim Bogenschießen	25 g	$50\,\frac{\text{m}}{\text{s}}$	?	?
Luftgewehrkugel	0,6 g	$140\,\frac{\text{m}}{\text{s}}$	?	?

2

b Bei frei zugänglichen Luftgewehren darf die Geschossenergie 7,5 J nicht übersteigen. Ein Hersteller bietet Munition mit verschiedenen Massen an: 0,2 g, 0,4 g und 0,6 g. Vergleiche die Geschwindigkeiten und Impulse, wenn die maximale Energie ausgenutzt wird.

c Das Schießen mit Kleinkaliberpistolen ist eine olympische Disziplin. Dabei werden 1,8 bis 2,6 g schwere Kugeln mit Geschwindigkeiten zwischen 200 und 500 $\frac{\text{m}}{\text{s}}$ abgeschossen. In welchem Bereich liegen die Energien und Impulse der Kugeln? ◀

4 *Stoßprüfer* Stammen diese Daten aus Stoßvorgängen? ↑3 Überprüfe jeweils durch eine Rechnung.

	Vorgang a	Vorgang b	Vorgang c	Vorgang d
m_1	0,9 t	7 kg	0,2 g	0,5 kg
v_1	$0\,\frac{\text{m}}{\text{s}}$	$5\,\frac{\text{m}}{\text{s}}$	$-15\,\frac{\text{m}}{\text{s}}$	$99\,\frac{\text{km}}{\text{h}}$
u_1	$30\,\frac{\text{km}}{\text{h}}$	$1\,\frac{\text{m}}{\text{s}}$	$5\,\frac{\text{m}}{\text{s}}$	$6\,\frac{\text{m}}{\text{s}}$
m_2	1,3 t	28 kg	0,2 g	94 kg
v_2	$50\,\frac{\text{km}}{\text{h}}$	$0\,\frac{\text{m}}{\text{s}}$	$6\,\frac{\text{m}}{\text{s}}$	$0\,\frac{\text{m}}{\text{s}}$
u_2	$40\,\frac{\text{km}}{\text{h}}$	$1\,\frac{\text{m}}{\text{s}}$	$-14\,\frac{\text{m}}{\text{s}}$	$0{,}2\,\frac{\text{m}}{\text{s}}$

3

5 ▶ *Energieumwandlung beim Unfall* Am Stauende fährt ein Kleinbus auf einen anderen auf. Sie verkeilen sich ineinander und rollen gemeinsam weiter. Wie viel Energie wird beim Unfall umgewandelt?
Hinweise: $m_1 = 1{,}2\,\text{t}$; $v_1 = 90\,\frac{\text{km}}{\text{h}}$; $m_2 = 1{,}2\,\text{t}$; $v_2 = 45\,\frac{\text{km}}{\text{h}}$

a Berechne:
- die gesamte kinetische Energie vor dem Unfall
- die Geschwindigkeit u direkt nach dem Unfall
- die beim Stoß umgewandelte kinetische Energie
- den Anteil (in %) der umgewandelten Energie an der Gesamtenergie

b Was würde passieren, wenn beide Wagen mit $45\,\frac{\text{km}}{\text{h}}$ und $90\,\frac{\text{km}}{\text{h}}$ frontal zusammenstoßen? Vergleiche mit den Ergebnissen von Teil a. ◀

6 ▶ *Kommt es zum Unfall?* Zwei Autos fahren hintereinander – aber vielleicht nicht mehr lange. ↑4 Ordne den Anfangssituationen (Geschwindigkeiten) die passenden Beschreibungen zu. ↑5 ◀

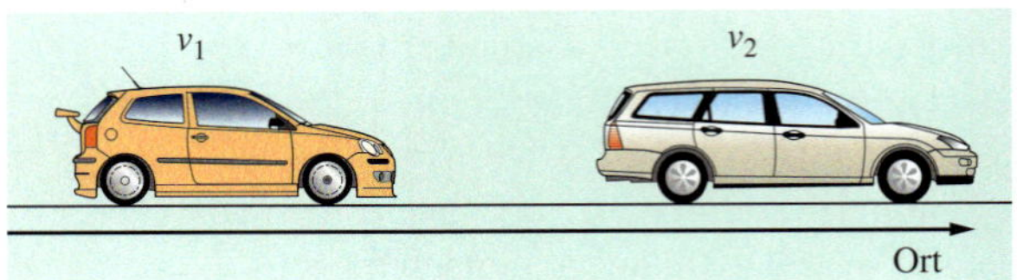

4

	Auffahrunfall auf stehendes Auto	Auffahrunfall auf fahrendes Auto	Frontalzusammenstoß	Kein Unfall	Nicht entscheidbar
$v_1 > 0\,\frac{\text{m}}{\text{s}}$ und $v_2 = 0\,\frac{\text{m}}{\text{s}}$	×				
$v_1 > 0\,\frac{\text{m}}{\text{s}}$ und $v_2 > 0\,\frac{\text{m}}{\text{s}}$ mit $v_2 > v_1$	?	?	?	?	?
$v_1 < 0\,\frac{\text{m}}{\text{s}}$ und $v_2 < 0\,\frac{\text{m}}{\text{s}}$ mit $v_2 < v_1$	?	?	?	?	?
$v_1 = 0\,\frac{\text{m}}{\text{s}}$ und $v_2 < 0\,\frac{\text{m}}{\text{s}}$	?	?	?	?	?
$v_1 > 0\,\frac{\text{m}}{\text{s}}$ und $v_2 > 0\,\frac{\text{m}}{\text{s}}$	?	?	?	?	?
$v_1 > 0\,\frac{\text{m}}{\text{s}}$ und $v_2 < 0\,\frac{\text{m}}{\text{s}}$	?	?	?	?	?

5

GRUNDLAGEN: Impulserhaltungssatz

▶ „Die Summe der Impulse ist vor und nach dem Stoß gleich groß." Diese Gesetzmäßigkeit für frontale Zusammenstöße ist ein einfaches Beispiel für eines der wichtigsten Grundgesetze der Physik.

Impulserhaltungssatz: In einem abgeschlossenen System bleibt die Summe der Impulse aller Bestandteile des Systems – kurz gesagt: der Gesamtimpuls – zeitlich konstant.

„Abgeschlossen" heißt, dass nichts in das System hinein- oder aus ihm herausströmt und dass es nicht in Wechselwirkung mit anderen Systemen steht.
In der Regel verlaufen Stöße nicht geradlinig. Dann kann man die Summe der Impulse grafisch so bilden wie die Summe von Kräften. ↑6 ◀

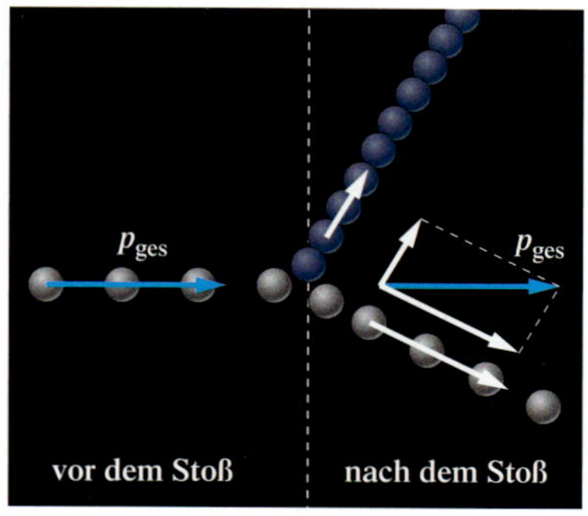

6 Der Gesamtimpuls bleibt erhalten.

Aufgaben

7 ▶ *Fields of Pelennor* Ein Reiter von Rohan wirft sich mit seinem Pferd gegen einen Olifanten. Wie schnell müsste er sein, um den Gegner zu stoppen? *Hinweise:* Das Pferd wiegt 600 kg und der Reiter 100 kg. Der Olifant wiegt zusammen mit seinen Reitern 5 t und hat eine Geschwindigkeit von $20\,\frac{\text{km}}{\text{h}}$. ◀

8 *Wie schnell fliegt eigentlich eine Gewehrkugel?* Herr Tell schießt mit seinem Sportgewehr auf eine an beiden Seiten aufgehängte Holzplatte. ↑7 Die Kugel bleibt in der Mitte stecken und die Platte beginnt zu schwingen. Aus der erreichten Höhe will er die Kugelgeschwindigkeit bestimmen.

a Die schwingende Platte erreicht als maximalen Auslenkungswinkel $\alpha = 6°$.
Berechne, um welche maximale Höhe Δh der Schwerpunkt der Platte angehoben wird.
Hinweis: Rechne hier, noch ohne zu runden.

b Wie schnell ist die Platte beim anschließenden Durchgang durch die Gleichgewichtslage?
Hinweis: Nimm zur Vereinfachung an, dass die Platte nicht durch den Luftwiderstand gebremst wird.

c Berechne die Aufprallgeschwindigkeit der Kugel.

d Welchen Erhaltungssatz hast du im Teil b verwendet, welchen im Teil c?

9 ▶ *Western kontra Physik* Der Bandit schießt und rührt sich beim Schuss kaum von der Stelle – der Sheriff wird getroffen und die Wucht des Aufpralls schleudert ihn um Meter nach hinten.
Erkläre, weshalb die geschilderte Szene physikalisch unmöglich ist. ◀

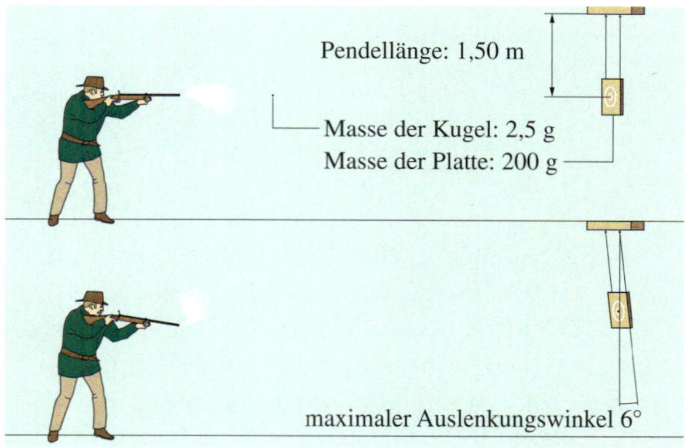

7

10 *Ausblick: Pendel kontra Impulserhaltung?*
Beim schwingenden Pendel ändert sich die Geschwindigkeit v ständig nach Betrag und Richtung – und damit auch der Impuls $p = m \cdot v$. ↑8
Wie ist denn das mit dem Impulserhaltungssatz vereinbar? *Tipp:* abgeschlossenes System

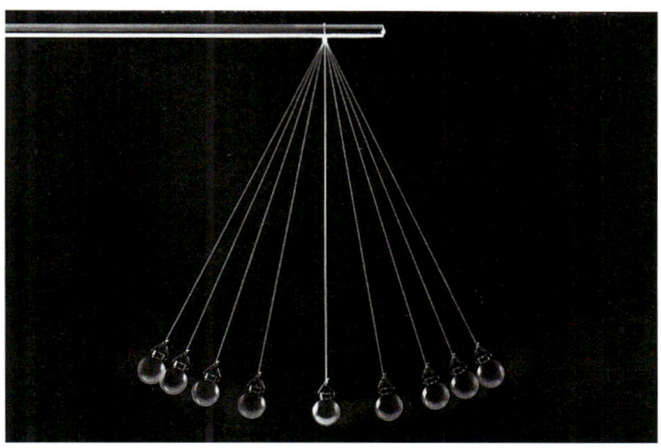
8

Aufgaben

1 *Prüfung*

a Berechne die fehlenden Größen in der Tabelle. ↑1

b Berechne auch die Gesamtimpulse und -energien vor und nach den Stößen. Handelt es sich um elastische Stöße? ↑2

2 *Intuition und Kalkulation* Der Körper K_1 stößt gegen einen ruhenden Körper K_2. Wie bewegen sich beide Körper nach dem elastischen Stoß weiter, wenn ihre Masse sehr unterschiedlich ist?

a Beschreibe aus deiner Erfahrung heraus, was passieren wird, wenn der Körper K_2 viel schwerer ist als der Körper K_1.
Denke dir Beispiele aus dem Alltag dazu aus.

b Aus dem Energie- und dem Impulserhaltungssatz lassen sich für den elastischen Stoß mit $v_2 = 0\,\frac{\text{m}}{\text{s}}$ folgende Gleichungen zur Berechnung der Geschwindigkeiten u_1 und u_2 nach dem Stoß herleiten:

$$u_1 = v_1 \cdot \frac{m_1 - m_2}{m_1 + m_2}$$

$$u_2 = v_1 \cdot \frac{2\,m_1}{m_1 + m_2}$$

Überprüfe deine Beschreibung von Teil a mithilfe von Rechnungen zu zwei Beispielen aus dem Alltag.

c Was wird passieren, wenn umgekehrt der Körper K_2 viel leichter als der Körper K_1 ist? Beschreibe erst, welchen Stoßverlauf du erwartest, und überprüfe dann mithilfe von Beispielrechnungen.

	a	b	c	d
m_1	2,5 kg	50 g	m	0,28 t
m_2	3,5 kg	250 g	$\frac{1}{2}m$	0,22 t
v_1	$3{,}0\,\frac{\text{m}}{\text{s}}$	$1{,}0\,\frac{\text{m}}{\text{s}}$	$12\,\frac{\text{m}}{\text{s}}$	?
v_2	$0\,\frac{\text{m}}{\text{s}}$	?	$0\,\frac{\text{m}}{\text{s}}$	$5{,}0\,\frac{\text{m}}{\text{s}}$
u_1	$-0{,}5\,\frac{\text{m}}{\text{s}}$	$-0{,}6\,\frac{\text{m}}{\text{s}}$	?	$5{,}6\,\frac{\text{m}}{\text{s}}$
u_2	?	$0{,}1\,\frac{\text{m}}{\text{s}}$	$16\,\frac{\text{m}}{\text{s}}$	$10{,}6\,\frac{\text{m}}{\text{s}}$

1

Bilden sich bei einem Stoß alle Verformungen wieder zurück und tritt kein Wandel von kinetischer in innere Energie auf, so spricht man von einem *elastischem Stoß*.
Bei einem (vollkommen) *unelastischen Stoß* bleiben beide Körper nach dem Zusammentreffen aneinander haften. Dies muss nicht bedeuten, dass die kinetische Energie nach dem Stoß gleich null ist: Sie nimmt den kleinsten Wert an, der mit dem Impulserhaltungssatz vereinbar ist.

2

d Fasse in einer Tabelle die drei Fälle „m_2 sehr viel größer als m_1“, „m_2 gleich m_1“ und „m_2 sehr viel kleiner als m_1“ mithilfe von Beispielen aus dem Alltag und Beschreibungen zusammen. Gehe dabei jeweils auch auf die kinetische Energie der beteiligten Körper ein.

Musteraufgabe

▶ Zwei gleich schwere Pendelkugeln stoßen elastisch zusammen. ↑3
Die Summen der Impulse und der kinetischen Energien bleiben erhalten.

a Leite her, wie groß die Geschwindigkeiten u_1 und u_2 direkt nach dem Stoß sind.

b Formuliere das Ergebnis in Worten.

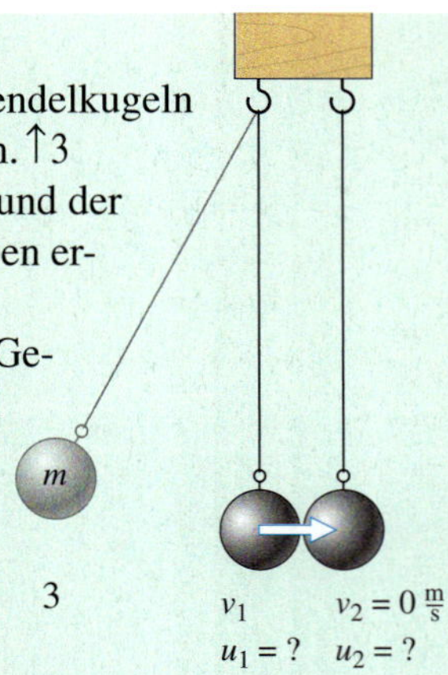

3

Lösung:

a *Impulse und kinetische Energien vor dem Stoß:*
$p_{ges} = m \cdot v_1$ $\quad E_{kin} = \frac{1}{2} m \cdot v_1^2$
Impulse und kinetische Energien nach dem Stoß:
$p_{ges} = m \cdot u_1 + m \cdot u_2$ $\quad E_{kin} = \frac{1}{2} m \cdot u_1^2 + \frac{1}{2} m \cdot u_2^2$
Nach dem Impulserhaltungssatz gilt:
$m \cdot v_1 = m \cdot u_1 + m \cdot u_2$
$v_1 = u_1 + u_2$
Für den elastischen Stoß gilt:
$\frac{1}{2} m \cdot v_1^2 = \frac{1}{2} m \cdot u_1^2 + \frac{1}{2} m \cdot u_2^2$
$v_1^2 = u_1^2 + u_2^2$
Aus der Gleichung $v_1 = u_1 + u_2$ (Impulserhaltung) folgt andererseits für v_1^2:
$v_1^2 = u_1^2 + u_2^2 + 2\,u_1\,u_2$.
Durch Vergleich erkennt man:
$2\,u_1\,u_2 = 0\,\left(\frac{\text{m}}{\text{s}}\right)^2$.
Eine der beiden Geschwindigkeiten u_1 oder u_2 nach dem Stoß muss also gleich null sein. Da die rechte Kugel aus der Ruhe beschleunigt wird, ist u_2 größer als null. Daraus folgt:
$u_1 = 0\,\frac{\text{m}}{\text{s}}$ und damit $u_2 = v_1$.

b Die stoßende Kugel wird zum Stillstand abgebremst. Die gestoßene Kugel bewegt sich mit gleicher Geschwindigkeit und gleichem Impuls weiter, die die stoßende Kugel vor dem Stoß hatte. ◀

Probier's mal!

3 Impulsive Bälle

a Wenn du einen Fußball und einen Tennisball nebeneinander auf einen harten Untergrund fallen lässt, wird dich der weitere Bewegungsverlauf nicht überraschen. Aber balanciere doch einmal den Tennisball auf dem Fußball und lass dann beide zusammen fallen! ↑4
Versuche deine Beobachtung mithilfe des Impulserhaltungssatzes zu erklären.
Tipp: Gib in Gedanken dem unteren Ball ein wenig Vorsprung …

b Probiere auch andere Ballkombinationen aus und sage jeweils voraus, wie die Bälle springen werden.

4

GRUNDLAGEN: Kraft und Impulsänderung

▶ Der Impuls ist wie die Energie eine Erhaltungsgröße, die Geschwindigkeit nicht. Deshalb ist der Impuls in der Physik von größerer Bedeutung als die Geschwindigkeit. Wäre es da nicht sinnvoll, das Bewegungsgesetz $F = m \cdot a$ mithilfe des Impulses aufzuschreiben?
Zur Vereinfachung nehmen wir an, dass die Beschleunigung in der kleinen Zeitspanne Δt näherungsweise konstant ist. Dann gilt:
$F = m \cdot \frac{\Delta v}{\Delta t}$.
Setzt man auf der rechten Seite $\Delta v = v_{\text{nach}} - v_{\text{vor}}$ ein, so ergibt sich:

$$F = m \cdot \frac{v_{\text{nach}} - v_{\text{vor}}}{\Delta t} = \frac{m \cdot v_{\text{nach}} - m \cdot v_{\text{vor}}}{\Delta t}$$

$$F = \frac{p_{\text{nach}} - p_{\text{vor}}}{\Delta t} = \frac{\Delta p}{\Delta t}$$

Je größer die Impulsänderung in einer bestimmten Zeitspanne ist, desto größer ist die Kraft, die sie hervorruft:

$$F = \frac{\Delta p}{\Delta t}.$$ ↑5

Das Produkt $F \cdot \Delta t$ bezeichnet man auch als „Kraftstoß". Damit gilt:
„Kraftstoß" = Impulsänderung bzw. $F \cdot \Delta t = \Delta p$.
Je größer die beschleunigende Kraft ist und je länger sie wirkt, desto größer ist die Impulsänderung. Für die Einheit der Impulsänderung (und damit des Impulses) erhalten wir: $1\,\text{kg}\,\frac{\text{m}}{\text{s}} = 1\,\text{N s}$. ◀

5 Kraft und Impulsänderung beim Crashtest

Ausblick

Bei Raketen wird die Antriebskraft erzeugt, indem eine große Menge an Verbrennungsgasen mit hoher und konstanter Geschwindigkeit v ausgestoßen wird.
Für die Schubkraft gilt:

$$F = \frac{\Delta p}{\Delta t} = \frac{\Delta(m_{\text{gas}} \cdot v)}{\Delta t}$$

$$F = \frac{\Delta m_{\text{gas}}}{\Delta t} \cdot v$$

Die Schubkraft hängt nur davon ab, mit welcher Geschwindigkeit die Verbrennungsgase ausgestoßen werden und wie viel Masse pro Sekunde ausgestoßen wird.

Auf einen Blick

1

Grundlage für die Beschreibung von Bewegungen ▶ Der Grundgedanke der Mechanik von NEWTON ist, dass der zukünftige Zustand eines physikalischen Systems von den Anfangsbedingungen, den Massen und den Wechselwirkungen zwischen den beteiligten Körpern abhängt. ↑1
Die drei newtonschen Gesetze in der Mechanik sind:

- *Trägheitsgesetz* Ist die resultierende Kraft F auf einen Gegenstand gleich null, bleibt seine Geschwindigkeit in Betrag und Richtung gleich. ↑2
- *Bewegungsgesetz* Wenn die resultierende Kraft F auf einen Gegenstand der Masse m nicht gleich null ist, ändert sich seine Geschwindigkeit v nach folgender Bewegungsgleichung: ↑3

  $$F = m \cdot a = m \cdot \frac{\Delta v}{\Delta t}.$$

  Die Beschleunigung erfolgt in Richtung der Kraft.
- *Wechselwirkungsgesetz* Körper üben Kräfte immer wechselseitig aufeinander aus. ↑4 Die beiden Kräfte, die zwei Körper wechselseitig aufeinander ausüben, sind gleich groß und entgegengesetzt gerichtet. Sie greifen stets an zwei verschiedenen Körpern an. ◀

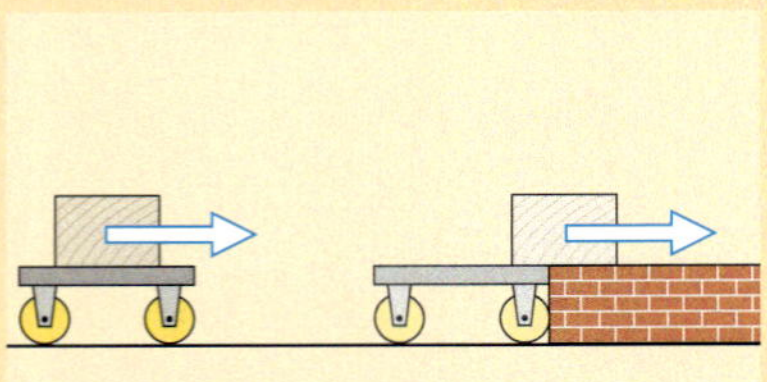
2 Trägheitsgesetz (Beispiel)

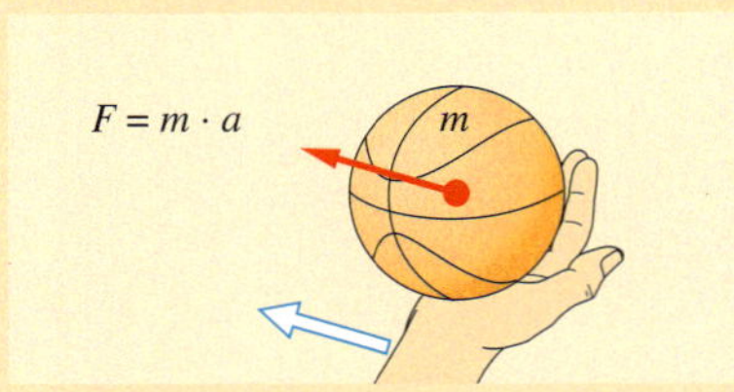

3 Bewegungsgesetz (Beispiel)

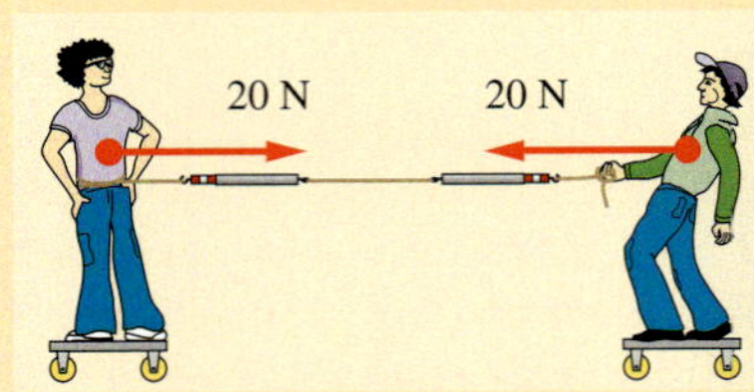

4 Wechselwirkungsgesetz (Beispiel)

Der Impuls ▶ Je größer die Masse m und die Geschwindigkeit v eines Körpers ist, desto größer ist sein Impuls p:
$p = m \cdot v$. ↑5
Der Impuls ist wie die Geschwindigkeit eine gerichtete Größe, seine Richtung stimmt mit der Bewegungsrichtung überein.
Impulserhaltungssatz: In einem abgeschlossenen System bleibt der Gesamtimpuls zeitlich konstant. ↑6
Der Gesamtimpuls bleibt erhalten, auch wenn die kinetische Energie abnimmt.
Je größer die Impulsänderung in einer bestimmten Zeitspanne ist, desto größer ist die Kraft, die sie hervorruft:

$F = \frac{\Delta p}{\Delta t}$. ↑7 ◀

5 Impuls (Beispiel)

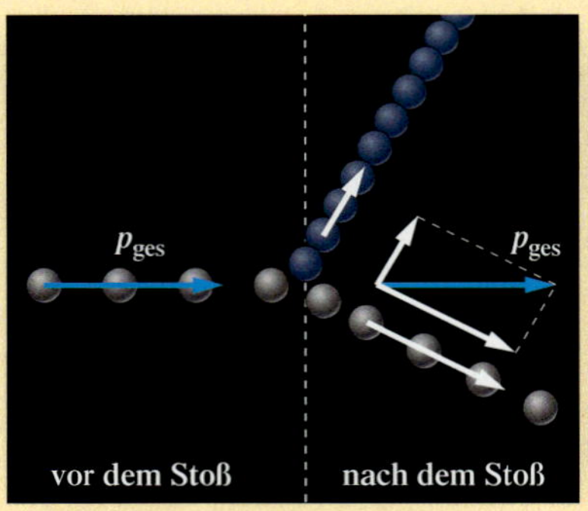

6 Impulserhaltung

7 Kraft und Impulsänderung

Alles klar?

1 ▶ *Immer wieder* NEWTON

a Warum sind zwei Kräfte, die ein Kräftegleichgewicht bewirken, nie Wechselwirkungskräfte?

b Damit sich ein Körper in Bewegung setzt, muss eine Kraft in Bewegungsrichtung auf ihn wirken.
Diese Kraft kann nur von einem Wechselwirkungspartner hervorgerufen werden.
Welches ist der Wechselwirkungspartner, wenn sich ein Auto, ein Schiff oder ein Flugzeug in Bewegung setzt?
Eine Rakete beschleunigt auch im luftleeren Raum. Welches sind die Wechselwirkungspartner?

c Ein Stein wird hochgeworfen und fällt wieder zu Boden. Welche Richtung hat die Beschleunigung des Steins beim Hochsteigen und beim Fallen? Welchen Betrag hat die Beschleunigung im höchsten Punkt der Bahn? ◀

2 ▶ *ICE-Roller* Bei einem Test wird der Motor eines ICEs bei „Tempo 280" abgeschaltet und der Zug dann rollen gelassen. Kommt er vor dem Ende der 10 km langen Teststrecke zum Stillstand?
Hinweise: Der ICE wiegt 77,5 t, die Rollreibungskraft beträgt 40 N je Tonne Zuggewicht. Die Teststrecke in Norddeutschland ist nahezu eben. Gehe zur Vereinfachung davon aus, dass der Luftwiderstand keine Rolle spielt. ◀

3 ▶ *Flugsimulator* Ein vierstrahliger Jet beschleunigt auf einer Startbahn des Flughafens Frankfurt. Es sind schon 24 s vergangen, da entdeckt der Pilot ein Wartungsfahrzeug auf seiner Startbahn. Um es sicher überfliegen zu können, müsste er eine Flugzeuglänge vor dem Hindernis die Abhebegeschwindigkeit erreichen. Wird es ihm gelingen oder sollte er lieber sofort eine Vollbremsung einleiten?
Hinweise: Rechne zur Vereinfachung ohne Luftwiderstand.
Schubkraft: 1,0 MN; Bremskraft: 1,4 MN; Masse: 400 t; Länge: 65 m; Abhebegeschwindigkeit: $270\,\frac{\text{km}}{\text{h}}$

a Wie schnell ist der Jet nach 24 s?
Welche Strecke hat er bis dahin zurückgelegt?

b Berechne, wie die Geschichte ausgehen könnte. ◀

4 ▶ *Schiffsunglück* Zusammenstöße von großen Schiffen haben verheerende Folgen – auch bei kleinen Geschwindigkeiten. Wie ist das möglich? ◀

5 *Von nichts …* Zwischen zwei Spielzeugautos ist eine Feder gespannt, die die Autos auseinanderdrückt. ↑8 Die Autos werden zunächst durch ein Band zusammengehalten. Dann wird das Band durchgebrannt. Beide Autos werden beschleunigt und setzen sich in Bewegung.
Woher kommt die Bewegungsenergie der Autos? Und woher kommt der Impuls?

8

6 *Ausblick: Verletzte Impulserhaltung?* Hubschrauber können auf der Stelle fliegen. Dazu drücken ihre Rotorblätter ständig Luft nach unten. Der Impuls dieser Luft ändert sich – der Impuls des Hubschraubers aber bleibt gleich.
Wird hier der Impulserhaltungssatz verletzt? Begründe deine Antwort.

7 ▶ *Frontalzusammenstoß* Bei einem Unfall stoßen zwei Autos frontal zusammen, verhaken sich und rollen noch ein Stück gemeinsam weiter.

a Berechne die gemeinsame Geschwindigkeit der beiden Autos direkt nach dem Stoß. Welche Geschwindigkeitsänderungen ergeben sich jeweils?
Hinweise: $m_1 = 1600\,\text{kg}$, $v_1 = 100\,\frac{\text{km}}{\text{h}}$;
$m_2 = 1000\,\text{kg}$, $v_2 = 80\,\frac{\text{km}}{\text{h}}$
Der Aufprall geschieht in so kurzer Zeit, dass kaum Impuls an die Erde abgegeben wird. Man kann daher davon ausgehen, dass der Impuls beider Autos zusammen beim Zusammenstoß erhalten bleibt.

b Wie viel kinetische Energie wird bei dem Aufprall in innere Energie umgewandelt? Handelt es sich um einen elastischen Stoß?

c Wie groß sind beim Stoß die (mittleren) Kräfte auf die beiden Autos?
Hinweis: Der Aufprall dauert 0,1 s. ◀

Eindimensionale Bewegungen

Bewegungsgleichungen – Schritt um Schritt gelöst

Am frühen Morgen des 16. August 1960 erhebt sich in der Wüste von New Mexico ein 110 m hoher, mit Helium gefüllter Ballon zu einer Fahrt, die in eine Höhe von gut 30 km führen soll. Im Innern der nur 1,40 m breiten Ballonkapsel wartet, eingezwängt in einen engen Druckanzug, der Luftwaffen-Testpilot JOSEPH W. KITTINGER auf seinen Einsatz: einen Sprung, bei dem er 26 km im freien Fall zurücklegen wird. ↑1

Als KITTINGER am Boden ankommt, hat er vier Weltrekorde aufgestellt, die bis heute gelten: der höchste Ballonaufstieg in einer offenen Gondel, der höchste Fallschirmsprung, der längste freie Fall und die höchste Geschwindigkeit (988 $\frac{\text{km}}{\text{h}}$) eines Menschen ohne „Fluggerät"!

Bei jedem Fallschirmsprung sind die Kräfte auf den Springer alles andere als konstant …

1

2

3

Das Triebwerk der Saturn-V-Rakete, die 1969 die ersten Menschen zum Mond brachte, ist bis heute die leistungsstärkste Maschine, die je von Menschen gebaut wurde. ↑2 Zwar ist die Kraft, mit der die Triebwerke eine Rakete beim Start antreiben, nahezu konstant. Doch wird die Rakete durch den immensen Ausstoß an Verbrennungsgasen immer leichter, sodass die Beschleunigung nicht konstant bleibt.

Nun zu etwas ganz anderem: Bei einer Wellenrutsche wird die beschleunigende Kraft durch das Gefälle der Bahn bestimmt. ↑3 Je nachdem, wo man gerade ist, ist die Beschleunigung unterschiedlich groß.

Das Verbindende von Fallschirmsprung, Raketenstart und Wellenrutschen ist sofort zu erkennen: Die Beschleunigung der Körper ist nicht konstant. Vereinfacht gesehen, hängt sie einmal von der aktuellen Geschwindigkeit (Fallschirmsprung), einmal von der momentanen Masse (Rakete) und einmal vom Ort (Wellenrutsche) des beschleunigten Körpers ab. Obwohl die Bewegungsgesetze natürlich die gleichen sind, gestalten sich die Berechnungen etwas schwieriger als bei konstanten Beschleunigungen. Man kann nämlich nicht mehr „mit einem Schlag" alles auf einmal berechnen, sondern muss in kleinen Zeitschritten vorgehen. Dabei helfen besondere Methoden und Näherungen sowie beim Rechnen Computerprogramme.

Aufgaben

1 ▶ *Für Computer in vielen Zeitschritten denken* In Australien fährt ein Zug auf schnurgerader Strecke über Hunderte von Kilometern mit $160\ \frac{km}{h}$. Für diese Fahrt soll das *t*-*x*-Diagramm gezeichnet werden.

a Berechne die Orte für den Zeitraum von 0 bis 120 s in Zeitschritten von 5 s. Zeichne das *t*-*x*-Diagramm.
Hinweis: Bei $t = 0$ s passiert der Zug ein Signal am Ort $x = 0$ m.

b Eigentlich hätte es schon genügt, nur den Ort nach 5 s zu berechnen. Wieso würdest du trotzdem zum gleichen Graphen kommen?

c Rechnen *und* zeichnen – ein Tabellenkalkulationsprogramm kann beides. Wenn du bereits damit umgehen kannst, lass es die Wertetabelle berechnen und das *t*-*x*-Diagramm zeichnen. ◀

2 ▶ *Variable Beschleunigung* Bewegungen mit veränderlicher Beschleunigung finden wir bei Autos. *Beispiel:* Ein Rennwagen beschleunigt nach dem Start 3 s lang mit $a_1 = 8\ \frac{m}{s^2}$, dann für 3 s mit $a_2 = 5\ \frac{m}{s^2}$ und bremst schließlich 3 s lang ab mit $a_3 = -9\ \frac{m}{s^2}$.

a Übertrage die zugehörige Tabelle in dein Heft und berechne die fehlenden Werte. ↑4

b Zeichne das *t*-*a*-, *t*-*v*- und das *t*-*x*-Diagramm. ◀

t	0 s	3 s	6 s	9 s
v	$0\ \frac{m}{s}$	?	?	?
x	0 m	?	?	?

4

3 ▶ *System erkennen* Ein Fahrbahngleiter wird durch ein absinkendes Wägestück konstant beschleunigt. ↑5

a Berechne die Beschleunigung.
Hinweis: Wagen *und* Wägestück werden beschleunigt.

b Berechne den Ort *x* und die Geschwindigkeit *v* des Wagens nach Zeitschritten von jeweils 0,5 s bis zu einer Gesamtdauer von 5,0 s. Zeichne das *t*-*x*- und das *t*-*v*-Diagramm.
Hinweis: Wenn du bereits mit einer Tabellenkalkulation umgehen kannst, darfst du sie verwenden.

c Betrachte die Folge der Geschwindigkeitswerte. Welches „System" steckt dahinter? Welche Werte kämen als nächste?

d Betrachte die Folge der Ortswerte. Welches „System" steckt dahinter? Welche Werte kämen als nächste? ◀

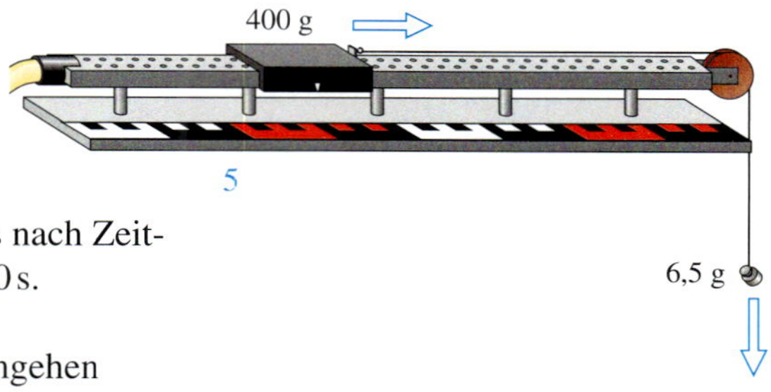

5

4 ▶ *Es geht auch anders* Herr Jetzt geht zur Abendschule. Er ist ein merkwürdiger Kauz: Er weigert sich, Aufgaben zu berechnen, bei denen mehr als 2 s in die Zukunft „geschaut" werden soll. Um ihn zu überlisten, erhält er eine besondere Aufgabe. ↑6
Rechne zuerst wie Herr Jetzt. Überlege dann, wie du die Bewegung „auf einmal" berechnen könntest. ◀

Eine U-Bahn fährt an.

a Nach 2,0 s leuchtet ein Kontrolllämpchen kurz auf. Wie schnell ist die Bahn jetzt? Wie weit ist sie gefahren? *Hinweise:* $m = 150$ t, $F = 120$ kN

b 2,0 s später leuchtet das Lämpchen wieder auf. Wie schnell ist die Bahn jetzt? Welche Strecke hat sie in den letzten beiden Sekunden zurückgelegt?

c 2,0 s später erlischt das Lämpchen wieder. Wie schnell ist die Bahn jetzt? Welche Strecke hat sie in den letzten beiden Sekunden zurückgelegt?

d Welche Strecke hat die Bahn seit dem Start insgesamt zurückgelegt?

6

Methode

Bewegungen schrittweise berechnen

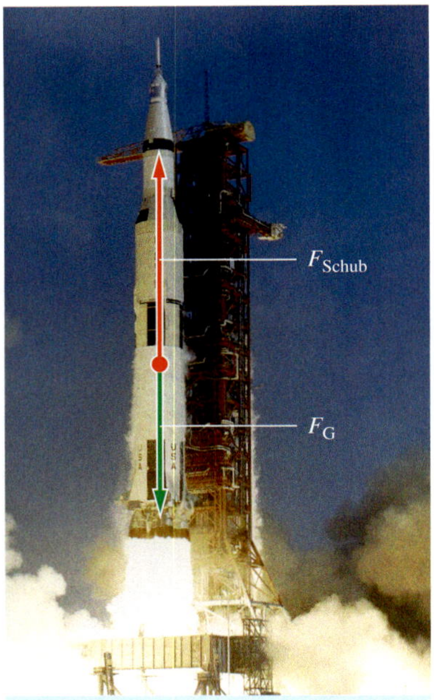

Startmasse	2880 t
Gasausstoß je Sekunde	13,16 t
Ausstoßgeschwindigkeit	2630 $\frac{m}{s}$
Brenndauer	161 s
Schubkraft	34,6 MN

1 Start der Saturn-V-Rakete und Daten zur ersten Brennstufe

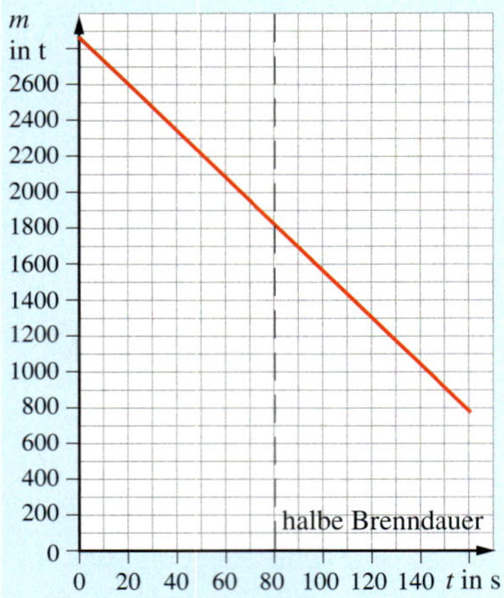

2 Massenabnahme während des Starts

▶ Physikalisch betrachtet sind alle Raketen- und Raumfährenstarts sehr ähnlich (auch wenn sie sich in Details unterscheiden). Raumfahrer und Kontrollzentrum müssen im Voraus wissen, wie sich Geschwindigkeit und Flughöhe der Rakete zeitlich verändern werden. Wie man diese Größen Schritt für Schritt berechnen kann, soll am Beispiel einer startenden Saturn-V-Rakete vorgestellt werden. ↑1

Auf die Rakete wirken zwei entgegengesetzt gerichtete Kräfte:
- Nach oben wirkt die konstante Schubkraft F_{Schub}.
- Nach unten wirkt die Gewichtskraft F_G.

Die Masse der Rakete nimmt durch den Gasausstoß ab. ↑2 Daher wird die Gewichtskraft immer geringer. Die für die Beschleunigung der Rakete entscheidende Gesamtkraft $F = F_{Schub} - F_G$ wird somit immer größer.
Hinweise: Zur Vereinfachung gehen wir davon aus, dass die Rakete senkrecht nach oben startet und kein Luftwiderstand auftritt.

Berechnung in einem Schritt In dieser ersten groben Abschätzung nehmen wir an, dass die Masse der Rakete doch konstant bleibt. Damit nimmt die Geschwindigkeit gleichmäßig zu. Allerdings rechnen wir nicht mehr mit der Startmasse, sondern mit der mittleren Masse m_D während der Brenndauer der ersten Stufe:
$m_D = 1821\,t$. ↑2
Damit erhalten wir für die Endgeschwindigkeit:

$$v_{end} = a \cdot \Delta t = \frac{F}{m_D} \cdot \Delta t$$
$$= \frac{F_{Schub} - F_G}{m_D} \cdot \Delta t = \frac{F_{Schub} - m_D \cdot g}{m_D} \cdot \Delta t$$
$$v_{end} = \frac{34{,}6 \cdot 10^6\,N - 1821 \cdot 10^3 \cdot 9{,}81\,N}{1821 \cdot 10^3\,kg} \cdot 161\,s = 1480\,\frac{m}{s}$$

Die nach der Brenndauer erreichte Flughöhe h beträgt:

$$h = v_D \cdot \Delta t = \frac{1}{2}\,v_{end} \cdot \Delta t; \quad h = \frac{1}{2} \cdot 1480\,\frac{m}{s} \cdot 161\,s = 119\,km.$$

Berechnung in mehreren Schritten Um zu einer genaueren Abschätzung zu kommen, „verfeinern" wir unser Vorgehen:
- Die Brenndauer wird gedanklich in 8 Zeitschritte unterteilt. Jeder Zeitschritt dauert also $\Delta t = 20\,s$.
  Dass es gerade 8 Schritte sind, hat keinen tieferen Hintergrund (außer dass 8 ein Teiler von 160 ist): Wir könnten auch 10 oder 16 oder … Schritte wählen.
- Als Masse der Rakete setzen wir jeweils die mittlere Masse m_D im ausgewählten Zeitschritt an.
- Die Geschwindigkeitszunahme Δv während eines ausgewählten Zeitschritts beträgt:
  $$\Delta v = \frac{F}{m_D} \cdot \Delta t = \frac{F}{m_D} \cdot 20\,s.$$
  Die Geschwindigkeit nimmt zwar in jedem Zeitschritt gleichmäßig zu, die Geschwindigkeitsänderung im Zeitschritt wird aber wegen der abnehmenden mittleren Masse immer größer.

Damit erhalten wir die Tabelle oben links auf der nächsten Seite. ↑3

Bewegungen schrittweise berechnen

Zeitschritt in s	Mittlere Masse m_D in 10^3 kg	Gesamtkraft F in 10^6 N	Geschwindigkeitszunahme Δv in $\frac{m}{s}$
0 bis 20	2748	7,64	55,6
20 bis 40	2485	10,2	82,2
40 bis 60	2222	12,8	115
60 bis 80	1959	15,4	157
80 bis 100	1696	18,0	212
100 bis 120	1432	20,5	287
120 bis 140	1169	23,1	396
140 bis 160	906	25,7	568

3

Geschwindigkeit v in $\frac{m}{s}$	Zeit t in s
0	0
55,6	20
138	40
253	60
410	80
622	100
909	120
1305	140
1873	160

4 t-v-Wertetabelle

Aus der Tabelle ↑3 berechnen wir die t-v-Wertetabelle. ↑4 Dabei gibt t stets die Zeitpunkte nach Ablauf eines Zeitschritts an.
Die t-v-Wertetabelle erlaubt es, über eine Zwischenstufe auch die t-h-Wertetabelle zu berechnen. ↑5 ↑6 Dazu benötigen wir folgende Beziehungen:

- Die Durchschnittsgeschwindigkeit während eines Zeitschritts ist gleich dem Mittelwert der Geschwindigkeiten zu Beginn und Ende des Zeitschritts: $v_D = \frac{1}{2}(v_B + v_E)$.
- Der Höhenzuwachs Δh während eines Zeitschritts der Dauer Δt beträgt: $\Delta h = v_D \cdot \Delta t = v_D \cdot 20\,s$.

Zeitschritt in s	v_D in $\frac{m}{s}$	Δh in m
0 bis 20	27,8	556
20 bis 40	96,8	1936
40 bis 60	195,5	3904
60 bis 80	331,5	6630
80 bis 100	516	10320
100 bis 120	765,5	15310
120 bis 140	1107	22140
140 bis 160	1589	31780

5

h in m	t in s
0	0
556	20
2492	40
6396	60
13026	80
23346	100
38656	120
60796	140
92576	160

6 t-h-Wertetabelle

Wenn du vergleichst, wie wir zur t-v- und zur t-h-Wertetabelle gekommen sind, erkennst du ein gemeinsames „Muster" (die Pfeile zeigen es an). Die berechneten Größen sind verschieden, das schrittweise Verfahren ist gleich. Man spricht von einer *Iteration*.
Eine Kunstfertigkeit beim schrittweisen Verfahren zur Berechnung von Bewegungen wird darin bestehen, in jedem Zeitschritt gleich alle benötigten und gewünschten Größen zu berechnen. Um die Berechnungen schließlich an den Computer abgeben zu können, muss noch die ständige Wiederholung der Rechenvorgänge erkannt und in Programme umgesetzt werden.

Der Grundgedanke der Iteration ist, dass das Ergebnis eines Rechenschritts zur Eingabe für den nächsten Rechenschritt wird. ↑7 Bei jedem Rechenschritt finden dieselben Operationen statt.
Die Iteration endet nach einem vorab festgelegten Rechenschritt. ◄

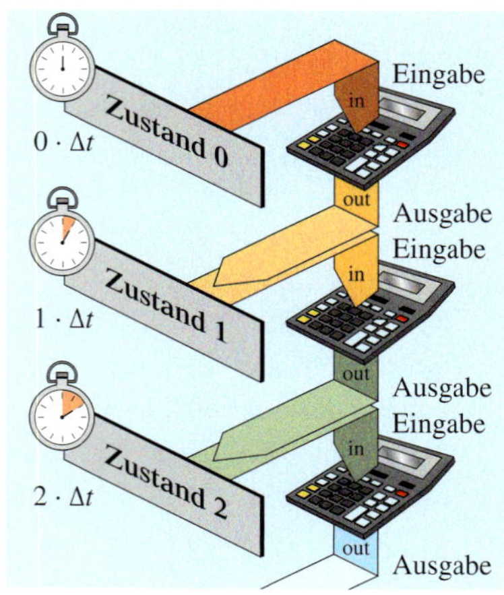

7 Iteration: Prinzip des schrittweisen Vorgehens

Aufgaben

Musteraufgabe

▶ Ein Mitarbeiter des Luft- und Raumfahrtzentrums prüft die Berechnungen der letzten Doppelseite und kommentiert: „Das Verfahren, mit dem die *t*-*v*- und die *t*-*h*-Tabelle erstellt wurden, geht zwar schrittweise voran, ist aber keine ‚kunstfertige' Iteration."

a Warum hat er recht? Beschreibe kurz das Verfahren, mit dem die *t*-*v*- und die *t*-*h*-Tabelle erstellt wurden. Erläutere, wie die Iteration verbessert werden könnte.

b Wie sieht der Rechenschritt aus, der zu einer verbesserten Iteration gehört?

c Setze diesen Rechenschritt ein, um aus dem Zustand nach 80 s den Zustand nach 100 s zu berechnen.
Hinweis: $m(80\,\text{s}) = 1827 \cdot 10^3\,\text{kg}$

d Welche Werte für die Geschwindigkeit v und die Höhe h erhält man vom Start der Rakete aus nach 20 s, wenn zur Berechnung vier Schritte von je 5 s verwendet werden?
Vergleiche mit den entsprechenden Tabellen auf der vorigen Seite: Um wie viel Prozent unterscheiden sich die Ergebnisse?

Lösung:

a Im Beispiel wurde zuerst die Tabelle mit den Daten zu m, F und Δv berechnet. Daraus wurde dann die *t*-*h*-Tabelle erstellt. Masse und Geschwindigkeitsdaten sind also schon bis zum Ende des Vorgangs berechnet, ohne dass der Ort mitberechnet wurde. Dies geschieht erst anschließend.
Eine verbesserte Iteration rechnet aber nicht von Tabelle zu Tabelle, sondern von Zeitpunkt zu Zeitpunkt. In jedem Zeitschritt werden erst alle betrachteten Größen berechnet, bevor man zum nächsten Zeitschritt übergeht.

b Der Rechenschritt ist schon bei der Berechnung in einem Schritt zu erkennen.
Vorgegeben: Länge des Zeitschritts Δt, Gasausstoß pro Sekunde $\frac{\Delta m}{1\,\text{s}}$, Schubkraft F_{Schub}, Fallbeschleunigung g. Sie bleiben während des Raketenstarts konstant.
Veränderlich: Masse m, Geschwindigkeit v, Flughöhe h der Rakete
Ausgangspunkt eines jeden Zeitschritts und damit die Eingabe für den Berechnungsschritt sind also drei Werte: m_{in}, v_{in} und h_{in}.
Die Hilfsgröße „mittlere Masse im Zeitschritt" m_{D} wird zur besseren Übersicht in einer eigenen Gleichung bestimmt.
Die Beziehungen zur Berechnung der Ausgabewerte lauten dann:

$$m_{\text{out}} = m_{\text{in}} - \frac{\Delta m}{1\,\text{s}} \cdot \Delta t$$

$$m_{\text{D}} = \tfrac{1}{2}\,(m_{\text{in}} + m_{\text{out}})$$

$$v_{\text{out}} = v_{\text{in}} + \Delta v = v_{\text{in}} + \frac{F_{\text{Schub}} - m_{\text{D}} \cdot g}{m_{\text{D}}} \cdot \Delta t$$

$$h_{\text{out}} = h_{\text{in}} + \Delta h = h_{\text{in}} + v_{\text{D}} \cdot \Delta t = h_{\text{in}} + \tfrac{1}{2}(v_{\text{in}} + v_{\text{out}}) \cdot \Delta t$$

Das Rechenergebnis von m_{out} braucht man für die Berechnung von m_{D}, das Rechenergebnis von m_{D} braucht man für die Berechnung von v_{out}, das …

c Zeitschritt von 80 s auf 100 s
Eingabe: $m_{\text{in}} = 1827 \cdot 10^3\,\text{kg}$; $v_{\text{in}} = 410\,\frac{\text{m}}{\text{s}}$; $h_{\text{in}} = 13\,026\,\text{m}$
Rechenschritt:

$$m_{\text{out}} = 1827 \cdot 10^3\,\text{kg} - 13{,}16 \cdot 10^3\,\text{kg} \cdot 20 = 1564 \cdot 10^3\,\text{kg}$$

$$m_{\text{D}} = \tfrac{1}{2}\,(1827 + 1564) \cdot 10^3\,\text{kg} = 1696 \cdot 10^3\,\text{kg}$$

$$v_{\text{out}} = 410\,\tfrac{\text{m}}{\text{s}} + \frac{34{,}6 \cdot 10^6\,\text{N} - 1696 \cdot 10^3 \cdot 9{,}81\,\text{N}}{1696 \cdot 10^3\,\text{kg}} \cdot 20\,\text{s} = 622\,\tfrac{\text{m}}{\text{s}}$$

$$h_{\text{out}} = 13\,026\,\text{m} + \tfrac{1}{2}(410\,\tfrac{\text{m}}{\text{s}} + 622\,\tfrac{\text{m}}{\text{s}}) \cdot 20\,\text{s} = 23\,346\,\text{m}$$

Ausgabe: $m_{\text{out}} = 1564 \cdot 10^3\,\text{kg}$; $v_{\text{out}} = 622\,\frac{\text{m}}{\text{s}}$; $h_{\text{out}} = 23\,346\,\text{m}$

d Abgesehen von der Länge $\Delta t = 5\,\text{s}$ des Zeitschritts sind die Rechenschritte wie zuvor. Damit erhält man die folgende Tabelle.

t in s	m in 10^3 kg	v in $\frac{\text{m}}{\text{s}}$	h in m
0	2880	0	0
5	2814	11,7	29
10	2748	24,9	121
15	2683	39,6	282
20	2617	55,9	521

Die Abweichung in Prozent hängt von der Wahl des Grundwerts ab. Dafür verwenden wir das (vermutlich) exaktere Ergebnis aus der Berechnung mit Zeitschritten von 5 s.

Abweichung Geschwindigkeit: $\frac{55{,}9 - 55{,}6}{55{,}9} = 0{,}5\,\%$

Abweichung Flughöhe: $\frac{556 - 521}{521} = 0{,}7\,\%$ ◀

Aufgaben

1 ▶ *Konstante Kraft* Wenn ein ICE mit konstanter Kraft aus dem Stand anfährt, braucht man eigentlich keine Iteration, um die zurückgelegte Strecke und die erreichte Geschwindigkeit zu berechnen. An diesem einfachen Spezialfall lässt sich das Verfahren aber gut einüben.

a Stelle die Gleichungen für den Rechenschritt auf: $v_{out} = \ldots; \quad s_{out} = \ldots$
Auf den rechten Seiten sollen nur v_{in}, s_{in}, F (Antriebskraft), m (Masse des Zugs) und Δt stehen.

b Führe vier Schritte der Iteration aus.
Hinweise: $\Delta t = 2{,}0$ s; $m = 80$ t; $F = 200$ kN

c Berechne die nach 8,0 s erreichte Geschwindigkeit und die zurückgelegte Strecke – aber diesmal durch Einsetzen in die Bewegungsfunktionen:
$v(t) = a \cdot t$ und $x(t) = \frac{1}{2}\, a \cdot t^2$.

d Berechne den Impuls und die kinetische Energie des Zugs nach 4,0 s und nach 8,0 s. ◀

2 ▶ *Zeitabhängige Kraft* Bei vielen Bewegungen ist die Masse des Gegenstands konstant, während sich die beschleunigende Kraft mit der Zeit ändert. Denke nur an das Anfahren mit dem Fahrrad: Erst trittst du kräftig in die Pedale, dann immer weniger. Wenn bekannt ist, wie sich die Kraft F mit der Zeit verändert, lassen sich die Geschwindigkeit v und die zurückgelegte Strecke s durch Iteration berechnen.

a Die Tretkraft nehme zur Vereinfachung in gleichen „Stufen" ab. ↑1 Berechne v und s in den ersten 10 s durch Iteration. Welche Zeitschritte sind geeignet? Stelle die Ergebnisse übersichtlich in Tabellen dar.
Hinweis: $m = 50$ kg

b Zeichne mit den Tabellenwerten das t-v- und das t-x-Diagramm.

c Berechne die Impulsänderung Δp in den ersten 2 s. Wie groß ist Δp zwischen 4 und 6 s, wie groß zwischen 0 und 10 s? ◀

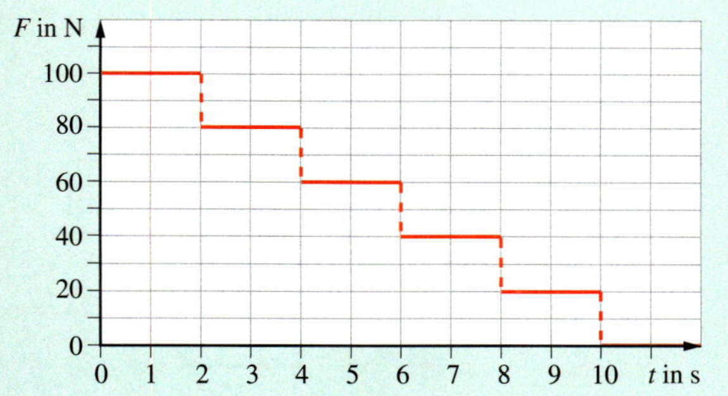

1

3 ▶ *Schubkraftberechnung* ↑2 Der Gasausstoß und die Ausstoßgeschwindigkeit des Raketentriebwerks sind gemessen worden – die Schubkraft wurde berechnet! Leite den Zusammenhang her.
Hinweis: Kraft und Impuls ◀

Startmasse	2880 t
Gasausstoß je Sekunde	13,16 t
Ausstoßgeschwindigkeit	2630 $\frac{m}{s}$
Brenndauer	161 s
Schubkraft	34,6 MN

2

4 *Für Experten: Ortsabhängige Kraft* Bei vielen Bewegungen hängen die beschleunigenden Kräfte vom Ort ab. Denke z. B. an eine Kugel, die in einem „Flipper" von einer gespannten Feder aus der Ruhe heraus beschleunigt wird. ↑3

a Gib das Kraftgesetz an: Stelle dazu die Gleichung auf, mit der aus dem Ort x die beschleunigende Kraft $F(x)$ berechnet werden kann.
Stelle dann $F(x)$ in einem Diagramm grafisch dar.
Hinweise:
– Die Feder ist beim Startpunkt $x = 0$ cm der Kugel um 3 cm gestaucht. Wenn sie sich beim Start um 3 cm ausgedehnt hat, ist sie entspannt. Zur Vereinfachung gehen wir davon aus, dass die Kugel ab diesem Punkt nicht weiter beschleunigt wird.
– Die Federhärte beträgt: $D = 20\,\frac{N}{cm}$.
– Die Masse der Kugel beträgt: $m = 50$ g.

b Einschrittnäherung: Für die beschleunigende Kraft soll ein mittlerer Wert verwendet werden. Wähle einen sinnvollen Wert.
Berechne die Beschleunigung mit dieser Näherung. Wie lange würde der Beschleunigungsvorgang dauern? Welche Geschwindigkeit erreicht die Kugel?

c Einfallsreiche Physiker haben folgenden Rechenschritt entworfen:

$$v_{out} = v_{in} + \Delta v = v_{in} + \frac{20\,\frac{N}{cm} \cdot (3\,cm - x_{in})}{0{,}050\,kg} \cdot \Delta t$$

$$x_{out} = x_{in} + \Delta x = x_{in} + v_{out} \cdot \Delta t$$

Führe die Iteration mit $\Delta t = 0{,}002$ s aus. Nach welchem Zeitschritt ist $x > 3$ cm? Welche Geschwindigkeit hat dann die Kugel?

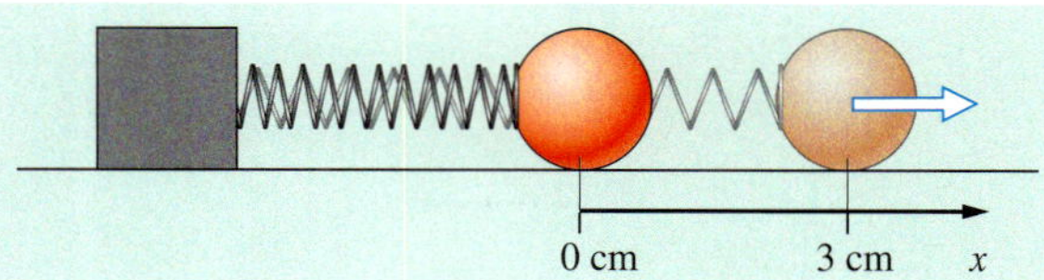

3

Ausblick „Werkzeug“ Tabellenkalkulation

▶ Je größer die Zahl der Zeitschritte bei der Iteration wird, desto sinnvoller wird der Einsatz des Computers als „Rechenmaschine“. Ein Tabellenkalkulationsprogramm bewältigt die Rechenschritte im Nu.
Der folgende Exkurs ist vorwiegend für Tabellenkalkulationsneulinge gedacht: Sie sollten die dargestellten Eingaben und Operationen nach Möglichkeit selbst einmal durchführen.

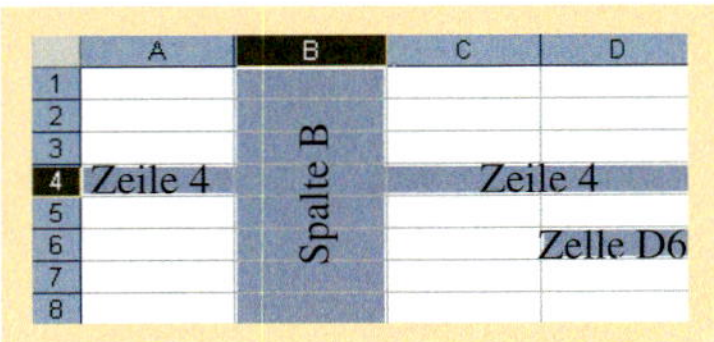

1 Zeilen und Spalten

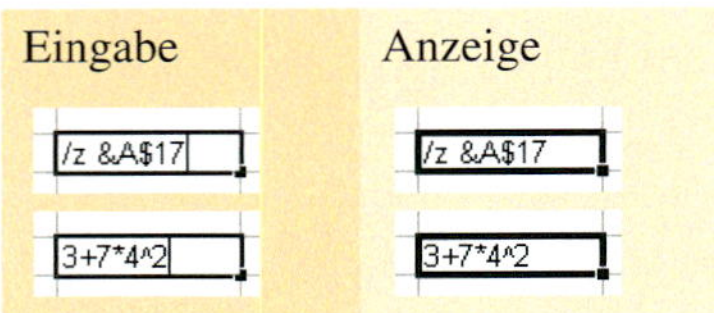

2

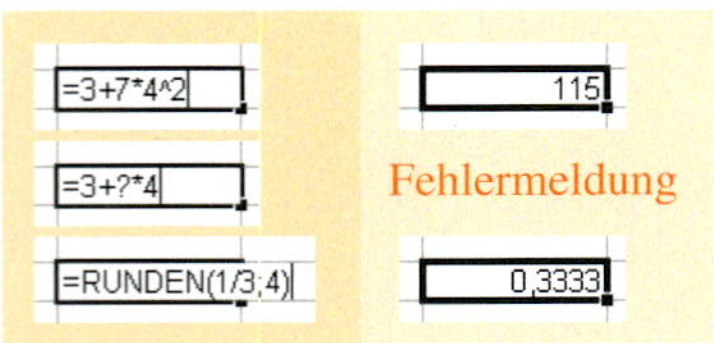

3

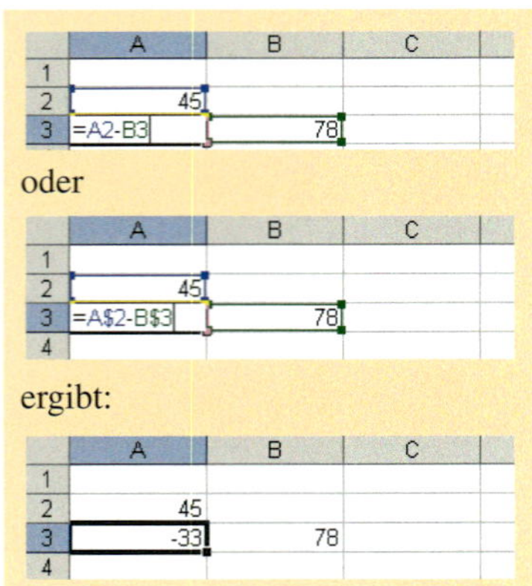

4 Bezug auf Zahlen

Zellen, Spalten, Zeilen Das Herzstück jedes Tabellenkalkulationsprogramms ist das aus Zellen bestehende Rechenblatt. Eine Reihe untereinander angeordneter Zellen heißt Spalte, eine Reihe nebeneinander angeordneter Zellen heißt Zeile. ↑1 Spalten werden durch Buchstaben, Zeilen durch Ziffern beschriftet. Die Angabe eines Buchstabens und einer Ziffer (in dieser Reihenfolge) legt eine spezielle Zelle fest.

Eingabe Um Zahlen, Text oder Befehle in eine Zelle einzugeben, wird diese angeklickt. Die Eingabe wird mit „Enter“ abgeschlossen.

- Zeichen oder Ziffern werden einfach in der Zelle gespeichert, wenn die Eingabe nicht mit einem „=“, „+“ oder „–“ beginnt. ↑2
- Beginnt die Eingabe mit einem „=“, so deutet das Programm das Folgende als Befehl. Die Anweisungen müssen strengen Regeln genügen, damit das Programm sie versteht und ausführt. ↑3
- Ein „+“ bzw. „–“ zu Beginn wird als Vorzeichen interpretiert. Dahinter erwartet das Programm einen Zahlenwert.

In der Normalansicht erscheinen in den Zellen mit Rechenbefehlen nach Abschluss der Eingabe („Enter“) gleich die Ergebnisse. Bei der Eingabe und im „Formelüberwachungsmodus“ werden die Befehle selbst angezeigt.

Bezüge Ein Vorteil der Tabellenkalkulation gegenüber dem Taschenrechner ist, dass man Bezüge zwischen Zellen herstellen kann. Daten in einer Zelle werden damit automatisch auch in anderen Zellen verwendet. Der Bezug auf eine Zelle erfolgt durch Angabe des Buchstabens und der Ziffer dieser Zelle. ↑4↑5 Während der Eingabe werden die Zellen farbig umrahmt, auf die Bezug genommen wird; gleichzeitig erscheint der Zellbezug in der gleichen Farbe. Es stehen zwei Bezugsarten zur Verfügung:

- Beim relativen Bezug stehen Buchstabe und Ziffer direkt hintereinander.
- Beim absoluten Bezug steht ein „$“ vor der Ziffer (oder vor dem Buchstaben).

Den Unterschied zwischen den Bezugsarten werden wir später zeigen.
Zellen können nicht gegenseitig Bezug aufeinander nehmen. ↑6 Bezieht man sich auf leere Zellen, wird eine Null ausgelesen. ↑7

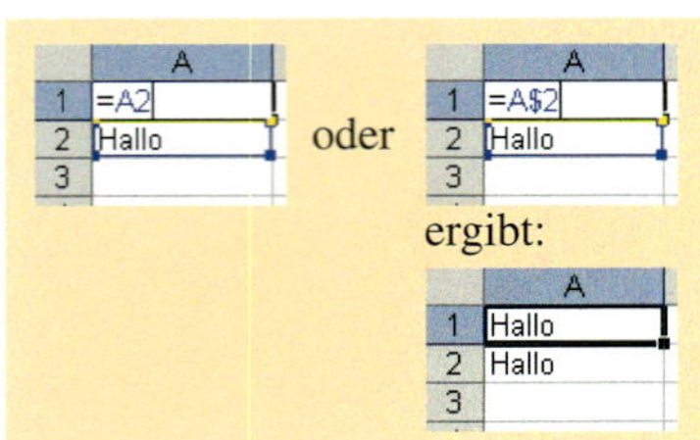

5 Bezug auf Text

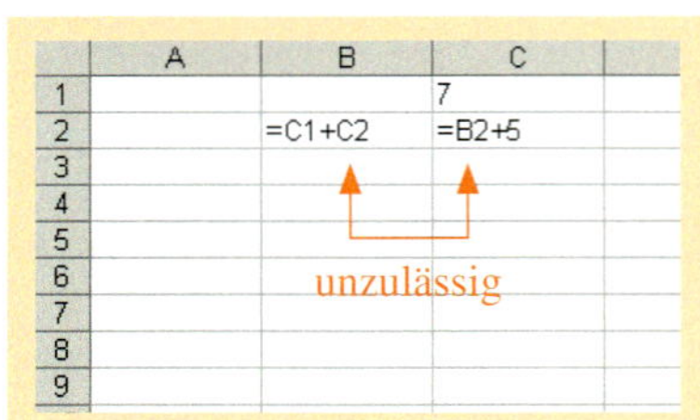

6 Unzulässig: gegenseitiger Bezug

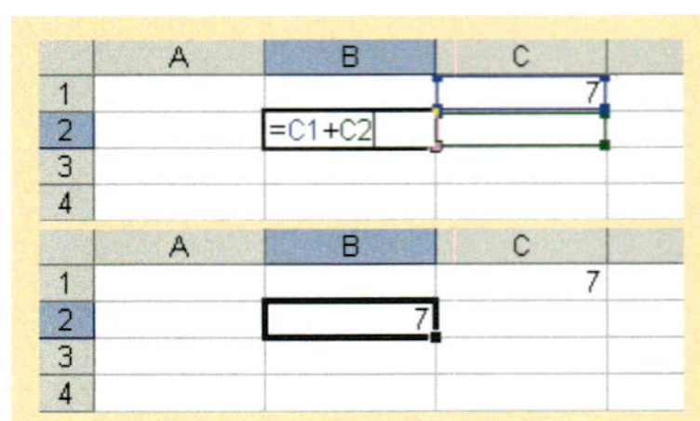

7 Bezug auf leere Zelle: Null wird ausgelesen.

Kopieren Der Inhalt einer ausgewählten Zelle kann mit „Kopieren“ in die Zwischenablage gelegt und mit „Einfügen“ in andere Zellen geschrieben werden. Dabei kann es sich um Text, Zahlen oder Befehle handeln.
Eine für Iterationen besonders nützliche Kopiermethode ist, Tabellenabschnitte zu markieren und am Endpunkt nach unten zu ziehen. ↑8
Enthalten die zu kopierenden Zellen Bezüge, wird der Unterschied zwischen einem relativen und einem absolutem Zellbezug deutlich:

- Bei einem relativen Zellbezug (ohne „$“) können sich Spaltenbuchstabe und Zeilenziffer ändern. ↑9
- Bei einem absoluten Zellbezug bleibt die Zeilenziffer, vor der „$“ steht, unverändert. ↑10 Wenn „$“ vor einem Spaltenbuchstaben steht, bleibt dieser erhalten.

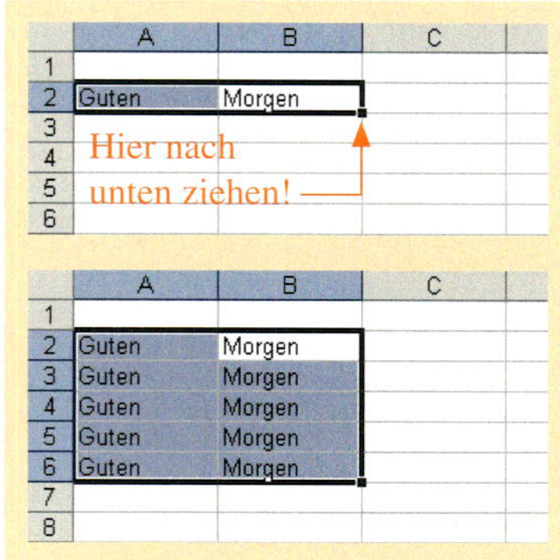

8 Kopieren eines Zeilenabschnitts

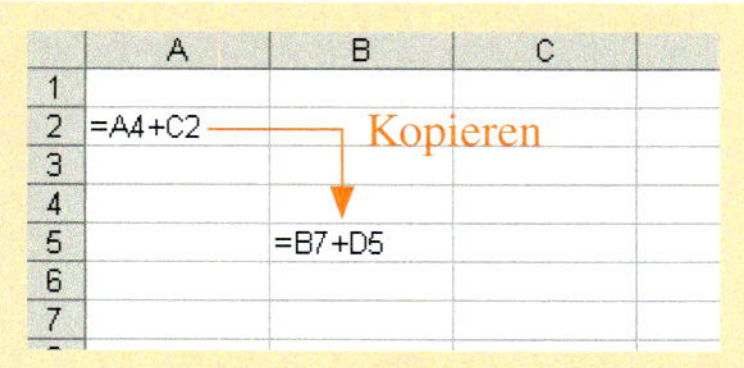

9 Kopieren von relativen Bezügen

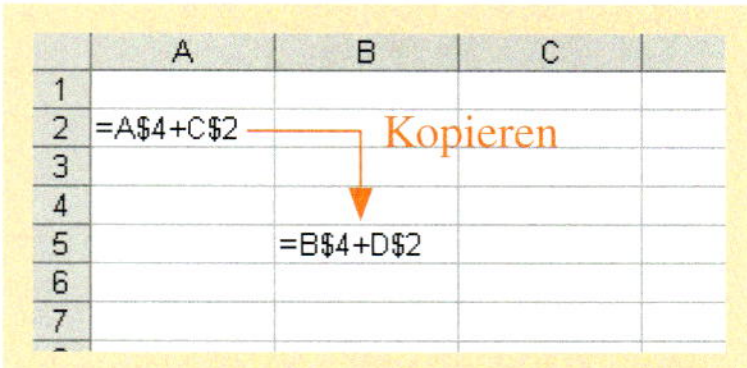

10 Kopieren von absoluten Bezügen

Bei Iterationen werden in der Regel die ausgefüllten Zellen einer Zeile – sie enthalten einen vollständigen Rechenschritt – „nach unten gezogen“ und damit kopiert. ↑11–↑13 Die Zeilenziffern relativer Bezüge werden dann je Zeile um eins erhöht. ◀

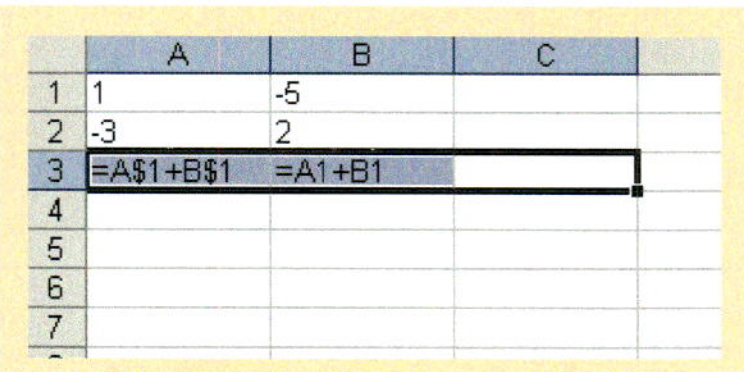

11 Eingabe der Grundbefehle

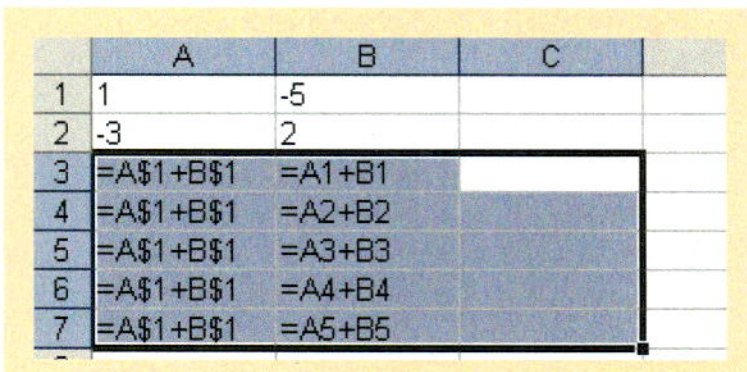

12 Kopieren durch Ziehen

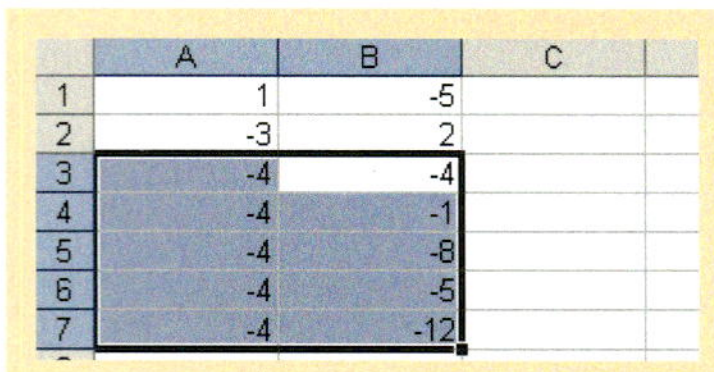

13 Ergebnisse

Beispiel: Mithilfe der Tabellenkalkulation und relativen Bezügen kann man die berühmte Fibonacci-Folge einfach erzeugen. Die ersten beiden Zahlen in der Folge sind 1 und 1, die nächsten Zahlen ergeben sich dann immer als Summe der beiden vorausgehenden. ↑14

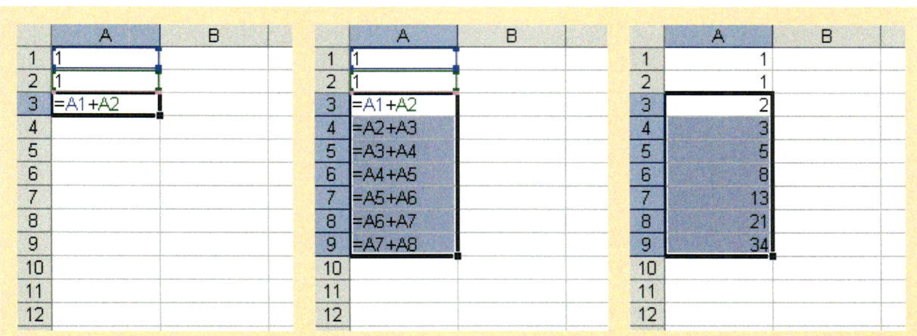

14 Berechnen der Fibonacci-Folge

1 Der Quotient aus zwei aufeinanderfolgenden Zahlen der Fibonacci-Folge nähert sich dem „Goldenen Schnitt“ an. Probiere die Berechnung mit der Tabellenkalkulation selbst einmal aus. ↑15

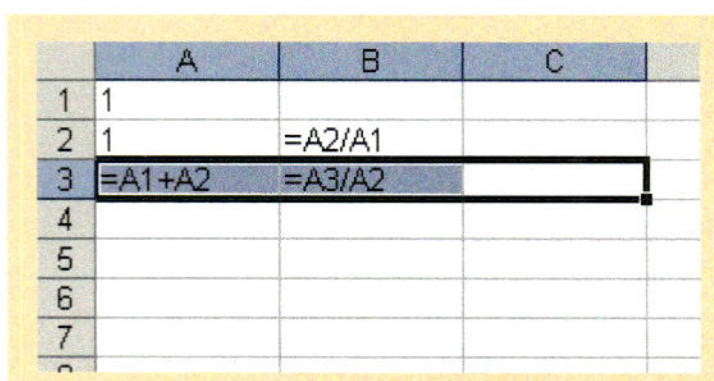

15 Berechnung des „Goldenen Schnitts“ aus einer Fibonacci-Folge

GRUNDLAGEN: Beschleunigen mit konstanter Kraft – Iteration

$$t_{out} = t_{in} + \Delta t$$

$$v_{out} = v_{in} + \frac{F}{m} \cdot \Delta t$$

$$x_{out} = x_{in} + \frac{1}{2} \cdot (v_{in} + v_{out}) \cdot \Delta t$$

1 Rechenschritt

	A	B	C
1	Δt in s	m in kg	F in N
2	0,1	80	50
3			
4	t in s	v in m/s	x in m
5	0	0	0

2 Eingabe der ersten Werte (Zeilen 1 und 2) und des Tabellenkopfs (Zeile 4)

	A	B	C
1	Δt in s	m in kg	F in N
2	0,1	80	50
3			
4	t in s	v in m/s	x in m
5	0	0	0
6	=A5+A$2	=B5+C$2/B$2*A$2	
7			

3 Startwerte für t, v, x in Zeile 5 sowie Berechnung von t und v in den Zellen A6 und B6

	A	B	C
1	Δt in s	m in kg	F in N
2	0,1	80	50
3			
4	t in s	v in m/s	x in m
5	0	0	0
6	0,1	0,0625	=C5+(B5+B6)/2*A$2

4 Berechnung von x in der Zelle C6

▶ Die Tabellenkalkulation wird unser wichtigstes „Werkzeug" sein, um Bewegungen zu berechnen, bei denen die beschleunigenden Kräfte von der Geschwindigkeit oder vom Ort abhängen. Vorher soll es aber noch einmal getestet werden: am Beispiel der Beschleunigung mit konstanter Kraft.
Die allgemeinen Formeln des Rechenschritts müssen in die Sprache der Tabellenkalkulation „übersetzt" werden. ↑1

– Die Länge des Zeitschritts Δt, die beschleunigte Masse m und die beschleunigende Kraft F bleiben während der Berechnung konstant.
  Für unser Beispiel wird vorgegeben:
  $\Delta t = 0{,}1\,\text{s}$; $m = 80\,\text{kg}$; $F = 50\,\text{N}$.
  Diese Zahlenwerte werden in der Zeile 2 des Rechenblatts eingegeben. ↑2 (In der Zeile 1 haben wir zuvor die Bezeichnungen der Größen und ihre Einheiten eingetragen.)
– Für die drei veränderlichen Größen Zeit t, Geschwindigkeit v und Ort x wird jeweils eine Spalte „eröffnet" (Zeile 4). In die Spalten wird als erster Eintrag der zugehörige Anfangswert eingegeben (Zeile 5).
– In der Zeile 6 werden die Formeln eingegeben, mit denen die Werte nach dem ersten Zeitschritt aus den Anfangswerten berechnet werden. Auf die Werte der konstanten Größen Δt, m und F wird mit einem absoluten Zellbezug verwiesen, auf die veränderlichen Werte von t, v und x mit einem relativen Zellbezug. ↑3 ↑4
– Nun wird die entstandene „Formelzeile" markiert und „nach unten gezogen" – und schon ist die Tabelle fertig und zeigt die schrittweise berechneten Werte an! ↑5

Wird ein Anfangswert durch eine neue Eingabe verändert, entsteht nach Betätigung der „Enter"-Taste automatisch die angepasste Tabelle. ↑6

	A	B	C
1	Δt in s	m in kg	F in N
2	0,1	80	50
3			
4	t in s	v in m/s	x in m
5	0	0	0
6	0,1	0,0625	0,003125
7	0,2	0,125	0,0125
8	0,3	0,1875	0,028125
9	0,4	0,25	0,05
10	0,5	0,3125	0,078125
11	0,6	0,375	0,1125
12	0,7	0,4375	0,153125
13	0,8	0,5	0,2
14	0,9	0,5625	0,253125
15	1	0,625	0,3125

5 Fertige Tabelle

	A	B	C
1	Δt in s	m in kg	F in N
2	0,1	78	50
3			
4	t in s	v in m/s	x in m
5	0	0	0
6	0,1	0,0641026	0,0032051
7	0,2	0,1282051	0,0128205
8	0,3	0,1923077	0,0288462
9	0,4	0,2564103	0,0512821
10	0,5	0,3205128	0,0801282
11	0,6	0,3846154	0,1153846
12	0,7	0,4487179	0,1570513
13	0,8	0,5128205	0,2051282
14	0,9	0,5769231	0,2596154
15	1	0,6410256	0,3205128

6 Fertige Tabelle mit anderer Masse

Ob wir richtig gerechnet haben, zeigt der Vergleich mit den Werten, die man anhand der Bewegungsfunktionen ausrechnet (ohne zu runden):

$$x(t) = \frac{1}{2}\,a \cdot t^2 = \frac{1}{2} \cdot \frac{F}{m} \cdot t^2; \quad x(1\,\text{s}) = \frac{1}{2} \cdot \frac{50\,\text{N}}{80\,\text{kg}} \cdot 1\,\text{s}^2 = 0{,}3125\,\text{m}$$

$$v(t) = a \cdot t = \frac{F}{m} \cdot t; \quad v(1\,\text{s}) = \frac{50\,\text{N}}{80\,\text{kg}} \cdot 1\,\text{s} = 0{,}625\,\frac{\text{m}}{\text{s}}$$ ◀

Ausblick: Die Tabellenkalkulation erlaubt es auch, die Ergebnisse der Berechnungen in Diagrammen anzuzeigen. 76-1

Da alle berechneten Werte in Zellen hintereinandergespeichert bleiben, ist eine Durchnummerierung sinnvoll („1-2-3-Schreibweise“). ↑7
Die eleganteste Darstellung des Rechenschritts drückt ganz allgemein aus, wie man von einem beliebigen Schritt n zum nächsten Schritt $n + 1$ gelangt (n steht für eine beliebige natürliche Zahl):

$$t_{n+1} = t_n + \Delta t$$
$$v_{n+1} = v_n + a \cdot \Delta t,$$
$$x_{n+1} = x_n + \tfrac{1}{2} \cdot (v_n + v_{n+1}) \cdot \Delta t$$

$$t_1 = t_0 + \Delta t$$
$$t_2 = t_1 + \Delta t$$
$$t_3 = t_2 + \Delta t$$
$$\ldots$$
$$v_1 = v_0 + a \cdot \Delta t$$
$$v_2 = v_1 + a \cdot \Delta t$$
$$v_3 = v_2 + a \cdot \Delta t$$
$$\ldots$$
$$x_1 = x_0 + \tfrac{1}{2} \cdot (v_0 + v_1) \cdot \Delta t$$
$$x_2 = x_1 + \tfrac{1}{2} \cdot (v_1 + v_2) \cdot \Delta t$$
$$x_3 = x_2 + \tfrac{1}{2} \cdot (v_2 + v_3) \cdot \Delta t$$
$$\ldots$$

7 Rechenschritt („1-2-3-Schreibweise“)

Aufgaben

1 ▶ *Konstante Beschleunigung* Erstelle mit der Tabellenkalkulation ein Rechenblatt für Bewegungen mit konstanter Beschleunigung. In der zweiten Zeile sollen also nur der Zeitschritt Δt und die Beschleunigung a vorgegeben werden. Denke dir selbst Zahlenwerte dafür aus. ◀

2 *Senkrechter Hammerwurf* Löse die Aufgaben einmal Schritt für Schritt mithilfe der Tabellenkalkulation und einmal nach Möglichkeit mithilfe der Bewegungsfunktionen und dem Taschenrechner.
Tipps: Achte auf Vorzeichen! Es handelt sich um eine Bewegung mit konstanter Beschleunigung.

a Ein Bauarbeiter schleudert einen Hammer senkrecht nach oben zu seinem Helfer, der auf einem Gerüst steht. Der Helfer verfehlt den Hammer, sodass dieser wieder zu Boden fällt.
Welche Höhe erreicht der Hammer? Wie lange ist er in der Luft? *Hinweise:* Die Abwurfgeschwindigkeit beträgt $4{,}5\,\frac{\text{m}}{\text{s}}$, die Abwurfhöhe liegt 2,0 m über dem Boden. Das Gerüst ist 4 m hoch.

b Mit welcher Geschwindigkeit hätte der Hammer abgeworfen werden müssen, damit er bis auf eine Höhe von 5,0 m steigt?

c *Für Experten:* Mit welcher Geschwindigkeit hätte der Hammer abgeworfen werden müssen, damit er 1,0 s lang oberhalb von 4,0 m erreichbar ist?

3 ▶ *Senkrechter Wurf – mit Tabellenkalkulation* Erstelle ein Rechenblatt zum (allgemeinen) senkrechten Wurf nach oben. In den oberen Zeilen sollen neben dem Zeitschritt Δt die Anfangsgeschwindigkeit v_0 und die Anfangshöhe h_0 vorgegeben werden. Verwende als Zahlenwerte dafür zunächst: $\Delta t = 0{,}5\,\text{s}$; $v_0 = 15\,\frac{\text{m}}{\text{s}}$; $h_0 = 3{,}0\,\text{m}$.

a Lass das t-v- und das t-h-Diagramm vom Tabellenkalkulationsprogramm zeichnen.
Verändere den Zeitschritt Δt. Wie verändern sich dadurch die Graphen von Höhe und Geschwindigkeit?

b Verändere nun einmal v_0 und einmal h_0. Beobachte und beschreibe, wie die Graphen darauf „reagieren“.

c Die Flugdauer soll 20 s betragen: Bei welchen Anfangsgeschwindigkeiten und Starthöhen gelingt das? Finde zwei Möglichkeiten durch probierendes Verändern der Anfangsbedingungen heraus. ◀

4 *Magnetschwebebahn* Berechne mithilfe der Tabellenkalkulation die Anfahrt der Magnetschwebebahn in Shanghai, die aus dem Stand auf eine Geschwindigkeit von $200\,\frac{\text{km}}{\text{h}}$ gleichmäßig beschleunigt wird.
Hinweise: Masse, Antriebskraft und Zeitschritt sind konstant. Es gilt: $m = 110\,\text{t}$, $F = 90\,\text{kN}$, $\Delta t = 5\,\text{s}$.

a Wie lang ist die Beschleunigungsstrecke? Wie lange dauert die Beschleunigung bis auf $200\,\frac{\text{km}}{\text{h}}$?

b Der Zug ist nicht ganz gefüllt und wird nicht mit „voller Kraft“ beschleunigt: Wie ändern sich Beschleunigungszeit und Strecke?
Hinweise: Die Masse betrage nur 85 % des oben angegebenen Werts, die Kraft nur 80 %.

c *Ausblick:* Wie viel Prozent der oben angegebenen Masse darf der Zug haben, damit er bei halber Kraft in 2 min auf $200\,\frac{\text{km}}{\text{h}}$ beschleunigt wird?
Hinweise: Gib die Veränderung (in %) von m und F geschickt in eigene Zellen ein. Löse durch Probieren.

GRUNDLAGEN: Fall mit Luftwiderstand – Iteration

▶ Wie verläuft die erste Flugphase eines Fallschirmspringers?

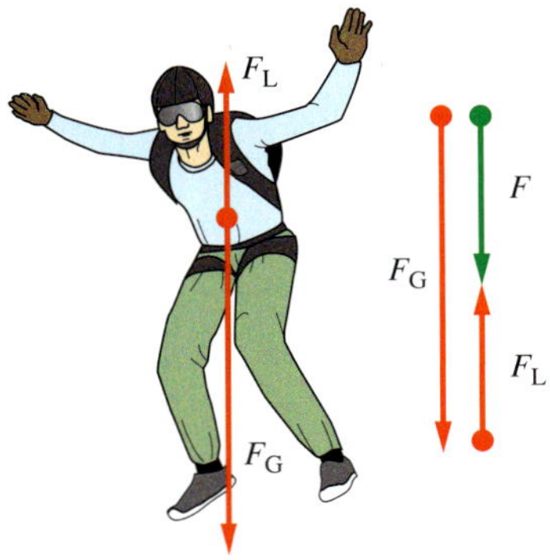

1

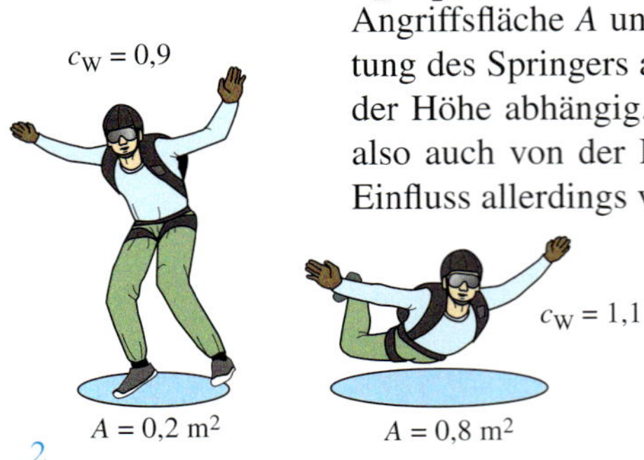

2

Anfangsbedingungen und Kräfte Zur Vereinfachung nehmen wir an, dass der Springer von einem in der Luft stehenden Ballon startet: Die Absprunggeschwindigkeit beträgt $v_0 = 0\,\frac{m}{s}$. Die Fallstrecke x messen wir vom Start nach unten, der Startort ist $x_0 = 0\,m$ (also ist x positiv und nimmt mit der Zeit zu). Die Kraft F auf den Springer setzt sich aus zwei Anteilen zusammen: ↑1
- Die nach unten beschleunigende Gewichtskraft $F_G = m \cdot g$ bleibt konstant, da sich die Masse des Springers nicht verändert.
- Die nach oben gerichtete Luftwiderstandskraft F_L bremst den Fall ab: $F_L = \frac{1}{2}\,c_W \cdot A \cdot \varrho \cdot v^2$.
  Angriffsfläche A und Luftwiderstandsbeiwert c_W hängen von der Haltung des Springers ab. ↑2 Die Luftdichte ϱ ist von der Temperatur und der Höhe abhängig. Genau betrachtet, hängt die Luftwiderstandskraft also auch von der Höhe h ab. Bei „normalen" Sprüngen kann dieser Einfluss allerdings vernachlässigt werden.

Iteration Am Anfang eines Zeitschritts fällt der Springer mit der Geschwindigkeit v. Auf ihn wirkt die nach unten gerichtete Gesamtkraft F:
$F = m \cdot g - \frac{1}{2}\,c_W \cdot A \cdot \varrho \cdot v^2$.
Schon im nächsten Moment wird die Geschwindigkeit etwas größer und damit die Gesamtkraft etwas kleiner sein. Für den Rechenschritt setzen wir zur Vereinfachung dennoch an, dass sich die Kraft während des kurzen Zeitschritts nicht verändert und so groß wie zu Beginn des Zeitschritts bleibt. ↑3
Wir verwenden also während jedes Zeitschritts eine etwas zu große Kraft. Daher werden unsere Ergebnisse für Fallstrecken und Geschwindigkeiten etwas größer sein als die tatsächlichen Werte. Wenn allerdings der Zeitschritt sehr kurz ist, ändert sich die Kraft nur wenig und die Abweichung von den realen Werten ist gering (wie man mit höherer Mathematik zeigen kann).

$F_0 = m \cdot g - \frac{1}{2}\,c_W \cdot A \cdot \varrho \cdot {v_0}^2$

$v_1 = v_0 + \frac{F_0}{m} \cdot \Delta t$

$x_1 = x_0 + \frac{1}{2} \cdot (v_0 + v_1) \cdot \Delta t$

$t_1 = t_0 + \Delta t$

$F_1 = m \cdot g - \frac{1}{2}\,c_W \cdot A \cdot \varrho \cdot {v_1}^2$

$v_2 = v_1 + \frac{F_1}{m} \cdot \Delta t$

$x_2 = x_1 + \frac{1}{2} \cdot (v_1 + v_2) \cdot \Delta t$

$t_2 = t_1 + \Delta t$

…

3 Rechenschritt

Tabellenkalkulation Im Rechenblatt werden die konstanten Werte für den Zeitschritt Δt sowie m, c_W, A (Daten des Springers) und ϱ (Luftdichte) vorgegeben. ↑4 Berechnet werden die veränderlichen Werte von t, v, x und F.
- Die Gesamtkraft hängt von der Geschwindigkeit zu Beginn des Zeitschritts ab, sodass hier ein relativer Bezug erforderlich ist („B5^2" in der Zelle D5). Auf die anderen Größen verweisen absolute Bezüge.

	A	B	C	D	E
1	Δt in s	m in kg	cw	A in m^2	ρ in kg/m^3
2	1	95	0,9	0,5	1,3
3					
4	t in s	v in m/s	x in m	F in N	
5	0	0	0	=B$2*9,81-0,5*C$2*D$2*E$2*B5^2	
6					

4 Zur Berechnung der Kraft F

– Die Geschwindigkeit am Ende des Zeitschritts wird mithilfe der Beschleunigung am Beginn des Zeitschritts berechnet. ↑5 Sie ergibt sich als Quotient aus der Gesamtkraft und der Masse:

$$v_1 = v_0 + \frac{F_0}{m} \cdot \Delta t.$$

Auf die veränderliche Kraft verweist der relative Bezug „D5" (Zelle B6), absolute Bezüge verweisen auf die unveränderliche Masse („B$2") und den Zeitschritt („A$2").

	A	B	C	D	E
1	Δt in s	m in kg	cw	A in m^2	ρ in kg/m^3
2	1	95	0,9	0,5	1,3
3					
4	t in s	v in m/s	x in m	F in N	
5	0	0	0	931,95	
6	1	=B5+(D5/B$2)*A$2			

5 Zur Berechnung der Geschwindigkeit v des Springers

– Die Fallstrecke x wird in der Zelle C6 mithilfe der Durchschnittsgeschwindigkeit $v_D = \frac{1}{2}(v_1 + v_0)$ während des Zeitschritts berechnet. ↑6

	A	B	C	D	E
1	Δt in s	m in kg	cw	A in m^2	ρ in kg/m^3
2	1	95	0,9	0,5	1,3
3					
4	t in s	v in m/s	x in m	F in N	
5	0	0	0	931,95	
6	1	9,81	=C5+0,5*(B5+B6)*A$2		

6 Zur Berechnung der Fallstrecke x des Springers

– Eine Kopie der Kraftformel von D5 nach D6 vervollständigt die Zeile 6. Nun wird die Zeile markiert und nach unten gezogen: Die Tabelle ist fertig. ↑7 Die Ergebnisse kann man in einem t-v- und in einem t-x-Diagramm darstellen. ↑8 ↑9 79-1

Die Geschwindigkeit des Springers nimmt anfangs nahezu gleichmäßig zu, weil der Luftwiderstand bei kleinen Geschwindigkeiten gering ist. Bei größeren Geschwindigkeiten nimmt die Geschwindigkeit infolge des Luftwiderstands immer langsamer zu, bis sich ein konstanter Wert einstellt. Von nun an legt der Springer in gleichen Zeiten gleiche Strecken zurück (der Graph im *t*-*x*-Diagramm steigt jetzt gerade an). ◀

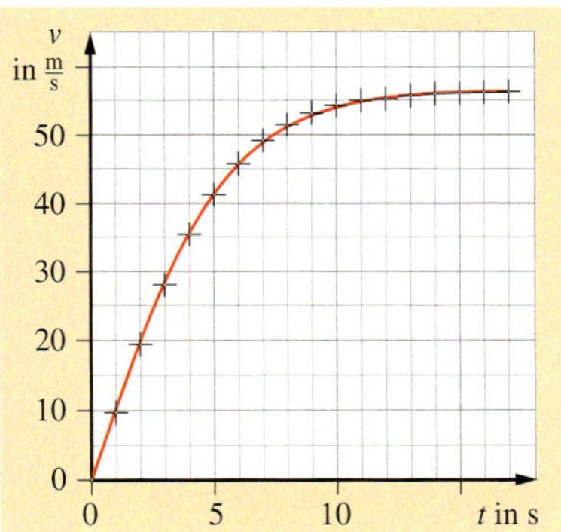

8 t-v-Diagramm ($\Delta t = 1$ s)

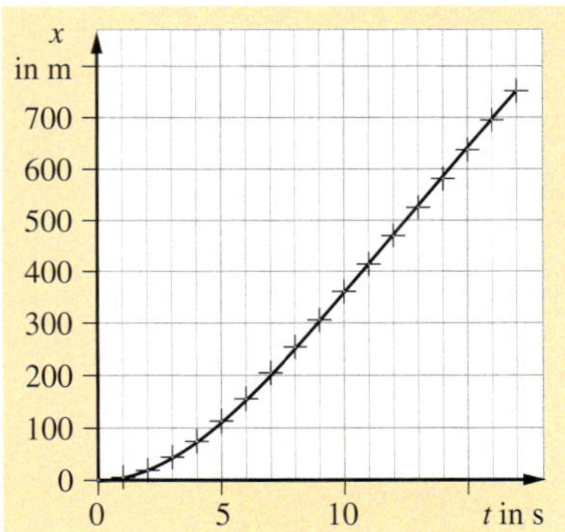

9 t-x-Diagramm ($\Delta t = 1$ s)

4	t in s	v in m/s	x in m
5	0	0	0
6	1	9,81	4,905
7	2	19,32369411	19,47184706
8	3	27,9839993	43,12569376
9	4	35,38286263	74,80912472
10	5	41,33818381	113,1696479
11	6	45,88673864	156,7821092
12	7	49,21372928	204,3323431
13	8	51,566546	254,7224808
14	9	53,18929037	307,1003989
15	10	54,28863849	360,8393634
16	11	55,02419156	415,4957784
17	12	55,51218067	470,7639645
18	13	55,83408968	526,4370997
19	14	56,04563884	582,3769639
20	15	56,18431529	638,491941
21	16	56,27507207	694,7216347
22	17	56,33440372	751,0263726

Durch Eingabe von $\Delta t = 0{,}2$ s erhält man eine Tabelle mit etwas kleineren Werten, die näher an der Realität liegen. Noch genauere Ergebnisse würde man bei noch kürzeren Zeitschritten erreichen.

85	16	56,07446616	682,4691945
86	16,2	56,10021114	693,6866622
87	16,4	56,12417776	704,9091011
88	16,6	56,14648814	716,1361677
89	16,8	56,16725608	727,3675421
90	17	56,18658767	738,6029265

7 Ergebnisse für $\Delta t = 1$ s und $\Delta t = 0{,}2$ s

Sinnvoll runden Die Anfangsdaten von Masse, c_W-Wert … sind mehr oder weniger genau bestimmt und stehen sinnvoll gerundet am Anfang der Rechnung. Bei den Berechnungen werden dann Zwischenergebnisse erzeugt und sofort weiterverarbeitet. Am besten ist es dabei, alle zur Verfügung stehenden Stellen zu nutzen, selbst wenn diese Genauigkeit physikalisch unsinnig ist. Denn so wird vermieden, dass sich Rundungsfehler in der Berechnung aufsummieren. Dieser Effekt kann insbesondere bei einer großen Anzahl von Iterationsschritten Endergebnisse stark beeinflussen. Selbstverständlich muss aber sinnvoll gerundet werden, wenn man Rechenergebnisse aus der Tabelle entnimmt und damit physikalisch weiterarbeiten möchte. Kurz gesagt:

Zahlenwerte vor und nach, aber nicht während der Iteration runden. ◀

Aufgaben

1 ▶ *Mit dem Rechenblatt arbeiten*
Verwende das Rechenblatt zum Fall mit Luftwiderstand, das auf der vorigen Seite entwickelt wurde.
Hinweis: $\Delta t = 1\,\text{s}$

a Wie groß ist die Fallstrecke nach 20 s?

b Wie groß ist die Geschwindigkeitsdifferenz zwischen 5 und 10 s? Welche Strecke wird in dieser Zeitspanne zurückgelegt?

c Nach welcher Zeit ist der Springer 2000 m tief gefallen? ◀

2 ▶ *Große Zeitschritte* Beim Fall mit Luftwiderstand ist angenommen worden, dass die beschleunigende Kraft während eines Zeitschritts konstant bleibt. Bei kleinen Zeitschritten sollte die Abweichung zur Realität nur klein sein. Und bei großen? Um die Antwort zu finden, brauchst du wieder das Rechenblatt zum Fall mit Luftwiderstand.

a Verwende als Zeitschritt $\Delta t = 1\,\text{s}$ und ziehe die Tabelle bis zu $t = 20\,\text{s}$ auf. Erzeuge das t-v-Diagramm.

b Vergrößere dann den Zeitschritt auf 2 s, 3 s, 4 s … Beobachte, wie sich die Werte in der Tabelle und der Graph im Diagramm verändern. Wann werden die Ergebnisse offensichtlich unsinnig? Erkläre, woran man erkennen kann, dass die Ergebnisse nicht mehr zu gebrauchen sind. ◀

3 *Zeitschritt und Genauigkeit* Bei kürzeren Zeitschritten sollten die Ergebnisse der Tabellenkalkulation beim Fall mit Luftwiderstand genauer werden. Um diesen Zusammenhang zu untersuchen, benötigst du wieder das Rechenblatt.
Hinweis: Ziehe die Zeilen im Rechenblatt immer so weit nach unten, wie es zur Beantwortung der Fragen nötig ist.

a Lies die Fallstrecken x nach 12 s für verschiedene Zeitschritte ab: $\Delta t = 1{,}0\,\text{s}; 0{,}8\,\text{s}; 0{,}6\,\text{s}; 0{,}4\,\text{s}; 0{,}2\,\text{s}$.

b Trage die verschiedenen Fallstrecken nach 12 s in ein Δt-x-Diagramm ein. Was fällt dir auf?

c Durch Einzeichnen einer geeigneten Hilfslinie in das Δt-x-Diagramm kann man zu einem sehr genauen Wert der tatsächlichen Fallstrecke gelangen. Ermittle diesen Wert.

d Führe das gleiche Verfahren durch, um die nach 12 s erreichte Geschwindigkeit zu bestimmen.

4 *Maximalgeschwindigkeit berechnen* Für die Geschwindigkeit, die man beim Fall mit Luftwiderstand höchstens erreichen kann, gilt:

$$v_{max} = \sqrt{\frac{2 \cdot m \cdot g}{c_W \cdot A \cdot \varrho}}$$

(A: Angriffsfläche des Springers; c_W: Luftwiderstandsbeiwert des Springers; ϱ: Luftdichte).

a Berechne die Höchstgeschwindigkeit für zwei c_W-Werte des Springers: 0,9; 1,1.
Hinweise: $m = 95\,\text{kg}$; $A = 0{,}5\,\text{m}^2$; $\varrho = 1{,}3\,\frac{\text{kg}}{\text{m}^3}$

b Für welche Masse ergibt sich eine Maximalgeschwindigkeit von $180\,\frac{\text{km}}{\text{h}}$?
Hinweise: $A = 0{,}5\,\text{m}^2$; $\varrho = 1{,}3\,\frac{\text{kg}}{\text{m}^3}$

c Finde zwei Paare von A und c_W, die zu einer Höchstgeschwindigkeit von $190\,\frac{\text{km}}{\text{h}}$ führen.
Hinweise: $m = 95\,\text{kg}$; $\varrho = 1{,}3\,\frac{\text{kg}}{\text{m}^3}$

d Bestimme die Maximalgeschwindigkeit mithilfe des Rechenblatts zum Fall mit Luftwiderstand. Überprüfe, ob du damit zu denselben Ergebnissen wie in den vorangegangenen Teilaufgaben gelangst.

e Leite die Gleichung für die Maximalgeschwindigkeit aus der Kraftbeziehung her:
$F = m \cdot g - \frac{1}{2}\, c_W \cdot A \cdot \varrho \cdot v^2$.
Tipp: Kräftegleichgewicht

Ausblick Scientific Computing

Wie viele Objekte auch beteiligt sind, wie riesig die Terme auch sind, mit denen gerechnet wird – mit iterativen Verfahren kann prinzipiell jedes Problem „angepackt“ werden. Generell gilt allerdings: Je zahlreicher die Objekte, je komplizierter die Gleichungen sind und je höher die gewünschte Genauigkeit ist, desto mehr Rechenleistung muss eingesetzt werden. Bedingt durch die begrenzte Anzahl von gültigen Ziffern bei Zahlen im Computer gibt es außerdem „Grenzen des Berechenbaren“.

Vor allem müssen natürlich die „steuernden“ Naturgesetze bekannt sein:

- In der klassischen Mechanik ist dies das Bewegungsgesetz $F = m \cdot a$, das 1687 von NEWTON formuliert wurde.
- Die Elektrodynamik erfasst elektrische Phänomene. Ihr liegen die vier Maxwell-Gleichungen zugrunde. JAMES CLERK MAXWELL entwickelte sie zwischen 1861 und 1864. Für einen Nichtphysiker sehen sie ziemlich kryptisch aus:

$$\nabla \cdot D = \varrho \qquad \nabla \times E + \frac{\partial B}{\partial t} = 0$$

$$\nabla \cdot B = 0 \qquad \nabla \times H = j + \frac{\partial D}{\partial t}$$

- Bei seinem Übergang von der klassischen Mechanik zur Relativitätstheorie formulierte EINSTEIN Anfang des 20. Jahrhunderts neue Bewegungsgesetze. Bei nicht zu großen Geschwindigkeiten und Gravitationsfeldern erhält man damit die gleichen Ergebnisse wie in der klassischen Mechanik.
- In der Quantenphysik, die die Welt im Kleinsten beschreibt, sind viele Grundgesetze im Kern ungefähr seit 1920 bekannt.

In allen Teilbereichen der Physik werden heutzutage Computer mit iterativen Verfahren „gefüttert“. Neben reiner Theorie und reinem Experiment haben sich Computersimulationen zu einer dritten Säule der Physik entwickelt: dem *Scientific Computing* (Wissenschaftliches Rechnen). Es wird von vielen Universitäten als eigenständiger Studiengang angeboten. ↑1

Viele Wissenschaftler verwenden Programme, die von Spezialisten im Scientific Computing vorgefertigt wurden. Dadurch müssen sie sich nicht jede Befehlszeile selbst ausdenken und eingeben. Sie brauchen praktisch nur noch die Ausgangsdaten des Problems einzugeben – alles Weitere erledigt die Maschine wie von selbst und gibt am Ende die Ergebnisse aus.

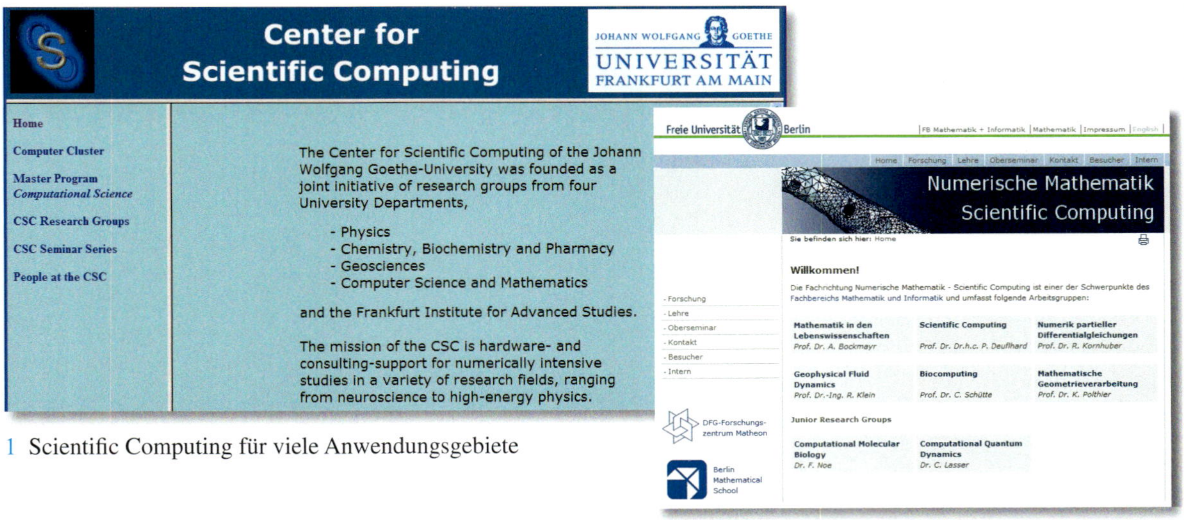

1 Scientific Computing für viele Anwendungsgebiete

Aufgaben

In diesem Abschnitt wird nur auf weiter vorne stehende Aufgaben verwiesen. Der Arbeitsauftrag ist jedes Mal der gleiche:
Löse die Aufgabe mithilfe der Tabellenkalkulation. Erstelle ein übersichtliches Rechenblatt (mit Diagramm).

5 S. 69, Aufgabe 1
6 S. 69, Aufgabe 3
7 S. 69, Aufgabe 4
8 S. 73, Aufgabe 2
9 S. 73, Aufgabe 3
10 S. 73, Aufgabe 4

Mit Supercomputern der Natur auf der Spur

„Computersimulationen sind eine Schlüsseltechnologie für die Wissenschaft und haben sich gleichberechtigt neben theoretischer und experimenteller Forschung etabliert. Der Supercomputer erweist sich als flexibles und leistungsstarkes Werkzeug, wenn es darum geht, komplexe Probleme zu lösen. Forscher aller Fachrichtungen nutzen ihn, um etwa zu klären, wie sich Galaxien formen, wie Halbleiter funktionieren, wie sich Proteine in Zellen falten oder wie sich Tragflächen von Flugzeugen verhalten."

Forschungszentrum Jülich

Wetter und Klima Da sich die Erde nicht im Reagenzglas untersuchen lässt, bleibt Wetter- und Klimaforschern nichts anderes übrig, als mithilfe von Computern ein möglichst genaues virtuelles Abbild der Wirklichkeit zu schaffen. Supercomputer ermöglichen zunehmend realistischere Simulationen des globalen und regionalen Klimageschehens. Die simultane Betrachtung von physikalischen Vorgängen wie Strömungsdynamik, Strahlungsbilanz, Wärmeaustausch, Windeinwirkung … sowie chemischer und biologischer Kopplungsmechanismen erfordert ungeheuer große Rechenleistungen. So wurden am Max-Planck-Institut für Meteorologie in Hamburg im Jahr 2006 mit einem Supercomputer 432 Billiarden Rechenoperationen ausgeführt (wozu ein normaler PC 70 Jahre gebraucht hätte), um Prognosen für Temperatur-, Wind-, Niederschlags- oder Sonneneinstrahlungswerte in Deutschland bis 2100 zu berechnen.

Um die Qualität der Vorhersage weiter zu steigern, wird Ende 2008 im deutschen Klimarechenzentrum in Hamburg ein neuer Supercomputer eingesetzt werden. Rund 33 Millionen Euro wurden dazu vom Bundesministerium für Bildung und Forschung investiert. Mit einer Spitzenleistung von mehr als 140 Teraflops pro Sekunde (das sind 140 Billionen Rechenoperationen in jeder Sekunde) wird er zu den weltweit größten Supercomputern gehören.

TOP500 List – November 2007 (R_{max} and R_{peak} in Gflops; 1 flops: 1 floating point operation per second)

Rank	Site	Computer	Processors	Year	R_{max}	R_{peak}
1	DOE/NNSA/LLNL, Livermore, United States	BlueGene/L – eServer Blue Gene Solution, IBM	212992	2007	478200	596378
2	Forschungszentrum Jülich (FZL), Germany	JUGENE – Blue Gene/P Solution, IBM	65538	2007	167300	222822
3	SGI/New Mexico Computing Applications Center (NMCAC), United States	SGI Altix ICE 8200, Xeon quad core 3,0 GHz, SGI	14336	2007	126900	172032
4	Computational Research Laboratories, TATA SONS, India	EKA – Cluster Platform 3000 BL460c, Xeon 53xx 3 GHz, Infiniband, Hewlett-Packard	14240	2007	117900	170880
5	Government Agency, Sweden	Cluster Platform 3000 BL460c, Xeon 53xx 2,68 GHz, Infiniband, Hewlett-Packard	13728	2007	102800	146430
6	NNSA/Sandia National Laboratories, United States	Red Storm – Sandia/Cray Red Storm, Opteron 2,4 GHz dual core, Cray Inc.	26569	2007	102200	127531
7	Oak Ridge National Laboratory, United States	Jaguar – Cray XT4/XT3, Cray Inc.	23016	2006	101700	119350
8	IBM Thomas J. Watson Research Center, United States	BGW – eServer Blue Gene Solution, IBM	40960	2005	91290	114688
9	NERSC/LBNL, United States	Franklin – Cray XT4, 2,6 GHz, Cray Inc.	19320	2007	85368	100464
10	Stony Brook/BNL, New York Center for Computational Sciences, United States	New York Blue – eServer Blue Gene Solution, IBM	36864	2007	82161	103219

1

Top500 Seit 1993 wird zweimal jährlich eine Liste der 500 leistungsfähigsten Supercomputer der Welt veröffentlicht. ↑1 83-1
Die Entwicklung in dieser Weltrangliste ist rasant. Ende 2001 war z. B. der deutsche Wetterdienst mit seinem „SP Power3 375" als bester Europäer auf Rang 10. Ein Jahr später lag der gleiche Computer auf Rang 31, im Juni 2004 nur noch auf Platz 73 und im Juni 2005 auf Rang 165. Danach tauchte er nicht mehr in der Rangliste auf, da er durch ein neues System ersetzt wurde.
„Der neue Rechner wird in einem Monat so viele Daten produzieren wie der alte während seiner gesamten Betriebsdauer von sieben Jahren" – solche Zitate sind in diesem Genre keine Seltenheit. Von 2005 bis 2007 lag allerdings ein alleiniger Spitzenreiter vorne: *Blue Gene System*. ↑2 Er ist erst im Juni 2008 vom *Roadrunner* abgelöst worden, dessen Rechenleistung mehr als doppelt so groß ist wie der vorige Rekord.
2007 konnte sich das Rechenzentrum Jülich mit dem Rechner *Jugene* auf den zweiten Platz setzen, im Juni 2008 waren sie noch auf Platz 6. Auf den Jülicher Supercomputern finden rund 200 europäische Forschergruppen aus allen Bereichen für jede wissenschaftliche Simulationsaufgabe das passende Werkzeug vor. Und immer stecken iterative Verfahren dahinter!
Als der *Mare Nostrum* in Barcelona installiert wurde, nahm er Rang 5 in der Weltrangliste von Juni 2005 ein. ↑3 Dank andauernder Verbesserungen konnte er im Juni 2008 immer noch mit Rang 26 aufwarten. Dieser Supercomputer hat mit Sicherheit den schönsten Standort von allen. Er wurde in einer Kapelle aus dem Jahr 1920 errichtet. Neben der Klimaforschung befasst sich *Mare Nostrum* hauptsächlich mit Problemen der Biochemie und Medizin.

2 Blue Gene System, Livermore (Kalifornien, USA)

3 Mare Nostrum, Barcelona (Spanien)

GRUNDLAGEN: Starke und schwache Kausalität

▶ Wissenschaft lebt von kausalen Zusammenhängen, bei denen ein Ereignis („Ursache") ein anderes Ereignis („Wirkung") nach sich zieht.

– Wenn die gleiche Ursache stets die gleiche Wirkung zur Folge hat, spricht man von *schwacher Kausalität*.
– *Starke Kausalität* liegt vor, wenn gleiche Ursachen gleiche Wirkungen ergeben und aus leichten Veränderungen bei der Ursache nur leichte Veränderungen in der Wirkung resultieren.

In Newtons Mechanik sind Anfangsbedingungen und Wechselwirkungen (Kräfte) die Ursachen, die Bewegungen der Körper die Wirkungen. Aus gleichen Ursachen resultieren gleiche Wirkungen: Newtons Mechanik ist ein Paradebeispiel schwacher Kausalität.

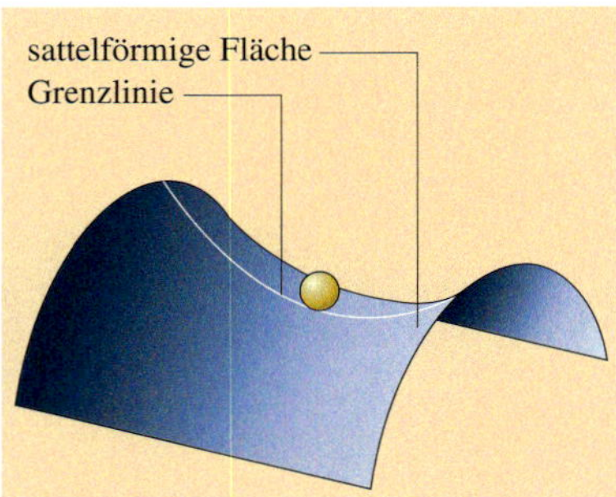

1 Instabiles Gleichgewicht

Bei vielen Bewegungen herrscht sogar starke Kausalität. Es gibt aber auch Gegenbeispiele: Versucht man etwa eine Kugel auf einem Sattel abzulegen, wird sie Mal rechts und mal links herunterfallen, obwohl sich die Anfangslagen nur minimal unterscheiden! ↑1 Trotzdem liegt eine Regelmäßigkeit vor, denn es gibt eine klare Grenze, die die Ursachen der beiden Wirkungen „rechtsherunter" und „linksherunter" trennt. Und ist die Entscheidung gefallen, geht es in „geregelten" Bahnen abwärts. Jenseits der Grenzlinie rufen kleine Änderungen der Ursache auch nur kleine Änderungen der Wirkung hervor. Diese Aussage gilt bei vielen mechanischen Fragestellungen, sodass lange Zeit die nicht ganz richtige Überzeugung bestand, NEWTONS Mechanik genüge generell der starken Kausalität.
Manche Bewegungen sind noch „unordentlicher" als das Rollen der Kugel auf dem Sattel. Ein berühmtes Beispiel ist das Magnetpendel. ↑2 Über jedem der Magnete befindet sich eine Gleichgewichtslage des Pendels. Einmal losgelassen, schwingt die Stahlkugel eine Weile lang und kommt schließlich in einer der möglichen Gleichgewichtslagen zur Ruhe. Man könnte glauben, dass es wieder einfache Grenzlinien gibt, die die Bereiche trennen, von denen aus eine bestimmte Gleichgewichtslage erreicht wird. Doch es kommt anders: Die Bewegungen verlaufen überhaupt nicht in „geregelten" Bahnen und die Grenzen sind alles andere als „ordentlich". ↑3 ↑4 Die Bewegungsgesetze gelten nach wie vor und es herrscht schwache Kausalität – aber es liegt garantiert keine starke Kausalität vor. Physiker sprechen von „Unordnung" und *deterministischem Chaos*. ◀

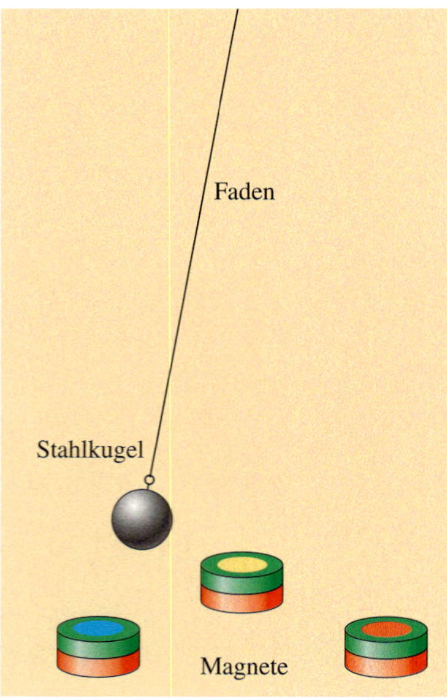

2 Magnetpendel („Chaospendel")

3 Nahe nebeneinander liegende Startorte führen auf verschlungenen Wegen zu verschiedenen Endzuständen.

4 Ein gelber Punkt gibt an, dass ein Start von diesem Ort zum „gelben Endzustand" führt, ein roter Punkt …

Ausblick Schmetterlingseffekt und Chaosforschung

Schon Ende des 19. Jahrhunderts bemerkte der französische Mathematiker Jacques Hadamard (1865–1963), dass das Langzeitverhalten vieler physikalischer Systeme praktisch unvorhersagbar sein kann, wenn sich ein kleiner Irrtum in die Anfangsdaten einschleicht.

Etwas später war es der Franzose Henri Poincaré (1854–1912), der 1908 – ohne die Arbeit seines Landsmanns zu kennen – folgenden Satz formulierte: «Une petite erreur sur les premières produirait une erreur énorme sur les derniers. La prédiction devient impossible et nous avons le phénomène fortuit.» Als Beispiel gab Poincaré die Meteorologie an, die bis heute ein wesentliches Studienobjekt der Wissenschaft ist, wenn es um die Zeitentwicklung physikalischer Systeme geht. Poincaré war seiner Zeit allerdings weit voraus: Es dauerte bis in die 1960er Jahre, bis das Thema wiederentdeckt wurde und zur Blüte kam. Ausgelöst wurde die Wiederentdeckung durch den amerikanischen Physiker Edward Lorenz im Jahr 1961: Er wollte die Wetterentwicklung mithilfe der gerade aufkommenden Computer berechnen und erkannte dabei die empfindliche Abhängigkeit der Rechnungen von den Anfangsbedingungen. Beispielsweise „schleichen" sich durch die endliche Zahldarstellung im Computer bei jedem Schritt unausweichlich kleine Abweichungen ein. Die Meteorologen schufen damals den etwas scherzhaften Begriff „Schmetterlingseffekt". In ihren Iterationen konnte nämlich eine kleine Störung der Anfangsbedingungen (bildlich: Flügelschlag eines Schmetterlings in Brasilien) unvorhersehbare Folgen haben (bildlich: Sturm in Texas). ↑5 Diese Erkenntnis führte zur Gewissheit, dass es prinzipiell unmöglich ist, das Wetter über längere Zeit exakt vorherzusagen.

Nach den Arbeiten von Lorenz entwickelte sich die *Chaostheorie* rasant. Es wurde deutlich, dass die Gesetze Newtons viel seltener starke Kausalität nach sich ziehen, als man jahrhundertelang angenommen hatte. Das größte Hilfsmittel der Chaosforscher sind Computer, die mit iterativen Verfahren „gefüttert" werden. Allerdings stellt sich die Frage, ob der Computereinsatz sinnvoll ist, wenn die Berechnungen so empfindlich auf kleine Abweichungen reagieren. Doch glücklicherweise scheint im Chaos auch ein bisschen Ordnung zu herrschen. Man kann mathematisch beweisen, dass es bei chaotischen Systemen zu jeder vom Computer berechneten Bewegung einen möglichen realen Bewegungsverlauf gibt, der von der Iteration kaum abweicht.

5 Edward Lorenz: "Predictability: Does the Flap of a Butterfly's Wings in Brazil Set Off a Tornado in Texas?"

Harmonische Schwingungen

Ohne Wiederholungen wären Regelmäßigkeit, Erfahrung und Wissen kaum möglich. Die für die Menschheit wohl wichtigsten Wiederholungen sind der jährliche Lauf der Erde um die Sonne und die tägliche Drehung der Erde um ihre eigene Achse. Für den einzelnen Menschen ist ein regelmäßiger Herzschlag Zeichen des Lebens. ↑1 Dies sind drei von unzähligen Beispielen periodischer Vorgänge in der Natur.

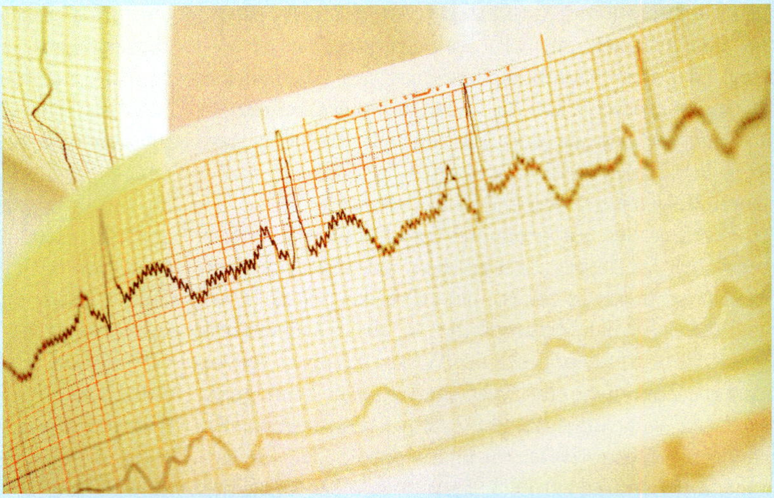

1 Aufzeichnung (Eletrokardiogramm) der periodischen Bewegung des Herzes

Zur Beschreibung periodischer Vorgänge liefert die Mechanik wesentliche Beiträge – insbesondere durch Untersuchung der Schwingungen von Pendeln. Viele Methoden, die in allen Wissenschaften Verwendung finden, haben ihren Ursprung in der Schwingungslehre.

Der Kirchenvater AUGUSTINUS AURELIUS (354–430) dachte viel über die Zeit nach: „Was ist also die Zeit? Wenn mich niemand darüber fragt, so weiß ich es. Wenn ich es aber jemanden auf seine Frage erklären möchte, so weiß ich es nicht."
Was verbindet solche philosophischen Gedanken mit der Mechanik, die sich mit Bewegungen und ihren Ursachen auseinandersetzt? Einen Hinweis darauf gibt die Physikalisch-Technische Bundesanstalt: „Es ist die Art von Physikern, unerklärlichen Phänomenen durch möglichst genaues Messen auf die Spur zu kommen. Genauso verfahren sie auch mit der Zeit: Sie bauen Uhren, die unglaublich präzise gehen. Ein Vor- oder Nachgehen (oder gar ein Stehenbleiben) gibt es bei diesen Uhren nicht. Sie laufen einfach und zählen sorgfältig die Sekunden ab."
Mit dem Bau von Uhren ist man mitten in der Mechanik. Seit Langem werden zur Zeitmessung periodische Vorgänge wie z. B. Pendelschwingungen genutzt. ↑2 Um mithilfe der Schwingungen Sekunden sorgfältig abzählen zu können, werden die Pendel sehr präzise angefertigt. Dazu muss der Uhrmacher wissen, wie die Dauer einer Schwingung von der Länge und der Masse des Pendels abhängt.

2 Pendeluhr

Aufgaben

1 *Wiederholungen im Alltag*

a Finde in deinem Tagesverlauf verschiedene Vorgänge, die sich immer wieder und (nahezu) gleich wiederholen. Schreibe jeweils auch auf, wie lange es dauert, bis der Vorgang wieder von vorne beginnt.

b Beschreibe Vorgänge, die sich seit deiner Geburt permanent wiederholen. Wie lange dauert es jeweils, bis die Vorgänge wieder beginnen?

2 ▶ *Kräfte für periodische Bewegungen*

a Eine Kugel soll sich entlang einer Linie hin- und herbewegen. ↑3 Wie müssen die Kräfte, die ihre Bewegung steuern, dazu wirken?

b Kann sich die Kugel hin- und herbewegen, ohne dass sie auch nur einen Moment zur Ruhe kommt? Begründe deine Antwort physikalisch. ◀

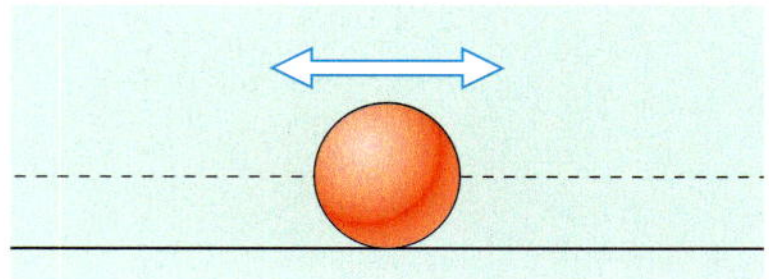

3

3 *Geht's oder geht's nicht?* Beantworte die folgenden Fragen und begründe deine Entscheidung jeweils physikalisch. *Tipp:* Denke dir zu jeder Frage ein konkretes Beispiel aus.
Kann es eine sich stets wiederholende Bewegung geben:

a bei der keine Kraft wirkt?

b bei der die antreibende Kraft stets in der gleichen Richtung wirkt?

c bei der der bewegte Körper nie in Ruhe ist?

4 ▶ *Ausgependelt* Warum kommt ein Pendel, das einmalig angestoßen wurde, nach einiger Zeit zum Stillstand? Welcher Idealfall müsste erfüllt sein, damit das Pendel immer weiterschwingt? ◀

Experimente

5 Wiederholungen – selbst erzeugt
Erzeuge mit einfachen Mitteln Bewegungen, die sich wiederholen. Miss jeweils die Zeit für einen Durchlauf der Bewegung.

6 Gefilmte Wiederholungen
Drehe einen Film von einer sich wiederholenden Bewegung:

a den du nichts ahnenden Betrachtern rückwärts vorführen kannst, ohne dass sie die Zeitumkehr bemerken

b bei dem es sofort offensichtlich zu erkennen ist, wenn er rückwärts angespielt wird

7 ▶ **Sekundenpendel**

a Stelle ein Fadenpendel her, das in einer Sekunde einmal hin- und herschwingt. ↑4 Prüfe dabei, wovon die Zeit abhängt, die das Pendel für eine Schwingung braucht.
Material: Faden, verschieden schwere Wägestücke, Maßband und Stoppuhr
Hinweise: Stoppe stets die Zeit für mehrere Schwingungen, um die Genauigkeit der Zeitmessung zu erhöhen. ◀

b Baue auch ein „Zwei-Sekunden-Pendel“ und ein „Drei-Sekunden-Pendel“ auf.

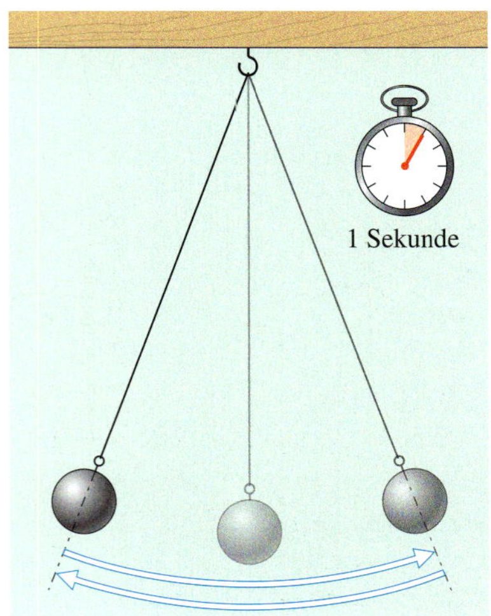

4

GRUNDLAGEN: Periodische Bewegungen

Ein Paradebeispiel für periodische Bewegungen ist das berühmte Pendel von FOUCAULT, mit dem 1851 im Pariser Pantheon die Rotation der Erde nachgewiesen wurde. ↑1 Der Pendelkörper wog 28 kg und war an einem 67 m langen Seil aufgehängt. Er bewegte sich nach einmaliger Auslenkung viele Stunden hin und her, jede einzelne Schwingung dauerte 16,4 s (mehr dazu auf S. 127). Heutzutage gibt es viele Nachbauten, bei denen der Pendelkörper angetrieben wird, sodass er unaufhörlich schwingen kann.
Auch das menschliche Herz wiederholt immer und immer wieder den gleichen Zyklus. ↑2 Obwohl sich der genaue Verlauf sowie die Zahl der Schläge pro Minute je nach Anstrengung und Körpersituation ändern können, spricht man auch hier von einer periodischen Bewegung.

1 Schwingung: Pendel von FOUCAULT

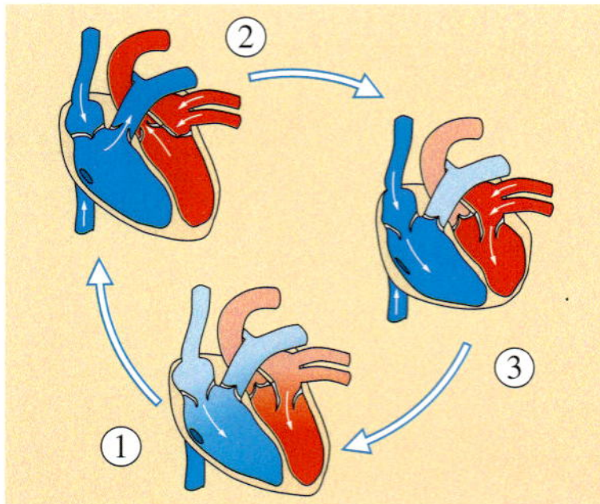

2 Periodische Bewegung

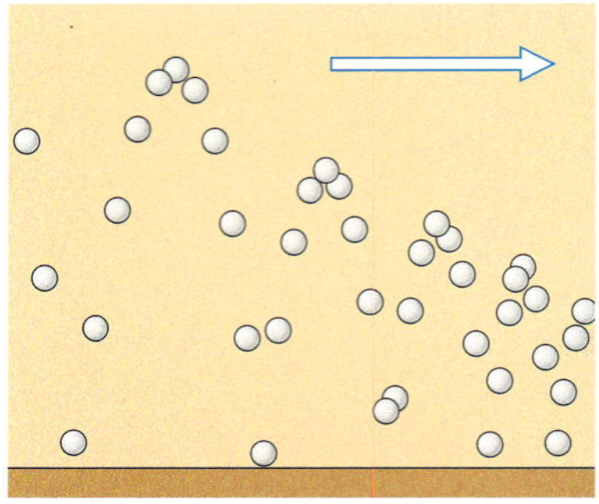

3 Nichtperiodische Bewegung

Wenn ein Tischtennisball auf einer harten Unterlage hüpft, verändert sich der Vorgang von Mal zu Mal deutlich. ↑3 Durch Energieabgabe werden die Sprünge immer niedriger und kürzer. Daher ordnen wir diesen Vorgang eher nicht in die periodischen Bewegungen ein.

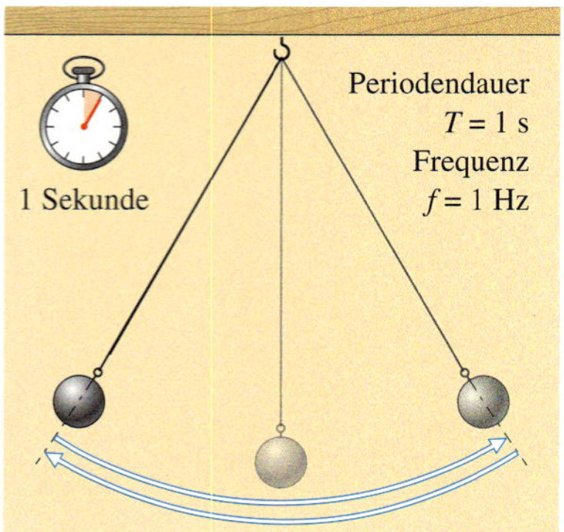

4

▶ **Wenn sich eine Bewegung in gleichen Zeitabständen auf immer gleiche Weise wiederholt, bezeichnen wir sie als periodisch.**
Die *Periodendauer T* gibt an, wie lange ein Zyklus der Bewegung dauert. ↑4
Die *Frequenz f* gibt an, wie oft sich eine periodische Bewegung pro Sekunde wiederholt.
- **Bei *n* Wiederholungen in der Zeitdauer Δt gilt:**
  $f = \frac{n}{\Delta t}$.
- **In der Periodendauer *T* wiederholt sich eine periodische Bewegung einmal. Es gilt also:**
  $f = \frac{1}{T}$.

Die Einheit der Frequenz ist 1 Hertz (1 Hz): 1 Hz = $\frac{1}{s}$. ↑5 ◀

Drehung der Erde:	
um die Sonne	$31 \cdot 10^{-9}$ Hz
um ihre Achse	$12 \cdot 10^{-6}$ Hz
Herzschlag:	
Mensch	1 bis 3,5 Hz
Kolibri	bis 8,5 Hz
Flügelschlag:	
Kolibri	35 bis 90 Hz
Mücken	bis 1 kHz
Schwingungen:	
Sekundenpendel	1 Hz
Lautsprechermembran	bis 15 kHz

5 Einige periodische Bewegungen und ihre Frequenzen

Mit der Einheit 1 Hz wird der deutsche Physiker HEINRICH HERTZ (1857 bis 1897) geehrt.
Von *Schwingungen* sprechen wir, wenn sich physikalische Größen (z. B. Ort, Geschwindigkeit oder Stromstärke) bei periodischen Vorgängen um einen Mittelwert herum ändern. Den Zyklus des menschlichen Herzens zählen wir nicht dazu, weil es keinen Zustand gibt, den man als Mittelwert deuten könnte.

Aufgaben

1 ▶ *Belastungstest* Der Kolben im Zylinder eines Motorrads bewegt sich im dreiminütigen Testlauf 46 500-mal auf und ab.
Berechne die Frequenz der Kolbenbewegung in Hz (kHz) sowie die Periodendauer in s (ms). ◀

2 *Jogging* Die Fortbewegung des Menschen basiert auf einem periodischen Vorgang.

a Erkläre, warum der aus dem Aerobic stammende Begriff „Doublestep" eine passende Bezeichnung für die sich wiederholende Bewegungseinheit beim Laufen ist.

b Stelle eine Formel auf, mit der die gelaufene Strecke Δs aus der Laufzeit Δt, der Periodendauer T eines Doublesteps und der durchschnittlichen Schrittlänge l berechnet werden kann.

c Ändere die Beziehung für die gelaufene Strecke so um, dass nicht die Periodendauer T, sondern die Frequenz f der Doublesteps in die Berechnung eingeht.

d Wie weit ist der Jogger gelaufen? ↑6

Mean step length	0,65 m
Mean step frequency	85 min^{-1}
Walking time	47 min

6

3 *Bergwandern* Mithilfe ihres Sportcomputers hat Reinhild ihr persönliches Wanderprofil erstellt. ↑7 ↑8

a Wie lang braucht sie für 1 km bei einer Steigung von 50 %? Wie groß ist der Steigungswinkel, wie groß die Höhendifferenz?

b Welche Strecke legt sie in einer Stunde bei einer Steigung von 100 % zurück? Wie viele Höhenmeter schafft sie dabei?

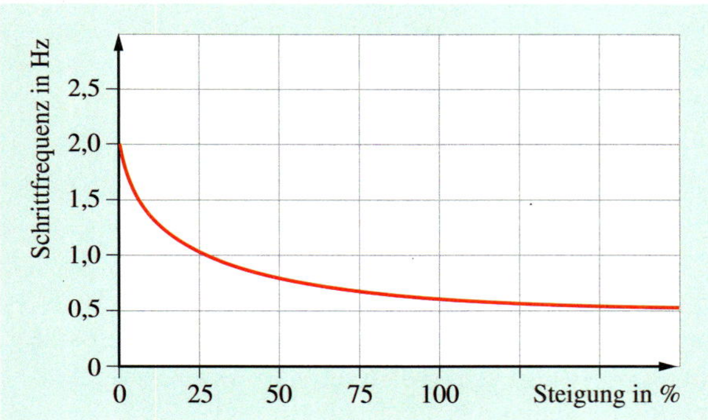

7

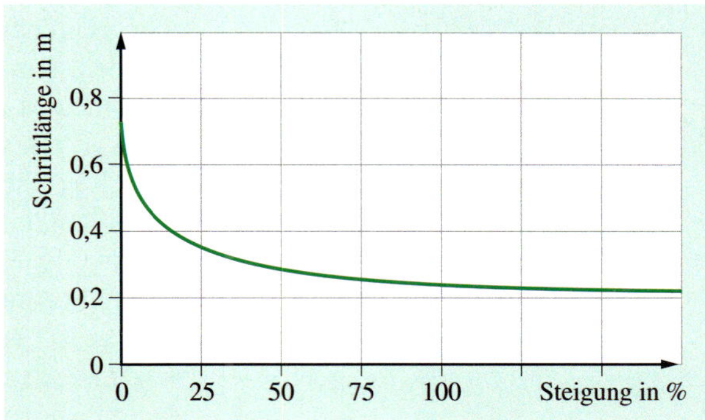

8

Ausblick Periodischer Kosmos?

Als gesichert gilt heutzutage, dass das Universum ausgehend von einem Urknall bis heute expandiert. Wie wird es weitergehen? Dehnt es sich immer weiter aus oder zieht es sich irgendwann wieder zusammen?
Der Expansion wirkt die Gravitation entgegen, die auf der im Universum verteilten Masse beruht. Die Frage, ob das Welltall sich immer weiter ausdehnt oder in ferner Zukunft wieder schrumpft, ist daher mit der Frage nach der Gesamtmasse im Kosmos verknüpft:

- Die Annahme, dass die Masse oberhalb eines „kritischen" Werts liegt, führt zur Vorstellung eines periodisch pulsierenden Universums. Einige Kosmologen sehen im finalen Zusammenfall einen neuen Urknall.
- Messungen deuten allerdings darauf hin, dass die Dichte des Universums recht genau mit dem kritischen Wert übereinstimmen könnte. Daher gehen viele Kosmologen von einem sich gemäßigt, aber beständig ausbreitenden Universum aus. Zudem lassen Berechnungen vermuten, dass im Fall einer „überkritischen" Masse die Kontraktion des Universums so schnell eingesetzt hätte, dass es nicht zur Bildung der uns bekannten Welt gekommen wäre.

Viele dieser Überlegungen sind aber noch keine sicheren Erkenntnisse. Aktuelle Beobachtungen deuten darauf hin, dass die Expansion des Universums in „letzter Zeit" und vielleicht auch in Zukunft immer schneller erfolgt. Ursache dafür könnte eine „Dunkle Energie" sein, die die Expansion antreibt. Und auch der Einfluss der Dunklen Materie – wenn es sie denn gibt – lässt sich noch nicht sicher abschätzen.

Experimente

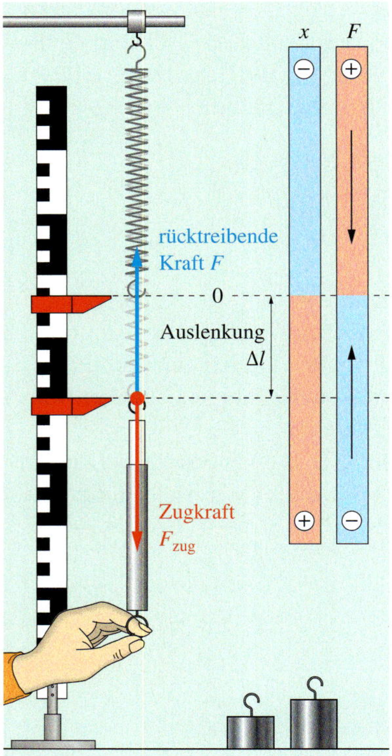

1

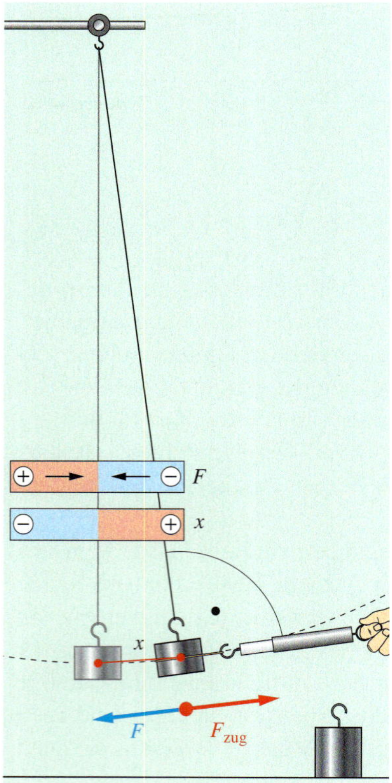

2

1 ▶ Kräfte beim Federpendel

Die Schwingungen eines Federpendels werden durch die Kräfte bestimmt, die die Feder ausübt. Um die Schwingungen mathematisch beschreiben zu können, soll daher untersucht werden, wie diese Kräfte von der Auslenkung der Feder abhängen. ↑1

Material: Spiralfeder, zwei verschieden schwere Wägestücke, Kraftmesser, Meterstab

a Ziehe die Feder mit dem Kraftmesser um verschiedene Werte Δl in die Länge und miss jeweils die Zugkraft F_{zug}.
Zeige, dass der Quotient $\frac{F_{zug}}{\Delta l}$ stets konstant ist.
Hinweis: Der konstante Quotient heißt *Federkonstante D* (Federhärte).

b Hänge nun ein Wägestück an die Feder, sodass es sich im Kräftegleichgewicht befindet. Welche Kräfte wirken gemeinsam auf das Wägestück?
Ziehe das Wägestück mit dem Kraftmesser um verschiedene Strecken x nach oben und unten. Notiere stets die rücktreibende Kraft F, mit der das Wägestück in die jeweils andere Richtung zurückgezogen wird.
Tipp: Um das Wägestück nach oben zu ziehen, greifst du am besten mit dem Kraftmesser am unteren Ende der Feder an.
Zeichne das x-F-Diagramm und stelle die Funktion $F(x)$ auf.
Hinweis: Beachte die Vorzeichen!

c Führe die Messungen und Auswertungen auch mit dem anderen Wägestück durch. ◀

2 ▶ Kräfte beim Fadenpendel

Wie beim Federpendel hängt auch beim Fadenpendel die antreibende Kraft auf den Pendelkörper von der Auslenkung ab. Der Zusammenhang lässt sich leicht untersuchen. ↑2

Material: langer Faden (ca. 1 m), zwei verschieden schwere Wägestücke, Kraftmesser, Meterstab

a Hänge ein Wägestück am Faden auf und ziehe es mit dem Kraftmesser aus der Gleichgewichtslage um wenige Zentimeter in beide Richtungen seitlich heraus. Miss jeweils die Auslenkung x und die rücktreibende Kraft F.
Hinweise: Achte darauf, dass Kraftmesser und Faden senkrecht zueinander sind. Die Krümmung der Kreisbahn wird zur Vereinfachung vernachlässigt: Die Auslenkung x ist der Abstand des Wägestücks vom tiefsten Punkt.

b Zeichne das x-F-Diagramm und stelle die Funktion $F(x)$ auf.
Hinweis: Beachte die Vorzeichen!

c Führe die Messungen und Auswertungen auch mit dem anderen Wägestück durch. ◀

GRUNDLAGEN: Lineare rücktreibende Kräfte

▶ Eine Kugel ist in der Mitte einer eingespannten Saite befestigt. ↑3 Wenn man sie aus der Gleichgewichtslage zur Seite zieht, wird die rücktreibende Kraft F immer größer. Solange die Auslenkung x der Kugel nicht zu groß ist, ist F direkt proportional zu x: $F \sim x$. Im x-F-Diagramm verläuft der Graph für genügend kleine Auslenkungen wie eine nach rechts abfallende Ursprungsgerade. ↑4 Sie wird durch folgende Funktion beschrieben: $F = -k \cdot x$. Dabei ist k eine Konstante. Da diese Funktion zu den linearen Funktionen gehört, bezeichnet man F als *lineare rücktreibende Kraft.*

Für lineare rücktreibende Kräfte gilt: $F(x) = -k \cdot x$. ◀

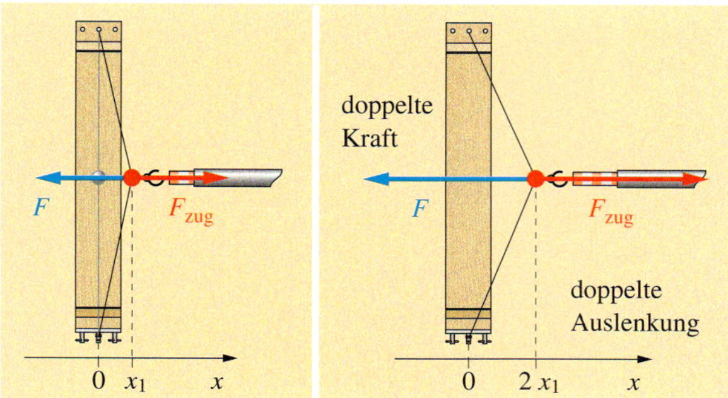

3

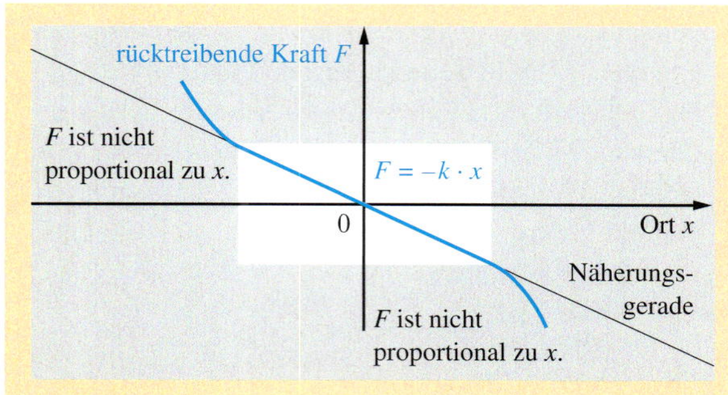

4

Lässt man die ausgelenkte Kugel los, schwingt sie zusammen mit der Saite. Tatsächlich besteht ein ganz allgemeiner Zusammenhang zwischen linearen rücktreibenden Kräften und Schwingungen – wie sich bald zeigen wird.

Aufgabe

3 ▶ *Federschwingung I* Mit einem Computermessgerät ist die Schwingung eines 100-g-Wägestücks an einer Feder aufgezeichnet worden. ↑5 ↑6
Die Daten sollen nun ausgewertet werden.

a Lies die Periodendauer aus dem Diagramm ab und berechne die Frequenz der Schwingung.
Wann ist die hundertste Schwingung gerade vorbei?
Wie viele Schwingungen finden in einer Minute statt?

b Zeichne mithilfe der Tabellenwerte ein t-v-Diagramm. Wo befindet sich das Wägestück, wenn es am schnellsten ist?

c Zeichne mithilfe der Tabellenwerte ein t-a-Diagramm. Was fällt im Vergleich zum t-x-Diagramm auf?

d Wo ist das Wägestück in den Momenten der größten Beschleunigung? Wie groß ist die Geschwindigkeit in diesen Momenten? Wie groß ist jeweils die beschleunigende Kraft? ◀

e Bestimme aus den Daten die Federkonstante.

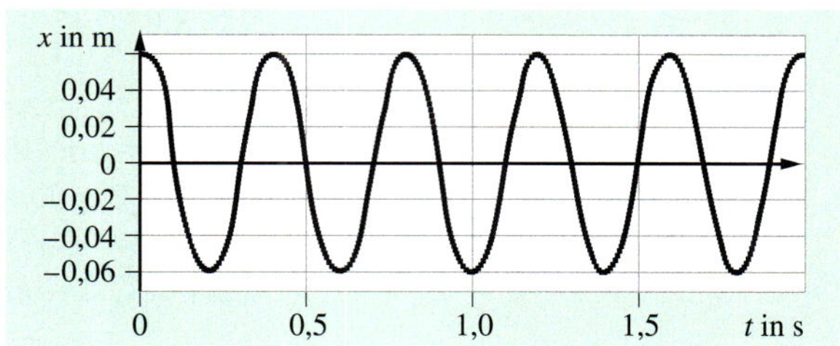

5

t in s	x in m	v in $\frac{m}{s}$	a in $\frac{m}{s^2}$
0	0,060	0	−15
0,02	0,057	−0,29	−14
0,04	0,048	−0,55	−12
0,06	0,035	−0,76	−8,7
0,08	0,018	−0,89	−4,5
0,10	0	−0,93	0,1
0,12	−0,019	−0,88	4,7
0,14	−0,036	−0,75	8,8
0,16	−0,049	−0,54	12
0,18	−0,057	−0,28	14
0,20	−0,060	0,01	15

6

Aufgaben

1 ▶ *Federschwingung II* An eine Spiralfeder wird ein Wägestück angehängt.

a Wie weit dehnt sich die Feder?
Hinweise: Federkonstante $D = 25\,\frac{\text{N}}{\text{m}}$; Masse des Wägestücks $m = 0{,}50\,\text{kg}$

b Nun wird das Wägestück 5,0 cm nach unten gezogen und losgelassen. Wie groß ist seine Beschleunigung?
– beim Durchgang durch die Gleichgewichtslage
– in den Umkehrpunkten ◀

2 *Auslenkungen am Fadenpendel* Wie weit das Fadenpendel ausgelenkt ist, lässt sich durch den Winkel α angeben. ↑1 Um den Ort der Pendelkugel anzugeben, wird oft die Länge s des Kreisbogens von der Gleichgewichtslage bis zum Kugelmittelpunkt verwendet. Wie hängen die beiden Größen zusammen?

a Winkel können in Grad oder im Bogenmaß angegeben werden. Rechne um:
– 1°; 10°; 15°; 90°
– 0,1; 0,5; $\frac{1}{3}\pi$; $\frac{1}{2}\pi$

b Das Pendel von FOUCAULT hatte eine Länge von $l = 67$ m. Berechne die Länge s des Kreisbogens für folgende Auslenkungswinkel:
$\alpha = 1°$; 10°; $\frac{1}{6}\pi$.

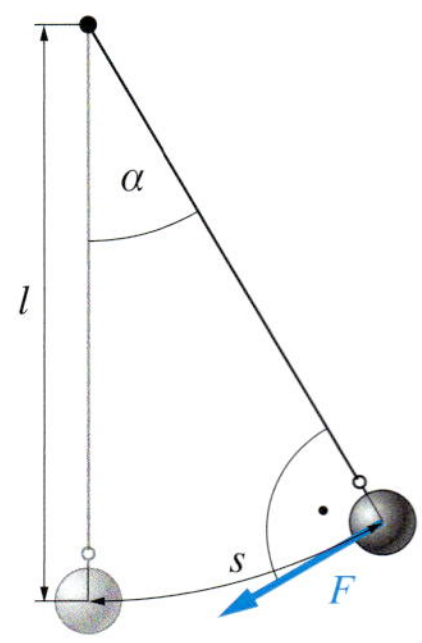

1

3 *Kräfte am Fadenpendel – genauer betrachtet* Ein Diagramm zeigt, wie die rücktreibende Kraft F von der Bogenlänge s abhängt. ↑2 Der Graph verläuft für kleine Auslenkungen näherungsweise wie eine Ursprungsgerade.
Hinweise: Fadenlänge $l = 1{,}00\,\text{m}$, Masse der Kugel $m = 1{,}02\,\text{kg}$

a Wie groß ist der Auslenkungswinkel α (in Grad) für $s = 0{,}25\,\text{m}$; $0{,}50\,\text{m}$; $0{,}75\,\text{m}$?

b Um wie viele Prozent weicht die rücktreibende Kraft bei $s = 0{,}75$ m von der Näherungsgeraden ab? Berechne die Beschleunigungen, die sich aus beiden Graphen für $s = 0{,}75$ m ergeben.

c Wie groß sind die Beschleunigungen bei $\alpha = 15°$?

d Wie groß ist die Energie der Kugel bei einem Startwinkel von $\alpha = 15°$?

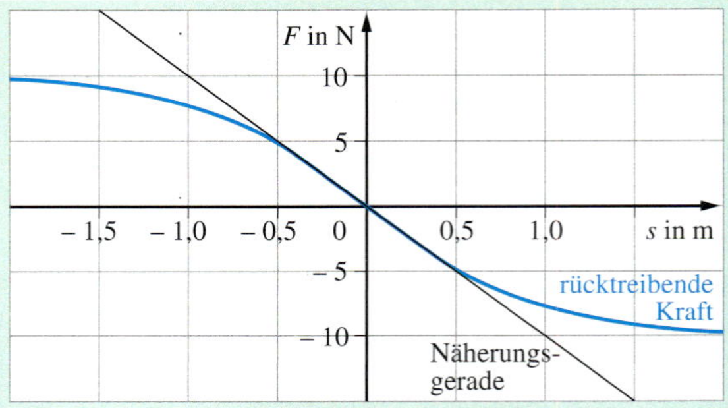

2

GRUNDLAGEN: **Schwingungen – Graphen der Bewegungsfunktionen**

Die Schwingung eines Wagens an einer Spiralfeder ist ein gutes Beispiel für Bewegungen, die von linearen rücktreibenden Kräften bestimmt werden. ↑3 Bis hin zu recht großen Dehnungen gilt: $F(x) = -k \cdot x$.
Hinweise: Zur Vereinfachung gehen wir davon aus, dass keine Reibung auftritt. Die Konstante k wird hier auch als Federkonstante D bezeichnet.

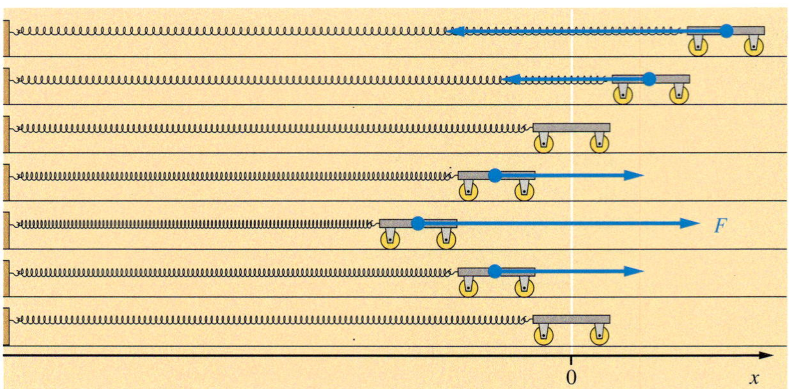

3

Die Graphen der Bewegungsfunktionen (Ort, Geschwindigkeit und Beschleunigung) ermitteln wir mithilfe einer Iteration:

- Zu Beginn jedes Zeitschritts wird aus dem aktuellen Ort direkt die Beschleunigung bestimmt und daraus dann die nächste Geschwindigkeit berechnet. ↑4
- Für die Tabellenkalkulation verwenden wir in unserem Beispiel als Zahlenwerte: $\Delta t = 0{,}01\ \text{s}$; $m = 1{,}0\ \text{kg}$; $k = 5\,\frac{\text{N}}{\text{m}}$. ↑5
- Die Tabelle wird dann z. B. so weit nach unten aufgezogen, dass die Bewegung bis zu $t = 5$ s berechnet wird.
- Anhand der Tabellenwerte lässt man die Graphen der Bewegungsfunktionen zeichnen. ↑6

www 93-1

$$a_0 = \frac{-k \cdot x_0}{m}$$

$$v_1 = v_0 + a_0 \cdot \Delta t$$

$$x_1 = x_0 + \frac{1}{2} \cdot (v_0 + v_1) \cdot \Delta t$$

$$t_1 = t_0 + \Delta t$$

$$a_1 = \frac{-k \cdot x_1}{m}$$

…

4 Rechenschritt

	A	B	C	D
1	**Δt in s**	**m in kg**	**k in N/m**	
2	0,01	1	5	
3				
4	**t in s**	**v in m/s**	**x in m**	**a in m/s^2**
5	0	0	1	=-C$2*C5/B$2
6	=A5+A$2	=B5+D5*A$2	=C5+(B6+B5)/2*A$2	=-C$2*C6/B$2

	A	B	C	D
1	**Δt in s**	**m in kg**	**k in N/m**	
2	0,01	1	5	
3				
4	**t in s**	**v in m/s**	**x in m**	**a in m/s^2**
5	0	0	1	-5
6	0,01	-0,05	0,99975	-4,99875

5

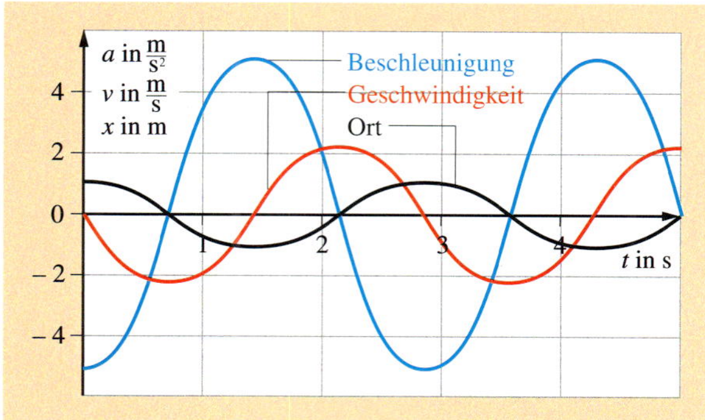

6

Man erkennt sofort die Ähnlichkeit der drei Graphen zueinander. So ist z. B. die Periodendauer jeweils gleich groß.
Betrachtet man nur die Graphen der Beschleunigung (blau) und des Orts (schwarz), erkennt man: Unter jedem „Beschleunigungsberg“ liegt ein „Ortstal“ und umgekehrt; an den Nullstellen schneiden sich die Graphen. Die beiden Kurven verlaufen also gewissermaßen „spiegelbildlich“ zueinander. Dieser Zusammenhang zwischen Beschleunigungs- und Ortsgraph gilt nicht nur für unser Beispiel, sondern ist ein Erkennungszeichen aller Bewegungen unter dem Einfluss linearer rücktreibender Kräfte.

▶ **Bei allen Schwingungen, die von linearen rücktreibenden Kräften bestimmt werden, verläuft der Beschleunigungsgraph im Prinzip spiegelbildlich zum Ortsgraphen.**

Dieser Zusammenhang ist eine Folge der linearen rücktreibenden Kraft:

- Die Beschleunigung geht in die newtonsche Bewegungsgleichung ein: $F(t) = m \cdot a(t)$.
- Andererseits lässt sich die momentane Kraft $F(t)$ auch aus dem aktuellen Ort $x(t)$ mithilfe des Kraftgesetzes der Feder berechnen: $F(t) = -k \cdot x(t)$.
- Die Kraft ist unabhängig von der Berechnungsweise: $m \cdot a(t) = -k \cdot x(t)$ und damit $a(t) = -\frac{k}{m} \cdot x(t)$.
- An jeder Stelle $x(t)$ wird der Ortsgraph also zunächst mit der positiven Konstanten $\frac{k}{m}$ multipliziert und dadurch vertikal gestreckt (gestaucht). Das Minuszeichen bewirkt dann, dass der gestreckte (gestauchte) Graph an der Zeitachse gespiegelt wird. ◀

GRUNDLAGEN: Schwingungen – Terme der Bewegungsfunktionen

Betrachtet man die drei Graphen der Funktionen $x(t)$, $v(t)$ und $a(t)$ auf der vorigen Seite genauer, stellt man eine geometrische Ähnlichkeit fest:

– Wenn man den Beschleunigungsgraph entlang der Zeitachse um eine halbe Periodendauer verschiebt, verläuft er im Prinzip wie der Ortsgraph (die Graphen sind nur unterschiedlich „hoch").
– Wenn man den Geschwindigkeitsgraph entlang der Zeitachse um eine Viertelperiodendauer verschiebt, verläuft er im Prinzip ebenfalls wie der Ortsgraph (die Graphen sind nur unterschiedlich „hoch").

Offensichtlich gehören $x(t)$, $v(t)$ und $a(t)$ zu einer gemeinsamen Klasse von Funktionen. Die Ähnlichkeit ihrer Graphen mit denen von Kosinus- und Sinusfunktionen fällt sofort ins Auge. ↑1 ↑2 Und in der Tat lässt sich mit ein wenig höherer Mathematik beweisen, dass sich die Bewegungsfunktionen jeweils durch Sinus- oder Kosinusfunktionen ausdrücken lassen.

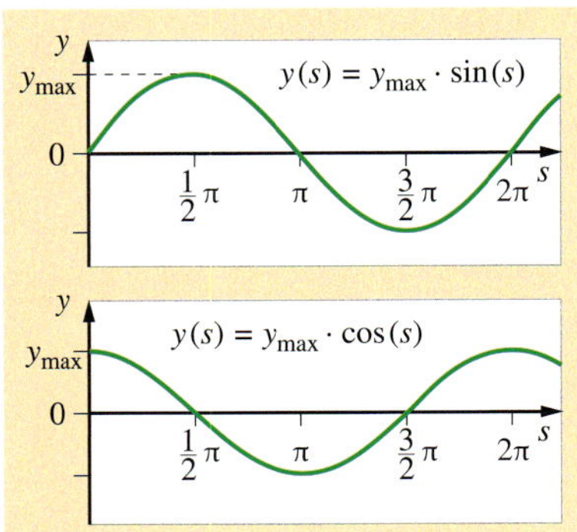

1

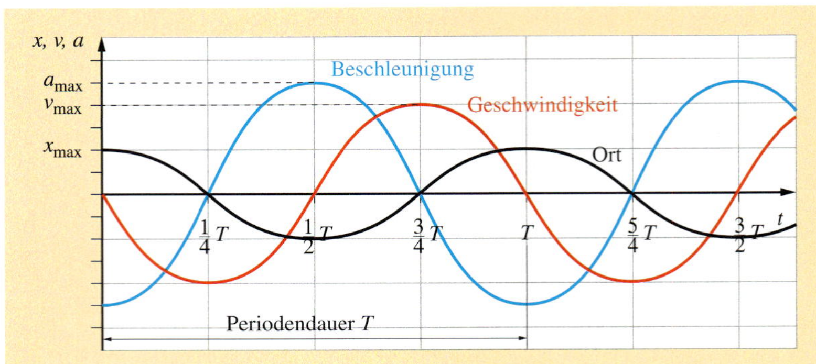

2

Wie lauten die Terme der Bewegungsfunktionen, wenn sich der Wagen zu Beginn am Ort x_{max} der maximalen Auslenkung in Ruhe befindet? ↑2

– Nach dem Loslassen nimmt $x(t)$ zunächst ab. Nach einer Viertelperiode ($t = \frac{1}{4}T$) durchquert der Wagen die Gleichgewichtslage $x = 0\,\text{m}$. Da der Maximalwert bei $t = 0\,\text{s}$ angenommen wurde, kommt für die Ortsfunktion nur eine Kosinusfunktion infrage. Wie man leicht testet, gilt:

$$x(t) = x_{max} \cdot \cos\left(2\pi \cdot \frac{t}{T}\right).$$

– Die Geschwindigkeit wird von null ausgehend zunächst negativ und erreicht nach einer Viertelperiode den negativen Maximalwert $-v_{max}$. Dies deutet auf eine Sinusfunktion mit negativem Vorzeichen hin.
– Der Beschleunigungsgraph verläuft im Prinzip spiegelbildlich zum Ortsgraph. Als Beschleunigungsfunktion bietet sich daher eine Kosinusfunktion mit negativem Vorzeichen an.

▶ **Die Bewegungsfunktionen einer Schwingung mit linearer rücktreibender Kraft sind Sinus- und Kosinusfunktionen. Beginnt die Schwingung bei maximaler Auslenkung aus der Ruhe heraus, gilt:**

$$x(t) = x_{max} \cdot \cos\left(2\pi \cdot \frac{t}{T}\right)$$

$$v(t) = -v_{max} \cdot \sin\left(2\pi \cdot \frac{t}{T}\right) \quad \text{mit } v_{max} = \sqrt{\frac{k}{m}} \cdot x_{max}$$

$$a(t) = -a_{max} \cdot \cos\left(2\pi \cdot \frac{t}{T}\right) \quad \text{mit } a_{max} = \frac{k}{m} \cdot x_{max}$$ ◀

Wie man v_{max} und a_{max} herleiten kann, zeigt der folgende Ausblick.

Die Schwingung ist vollständig festgelegt durch die Anfangsbedingungen (maximale Auslenkung x_{max}, Geschwindigkeit gleich null, Masse m des schwingenden Körpers) sowie die Beziehung $F = -k \cdot x$.
Aus diesen Voraussetzungen lassen sich die Maximalwerte der Geschwindigkeit und der Beschleunigung ableiten:

- Zu Beginn wirkt am Ort x_{max} die rücktreibende Kraft $F = -k \cdot x_{max}$. Die Beschleunigung beträgt also:
  $a = \frac{F}{m} = \frac{-k \cdot x_{max}}{m} = -\frac{k}{m} \cdot x_{max}$.
  Bei der maximalen Auslenkung hat die rücktreibende Kraft ihren maximalen Betrag. Und zur größten Kraft gehört die größte Beschleunigung. Also gilt für den Höchstbetrag a_{max} der Beschleunigung:
  $a_{max} = \frac{k}{m} \cdot x_{max}$.
- Zu Beginn beträgt die in der Feder gespeicherte Energie:
  $E_{spann} = \frac{1}{2} k \cdot x_{max}^2$.
  Beim Durchgang durch die Gleichgewichtslage ($x = 0$ m) ist die Geschwindigkeit maximal und die Feder entspannt. Die Energie liegt nun vollständig in kinetischer Form vor:
  $E_{kin} = \frac{1}{2} m \cdot v_{max}^2$.
  Wegen der Energieerhaltung gilt:
  $\frac{1}{2} k \cdot x_{max}^2 = \frac{1}{2} m \cdot v_{max}^2$.
  Daraus folgt für v_{max}:
  $v_{max} = \sqrt{\frac{k}{m}} \cdot x_{max}$.

Ausblick: Herleitung von v_{max} und a_{max}

GRUNDLAGEN: Harmonische Schwingungen

In allen Teilbereichen der Physik spielen Schwingungen eine Rolle, deren zeitlicher Verlauf durch eine Sinus- oder Kosinusfunktion beschrieben wird. Sie werden ganz allgemein und unabhängig von ihren Ursachen *harmonisch* genannt. ↑3 ↑4 Unsere Resultate der vorangegangenen Seiten lassen sich damit sehr kurz und prägnant zusammenfassen:

▶ **Lineare rücktreibende Kräfte bewirken harmonische Schwingungen.** ◀

Die maximale Auslenkung einer harmonischen Schwingung bezeichnet man auch als *Amplitude*. ↑5

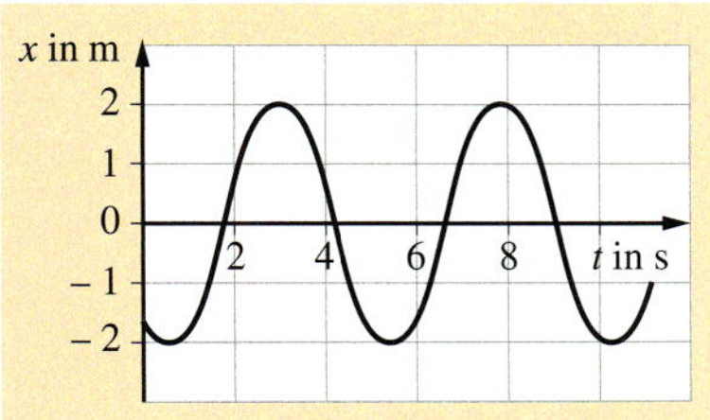

3 Harmonische Schwingung

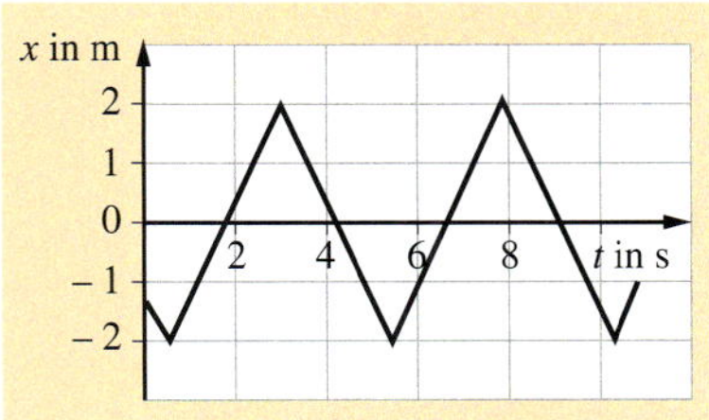

4 Periodische Bewegung, aber keine harmonische Schwingung

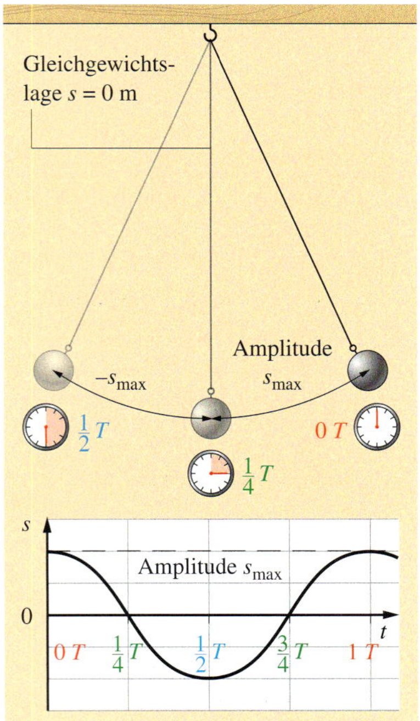

5 Amplitude

Aufgaben

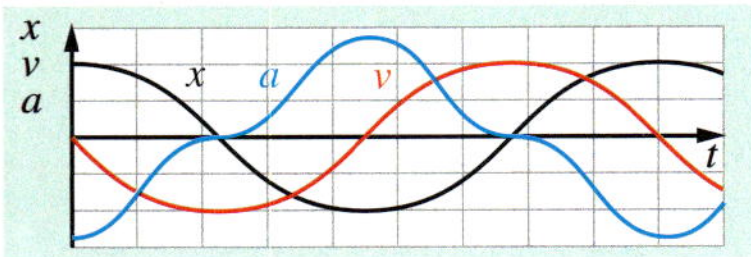

1

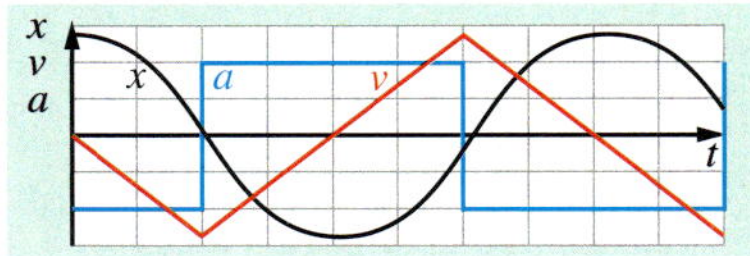

2

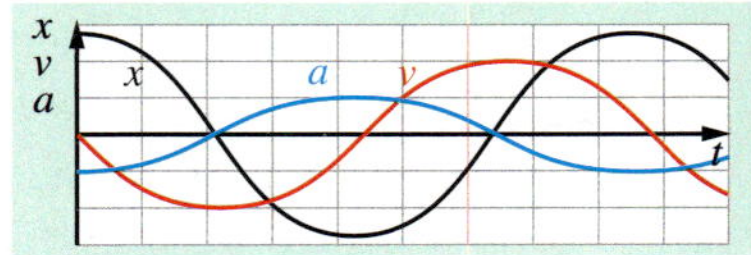

3

1 ▶ *Harmoniesuche* Welches der Diagramme stellt eine harmonische Schwingung dar? ↑1–↑3 Begründe deine Antwort.
Erkläre auch, wie man erkennen kann, dass die anderen Diagramme keine harmonischen Schwingungen darstellen. ◀

2 ▶ *Harmonietest* Hilde hat mit der Soundkarte des Computers einen Ton aufgezeichnet, den Herbert mit seinem selbst gebauten Keyboard gespielt hat. ↑4 Ist die Schwingung des Signals harmonisch?
Hinweise: Nimm an, das Signal würde tatsächlich durch eine harmonische Schwingung beschrieben werden. Stelle anhand besonderer Werte im Diagramm (Anfangswert, Maximalwert, Nullstellen) den Term der „Signalfunktion" $s_{har}(t)$ auf. Berechne damit mehrere Funktionswerte und vergleiche sie mit den gemessenen Werten. ◀

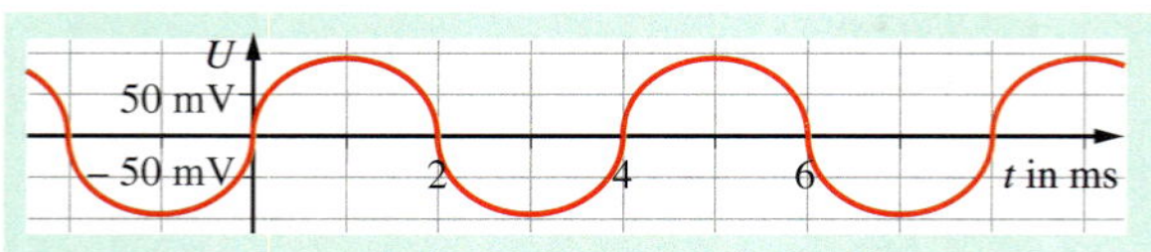

4

3 ▶ *Federschwingung* Bei einem Federpendel wird das angehängte Wägestück nach unten gezogen und dann aus der Ruhe heraus losgelassen.

a Bestimme Ort, Geschwindigkeit und Beschleunigung des Wägestücks in den markanten Zeitpunkten der Schwingung. Verwende folgende Werte: Masse des Wägestücks $m = 150\,\text{g}$; Federkonstante $D = 95\,\frac{\text{N}}{\text{m}}$; Frequenz der Schwingung $f = 4{,}0\,\text{Hz}$; Amplitude $x_{max} = 2{,}0\,\text{cm}$.

b Skizziere die Graphen von $x(t)$, $v(t)$ und $a(t)$ in einem Diagramm. ◀

4 *Ausgependelt* Ein schwingendes Fadenpendel gibt bei jeder Periode 5 % seiner momentanen Energie an die Luft und die Aufhängung des Fadens ab. Wann kommt es zur Ruhe?

a Beim ersten Durchgang durch die Gleichgewichtslage beträgt die Maximalgeschwindigkeit noch $v_{max} = 7\,\frac{\text{m}}{\text{s}}$. Wie groß war die Starthöhe (über der Gleichgewichtslage)?
Hinweis: Masse des Wägestücks $m = 12\,\text{kg}$

b Wie groß ist v_{max} nach 50, 100 und 200 Perioden?

c Nach wie vielen Perioden ist v_{max} kleiner als $0{,}01\,\frac{\text{m}}{\text{s}}$?

Ausblick Reine Töne, natürliche Klänge

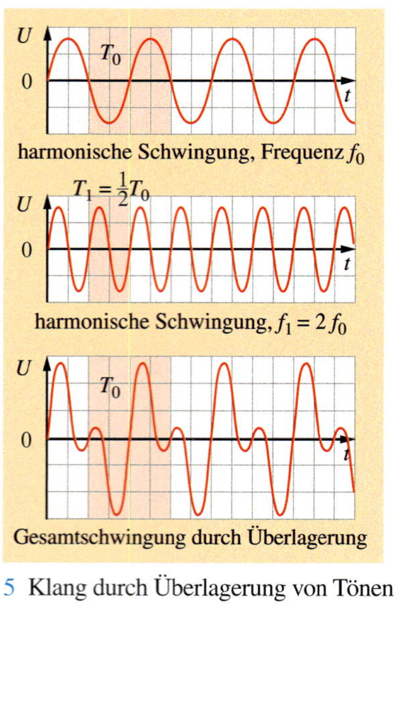

5 Klang durch Überlagerung von Tönen

Die Membran eines Lautsprechers wird durch elektrische Signale zu Schwingungen angeregt. Bei einem sinusförmigen Signal schwingt die Membran harmonisch und es erklingt ein *reiner Ton*. Je größer die Frequenz der Schwingung ist, desto höher klingt er.
Reine Töne empfinden wir als steril. Für einen natürlicheren *Klang* erzeugt man gleichzeitig mehrere reine Töne mit verschiedenen Frequenzen. ↑5 Ihre Schwingungen überlagern („addieren") sich. Wenn die Frequenzen der einzelnen Töne jeweils Vielfache einer gemeinsamen Grundfrequenz f_0 sind, ist die Gesamtschwingung periodisch mit eben dieser Grundfrequenz. Wir hören einen Klang, dessen Tonhöhe durch f_0 bestimmt wird.
Umgekehrt kann jede anhaltend gespielte Note eines Musikinstruments in verschieden laute reine Töne „zerlegt" werden, deren Frequenzen Vielfache einer gemeinsamen Grundfrequenz sind. Der Ton mit der Grundfrequenz ist der tiefste und wird als Grundton bezeichnet. Der Ton mit doppelter (dreifacher) Frequenz heißt erster (zweiter) Oberton usw. Der Grundton gibt die wahrgenommene Tonhöhe an. Die „Klangfarbe" der gespielten Note hängt davon ab, wie laut die einzelnen Obertöne vertreten sind.

Aufgabe

5 ▶ *Fehler im System!* Erstelle das Rechenblatt für eine Schwingung mit linearer rücktreibender Kraft. ↑6

a Lass die Tabelle mit dem Zeitschritt $\Delta t = 0{,}01$ s bis zur Zeit $t = 2$ s berechnen. Stelle die Graphen von Ort, Geschwindigkeit und Beschleunigung dar. Was fällt dir an den Graphen auf?
Warum kann ein einmal ausgelenktes Pendel in der Realität nicht auf diese Weise schwingen? *Tipp:* Energieerhaltung

b Vielleicht liegt die Abweichung zur Realität ja daran, dass der Zeitschritt zu lang war. Verkürze ihn also und lass die Tabelle wieder bis 2 s berechnen. Stelle die Graphen von x, v und a erneut dar.
Was verändert sich im Vergleich zu $\Delta t = 0{,}01$ s, was nicht? ◀

	A	B	C	D
1	**Δt in s**	**m in kg**	**k in N/m**	
2	0,01	0,2	25	
3				
4	**t in s**	**v in m/s**	**x in m**	**a in m/s^2**
5	0	0	0,2	=-C$2*C5/B$2
6	=A5+A$2	=B5+D5*A$2	=C5+(B6+B5)/2*A$2	=-C$2*C6/B$2
7	=A6+A$2	=B6+D6*A$2	=C6+(B7+B6)/2*A$2	=-C$2*C7/B$2

6

GRUNDLAGEN: Schwingungen – Vergleich von Iteration und Realität

Wir haben für harmonische Schwingungen Ort, Geschwindigkeit und Beschleunigung mit einem einfachen Iterationsverfahren berechnet. ↑7 Die Tabellenkalkulation liefert für die erste Periode Werte, die gut mit der Realität übereinstimmen (bei kleinen Zeitschritten). Lässt man die Kalkulation jedoch immer weiterlaufen, beobachtet man etwas Merkwürdiges: Die berechnete maximale Auslenkung steigt an! ↑8 Mit kleineren Zeitschritten ist dieser Anstieg langsamer, verschwindet aber nicht. ↑9
Das Langzeitergebnis weicht also von der Realität deutlich ab: Die Amplitude eines einmal ausgelenkten Pendels nimmt allenfalls ab, aber niemals zu. Woher sollte denn die Energie für die größere Auslenkung kommen?
▶ Kleine Fehler im Vergleich zum wahren Bewegungsverlauf sind bei Iterationen unausweichlich. Oft fallen sie jedoch kaum ins Gewicht. Oder es findet ein „Ausgleich" statt, indem sich die Abweichungen mal in die eine und mal in die andere „Richtung" auswirken. Bei unserem einfachen Iterationsverfahren wirken die Abweichungen jedoch stets in die gleiche „Richtung", sodass sich kleine Fehler im Lauf der Zeit zu großen summieren.

Mithilfe von Iterationen sollen reale Vorgänge näherungsweise berechnet werden. Durch einen Vergleich mit der Realität muss jeweils überprüft werden, in welchem Bereich die Näherung gute Ergebnisse erzielt und in welchem nicht. Zu große Abweichungen erfordern ein verbessertes Iterationsverfahren. ◀

Ausblick: Ein verbessertes Iterationsverfahren für harmonische Schwingungen ist das „Doppelschrittverfahren". Da es noch komplizierter ist als das einfache Verfahren, wird es hier nicht mehr vorgestellt. Für vertiefte Anwendungen ist das Verfahren jedoch im Anhang dieses Buchs erklärt.

$$a_0 = \frac{-k \cdot x_0}{m}$$

$$v_1 = v_0 + a_0 \cdot \Delta t$$

$$x_1 = x_0 + \frac{1}{2} \cdot (v_0 + v_1) \cdot \Delta t$$

$$t_1 = t_0 + \Delta t$$

$$a_1 = \frac{-k \cdot x_1}{m}$$

…

7 Rechenschritt des einfachen Iterationsverfahrens

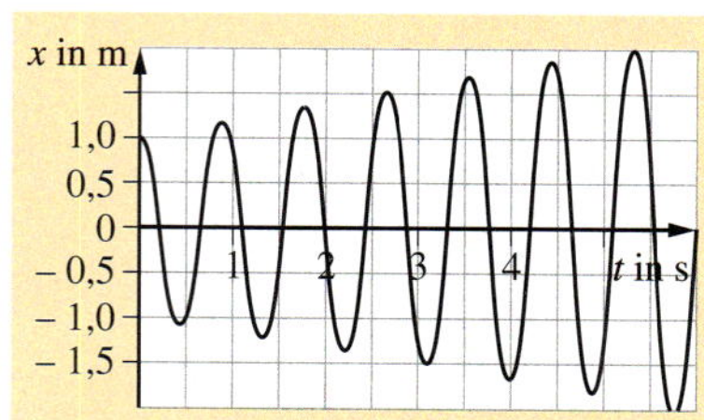

8 Amplitudenzunahme: $\Delta t = 0{,}01$ s

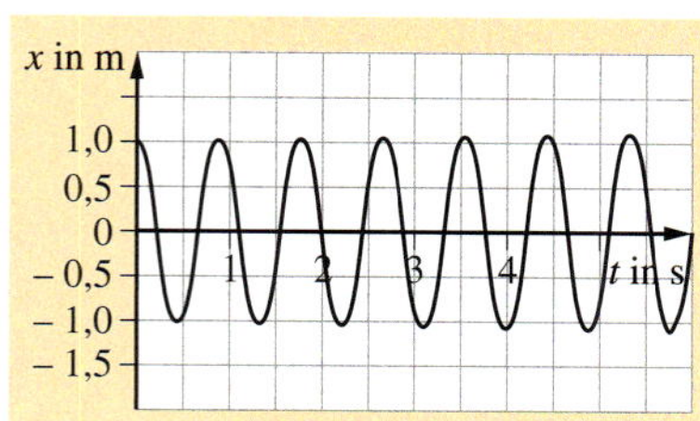

9 Amplitudenzunahme: $\Delta t = 0{,}002$ s

Schwingt ein Federpendel mit einer weichen Feder schneller als eines mit einer harten Feder?

Hängt die Periodendauer eines Fadenpendels von der Masse des Pendelkörpers ab?

Spielt es eine Rolle, wie weit man den Pendelkörper am Anfang auslenkt?

Wie hängt die Periodendauer einer Schwingung von Kräften und Ausgangsbedingungen ab?

Experimente

Material: Spiralfedern, Faden, verschiedene Wägestücke, Stoppuhr, Meterstab und Kraftmesser
Hinweis: Stoppe zur Verbesserung der Genauigkeit stets die Zeit für mehrere Perioden und bilde dann den Mittelwert für eine Periode.

1 ▶ Auslenkung – Periodendauer

a Wie hängt die Periodendauer eines Federpendels vom Auslenkungswinkel zu Beginn ab? Stelle eine Hypothese auf und überprüfe sie.

b Wie hängen Periodendauer und Auslenkungswinkel beim Fadenpendel zusammen?
Hinweis: Teste deine Hypothese auch für große Auslenkungswinkel (mehr als 50°). ◀

2 ▶ Masse – Periodendauer

Untersuche den Zusammenhang zwischen der Masse des Pendelkörpers und der Periodendauer:

a an einem Federpendel

b an einem Fadenpendel ◀

3 ▶ Kraftkonstante – Periodendauer (Federpendel)

Untersuche den Zusammenhang mit verschieden harten Federn. ◀

Hinweise:

– Zwei gleiche Federn hintereinandergehängt ergeben eine lange Feder, deren Federkonstante halb so groß ist wie die der einzelnen Federn.
– Zwei gleiche Federn parallel gehängt ergeben eine Feder mit doppelter Federkonstante.

4 ▶ Kraftkonstante – Periodendauer (Fadenpendel)

a Beim Fadenpendel ist die rücktreibende Kraft F für kleine Auslenkungen proportional zu s: $F = -k \cdot s$. ↑1
Bestimme die Kraftkonstante k für verschiedene Fadenpendel. Wie hängt sie mit der Masse des Pendelkörpers m und der Fadenlänge l zusammen?

b Untersuche den Zusammenhang zwischen Kraftkonstante und Periodendauer. ◀

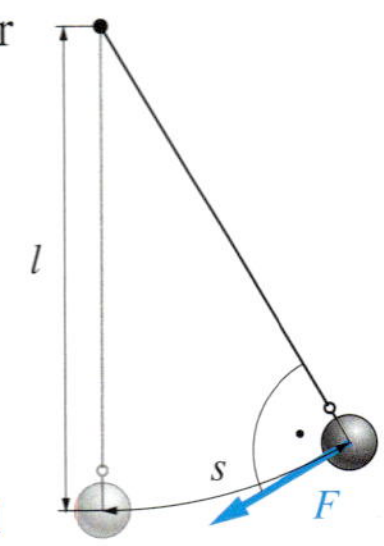

1

Aufgaben

5 ▶ *Federschwingung (1)* Untersuche die harmonische Schwingung eines Federpendels mithilfe der Tabellenkalkulation. www 93-1

a Wie hängt die Periodendauer T von der Auslenkung zu Beginn ab?

b Wie verändert sich die Periodendauer, wenn man:
– einen Pendelkörper mit größerer Masse m bzw.
– eine Feder mit größerer Federkonstante D verwendet? ◀

Hinweis: Solange nur wenige Perioden betrachtet und kleine Zeitschritte verwendet werden, ist das einfache Iterationsverfahren ausreichend genau.
Ausblick: Das „Doppelschrittverfahren" (s. Anhang) ist noch genauer.

6 ▶ *Federschwingung (2)* Löse die folgenden Teilaufgaben mithilfe der Tabellenkalkulation.

a Erstelle eine Tabelle, in der bei gleichbleibender Federkonstante D der Zusammenhang von Masse m und Periodendauer T festgehalten ist.
Zeichne das m-T-Diagramm. Formuliere (in Worten), wie die Periodendauer von der Masse abhängt.

b Erstelle eine Tabelle, in der bei gleichbleibender Masse m der Zusammenhang von Federkonstante D und Schwingungsdauer T festgehalten ist.
Zeichne das D-T-Diagramm. Formuliere (in Worten), wie die Periodendauer von der Federkonstante abhängt.

c Versuche Terme aufzustellen, die zum m-T- bzw. zum D-T-Diagramm passen. ◀

GRUNDLAGEN: Periodendauer bei harmonischen Schwingungen

Bei der Untersuchung der Periodendauer von harmonisch schwingenden Pendeln kann man keine einfachen Proportionalitäten entdecken.

▶ **Die Periodendauer T eines harmonisch schwingenden Pendels ergibt sich aus der Kraftkonstante k und der Masse m des Pendelkörpers:**

$$T = 2\pi \cdot \sqrt{\frac{m}{k}}.$$ ◀

Wie man diese Beziehung herleiten kann, zeigt der folgende Ausblick.

– Bei einem Pendelkörper von 1 kg erhält man aus einem Experiment oder einer Tabellenkalkulation z. B. die folgende Tabelle mit Wertepaaren für die Kraftkonstante k und die Periodendauer T.

k in $\frac{\text{N}}{\text{m}}$	5,0	10	20	30	40	50	60	80	100
T in s	2,8	2,0	1,4	1,15	1,0	0,89	0,81	0,70	0,63

Das k-T-Diagramm lässt zunächst eine indirekte Proportionalität vermuten. ↑2 Dazu müssten die Wertepaare gleiche Produkte ergeben. Für kleine k erhält man aber kleinere Produkte als für große. ↑3 Betrachtet man die Produktetabelle genauer, so fällt jedoch auf, dass die zweite und dritte Zeile annähernd produktgleich sind. Es gilt jeweils: $T \cdot (k \cdot T) = k \cdot T^2 \approx 40 \frac{\text{N}}{\text{m}} \cdot \text{s}^2$.

Daraus folgt: $T^2 \approx \frac{40 \frac{\text{N}}{\text{m}}}{k} \cdot \text{s}^2$ bzw. $T \approx \sqrt{\frac{40 \frac{\text{N}}{\text{m}}}{k}} \cdot \text{s}$.

Demnach gilt: $T \sim \sqrt{\frac{1}{k}}$.

– Bei einer Kraftkonstante $k = 1{,}0 \frac{\text{N}}{\text{m}}$ erhält man z. B. die folgende Tabelle mit Wertepaaren für die Masse m und die Periodendauer T.

m in kg	0,05	0,1	0,15	0,2	0,3	0,4	0,5	0,7	1,0
T in s	1,4	2,0	2,4	2,8	3,4	4,0	4,4	5,3	6,3

Proportionalität kann bereits durch einen Blick auf das Diagramm ausgeschlossen werden. ↑4 Trotzdem ist es hilfreich, die Quotienten $\frac{T}{m}$ zu berechnen. ↑5 Wieder sind die Zeilen 2 und 3 produktgleich:

$T \cdot \left(\frac{T}{m}\right) = \frac{T^2}{m} \approx 40 \cdot \frac{1}{\text{kg}} \cdot \text{s}^2$.

Daraus folgt: $T^2 \approx 40 \cdot \frac{1}{\text{kg}} \cdot \text{s}^2 \cdot m$ bzw. $T \approx \sqrt{40 \cdot \frac{1}{\text{kg}}} \cdot \sqrt{m} \cdot \text{s}$.

Demnach gilt: $T \sim \sqrt{m}$.

– Die Proportionalitäten lassen sich zusammenfassen: $T \sim \sqrt{\frac{1}{k}} \cdot \sqrt{m} = \sqrt{\frac{m}{k}}$.

– Dass die Proportionalitätskonstante 2π beträgt, lässt sich anhand der Tabellenwerte bestätigen. *Beispiel:*

$$\frac{T}{\sqrt{\frac{m}{k}}} = 2\pi; \quad \frac{4{,}0}{\sqrt{\frac{0{,}4}{1{,}0}}} = 6{,}3 \approx 2\pi$$

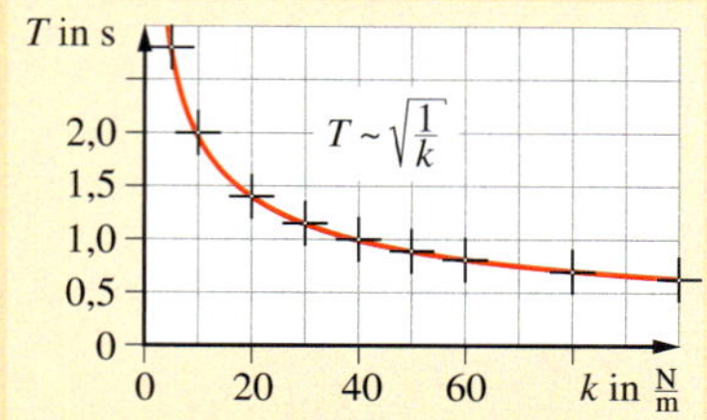

2

k in $\frac{\text{N}}{\text{m}}$	5,0	10	20	40
T in s	2,8	2,0	1,4	1,0
$k \cdot T$ in $\frac{\text{N}}{\text{m}} \cdot \text{s}$	14	20	28	40
$k \cdot T^2$ in $\frac{\text{N}}{\text{m}} \cdot \text{s}^2$	39	40	39	40

3

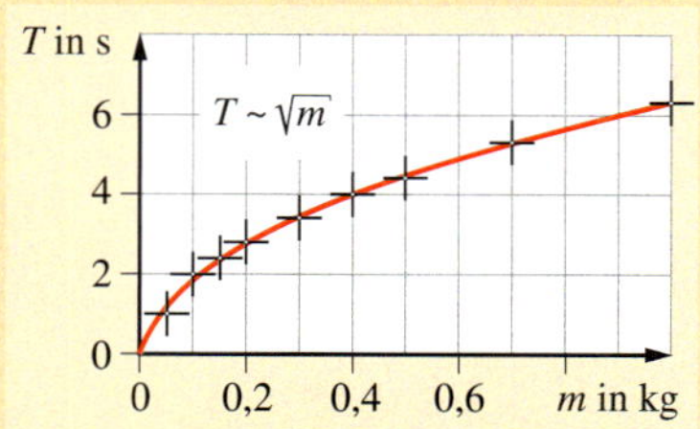

4

m in kg	0,1	0,4	0,7	1,0
T in s	2,0	4,0	5,3	6,3
$\frac{T}{m}$ in $\frac{\text{s}}{\text{kg}}$	20	10	7,6	6,3
$\frac{T^2}{m}$ in $\frac{\text{s}^2}{\text{kg}}$	40	40	40	40

5

Ausblick: Herleitung der Periodendauer anhand von Wertetabellen

GRUNDLAGEN: Periodendauer bei Fadenpendeln

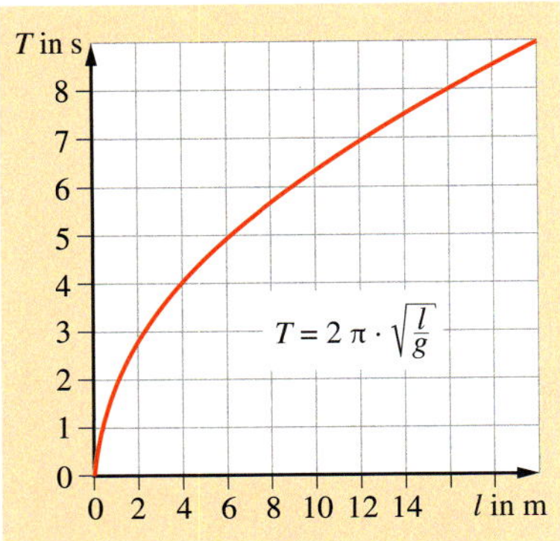

1 Periodendauer des Fadenpendels

▶ Für kleine Auslenkungen s wird die rücktreibende Kraft bei einem Fadenpendel der Länge l mathematisch beschrieben durch:

$F = -k \cdot s$ mit $k = \frac{m \cdot g}{l}$ (m: Masse des Pendelkörpers). ◀

Hinweis: Herleitung siehe Ausblick unten.

▶ Die Kraftkonstante k wird in die allgemeine Beziehung für die Periodendauer harmonischer Schwingungen eingesetzt.

Für kleine Auslenkungswinkel (z. B. $\alpha < 15°$) wird die Periodendauer eines Fadenpendels näherungsweise nur durch die Fadenlänge bestimmt:

$T = 2\pi \cdot \sqrt{\frac{l}{g}}$. ↑1 ◀

Auf den Pendelkörper wirkt die Gravitationskraft: $F_G = m \cdot g$.
In der Gleichgewichtslage zieht die Kugel mit dieser Kraft am Faden, sodass er straff gespannt wird. ↑2
Wenn man die Kugel zur Seite auslenkt, zieht sie mit einer geringeren Kraft am Faden: Die Komponente F_F von F_G in Richtung des Fadens nimmt ab.
Zugleich nimmt die zu F_F senkrechte Komponente von F_G zu. Diese Kraft F ist tangential zur (Kreis-)Bahn der Kugel gerichtet und treibt die Kugel zur Gleichgewichtslage zurück.
Mit zunehmendem Auslenkungswinkel α wird auch die rücktreibende Kraft F größer.
Für die rechtwinkligen Dreiecke, die von F_G und F „aufgespannt" werden, gilt:
$F = -F_G \cdot \sin(\alpha) = -m \cdot g \cdot \sin(\alpha)$.

Für die Kreisausschnitte gilt jeweils:
$\frac{s}{2\pi \cdot l} = \frac{\alpha}{360°}$ bzw. $\frac{s}{l} = \frac{\alpha}{360°} \cdot 2\pi$.
Der Term $\frac{\alpha}{360°} \cdot 2\pi$ gibt den Auslenkungswinkel im Bogenmaß an. Wenn wir im Bogenmaß weiterrechnen, erhalten wir somit:
$F = -m \cdot g \cdot \sin\left(\frac{s}{l}\right)$.
Für genügend kleine Auslenkungswinkel ist der Quotient $\frac{s}{l}$ so klein, dass in guter Näherung gilt:
$\sin\left(\frac{s}{l}\right) \approx \frac{s}{l}$.
Solange man sich also auf kleine Auslenkungswinkel beschränkt, ergibt sich:
$F = -m \cdot g \cdot \sin\left(\frac{s}{l}\right) \approx -m \cdot g \cdot \frac{s}{l} = -\frac{m \cdot g}{l} \cdot s$.

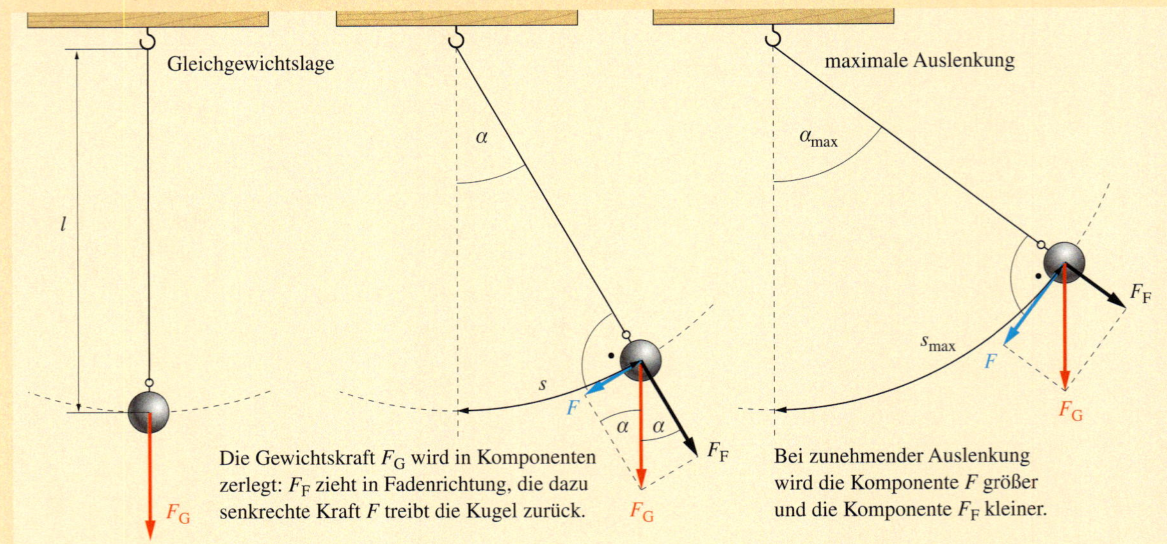

2

Ausblick: Herleitung des Terms für die rücktreibende Kraft beim Fadenpendel

Aufgaben

1 ▶ *Spielereien mit dem Federpendel*

a Für einen Versuch stehen vier Federn ($D = 10\,\frac{N}{m}$; $20\,\frac{N}{m}$; $30\,\frac{N}{m}$; $40\,\frac{N}{m}$) und vier Wägestücke ($m = 0{,}5\,kg$; $1{,}0\,kg$; $1{,}5\,kg$; $2{,}0\,kg$) zur Verfügung. Welche Schwingungsfrequenzen kann man damit erzeugen?

b Reinhild legt eine Feder und ein Wägestück vor Reinhold und sagt: „Wenn ich jetzt den Raum verlasse, hängst du das Wägestück an die Feder und ziehst es nach unten. Nachdem es 150-mal auf- und abgeschwungen ist, komme ich wieder."
Muss Reinhold länger als 5 Minuten warten?
Hinweise: $D = 10\,\frac{N}{m}$; Masse (Wägestück) $m = 1{,}5\,kg$

c Reinhild verspätet sich etwas. Reinhold sieht auf ihrem Schreibtisch einen Ring. „Wie schwer der wohl ist?" Da er keine Waage sieht, hängt er den Ring an eine zweite Feder ($20\,\frac{N}{m}$). Der Ring schwingt schnell auf und ab. „Schade, dass es nur eine Feder und kein Kraftmesser ist, dann wüsste ich jetzt, wie schwer der Ring ist." Als Reinhild zurückkommt, sagt sie: „Das ist doch einfach!", und zückt den Taschenrechner … Wie berechnet sie wohl die Masse?
Wie schwer ist der Ring, wenn das Pendel mit einer Frequenz von 10 Hz schwingt? ◀

2 ▶ *Fadenpendel* Berechne, wie lang ein Sekundenpendel ist.
Wie lang sind 2-, 3-, 4- und 10-Sekundenpendel? ◀

3 ▶ *Survival im Dschungel* Jane möchte an einer 20 m langen Liane über einen 8 m breiten Fluss schwingen. Braucht sie weniger als 5 s, entgeht sie den schnappenden Krokodilen … ◀

4 ▶ *Bewegungsfunktionen* Stelle die drei Bewegungsfunktionen eines harmonisch schwingenden Fadenpendels auf.
Hinweise: Die Länge des Fadenpendels beträgt $l = 2\,m$. Der Startwinkel ist $\alpha_{max} = 10°$.
Verwende als Ortsvariable die Bogenlänge s. ◀

5 *Große Auslenkungen* Ein Fadenpendel schwingt mit sehr großer Amplitude. Weit außen ist die rücktreibende Kraft nicht mehr proportional zur Auslenkung.
Ist die Periodendauer der Schwingung größer oder kleiner als bei kleiner Amplitude? Begründe deine Antwort.

Ausblick Das höchste Pendel der Welt

3 Taipei 101: ein modernes Weltwunder

Wie ein gigantischer Bambus ragt der 508 m hohe Büroturm Taipei 101 über Taiwans Hauptstadt Taipeh – in einem Gebiet, das ständig von Erdbeben und Wirbelstürmen bedroht ist. ↑3 Um den Turm vor extremen Schwankungen zu bewahren, ist ein riesiges Pendel eingebaut. ↑4 Wenn das Gebäude ins Wanken gerät, beginnt die 660 t schwere Kugel zu schwingen und nimmt einen großen Teil der potenziell zerstörerischen Energie auf. Nach Berechnungen der Konstrukteure wird dadurch die maximale Schwankung der Spitze auf 1,3 m begrenzt – ohne Pendel wären es doppelt so viel!

4 Ein Riesenpendel zur Energieaufnahme

Auf einen Blick

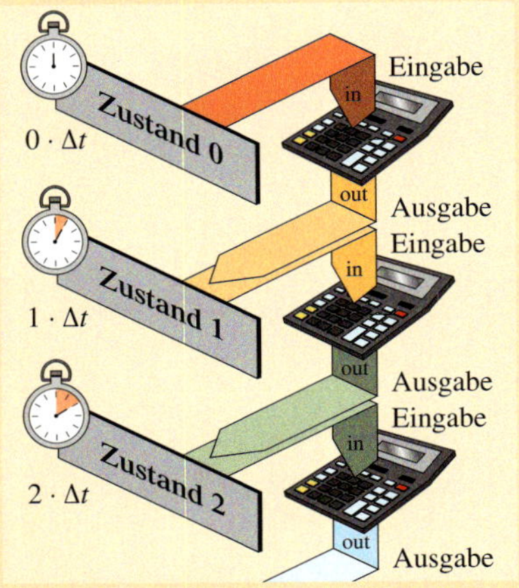

1 Prinzip der Iteration

$$F_0 = m \cdot g - \frac{1}{2} c_W \cdot A \cdot \varrho \cdot v_0^2$$

$$v_1 = v_0 + \frac{F_0}{m} \cdot \Delta t$$

$$x_1 = x_0 + \frac{1}{2} \cdot (v_0 + v_1) \cdot \Delta t$$

$$t_1 = t_0 + \Delta t$$

$$F_1 = m \cdot g - \frac{1}{2} c_W \cdot A \cdot \varrho \cdot v_1^2$$

…

2 Rechenschritt (Fall mit Luftwiderstand)

Bewegungen – iterativ berechnet ▶ Der Grundgedanke des iterativen Verfahrens ist, dass das Ergebnis eines Rechenschritts zur Eingabe für den nächsten Rechenschritt wird. ↑1 Bei jedem Rechenschritt finden dieselben Operationen statt. *Beispiele:*

– *Fall mit Luftwiderstand* Die Kraft F auf den fallenden Körper setzt sich aus der abwärts beschleunigenden Gewichtskraft F_G und der bremsenden Luftwiderstandskraft F_L zusammen:
$F = F_G - F_L$ mit $F_G = m \cdot g$ und $F_L = \frac{1}{2} c_W \cdot A \cdot \varrho \cdot v^2$.
Da die Geschwindigkeit nach dem Start (aus der Ruhe) zunimmt, wird die Luftwiderstandskraft zunächst größer und die Gesamtkraft F folglich kleiner. Wenn die Luftwiderstandskraft genauso groß ist wie die Gewichtskraft, nimmt die Geschwindigkeit nicht weiter zu.
Die Veränderungen von Kraft, Geschwindigkeit und Ort werden iterativ berechnet. ↑2 Die Diagramme zeigen bei längeren Fallzeiten den bremsenden Einfluss des Luftwiderstands im Vergleich zum freien Fall. ↑3↑4

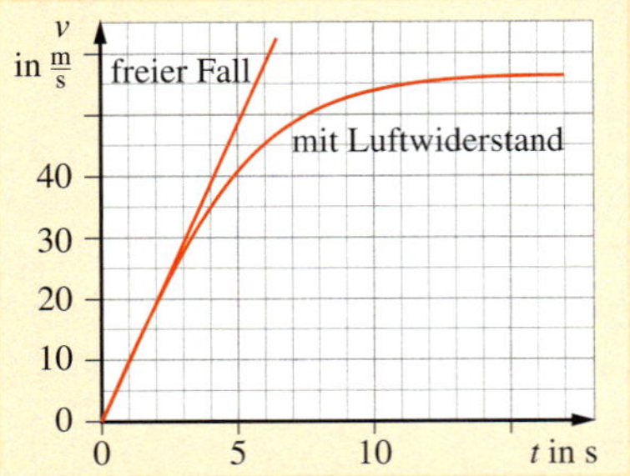

3 t-v-Diagramm ($\Delta t = 1$ s)

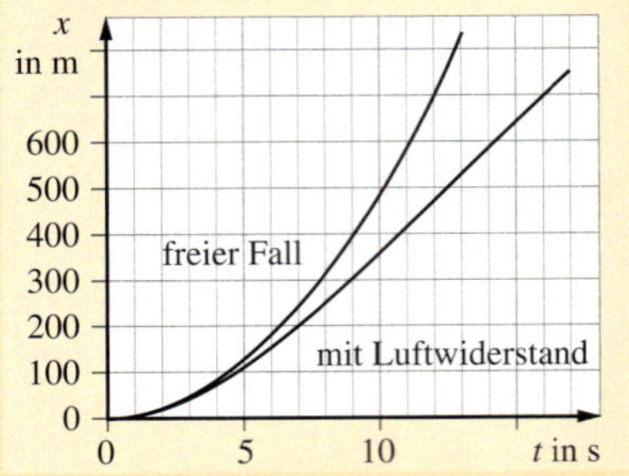

4 t-x-Diagramm ($\Delta t = 1$ s)

$$x(t) = x_{max} \cdot \cos\left(2\pi \cdot \frac{t}{T}\right)$$

$$v(t) = -v_{max} \cdot \sin\left(2\pi \cdot \frac{t}{T}\right)$$

$$\text{mit } v_{max} = \sqrt{\frac{k}{m}} \cdot x_{max}$$

$$a(t) = -a_{max} \cdot \cos\left(2\pi \cdot \frac{t}{T}\right)$$

$$\text{mit } a_{max} = \frac{k}{m} \cdot x_{max}$$

5 Bewegungsfunktionen einer harmonischen Schwingung (Start mit maximaler Auslenkung aus der Ruhe heraus)

– *Harmonische Schwingungen* Lineare rücktreibende Kräfte $F = -k \cdot x$ bewirken harmonische Schwingungen. Die Bewegungsfunktionen sind Sinus- und Kosinusfunktionen. ↑5
Allgemein gilt für die Periodendauer T harmonisch schwingender Pendel:
$T = 2\pi \cdot \sqrt{\frac{m}{k}}$.
Federpendel: $T = 2\pi \cdot \sqrt{\frac{m}{D}}$ $(k = D)$
Fadenpendel: $T = 2\pi \cdot \sqrt{\frac{l}{g}}$ $\left(k = \frac{m \cdot g}{l}\right.$ für kleine Auslenkungen)
Die Frequenz f ist jeweils gleich dem Kehrwert der Periodendauer T:
$f = \frac{1}{T}$.
Iterationsbeispiel: ↑6↑7 Die Graphen der Bewegungsfunktionen verlaufen anfangs nahezu sinus- bzw. kosinusförmig. ↑8 Für größere Zeiten nimmt die berechnete Amplitude zu – im Gegensatz zur Realität. ◀

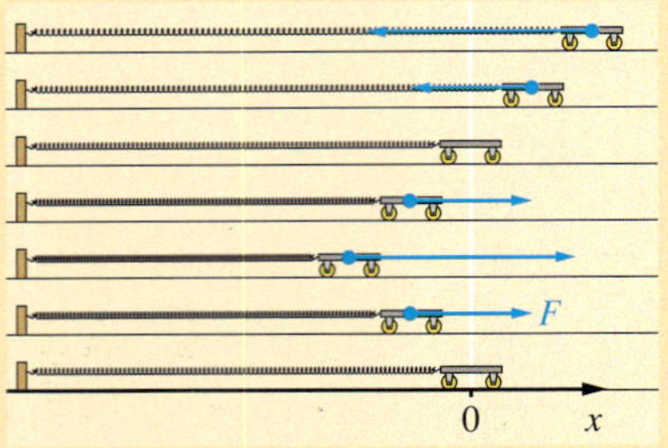

6 Federpendel

$$a_0 = \frac{-k \cdot x_0}{m}$$

$$v_1 = v_0 + a_0 \cdot \Delta t$$

$$x_1 = x_0 + \frac{1}{2} \cdot (v_0 + v_1) \cdot \Delta t$$

$$t_1 = t_0 + \Delta t$$

$$a_1 = \frac{-k \cdot x_1}{m}$$

…

7 Rechenschritt (Federpendel)

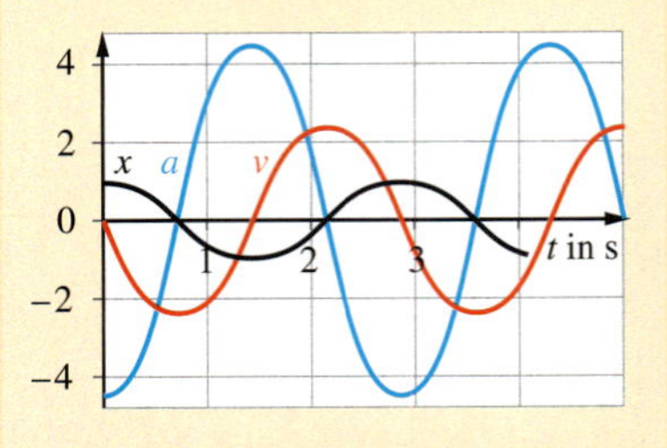

8 Iterativ berechnete Graphen

Alles klar?

1 *Schub an!* Ein Raumschiff fliegt mit 6000 $\frac{km}{h}$ durch das All. Dann wird für 2 min „voller Schub" in Bewegungsrichtung gegeben.

a Welche Geschwindigkeit erreicht das Raumschiff? *Hinweise:* $F = 250 \cdot 10^3$ N; $m = 50$ t

b Tatsächlich stellt sich eine größere Geschwindigkeit ein. Wie ist das möglich?

2 ▶ *Abschuss* Eine Kugel wird von einer Feder senkrecht nach oben abgeschossen.

a Wie groß ist die Höchstgeschwindigkeit v_{max} der Kugel? Skizziere das t-v-Diagramm (mit Flugphase). *Hinweise:* Kugel $m = 0{,}5$ g; Feder $D = 2{,}9\,\frac{kN}{m}$. Die Feder wird um 2,0 cm gedehnt. In dem Moment, wenn sie entspannt ist, wird sie gestoppt.

b Stelle für die Beschleunigungsphase die Bewegungsfunktion $v(t)$ auf. Wann ist v_{max} erreicht?

c Tim kann die beiden Aufgabenteile nicht lösen. Seine große Schwester schlägt vor: „Nimm an, dass eine konstante mittlere Kraft wirkt." Bearbeite die Teile a und b unter dieser Annahme. ◀

3 ▶ *Aufziehauto* Ein Spielzeugauto wird durch „Rückwärtsschieben" aufgezogen. Nach dem Loslassen beschleunigt es, erreicht seine Höchstgeschwindigkeit und wird schließlich durch Reibung bis zum Stillstand gebremst.

a Beschreibe den Vorgang aus Sicht der Energie und ihrer Umwandlungen.

b Die Tabelle zeigt, wie sich die Kraft auf das Spielzeugauto während der Fahrt verändert. ↑9
Berechne die Antworten zu den folgenden Fragen einmal mithilfe der Bewegungsfunktionen und einmal mithilfe einer Tabellenkalkulation.
- Wie groß ist die Höchstgeschwindigkeit?
- Nach welcher Strecke ist sie erreicht?
- Wie lange dauert der Bremsvorgang?
- Wie lang ist der Bremsweg?

Hinweise: Die Masse des Wagens beträgt $m = 75$ g. Positive Vorzeichen der Kräfte in der Tabelle bedeuten, dass die Kräfte in Bewegungsrichtung zeigen. Rechne zur Vereinfachung ohne Luftwiderstand. ◀

t in s						
von	0	0,5	1,0	1,5	2,0	2,5
bis	0,5	1,0	1,5	2,0	2,5 s	Stillstand
F in mN	20	15	10	5	0	–7

9

c *Für Experten:* Die folgende Tabelle stellt die Veränderung der Kraft etwas allgemeiner dar. ↑10
Erweitere das Rechenblatt für die Tabellenkalkulation so, dass Δt, m, F_0 und ΔF im Tabellenkopf eingegeben und verändert werden können.

Zeitraum	0 bis Δt	Δt bis 2 Δt	2 Δt bis 3 Δt	…
Kraft	F_0	$F_0 - \Delta F$	$F_0 - 2\,\Delta F$	…

10

4 ▶ *Klingendes Lineal* Ein schwingendes Plastiklineal kann Töne von sich geben. ↑11

a Welche Frequenz hat der Ton? *Hinweise:* Gehe zur Vereinfachung davon aus, dass das freie Ende von einer linearen rücktreibenden Kraft $F(x) = -k \cdot x$ bewegt wird. Um das Ende 2 mm auszulenken, sind 7,2 N erforderlich. Die schwingende Masse m beträgt 1,5 g.

b Was kann man verändern, damit der Ton höher (tiefer) wird? Begründe die Antwort physikalisch. ◀

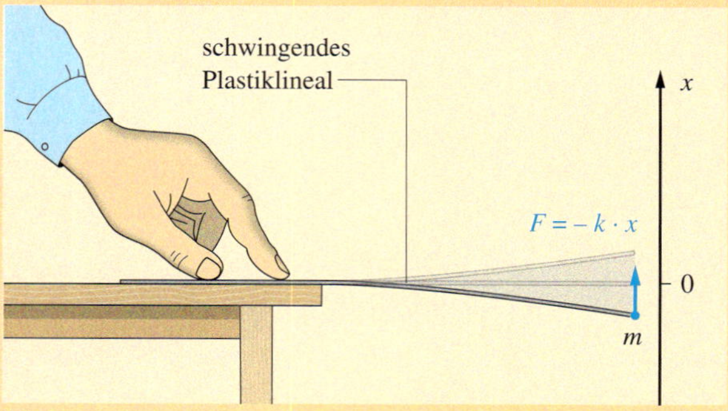

11

5 ▶ *Pendel auf anderen Himmelskörpern*

a Wie lang müsste ein Sekundenpendel auf den verschiedenen Himmelskörpern in der Tabelle sein? ↑12

b Wie lang müssten jeweils 10-s-Pendel sein?

c Berechne die Länge von 1-s- und 10-s-Pendeln auch für die anderen Planeten des Sonnensystems. Recherchiere die benötigten Daten selbst. ◀

	Venus	Mars	Mond	Sonne
Fallbeschleunigung in $\frac{m}{s^2}$	8,9	3,7	1,6	274

12

Zweidimensionale Bewegungen

Ausblick: Waagerechter Wurf

Actionszene aus einem James-Bond-Film: Zwei Stuntleute „springen“ mit dem Motorrad von einem flachen Dach zum nächsten auf der anderen Straßenseite. ↑1 Physikalisch ist klar, dass die Bewegung nach dem Absprung kaum noch beeinflusst werden kann. Damit die beiden Stuntleute nicht abstürzen, wird der Sprung vorher exakt berechnet: Wie groß muss die Absprunggeschwindigkeit sein, um den Abgrund sicher zu überwinden? Welche Rolle spielt dabei das Gewicht der Stuntleute und der Höhenunterschied der Dächer?

1 Halsbrecherischer Einsatz – genau kalkuliert

In Brüssel steht der berühmte Brunnen „Manneken Pis“. ↑2 Ob sich die Touristen wohl für die geometrische Form des Wasserstrahls interessieren, um daraus die Austrittsgeschwindigkeit des Wassers zu bestimmen? Ein immer wiederkehrendes Stilmittel in Comics: Eine Figur rennt auf einen Abgrund zu und über die Kante hinaus. ↑3 Erst geht die Bewegung horizontal weiter wie zuvor, kommt plötzlich zum Stillstand und dann erst senkrecht nach unten. Entspricht diese Vorstellung physikalischen Gesetzen?

2 Manneken Pis

3 Es geht abwärts – aber wie?

Experimente

1 Vergleichsfall ↑4

a Welche Münze erreicht zuerst den Boden? Überprüfe dein Resultat an verschiedenen Fallhöhen. *Durchführung:* Lege eine Münze auf das freie Ende des Lineals und eine zweite neben das andere Ende auf den Tisch. Fixiere das Lineal in der Mitte und schlage mit einer Hand seitlich gegen die freie Seite.

b Welche Münze hat die größere Durchschnittsgeschwindigkeit?

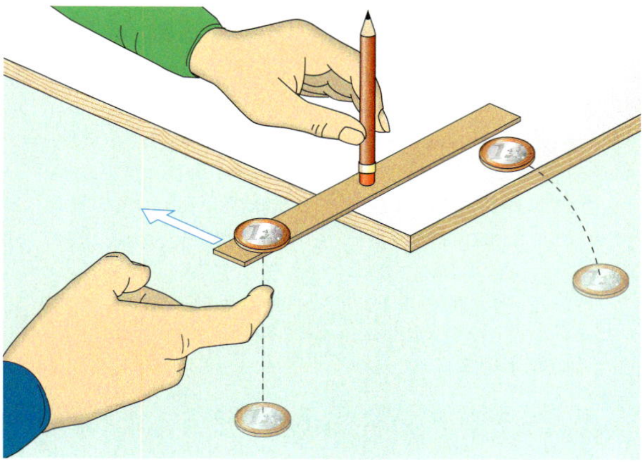

4

2 Waagerechter Schuss ↑5

a Trifft der waagerecht abgeschossene Pfeil den Zielpunkt in gleicher Höhe? Erkläre das Ergebnis. *Aufbau:* Spanne die Spielzeugarmbrust (oder einen ähnlichen Schussapparat) so auf eine feste Unterlage, dass der Schuss stets horizontal und mit gleicher Geschwindigkeit beginnt. Der Abstand zur Zielwand soll variabel sein (ca. 0,75 bis 6 m). *Hinweis:* Überprüfe die Reproduzierbarkeit der Ergebnisse bei einem festen Abstand zur Wand. Trifft das Geschoss immer ungefähr den gleichen Punkt?

b Wie verändert sich die Abweichung y von der Starthöhe, wenn der Abstand x zur Zielwand verdoppelt (verdreifacht) wird? Drücke den vermuteten Zusammenhang zwischen x und y als Funktion $y(x)$ aus.

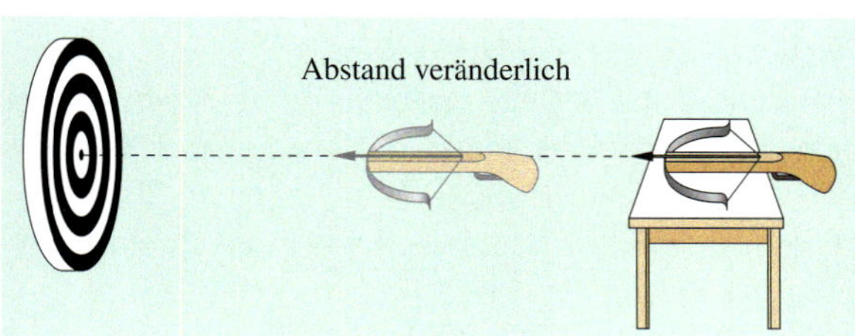

5

3 Holzkatapult ↑6

a Was meinst du: Fällt das Brett so schnell, dass das waagerecht gestartete Geschoss es nicht mehr trifft? Hängt die „Trefferquote" davon ab, wie stark das Geschoss beschleunigt wird? Erkläre das Versuchsergebnis.

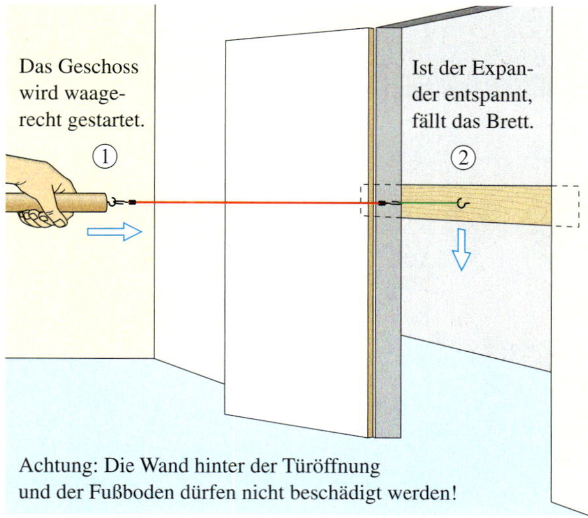

6

b Wie könnte man die Flugdauer des Geschosses ohne Zeitmessung bestimmen? *Tipp:* Welche Bewegung führt das Brett aus? Setze deine Idee in die Tat um.

c Wie nimmt die Falltiefe Δh des Geschosses von der Ausgangshöhe während des Flugs zu? Drücke den vermuteten Zusammenhang als Funktion $\Delta h(t)$ aus.

4 Schanzenspringen für Modellautos ↑7

Wie hängt die Sprungweite bei fester Anlaufhöhe von der Falltiefe ab?

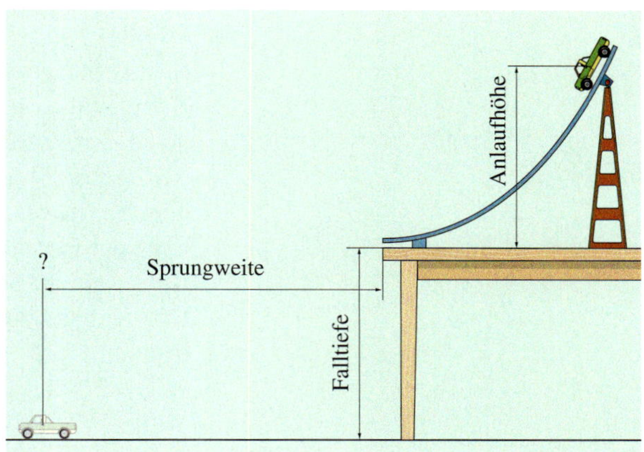

7

Aufgabe

1

2

1 ▶ *Snowboard und Frosch* ↑1↑2 Zwei Abenteurer beim (nahezu) waagerechten Sprung: Die Flugkurven sehen mathematisch verdächtig bekannt aus!

a Wie hängt die Falltiefe y (vom Start gemessen) von der waagerechten Ortskoordinate x ab? Formuliere deine Vermutung als Funktion $y(x)$.

b Überprüfe deine Vermutung. Erstelle dazu jeweils eine x-y-Wertetabelle der Koordinaten des Schwerpunkts. ↑3 *Hinweis:* Schätze die Lage des Schwerpunkts jeweils ab.
Teste die Vermutung anhand der Tabellen mit einfachen Rechnungen. Zeichne die x-y-Diagramme. ◀

In der newtonschen Mechanik lässt sich die Bewegung eines Körpers oder Systems oft allein durch die Bewegung seines *Schwerpunkts* beschreiben. Rein mathematisch wird dazu die Masse des Körpers vollständig im Schwerpunkt konzentriert.
Anschaulich gesehen ist der Schwerpunkt der Punkt, in dem der Körper gestützt werden muss, damit man ihn balancieren kann.

3

GRUNDLAGEN: Waagerechter Wurf – mathematisch betrachtet

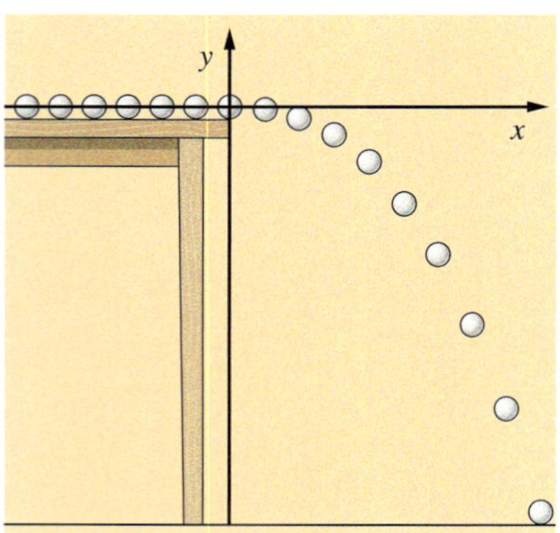

4

▶ Ein Skateboarder fährt waagerecht über eine Treppenkante, aus einer Brunnenfigur sprudelt ein Wasserstrahl, eine Murmel rollt über die Tischkante … In vielen Beispielen verläuft die Bewegung in dem Moment, wo die Körper „ihren Halt verlieren", horizontal – und danach nur noch unter dem Einfluss der Schwerkraft. Solche Bewegungen fasst man in der Physik unter der Bezeichnung *waagerechter Wurf* zusammen.
Zur mathematischen Beschreibung des waagerechten Wurfs legen wir den Ursprung des Koordinatensystems in den Punkt, an dem die Wurfbewegung beginnt: ↑4

- Die x-Achse zeigt in die ursprüngliche Bewegungs- bzw. Abschussrichtung.
- Die y-Achse zeigt senkrecht dazu nach oben.

Lässt man zeitgleich mit einer waagerecht geworfenen Kugel eine zweite Kugel aus der gleichen Höhe frei fallen, beobachtet man etwas Erstaunliches: Die y-Koordinaten der Kugeln stimmen zu jedem Zeitpunkt überein! ↑5 In beiden Fällen gilt also für die Bewegungsfunktion $y(t)$:
$y(t) = -\frac{1}{2}\, g \cdot t^2$.
Die x-Koordinate der waagerecht geworfenen Kugel nimmt in gleichen Zeitschritten jeweils um den gleichen Betrag zu. Die Geschwindigkeit bleibt also in waagerechter Richtung konstant. Messungen zeigen, dass sie gleich der Abwurfgeschwindigkeit v_0 ist. Für die Bewegungsfunktion $x(t)$ gilt daher:
$x(t) = v_0 \cdot t$.

Beim waagerechten Wurf sieht man von der Seite den vollständigen Bewegungsablauf. Von vorn beobachtet man einen freien Fall und von oben eine Bewegung mit konstanter Geschwindigkeit. ↑6

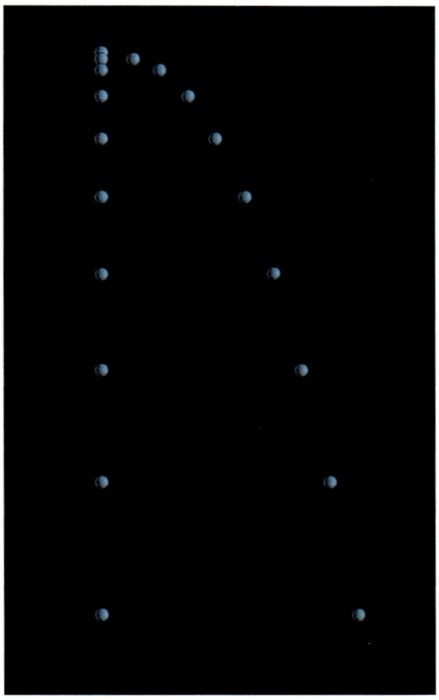
5

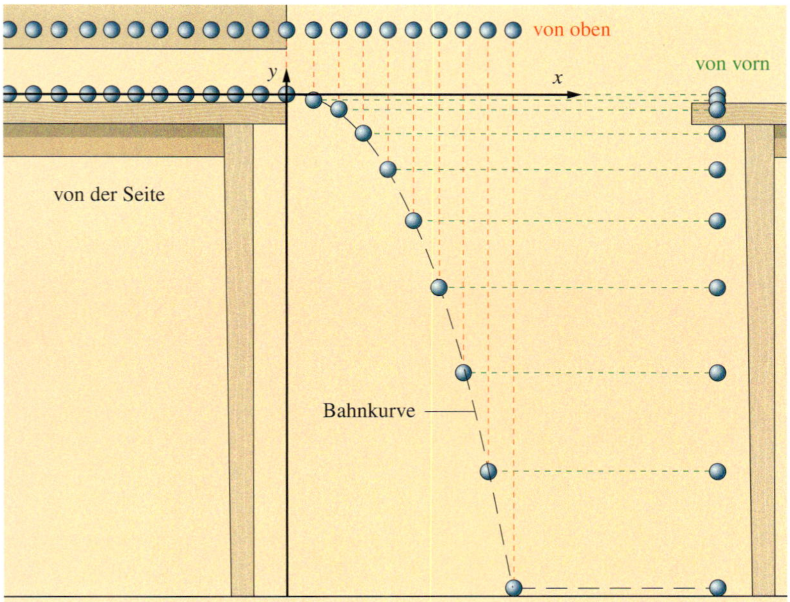

6

Die Bahnkurve der waagerecht geworfenen Kugel sieht wie die Hälfte einer Parabel aus. Sie ist nach unten geöffnet und hat ihren Scheitelpunkt im Ursprung. Tatsächlich lässt sich ein quadratischer Zusammenhang zwischen y und x ohne großen Aufwand herleiten.

- Zuerst wird die Beziehung $x = v_0 \cdot t$ nach der Zeit t aufgelöst:
  $t = \frac{x}{v_0}$.
- Das Ergebnis wird dann in die Beziehung $y = -\frac{1}{2}\, g \cdot t^2$ eingesetzt:
  $y = -\frac{1}{2}\, g \cdot \left(\frac{x}{v_0}\right)^2$.

Die Bahnkurve des waagerechten Wurfs ist Teil einer nach unten geöffneten Parabel, deren Scheitelpunkt im Startpunkt liegt. Es gilt:
$y(x) = -\frac{g}{2 \cdot v_0^2} \cdot x^2$. ↑7
Die Parabel ist umso weiter geöffnet, je größer die Startgeschwindigkeit v_0 ist. ◄

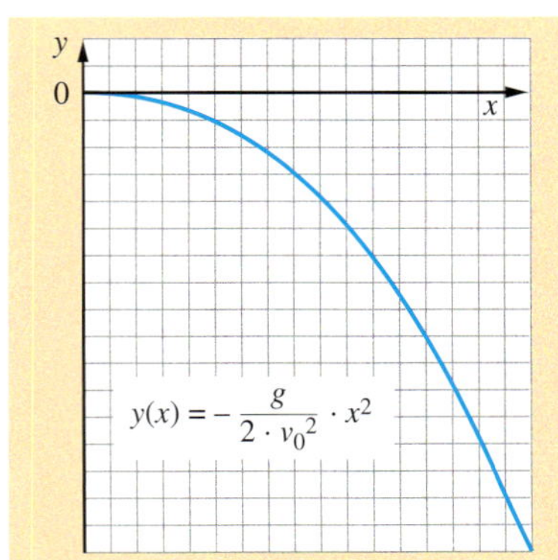

7 Bahnkurve beim waagerechten Wurf

Aufgaben

1 *Glück gehabt?* Das Modellauto rast über die Tischkante und zugleich wird die Schleife durch einen raffinierten Mechanismus fallen gelassen. ↑1
Gleich darauf „fliegt" der Wagen genau durch die Schleife! „Zufall!" rufen die Zuschauer.

a Was meinst du: War der Treffer nur ein Glücksschuss?

b Was ändert sich, wenn das Auto schneller (langsamer) über die Kante fährt?

c Was passiert, wenn die Schleife etwas zu früh (zu spät) zu fallen beginnt?

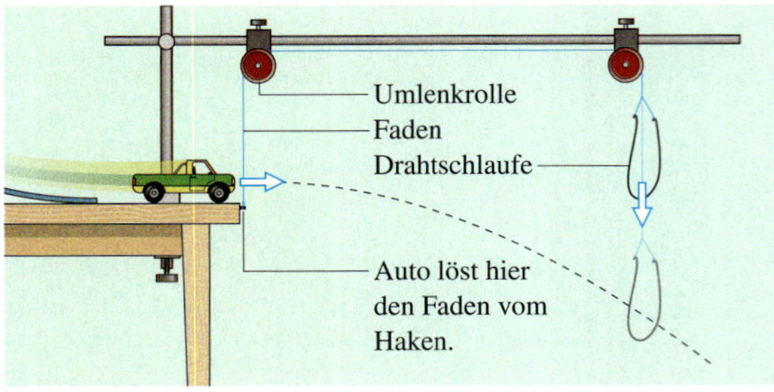

1

2 *Radrennen* Einem Radfahrer rutscht in voller Fahrt seine Trinkflasche aus der Hand. ↑2

a Wie sieht der Radler die Flasche fallen? Kann er sie selbst auffangen?

b Wie sieht die Bewegung der Flasche für einen Fan am Straßenrand aus?

c Ein Zuschauer steht an dem Ort, wo der Fahrer die Flasche fallen lässt. Kann er die Flasche auffangen?

2

3 *Perspektivisches!* Aus unterschiedlichen Perspektiven kann ein Trampolinsprung ganz verschieden beschrieben werden. ↑3

a Stelle dir vor, du siehst die Bewegung von oben. Welche Koordinate der Bewegung könntest du gut wahrnehmen, welche nicht? Skizziere ein Zeit-Ort-Diagramm dieser Koordinate.

3

Hinweise: Das Bild wurde mehrfach im Abstand von 0,20 s belichtet. Betrachte nur den Körperschwerpunkt.

b Stelle dir vor, du betrachtest die Bewegung von weit hinten, z. B. vom Anfang der Anlaufbahn. Welche Koordinate der Bewegung kannst du gut wahrnehmen, welche nicht? Skizziere ein Zeit-Ort-Diagramm dieser Koordinate.

c Skizziere die Bahnkurve des Trampolinsprungs.

4 ▶ *Stuntshow*

a Maria schaut entsetzt auf die Planskizze des neuen Crossparcours: „Das wäre ja lebensgefährlich!" ↑4

b Wie müsste der Stunt sicherheitstechnisch richtig aufgebaut werden? Gib in einer Skizze konkrete Beispielwerte an. ◀

Hinweis: Es soll bei einem waagerechten Wurf bleiben.

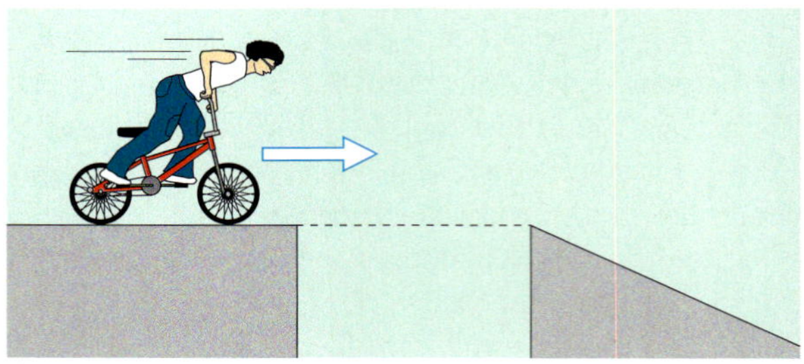
4

5 ▶ *Übung bringt Sicherheit* Berechne in der folgenden Tabelle die fehlenden Werte für die verschiedenen waagerechten Würfe. ◀

x	1 m	?	10 m	12 cm	?
y	2 m	20 cm	?	5 cm	3 m
v_0	?	$10\frac{\text{km}}{\text{h}}$	$50\frac{\text{m}}{\text{s}}$	?	$5\frac{\text{m}}{\text{s}}$

Aufgaben

6 *Angeber?* Manni sagt zu Kalle auf dem Sprungturm im Freibad: „Komm, lass uns Anlauf nehmen, dann sind wir länger in der Luft!"

a Beurteile die Aussage physikalisch.

b Manni rennt etwas schneller über den Absprung hinaus als Kalle:
- Skizziere die Bahnkurven von Manni und Kalle.
- Markiere auf Mannis Bahnkurve fünf Punkte: M_1, M_2 … Die Zeitspanne, in der Manni von einem dieser Punkte zum nächsten „fliegt", soll dabei immer die gleiche sein.
- Wenn Manni bei M_1 ist, ist Kalle bei K_1 usw. Zeichne in Kalles Bahnkurve die Punkte K_1 bis K_5 ein.
- Welche physikalischen Größen sind bei Mannis Flug größer als bei Kalles? Welche sind gleich?

7 ▶ *Wasserfällchen* Wie schnell kommt das Wasser angeflossen? ↑5
Hinweise: Die Stufe ist mit 50 cm genauso hoch wie die Weite des Wasserbogens. Siehe Musteraufgabe. ◀

5

8 ▶ *Geschwindigkeitsmessung ohne Tacho* Harry behauptet, sein ferngesteuerter Geländewagen sei so schnell, dass er Radarfallen in Tempo-30-Zonen auslösen könne. Seine Freunde fordern ihn auf, dies jetzt gleich auf dem Fahrgelände zu beweisen. Allerdings hat keiner eine Uhr dabei. Robert ruft plötzlich: „Mit einem Weitsprung von dem langen Betonquader müsste es klappen!"

a Stelle Roberts Idee in einem Bild dar. Welche Größen müssen gemessen werden?

b Bei einer „Abwurfhöhe" von 80 cm fliegt Harrys Geländewagen aus voller Fahrt 3,1 m weit (und landet ohne Schaden). Hat Harry übertrieben? ◀

Musteraufgabe

▶ Jimmi „schanzt" mit dem Rad über eine 1,0 m hohe waagerechte Kante und fliegt 3,3 m weit. Berechne seine:

a Absprunggeschwindigkeit

b Landegeschwindigkeit

c Sprungdauer

Lösung:

a Die Sprungweite beträgt $x = 3{,}3\,\text{m}$, die Sprunghöhe ist $y = -1{,}0\,\text{m}$.
Bestimmung der Anfahrtsgeschwindigkeit v_0:
- $y(x) = -\dfrac{g}{2 \cdot v_0^2} \cdot x^2$.
- Umformen nach v_x:
  $$v_0^2 = -\frac{g}{2 \cdot y} \cdot x^2$$
  $$v_0 = \sqrt{-\frac{g}{2 \cdot y}} \cdot x$$
  Hinweis: Die y-Werte sind negativ.
- Einsetzen von Sprungweite und Sprunghöhe:
  $$v_0 = \sqrt{\frac{-9{,}81}{2 \cdot (-1{,}0)}} \cdot 3{,}3\,\frac{\text{m}}{\text{s}} = 7{,}31\,\frac{\text{m}}{\text{s}}$$

Es wird eine Anfahrtsgeschwindigkeit von $7{,}3\,\frac{\text{m}}{\text{s}}$ erreicht.

b Bestimmung der Landegeschwindigkeit v mithilfe des Energieerhaltungssatzes:
- Absprung: $E_{\text{kin, A}} = \frac{1}{2} m \cdot v_0^2$
- Im Flug wird zusätzlich potenzielle Energie in kinetische umgewandelt:
  $\Delta E_{\text{pot}} = m \cdot g \cdot \Delta y$.
  Die kinetische Energie bei der Landung beträgt somit:
  $E_{\text{kin, L}} = \frac{1}{2} m \cdot v^2 = \frac{1}{2} m \cdot v_0^2 + m \cdot g \cdot (-y)$.
- Umformen nach v:
  $$v^2 = v_0^2 - 2g \cdot y$$
  $$v = \sqrt{v_0^2 - 2g \cdot y}$$
- Einsetzen von v_x und y:
  $$v = \sqrt{7{,}31^2 + 2 \cdot 9{,}81 \cdot 1{,}0}\,\frac{\text{m}}{\text{s}} = 8{,}54\,\frac{\text{m}}{\text{s}}$$

Die Landegeschwindigkeit beträgt $8{,}5\,\frac{\text{m}}{\text{s}}$.

c Berechnen der Sprungdauer t wie beim freien Fall:
$$t = \sqrt{\frac{2 \cdot \Delta h}{g}} \quad \text{mit } \Delta h = 1{,}0\,\text{m}$$
$$t = \sqrt{\frac{2 \cdot 1{,}0}{9{,}81}}\,\text{s} = 0{,}45\,\text{s}$$
Die Sprungdauer beträgt 0,45 s. ◀

Aufgaben

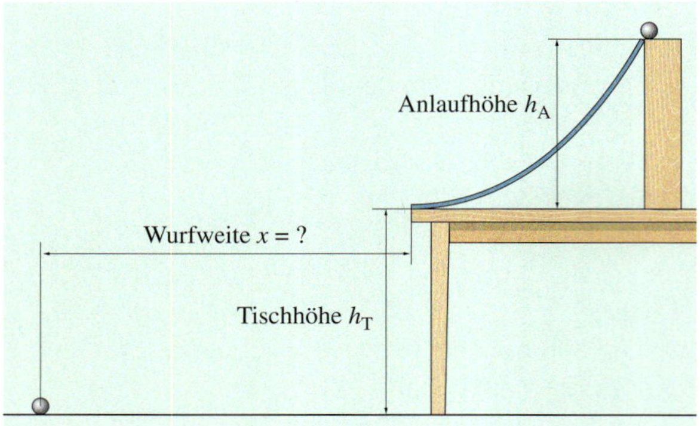

1

1 ▶ *Kugelschanze* Wie weit wird die Kugel wohl fliegen? ↑1

a Stelle die Beziehung auf, mit der die Wurfweite x aus der Anlaufhöhe h_A und der Tischhöhe h_T berechnet werden kann.

b Berechne die Wurfweite für $h_A = 80\,\text{cm}$ und $h_T = 120\,\text{cm}$.

c Mit welcher Geschwindigkeit landet die Kugel? *Hinweis:* Siehe Musteraufgabe auf S. 109. ◀

d *Ausblick:* Im Experiment misst man etwas kleinere Wurfweiten, als die Beziehung von Teil a vorhersagt. Ein Teil der anfänglichen Energie wird nämlich in Rotationsenergie der rollenden Kugel umgewandelt. Für die Kugel gilt:
$E_{rot} = \frac{1}{5} \cdot m \cdot v^2$
(v: Geschwindigkeit des Schwerpunkts).
Löse die Aufgabenteile a und b unter Berücksichtigung der Rotationsenergie.

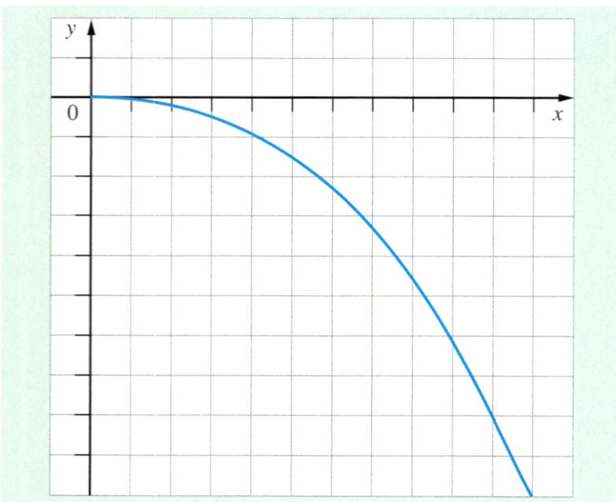

2

2 *Andere Geschwindigkeit – andere Bahnkurve*
Im Diagramm ist die Bahnkurve eines waagerechten Wurfs eingezeichnet. ↑2 Wie sähen die Bahnkurven bei doppelter, halber und 1,5-facher Anfangsgeschwindigkeit aus?
Übertrage das Diagramm in dein Heft und zeichne auch die anderen Bahnkurven ein.

3 ▶ *Kugelschuss* Eine Kugel wird von einer Spielzeugpistole mit $v_0 = 5\,\frac{\text{m}}{\text{s}}$ waagerecht abgeschossen.

a Erstelle für die erste Sekunde der Bewegung eine dreizeilige t-x-y-Tabelle.
Hinweis: Der Zeitschritt betrage jeweils $\Delta t = 0{,}05\,\text{s}$.

b Zeichne das x-y-Diagramm der Bewegung und gib die Funktion $y(x)$ an. ◀

Probier's mal!

3

4 ▶ **Nasse Geschwindigkeitsmessung**
Wie schnell strömt eigentlich das Wasser aus einem Gartenschlauch oder einer Wasserpistole heraus? ↑3 Mit deinen Kenntnissen vom waagerechten Wurf kannst du die Geschwindigkeit bestimmen! Welchen Wert erwartest du?
Entwickle und beschreibe einen geeigneten Versuchsaufbau. Bestimme die Geschwindigkeit. ◀

GRUNDLAGEN: Waagerechter Wurf – Bahngeschwindigkeit

▶ Mit welcher Geschwindigkeit landet eigentlich ein Skispringer? Wie muss der Aufsprunghang geneigt sein, damit eine sanfte Landung gelingt? Um solche Fragen beantworten zu können, untersuchen wir modellhaft den waagerechten Wurf einer Kugel (ohne Luftwiderstand). Dabei betrachten wir die Zeitentwicklung $x(t)$ und $y(t)$ der Koordinaten als Teilbewegungen – obwohl man in Wirklichkeit nur eine einzige Bewegung sieht. ↑4

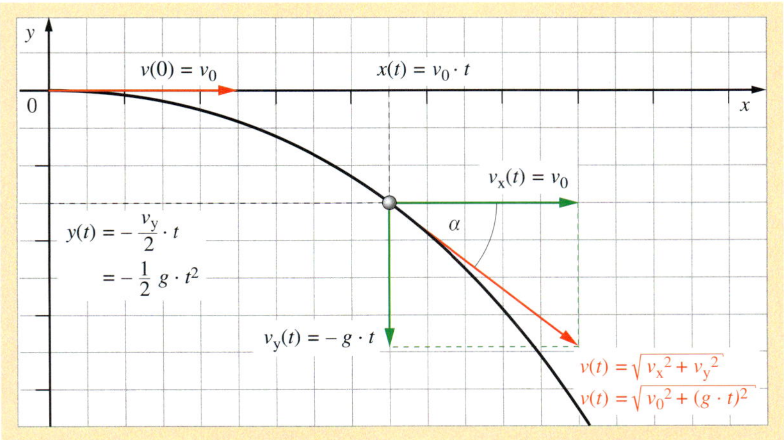

4

– Die Teilbewegung in y-Richtung beobachtet man, wenn man von „vorn" auf die Bewegung schaut. Die Teilgeschwindigkeit v_y in y-Richtung ist dann stets so groß wie die Geschwindigkeit der Kugel im freien Fall.
– Die Teilbewegung in x-Richtung beobachtet man, wenn man von „oben" auf die Bewegung schaut. Die Teilgeschwindigkeit v_x in x-Richtung ist dann stets so groß wie die Startgeschwindigkeit v_0.

Nach dem Abwurf nimmt die Geschwindigkeit der Kugel zu: Zur Startgeschwindigkeit $v_{x,0}$ kommt die ständig wachsende Geschwindigkeit v_y hinzu. Da beide Teilgeschwindigkeiten in verschiedene Richtungen „zeigen", kann man ihre Beträge nicht einfach addieren. Die Geschwindigkeit v in jedem Punkt der Bahn lässt sich aber mithilfe des Energiesatzes berechnen:
$v = \sqrt{v_x^2 + v_y^2}$ (siehe Ausblick).
Einsetzen von $v_x = v_0$ und $v_y = -g \cdot t$ ergibt:

$$v = \sqrt{v_0^2 + (g \cdot t)^2}.$$

Anschaulich wird die Geschwindigkeit v in jedem Punkt der Bahn durch die Diagonale in dem Rechteck beschrieben, das von v_x und v_y „aufgespannt" wird. Sie ist in jedem Moment tangential zur Bahnkurve gerichtet. Für den Winkel α zwischen v und v_x (also der x-Richtung) gilt:

$$\tan(\alpha) = \frac{v_y}{v_x}.$$

Der waagerechte Wurf lässt sich mithilfe zweier zueinander senkrechter Teilbewegungen beschreiben. Werden die Teilgeschwindigkeiten als v_x und v_y bezeichnet, so gilt für die Bahngeschwindigkeit v in der momentanen Bewegungsrichtung:

$$v = \sqrt{v_x^2 + v_y^2} = \sqrt{v_0^2 + (g \cdot t)^2}.$$ ◀

– Beim Abwurf beträgt die kinetische Energie:
$E_{kin,A} = \frac{1}{2} m \cdot v_x^2$
– Im Flug wird potenzielle Energie in kinetische umgewandelt:
$\Delta E_{pot} = m \cdot g \cdot y = -\Delta E_{kin}$.
(Die y-Werte sind negativ!)
– In einem beliebigen Punkt $(x|y)$ der Bahn beträgt die kinetische Energie E_{kin} somit:
$E_{kin} = \frac{1}{2} m \cdot v^2$
$E_{kin} = \frac{1}{2} m \cdot v_x^2 - m \cdot g \cdot y$
– Also gilt:
$\frac{1}{2} m \cdot v^2 = \frac{1}{2} m \cdot v_x^2 - m \cdot g \cdot y$
$v^2 = v_x^2 - 2 \cdot g \cdot y$
– Einsetzen der Beziehung $y = -\frac{1}{2} g \cdot t^2$ (freier Fall) in die Gleichung für v^2 ergibt:
$v^2 = v_x^2 + (g \cdot t)^2$.
– Das Produkt $g \cdot t$ gibt an, wie groß die im freien Fall nach der Zeit t erreichte Geschwindigkeit v_y ist. Daher gilt:
$v^2 = v_x^2 + v_y^2$.

Ausblick: Herleitung des Betrags der Bahngeschwindigkeit

Wiederholung

Auch eine Gesamtkraft F kann man in Teilkräfte F_x und F_y zerlegen, die in Richtung der Koordinatenachsen zeigen. ↑5 Dabei ergibt sich ein Rechteck mit der Gesamtkraft als Diagonale.

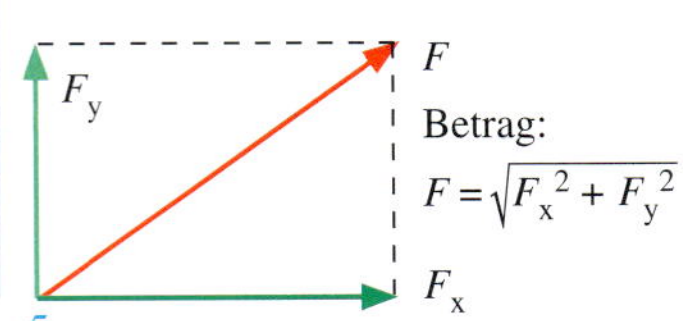

5

Aufgaben

1 ▶ *Katastropheneinsatz* Um Hilfe schnell in unzugängliche Gebiete zu bringen, werden die Hilfspakete bisweilen von Flugzeugen abgeworfen – ein Unterfangen, das für Helfer, Hilfsbedürftige und auch die Pakete riskant ist.

a Ein Flugzeug lässt aus 150 m Höhe bei einer Geschwindigkeit von $180\,\frac{\text{km}}{\text{h}}$ Hilfspakete aus der Luke fallen. Leider öffnet sich der Fallschirm nicht. Mit welcher Bahngeschwindigkeit und unter welchem Winkel zur Horizontalen schlagen die Pakete auf?

b Beim zweiten Anflug mit $180\,\frac{\text{km}}{\text{h}}$ schlägt ein Paket ungebremst mit einer Geschwindigkeit von $v = 350\,\frac{\text{km}}{\text{h}}$ auf.
- Berechne die Teilgeschwindigkeit v_y beim Aufprall sowie den Winkel zur Horizontalen.
- Berechne die Falldauer des Pakets sowie die Abwurfhöhe.

c Ein Hilfspaket fliegt ungebremst zu Boden und schlägt in einem Winkel von $\alpha = 55°$ zur Horizontalen auf. Mithilfe der „Kratertiefe" konnte die Bahngeschwindigkeit des Pakets beim Aufschlag abgeschätzt werden: $v = 70\,\frac{\text{m}}{\text{s}}$.
- Zeichne $\vec{v}$ als richtig ausgerichteten Pfeil (mit Angabe des Maßstabs). Ergänze dann die Pfeile für die beiden Koordinatengeschwindigkeiten $\vec{v_x}$ und $\vec{v_y}$.
- Lies aus der Zeichnung die Beträge v_x und v_y der Teilgeschwindigkeiten ab und rechne sie in $\frac{\text{m}}{\text{s}}$ um.
- Berechne die Beträge v_x und v_y der Teilgeschwindigkeiten anhand der Zeichnung. *Hinweis:* Ohne Ablesen der Teilgeschwindigkeiten!
- Wie schnell war das Flugzeug? Aus welcher Höhe wurde das Paket fallen gelassen? ◀

2 ▶ *Bewässerungsproblem*

a Mit welcher Geschwindigkeit muss das Wasser den waagerecht gehaltenen Schlauch mindestens verlassen, um über die Mauer zu kommen? ↑1

b Welcher Bereich hinter der Mauer wird bei dieser Position nie vom Wasser getroffen? ◀

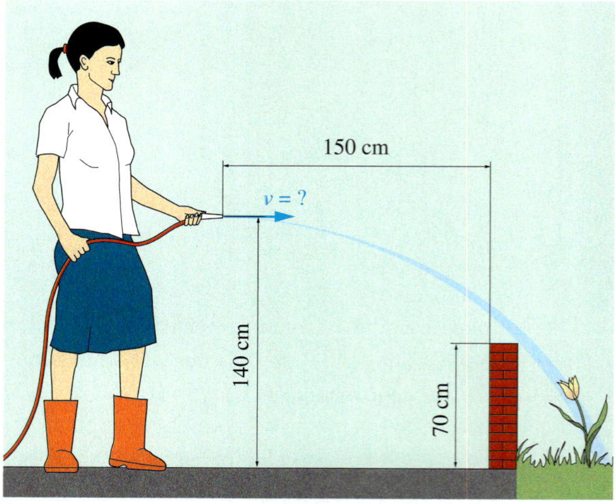

1

Musteraufgabe

▶ Timo möchte einen flachen Stein auf einem See „hüpfen" lassen. Gerade ist ein Stein versunken, weil er zu steil auf die Wasseroberfläche getroffen ist. Beim nächsten Mal will Timo es besser machen: Er wirft den Stein aus einer Höhe von 50 cm parallel zur Wasseroberfläche, der Stein trifft nach 5,0 m auf. ↑2 Versinkt der Stein wieder oder „hüpft" er weiter?

Hinweis: Der Stein versinkt, wenn der Betrag des Winkels zwischen Wasseroberfläche und Bewegungsrichtung beim Aufprall größer als 20° ist.

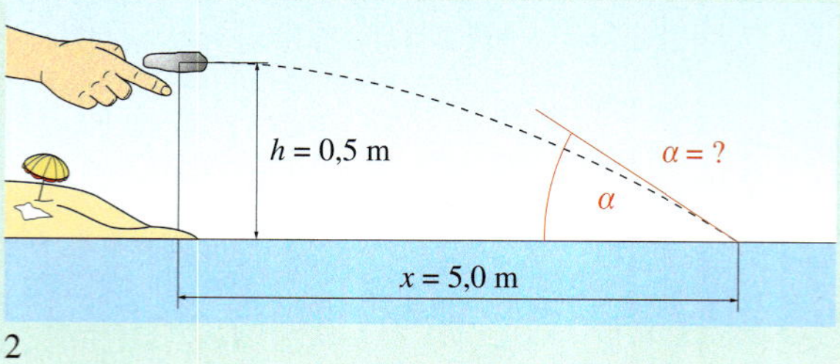

2

Lösung:
- Aus der Teilbewegung in y-Richtung (freier Fall) wird zunächst die Flugzeit t und die Teilgeschwindigkeit v_y bei der Landung berechnet:
  $t = \sqrt{\frac{2\,h}{g}}$; $t = \sqrt{\frac{2 \cdot 0{,}5}{9{,}81}}\,\text{s} = 0{,}32\,\text{s}$
  $v_y = -g \cdot t$; $v_y = -9{,}81 \cdot 0{,}32\,\frac{\text{m}}{\text{s}} = -3{,}1\,\frac{\text{m}}{\text{s}}$
- Aus der Flugzeit t lässt sich die Teilgeschwindigkeit v_x bei der Landung berechnen:
  $v_x = \frac{x}{t}$; $v_x = \frac{5{,}0}{0{,}32}\,\frac{\text{m}}{\text{s}} = 16\,\frac{\text{m}}{\text{s}}$.
- Mithilfe der beiden Teilgeschwindigkeiten wird der Aufprallwinkel α berechnet:
  $\tan(\alpha) = \frac{v_y}{v_x}$; $\tan(\alpha) = -\frac{3{,}1}{16} = -0{,}19$
  $\alpha = -11°$

Der Stein „hüpft" weiter, weil der Betrag des Auftreffwinkels mit 11° kleiner als 20° ist. ◀

GRUNDLAGEN: Waagerechter Wurf mit Luftwiderstand

▶ Zur Vereinfachung haben wir bisher angenommen, dass der Luftwiderstand bei der Wurfbewegung keine Rolle spielt. In der Realität werden natürlich auch Wurfbewegungen durch den Luftwiderstand abgebremst: Denke nur an den Sprung eines Fallschirmspringers aus einem Flugzeug. Für Berechnungen geht man wie beim senkrechten Fall mit Luftwiderstand iterativ vor (s. Ausblick unten). 113-1

Die Luftwiderstandskraft $F_L = \frac{1}{2} c_W \cdot A \cdot \varrho \cdot v^2$ bewirkt, dass v_x kleiner wird und v_y langsamer zunimmt, als wir es bisher berechnet haben. Je länger der Flug dauert, desto mehr weicht die Bahnkurve der realen Wurfbewegung von der luftwiderstandsfreien Bewegung ab. ↑3 ◀

Ausblick

Auf zwei Gegenstände gleicher Form und Größe wirkt bei gleicher Geschwindigkeit die gleiche Luftwiderstandskraft F_L.
Der leichtere von beiden Körpern wird aber wegen der Beziehung $a = \frac{F_L}{m}$ mehr abgebremst als der schwerere.

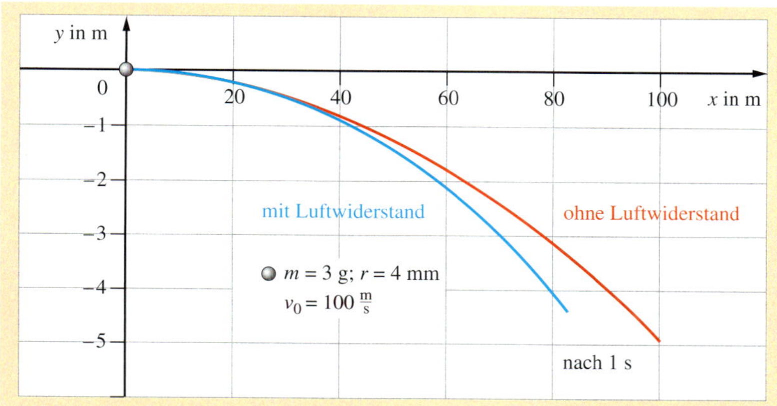

3 Realer und luftwiderstandsfreier waagerechter Wurf: Vergleich der Bahnkurven

Als Beispiel berechnen wir den waagerechten Wurf mit Luftwiderstand für eine Kugel mithilfe der Tabellenkalkulation. Dabei gehen wir von folgenden Voraussetzungen aus:

- Kugel: $c_W = 0{,}4$; $A = \pi \cdot r^2$
- Luftdichte: $\varrho = 1{,}3 \frac{\text{kg}}{\text{m}^3}$

Im Term der Luftwiderstandskraft F_L verbleiben damit die beiden veränderlichen Größen r und v:

$$F_L = \frac{1}{2} \cdot 0{,}4 \cdot \pi \cdot r^2 \cdot 1{,}3 \frac{\text{kg}}{\text{m}^3} \cdot v^2 = 0{,}82 \frac{\text{kg}}{\text{m}^3} \cdot r^2 \cdot v^2.$$

Der Luftwiderstand wirkt immer entgegen der momentanen Bewegungsrichtung, die sich ja im Verlauf der Bewegung ändert.
Wir betrachten wieder die beiden Teilbewegungen in x- und in y-Richtung:

- Von oben betrachtet startet die Bewegung mit der Geschwindigkeit v_0 und wird dann abgebremst, sodass v_x abnimmt. Die bremsende Kraft beträgt:

$$F_{L,x} = 0{,}82 \frac{\text{kg}}{\text{m}^3} \cdot r^2 \cdot v_x \cdot v.$$

- Von vorne betrachtet ergibt sich ein gebremster Fall. Die bremsende Kraft beträgt:

$$F_{L,y} = 0{,}82 \frac{\text{kg}}{\text{m}^3} \cdot r^2 \cdot v_y \cdot v.$$

Das Rechenblatt für die Tabellenkalkulation spiegelt die „Zerlegung" in Teilbewegungen wider. ↑4 Im Kopf werden nur noch der Radius und die Masse der Kugel vorgegeben.
Um die Bahnkurve darzustellen, werden die x- und y-Daten im fertigen Rechenblatt markiert und in einem Diagramm gegeneinander aufgetragen. ↑3

	A	B	C	D	E	F	G
1	Δt in s	m in kg	R in m				
2	0,01	0,003	0,004				
3							
4	t in s	vx in m/s	x in m	ax in m/s^2	vy in m/s	y in m	ay in m/s^2
5	0	100	0	=-0,82*C$2^2*B5*WURZEL(B5^2+E5^2)/B$2	0	0	=-0,82*C$2^2*E5*WURZEL(B5^2+E5^2)/B$2-9,81
6	=A5+A$2	=B5+D5*A$2	=C5+(B5+B6)/2*A$2	=-0,82*C$2^2*B6*WURZEL(B6^2+E6^2)/B$2	=E5+G5*A$2	=F5+(E5+E6)/2*A$2	=-0,82*C$2^2*E6*WURZEL(B6^2+E6^2)/B$2-9,81
7	=A6+A$2	=B6+D6*A$2	=C6+(B6+B7)/2*A$2	=-0,82*C$2^2*B7*WURZEL(B7^2+E7^2)/B$2	=E6+G6*A$2	=F6+(E6+E7)/2*A$2	=-0,82*C$2^2*E7*WURZEL(B7^2+E7^2)/B$2-9,81
8	=A7+A$2	=B7+D7*A$2	=C7+(B7+B8)/2*A$2	=-0,82*C$2^2*B8*WURZEL(B8^2+E8^2)/B$2	=E7+G7*A$2	=F7+(E7+E8)/2*A$2	=-0,82*C$2^2*E8*WURZEL(B8^2+E8^2)/B$2-9,81

4

Ausblick: Iterative Berechnung der Bewegung eines waagerecht geworfenen Körpers mit Luftwiderstand

Gleichförmige Kreisbewegungen

Ein armer Römer, den Asterix da herumschleudert! ↑1 Ohne besondere Kräfte wäre das sicher nicht möglich.
Was spürt der Römer? Ob sein Bart der Belastung standhält? Und was passiert, wenn Asterix loslässt: Wohin fliegt der Römer?

1

2

3

4 Lochkarte

5 Festplattenlaufwerk

In den letzten Jahren wurden auch in Deutschland immer mehr Kreuzungen durch einen Kreisverkehr ersetzt, weil der Verkehr damit gleichmäßiger fließen kann. ↑2 Wenn man allerdings nicht aufpasst und zu schnell in einen leeren Kreisverkehr einfährt, kann man ganz schön in Schwierigkeiten kommen. Hast du dir schon einmal Gedanken darüber gemacht, warum es sich anders anfühlt, im Auto mit 50 $\frac{\text{km}}{\text{h}}$ im Kreis zu fahren als mit 50 $\frac{\text{km}}{\text{h}}$ geradeaus?
Eine sich wiederholende Drehung eines Gegenstands ist die einfachste aller periodischen Bewegungsformen. Nicht zu Unrecht gilt die „Erfindung" des Rads als Meilenstein in der Menschheitsgeschichte. ↑3 Denn ohne den Einsatz der beliebig oft wiederholbaren Drehbewegung von Rollen oder Rädern wäre wohl keine Entwicklung der Technik möglich gewesen. Und man stelle sich einmal vor, Computer würden wie zu ihrer Anfangszeit Daten von Lochkarten einlesen anstatt von vieltausendfach in der Minute rotierenden Festplatten ... ↑4 ↑5
Die Beschreibung von periodischen Vorgängen – Schwingungen, Drehungen ganzer Körper, Bewegungen auf Kreisbahnen – birgt viele Gemeinsamkeiten. Begriffe wie Frequenz, Periodendauer und Bahngeschwindigkeit sind dir in diesem Buch schon begegnet. Sie werden nun mit Kreisbewegungen in Verbindung gebracht. Zudem wirst du kennenlernen, von welcher Gestalt Kräfte sein müssen, die die Körper auf ihren Kreisbahnen halten.

Aufgaben

1 ▶ *Rotierende Körper, Körper auf Kreisbahnen*

a Finde in deinem Tagesverlauf verschiedene Bewegungen, bei denen ein Gegenstand als Ganzes immer wieder rotiert. Schreibe jeweils auf, wie lange eine Umdrehung (ungefähr) dauert, und gib die Frequenz in einer sinnvollen Einheit ($\frac{1}{s}$, $\frac{1}{min}$ ...) an.

b Beschreibe ein Beispiel, bei dem sich ein Gegenstand auf einer Kreisbahn bewegt. Gib den Radius der Kreisbahn an, berechne ihren Umfang und schätze die Zeit ab, die für einen Umlauf benötigt wird. Welche Geschwindigkeit würde ein im Gegenstand eingebauter Tachometer anzeigen? ◀

2 *Ein Winkel – zwei Angaben* Winkel können in Grad und im Bogenmaß angegeben werden.

a Rechne um:
- 360°; 90°; 70°; 1°
- 1; $\frac{1}{2}\pi$; π; $6{,}4\pi$

b Drehe dich dreimal um die eigene Achse. Wie groß war dann dein Drehwinkel in Grad und im Bogenmaß?

Experimente

3 Mit „Vollgas" in die Kurve
Ein ferngesteuertes Modellauto soll von einer Geraden aus mit „Vollgas" erst eine weite und dann eine enge Kurve durchfahren. Was beobachtest du? Wiederhole den Versuch mit verschiedenen Geschwindigkeiten und Unterlagen (Asphalt, glattes Holz ...).

4 ▶ **Geschleudert und geworfen**
Schleuderballwerfen ist das Hammerwerfen für den Sportunterricht. Man dreht sich um die eigene Achse und schleudert den Ball fort.

a Beobachte, in welche Richtung der Ball wegfliegt, und zeichne seine Bahn aus der Vogelperspektive.

b Die Kugel beim Hammerwerfen ist viel schwerer als der Schleuderball:
- Warum ist es sinnvoll, dass die Kugel an einem Drahtseil hängt und nicht an einer Schnur?
- Weshalb erreicht man beim Hammerwerfen größere Weiten als beim Schleuderballwerfen (bei gleicher Startgeschwindigkeit)? ◀

5 ▶ **Bewegung auf der Drehscheibe**
Welche Gemeinsamkeiten und welche Unterschiede gibt es bei der Bewegung der Gegenstände auf der rotierenden Drehscheibe? ↑6
Durchführung: Auf die Drehscheibe werden an verschiedenen Stellen Gegenstände gelegt. Dann wird der Motor eingeschaltet und beginnt, die Scheibe langsam zu drehen. Nach einer kurzen Anlaufphase ändert sich die Anzahl der Umdrehungen pro Minute nicht mehr.

a Wie lange braucht ein Gegenstand für eine Drehung von 360° (1°) um die Achse? Ist die Zeit für die verschiedenen Gegenstände unterschiedlich? *Tipp:* Miss zunächst die Frequenz f, mit der sich die Drehscheibe pro Minute dreht.

b Welcher Gegenstand legt bei einer Umdrehung die längste (die kürzeste) Strecke zurück? Was bedeutet das für seine Geschwindigkeit?

c Überlege dir, wie die Bahngeschwindigkeit v eines Gegenstands auf der Drehscheibe berechnet werden kann. Gehe dabei von der Frequenz f und dem Abstand r des Gegenstands zur Drehachse aus. Berechne die Bahngeschwindigkeiten der Gegenstände.

d Begib dich auf Augenhöhe mit der Drehscheibe und verfolge die Drehung eines Gegenstands von der Seite. Beschreibe deine Beobachtungen. Wie bewegt sich der Gegenstand „vorne", „hinten", „links" und „rechts"? ↑6 ◀

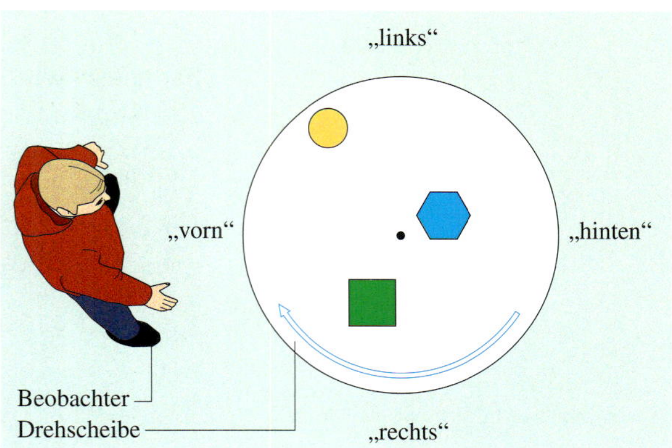

6

1

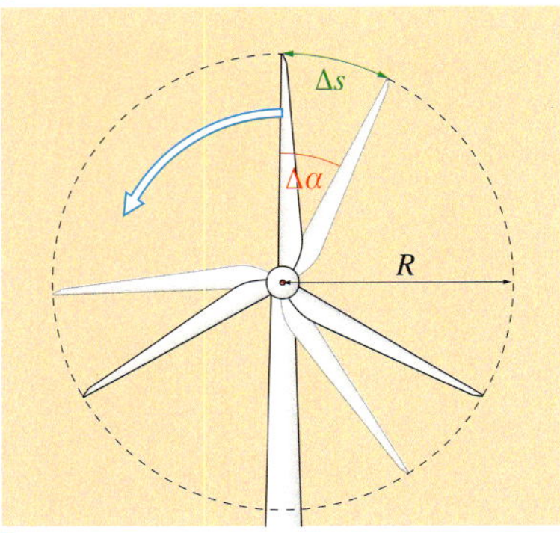

2

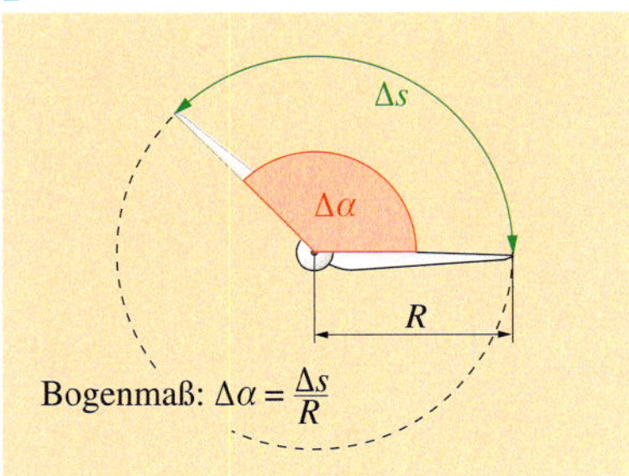

3

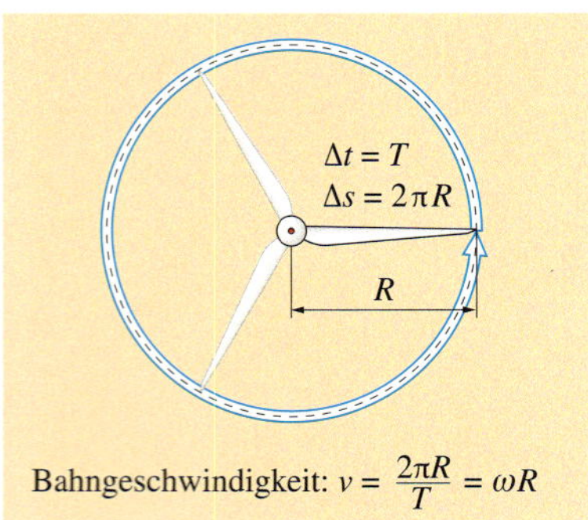

4

GRUNDLAGEN: Geschwindigkeiten bei Kreisbewegungen

Bei mäßigem Wind lässt sich die ruhige Drehung des Rotors gut mit den Augen verfolgen. ↑1 Steht man aber unter einem der mehr als 100 m hohen Riesen, scheinen die Rotorspitzen über einen hinwegzurasen. Wie ist es möglich, dass die Geschwindigkeit einmal sehr hoch erscheint und einmal nicht?
Den Geschwindigkeitseindrücken liegen verschiedene Größen zugrunde:
- Wenn sich der Rotor als Ganzes einmal in drei Sekunden dreht, ist seine „Drehgeschwindigkeit" nicht sehr groß.
- Die Rotorspitze legt bei einer Umdrehung mehrere Hundert Meter zurück – ihre Bahngeschwindigkeit ist entsprechend groß.

▶ **Winkelgeschwindigkeit** Um die „Drehgeschwindigkeit" zu bestimmen, betrachten wir den Winkel, um den sich der Rotor pro Zeiteinheit dreht:
- Beim Windrad überstreicht die vordere Kante eines Rotorblatts in der Zeitspanne Δt den Winkel $\Delta\alpha$. ↑2
- Wenn sich der Wind nicht ändert, wird die Kante des Rotorblatts in der doppelten Zeit den doppelten Winkel überstreichen, in der dreifachen Zeit den dreifachen Winkel … $\Delta\alpha$ und Δt sind direkt proportional zueinander, ihr Quotient ist konstant. Er wird als *Winkelgeschwindigkeit* ω bezeichnet:

  $$\omega = \frac{\Delta\alpha}{\Delta t}.$$

  Anschaulich ggibt die Winkelgeschwindigkeit an, um welchen Winkel sich das Rotorblatt pro Sekunde dreht. Bei konstanter Winkelgeschwindigkeit spricht man allgemein von einer *gleichförmigen Kreisbewegung*.
- Die Zeitspanne Δt für einen Umlauf um 360° ist gerade die Periodendauer T für einen Zyklus der Bewegung: $\Delta t = T$. Daraus folgt:

  $$\omega = \frac{360°}{T}.$$

  Physiker beschreiben Winkel nahezu immer durch das Bogenmaß. ↑3 Das Bogenmaß von 360° ist gleich 2π.

Die Winkelgeschwindigkeit ω ist bei gleichförmigen Kreisbewegungen indirekt proportional zur Periodendauer T. Es gilt (im Bogenmaß):

$$\omega = \frac{2\pi}{T} \quad \left(\text{Einheit der Winkelgeschwindigkeit: } \frac{1}{\text{s}}\right).$$

Bei periodischen Bewegungen ist der Kehrwert $\frac{1}{T}$ der Periodendauer gleich der Frequenz f (siehe S. 88). Damit gilt: $\omega = 2\pi \cdot f$.

Bahngeschwindigkeit Die Rotorspitze legt während der Periodendauer T eine Strecke von $\Delta s = 2\pi\,R$ zurück. Für ihre Bahngeschwindigkeit v gilt:

$$v = \frac{2\pi\,R}{T}.$$

Für einen Punkt auf dem Rotorblatt, der näher an der Achse sitzt, ist der Radius R kleiner und damit auch die Bahngeschwindigkeit. Allgemein gilt:

Führt ein Punkt eine gleichförmige Kreisbewegung mit Radius R und Periodendauer T aus, so beträgt seine Bahngeschwindigkeit v:

$$v = \frac{2\pi\,R}{T} = \omega\,R.$$ ↑4 ◀

GRUNDLAGEN: Kreisbewegungen – Zeit-Ort-Funktionen

Bei einer gleichförmigen Kreisbewegung ist es gar nicht so schwierig anzugeben, wo sich der Körper wann befindet:

- Man legt den Ursprung eines Koordinatensystems in den Mittelpunkt der Kreisbewegung. ↑5 Zur Zeit $t = 0\,\text{s}$ befinde sich der Körper gerade auf der x-Achse („Startpunkt").
- Um die Koordinaten der Punkte auf der Kreisbahn anzugeben, spielen die Kosinus- und die Sinusfunktion eine zentrale Rolle. Im Bogenmaß gilt:
  $\sin(\alpha) = \frac{y(t)}{R}$ und $\cos(\alpha) = \frac{x(t)}{R}$.
- Aus der Definition der Winkelgeschwindigkeit ω folgt: $\alpha = \omega\, t$.
  Ersetzt man α in den beiden vorigen Gleichungen durch $\omega\, t$ und formt nach $y(t)$ und $x(t)$ um, erhält man die Zeit-Ort-Funktionen.

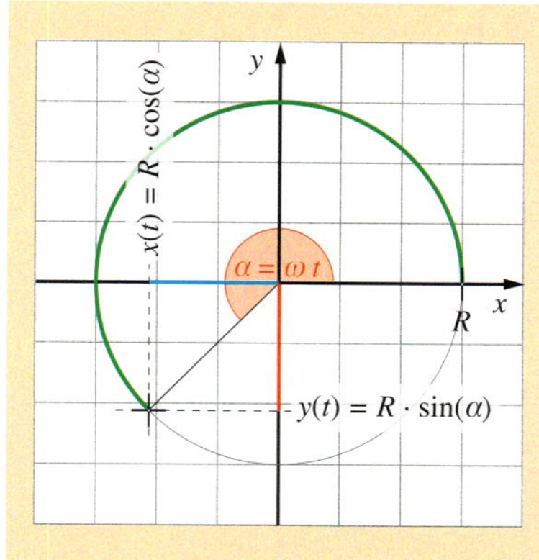

5

▶ Bei der gleichförmigen Kreisbewegung eines Körpers sind seine Zeit-Ort-Funktionen durch den Radius R und die Winkelgeschwindigkeit ω festgelegt.
Wenn sich der Körper zur Zeit $t = 0\,\text{s}$ am Punkt $(R|0)$ befindet, gilt für seine Ortskoordinaten zum Zeitpunkt t:
$x(t) = R \cdot \cos(\omega\, t)$ und $y(t) = R \cdot \sin(\omega\, t)$. ◀

Aufgaben

1 ▶ *Geschwindigkeiten und Funktionen*

a Auch die Zeiger einer Uhr führen gleichförmige Kreisbewegungen aus. Was kannst du über ihre Winkel- und Bahngeschwindigkeiten sagen?

b Übertrage die Tabelle in dein Heft und ergänze die fehlenden Werte. ↑6

c Gib für einen Autoreifen die Zeit-Ort-Funktionen bei $100\,\frac{\text{km}}{\text{h}}$ an.
Hinweise: Der Autoreifen dreht sich gegen den Uhrzeigersinn. Sein Radius beträgt 28 cm. ◀

Beispiel	f in $\frac{1}{\text{min}}$	T in s	ω in $\frac{1}{\text{s}}$
Doppelaxel (Eiskunstlauf)	270	?	?
Diskus im Flug	360	?	?
Autoreifen bei $100\,\frac{\text{km}}{\text{h}}$	700	?	73
CD	1500	?	?
Waschmaschine (Schleudern)	1200	?	?
Handbohrmaschine	3400	?	?
Automotor	?	?	733
Tischtennisball (Topspin)	?	?	880
Flex (Leerlauf)	?	?	$1{,}0 \cdot 10^3$
Motorrad	?	?	$1{,}5 \cdot 10^3$
Schnellster Pulsar	?	?	$4{,}0 \cdot 10^3$
Ultrazentrifugen	?	?	$6{,}3 \cdot 10^3$
Industriebohrmaschinen	?	?	$19 \cdot 10^3$

6

2 ▶ *Räder rollen schneller* Familie Reinhard fährt in aller Ruhe mit $100\,\frac{\text{km}}{\text{h}}$ über die Autobahn. Die Räder drehen sich dabei allerdings „wie wild". Berechne:

a die Bahngeschwindigkeit, mit der sich ein Punkt auf der Lauffläche des Reifens um die Radachse bewegt
Hinweis: Der Reifen hat einen Radius von 28 cm.

b die Winkelgeschwindigkeit des Rads

c die Zahl der Umdrehungen pro Sekunde

d die Dauer von 10 Umdrehungen

e die Geschwindigkeit, mit der sich das Reifenventil um die Radachse bewegt ◀
Hinweis: Das Ventil ist 15 cm von der Achse entfernt.

3 *Fahrradtacho (für Experten)* Claudia tritt bei einer Fahrradtour gleichmäßig in die Pedale. Für 10 Umdrehungen braucht sie 12 s.

a An den Speichen des Vorderrads ist ein Signalgeber für den Tacho befestigt. Der Empfänger ist an der Gabel montiert. Wie oft kommt der Signalgeber in 10 s am Empfänger vorbei?
Hinweise: Die Reifen haben einen Durchmesser von 64 cm. Das vordere Kettenblatt besitzt 52 Zähne, das hintere 13.

b Welche Geschwindigkeit zeigt der Tacho an?

1

2

GRUNDLAGEN: Ursache der Kreisbewegung – Zentripetalkraft

Wie kommt es eigentlich, dass sich ein Körper auf einer Kreisbahn bewegt? GALILEI nahm noch an, dass die Kreisbewegung als natürliche Bewegung der Planeten kräftefrei sein müsse. Erst NEWTON erkannte, dass für jede Kreisbewegung eine Kraft erforderlich ist – ohne Kraft von außen bewegt sich ein Körper mit gleichbleibender Geschwindigkeit immer weiter geradeaus.
Wie die Kraft bei einer Kreisbewegung „beschaffen" ist, zeigen die folgenden Beispiele:

- Betty Heidler wurde 2007 Weltmeisterin im Hammerwerfen (mit der Weite von 74,76 m hatte sie nur 2 cm Vorsprung). Beim Ausholen zwingt sie die schwere Kugel auf eine Kreisbahn. ↑1 Dazu zieht sie mit der Kraft ihrer Muskeln an der Kugel. Wie man an der Richtung des Drahtseils erkennen kann, ist die Kraft in jedem Moment zum Mittelpunkt der Drehung hin gerichtet.
  Nach dem Loslassen wirken nur noch die Gewichtskraft und die Luftwiderstandskraft auf die Kugel: Die Kugel verlässt die Kreisbahn und führt einen „schiefen" Wurf aus. ↑2 Von oben betrachtet, verläuft der Flug (nahezu) geradlinig entlang der Tangente an den Kreis. ↑3

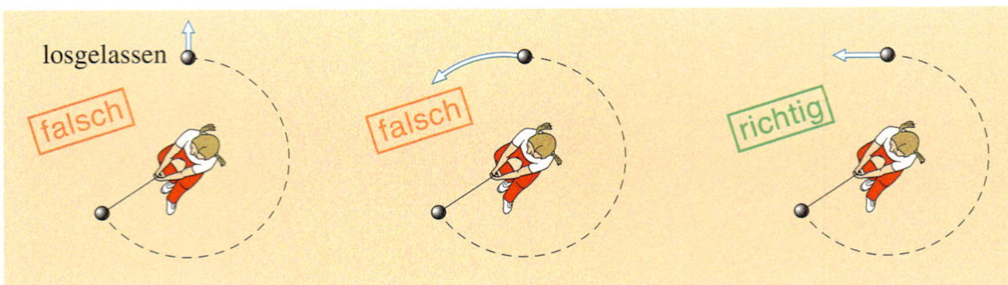

3

- Im „Rotor" auf dem Volksfest bewegt man sich auf einer Kreisbahn. ↑4 Obwohl man nicht z. B. über ein Seil mit der Drehachse verbunden ist, erfährt man permanent eine nach innen gerichtete Kraft. Sie wird von der Außenwand (und dem Boden) ausgeübt. Würde die Wand wegklappen, dann fiele diese Kraft weg und man würde die Kreisbahn infolge der Trägheit geradlinig entlang der Tangente an den Kreis verlassen.

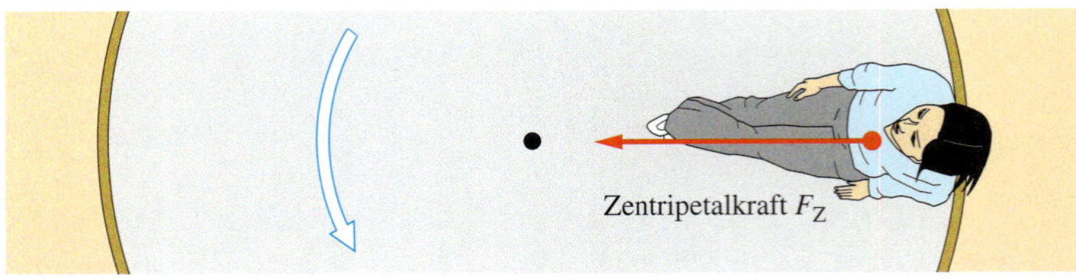

4

▶ **Damit sich ein Körper auf einer Kreisbahn bewegt, muss ständig eine zum Mittelpunkt der Kreisbahn gerichtete Kraft auf ihn wirken. Diese Kraft wird *Zentripetalkraft* F_Z genannt (lat. *petere:* hinziehen).**

Bewegt sich ein Körper auf einer Kreisbahn, so ist absolut sicher, dass auf ihn eine Zentripetalkraft ausgeübt wird. Darüber, welcher Natur diese Kraft ist und wie sie übermittelt wird, sagt der Begriff nichts aus. Die Zentripetalkraft erhält ihren Namen allein durch das, was sie bewirkt. ◀

Ausblick Zentripetalkraft in der Luft, auf Schienen und Straßen

Wenn ein *Flugzeug* seine Reisehöhe erreicht hat und mit konstanter Geschwindigkeit fliegt, befindet es sich im Kräftegleichgewicht: Die Luftwiderstandskraft wird von der Antriebskraft ausgeglichen, die Auftriebskraft kompensiert das Absinken infolge der Gewichtskraft. Um einen Kreis zu fliegen, neigt der Pilot das Flugzeug um die Längsachse: Der horizontale Anteil der Auftriebskraft lenkt die Maschine auf die Kreisbahn. ↑5 Damit das Flugzeug nicht absinkt, muss die vertikale Komponente der Auftriebskraft genauso groß wie die Gewichtskraft sein. Die Auftriebskraft muss beim Kurvenflug daher größer sein als die Gewichtskraft (die Diagonale des Kräfterechtecks ist länger als die Seiten). Damit die Auftriebskraft zunimmt, wird z. B. die Geschwindigkeit erhöht.

Ein einfaches Modell gibt eine Vorstellung davon, wie die Zentripetalkraft bei der *Eisenbahn* entsteht: die Kugel im Kochtopf. ↑6 Bei jedem Stoß übt die zylinderförmige Wand eine Kraft auf die Kugel aus (Wechselwirkungsprinzip). Eine Komponente dieser Kraft ist zur Mittelachse des Zylinders gerichtet. Sie stellt die Zentripetalkraft dar. Bei der Eisenbahn entspricht die Schiene der Wand und der überstehende Teil des Rads der Murmel. ↑7 Die Stöße sind beinahe parallel zur Wand und folgen praktisch „nahtlos" aufeinander, sodass die Zentripetalkraft gleichmäßig wirkt.

Im Gegensatz zur Eisenbahn fehlt beim *Auto* die Schiene, entlang der es um die Kurve „gedrückt" wird. Die gekrümmte Bahn wird beim Auto durch das Einschlagen der Räder hervorgerufen. Den Rest „erledigt" die Straße. Das Prinzip der Kurvenfahrt ist wieder ein gerichteter Stoß: Stelle dir vor, das eingeschlagene Rad stößt gegen ein festes Hindernis. ↑8 Das Hindernis bewirkt eine Kraft senkrecht zur Laufrichtung des Rads, sodass das Rad und mit ihm das Auto ein wenig abgelenkt wird. Beim Autofahren vermeidet man es aber normalerweise, gegen feste Hindernisse zu fahren. Dennoch „greift" unser Prinzip: Mikroskopisch betrachtet sind weder Reifen noch Straße völlig glatt, unzählige kleine „Zacken" dienen als ablenkende Hindernisse und vermitteln eine gleichmäßige Zentripetalkraft. ↑9 Wie gut diese Kraftübertragung zwischen Straße und Reifen ist, hängt vom Material und den Verhältnissen ab. Bei Glatteis ist die Straße nahezu „zackenfrei", sodass es schwierig wird, mit dem Auto um die Kurve zu kommen.

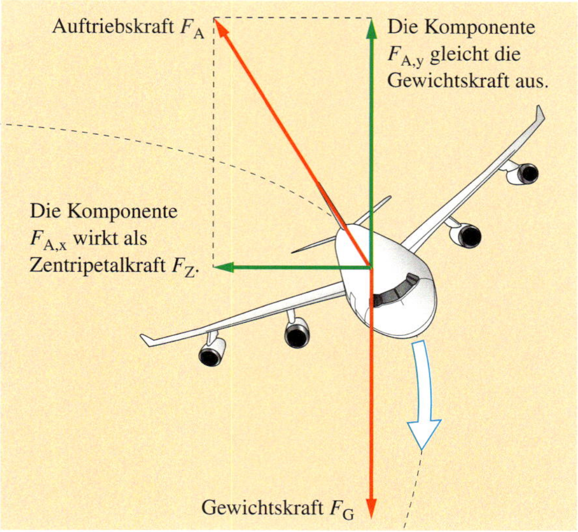

5

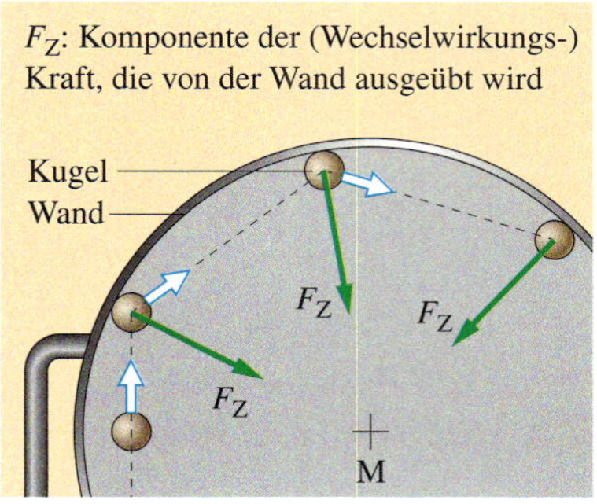

6

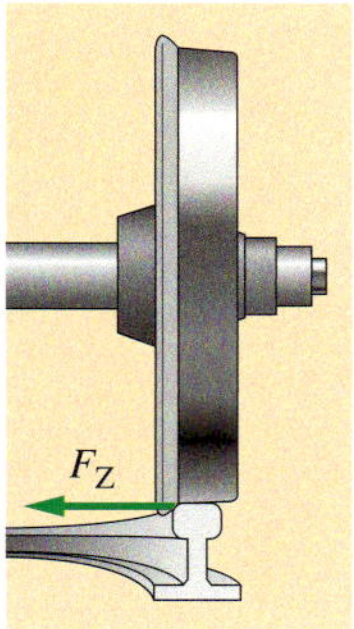

7

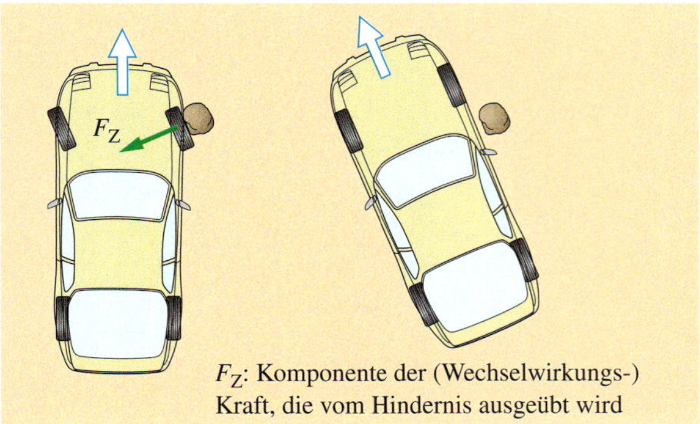

8

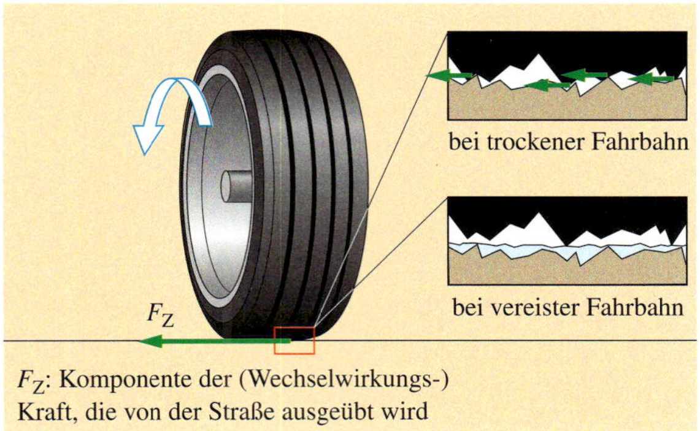

9

Aufgaben

1 *Sportlich* Schnelle Autos sind oft mit Schalensitzen ausgestattet. Wieso ist das physikalisch sinnvoll?

2 *Gerissen* Ein Stein wird an einem Faden immer schneller waagerecht im Kreis geschleudert – da reißt der Faden. Was kann man aus diesem Vorgang für den Betrag der Zentripetalkraft folgern?

3 *Der richtige Moment* Wo muss der Hammerwerfer (W) loslassen, um das Ziel (Z) zu treffen? ↑1
Übertrage die Zeichnung in dein Heft und ergänze die richtige Flugbahn.

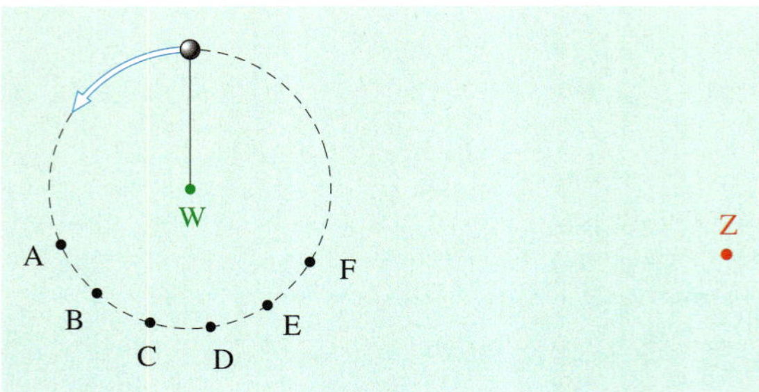

1

4 *Anderer Beobachter – andere Deutung* Die physikalische Analyse einer Bewegung hängt oft von der Bewegung ab, die der Beobachter selbst ausführt. Die Deutung des folgenden Versuchs gibt ein Beispiel dafür. ↑2

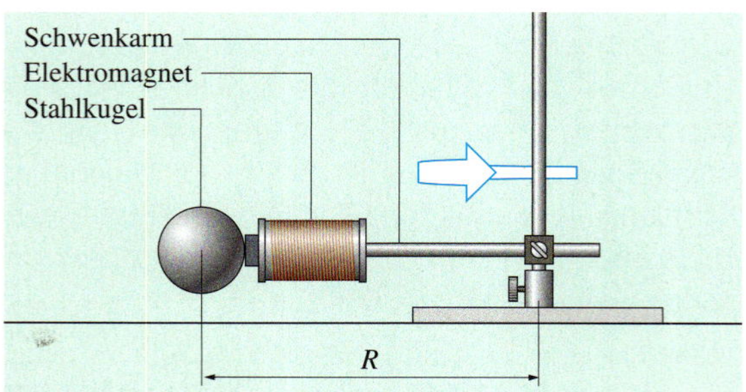

2

Am Ende einer rotierenden Stange ist ein Elektromagnet befestigt. Solange er eingeschaltet ist, bleibt die Kugel an ihm hängen. Wird er abgeschaltet, rollt die Kugel auf der Unterlage fort.
Hinweis: Du kannst die in den Aufgabenteilen benötigten Messwerte entweder selbst experimentell gewinnen oder die Bilder auswerten. ↑3↑4 Gehe bei den Bildern von $R = 25$ cm und einer Zeit von 0,1 s zwischen zwei Punkten aus.

a Der Versuch wird von oben gefilmt, die Kamera ist an der Zimmerdecke befestigt. ↑3
- Der Magnet ist eingeschaltet:
  Bestimme Frequenz, Winkel- und Bahngeschwindigkeit der Kugel.
  Welche Art von Bahnkurve liegt vor? Was sagt dies über die Kraft auf die Kugel aus?
- Der Magnet wird ausgeschaltet:
  Welche Art von Bahnkurve liegt nun vor? Erstelle ein Zeit-Ort-Diagramm der Kugelbewegung. (*Tipp:* Lege die Bewegungsrichtung als x-Richtung fest.) Was sagt es über die Kraft auf die Kugel aus?

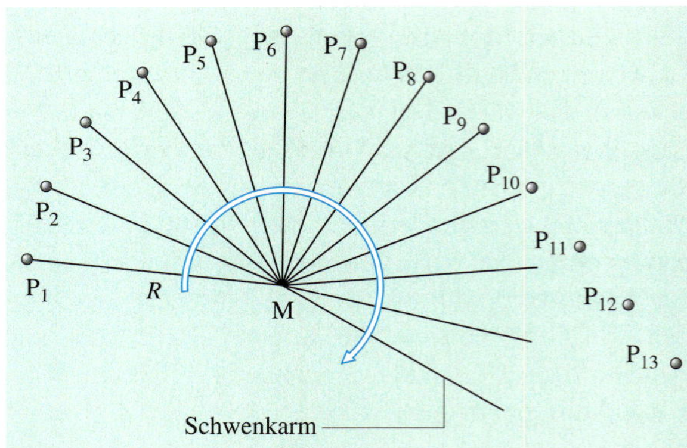

3

b Der Versuch wird wieder von oben gefilmt, die Kamera ist aber an der rotierenden Stange befestigt. ↑4
- Der Magnet ist eingeschaltet:
  Welche Art von Bahnkurve liegt vor? Was sagt dies über die Kraft auf die Kugel aus?
- Der Magnet wird ausgeschaltet:
  Beschreibe die Bewegung der Kugel. Was kannst du nun über die Kraft auf die Kugel aussagen?
  Wie würde ein Zuschauer, der nicht weiß, dass die Kamera mitrotierte, erklären, dass die Kugel nicht schon zuvor beschleunigt wurde?
  Miss den Abstand zwischen P_9 und P_{10} sowie zwischen P_9 und P_{11}.
  Deute die Abstände als zurückgelegte Strecken bei konstanter Beschleunigung a. Berechne die Beschleunigung.

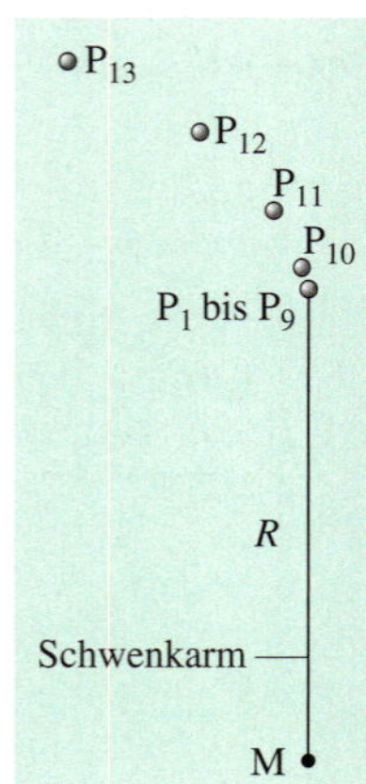

4

GRUNDLAGEN: Betrag der Zentripetalkraft

▶ Wie groß die Zentripetalkraft bei einer gleichförmigen Kreisbewegung ist, hängt von drei Faktoren ab:

– *Masse* Beim Hammerwerfen ist die Zentripetalkraft größer als beim Schleuderballwerfen, weil die Masse der Kugel so groß ist. Messungen zeigen, dass Zentripetalkraft und Masse proportional zueinander sind: ↑5
$F_Z \sim m$.

– *Radius* Je enger eine Kurve ist, die du beim Skifahren oder Joggen nimmst, desto mehr Kraft musst du dafür einsetzen. Bei konstanter Bahngeschwindigkeit ist die Zentripetalkraft indirekt proportional zum Kreisradius:
$F_Z \sim \frac{1}{R}$.

– *Bahngeschwindigkeit* Beim Durchfahren eines Kreisverkehrs merkt man, dass bei größerer Geschwindigkeit auch eine größere Kraft nötig ist, um nicht „aus der Kurve zu fliegen". Messungen ergeben, dass es sich nicht um einen einfachen proportionalen Zusammenhang handelt. Vielmehr gilt: doppelte Bahngeschwindigkeit – vierfache Zentripetalkraft, dreifache Bahngeschwindigkeit – neunfache Zentripetalkraft … Es gilt also:
$F_Z \sim v^2$.

Diese drei Abhängigkeiten lassen sich in einer Beziehung zusammenfassen.

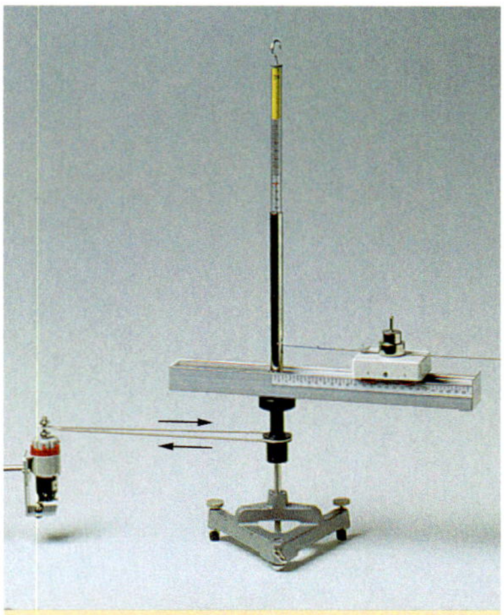

Der Motor dreht den Wagen und die Fahrbahn. Der Kraftmesser zeigt den Betrag der Zentripetalkraft an.

5

Bewegt sich ein Körper der Masse m auf einer Kreisbahn mit Radius R gleichförmig mit der Bahngeschwindigkeit v bzw. der Winkelgeschwindigkeit ω, so beträgt die Zentripetalkraft F_Z:

$$F_Z = m \cdot \frac{v^2}{R} \quad \text{bzw.} \quad F_Z = m \cdot \omega^2 \cdot R.$$

Aus der Zentripetalkraft F_Z folgt für die Zentripetalbeschleunigung a_Z:

$$a_Z = \frac{F_Z}{m} = \frac{v^2}{R} \quad \text{bzw.} \quad a_Z = \omega^2 \cdot R.$$ ◀

Wie man den Term für den Betrag der Zentripetalkraft mathematisch herleiten kann, zeigt der folgende Abschnitt. ↑6

Für die Zeit-Ort-Funktionen eines Körpers auf einer Kreisbahn gilt:
$x(t) = R \cdot \cos(\omega t)$ und $y(t) = R \cdot \sin(\omega t)$. ↑7

Es lässt sich zeigen, dass die Teilbewegungen in x- und y-Richtung nur durch die Komponenten der Zentripetalkraft bestimmt werden, die in diese Richtungen zeigen. Wenn wir die Beträge F_x und F_y dieser Komponenten kennen, können wir auch die Zentripetalkraft F_Z berechnen.

F_x und F_y erhalten wir aus einem Vergleich der Kreisbewegung mit den harmonischen Schwingungen: Die Zeit-Ort-Funktionen sind gleich, die Umlaufdauer der Kreisbewegung ist gleich der Periodendauer! Also setzen wir auch für die Kreisbewegung lineare rücktreibende Kräfte an:
$F_x = -k \cdot x$ und $F_y = -k \cdot y$.

Die Kraftkonstante k muss für beide Teilbewegungen gleich groß sein, weil sie die gleiche Umlaufdauer T besitzen. Der Zusammenhang zwischen k und T lautet:

$$T = 2\pi\sqrt{\frac{m}{k}} \quad \text{bzw.} \quad k = m \cdot \left(\frac{2\pi}{T}\right)^2 = m \cdot \omega^2.$$

Für die Zentripetalkraft bedeutet dies nach dem Satz des PYTHAGORAS:

$$F_Z = \sqrt{F_x^2 + F_y^2} = k \cdot \sqrt{x^2 + y^2} = k \cdot R = m \cdot \omega^2 \cdot R.$$

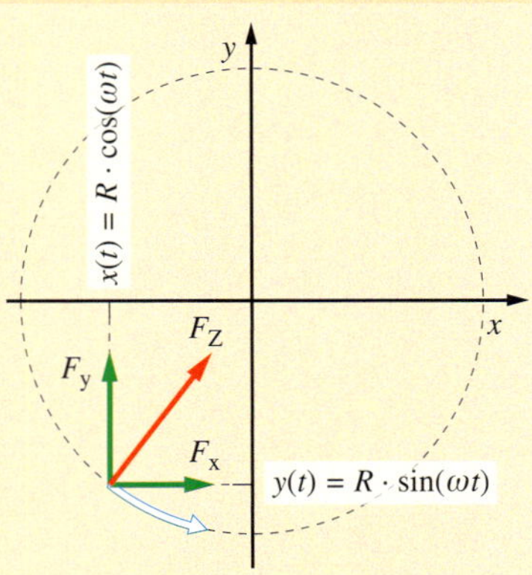

F_x beeinflusst die Ortskoordinate $x(t)$.
F_y beeinflusst die Ortskoordinate $y(t)$.

7

6 Mathematische Herleitung des Betrags der Zentripetalkraft

Aufgaben

m	200 g	400 g	?	150 g
v	?	$0{,}89\ \frac{m}{s}$	$2{,}0\ \frac{m}{s}$	?
R	10 cm	20 cm	?	15 cm
ω	?	?	?	$0{,}5\ \frac{1}{s}$
f	2 Hz	?	1,5 Hz	?
F_Z	?	?	5,0 N	?

1

1 ▶ *Tabellenübung* In der Tabelle fehlen einige Werte zur gleichförmigen Kreisbewegung verschiedener Körper. ↑1 Übertrage sie in dein Heft und vervollständige sie. ◀

2 *Projektion* Eine Kugel bewegt sich von einem Motor angetrieben auf einer Kreisbahn. ↑2 Eine zweite, gleiche Kugel schwingt an einer Feder auf und ab. Beide werden so beleuchtet, dass ihr Schatten auf einem Beobachtungsschirm zu sehen ist.

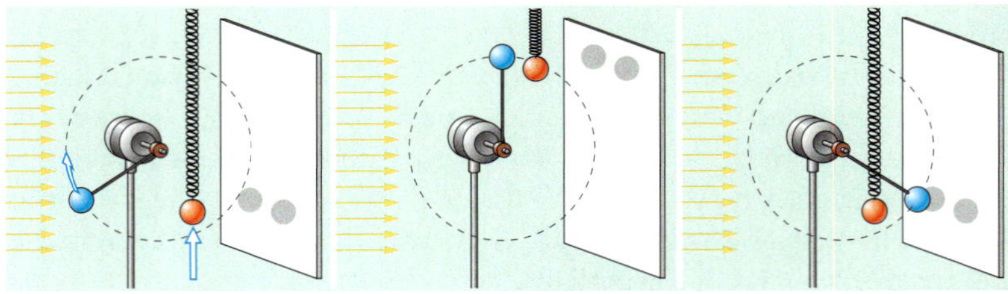

2

a Wie kann man erreichen, dass die Schatten stets auf gleicher Höhe sind?
b Die Kreisbewegung soll an die Schwingung angepasst werden. Stelle eine Beziehung auf zwischen der Periodendauer der Kreisbewegung auf der einen Seite und Federkonstante sowie Kugelmasse auf der anderen Seite.
c Die Kugel an der Feder wird durch eine doppelt so schwere Kugel ersetzt. Muss die Drehzahl des Motors erhöht oder gesenkt werden, damit sich die Schatten wieder gleich bewegen? Um wie viel Prozent muss sie geändert werden?

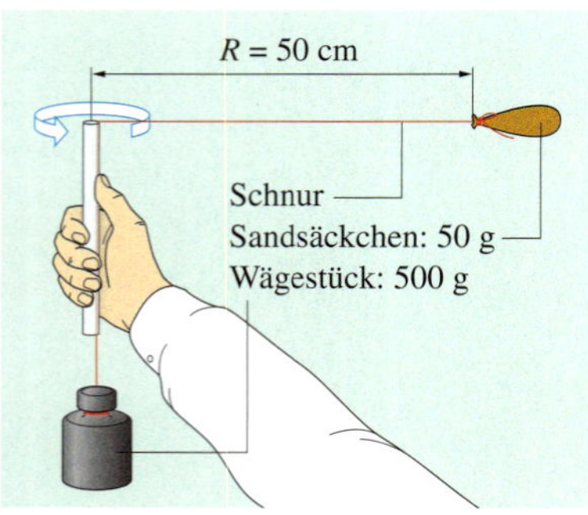

3

3 ▶ *Hochdreher* ↑3 Das Sandsäckchen am Ende der Schnur wird im Kreis gedreht. Die Schnur geht frei beweglich durch eine Röhre, die als Griff dient. Am unteren Ende hängt ein Wägestück.
a Was geschieht, wenn die Drehfrequenz erhöht wird?
b Warum stellt sich je nach Drehfrequenz ein anderer Radius ein?
c Mit welcher Frequenz muss gedreht werden, damit sich $R = 50\,\text{cm}$ einstellt? Wie schnell ist das Sandsäckchen in diesem Fall? ◀

Musteraufgabe

▶ Berechne die Zentripetalkraft F_Z, die auf den Bobfahrer wirkt. Vergleiche mit der Gewichtskraft F_G. ↑4
Hinweise: Der Bob ist mit $145\,\frac{km}{h}$ unterwegs, der Kurvenradius beträgt 33 m. Der Bobfahrer wiegt 80 kg.

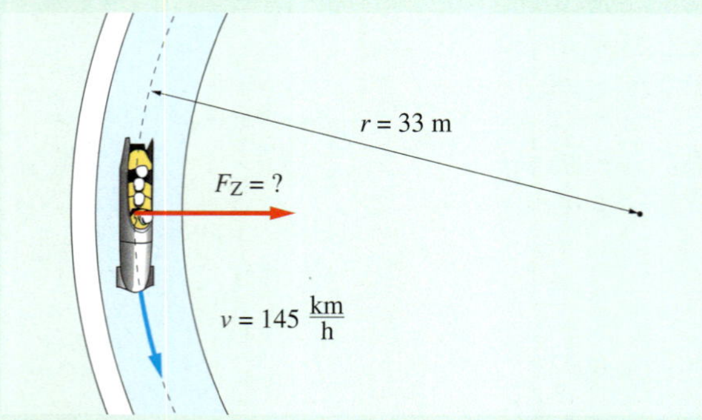

4

Lösung:
Geschwindigkeit in SI-Einheiten:
$v = 145\,\frac{km}{h} = 40{,}3\,\frac{m}{s}$
Damit erhält man für die Zentripetalkraft:
$F_Z = m \cdot \frac{v^2}{r}$; $F_Z = 80 \cdot \frac{40{,}3^2}{33}\,\text{N} = 3{,}9 \cdot 10^3\,\text{N}$.
Die Gewichtskraft auf den Bobfahrer beträgt:
$F_G = m \cdot g$; $F_G = 80 \cdot 9{,}81\,\text{N} = 780\,\text{N}$.
Die Zentripetalkraft ist also rund 5-mal so groß wie die Gewichtskraft. ◀

Ausblick Schräglage in der Kurve – nichts als Show?

▶ Von Motorradfahrern kann man immer wieder hören, dass das Fahren auf kurvenreichen Strecken besonders viel Spaß macht. ↑5 Beifahrern allerdings, die das Kurvenfahren nicht gewohnt sind, wird dabei schnell einmal „mulmig". Sie versuchen dann häufig, die Schräglage zu verringern, indem sie sich weniger stark in die Kurve legen als der Fahrer. Doch dieses Verfahren ist nicht ungefährlich, denn die Schräglage hat ihren Sinn …

Auch Autos neigen sich in Kurven oft „ungewollt" nach außen. Sie werden aber durch die Außenräder abgestützt.

Dagegen kommt ein Motorradfahrer in aufrechter Haltung (oder gar nach außen geneigt) überhaupt nicht um die Kurve: Sobald er den Lenker einschlägt, übt die Fahrbahn eine Kraft auf die Reifen aus und drängt das Rad aus der Bewegungsrichtung zur Kurvenmitte. Ein Modellversuch zeigt, dass das bei aufrechter Haltung böse Folgen hätte: ↑6 Unten am Stift greift eine Kraft an. Sie beschleunigt das untere Ende des Stifts. Seine höher liegenden Teile bleiben infolge der Trägheit zurück – und der Stift kippt entgegen der Bewegungsrichtung um. Genau so würde auch der aufgerichtete Motorradfahrer zur Kurvenaußenseite kippen. Damit er um die Kurve fährt, ruft er durch seine Schräglage eine Komponente der Gewichtskraft F_G hervor, die ihn zum Mittelpunkt zieht. ↑7

Der Motorradfahrer muss die richtige Schräglage „im Gefühl haben", damit er weder nach außen noch nach innen kippt. Dieses „Gefühl" reicht aber noch nicht aus, um sicher Kurven zu fahren! Ob die erforderliche Zentripetalkraft überhaupt auf das Motorrad übertragen werden kann, hängt einzig und allein von der Haftkraft zwischen Reifen und Fahrbahn ab. (Die Haftkraft kennst du vom Schränkerücken: Wenn du gegen den Schrank drückst, übst du über die Schrankbeine eine Kraft auf den Boden aus. Der Boden übt dann eine entgegengesetzt gerichtete Kraft auf den Schrank aus – er haftet am Boden.) Die Zentripetalkraft kann höchstens genauso groß sein wie die maximale Haftkraft: $F_Z \leq F_{Haft}$.

Der Motorradfahrer muss daher Folgendes beachten:

- Mit zunehmender Geschwindigkeit wird die nötige Zentripetalkraft immer größer. Die maximale Haftkraft hängt nicht von der Geschwindigkeit ab. In Kurven darf deshalb die Geschwindigkeit nicht zu hoch sein.
- Besondere Vorsicht ist geboten, wenn die Fahrbahn nass oder sandig ist. Die maximale Haftkraft ist dann erheblich verringert.

Bei wenig Übung und mangelndem „Gefühl" für die physikalischen Zusammenhänge kann man also in einer Kurve umkippen oder herausrutschen – oder beides.

Die Masse des Fahrzeugs oder des Fahrers spielt übrigens keine Rolle. Für eine größere Masse gilt:

- Die maximale Haftkraft ist proportional zur Masse und nimmt damit genauso zu wie die benötigte Zentripetalkraft. Beide Effekte heben sich auf. Der Schwerere kann eben nicht schneller durch die Kurve fahren, ohne wegzurutschen.
- Die Gewichtskraft nimmt zu und damit bei gleicher Schräglage auch der Anteil, der zum Mittelpunkt zieht. Aber auch die benötigte Zentripetalkraft nimmt bei größerer Masse zu. Erneut heben sich beide Effekte auf. Trotz unterschiedlicher Masse ist die gleiche Schräglage erforderlich! ↑8 ◀

5

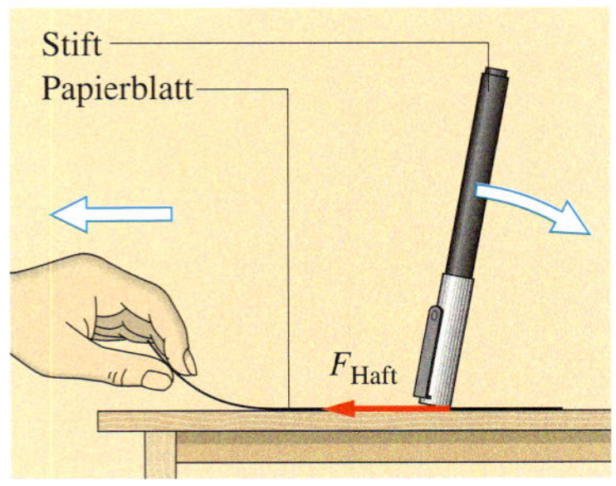

6

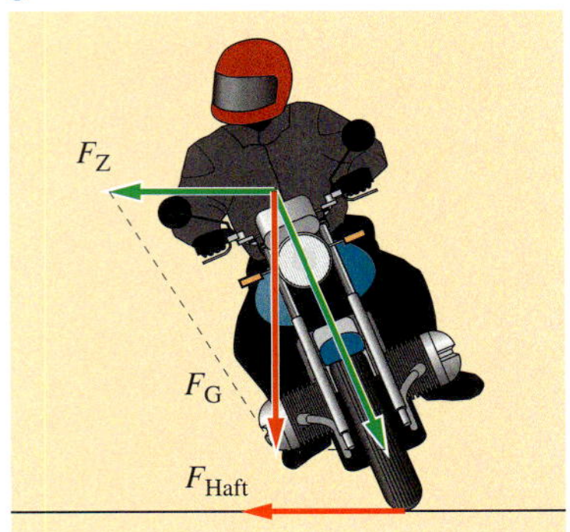

7

8

AUSBLICK: Zentrifugalkraft

1

„Da wird man ja heftig nach außen gedrückt!" – „Er saß innen und es hat ihn voll auf mich gedrückt!" Auf dem Jahrmarkt hört man oft solche Sätze über Fahrgeschäfte, in denen man rasant gedreht wird oder enge Kurven fährt. ↑1 Auf den ersten Blick stehen diese Äußerungen im Widerspruch dazu, dass bei Kreisbewegungen eine Kraft nach innen zum Drehzentrum wirkt. Eine Erklärung liefert das Wechselwirkungsgesetz:

- Die (in der Regel) gepolsterte Außenwand des „Fahrzeugs" übt die nötige *Zentripetalkraft* auf den „Fahrgast" aus.
- Der „Fahrgast" übt auf die Wand eine gleich große Kraft nach außen aus: Sie drückt das Polster ein. Für den „Fahrgast" selbst liegt es nahe, als Ursache dieser Verformung eine nach außen wirkende Kraft anzunehmen. Sie wird als „Fliehkraft" oder *Zentrifugalkraft* bezeichnet.

Ob man eine Zentripetal- oder eine Zentrifugalkraft wahrnimmt, hängt von der Bewegung des Beobachters ab. Ein einfacher Versuch soll dies verdeutlichen: ↑2 ↑3

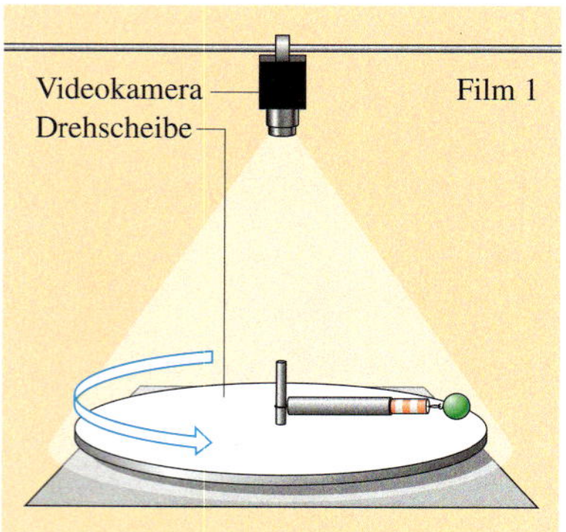

2

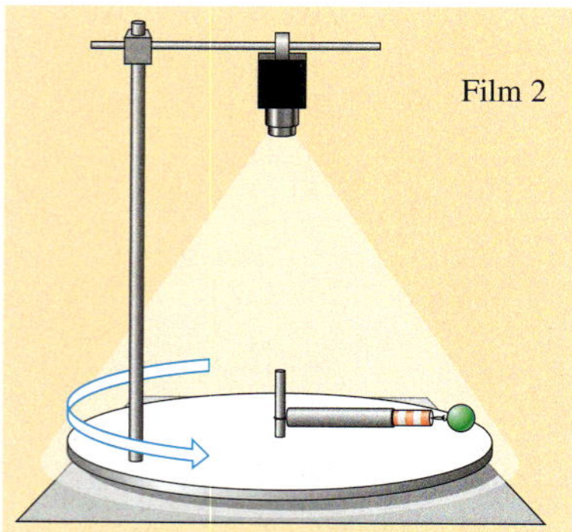

3

Eine Kugel ist an einem Kraftmesser befestigt und wird mit diesem zusammen auf einer Drehscheibe gedreht. Die Bewegung wird von oben gefilmt: Einmal ist die Kamera an der Zimmerdecke montiert (Film 1) und einmal rotiert sie auf der Drehscheibe mit (Film 2).

Die Filme werden „ahnungslosen" Zuschauern vorgespielt:

- „Die zurückziehende Kraft der gedehnten Feder wirkt als Zentripetalkraft und hält die Kugel auf der Kreisbahn." Das sagt der Zuschauer, der Film 1 gesehen hat.
- Im Film 2 der mitrotierenden Kamera ist eine ruhende Drehscheibe und eine ruhende Kugel zu sehen. Der Zuschauer sagt: „Die Kugel muss von einer Kraft nach außen getrieben werden. Der Kraftmesser hält sie zurück. Wieso eine Kraft nach außen wirkt, kann ich nicht sagen."
  Die Kraft, die von der mitrotierenden Kamera aufgezeichnet wurde, ist natürlich wieder die Zentrifugalkraft.

In beiden Filmen zeigt der Kraftmesser den gleichen Kraftbetrag an. Die Zentrifugalkraft ist also genauso groß wie die Zentripetalkraft.

Die Zentrifugalkraft „gehört" eigentlich nicht zur newtonschen Mechanik: Der Zuschauer des Films 2 folgert aus der Dehnung des Kraftmessers, dass auf die Kugel eine Kraft nach außen wirkt. Kräfte werden nach dem Wechselwirkungsgesetz immer nur wechselseitig von zwei Körpern aufeinander ausgeübt: Irgendein Körper muss die Kraft nach außen auf die Kugel bewirken und die Kugel muss auf eben diesen Körper eine Kraft nach innen ausüben. Die Kraft nach innen und den Wechselwirkungspartner gibt es aber nicht. Daher bezeichnet man die Zentrifugalkraft auch als „Scheinkraft".

Die Zentrifugalkraft ist eine nach außen wirkende „Scheinkraft", die sich beobachten lässt, wenn man an einer Kreisbewegung teilnimmt. Die Zentrifugalkraft ist für den mitrotierenden Beobachter genauso groß wie die Zentripetalkraft, die ein nicht mitrotierender Beobachter als Ursache der Bewegung wahrnimmt.

Für mitrotierende Beobachter kann es sinnvoll sein, Bewegungen mithilfe der Zentrifugalkraft zu beschreiben. Eine Beschreibung mithilfe der newtonschen Gesetze verwendet dagegen stets die Zentripetalkraft.

Ausblick Zentrifugen für unterschiedlichste Zwecke

Im Schleudergang einer Waschmaschine rotiert die Trommel bis zu 1600-mal pro Minute. ↑4 Die Trommelwand „drückt" Wäsche und Wasser auf Kreisbahnen. Auf Wasser in den Löchern wirkt keine Zentripetalkraft: Es verlässt die Kreisbahn und fließt durch die Löcher nach außen. Wasser in der Wäsche wird von den Stoffstücken auf Kreisbahnen gehalten. Wegen der hohen Frequenzen sind dazu große Zentripetalkräfte nötig, die ein Stoffstück unter Umständen gar nicht auf das Wasser übertragen kann. Das Wasser bewegt sich dann nach außen. Diese Stelle ist nun trockener als zuvor – vorausgesetzt, es kommt kein neues Wasser von weiter innen nach …

Das gleiche Prinzip nutzt man auch bei Salatschleudern. Der nasse Salat wird durch ein Gitter auf Kreisbahnen gezwungen, auf denen sich das Wasser nicht halten kann. Technisch nennt man solche Geräte *Zentrifugen*. Eine wichtige Anwendung ist die „Urananreicherung" in Gaszentrifugen. ↑5

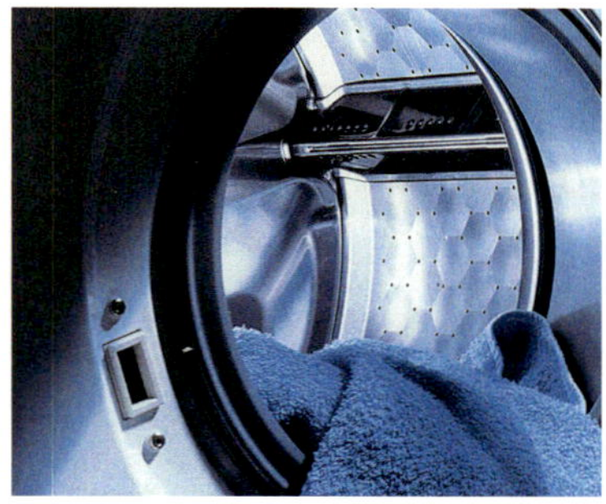

4

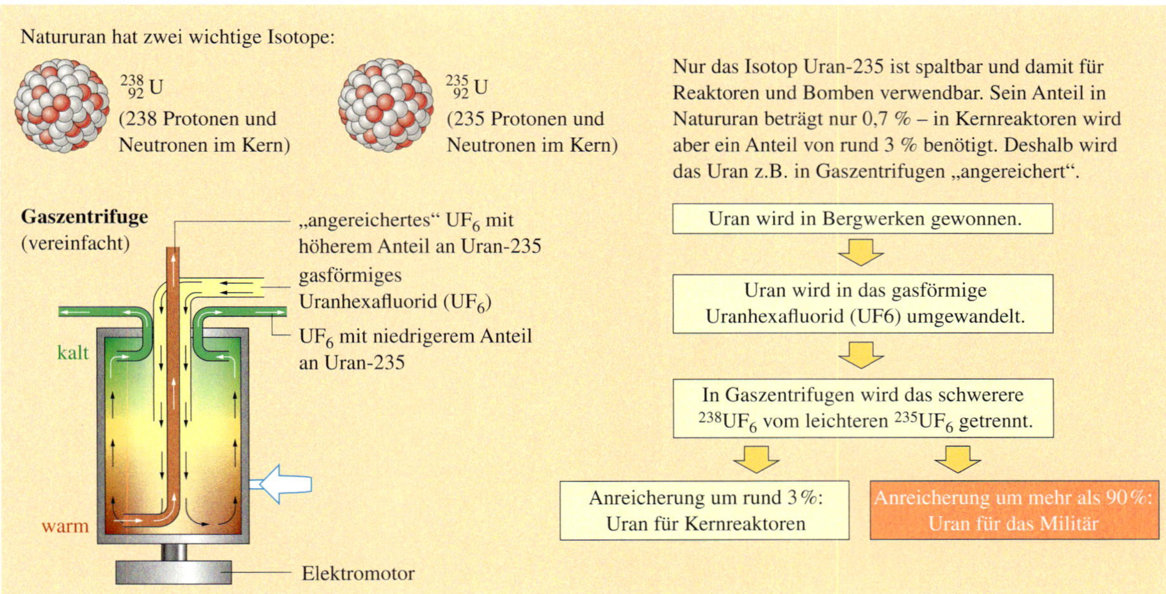

5

Auch für Belastungstests von Astronauten setzt man Zentrifugen ein. ↑6 ↑7 Die Testperson sitzt mit Blickrichtung zum Mittelpunkt. Die Zentripetalkraft „drückt" ihr in den Rücken, sodass man eine Beschleunigung in Blickrichtung erlebt. Das Körpergefühl ist ähnlich wie beim beschleunigten Geradeausflug. Geregelt von der Drehfrequenz können die Auswirkungen verschiedener Beschleunigungen untersucht werden. Heutzutage kann man solche Trainingseinheiten sogar als Urlaubserlebnis buchen.

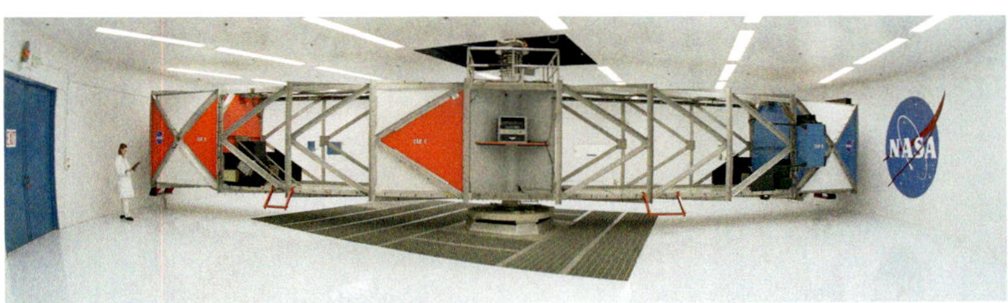

6 20-*g*-Zentrifuge

7

Ausblick Corioliskraft

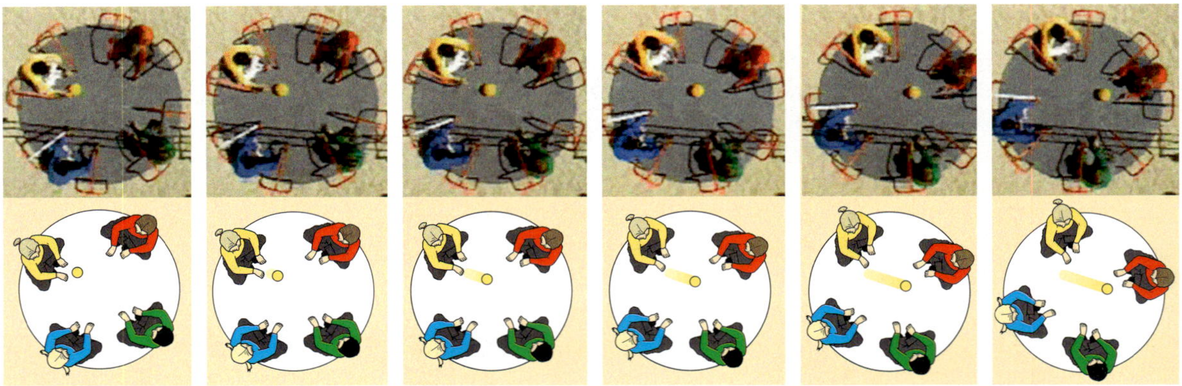

1

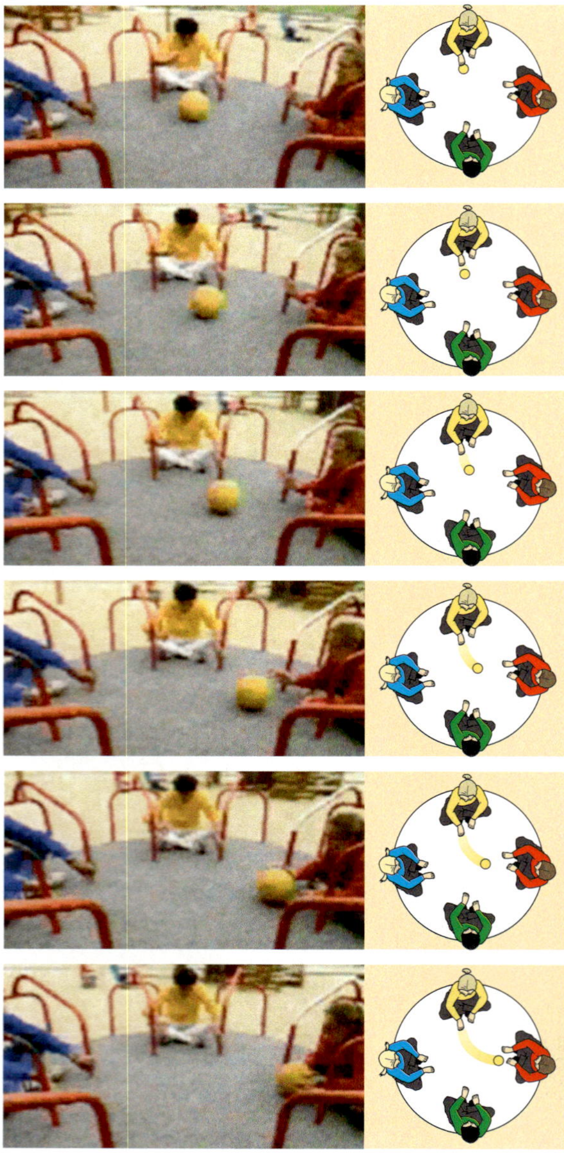

2

Vier Kinder sitzen auf einer Drehscheibe und spielen Ball. ↑1 Das „gelbe“ Kind soll den Ball zum „roten“ rollen. Das klingt einfach – wenn du es aber selbst einmal versucht hast, denkst du vielleicht anders! 126-1

- Von oben betrachtet, rollt der Ball auf einer geraden Linie: ↑1 Genauso erwartet man es von einer kräftefreien Bewegung. Ist der Ball angekommen, wird er vom Fänger gehalten, der nun die nötige Zentripetalkraft ausübt, um den Ball auf seiner Kreisbahn zu halten.
- Das mitrotierende „grüne“ Kind beobachtet etwas anderes: ↑2 Unmittelbar nach Start des Balls sieht es den Ball auf sich zukommen – doch dann rollt er in einer Kurve zum „roten“ Fänger. Physiker wissen, dass eine „Scheinkraft“ für die Ablenkung des Balls verantwortlich ist: die *Corioliskraft*.

Der französische Physiker Gaspard Gustave de Coriolis (1792–1843) beschrieb diese „Scheinkraft“ als Erster mathematisch exakt. Die Corioliskraft wirkt auf Körper (im Beispiel: Ball), die sich in einem rotierenden System bewegen (Drehscheibe). Sie ist immer senkrecht zur Bewegungsrichtung gerichtet. Ihr Betrag ist proportional zur Geschwindigkeit im rotierenden System.

Ein beeindruckendes Beispiel für die Corioliskraft ist die Ablenkung strömender Luftmassen im rotierenden System Erde, die zu gigantischen Wolkenwirbeln führt. ↑3

3

Ausblick Ein Pendel zeigt die Drehung der Erde

4

Es war der 8. Januar 1851, als der Franzose Léon Foucault (1819 bis 1868) einen Versuch durchführte, mit dem die Rotation der Erde nachgewiesen werden konnte. ↑4 Zu jener Zeit hatte sich das neue Weltbild, dessen Grundzüge auf Kopernikus zurückgingen, längst durchgesetzt. Niemand zweifelte noch daran, dass sich die Erde um die eigene Achse drehte.

Schon fast 200 Jahre vor Foucault war Vincenzo Viviani, einem Schüler Galileis, aufgefallen, dass ein Pendel seine Schwingungsebene nicht lange exakt beibehält. Um diese „Störung" zu beseitigen, hängte er seine Pendel an zwei Fäden auf. Wie es zur Störung kam, darum kümmerte er sich nicht. Foucault erkannte, dass die Störung von grundsätzlicher Bedeutung war und ihre Ursache in der Rotation der Erde hatte.

Weltweites Aufsehen erregte die Vorführung des Versuchs im Pantheon in Paris, die auf ausdrücklichen Wunsch von Louis Napoleon Bonaparte, dem Präsidenten der Republik und späteren Kaiser Napoleon III., zustande kam. Eine 28 kg schwere Kugel hing an einem 67 m langen Stahlseil. Die Kugel wurde ausgelenkt und losgelassen. Etwa 16 Sekunden dauerte es, bis sie zu ihrem Startpunkt zurückgekehrt war. Alle Beobachter konnten verfolgen, dass sich die Schwingungsebene langsam nach rechts drehte, in 10 Minuten um etwa 2°. Foucault gab selbst dazu folgende Erklärung: ↑5

„Ich nehme einmal an, der Beobachter befindet sich auf dem Nordpol und lässt ein Pendel schwingen, dessen Aufhängepunkt genau über der Verlängerung der Erdachse liegt. Während das Pendel schwingt, bewegt sich die Erde unaufhörlich von Westen nach Osten. Dem Beobachter erscheint es aber, als ob sich die Schwingungsebene langsam nach Westen verdreht – genauso wie die Sternbilder über ihm. Setzt man die Schwingungen 24 Stunden fort, so hat sich die Schwingungsebene scheinbar um 360° gedreht."

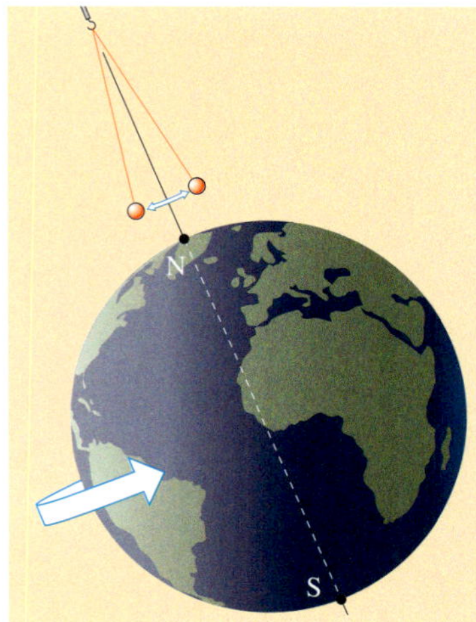

5

Wenn man den Versuch an einem anderen Ort als dem Nordpol ausführt, lässt sich das Ergebnis recht einfach mithilfe der Corioliskraft erklären. ↑6 Bei jeder Bewegung des Pendels wird es durch die Corioliskraft ein wenig nach rechts abgelenkt. Dadurch entsteht eine Bahn, wie sie im Bild übertrieben dargestellt wurde. Die Corioliskraft ist an den Polen der Erde am stärksten und nimmt zum Äquator hin immer mehr ab. Am Nordpol dreht sich das Pendel an einem Tag um 360°. Je näher man dem Äquator kommt, desto geringer wird die tägliche Drehung des Pendels. In Paris und auch bei uns dreht sich das Pendel pro Stunde um knapp 12°.

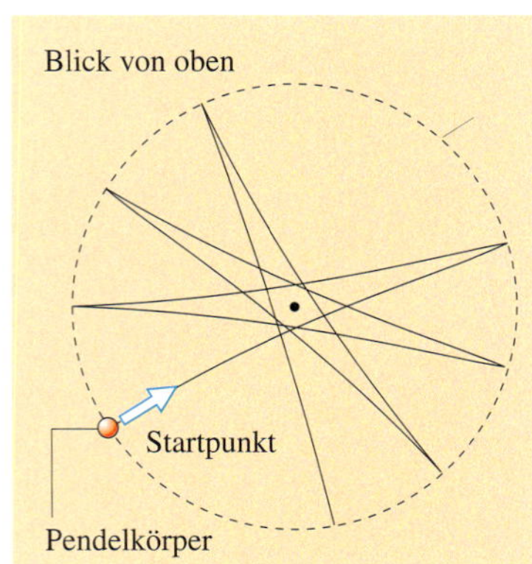

6

Bewegungen in Gravitationsfeldern

Ein Apfel fällt zu Boden, der Mond umrundet die Erde, die Planeten die Sonne ↑1 und das Sonnensystem das Zentrum unserer Milchstraße. Alle diese Bewegungen folgen demselben Kraftgesetz!

1

Immer wieder kommen Himmelskörper in die Nähe der Erde. ↑2 Manche von ihnen, wie etwa der Halleysche Komet, „tauchen" regelmäßig auf und stellen keine Gefahr dar. Andere hingegen sind potenzielle „Erdbahnkreuzer" – zum Glück sind sie nur sehr selten. Astronomen durchmustern den Himmel auf der Suche nach ihnen. Haben sie ein verdächtiges Objekt gefunden, so berechnen sie, ob eine Kollision droht.

3 Start zum Orbit

Asteroid fliegt knapp vorbei

Pasadena Ein rund 33 000 Kilometer pro Stunde schneller Asteroid wird heute Vormittag an der Erde vorbeirasen. Der rund 250 Meter große kosmische Brocken nähert sich der Erde um 9.33 Uhr hiesiger Zeit bis auf rund 538 000 Kilometer – das ist etwa ein Drittel weiter als der Mond. Nach jüngsten Radarmessungen der US-Raumfahrtbehörde Nasa ist dies die dichteste Begegnung mit einem bekannten Asteroiden dieser Größe bis mindestens zum Ende des nächsten Jahrhunderts. Ein Einschlag des Objekts mit der Bezeichnung 2007 TU24 auf der Erde ist jedoch ausgeschlossen.

2 Aus einer Pressemeldung vom 29. Januar 2008

Bei der Raumfahrt gehen die Überlegungen in die andere Richtung: Wie bringen wir z. B. Satelliten von der Erde weg auf die gewünschten Bahnen? ↑3 Hier spielen das allgemeine Kraftgesetz und auch die Geschwindigkeit der Trägerraketen eine entscheidende Rolle.

GRUNDLAGEN: Das Gravitationsgesetz von Newton

Bei alltäglichen Wurfbewegungen lässt sich die Wurfweite aus den Anfangsbedingungen (Abwurfhöhe, -geschwindigkeit …) und den Wechselwirkungen (Gewichtskraft, Luftwiderstandskraft …) berechnen. In jedem Punkt ihrer Flugbahn erfahren die geworfenen oder geschossenen Körper eine gleich große Gewichtskraft mit stets paralleler Richtung. Solange die Startgeschwindigkeit allenfalls einige $100\,\frac{\text{m}}{\text{s}}$ beträgt, erhält man damit korrekte Ergebnisse. Bei den Geschwindigkeiten jedoch, die beim Start von Raketen ins All erreicht werden, kann die unmittelbare Umgebung der Erde verlassen werden – und die Gewichtskraft verändert sich dann nach Richtung und Betrag. ↑4
Newton erkannte als Erster, dass die uns vertraute Gewichtskraft eine anziehende Kraft ist, die alle Körper wechselseitig aufeinander ausüben. Sie wird als *Gravitationskraft* bezeichnet. Die Gravitationskraft, mit der die Erde einen Menschen anzieht, ist genauso groß wie die Gravitationskraft, mit der der Mensch die Erde anzieht!
Die Gravitationskraft hängt von den Massen und dem Abstand der Körper ab. Der Zusammenhang wird durch das *Gravitationsgesetz* beschrieben.

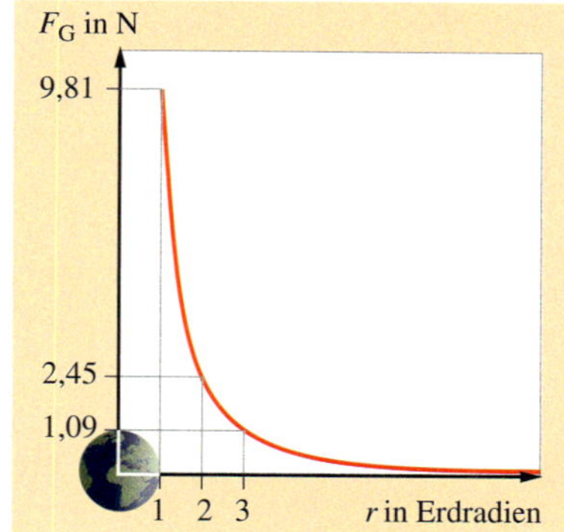

4 Abhängigkeit der Gravitationskraft vom Abstand zum Erdmittelpunkt

Die Gravitationskraft zwischen zwei Körpern ist proportional zu den Massen der Körper. Mit zunehmendem Abstand zwischen den Mittelpunkten der beiden Körper wird sie immer kleiner. Es gilt:

$$F_G = G^* \cdot \frac{m_1 \cdot m_2}{r^2} \quad \text{mit} \quad G^* = 6{,}67 \cdot 10^{-11}\,\frac{\text{m}^3}{\text{kg} \cdot \text{s}^2}.$$

Ausblick

Die Physiker vermuten, dass die *Gravitationskonstante* G^* seit Beginn des Weltalls und auch in Zukunft sowie an jeder Stelle des Universums die gleiche Größe besitzt. Sie ist eine universelle Naturkonstante mit fundamentaler Bedeutung für die Entwicklung des Weltalls.

Die Gravitationskraft nimmt mit dem Quadrat der Entfernung zwischen den Mittelpunkten der Körper ab, wird jedoch mathematisch gesehen nie null.
Beispiele: An der Erdoberfläche ist $r = 6370\,\text{km}$ (Abstand: 1 Erdradius) und für einen Körper der Masse $m_1 = 1\,\text{kg}$ beträgt $F_G = 9{,}81\,\text{N}$. In einer Höhe von 6370 km über dem Erdboden (Abstand: 2 Erdradien) ist die Gewichtskraft auf ein Viertel abgesunken und in 12 740 km Höhe (Abstand: 3 Erdradien) auf ein Neuntel.
Dass man den Abstand der Körper durch den ihrer Mittelpunkte ersetzt, bedeutet anschaulich, dass man die gesamte Masse eines Körpers gedanklich in seinem Mittelpunkt konzentriert.

GRUNDLAGEN: Vom Wurf zur Erdumrundung

In einem Gedankenexperiment wird eine Kugel mit immer größerer Geschwindigkeit von einem sehr hohen Turm horizontal abgeschossen. ↑5
Zur Vereinfachung vernachlässigen wir den Luftwiderstand.
Je größer die Startgeschwindigkeit ist, desto weiter wird die Flugbahn. Ab einer Geschwindigkeit $v_1 = 7{,}9\,\frac{\text{km}}{\text{s}}$ (1. kosmische Geschwindigkeit) fällt die Kugel gewissermaßen um die Erde herum, es ergibt sich eine Kreisbahn. Die erforderliche Zentripetalkraft ist die Gravitationskraft: Sie ist stets zum Erdmittelpunkt gerichtet und in jedem Punkt der Kreisbahn gleich groß. Sie krümmt die Bahn der Kugel, die sonst infolge ihrer Trägheit tangential von der Erde wegflöge, zu einem Kreis. Die Geschwindigkeit der Kugel auf der Kreisbahn bleibt gleich groß, weil die Gravitationskraft stets senkrecht zur Flugrichtung wirkt.

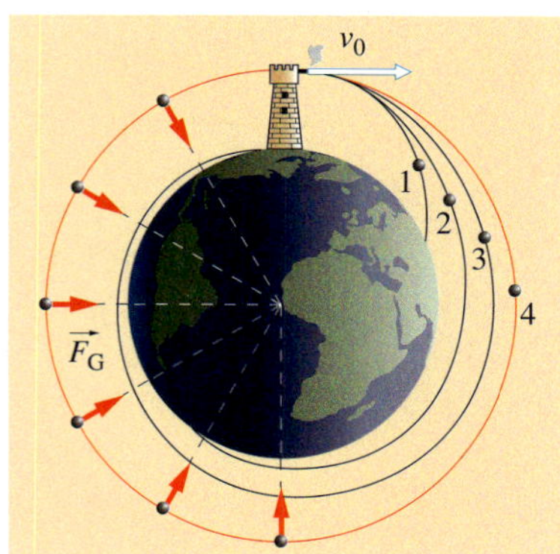

5 Bahnkurven waagerecht abgeschossener Körper (die Startgeschwindigkeit v_0 nimmt von Kurve 1 bis 4 zu)

GRUNDLAGEN: Satellitenbahnen

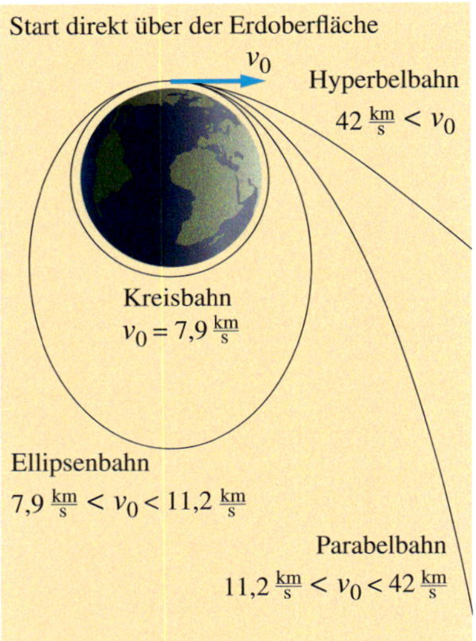

Kosmische Geschwindigkeiten:

$v_1 = 7{,}9\,\frac{km}{s}$	Kreisbahn
$v_2 = 11{,}2\,\frac{km}{s}$	Beginn der Parabelbahnen
$v_3 = 42\,\frac{km}{s}$	Beginn der Hyperbelbahnen

1

Was passiert, wenn die Startgeschwindigkeit noch größer wird als v_1 – also die Geschwindigkeit, die für die Kreisbahn erforderlich ist? ↑1

- Zunächst streckt sich die Kreisbahn zu einer Ellipse. Der Flugkörper entfernt sich sehr weit vom Erdmittelpunkt, bevor er zurückkehrt und den Startpunkt erneut passiert. Die Ellipsenbahnen (die Kreisbahn ist ein Spezialfall) werden durch die Gesetze von KEPLER beschrieben. Sie besitzen einen gemeinsamen Brennpunkt, der mit dem Erdmittelpunkt zusammenfällt.
- Mit weiter zunehmender Startgeschwindigkeit wachsen die Halbachsen der Ellipsen. Der zweite Brennpunkt und der Umkehrpunkt an der Stelle größter Erdferne entfernen sich immer weiter. Bei einer Startgeschwindigkeit von $v_2 = 11{,}2\,\frac{km}{s}$ (2. kosmische Geschwindigkeit) strebt der zweite Brennpunkt ins Unendliche. Der Körper fliegt auf dem Ast einer Parabel und kehrt nicht mehr zur Erde zurück. Er bleibt aber im Sonnensystem.
- Bei noch größeren Startgeschwindigkeiten wird die Krümmung der Parabel immer kleiner. Die Flugbahn nähert sich in großer Entfernung einer Geraden an, die Bahn wird zu einem Hyperbelast.
- Ab einer Geschwindigkeiten von $v_3 = 42\,\frac{km}{s}$ (3. kosmische Geschwindigkeit) kann der Körper das Sonnensystem verlassen.

Im Gravitationsfeld anderer Planeten oder der Sonne treten die gleichen Bahnen auf. Ganz allgemein gilt:

Ein Körper, der im Gravitationsfeld eines Himmelskörpers abgeschossen wird und auf den keine weitere Kraft wirkt, bewegt sich je nach Abschussgeschwindigkeit auf einer Ellipsen-, Parabel- oder Hyperbelbahn.

Auf diesen Bahnen ist die Gravitationskraft die einzige beschleunigende Kraft. Sie beeinflusst den Betrag der Geschwindigkeit und die Flugrichtung des Körpers je nach Entfernung. Nur bei Kreisbahnen zeigt sie stets senkrecht zur Bahn und ändert lediglich die Flugrichtung.

Ausblick Der Mond – unser größter Trabant

2 Blick von der Raumsonde *Galileo* aus $6{,}2 \cdot 10^6$ km Entfernung auf Erde und Mond

Während die beiden inneren Planeten Merkur und Venus keine Monde besitzen, hat die Erde einen natürlichen Mond (sowie viele „künstliche" Satelliten). ↑2 Die äußeren großen Planeten, wie z. B. Saturn und Jupiter, werden von vielen Monden umkreist. Kein Planet unseres Sonnensystems besitzt jedoch einen Mond, der relativ zu ihm so viel Masse hat: Das Massenverhältnis beträgt rund 1 zu 81 (1,2 %). Astronomen sprechen deshalb auch von einem Doppelplanetensystem.

Der Mond umrundet die Erde nahezu auf einer Kreisbahn. Seine Bahngeschwindigkeit beträgt $1\,\frac{km}{s}$. Der Mond hätte die Umlaufbahn aufgrund seiner Trägheit schon längst verlassen, wenn ihn die Gravitationskraft der Erde nicht halten würde. In einer mittleren Entfernung von rund 384 000 km genügt dazu eine Gravitationskraft von 2,7 mN auf jedes Kilogramm der Mondmasse – das entspricht der Gewichtskraft auf ein Blatt Papier an der Erdoberfläche!

Aufgaben

Zentralkörper	Trabant	Bahnradius in km	Umlaufdauer in Tagen	Bahngeschwindigkeit in $\frac{km}{s}$	Masse des Zentralkörpers in kg
Sonne	Erde	$1{,}5 \cdot 10^{11}$	?	29,8	?
Erde	Mond	?	27,3	?	$5{,}97 \cdot 10^{24}$
Mars	Phobos	$9{,}38 \cdot 10^{3}$	0,319	?	?
	Deimos	?	1,26	?	?
Saturn	Rhea	$527 \cdot 10^{3}$	?	?	$5{,}68 \cdot 10^{26}$
	Titan	?	15,85	?	?

3

1 ▶ *Achtung: Tiefflieger!* Berechne die Geschwindigkeit, mit der ein Körper die Erde dicht über der Oberfläche auf einer Kreisbahn umrunden würde. *Hinweise:* Gehe zur Vereinfachung von einem Flug ohne Luftwiderstand aus. Auf der Kreisbahn ist die Gravitationskraft gleich der Zentripetalkraft. ◀

2 ▶ *Satellit für Bayern* Warum gibt es eigentlich keinen Fernsehsatelliten, der sich geostationär über Bayern aufhält? Ist dies bisher lediglich an den Kosten gescheitert?

a In welcher Höhe befinden sich die geostationären Fernsehsatelliten?

b Wie groß ist ihre Bahngeschwindigkeit?

c Warum können geostationäre Satelliten nur in der Äquatorebene der Erde „geparkt" werden? ◀

3 ▶ *Planeten wiegen*

a Du weißt, wie groß die Fallbeschleunigung g an der Erdoberfläche ist? Dann kannst du berechnen, wie schwer die Erde ist!
Wie musst du vorgehen? Welches Ergebnis erhältst du? *Tipp:* Gravitationsgesetz, Bewegungsgesetz

b Die Massen anderer Planeten des Sonnensystems lassen sich recht einfach berechnen, wenn diese einen Mond auf einer Kreisbahn besitzen. Dazu musst du seine Umlaufzeit und die Entfernung vom Planeten kennen. Die beiden Werte werden dann nur noch in eine Gleichung eingesetzt. Leite die Gleichung her.
Tipp: Gravitationsgesetz, Zentripetalkraft

c Der Jupitermond Io besitzt eine Umlaufzeit von 1,77 d auf einer Kreisbahn von 422 000 km Radius. Wie groß ist die Masse des Jupiters (in kg und in Erdmassen)?
Kann man aus den Werten auch die Masse von Io berechnen? ◀

4 ▶ *Zentralkörper und ihre Trabanten* Übertrage die Tabelle in dein Heft. Berechne die fehlenden Werte. ↑3 ◀

5 *Shuttlemanöver* Die Raumstation ISS muss regelmäßig von Versorgungsshuttles angesteuert werden. Das Andocken ist keine leichte Aufgabe.

a Angenommen, das Shuttle befindet sich auf der gleichen (nahezu) kreisförmigen Bahn wie die Raumstation. Beide sind gleich schnell, das Shuttle liegt nur noch wenige Kilometer zurück. Was passiert, wenn der Kommandant des Shuttles kurzzeitig die Schubrakete zündet?

b Wie könnte ein Andockmanöver ablaufen?

6 ▶ *Mondsturz* Nimm einmal an, der Mond würde „aus heiterem Himmel" plötzlich seine Bahngeschwindigkeit verlieren und zur Erde stürzen. Wie lange hättest du Zeit, dich in dein Raumschiff zu setzen und zu fliehen?

a Warum kannst du nicht einfach die Bewegungsgleichung für den freien Fall auf der Erde ansetzen? Würdest du einen zu großen oder einen zu kleinen Wert erhalten?

b Berechne die Zeit bis zum Aufprall iterativ. Verwende dazu eine Tabellenkalkulation. ◀
Hinweise: Nimm zur Vereinfachung an,
- dass die Masse von Mond und Erde jeweils in ihrem Mittelpunkt konzentriert ist;
- dass der Abstand r der Mittelpunkte am Anfang $0{,}384 \cdot 10^6$ km beträgt;
- dass sich die Erde nicht auf den Mond zubewegt.

Ausblick „Erdbahnkreuzer" und Sternschnuppen

Als sich aus dem Urstaub des Weltalls unser Sonnensystem bildete, gab es zunächst viele Zusammenstöße. An zufälligen Stellen verdichtete sich die Materie und formte größere und schwerere Brocken. Durch ihre zunehmende Gravitationskraft zogen sie auf ihren Bahnen weitere Materie an: Es bildeten sich die ersten Protoplaneten. Bei Kollisionen verschmolzen einige zu größeren Objekten, andere zerfielen in Bruchstücke und wurden aus ihrer ursprünglichen Bahn geschleudert. Ergebnis dieses viele Millionen Jahre andauernden Prozesses ist unser heutiges Planetensystem:

Die Sonne umkreisen neben den 8 großen Planeten und den bisher bekannten 3 Zwergplaneten bis zu 100 Milliarden Kleinkörper. Dazu gehören die Asteroiden, Kometen und Meteoroide. Sie haben meist Durchmesser von weniger als 100 km und sind so weit von der Sonne entfernt, dass sie auch in den besten Teleskopen allenfalls als kleine, schwach leuchtende Pünktchen erscheinen. Von den größeren sind etwa 400 000 bekannt.

Im Unterschied zu den fast kreisförmigen Bahnen der großen Planeten sind die Bahnen vieler Kleinkörper sehr lang gestreckte Ellipsen. Dadurch können sie den Bahnen der großen Planeten sehr nahekommen oder gar zu „Bahnkreuzern" werden. Zum Glück für uns werden die meisten von ihnen vom starken Gravitationsfeld des Jupiters „eingefangen".

Innerhalb der Marsbahn existieren Asteroiden, die durch ein Zusammenwirken benachbarter Planeten aus ihrer Bahn geworfen und zu Erdbahnkreuzern werden können. Die Wahrscheinlichkeit einer katastrophalen Kollision mit der Erde ist sehr gering, aber nicht gleich null. Vor 14 Millionen Jahren schlug ein „Kleinkörper" von etwa 700 m Durchmesser beim heutigen Nördlingen ein. ↑1 Bei einer Aufprallgeschwindigkeit von 40 $\frac{km}{s}$ wurde die gleiche Energie freigesetzt wie bei der Explosion von 2 Millionen Hiroshimabomben! Sie ließ das Geschoss aus dem All völlig verdampfen (sodass von ihm nichts mehr zu finden ist) und hätte heutzutage alles Leben im Umkreis von 100 km sofort ausgelöscht.

Auch der Einschlag kleinerer Brocken kann verheerende Folgen haben. Schon vor dem Einschlag geht ihnen eine Druckwelle voraus, die große Schäden verursacht. Ein 50 m großer Meteorit zerstörte auf diese Weise am 30. Juni 1908 in der Tundra von Sibirien eine Waldfläche von der Ausdehnung Deutschlands. ↑2

Geraten Asteroiden in Sonnennähe, so verdampft ein Teil ihrer Materie und es bildet sich jeweils ein „Schweif" aus Gesteinsstaub und Gasen. Er verleiht auch den Kometen („Schweifsterne") ihr charakteristisches Aussehen. Am berühmtesten ist wohl der Halleysche Komet. ↑3 Seine Umlaufzeit schwankt zwischen 75 und 77 Jahren. Zuletzt stand er 1986 für einige Wochen am Himmel und konnte mit bloßem Auge beobachtet werden. Durch den Sonnenwind wird der Schweif, der bis zu 100 Millionen Kilometer lang sein kann, stets von der Sonne „weg-geblasen". ↑4

Die periodisch „auftauchenden" Kometen stammen aus unserem Sonnensystem. Daneben gibt es auch Besucher aus der Milchstraße, die bei Geschwindigkeiten von bis zu 72 $\frac{km}{s}$ (266 000 $\frac{km}{h}$) auf einer parabolischen

1 Nördlinger Ries: Der Krater von 23 km Durchmesser und 150 m Tiefe ist gut zu erkennen. In der Nähe der Kratermitte liegt heute die Stadt Nördlingen.

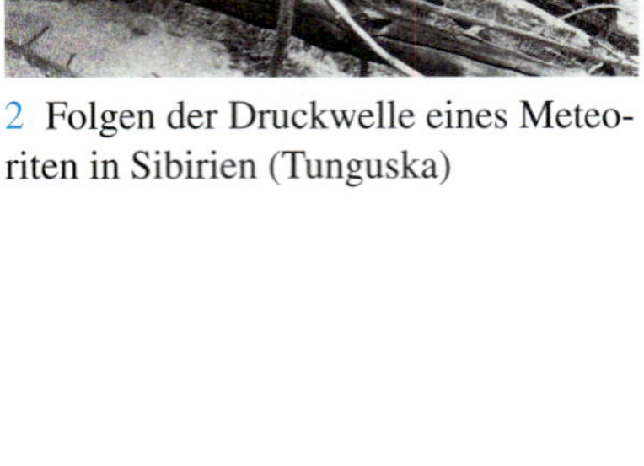

2 Folgen der Druckwelle eines Meteoriten in Sibirien (Tunguska)

3 Halleyscher Komet

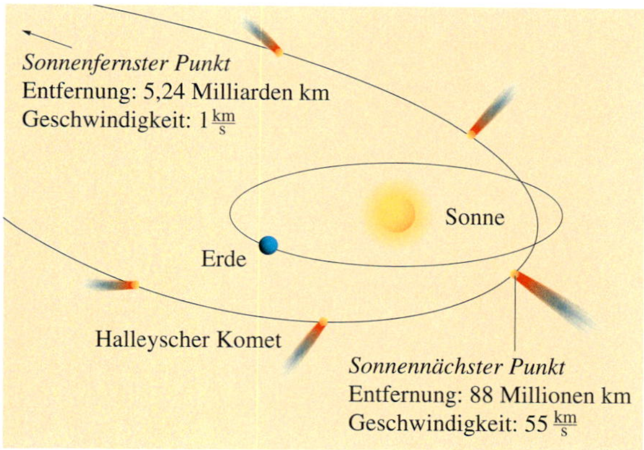

4

oder gar hyperbolischen Bahn einmalig das Sonnensystem durchqueren.
Nicht selten durchkreuzt die Erde einen Kometenschweif. Das kann spektakuläre Folgen haben: Sternschnuppen und Feuerkugeln. Etwa reiskorngroße Meteoroide treten in die Atmosphäre ein und erzeugen beim Verglühen oder durch Anregung von Atomen eine Leuchtspur. Täglich prasseln rund 10 Milliarden davon mit einer Gesamtmasse von 10 kg auf die Erdatmosphäre. Besonders sternschnuppenreich sind die Nächte zwischen dem 8. und dem 14. August, wenn die Perseiden auf die Erde zu regnen scheinen. Ob beim Erblicken einer Sternschnuppe ein Wunsch in Erfüllung geht, muss jeder selbst ausprobieren: Dieses Geheimnis darf ja niemandem mitgeteilt werden, sonst wirkt der Zauber nicht!
Manche Meteoroide erreichen sogar den Erdboden. Sie werden als Meteorite bezeichnet und sind recht selten: In Deutschland fallen jährlich nur zwei von der Größe einer Orange zu Boden. Und noch seltener werden sie gefunden. Die meisten Meteorite mit Massen von mehr als 100 g stürzen in die Meere, weltweit etwa 20 000 pro Jahr. Sie kommen aus dem Asteroidengürtel zwischen Jupiter und Mars. Steinmeteorite stammen aus der Entstehungszeit des Sonnensystems vor 4,6 Milliarden Jahren. Daneben gibt es seltener auch Eisenmeteorite, die aus einer Eisen-Nickel-Legierung bestehen. Hoba, der weltweit größte Eisenmeteorit mit einer Masse von 60 t, wurde 1920 auf dem Gelände einer Farm in Namibia gefunden und ist eine Touristenattraktion. ↑5
Ob der Schwarze Stein der Kaaba in Mekka ein Meteorit ist, ist fraglich – er durfte niemals untersucht werden.
Am 6. April 2002 wurde in Südbayern eine große Feuerkugel beobachtet und fotografiert. Damit konnte der Aufschlagort des Meteoriten eingegrenzt werden. Und tatsächlich fand man am 14. Juli in der Nähe von Neuschwanstein einen 1603 g schweren Eisenmeteoriten. ↑6 Er stellt für die Wissenschaft einen Glücksfall dar, da er so schnell geborgen werden konnte, dass er nur wenig „irdisch“ verunreinigt war.

5 Eisenmeteorit von Hoba

6 Eisenmeteorit von Neuschwanstein

Ausblick Wie Newton das Gravitationsgesetz entwickelte

1 ISAAC NEWTON soll 1666, unter einem Apfelbaum liegend, nachgedacht haben, warum der Mond die Erde umkreist. Als ein Apfel herabfiel, sei ihm die zündende Idee gekommen: Dieselbe Kraft, die den Apfel fallen lässt, zwingt auch den Mond auf seine Umlaufbahn.

▶ NEWTON war der Erste, der annahm, es gäbe eine Kraft, mit der sich alle Körper gegenseitig anziehen – was Zeitgenossen zu Spott veranlasste. Noch unglaubhafter erschien seine Behauptung, diese Kraft könne durch das „Nichts" hindurch über weite Entfernungen wirken. Damals waren nur kurzreichende Kräfte bekannt: Magneteisensteine zogen Eisenteilchen aus einigen Millimetern Entfernung an und geriebener Bernstein Wollfasern. Kräfte über größere Distanzen konnten nur durch Seile und Stangen übertragen werden. Um die Behauptung zu untermauern, nutzte NEWTON seine Kenntnisse der Mechanik und astronomische Daten.

- Für jeden Körper auf einer Kreisbahn ist eine Zentripetalkraft nötig:
  $F_Z = m \cdot \frac{4\pi^2}{T^2} \cdot r.$
- Die Umlaufzeit des Monds beträgt $T = 27{,}3\,\text{d}$, der Abstand zum Erdmittelpunkt 60 Erdradien. Für 1 kg Mondmaterie gilt also:
  $F_Z = 1\,\text{kg} \cdot \frac{4\pi^2}{(27{,}3 \cdot 24 \cdot 3600\,\text{s})^2} \cdot 60 \cdot 6370 \cdot 10^3\,\text{m} = 0{,}0027\,\text{N}.$
- Die Gewichtskraft auf einen Körper von 1 kg beträgt an der Erdoberfläche (in heutigen Einheiten):
  $F_G = 9{,}81\,\text{N}.$
- Ein Vergleich der Kräfte zeigt:
  $\frac{F_Z}{F_G} = \frac{0{,}0027\,\text{N}}{9{,}81\,\text{N}} = \frac{1}{3600} = \frac{1}{60^2}.$
- NEWTON folgerte: Die Kraft, die die Erde auf einen Körper von 1 kg an der Erdoberfläche ausübt, ist von gleicher Natur wie die Kraft auf 1 kg Mondmaterie. Sie nimmt mit dem Quadrat der Entfernung zum Erdmittelpunkt ab. Für diese Kraft gilt also:
  $F \sim \frac{1}{r^2}.$
- Dem 3. keplerschen Gesetz zufolge gilt für die Umlaufzeit T und den Bahnradius r:
  $T^2 \sim r^3.$
  Eingesetzt in die Gleichung für die Zentripetalkraft:
  $F \sim \frac{m}{r^2}.$
  Dieser Zusammenhang steht nicht im Widerspruch zu $F \sim \frac{1}{r^2}$ und zeigt, dass die Kraft auch proportional zur Masse m ist.
- Die Kraft, die die Erde auf den Mond ausübt, ist genauso groß wie die Kraft, die der Mond auf die Erde ausübt (Wechselwirkungsgesetz). Daraus schloss NEWTON, dass die Kraft F proportional zu den Massen beider Körper anwachsen müsse:
  $F \sim \frac{m_1 \cdot m_2}{r^2}$ oder $F = G^* \cdot \frac{m_1 \cdot m_2}{r^2}.$

NEWTON erkannte, dass eine Bestimmung der Proportionalitätskonstante G^* aus den Daten der Himmelskörper unmöglich war, da ihre Massen unbekannt waren. Man müsste die Kraft messen, die zwei irdische Körper aufeinander ausüben. Sie war aber sehr klein – sonst hätte man sie ja schon vorher entdeckt. Daher war NEWTON der Ansicht, dass es niemals möglich sein würde, G^* experimentell zu bestimmen. Es verging in der Tat viel Zeit, doch 1797 gelang das Kunststück dem britischen Chemiker HENRY CAVENDISH mit einer kurz zuvor erfundenen „Drehwaage". Sie ermöglichte es, Kräfte zwischen zwei Bleikugeln von weniger als einem millionstel Newton zu messen! ◀

1 *Die Gravitation war nicht schuld*
Der Eisberg und die Titanic waren beide sehr schwer – aber die Gravitation sorgte nicht für den Zusammenstoß. Berechne die Gravitationskraft, die bei einem Abstand von 1 km wirkte.
Finde die dazu nötigen Daten selbst heraus.

Ausblick Gezeitenkräfte

Die Gravitationskraft der Erde zwingt den Mond auf seine Bahn. Spüren wir Erdbewohner umgekehrt etwas von der Gravitationskraft, die der Mond nach dem Wechselwirkungsgesetz auf die Erde ausübt?

Erde und Mond drehen sich mit gleicher Winkelgeschwindigkeit um ihren gemeinsamen Massenmittelpunkt S – so als ob eine starre Stange beide Himmelskörper verbinden würde. ↑2 Ein Umlauf dauert 27,3 Tage. Da die Mondmasse nur 1,2 % der Erdmasse beträgt, liegt S innerhalb der Erde auf der Verbindungsgeraden der Mittelpunkte, 4671 km vom Erdmittelpunkt entfernt.

Als Mitrotierende spüren wir eine Zentrifugalkraft. Sie muss zur Gravitationskraft des Monds addiert werden. Die dem Mond zugewandte Stelle B liegt um etwa 3 % näher am Mond als die ihm abgewandte Stelle A. Daher unterscheiden sich die Gravitationskräfte an diesen Stellen um etwa 10 %.

In der Grafik sind die Resultierenden F_r aus Zentrifugal- und Gravitationskraft rot eingezeichnet: An der Stelle B „überwiegt“ die Gravitationskraft, an der Stelle A die Zentrifugalkraft. Diese Resultierenden rufen die Gezeitenerscheinungen hervor: An den Stellen A und B weisen sie senkrecht zur Erdoberfläche nach oben und führen zu den beiden Flutbergen. Auf offener See haben die Flutberge eine Höhe von einigen Metern (Nordsee: 2 bis 3 m). Unter ihnen rotiert die Erde einmal am Tag hindurch. Ein Küstenbewohner der Erde erlebt deshalb ein Auf- und Ablaufen des Wassers im 6-stündigen Wechsel.

Auch der nicht völlig starre Erdboden erfährt einen „Tidenhub“ von 20 bis 30 cm, der aber kaum bemerkt wird. Die periodische Deformation des Meeresbodens facht allerdings Strömungen an, die einen wesentlichen Anteil an den Gezeiten haben.

Bei der Drehung der Erde unter den beiden Flutbergen hindurch tritt Reibung auf: Sie wirken wie zwei Bremsbacken. Dadurch vergrößert sich die Rotationsdauer der Erde um rund 1,7 ms pro Jahrhundert. Vor 225 Millionen Jahren, als die ersten Saurier die Erde bevölkerten, war jeder Tag nur etwa 22 Stunden lang!

Die gleichen Überlegungen gelten infolge des Wechselwirkungsgesetzes auch für den Mond. Bei ihm hat die Abbremsung durch die „Flutberge“ auf der früher heißen und verformbaren Oberfläche im Lauf der Jahrmillionen dazu geführt, dass er sich gerade so schnell dreht, dass er uns immer dieselbe Seite zuwendet.

Gezeitenkräfte beobachtet man auch bei anderen Planeten und ihren Monden. Beispielsweise wird der Jupitermond Io von Gezeitenkräften so kräftig „durchgewalkt“ und dabei erhitzt, dass sein Gesteinskern geschmolzen ist. Io hat daher aktive Vulkane – eine Einmaligkeit im Planetensystem (der Vulkanismus auf der Erde hat andere Ursachen). ↑3

3 Vulkanismus durch Gezeitenkräfte auf Io

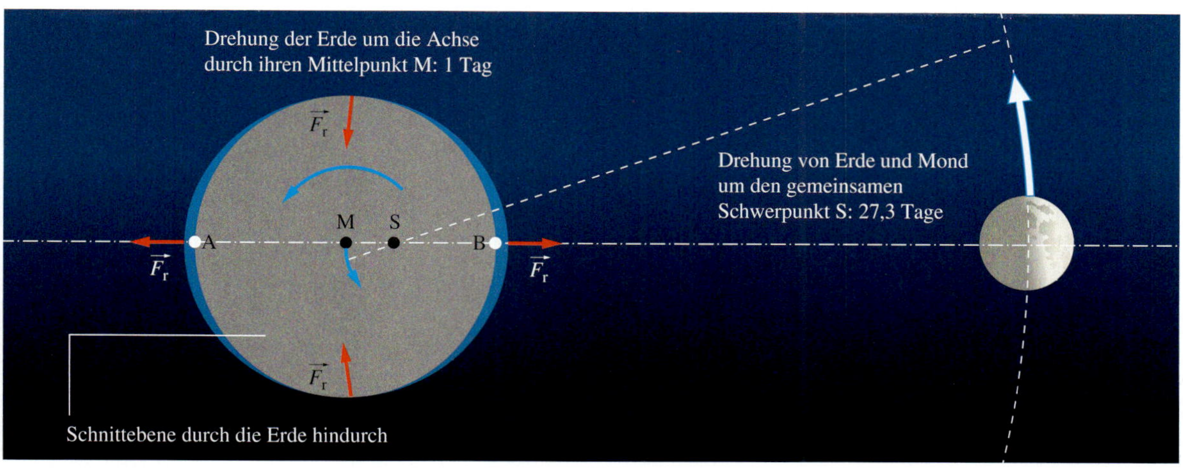

2 Flutberge durch Gezeitenkräfte auf der Erde (Zeichnung nicht maßstäblich)

Physik erlebt

Schwarze Löcher

In unserem Universum gehören Schwarze Löcher zu den wohl faszinierendsten Objekten. Weltweit beschäftigen sich zahlreiche Astronomen mit ihrer Erforschung. Dank ihrer außergewöhnlichen Eigenschaften sind Schwarze Löcher oft spektakuläres Beiwerk in Science-Fiction-Filmen und ziehen dadurch auch den physikalischen Laien in ihren Bann.

Schwarze Löcher sind Himmelsobjekte mit einer derart starken Gravitationskraft, dass nichts von ihnen in den umgebenden Weltraum entweichen kann, weder Materie noch elektromagnetische Strahlung – also auch kein Licht. Sie erscheinen deshalb vollkommen schwarz.

Die Gravitationskraft Schwarzer Löcher sprengt den Rahmen unserer irdischen Erfahrung. Wenn wir von der Erdoberfläche aus eine Rakete mit einer *Fluchtgeschwindigkeit* von mindestens $11{,}2\,\frac{km}{s}$ senkrecht nach oben abschießen, verlässt sie für immer den Anziehungsbereich der Erde. Und Licht kann unsere Erde ohnehin problemlos verlassen, wie sich jeder Astronaut beim Betrachten der Erde vom Weltraum aus überzeugen kann.

Was aber wäre, wenn die Erdkugel bei gleichem Volumen eine größere Masse hätte? Dann würden $11{,}2\,\frac{km}{s}$ als Fluchtgeschwindigkeit nicht mehr ausreichen, da die Erdanziehungskraft größer wäre. Erhöhen wir in Gedanken die Masse der Erde immer weiter, so steigt auch die benötigte Fluchtgeschwindigkeit – bis sie den Wert der Lichtgeschwindigkeit erreicht oder gar übersteigt! Schneller als mit Lichtgeschwindigkeit kann sich aber weder Licht noch Materie bewegen. Sie bleiben deshalb im Gravitationsfeld unserer fiktiven Supererde gefangen, die damit vom Weltraum aus vollkommen unsichtbar wäre!

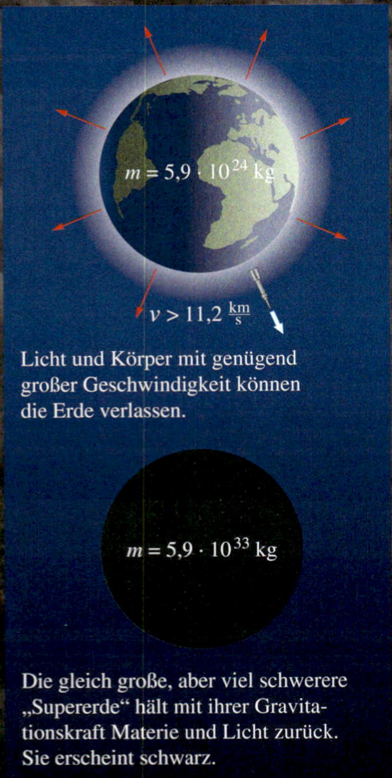

1 Von der Erde zum gleich großen Schwarzen Loch

2 Von der Erde zum gleich schweren Schwarzen Loch

Was für die Erde gilt, lässt sich auf beliebige Kugeln übertragen:

– Für jeden Kugelradius lässt sich ausrechnen, wie groß die Masse der Kugel mindestens sein muss, damit weder Materie noch Licht von ihr entweichen können. ↑1
– Umgekehrt kann man ausrechnen, wie groß die Kugel bei einer vorgegebenen Masse höchstens sein darf, damit die „Fluchtgeschwindigkeit“ gleich der Lichtgeschwindigkeit ist. ↑2 Der zugehörige Kugelradius wird zu Ehren seines Entdeckers KARL SCHWARZSCHILD (1873–1916) als Schwarzschild-Radius bezeichnet. Er beträgt für einen Körper mit der Masse der Erde ($5{,}9 \cdot 10^{24}$ kg) nur 9 mm: Wäre die Erde auf eine Kugel mit einem Radius von weniger als 9 mm zusammengepresst, wäre sie ein Schwarzes Loch!
  Der Radius eines Schwarzen Lochs kann zwar kleiner sein als der Schwarzschild-Radius, der zur Masse des Schwarzen Lochs gehört. Aber nichts von dem, was innerhalb des Schwarzschild-Radius geschieht, dringt jemals nach außen: Er bestimmt den *Ereignishorizont*.

Welche Kraft ist denn überhaupt in der Lage, Masse auf ein so kleines Volumen zusammenzupressen, dass die Gravitationskraft alle Materie und selbst Licht zurückhalten kann? Die Gravitationskraft selbst! Mit unserer Erde wird das zwar nicht passieren, aber sehr wohl mit Sternen.

In einem „lebenden“ Stern wie unserer Sonne besteht eine Art von Gleichgewicht: Obwohl ständig Unmengen von Energie bei den Kernfusionen freigesetzt werden, explodiert der Stern nicht, weil er von der Gravitationskraft seiner riesigen Masse zusammengehalten wird. Kommen die Kernfusionen aber mangels „Brennstoff“ irgendwann zum Erliegen, fällt der Stern wegen seiner eigenen Schwerkraft in sich zusammen. Ab einer Ausgangsmasse von rund 1,4 Sonnenmassen werden dabei in seinem Zentrum Elektronen in die Atomkerne gepresst, sodass sie mit den Protonen zu Neutronen verschmelzen. Es bildet sich ein Kern aus Neutronen. Die äußere Gashülle wird bei ihrem Sturz ins Zentrum an diesem Kern reflektiert und in einer gewaltigen Explosion als hell aufleuchtende *Supernova* in den Weltraum geschleudert. ↑3 Zurück bleibt ein *Neutronenstern* mit einem Durchmesser von ungefähr 20 km. Ein Fingerhut voll davon wiegt 1 Milliarde Tonnen!

Bei einer Masse von mehr als ca. 3 Sonnenmassen hält der entstehende Neutronenkern beim Sternkollaps der Gravitationskraft nicht stand. Die Materie verdichtet sich bis auf einen Punkt: Ein stellares *Schwarzes Loch* ist geboren. Daneben gibt es noch mittelschwere Schwarze Löcher, die vermutlich durch Sternkollisionen entstehen, sowie die im Zentrum von Galaxien gelegenen supermassereichen Schwarzen Löcher, deren Entstehung noch unklar ist.

Wie lassen sich Schwarze Löcher nachweisen? Sie senden doch keinerlei elektromagnetische Strahlung aus, sodass man sie nicht „sehen“ kann. Schwarze Löcher verraten sich durch die Auswirkungen ihrer Masse auf die Umgebung. Ihre Gravitationskraft zwingt Sterne in der Nähe auf Ellipsenbahnen. ↑4 Aus den Umlaufzeiten und großen Halbachsen lässt sich die Masse des Schwarzen Lochs berechnen.

Wie gefräßige Monster saugen Schwarze Löcher zudem Materie auf, wodurch sie immer größer werden. Bevor die Materie den Ereignishorizont passiert und auf Nimmerwiedersehen verschwindet, rotiert sie um das Schwarze Loch in der *Akkretionsscheibe* wie in einem Badewannenstrudel (s. großes Bild im Hintergrund). Dabei erhitzt sich die Materie und strahlt Energie ab: der „Todesschrei“ der Materie. Ein Teil der strudelnden Materie wird durch starke Magnetfelder aus der Akkretionsscheibe abgelenkt und als *Jets* in den Weltraum hinausgeschleudert. Sie erreichen eine Länge von Millionen von Lichtjahren und senden ihrerseits Strahlung aus, die sich ebenfalls registrieren lässt.

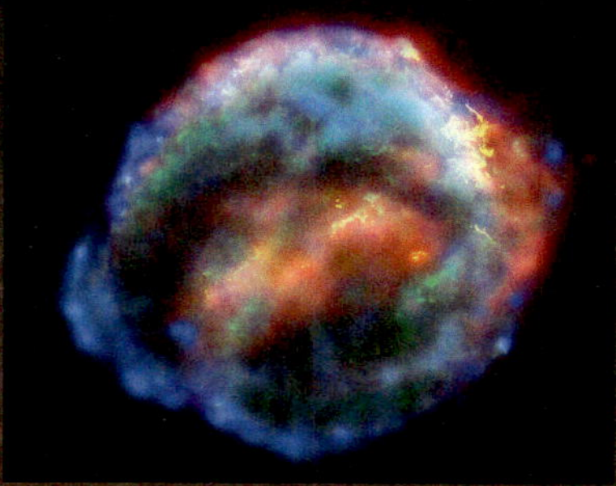

3 Überrest einer Supernova, die zu KEPLERS Zeit sichtbar war

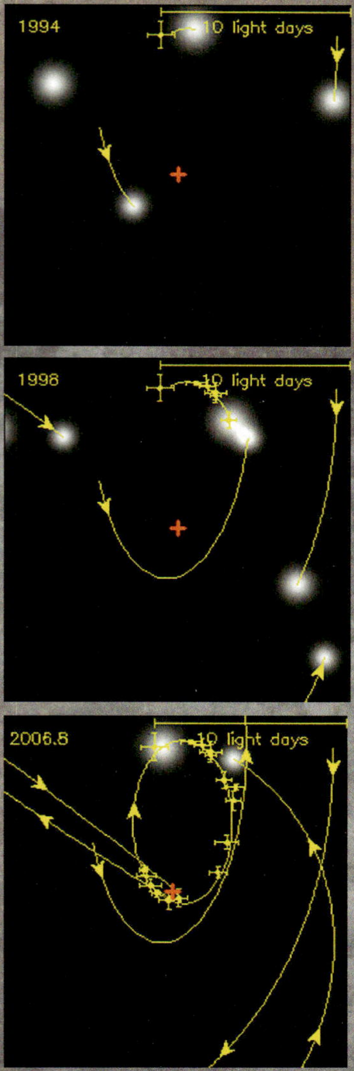

Auf der Grundlage von über 10 Jahren Beobachtung der Sternbahnen wurde die Masse des Schwarzen Lochs zu 3,6 Millionen Sonnenmassen bestimmt.

4 Sterne auf Ellipsenbahnen um das Schwarze Loch im Zentrum unserer Milchstraße

Auf einen Blick

Ausblick: Waagerechter Wurf ▶ Der waagerechte Wurf lässt sich mithilfe zweier zueinander senkrechter Teilbewegungen beschreiben. Ohne Luftwiderstand gilt:

– Von vorn beobachtet man einen freien Fall in negativer y-Richtung.
– Von oben beobachtet man eine Bewegung in x-Richtung mit konstanter Geschwindigkeit. ↑1

Die Bahnkurve ist Teil einer Parabel: $y(x) = -\frac{g}{2 \cdot {v_0}^2} \cdot x^2$.

Sie ist umso weiter geöffnet, je größer die Startgeschwindigkeit v_0 ist. Den Betrag der Bahngeschwindigkeit v erhält man aus den Teilgeschwindigkeiten: $v = \sqrt{{v_0}^2 + (g \cdot t)^2}$.

Beim waagerechten Wurf mit Luftwiderstand weicht die Bahnkurve mit zunehmender Flugzeit immer stärker von der luftwiderstandsfreien Bewegung ab. ↑2 Infolge der Luftwiderstandskraft $F_L = \frac{1}{2} c_W \cdot A \cdot \varrho \cdot v^2$ nimmt v_y langsamer zu als ohne Luftwiderstand und v_x nimmt ab.

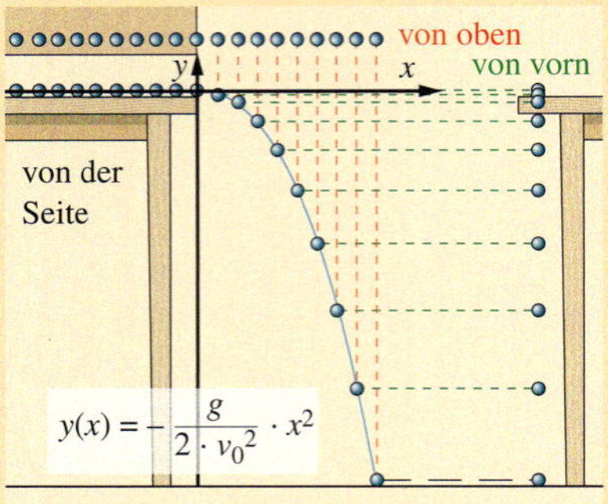

1

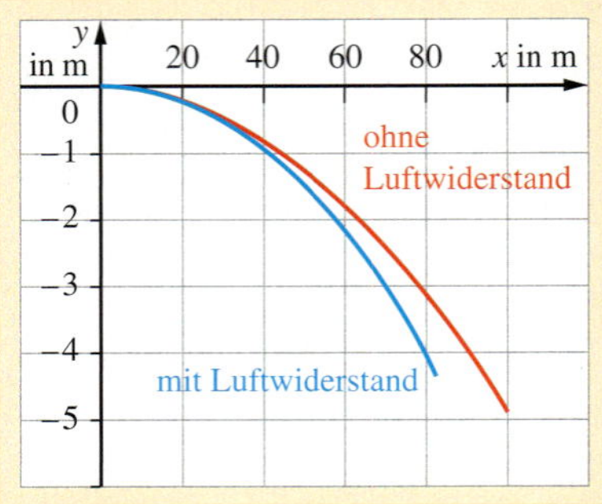

2

Gleichförmige Kreisbewegung Die Periodendauer T ist indirekt proportional zur Winkelgeschwindigkeit ω (im Bogenmaß):

$\omega = \frac{2\pi}{T}$ (Einheit der Winkelgeschwindigkeit: $\frac{1}{s}$).

Die Winkelgeschwindigkeit ω ist proportional zur Frequenz f der Kreisbewegung:

$\omega = 2\pi f$.

Für die Bahngeschwindigkeit v des Körpers auf der Kreisbahn gilt:

$v = \frac{2\pi R}{T} = \omega R$ (R: Radius der Kreisbahn).

Befindet sich der Körper zur Zeit $t = 0$ s am Punkt $(R|0)$, dann lassen sich die t-x- und t-y-Funktionen als Sinus- und Kosinusfunktionen angeben: ↑3

$x(t) = R \cdot \cos(\omega t)$ und $y(t) = R \cdot \sin(\omega t)$.

Es wirkt ständig eine zum Mittelpunkt der Kreisbahn gerichtete *Zentripetalkraft* F_Z auf den Körper. ↑4 Es gilt:

Zentripetalkraft: $F_Z = m \cdot \frac{v^2}{R}$ bzw. $F_Z = m \cdot \omega^2 \cdot R$.

Zentripetalbeschleunigung: $a_Z = \frac{F_Z}{m} = \frac{v^2}{R}$ bzw. $a_Z = \omega^2 \cdot R$. ◀

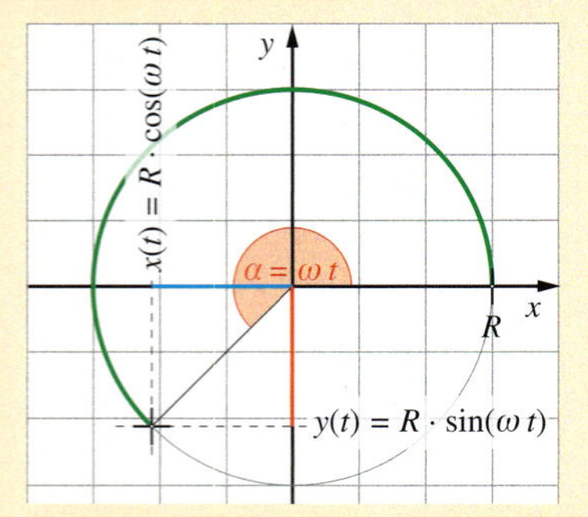

3

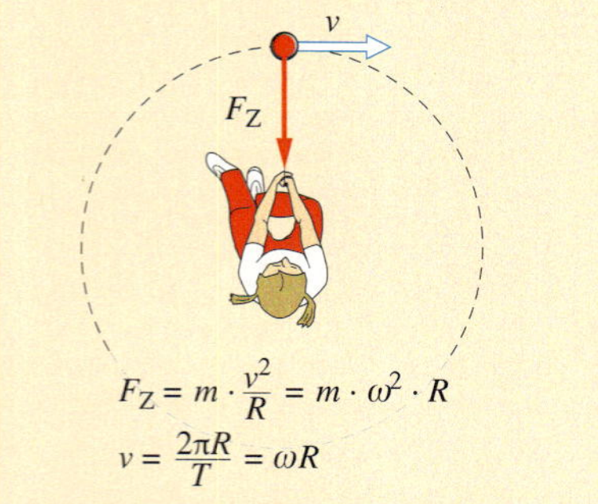

4

Bewegungen in Gravitationsfeldern Die Gravitationskraft zwischen zwei Körpern ist proportional zu ihren Massen. Mit zunehmendem Abstand wird sie immer kleiner. ↑5 Es gilt das *Gravitationsgesetz*:

$$F_G = G^* \cdot \frac{m_1 \cdot m_2}{r^2} \text{ mit } G^* = 6{,}67 \cdot 10^{-11} \frac{m^3}{kg \cdot s^2} \text{ (Gravitationskonstante).}$$

Die Bahn eines Körpers, der in einem Gravitationsfeld abgeschossen wird und auf den keine weitere Kraft wirkt, hängt von seiner Abschussgeschwindigkeit ab. ↑6

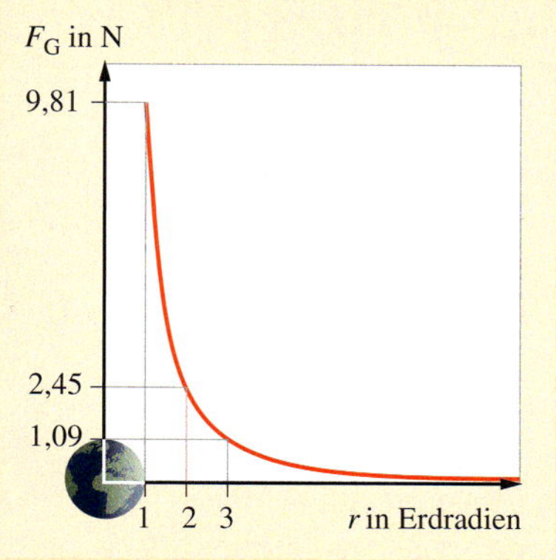

5 Gravitationskraft

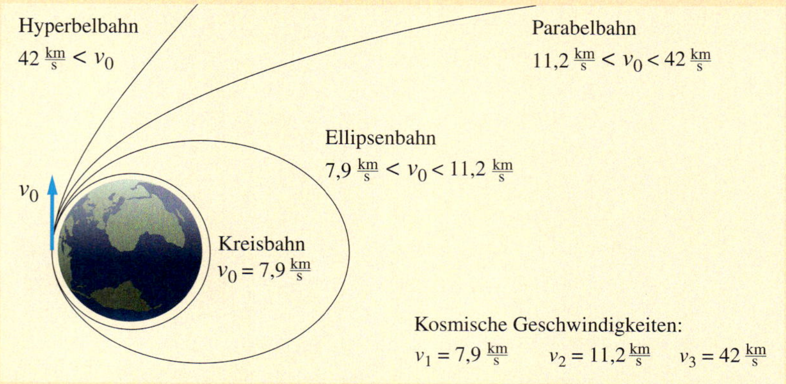

6 Satellitenbahnen

Alles klar?

1 ▶ *Präzisionstennis* Ein Tennisprofi will den Ball von der Grundlinie aus so schlagen, dass er auf der anderen Grundlinie aufkommt. ↑7

a Welche Anfangsgeschwindigkeit in x-Richtung muss dem Ball gegeben werden (in $\frac{km}{h}$)? *Hinweis:* Rechne ohne Luftwiderstand und Spin.

b Wie lange braucht der Ball, bis er aufkommt? Mit welcher Geschwindigkeit springt er auf? ◀

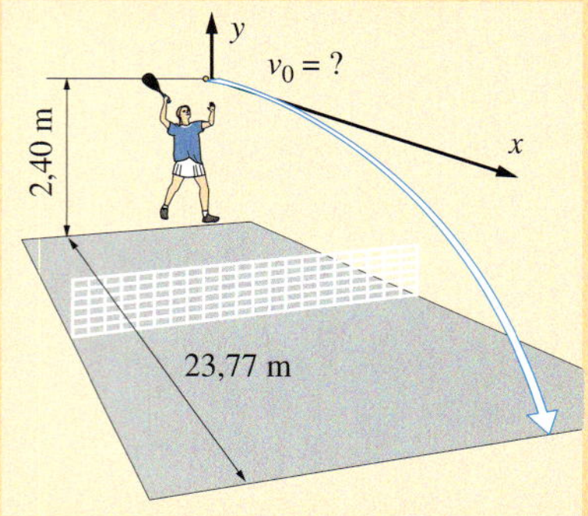

7

2 ▶ *Schleudern* Agda schleudert einen mit Wasser gefüllten Eimer im Kreis herum. ↑8 Wird sie nass?

a An welcher Stelle der Bahn wird der Arm am stärksten belastet? *Hinweis:* Die Kreisbahn liegt in einer Ebene senkrecht zur Erdoberfläche.

b In welchem Bereich der Bahn kann es vorkommen, dass der Arm gar nicht belastet wird? Was passiert in diesem Fall? ◀

8

3 *Müllentsorgung?* Könnte man nicht den Müll zur Sonne „schießen“, damit er dort verbrennt?

a ▶ Die Erde umrundet die Sonne nahezu auf einer Kreisbahn: Wie groß ist ihr Radius R? Wie groß ist die Bahngeschwindigkeit v_{Erde}? ◀

b Eine Rakete wird von der Erde aus entgegengesetzt zur momentanen Bewegungsrichtung abgeschossen, die Startgeschwindigkeit beträgt im „System Erde“ v_{Erde}. Beschreibe den Flug dieser Rakete.

c Was würde geschehen, wenn die Rakete mit der gleichen Startgeschwindigkeit in Richtung der Sonne abgeschossen wird?

Check up

1 ▶ *Klettermax* Max ist beim Klettern gestürzt und hängt frei im Seil. Seitlich von ihm ist ein rettender Griff, den er aber gerade nicht erreichen kann. Um eine Pendelbewegung hervorzurufen, wirft er seinen Rucksack waagerecht zur anderen Seite weg.

a Mit welcher Geschwindigkeit fliegt der Rucksack aus der Gleichgewichtslage weg, mit welcher Max? *Hinweise:* Max (50 kg) wirft den Rucksack (10 kg) mit einer Kraft von 150 N, die Beschleunigung dauert 0,2 s.

b Stelle den Term der rücktreibenden Kraft am Pendel auf. Welche Vereinfachung kann man für kleine Auslenkungen treffen?

c Mit welcher Periodendauer schwingt Max? *Hinweis:* Die Pendellänge beträgt $l = 4{,}0\,\text{m}$.

d Welche maximale Auslenkung (Bogenlänge und Winkel) erreicht Max beim Pendeln? ◀

2 ▶ *Sprungturm* Marie und Lea vergnügen sich im Freibad an einem originellen 8-m-Sprungturm: Der Anlauf besteht aus zwei parallelen Bahnen, von denen die eine 3 m vor der anderen endet. Sie laufen nebeneinander mit $4\,\frac{\text{m}}{\text{s}}$ an, Lea ist gerade am Ende der kurzen Bahn angekommen … Wie verlaufen die Bewegungen weiter?

a Zeichne die Situation im Maßstab 1:100.
- Zeichne von oben betrachtet einen Ausschnitt des 2 m breiten Turms. Vom kürzeren Anlauf braucht nur der letzte Meter zu sehen sein.
- Zeichne passend unter das erste Bild die Situation von der Seite betrachtet.

b Zeichne in die Bilder ein, wo Marie und Lea zu folgenden Zeiten zu sehen sind:
Lea: $t = -0{,}25\,\text{s}$; 0 s; 0,25 s; 0,50 s; 0,75 s; 1,0 s
Marie: $t = -0{,}25\,\text{s}$; 0 s; 0,25 s; …; 2,0 s
Hinweise: Rechne zur Vereinfachung mit $g = 10\,\frac{\text{m}}{\text{s}^2}$. Zeichne bei seitlicher Betrachtung nur die „Fußpunkte“.

c Wie groß ist die Zeitdifferenz zwischen den beiden Sprüngen? Wie lange ist Lea in der Luft? Wie groß ist die Sprungweite?

d In welche Richtung müsste Lea jeweils blicken, um Marie zu sehen?

e Wie hoch ist Marie über dem Wasser, wenn Lea gerade eintaucht? ◀

3 ▶ *Unfall im All* Astronaut Armstrong arbeitet mit Werkzeug außen an seinem Raumschiff. Als er wenige Meter vom Raumschiff entfernt ist, löst sich die Verbindungsleine. Er ist ganz auf sich allein gestellt.

a Armstrong hat keinen Raketenrucksack umgeschnallt. Wie kann er sich trotzdem retten?

b Der Sauerstoffvorrat reicht nur noch für zwei Minuten. Schafft Armstrong es noch bis zur 6 m entfernten Luke? *Hinweise:* Der Astronaut wiegt 100 kg. Er kann das 2 kg schwere Werkzeug mit $5\,\frac{\text{m}}{\text{s}}$ fortschleudern. ◀

4 ▶ *Drehscheibe* Manni argumentiert: „Um mich auf der Drehscheibe halten zu können, muss eine Zentripetalkraft wirken. Dies geschieht durch Festhalten am Geländer. Und in engen Kurven kommt man eher ins Rutschen, weil größere Zentripetalkräfte nötig sind. Nimmt man beides zusammen, folgt: Weiter außen auf der Drehscheibe muss man sich nicht so stark festhalten!“
Hat Manni recht? Untersuche seine Aussagen physikalisch. Verwende dabei auch Formeln. ◀

› Die Lösungen findest du im Anhang.

Schätze deine Kenntnisse und Fähigkeiten ein.
Ordne dazu deiner Lösung im Heft ein Smiley zu:
☺ Ich konnte die Aufgabe richtig lösen.
😐 Ich konnte die Aufgabe nicht komplett lösen.
☹ Ich konnte die Aufgabe nicht lösen.

Aufgabe	Fähigkeit	Hilfe findest du auf Seite …
1, 3	Das Wechselwirkungsgesetz oder den Impulssatz anwenden.	51, 55, 61, 65 f.,
1	Die harmonische Schwingung eines Pendels berechnen.	88, 92–95, 99 f., 102
2	Den Ablauf eines waagerechten Wurfs beschreiben und berechnen.	106 f., 109, 111, 138
4	Die Zentripetalkraft bei gleichförmigen Kreisbewegungen berechnen.	121, 138
4	Kreisbewegungen vergleichen (Winkelgeschwindigkeit, Bahngeschwindigkeit und Zentripetalkraft).	116 ff., 121, 138

Wellenlehre und Einblick in die Quantenphysik

Wasserwellen haben wir alle schon einmal gesehen. Schallwellen kann man hören – um sie zu beschreiben, benötigen wir aber schon Modellvorstellungen. Und bei elektromagnetischen Wellen (Rundfunk, Licht ...) sind wir ganz auf Modelle angewiesen.

Auch Atome und Elektronen sind unseren Sinnen nicht zugänglich. Vielleicht stellst du sie dir als Kügelchen vor – doch manchmal verhalten sie sich wie Wellen!
In der Aufnahme des Elektronenmikroskops ist ein Ring aus Eisenatomen dargestellt, in dem ein Elektron „eingesperrt“ ist: Mithilfe der kreisförmigen Welle kann man erkennen, wo es am wahrscheinlichsten anzutreffen ist.
Die Aufnahme zeigt eine virtuelle Wirklichkeit:
Sie hängt von Messwerten und von den quantenmechanischen Modellen ab, mit denen der Computer rechnet.

Wellenphänomene

Grundbegriffe der Wellenlehre

Durch eine raffinierte Beleuchtungstechnik wird ein alltäglicher Vorgang zu einem faszinierenden Schauspiel: ↑1 Ein Wassertropfen fällt aus dem Wasserhahn in ein Wasserbecken und löst eine kreisförmige Welle auf der Wasseroberfläche aus.
Physiker fasziniert aber noch mehr an diesem Vorgang: beispielsweise die mathematische Beschreibung der Welle und ihrer Ausbreitungsgeschwindigkeit.

1

2 La-Ola-Welle

Die erste La-Ola-Welle vor internationalem Publikum wurde beim olympischen Fußballspiel zwischen Brasilien und Italien gezeigt (1984, USA). Dabei rissen die Zuschauer in der Arena in einer vorgegebenen Richtung kurz nacheinander die Hände hoch, sodass eine Wellenbewegung entstand. Für Zuschauer und Sportler ist die La-Ola-Welle ein Zeichen der Begeisterung. ↑2
Auch in festen Körpern können sich Wellen ausbreiten. Dieses Phänomen wird z. B. in der Geologie genutzt, um Gesteinsformationen auf Erdölvorkommen zu untersuchen oder um Erdbeben besser vorhersagen zu können. Spezialfahrzeuge erzeugen starke Vibrationen und übertragen sie auf den Boden, bisweilen werden auch kleinere Sprengladungen gezündet. ↑3 In der Erdkruste breiten sich die Erschütterungen als seismische Wellen aus. Die Wellen werden an verschiedenen Gesteinsschichten unterschiedlich stark reflektiert und später von speziellen Mikrofonen registriert. Aus den Laufzeiten der Wellen zwischen Sender und Empfänger kann man Rückschlüsse über Gesteinsschichten und Hohlräume ziehen.
Wellenphänomene spielen in unterschiedlichsten Bereichen von Technik und Natur eine große Rolle. Im Folgenden wirst du verschiedene Arten mechanischer Wellen kennenlernen und ihre Eigenschaften untersuchen.

3 Hier werden (kleine) Erdbeben ausgelöst – für die Forschung.

Probier's mal!

1 ▶ Wellen im Wasser
Wenn du mit der Spitze eines Stifts kurz auf eine glatte Wasseroberfläche tupfst, kannst du Wellen sehr schön beobachten. ↑4

a Welche Unterschiede ergeben sich, wenn du nur einmal oder in gleichen Zeitabständen immer wieder kurz auf die Wasseroberfläche tupfst? Probiere es aus.

b Nehmen die Wellen Wasser mit, sodass es vom Stift wegströmt? *Tipp:* Ein Stückchen Papier oder Kork kann dir bei der Antwort helfen.

c Tupfe jetzt nicht mit der Stiftspitze, sondern mit der langen Kante eines Lineals auf das Wasser. Vergleiche das Ergebnis mit den Wellen, die du zuvor mit dem Stift erzeugt hast. ◀

2 ▶ Wellen in einer Schraubenfeder
Auch mit einer Schraubenfeder kannst du Wellen erzeugen. ↑5 Befestige ein Ende der Feder an einem Tischbein, lege die Feder auf den Boden und halte sie leicht gedehnt.

a Lenke dein Ende der Feder einmal kurz seitlich aus und kehre gleich wieder zurück. Wie bewegt sich die Feder danach? Beschreibe deine Beobachtung.

b Stauche die Feder nun einmal kurz in ihrer Längsrichtung. Kommt es wieder zu einer Wellenbewegung? Beschreibe deine Beobachtung.

c Bewege dein Ende der Feder immer wieder hin und her: einmal quer, einmal längs.
Vergleiche die Ausbreitungsrichtung der Quer- und Längswellen mit deiner Bewegungsrichtung. ◀

4 Erzeugung von Wellen im Wasser

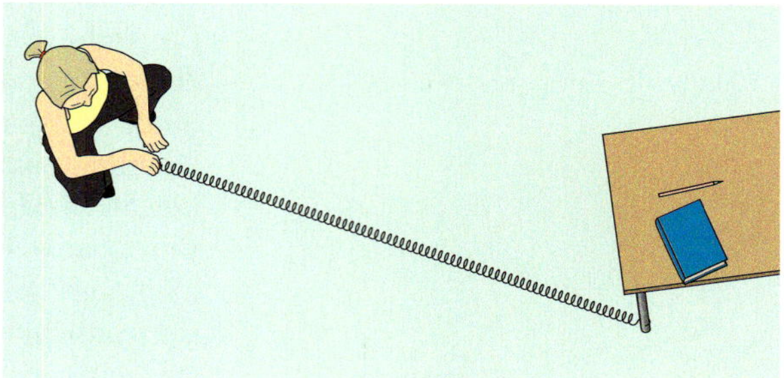

5 Erzeugung von Wellen in einer Schraubenfeder

Experiment

3 ▶ Wellen in der Luft – Schall
Um Töne zu erzeugen, ist ein Lautsprecher an einen Tongenerator angeschlossen. ↑6 Stelle die Frequenz des Tongenerators auf 440 Hz ein: Die Lautsprechermembran schwingt dann 440-mal pro Sekunde auf und ab, es erklingt der „Kammerton“ a′.

a Lege ein paar Styroporkügelchen auf die Lautsprechermembran. Was beobachtest du?
Stelle den Ton eine Oktave höher ein (880 Hz). Bewegen sich die Kügelchen jetzt anders als zuvor?

b Mit einem dynamischen Mikrofon und einem Oszilloskop kannst du den Schall aufzeichnen.
- Wie funktioniert das dynamische Mikrofon?
- Beschreibe den Spannungsverlauf, den du auf dem Bildschirm siehst. Verändere einmal die Tonhöhe und einmal die Entfernung des Mikrofons vom Lautsprecher. Wie verändert sich das Bild auf dem Oszilloskop?
- Wie stellst du dir die Ausbreitung des Schalls vom Lautsprecher zum Mikrofon vor?

c Verwende andere Schallquellen als den Tongenerator. Wie unterscheiden sich die Bilder am Oszilloskop von sinusförmigen Schwingungen? ◀

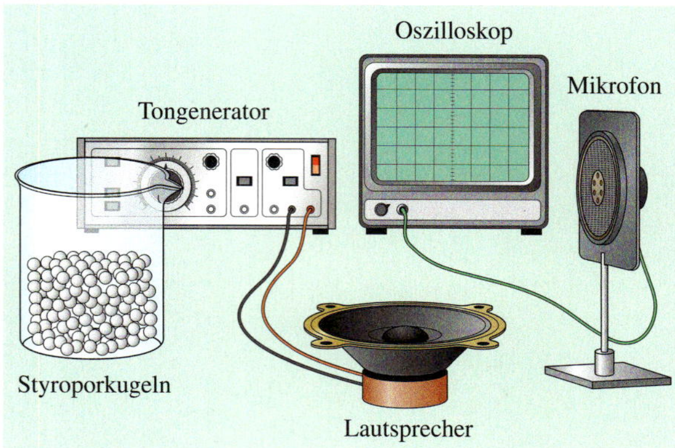

6 Erzeugung von Wellen in der Luft

GRUNDLAGEN: Mechanische Wellen

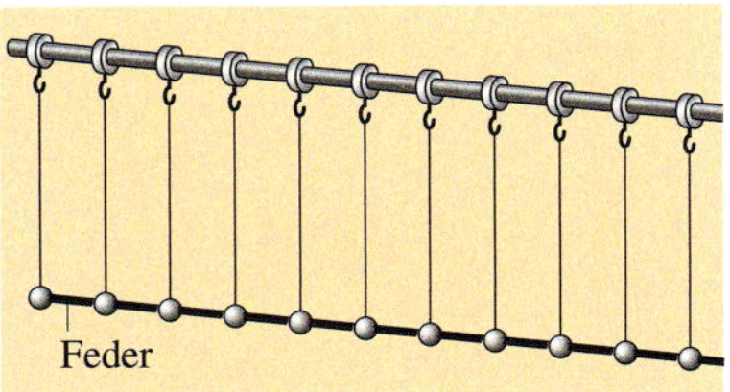

1 Modell für die Entstehung und Ausbreitung mechanischer Wellen

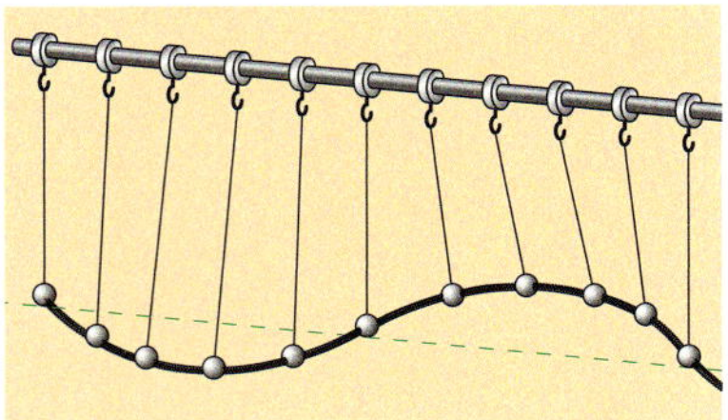

2 Querwelle (Transversalwelle)

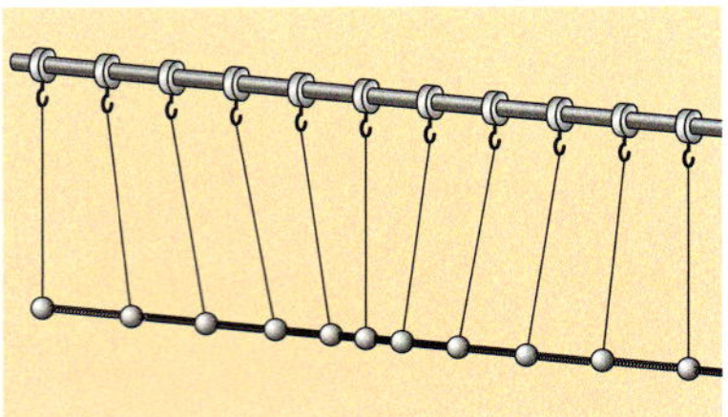

3 Längswelle (Longitudinalwelle)

▶ Wie Wellen entstehen und sich ausbreiten, kann man mithilfe einer Kette von Fadenpendeln zeigen, die durch elastische Federn miteinander verbunden sind. ↑1 Die Federn stellen die Kräfte zwischen den Teilchen in festen, flüssigen oder gasförmigen Körpern dar. Wenn man ein Pendel zum Schwingen bringt, überträgt sich die Schwingung durch die Feder auf das nächste Pendel usw.: Eine Welle entsteht. Mit der Schwingung wird auch Bewegungsenergie übertragen. Aufgrund ihrer Trägheit schwingen die Pendel allerdings nicht alle zeitgleich, sondern immer ein wenig versetzt. Wenn die Pendel quer zur Ausbreitungsrichtung der Welle schwingen, spricht man von *Querwellen* (Transversalwellen). ↑2 Bei *Längswellen* (Longitudinalwellen) schwingen die Pendel in Ausbreitungsrichtung. ↑3 *Beispiele:*

- Eine Seilwelle entsteht, wenn ein gespanntes Seil seitlich ausgelenkt wird. Die Seilstücke schwingen nur quer zur Ausbreitungsrichtung. Da sich die Welle entlang der Linie ausbreitet, die das Seil vorgibt, spricht man von einer eindimensionalen Transversalwelle.
- Eine Wasserwelle entsteht durch eine „Störung" der Wasseroberfläche: Ein Stein wird in einen See geworfen, ein Stift tupft auf das Wasser in einer Wellenwanne … ↑4–↑6 Die Wasserteilchen schwingen an ihrer Stelle auf und ab, „wandern" aber nicht mit der „Störung" mit. Die „Störung" breitet sich auf der ebenen Wasseroberfläche in alle Richtungen aus: Es entsteht eine zweidimensionale Transversalwelle.
- Bei Schallwellen schwingen die Teilchen in Ausbreitungsrichtung. Eine „Störung" der Luft durch Händeklatschen bewirkt z. B. eine Folge von Luftverdichtungen und -verdünnungen, die sich in alle Raumrichtungen ausbreitet. Es entsteht eine dreidimensionale Longitudinalwelle.

Wenn sich Schwingungen in Materie ausbreiten, sprechen wir von mechanischen Wellen. Mechanische Wellen können Energie übertragen, ohne dass Materie transportiert wird.

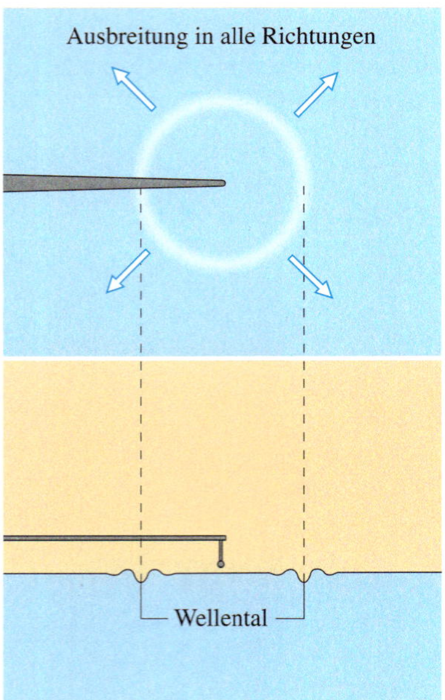

4 Kreiswelle im Wasser (einmalige Störung durch einen Tupfer)

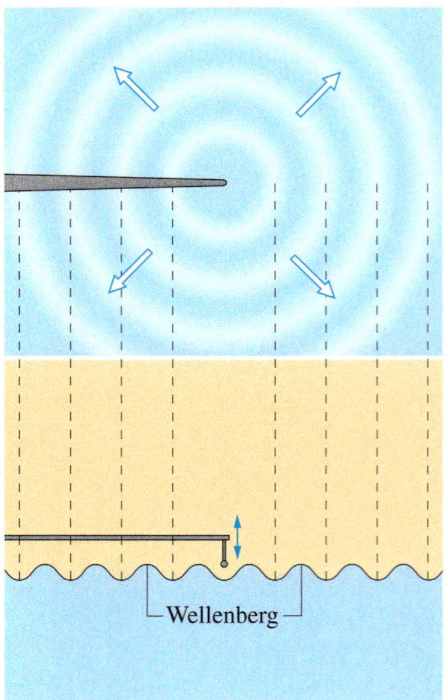

5 Kreiswelle im Wasser (periodische Störung)

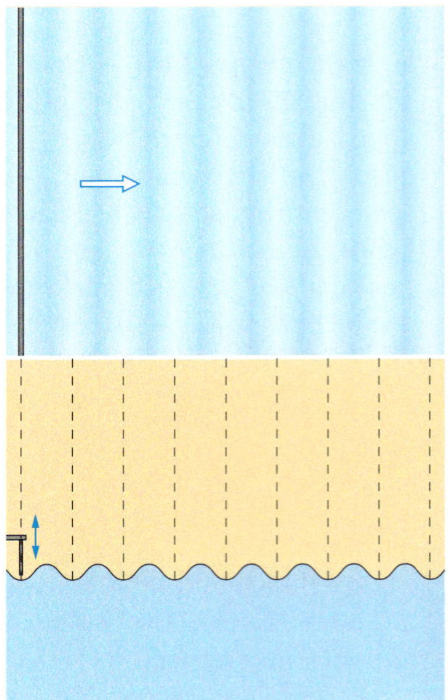

6 Ebene Welle im Wasser (periodische Störung durch ein Lineal)

Wir betrachten nun am Beispiel der Transversalwelle „Momentaufnahmen“ zu verschiedenen Zeitpunkten. ↑7 Dabei ist zusätzlich die momentane Geschwindigkeit der Kugeln durch Pfeile dargestellt. www 145-1

- Die „Wellenlinie“ hat stets die Form einer Sinuskurve.
- Der Abstand zweier Wellenberge (oder Wellentäler) ist in jeder „Momentaufnahme“ gleich groß. Er wird *Wellenlänge* λ („Lambda“) genannt.
- Jeder Punkt schwingt harmonisch an einer Stelle auf und ab. Die maximale Auslenkung aus der Gleichgewichtslage – also die Höhe eines Wellenbergs – nennt man *Amplitude A*. Die Schwingungsdauer heißt *Periodendauer T*.

Um die Ausbreitungsgeschwindigkeit c der Welle zu berechnen, betrachten wir einen Punkt, der sich gerade oben auf einem Wellenberg befindet. Bis er das nächste Mal maximal ausgelenkt ist, vergeht eine Periodendauer T. In dieser Zeit läuft die Welle um genau eine Wellenlänge λ weiter. Daher gilt:

$$c = \frac{\lambda}{T}.$$

Zwischen der Periodendauer T und der Frequenz f der Schwingung eines jeden Punkts der Wasseroberfläche gilt die Beziehung:

$$\frac{1}{T} = f.$$

Damit erhalten wir für die Ausbreitungsgeschwindigkeit der Welle:

$$c = \lambda \cdot f.$$

Die *Wellenlänge* λ einer sinusförmigen Welle ist der Abstand zweier benachbarter Wellenberge oder Wellentäler.
Die *Amplitude* ist die maximale Auslenkung der Welle.
Die *Ausbreitungsgeschwindigkeit* c einer Welle beträgt: $c = \lambda \cdot f$.

Hinweise: Auch die Lichtgeschwindigkeit wird mit c bezeichnet. Die Ausbreitungsgeschwindigkeit einer Welle beschreibt, wie schnell sich die „Störung“ ausbreitet, nicht wie schnell z. B. die Wasserteilchen auf und ab schwingen.
Bei Longitudinalwellen erhält man die Wellenlänge aus dem Abstand zweier benachbarter Verdichtungen oder Verdünnungen. ↑8 ◀

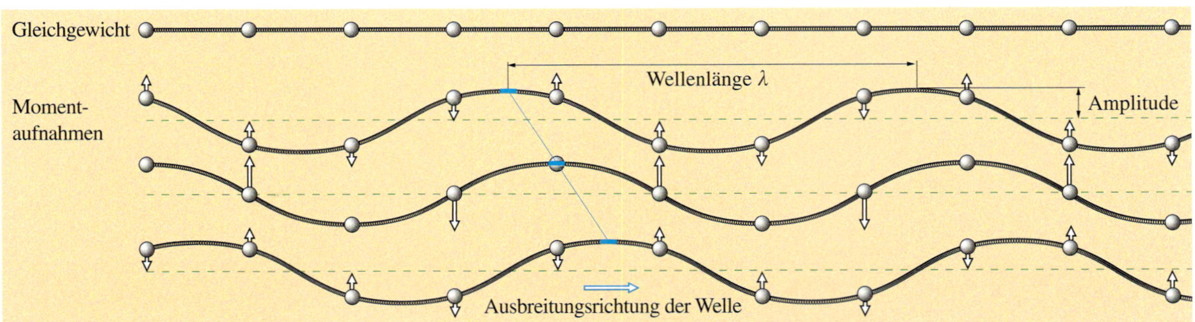

7 Transversalwelle: Gleichgewichtslage und drei zeitlich aufeinanderfolgende Momentaufnahmen

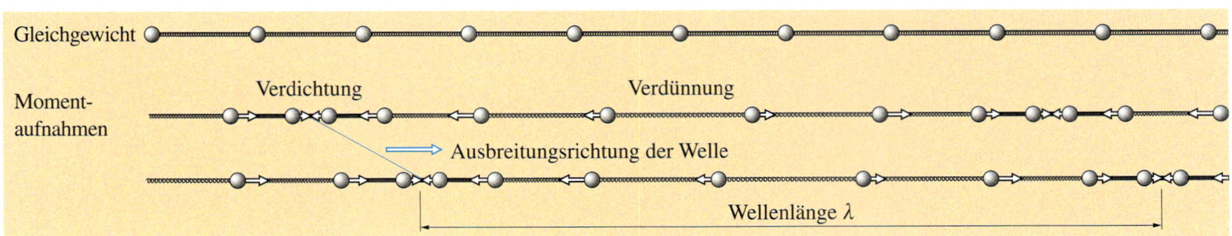

8 Longitudinalwelle: Gleichgewichtslage und zwei zeitlich aufeinanderfolgende Momentaufnahmen

Ausblick Schall mit Hertz

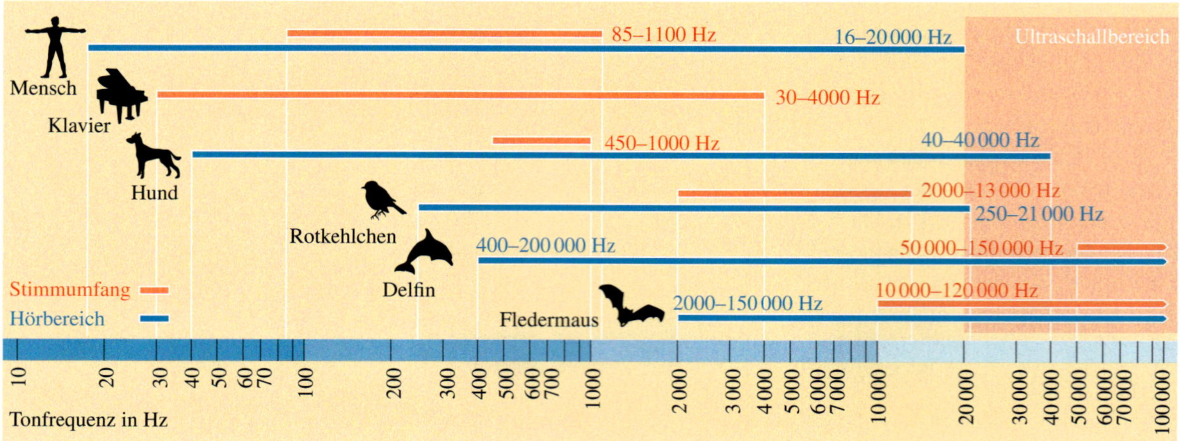

1

Kinder können Schallwellen mit Frequenzen zwischen 16 und 20 000 Hz hören. ↑1 Man nennt diesen Frequenzbereich den *Hörbereich* des Menschen. Er ist viel größer als der Stimmumfang (85 bis 1100 Hz). Schall oberhalb von 20 kHz heißt *Ultraschall*, Schall unterhalb von 16 Hz *Infraschall*.

Mit zunehmendem Alter verschiebt sich die obere Grenze des Hörbereichs nach unten – mit jedem Lebensjahrzehnt um etwa 1 bis 2 kHz. Jugendliche können also höhere Töne hören als Senioren – was nicht immer angenehm sein muss! ↑2

Mit Ultraschall gegen Randalierer
Es ist ein Geräusch, bei dem sich sofort die Nackenhaare aufstellen und die Zehennägel aufrollen. Die Mosquito-Box erzeugt einen unangenehmen Ultraschallton, der Jugendliche davon abhalten soll, auf öffentlichen Plätzen herumzulungern …

2 Aus einem Presseartikel

Ausblick Tsunami

Am 26. Dezember 2004 löste um 1.00 Uhr nachts ein Seebeben der Stärke 9,3 vor Sumatra einen Tsunami aus, dessen Flutwellen an den Küsten über 230 000 Menschen zum Opfer fielen! ↑3 Sogar in Südafrika, mehrere Tausend Kilometer entfernt, wurden Todesopfer beklagt.

Tsunami nennen die Japaner Meereswellen, die durch die abrupte Verdrängung großer Wassermassen z. B. bei Seebeben oder Bergstürzen entstehen (jap. *Tsu:* Hafen, *Nami:* Welle). Bei einem Tsunami bewegt sich das Wasser nicht nur an der Oberfläche, sondern bis hinab auf den Meeresboden. Die Amplitude des Tsunamis ist bei großer Wassertiefe recht gering. Da seine Wellenlänge zudem zwischen 100 und 500 km liegt, bleibt ein Tsunami auf dem offenen Meer meist unbemerkt. Erst wenn er sich der Küste nähert und der Meeresboden ansteigt, wird die Wellenlänge kleiner und die Wellen türmen sich auf. ↑4

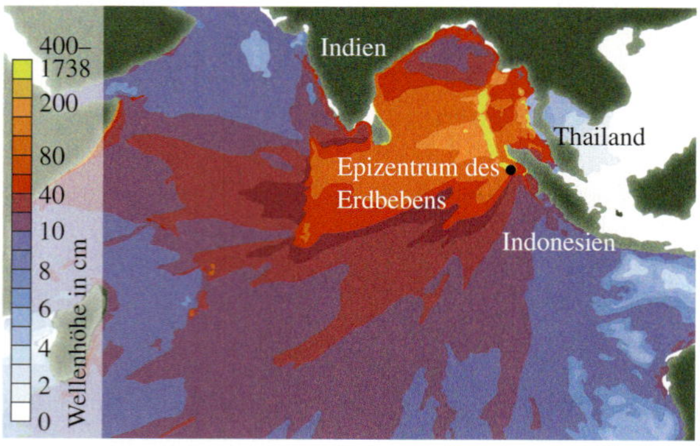

3 Amplituden des Tsunamis (26. 12. 2004) im Indischen Ozean

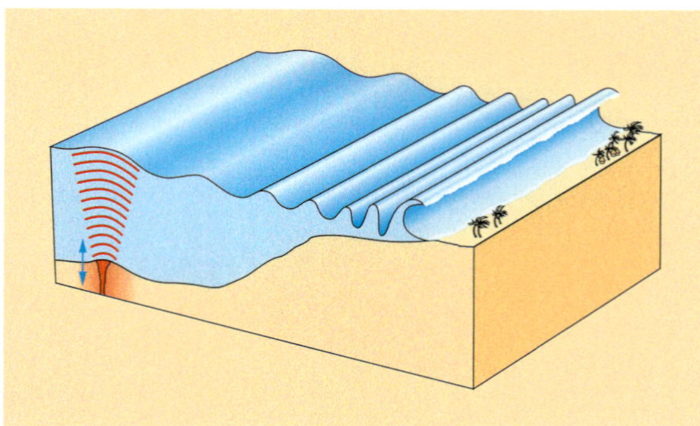

4 Entstehung und Ausbreitung eines Tsunamis

Ausblick Erdbebenwellen

Erdbeben entstehen, wenn sich in den Gesteinsschichten im Erdinnern Verspannungen z. B. infolge der Plattenbewegungen ruckartig lösen. Dabei können Energien freigesetzt werden, die die einer Wasserstoffbombe um das Hundertfache übertreffen.

Das Zentrum eines Erdbebens liegt in der Regel 30 bis 800 km unter der Erdoberfläche. Die Stelle der Erdoberfläche, die genau über dem Erdbebenzentrum liegt, heißt *Epizentrum*.

Bei der Ausbreitung der Erdbebenwellen unterscheidet man verschiedene Möglichkeiten: ↑5

- Longitudinalwellen (Primärwellen, P-Wellen) breiten sich mit etwa $6\,\frac{\text{km}}{\text{s}}$ in alle Richtungen um das Erdbebenzentrum aus – im harten Granit ebenso wie im flüssigen Erdkern, in den Weltmeeren und in der Atmosphäre. Das schreckliche Dröhnen, von dem Augenzeugen starker Erdbeben berichten, rührt von P-Wellen im hörbaren Frequenzbereich her, die an die Erdoberfläche gelangen und die Luft in Schwingungen versetzen.
- Transversalwellen (Sekundärwellen, S-Wellen) folgen etwa halb so schnell. Sie können sich nicht in Flüssigkeiten ausbreiten, da die Teilchen in Flüssigkeiten gegeneinander nahezu frei verschiebbar sind, ohne dass rücktreibende Kräfte auftreten. Sie durchdringen den festen Teil des Erdinnern, aber nicht den flüssigen Erdkern. Daher gibt es auf der gegenüberliegenden Seite der Erde einen Schattenbereich, in dem keine S-Wellen registriert werden können.

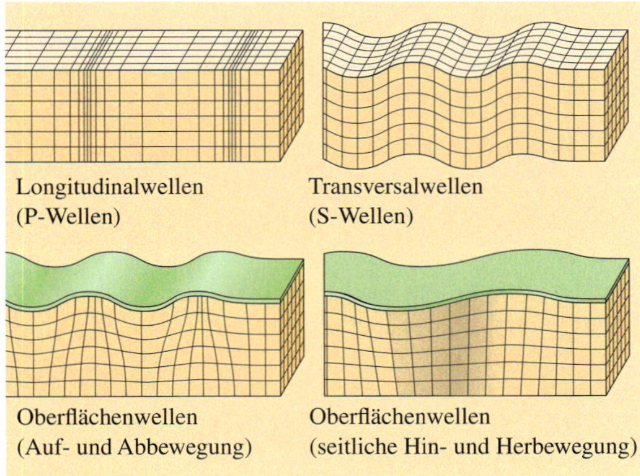

5

- Gelangen P- und S-Wellen an die Erdoberfläche, können sie Oberflächenwellen verursachen. Diese bewegen sich meist etwas langsamer als S-Wellen und können die Erde mehrmals umrunden, bevor sie abgeklungen sind. Sie verursachen die großen Zerstörungen im Umkreis des Epizentrums.

Über 500 Messstationen auf der ganzen Welt registrieren Erdbeben. So zeichneten die Seismografen den zeitlichen Verlauf der Wellen auf, die 1994 von einem Beben in Northridge (Kalifornien) ausgingen. ↑6 Wegen der unterschiedlichen Laufzeiten der P- und S-Wellen war eine genaue Ortung des Epizentrums möglich.

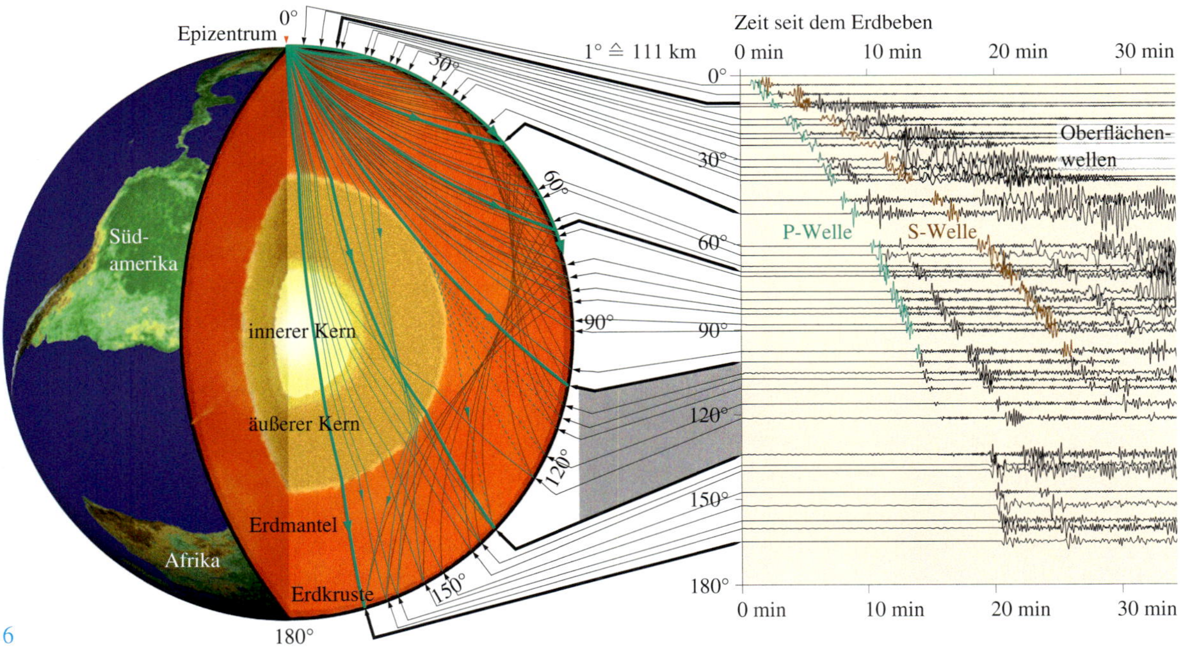

6

Aufgaben

1 *La-Ola-Welle* Um welche Art von Welle handelt es sich hier? Ist die La-Ola-Welle ein- oder zweidimensional?

2 *„Magnetwelle“* ↑1 Die magnetischen Rollen auf der Schiene sind so gepolt, dass sie einander jeweils abstoßen. Was wird wohl geschehen, wenn man die erste Rolle kurzzeitig in Richtung der zweiten auslenkt und dann wieder loslässt?
Vergleiche mit der Schallausbreitung in Luft.

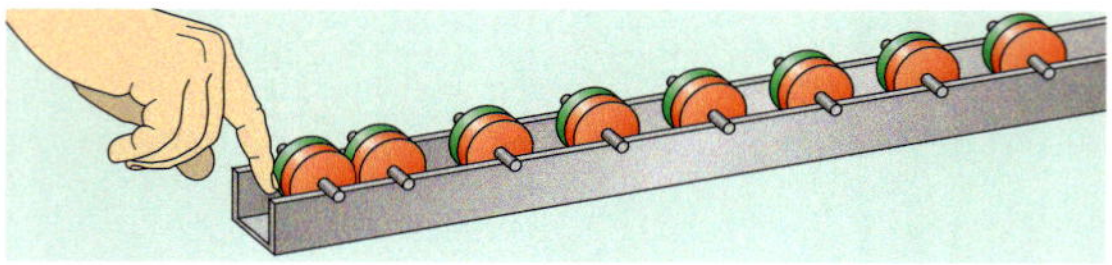

1

3 ▶ *Wellensalat* Übertrage die folgende Tabelle in dein Heft und ergänze die fehlenden Werte. ◀

Stoff	c	λ	f
Luft	$340\,\frac{\text{m}}{\text{s}}$	? ?	440 Hz 20 kHz
Glas	?	12 m	440 Hz
Buchenholz	$11\,880\,\frac{\text{km}}{\text{h}}$	1,0 cm	?

4 *Tief- und Flachwasserwellen* Die Ausbreitungsgeschwindigkeit von Tiefwasserwellen (Wassertiefe groß gegenüber der Wellenlänge) hängt nur von der Wellenlänge ab. ↑2 Bei Flachwasserwellen (Wassertiefe klein gegenüber der Wellenlänge) hängt sie dagegen nur von der Wassertiefe ab.

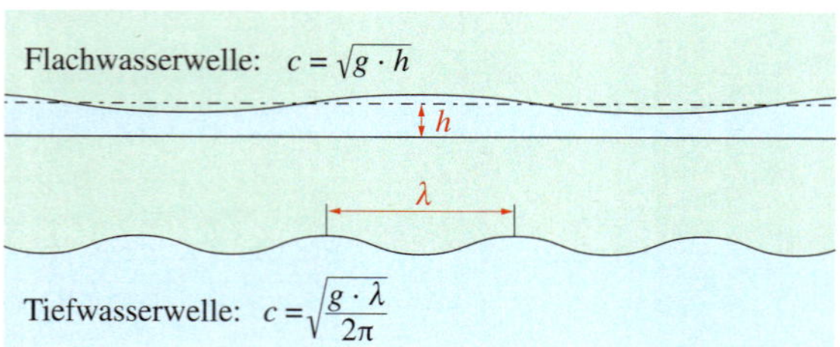

2

a Wie ändert sich die Wellenlänge einer Flachwasserwelle, wenn die Wassertiefe auf die Hälfte (ein Viertel) abnimmt?

b Beim Segeln bildet sich längs des Schiffsrumpfs eine mitlaufende Transversalwelle, deren Wellenlänge gleich der Schiffslänge ist. Unter Seglern gilt der Spruch: „Länge läuft“. Kannst du ihn erklären?

5 ▶ *Erdkern und Erdbeben* Die S-Wellen eines Erdbebens können den Erdkern durchdringen, die P-Wellen dagegen nicht.
Welchen Aufschluss gibt das über den Erdkern? Begründe deine Antwort. ◀

6 *Entfernung zum Epizentrum* Ein Erdbeben hat Spuren hinterlassen: Drei Messstationen haben seine P- und S- Wellen aufgezeichnet. ↑3
Wo lag das Epizentrum?

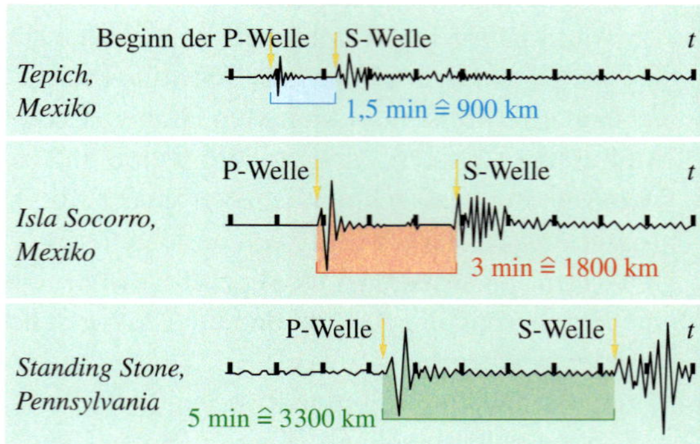

3

a Den Abstand Δs der Messstationen zum Erdbebenzentrum kann man anhand des Laufzeitunterschieds Δt der P- und S-Wellen berechnen:
$$\Delta s = \frac{c_p \cdot c_s}{c_p - c_s} \cdot \Delta t.$$
Leite diese Formel her.
Hinweis: Die Wellen sind jeweils auf geradem Weg zu den Messstationen gelangt.

b Versuche mithilfe der Formel und einer geeigneten Landkarte die Lage des Epizentrums zu finden.
Hinweise: Gehe davon aus, dass das Erdbebenzentrum nahe unter der Erdoberfläche lag. Für die Geschwindigkeiten gilt: $c_p = 6\,\frac{\text{km}}{\text{s}}$; $c_s = 3{,}5\,\frac{\text{km}}{\text{s}}$.

7 *Tsunami* Der Tsunami von 2004 bei Sumatra richtete verheerende Schäden an. Wäre genügend Zeit gewesen, um die Menschen nach Auslösung des Tsunamis zu warnen?

a Schätze die Vorwarnzeit für die Ostküste Indiens ab. Welche Periodendauer hatten die Wellen bei einer Wellenlänge von 100 km?
Hinweise: Entnimm die Entfernungen deinem Weltatlas. Für die Ausbreitungsgeschwindigkeit des Tsunamis gilt: $c = \sqrt{g\,h}$ (h: Wassertiefe).

b Kann ein Tsunami Schallgeschwindigkeit (in Luft) erreichen?

Aufgaben

c Auf hoher See beträgt die Amplitude eines Tsunamis nur wenige Dezimeter. Warum türmen sich Tsunamiwellen am Strand so hoch auf?
Beantworte die Frage einmal aus Sicht der Energie und einmal mithilfe folgender Beziehung:
Die Amplitude A eines Tsunamis nach einem Seebeben hängt von der freigesetzten Energie E, der Entfernung r zum Epizentrum und der Wassertiefe h ab:

$$A \sim \sqrt{\frac{E}{r \cdot \sqrt{h}}}.$$

8 *Für Experten: Wellenanimation* Wie kann man eine Transversalwelle mit dem Computer „animieren"?
Die folgenden Überlegungen führen zunächst zu einer mathematischen Beschreibung der Welle: ↑4
Der Punkt 1 an der Stelle x_1 schwingt sinusförmig: $y_1(t) = A \cdot \sin(2\pi f \cdot t)$.
Nach einer Zeitspanne Δt ist die Welle mit der Geschwindigkeit c um die Strecke Δx zum Punkt 2 weitergewandert: $x_2 = x_1 + c \cdot \Delta t$.
Der Punkt 2 schwingt ebenfalls sinusförmig: $y_2(t) = A \cdot \sin(2\pi f \cdot [t - \Delta t])$.*
Beginnt man bei $x_1 = 0$ und schreibt dann x anstelle von x_2, so erhält man für die Auslenkung am Ort x zur Zeit t die *Wellengleichung*:

$$y_x(t) = A \cdot \sin\left(2\pi \left[\frac{t}{T} - \frac{x}{\lambda}\right]\right).$$

Diese Funktion beschreibt, wie ein Punkt an beliebiger Stelle x in Abhängigkeit von der Zeit t schwingt.
a Leite die Wellengleichung aus der Gleichung* ab.
b Schreibe ein Programm, mit dem du unter Verwendung der Wellengleichung eine Transversalwelle animieren kannst. Teste dein Programm.

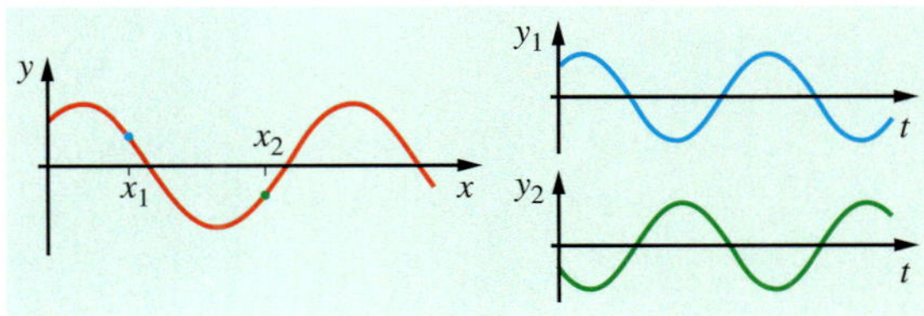

4

GRUNDLAGEN: Beugung von Wellen

▶ Wenn Wellen an einem Hindernis „vorbeilaufen", breiten sie sich auch in den geometrischen Schattenraum hinter dem Hindernis aus. ↑5 Das gilt auch für eine ebene Welle, die auf eine Wand mit einem Spalt trifft. Wenn die Spaltbreite viel größer als die Wellenlänge ist, ist der Effekt nur gering. ↑6 Ist der Spaltdurchmesser dagegen etwa so groß wie die Wellenlänge, ähnelt die durchgelassene Welle einer Kreiswelle. ↑7

Wenn Wellen in den geometrischen „Schattenraum" hinter einem Hindernis eindringen, spricht man von Beugung. ◀

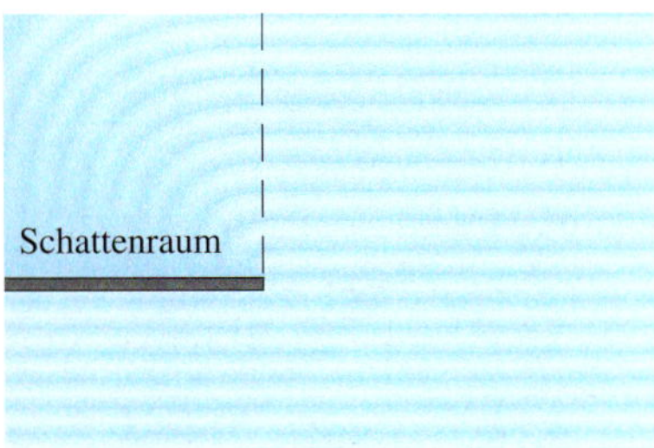

5

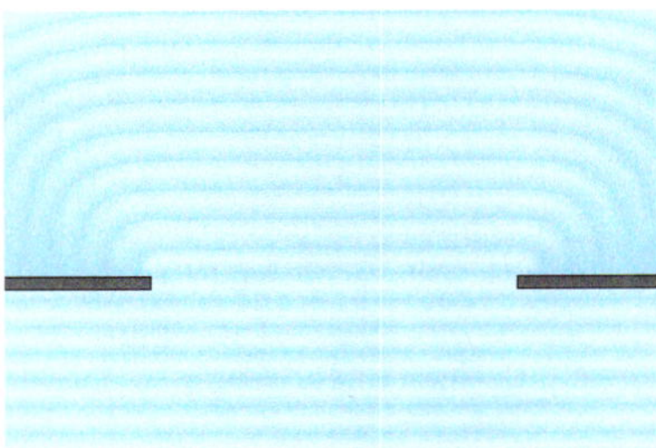

6

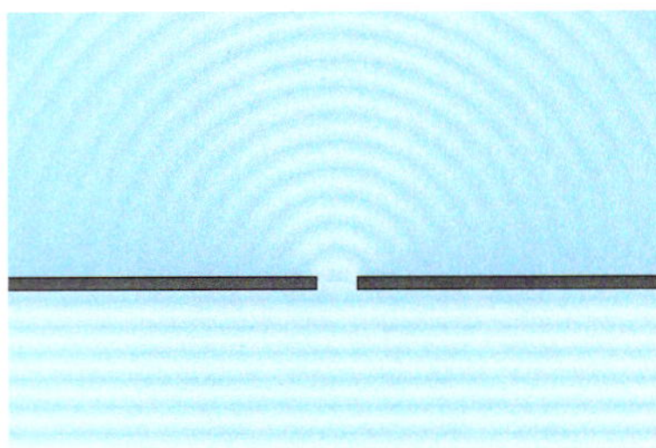

7

Experiment

9 ▶ Beugung im Experiment
Zeige die Beugung ebener Wellen am Beispiel von Wasserwellen und von Schallwellen.
Plane jeweils geeignete Versuche dazu und führe sie dann durch. ◀

Überlagerung von Wellen

Eine Hummel auf dem Wasser: Sie schlägt mit den Flügeln und erzeugt eine Vielzahl von Wellen, die sich überlagern und Muster bilden. ↑1 (Die Hummel wurde gerettet!)

1

Ein Triebwerkprüfstand des Deutschen Luft- und Raumfahrtzentrums in Köln-Porz: ↑2 Lautsprecher strahlen Schall ins laufende Triebwerk hinein – und reduzieren dadurch den Lärm! Durch die Überlagerung des Triebwerkschalls mit dem „Antischall“ konnte der Lärm auf dem Prüfstand bereits um die Hälfte gesenkt werden.

Streicht man mit dem Bogen über eine Cellosaite, so entstehen „Störungen“, die sich längs der Saite als Wellen ausbreiten. ↑3 An den Stegen werden die Wellen reflektiert, laufen zurück und überlagern sich mit den neu ankommenden Wellen. Erst diese Überlagerung macht die wundervollen Klänge des Cellos möglich.

So unterschiedlich die drei Beispiele aus Natur und Technik auch sind – sie beruhen alle auf dem gleichen Wellenphänomen: der Überlagerung von Wellen.

2 „Antischall“ auf dem Prüfstand

3 Angeregte Saiten

Probier's mal!

1 ▶ Überlagerung eindimensionaler Wellen ↑4
Was wird geschehen, wenn Wellenberg und Wellenberg aufeinandertreffen? Was passiert, wenn Wellenberg auf Wellental trifft?
Lege eine lange Schraubenfeder auf einen glatten Boden und befestige sie z. B. zwischen zwei Tischbeinen, sodass sie leicht gespannt ist.
Lenke die Feder nun zusammen mit einem Versuchspartner an beiden Enden z. B. durch einen Handkantenschlag kurz aus – einmal in die gleiche Richtung und einmal in entgegengesetzte Richtungen. Beschreibe deine Beobachtungen. ◀

2 ▶ Experimente am Seeufer
Steinewerfen im Dienst der Wissenschaft: Erzeuge auf der Oberfläche eines stehenden Gewässers „Störungen" durch Werfen zweier Steine. Was geschieht, wenn sich zwei Wellenberge bzw. Berg und Tal treffen? Variiere die Masse und den Abstand der Steine. ◀

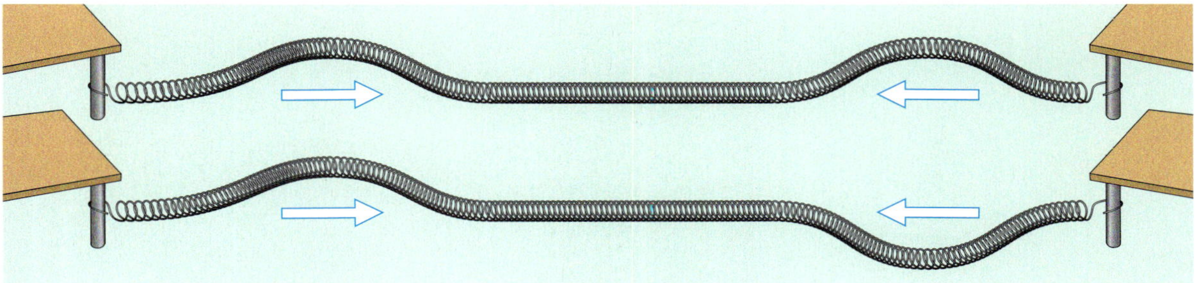
4

Experimente

3 ▶ Überlagerung von Wasserwellen
Erzeuge in einer Wellenwanne zwei Kreiswellen, die sich überlagern. ↑5 ↑6 Zeichne das geometrische Muster auf, das sich ergibt. Beschreibe, wie die Wasseroberfläche in den deutlich erkennbaren Streifen auf und ab schwingt. ◀

4 ▶ Überlagerung von Schallwellen
„Antischall" im Klassenzimmer: Zwei Lautsprecher sind an einen Tongenerator angeschlossen und strahlen einen 5-kHz-Ton ab. ↑7 Was fällt dir auf, wenn du langsam am Versuchstisch vorbeigehst? Versuche den Höreindruck zu erklären. ◀

5

6

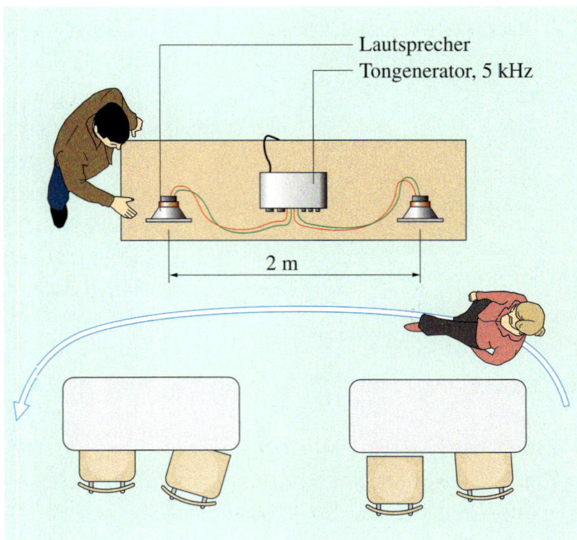

7

GRUNDLAGEN: Überlagerung von Wellen – Interferenz

1 Überlagerung von Wellen

▶ Wasserwellen durchdringen sie sich gegenseitig, ohne sich in ihrer Ausbreitung zu stören. ↑1 Im Moment des Aufeinandertreffens wird aus zwei Wellenbergen ein besonders hoher Berg und aus zwei Wellentälern ein besonders tiefes Tal. Überlagern sich Wellenberg und -tal, so schwächen sie sich kurzzeitig ab oder löschen sich sogar aus. Nach dem Aufeinandertreffen laufen die Wellen auseinander, als ob es keine Überlagerung gegeben hätte.
Überlagern sich zwei Kreiswellen, die gleiche Frequenzen und Amplituden haben, erkennt man Streifen der Ruhe, in denen sich die Wasseroberfläche nicht bewegt. ↑2 In diesen Streifen treffen Berge auf Täler. ↑3 Andere Punkte der Wasseroberfläche schwingen mit doppelter Amplitude: Hier treffen abwechselnd Berge auf Berge und Täler auf Täler. ↑4

2 Überlagerung am Doppelspalt

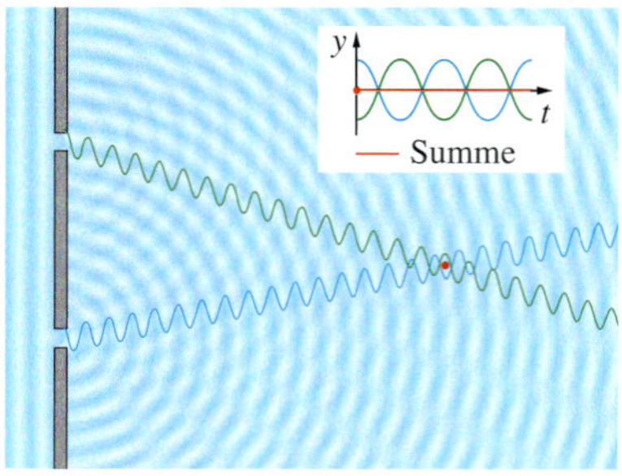

3 Abschwächung (Auslöschung)

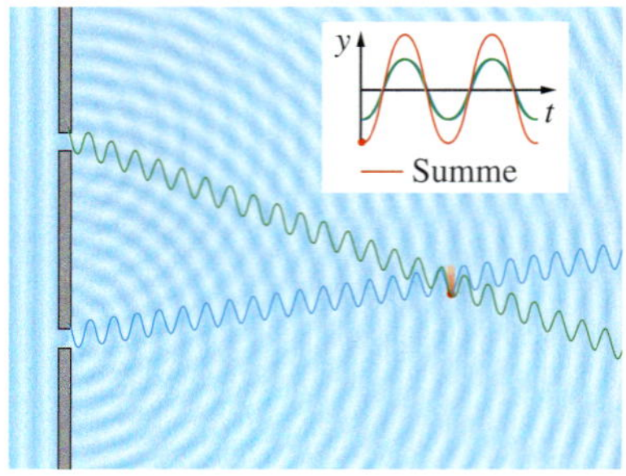

4 Verstärkung

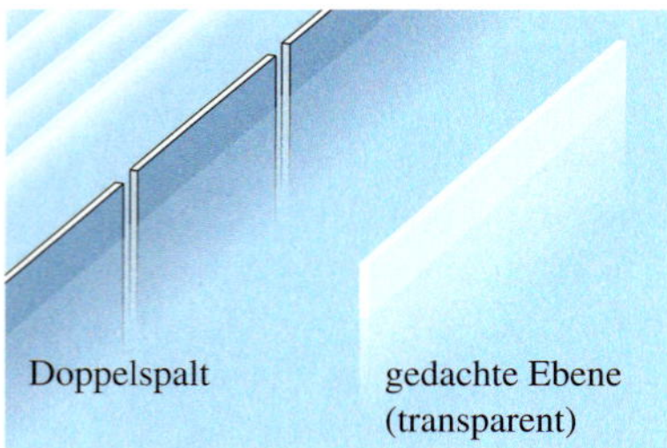

5

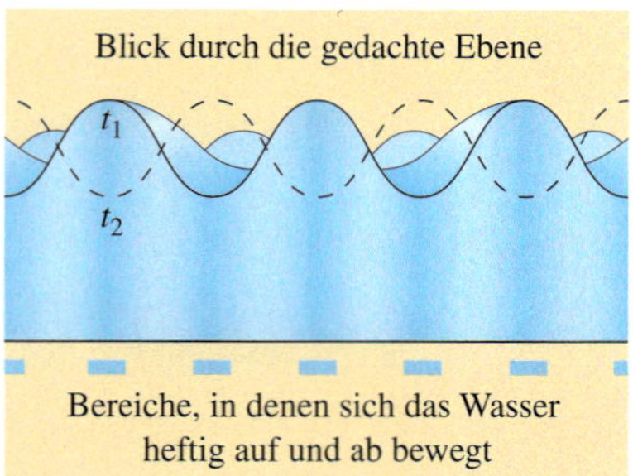

6

Die Überlagerung periodischer Wellen gleicher Frequenz, bei der es an bestimmten Stellen zur Verstärkung der Schwingungen und an anderen Stellen zur Abschwächung kommt, bezeichnen wir als *Interferenz* (lat. *inter:* zwischen; *ferire:* schlagen).

Bei der Interferenz (Überlagerung periodischer Wellen mit gleicher Frequenz) treten Bereiche auf, in denen sich die Wellen verstärken, und Bereiche, in denen sie sich abschwächen.

Wir betrachten nun die Bewegung der Wasseroberfläche in einer gedachten Ebene, die die Wasseroberfläche senkrecht durchschneidet. ↑5 Zeichnet man die Schwingungen der Wasseroberfläche in dieser Ebene auf, dann stellt sich das Interferenzmuster als Abfolge von Bereichen starker und schwacher Wasserbewegung dar. ↑6 Die ganz schmalen Streifen, in denen die Wasserbewegung am stärksten ist, bezeichnen wir als *Interferenzmaxima*.
Interferenzmuster treten nicht nur bei transversalen Wellen auf, sondern auch bei Longitudinalwellen wie z. B. Schallwellen. Hier zeichnen sich Bereiche der Verstärkung (Abschwächung) durch große (kleine) Lautstärke aus. ◀

Aufgabe

1 *Interferenzmuster – selbst gezeichnet*

a Zeichne das Interferenzmuster hinter einem Doppelspalt. *Hinweise:* Der Spaltabstand beträgt 3,0 cm, der Abstand zwischen Berg und Tal jeweils 0,5 cm.

b Zeichne die Bereiche maximaler Verstärkung und Auslöschung farbig ein.

c Wie verändert sich das Interferenzmuster, wenn die Wellenlänge 2,0 cm beträgt? Zeichne es ebenfalls.

AUSBLICK: Mathematische Beschreibung der Interferenzmaxima

Die Winkel, unter denen die Interferenzmaxima in einer weit entfernten (gedachten) Beobachtungsebene auftreten, lassen sich mit ein wenig Trigonometrie berechnen. ↑7

- Dass es auf der Mittellinie zu einem Interferenzmaximum kommt, ist klar: Dort treffen wegen gleicher Abstände zu den Spalten abwechselnd Berg auf Berg und Tal auf Tal aufeinander. Dieses Interferenzmaximum wird als 0. Maximum bezeichnet.
- Das 1. Maximum kommt unter dem Winkel α_1 zustande, bei dem die Wegdifferenz Δs_1 der beiden Wellenzüge gerade eine Wellenlänge λ beträgt: $\Delta s_1 = \lambda$. Dann treffen in der Beobachtungsebene wieder Berg auf Berg und Tal auf Tal.
  Für den Winkel α_1 gilt: $\sin \alpha_1 = \frac{\lambda}{b}$ (b: Abstand der beiden Spalte).
- Für den Winkel α_2, unter dem das 2. Maximum auftritt, gilt:
  $\Delta s_2 = 2\lambda$ und $\sin \alpha_2 = \frac{2\lambda}{b}$.
- Und so weiter für das 3., 4., 5. … Interferenzmaximum.

Allgemein gilt für die Interferenzmaxima:

$\Delta s_k = k\lambda$ und $\sin \alpha_k = \frac{k\lambda}{b}$ mit $k = 0, 1, 2, \ldots$

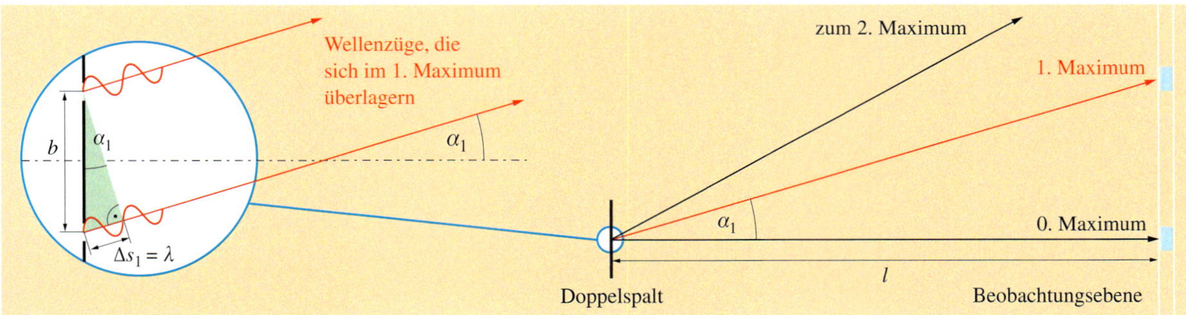

7

Probier's mal!

2 ▶ Ausblick: Interferenz einer Welle – mit sich selbst

a Befestige eine lange Schraubenfeder an einem Tischbein, lege sie auf den Boden und spanne sie leicht. ↑8 Bewege das eine Ende der Feder jetzt in gleichmäßigem Rhythmus seitlich hin und her. Verändere die Frequenz der Bewegungen.
Was beobachtest du? Kannst du deine Beobachtung erklären?

b Durch geschicktes „Wedeln" kannst du die Wellen so überlagern, dass „Knoten" entstehen, in denen die Schraubenfeder gar nicht hin- und herschwingt. Kannst du unterschiedlich viele „Knoten" erzeugen? Wie viele schaffst du höchstens?

c Befestige die Schraubenfeder diesmal nicht direkt am Tischbein, sondern mithilfe eine Schnur. Läuft trotzdem alles so ab wie vorher? ◀

8

AUSBLICK: Stehende Wellen

▶ Die Interferenz periodischer Wellen mit entgegengesetzten Ausbreitungsrichtungen führt zu einem neuen Wellenphänomen: *stehenden Wellen.* ◀
Um gegenläufige Wellen gleicher Frequenz zu erzeugen, verwenden wir das folgende Experiment: ↑1 Ein elastisches Gummiseil wird mithilfe eines rotierenden Exzenters an einem Ende in Schwingungen versetzt. Im Seil breitet sich eine periodische sinusförmige Welle aus, ihre Frequenz ist genauso groß wie die Umdrehungsfrequenz des Exzenters. Die Welle wird am befestigten Ende reflektiert und überlagert sich dann mit der Welle, die direkt vom Exzenter kommt.

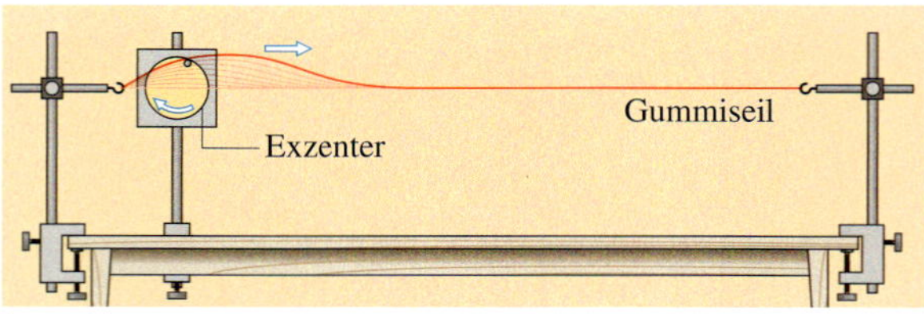

1

2

▶ Bei bestimmten Umdrehungsfrequenzen des Exzenters addieren sich die gegenläufigen Wellen zu einer neuen Welle, die gewissermaßen am Ort zu stehen scheint. ↑2 Eigentlich ist diese stehende Welle gar keine „richtige" Welle mehr, da sich die Schwingungen der Seilteilchen nicht mehr ausbreiten. Sie hat folgende Eigenschaften: ↑3

1) In den Schwingungsknoten ruht das Seil. Benachbarte Schwingungsknoten sind eine halbe Wellenlänge $\frac{\lambda}{2}$ der Seilwelle voneinander entfernt.
2) Die Seillänge ist immer ein Vielfaches von $\frac{\lambda}{2}$. (Daraus kann man ableiten, bei welchen Frequenzen sich stehende Seilwellen ergeben.)
3) Zwischen zwei Schwingungsknoten treten im ständigen Wechsel Berge und Täler auf, es entstehen Schwingungsbäuche. Die Seilteilchen zwischen zwei Schwingungsknoten bewegen sich stets gemeinsam in die gleiche Richtung – mal aufwärts, mal abwärts. Die Seilteilchen im nächsten Abschnitt schwingen genau entgegengesetzt dazu. ◀

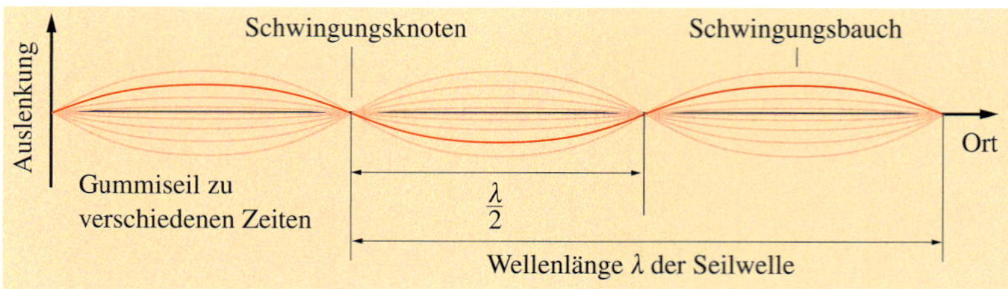

3

Stehende Wellen kann man nicht nur an eingespannten Seilen beobachten, sondern immer dann, wenn sich gegenläufige Wellen gleicher Frequenz und Amplitude überlagern. Die Eigenschaften 1 und 3 besitzen alle stehenden Wellen, 2 trifft nur für stehende Wellen zu, bei denen der schwingende Körper an beiden Enden fest „eingespannt" ist.

Die Interferenz zweier gegenläufiger Wellen (gleicher Frequenz) mit gleicher Amplitude ergibt eine stehende Welle.
Der Abstand zweier benachbarter Schwingungsknoten beträgt $\frac{\lambda}{2}$.

Ausblick Grund- und Oberschwingungen bei stehenden Wellen

Bringt man die Saite eines Streich- oder Zupfinstruments zum Schwingen, so bilden sich stehende Wellen (wie beim Experiment mit dem Gummiseil).

- Als *Grundschwingung* bezeichnet man die stehende Welle, die nur einen Schwingungsbauch hat. ↑4
- Bei leichter Berührung („Flagiolett") in der Mitte der schwingenden Saite erhält man die erste *Oberschwingung*. Ihre Wellenlänge ist halb so groß wie die der Grundschwingung, ihre Frequenz also doppelt so hoch. Man hört einen *Oberton*, der eine Oktave höher ist als der *Grundton*.
- Berührt man die Saite leicht bei einem Drittel ihrer Länge, so erhält man die zweite Oberschwingung mit drei anstelle von zwei Bäuchen. Die Frequenzen der beiden Obertöne verhalten sich wie 3 : 2. Man bezeichnet dieses Intervall als Quinte.
  Entsprechend erhält man Quarten, Terzen …

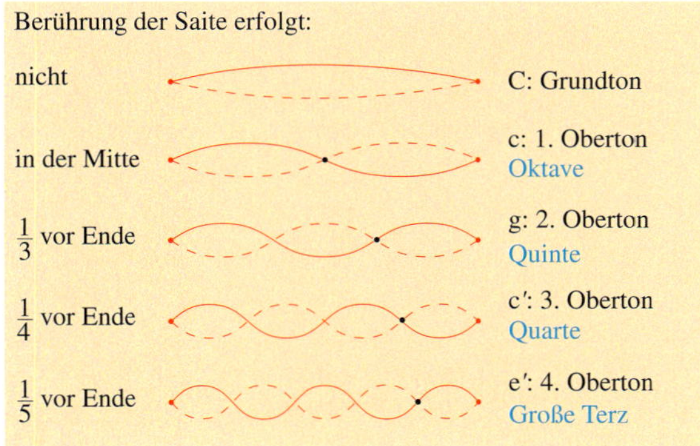

4

Beim Anzupfen einer „freien" Saite erklingt nicht nur der Grundton alleine, sondern es sind auch Obertöne zu hören. Der Grundton bestimmt die Tonhöhe, die Obertöne sorgen für die „Klangfarbe" des Instruments.

Aufgaben

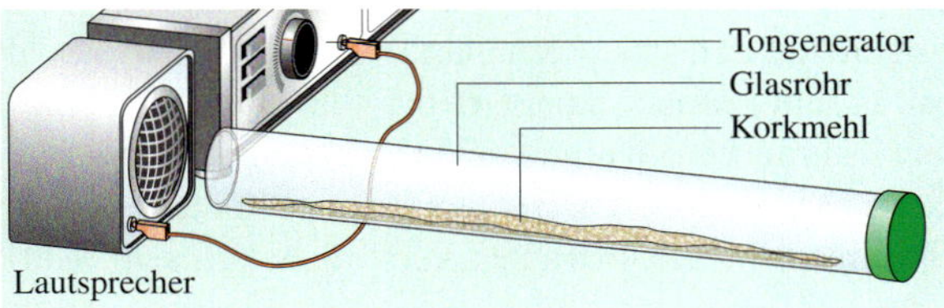

5

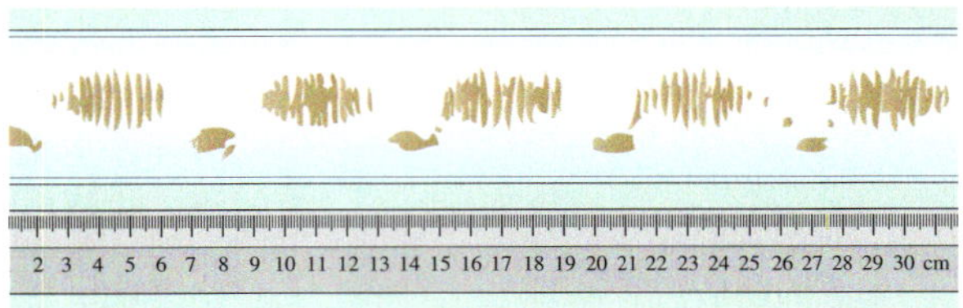

6

1 ▶ *Ausblick: Kundtsche Röhre* ↑5 In einem waagerecht angeordneten Glasrohr, das auf einer Seite verschlossen ist, ist feines Korkmehl gleichmäßig verteilt. Das offene Ende wird von einem Lautsprecher beschallt. Bei einer Frequenz von 2,7 kHz ergibt sich ein Muster: An einigen Stellen wird das Mehl aufgewirbelt, an anderen bleibt es liegen. ↑6

a Wie ist die Staubfigur wohl entstanden? Überprüfe deine Hypothese anhand von ↑6 mithilfe einer Rechnung. *Tipp:* Frequenz

b Warum treten die Staubfiguren nicht bei beliebigen Frequenzen auf? Welcher mathematische Zusammenhang besteht zwischen den Wellenlängen und der Länge des Glasrohrs?

c Mit dem Experiment kann man die Schallgeschwindigkeit in verschiedenen Gasen messen. Überlege dir einen Versuch dazu. ◀

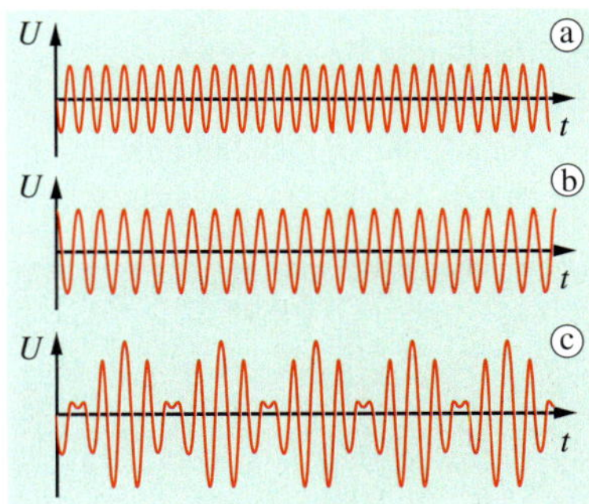

7 Spannung am Oszilloskop

2 ▶ *Überlagerung ja, Interferenz nein* Zwei Tongeneratoren erzeugen Töne, deren Frequenzen sich nur ganz wenig voneinander unterscheiden. ↑7a, b Bei der Überlagerung entsteht ein seltsames Muster. ↑7c

a Mit zwei gleichen Stimmgabeln kannst du ein Experiment dazu durchführen: Verstimme eine von ihnen durch Erwärmen oder ein Zusatzgewicht geringfügig. ↑8 Schlage nun beide an: Was hörst du?

b Dieses Wellenphänomen wird *Schwebung* genannt. Man kann es zum Stimmen von Musikinstrumenten nutzen. Beschreibe das Verfahren. ◀

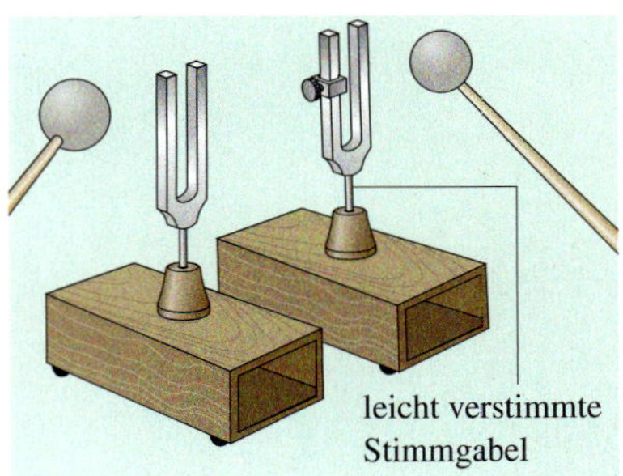

8

Einblick in die Quantenphysik

Rätselhaftes Licht

Das Solarflugzeug *Helios* brach im Jahr 2001 über Hawaii den Höhenweltrekord für nicht raketengetriebene Flugzeuge: Es erreichte eine Höhe von 29413 m! ↑1
Mehr als 60000 Solarzellen stellten bei voller Sonneneinstrahlung eine elektrische Leistung von rund 30 kW zur Verfügung.
Es ist kaum zu glauben, aber das Sonnenlicht löst die Energieumwandlungen „portionsweise" aus, als würde ständig ein Teilchenstrom auf die Solarzellen prasseln.

1

2 „Wenn Licht zu Licht kommt, kann Dunkelheit entstehen." GRIMALDI

3 Raumschiff mit Photonenantrieb (Vision)

FRANCESCO MARIA GRIMALDI war Jesuitenpater. Er lebte im 17. Jahrhundert in Bologna und sah es in der Tradition der Jesuiten als Gottesdienst an, die Wunder der Natur zu erforschen. GRIMALDI ließ Sonnenlicht durch ein kleines Loch in sein Zimmer hinein. In das schmale Lichtbündel stellte er eine Messerklinge und beobachtete ihren Schatten an der Wand. Erstaunt stellte er fest, dass in dem hellen Bereich dicht neben dem Schatten dunkle Streifen auftraten. ↑2 Dies konnten keine Schatten sein. GRIMALDI sprach davon, dass verschiedene Lichtstrahlen sich gegenseitig auslöschen. Heute weiß man, dass es sich bei diesen Streifen um eine Interferenzerscheinung des Lichts handelt.

Der Photonenantrieb ist in Science-Fiction-Filmen seit Langem „Realität". ↑3 Tatsächlich strahlt jede Lampe mit den Photonen – den kleinsten Energieportionen des Lichts – auch Masse ab. Ein Antrieb durch Rückstoß ist also prinzipiell möglich. Da die abgestrahlte Masse aber nur äußerst gering ist, ist die Rückstoßkraft so winzig, dass sie im Alltag nicht zu spüren ist.

Licht zeigt beim Streifenmuster durch Interferenz eine *Welleneigenschaft*, beim Rückstoß der Photonen eine *Teilcheneigenschaft*! Dass bei einem Objekt beide Eigenschaften auftreten, widerspricht unserer Erfahrung: Die Welle auf dem Wasser hat keine Teilcheneigenschaften. Und Tennisbälle, die zusammenstoßen, überlagern sich nicht wie Wellen.
Was ist Licht denn nun wirklich? Bei der Antwort auf diese Frage werden zwei Experimente helfen. ↑4 ↑5 Sie veranschaulichen nicht nur die beiden Wesenszüge, sondern zeigen auch eine Lösung des Widerspruchs auf.

Aufgabe

1 ▶ *Lichtinterferenz am Doppelspalt* In einem Lehrerexperiment wird der Lichtstrahl eines Lasers von der Zerstreuungslinse zu einem Lichtbündel „aufgeweitet" und auf einen Doppelspalt gerichtet. ↑4

a Was wird auf dem Schirm zu sehen sein: zwei helle Streifen?

b Was erkennst du auf dem Beobachtungsschirm? Fertige eine Skizze davon an. ◀

c *Ausblick:* Mithilfe des Interferenzbilds kannst du die Wellenlänge des Laserlichts abschätzen! Wie bei Wasserwellen (Seite 153) gilt für das *k*-te Maximum:

$\sin \alpha_k = \frac{k\,\lambda}{b}$ (*b:* Abstand der Spalte voneinander).

Maxima sind jetzt die hellen Streifen auf dem Schirm, der mittlere Streifen ist das 0. Maximum.

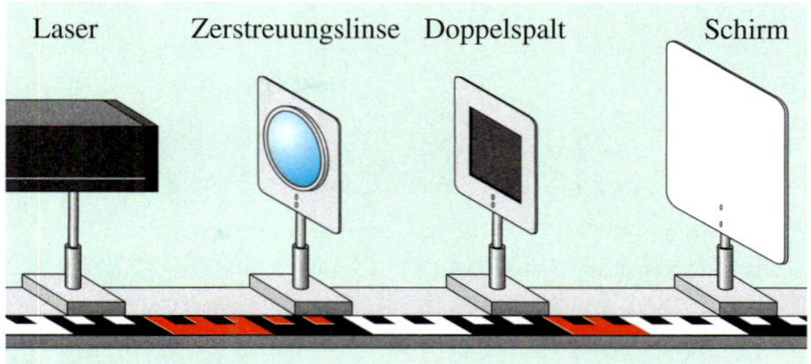

4 Beleuchteter Doppelspalt (Prinzip)

Überlege zunächst, welche Werte man am Versuchsaufbau messen muss, um die Wellenlänge mithilfe dieser Gleichung berechnen zu können. Fange dann mit der Bestimmung der Wellenlänge an.

Simulationsexperiment

2 ▶ *Doppelspaltsimulator* Damit kannst du u. a. Photonen und kleine Kugeln auf einen Doppelspalt schießen. Der reale Versuch wäre zu aufwendig, um ihn in der Schule durchzuführen. www 157-1

a Klicke zunächst im Menü „Quelle" den Schalter „Photonen" an und im Menü „Schirm" den Schalter „theo. Verlauf". ↑5 Vergleiche das Interferenzbild mit dem am realen Doppelspalt (Aufgabe 1). *Hinweise:* Der Schirm ist wie ein Film in alten Fotoapparaten, belichtete Stellen erscheinen dunkler. Die Lampe wird im Menü „Optionen" ausgeblendet. Durch Variation z. B. des Spaltabstands im Menü „Blende" oder der Energie kannst du das Interferenzbild verändern. Probiere es aus.

b Nun werden Kugeln als Geschosse verwendet. ↑6 Schalte „theo. Verlauf" aus. Durch Anklicken des Minuszeichens unter der Quelle startest du jetzt die Simulation. Was beobachtest du? Verändere wieder den Spaltabstand: Welche Auswirkungen hat das auf das Versuchsergebnis? Was geschieht, wenn du einen Spalt schließt (Schalter im Menü „Blende")?

c Verwende wieder Photonen. Schalte „theo. Verlauf" aus. Starte die Simulation: Die Photonen werden nun in rascher Folge einzeln abgeschossen. Jedes ergibt einen Punkt auf dem Schirm. Bei den ersten ist noch kein Unterschied zu den Kugeln sichtbar …

d Wiederhole den Photonenversuch – verschließe aber abwechselnd einen der beiden Spalte und öffne dann beide. Wie bei den Kugeln müssten sich doch die Bilder von den einzelnen Spalten zum Bild beim Doppelspalt zusammenfügen – oder? ◀

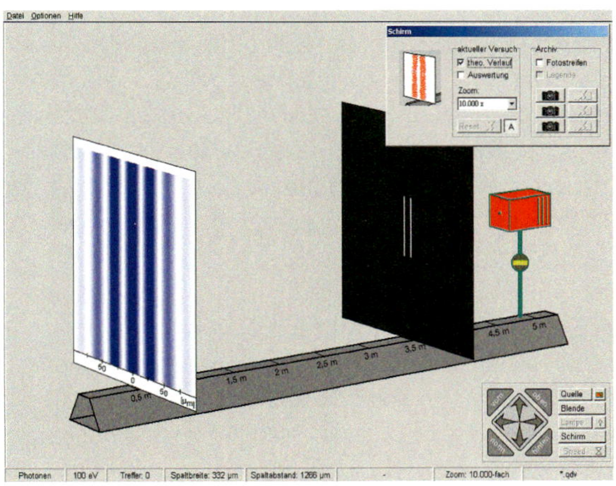

5 Computergrafik aus dem Simulationsprogramm

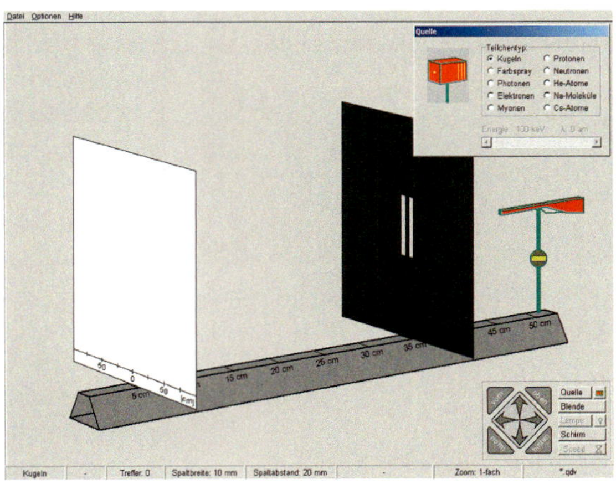

6

GRUNDLAGEN: Photonen sind Quantenobjekte

1 Interferenzbild des Lichts am Doppelspalt

Das Licht eines Lasers wird aufgeweitet und dann durch einen Doppelspalt geschickt (s. Aufgabe 1 auf der vorigen Seite): Auf dem Beobachtungsschirm hinter dem Doppelspalt erkennt man helle und dunkle Abschnitte. ↑1

▶ Das Muster entspricht dem Interferenzbild beim Doppelspaltversuch mit Wasserwellen. Wir erklären das Muster ähnlich wie bei Wasserwellen.

Beim Doppelspaltversuch überlagern sich die Lichtwellen, die von beiden Spalten ausgehen. An manchen Stellen kommt es dadurch zur Verstärkung („hell") an anderen zur Abschwächung („dunkel").
Die Interferenz des Laserlichts beim Doppelspaltversuch zeigt, dass sich Licht wie eine Welle verhalten kann.
Eine Lichtwelle kann mithilfe der Frequenz f und der Wellenlänge λ beschrieben werden. Es gilt:
$c = \lambda \cdot f$ mit $c = 2{,}997\,925 \cdot 10^8\ \frac{\text{m}}{\text{s}}$.

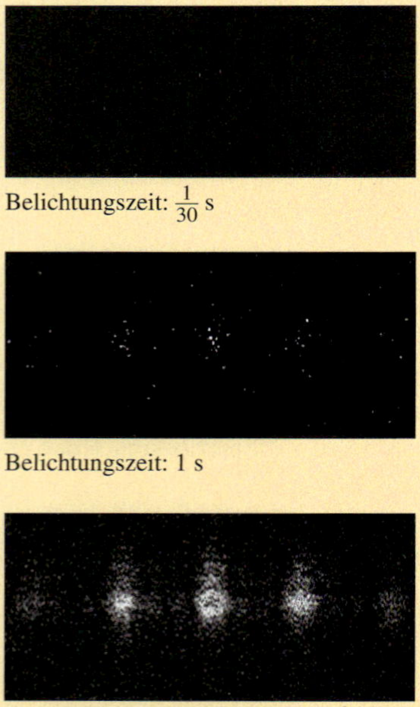

Belichtungszeit: $\frac{1}{30}$ s

Belichtungszeit: 1 s

Belichtungszeit: 100 s

2 Entstehung des Interferenzbilds

In einem ähnlichen Experiment wurde Laserlicht verwendet, dessen Intensität so reduziert wurde, dass nie zwei Photonen gleichzeitig durch die (drei) Spalte fielen. Würde es dennoch zu einem Interferenzbild kommen?

- Bei einer Belichtungszeit von $\frac{1}{30}$ s sieht man einzelne zufällig verteilte belichtete Punkte. ↑2 *Das Licht scheint seine Energie portionsweise auf dem Beobachtungsschirm abzugeben – so als ob es aus kleinen Teilchen bestünde. Du hast diese Energieportionen des Lichts schon in der Atomphysik kennengelernt: die Photonen.*
- Bei einer Belichtungszeit von 1 s bemerkt man, dass die belichteten Punkte ungleichmäßig verteilt sind: Manche Bereiche erhalten fast keinen Treffer, in anderen häufen sie sich.
- Bei einer Belichtungszeit von 100 s erkennt man deutlich ein Interferenzbild, das auf die Welleneigenschaft von Licht hinweist.

Erstaunlicherweise entsteht das Interferenzbild also bei genügend langer Belichtungszeit auch dann, wenn nur einzelne Photonen die Spalte passieren. Jedes Photon trifft irgendwo dort auf den Beobachtungsschirm, wo nach dem Wellenmodell ein Maximum zu erwarten ist, und es „meidet" Stellen, an denen ein Minimum vorhergesagt wird. Den genauen Auftreffort können wir nicht vorhersagen. Das Photon verhält sich also ganz anders als ein Teilchen, dessen Ort sich zu jeder Zeit berechnen lässt, wenn man nur die Ausgangsbedingungen und die Kräfte genügend genau kennt.
Und es wird noch merkwürdiger: Ein einzelnes Photon kann beim Doppelspaltversuch nicht durch beide Spalte gleichzeitig gehen – aber daraus folgt nicht, dass es durch genau einen Spalt geht! Wenn es nur durch einen Spalt ginge, könnte man ja den zweiten schließen, ohne das Interferenzbild zu stören – schließlich „weiß" das Photon nichts von dem anderen Spalt. Im Experiment geht jedoch die Interferenz „verloren", sobald man einen Spalt schließt. ↑3

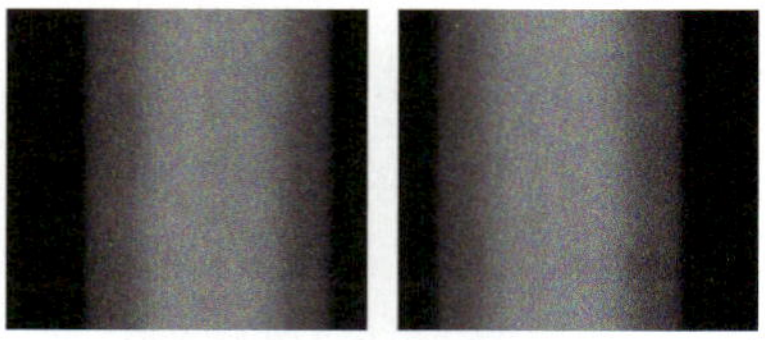

3 Nur jeweils ein Spalt geöffnet: kein Interferenzbild!

Licht verhält sich z. B. beim Belichten eines Films wie ein Strom aus Teilchen, bei der Interferenz am Doppelspalt dagegen wie eine Welle. Die Photonen – also die kleinsten Energieportionen des Lichts – sind weder Teilchen noch Welle. Sie entziehen sich unserer Anschauung. Wir bezeichnen sie als Quantenobjekte. ◀

GRUNDLAGEN: Anschauung und Verstehen

▶ Gibt es für ein Photon wie beim Doppelspaltversuch mehrere mögliche Wege zum Beobachtungsschirm, so kommt es zu einer „Überlagerung der Möglichkeiten". Was ist damit gemeint?
Wo das Photon auf dem Beobachtungsschirm auftreffen wird, kann man nicht vorhersagen. Es lässt sich nur zu jedem Ort die Wahrscheinlichkeit angeben, mit der es dort auftrifft. Die Auftreffwahrscheinlichkeiten erhält man aus der Welleneigenschaft des Quantenobjekts: Zu jedem Spalt gehört mathematisch eine Welle – und diese Wellen überlagern sich. Die Maxima und Minima der Interferenz geben Wahrscheinlichkeiten an.
Man kann dem Photon unterwegs weder eine Bahn noch einen Ort zuordnen. Versucht man durch eine Ortsmessung doch herauszufinden, welchen Weg das Photon tatsächlich nimmt, verschwinden die Interferenzmaxima und -minima. Mathematisch gesehen wird durch die Messung eine der beiden Wellen ausgewählt und damit die Überlagerung zerstört.
Um Bewegungen von Körpern zu verstehen, versuchen wir auf Beispiele zurückzugreifen, die wir mit Augen und Ohren wahrnehmen können.
- Wir verbinden mit einem „Körper auf einer Bahn" etwa das Rollen einer Billardkugel oder das Kreisen des Monds um die Erde herum.
- Bei der „Ausbreitung von Wellen" sind unsere Vorstellungen von Wasser- und Schallwellen geprägt.

Solche Vorstellungen reichen aus, um die Bewegungen im Alltag zu verstehen. Das Verständnis der Welt der Quantenobjekte erschweren sie aber manchmal. Dass man einem Photon keinen Ort zuordnen könne, solange man nicht durch eine Messung „nachschaut", veranlasste EINSTEIN zu seiner unter Quantenphysikern berühmten Frage: Steht der Mond auch am Himmel, wenn keiner hinschaut? So unsinnig die Frage im täglichen Leben klingen mag, in der Welt der Photonen ist sie sinnvoll.

Die Welt der Quantenobjekte ist unseren Sinnen nicht unmittelbar zugänglich. Die Anschauungsprobleme lassen sich nur auf radikale Weise lösen: Quantenobjekte (z. B. Photonen) sind weder Teilchen noch Wellen, sie verhalten sich nach eigenen Regeln.
Physiker beschreiben die Welt der Quantenobjekte mithilfe der Mathematik: Vorgänge gelten als verstanden, wenn sie berechenbar sind.

Um Lichtphänomene wie z. B. die Interferenz oder die Energieumwandlung in Solarzellen zu erklären, kann es sinnvoll sein, auf die anschaulichen Modellvorstellungen Welle bzw. Teilchen zurückzugreifen. Allerdings muss man sich ihrer Unzulänglichkeiten bewusst sein. ◀

Modellvorstellungen vom Licht	Forscher	Zeit
Teilchen	EMPEDOKLES	450 v. Chr.
Welle, ähnlich wie Schall	HOOKE	1665 n. Chr.
Teilchen	NEWTON	1670 n. Chr.
Welle	HUYGENS	1678 n. Chr.
Welle	YOUNG, FRESNEL	1830 n. Chr.
Elektromagnetische Welle	MAXWELL	1860 n. Chr.
Photonen (Teilchen)	PLANCK, EINSTEIN	1905 n. Chr.
Photonen (Quantenobjekte)	BORN, HEISENBERG …	ab 1930

6

Ausblick

Je mehr die ersten Quantenphysiker versuchten, dem Wesen des Lichts auf die Spur zu kommen, desto verwirrender empfanden sie die Vorgänge am Doppelspalt. MAX BORN, einer der Väter der Quantentheorie, schrieb an ALBERT EINSTEIN: „Die Quanten sind eine hoffnungslose Schweinerei!" ↑4

4

Der Quantenphysiker und Nobelpreisträger RICHARD FEYNMAN sagte einmal, dass jemand, der behaupte, die Quantenphysik verstanden zu haben, überhaupt nichts verstanden habe!

„Wir können das Geheimnis (dieses Versuchs) nicht aufdecken, indem wir ‚erklären', wie es funktioniert. Wir können nur berichten, wie es funktioniert, und indem wir dies tun, erörtern wir die grundlegenden Eigentümlichkeiten der ganzen Quantenmechanik."

5 RICHARD FEYNMAN

Ausblick Spektrum elektromagnetischer Wellen

▶ Bei der Ausbreitung zeigt Licht Welleneigenschaften. Wie können wir uns Licht als Welle vorstellen?

In der Jahrgangsstufe 9 hast du elektrische und magnetische Felder kennengelernt. Sie können sehr wundersam sein, wenn sie sich rasch ändern: Einmal entstanden, erzeugen sich elektrische und magnetische Felder in raschem Wechsel gegenseitig und breiten sich als *elektromagnetische Welle* mit Lichtgeschwindigkeit aus – auch durch den leeren Raum hindurch. Sie brauchen also anders als die mechanischen Wasser- oder Schallwellen keinen „Träger".

Die Strahlung deines Handys, der Rundfunk, die Strahlung im Mikrowellenherd, die Röntgenstrahlung und die γ-Strahlung aus zerfallenen Atomkernen sind Beispiele für elektromagnetische Wellen. ↑1 Sichtbares Licht stellt nur einen winzigen Ausschnitt des gesamten elektromagnetischen Spektrums dar. Während unser Gehör Schall über einen Bereich von 10 Oktaven wahrnehmen kann (16 Hz bis 20 kHz), kann das menschliche Auge Licht nur über eine Oktave von 400 nm (Violett) bis 800 nm (Rot) wahrnehmen.

Die Bedeutung der elektromagnetischen Wellen für den Menschen ist recht unterschiedlich: Licht ist lebensnotwendig. Rundfunkwellen und Handystrahlung sind nützlich. UV-Strahlung, Röntgenstrahlung und Strahlung mit noch kleinerer Wellenlänge können dagegen aufgrund ihrer ionisierenden Wirkung auch gefährlich sein. Physikalisch gesehen unterscheiden sie sich aber nur durch ihre Wellenlänge bzw. Frequenz und Energie. ◀

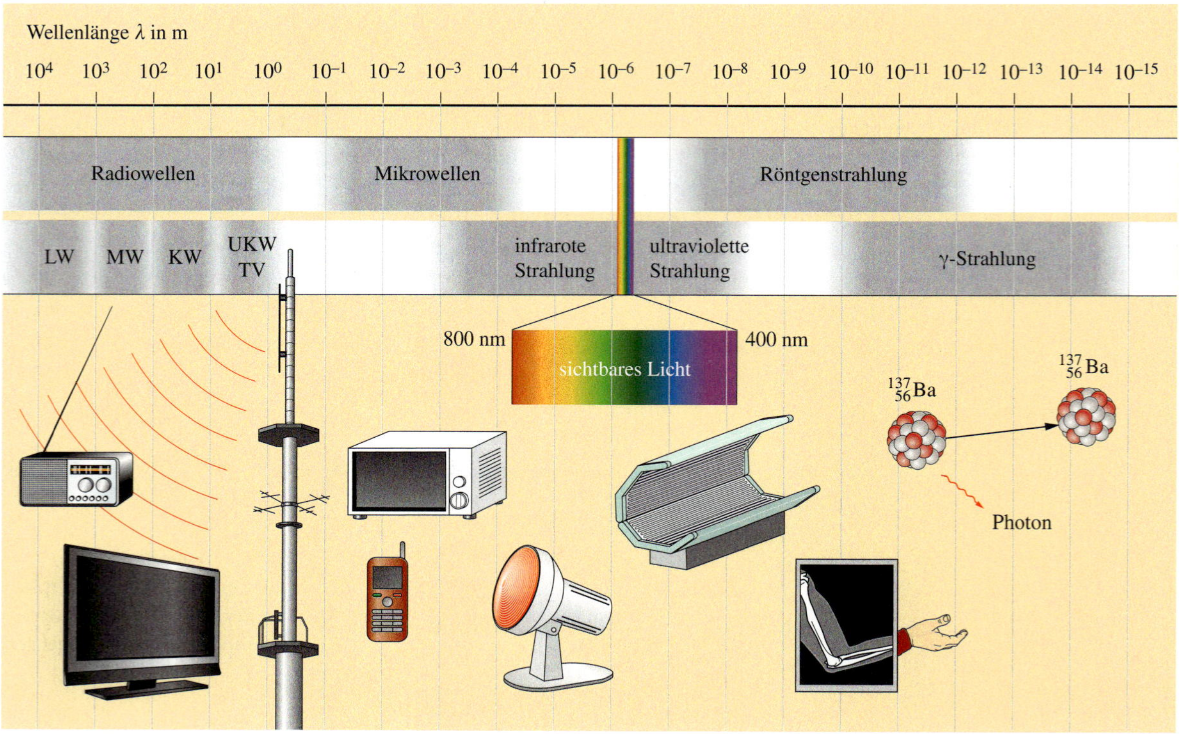

1 Elektromagnetisches Spektrum

1 ▶ *Wellenlänge und Frequenz* Auch bei elektromagnetischen Wellen sind Wellenlänge, Frequenz und Ausbreitungsgeschwindigkeit verknüpft.

a Gib die Gleichung an, die die drei Größen miteinander verbindet. Wie groß ist die Ausbreitungsgeschwindigkeit im Vakuum?

b Ergänze in deinem Heft den folgenden Satz: Je größer die Wellenlänge einer elektromagnetischen Welle ist, desto … ist ihre Frequenz.

c Welche Frequenzbereiche gehören zu den Wellenlängenbereichen, die im Diagramm ↑1 dargestellt sind? Erstelle eine Tabelle (s. Muster). ◀

Bereich	Wellenlänge	Frequenz
Langwelle (Rundfunk)	10 km bis 1 km	?

Aufgabe

2 *Ausblick: Doppelspalt* Von der Wellenlänge hängt es ab, unter welchen Winkeln sich bei Wasserwellen am Doppelspalt Interferenzmaxima ergeben (s. S. 153):

$\sin \alpha_k = \frac{k\,\lambda}{b}$.

Die Gleichung gilt auch für Lichtwellen. Damit lässt sich die Wellenlänge eines Lasers berechnen.

a Der rote Strahl eines Lasers trifft auf einen Doppelspalt mit dem Spaltabstand $b = 1{,}2\,\text{mm}$. Die 3,7 m entfernte Wand dient als Beobachtungsschirm. Das 5. Maximum hat 1,0 cm Abstand vom 0. Maximum. Welche Wellenlänge besitzt der Laser?

b Wie verändert sich der Winkel eines Maximums, wenn der Spaltabstand vergrößert wird? Argumentiere zunächst mathematisch. Überprüfe deine Aussage dann anhand des Simulationsexperiments und – wenn möglich – anhand eines Realexperiments.

c Welchen Spaltabstand sollte ein Experimentator im Hinblick auf die Wellenlänge verwenden, damit die Interferenzen gut beobachtbar sind?

Experiment

3 ▶ **Fotoeffekt**
Als sich die Quantenphysik entwickelte, wurde heiß diskutiert, ob es sich bei Licht um eine Welle oder einen Teilchenstrom (aus Photonen) handelt. Ein Experiment und seine Deutung durch EINSTEIN brachte die Entscheidung – wie sich bald zeigte, nur vorläufig. Der Versuch ist unter der Bezeichnung „Fotoeffekt" berühmt geworden.

a Eine negativ geladene Zinkplatte ist mit einem Elektroskop verbunden. ↑2 Was geschieht, wenn die Platte von der Quecksilberdampflampe beleuchtet wird?
Versuche die Beobachtung zu erklären:
- mithilfe der Teilchenvorstellung (Photonen)
  Tipp: „Anregung" von Elektronen durch Photonen (Grundwissen der Jahrgangsstufe 9)
- mithilfe der Wellenvorstellung
  Tipp: Wellen übertragen Energie.

b Lade die Zinkplatte wieder negativ auf. Versuche sie mithilfe anderer Lichtquellen zu entladen: Taschenlampe, Rotlichtlampe, Leuchtdioden, Scheinwerfer (z. B. Kohlebogenlampe).
- Welchen Einfluss hat die Frequenz der Strahlung?
  Hinweise: Die Frequenz nimmt von Rot über Gelb, Grün und Blau bis hin zu Ultraviolett zu. Mit der Glasscheibe lassen sich die UV-Anteile aus dem jeweiligen Licht herausfiltern.
- Welchen Einfluss hat jeweils die Helligkeit der Beleuchtung?
  Hinweis: Du kannst die „wirksame" Helligkeit einfach verringern, indem du die Lichtquelle weiter von der Zinkplatte entfernst.

Notiere die Versuchsergebnisse. Was fällt dir auf?

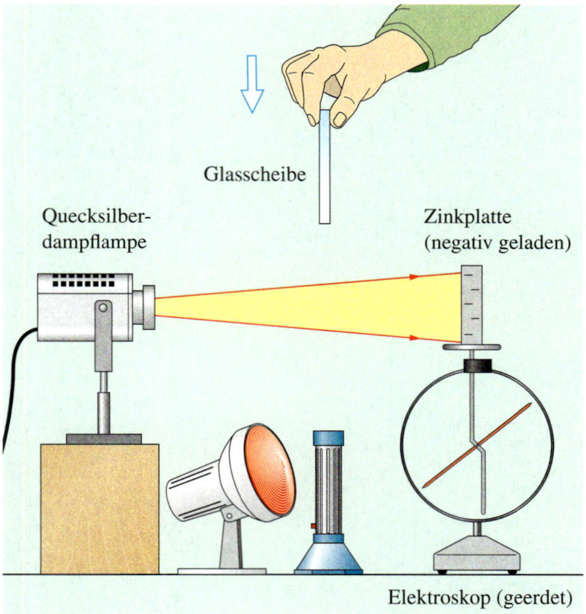

! Nicht in die Quecksilberdampflampe blicken, ihre Strahlung kann das Auge schädigen!

2

c Die Zinkplatte wird nicht bei jeder Beleuchtung entladen. Versuche diese Beobachtung mithilfe der Photonenvorstellung zu erklären. ◀
Ausblick: Diese Beobachtung ließ sich mithilfe der Wellenvorstellung nicht erklären.

GRUNDLAGEN: Fotoeffekt und Photonenvorstellung

▶ Energiereiches Licht kann Elektronen aus Metallschichten herauslösen. ↑1 Das Messgerät zeigt bei grünem, blauem und violettem Licht sofort einen Strom an, die Stromstärke hängt von der Helligkeit des Lichts ab. Rotes Licht ruft dagegen auch bei großer Helligkeit keinen Strom hervor.

Der Farbfilter bewirkt, dass nur Licht einer bestimmten Frequenz auf die Metallschicht aus Caesium trifft.
Wird die Lichtquelle weit entfernt von der Blende aufgestellt, so fällt in der gleichen Zeit weniger Licht durch die Blende als bei geringerem Abstand.
Werden Elektronen aus der Caesiumschicht ausgelöst, verteilen sie sich in der Zelle. Ein Teil der Elektronen gelangt auf die Ringanode aus Metall, der Messverstärker zeigt einen kleinen Strom an. Die Stromstärke wird in Abhängigkeit von Frequenz und Helligkeit der Beleuchtung gemessen.

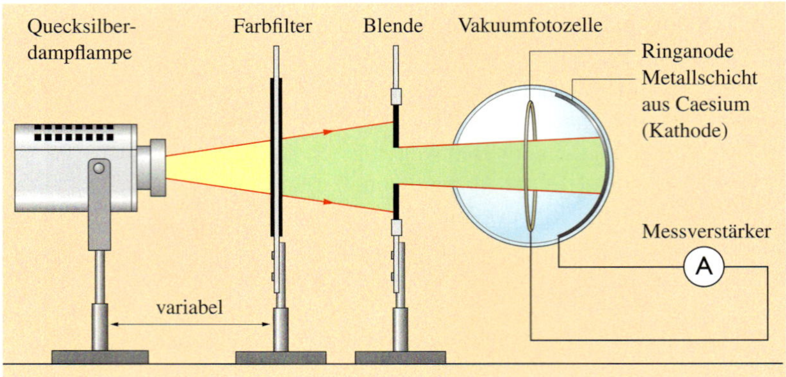

1

Fotoeffekt: Licht kann Elektronen aus einer Metalloberfläche freisetzen, wenn seine Frequenz genügend groß ist. Je heller die Oberfläche beleuchtet wird, desto größer ist der Strom der freigesetzten Elektronen.

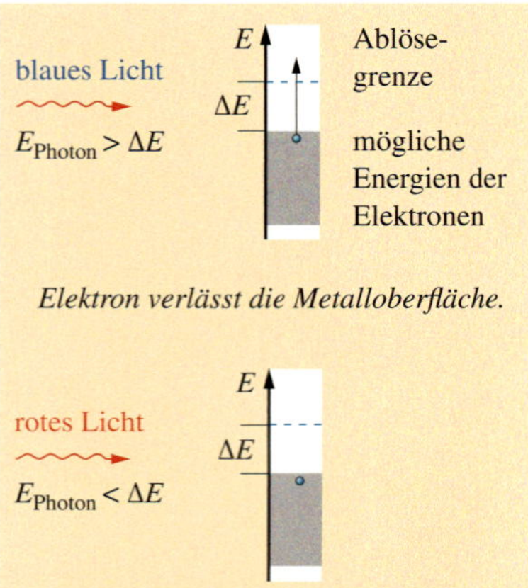

Elektron verlässt die Metalloberfläche.

Elektron bleibt in der Metalloberfläche.

2

Dass der Fotoeffekt erst bei genügend großer Frequenz des Lichts einsetzt, lässt sich mithilfe der Photonenvorstellung so erklären: ↑2

- Jeweils ein Photon stößt mit einem Elektron in der Metalloberfläche zusammen.
- Das Photon gibt seine Energie beim Stoß vollständig ab – aber nur, wenn diese Energie so groß ist, dass sich das Elektron von den positiv geladenen Atomrümpfen des Metalls ablösen kann.
- Die Energie eines Photons nimmt mit steigender Frequenz des Lichts zu: Ein Photon blauen Lichts ist energiereicher als ein Photon roten Lichts.

Die Helligkeitsabhängigkeit des Fotostroms bei Licht mit genügend großer Frequenz erklären wir so:

- Größere Helligkeit bedeutet, dass in jeder Sekunde mehr Photonen auf die Metalloberfläche treffen. Da jedes davon genügend Energie zum Freisetzen eines Elektrons hat, werden mehr Elektronen in jeder Sekunde freigesetzt.

Sehr genaue Messungen haben gezeigt:

Die Energie eines Photons hängt nur von der Frequenz des Lichts ab: $E_{Ph} = h \cdot f$ mit $h = 6{,}626 \cdot 10^{-34}$ Js.

Diese Gleichung ermöglicht die Berechnung der Energie eines Photons. Sie beschreibt in der Sprache der Mathematik den Zusammenhang zwischen der Wellenvorstellung (→ Frequenz) und der Teilchenvorstellung (→ Energie eines Photons) vom Licht. ◀

Gäbe das Licht seine Energie wie eine periodische Welle ab, wäre das Entladen der Metallschicht auch bei rotem Licht möglich. Man müsste nur z. B. durch große Helligkeit (besonders „hohe" Wellen) dafür sorgen, dass kurzzeitig genügend Energie auf die Elektronen übertragen wird.

Ausblick

Man sagt, ein Photon besitzt die Frequenz *f* und die Wellenlänge *λ*, obwohl es selbst nicht schwingt. Gemeint sind die zugehörigen physikalischen Größen in der Wellenvorstellung des Lichts. Wir zeichnen das Photon als kurzen Wellenzug, um auch die Welleneigenschaft zu berücksichtigen.

▶ Die Konstante *h* ist eine fundamentale Naturkonstante und wird als *plancksche Konstante* bezeichnet. ◀

Ausblick Photonen – gewagte Hypothesen bewähren sich

EINSTEINS 1905 veröffentlichte Hypothese, Licht bestünde aus Photonen der Energie $E_{Ph} = 6{,}626 \cdot 10^{-34}\ \text{Js} \cdot f$, war gewagt. Sie schien unvereinbar mit zahlreichen Interferenzversuchen, die vermeintlich überzeugend zeigten, dass Licht eine elektromagnetische Welle ist. Über zehn Jahre lang stieß seine Photonenidee daher überwiegend auf Skepsis. ↑3 Sechzehn Jahre später erhielt EINSTEIN jedoch den Nobelpreis für seinen Beitrag zur jungen Quantentheorie – nachdem in der Zwischenzeit viele Experimente und Beobachtungen zur Stützung der Photonenvorstellung beigetragen hatten! ↑4

„Dass EINSTEIN bei seinen Spekulationen gelegentlich auch einmal über das Ziel hinausgeschossen haben mag, wird man ihm nicht zu sehr anrechnen dürfen. Denn ohne einmal ein Risiko zu wagen, lässt sich auch in der exaktesten Wissenschaft keine wirkliche Neuerung einführen."

3 MAX PLANCK, 1913

"A third group of studies, for which in particular EINSTEIN has received the Nobel Prize, falls within the domain of the quantum theory founded by PLANCK in 1900. This theory asserts that radiant energy consists of individual particles, termed 'quanta', approximately in the same way as matter is made up of particles, i.e. atoms. This remarkable theory, for which PLANCK received the Nobel Prize for Physics in 1918, suffered from a variety of drawbacks and about the middle of the first decade of this century it reached a kind of impasse. Then EINSTEIN came forward with his work on specific heat and the photoelectric effect."

4 Aus der Rede in Stockholm zur Verleihung des Physik-Nobelpreises 1921 an ALBERT EINSTEIN

Wenn Photonen Teilcheneigenschaften des Lichts beschreiben, liegt es nahe, nach ihrer Masse zu fragen. Eine Antwort fand EINSTEIN in seiner *speziellen Relativitätstheorie*, die er ebenso wie seine Erklärung des Fotoeffekts im Jahr 1905 veröffentlichte. Dort formulierte er die berühmte Gleichung $E = m \cdot c^2$ (die du schon aus der Kernphysik kennst). Dabei ist E die Gesamtenergie eines Objekts, nicht nur die kinetische. Im Fall eines Photons sollte also gelten:

$E_{Ph} = h \cdot f = m_{Ph} \cdot c^2$ und damit

$$m_{Ph} = \frac{h \cdot f}{c^2}.$$

Die Masse eines Photons des Lichts beträgt danach rund $5 \cdot 10^{-36}\,\text{kg}$! Photonen darfst du dir allerdings nicht als ruhende Objekte vorstellen, deren Masse man mit einer Waage bestimmen könnte. Sie breiten sich stets mit Lichtgeschwindigkeit aus.

Wie sollte man die winzige Masse eines Photons nachweisen? Dafür lieferte EINSTEINS allgemeine Relativitätstheorie eine Idee: Die Gravitationskraft der sehr massereichen Sonne müsste Photonen von anderen Sternen ablenken, sodass sie nicht entlang der direkten Verbindungslinie zur Erde gelangen. ↑5 Diese Sterne würden wir leicht versetzt am Himmel wahrnehmen. Für eine große Ablenkung müssen die Photonen allerdings sehr dicht an der Sonne vorbeikommen. Normalerweise werden sie daher vom Sonnenlicht überstrahlt. Nur wenn die Sonne bei einer totalen Sonnenfinsternis abgedunkelt wird, sollte man den Unterschied zwischen berechnetem und virtuellem Sternort nachweisen können. ↑6 Tatsächlich beobachtete ARTHUR EDDINGTON bei einer totalen Sonnenfinsternis am 29. Mai 1919 Verschiebungen von Sternorten um rund eine Bogensekunde. (*Zum Vergleich:* Unser Auge hat eine Auflösung von nur etwa 60 Bogensekunden.) Obwohl seine Ergebnisse eigentlich nicht eindeutig waren, legte EDDINGTON sie sehr „wohlwollend" zugunsten der Relativitätstheorie aus. Erst mit verbesserten Methoden wurde EINSTEINS Vorhersage später eindeutig bestätigt.

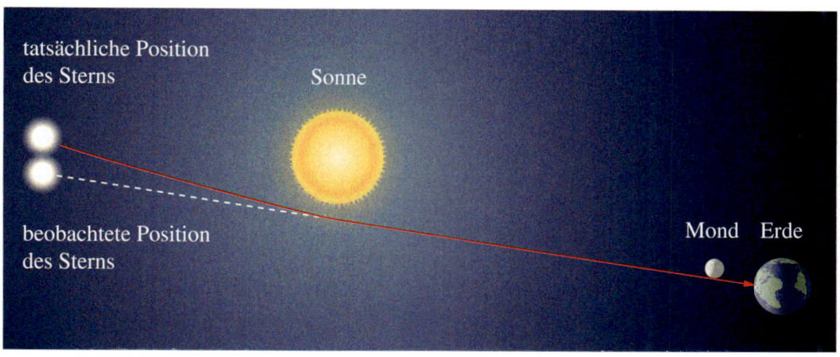

5 Photonenablenkung im Gravitationsfeld der Sonne (Zeichnung nicht maßstäblich)

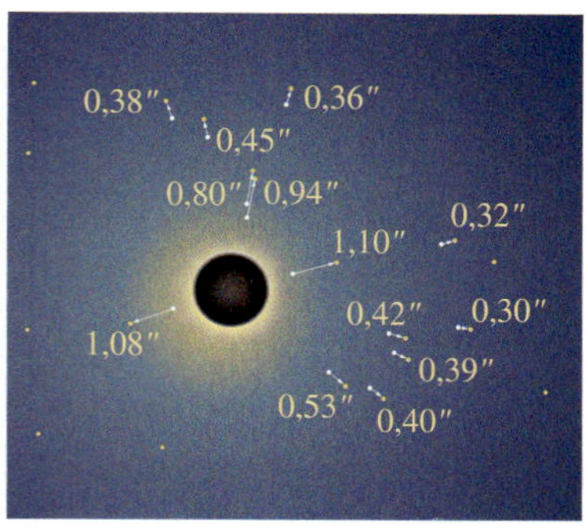

6 Berechnete Verschiebung der Sternorte (Zeichnung nicht maßstäblich)

Aufgaben

	UKW	Temperaturstrahlung	Mikrowellen	UV-Strahlung	γ-Strahlung
λ in m	1,0	?	?	?	$1{,}2 \cdot 10^{-12}$
f in Hz	?	?	$2{,}5 \cdot 10^9$	?	?
E_{Ph} in eV	?	1,0	?	10	?

1

1 ▶ *Wellenlänge, Frequenz, Photonenenergie*
Übertrage die Tabelle in dein Heft und berechne die fehlenden Werte. ↑1 ↑2 ◀
Hinweis: Die Ausbreitungsgeschwindigkeit ist jeweils gleich der Lichtgeschwindigkeit.

2 ▶ *Fragen zum Fotoeffekt*
a Was verstehst du unter dem Fotoeffekt? Welche überraschenden Ergebnisse zeigt seine experimentelle Untersuchung?
b Welches Versuchsergebnis kann mit der Wellenvorstellung des Lichts nicht erklärt werden? Was würde man mithilfe der Wellenvorstellung erwarten?
c Wie hängt die Energie eines Photons von der Wellenlänge des Lichts ab? Gib auch eine Berechnungsformel an.
d Hat helles Licht energiereichere Photonen als weniger helles Licht?
e Warum ist die Fotostromstärke proportional zur Helligkeit des eingestrahlten Lichts? Erkläre den Zusammenhang mithilfe der Photonenvorstellung. ◀

3 *Vom Elektronvolt zur Ionisierungsenergie*
a Welche Geschwindigkeit besitzt ein Elektron mit einer kinetischen Energie von 1 eV?
Hinweis: Siehe Abschnitt „Elektronvolt". ↑2
b Zeige, dass die Energie eines Röntgenphotons im keV-Bereich und die eines γ-Photons im MeV-Bereich liegt. *Tipp:* S. Seite 160.
c Strahlung kann organische Moleküle ionisieren und dadurch zerstören. Dafür reicht bereits eine Energie von wenigen Elektronvolt. Ein Mikrowellengerät im Haushalt sendet elektromagnetische Strahlung mit einer Wellenlänge von 12,5 cm in den Garraum ab. Können die Photonen dieser Strahlung die organischen Moleküle in den Speisen ionisieren?

4 *Ausblick: Leuchtdioden* In Leuchtdioden läuft der Fotoeffekt „in umgekehrter Richtung" ab. Sie bestehen aus zwei verschiedenen Halbleiterschichten, die aneinandergrenzen. Legt man von außen eine genügend große Spannung U_0 an beide Schichten an, so setzt ein Elektronenstrom durch die Grenzfläche hindurch ein. Im Bereich der Grenzfläche wird jetzt elektrische Energie in Strahlungsenergie umgewandelt – die Leuchtdiode leuchtet. Dabei geben Elektronen ihre potenzielle Energie $\Delta E = eU_0$ als jeweils genau ein Photon ab.
a Mit welcher Farbe leuchtet eine Leuchtdiode bei einer Einsatzspannung von $U_0 = 2{,}2\,\text{V}$?
b Benötigt man für eine rote Leuchtdiode eine höhere oder eine geringere Spannung als 2,2 V?

Musteraufgabe

Berechne die Energie (in eV) eines Photons, das von einem Helium-Neon-Laser abgestrahlt wird.
Hinweis: $\lambda_{Laser} = 630 \cdot 10^{-9}\,\text{m}$

Lösung: Es gilt: $E_{Ph} = h \cdot f$

$$= h \cdot \frac{c}{\lambda}$$

Um die Energie in eV zu erhalten, erweitern wir mit der Elementarladung e: $E_{Ph} = h \cdot \frac{c}{\lambda} \cdot \frac{e}{e}$.

$$E_{Ph} = \frac{6{,}626 \cdot 10^{-34}\,\text{VAs s} \cdot 3{,}0 \cdot 10^8\,\frac{\text{m}}{\text{s}} \cdot e}{630 \cdot 10^{-9}\,\text{m} \cdot 1{,}6 \cdot 10^{-19}\,\text{As}} = 2{,}0\,\text{eV}.$$

Die Energie des Photons beträgt 2,0 eV.

Elektronvolt

1 Elektronvolt ist eine sehr kleine Energieeinheit: $1\,\text{eV} = 1{,}6 \cdot 10^{-19}\,\text{AsV} = 1{,}6 \cdot 10^{-19}\,\text{J}$.
1 eV ist die potenzielle Energie, die ein Elektron mit der Elementarladung $1\,e$ am Minuspol einer elektrischen Energiequelle bei einer Spannung von 1 V gegenüber dem Pluspol besitzt:
$\Delta E = Q \cdot U$; $\Delta E = 1\,e \cdot 1\,\text{V} = 1\,\text{eV}$.
Bei geschlossenem Stromkreis wird diese Energie in den „Verbrauchern" in andere Energieformen umgewandelt.
Wird ein freies Elektron durch die Spannung 1 V beschleunigt, erhält es eine kinetische Energie von 1 eV.

2

Aufgaben

5 *Photonenmasse und -wellenlänge*

a Die Masse eines Photons ist indirekt proportional zur Wellenlänge. Es gilt: $\lambda = \frac{h}{m_{Ph} \cdot c}$.
Leite diese Gleichung her.

b Welche Wellenlänge hätte ein Photon, das die Masse eines Elektrons ($9{,}1 \cdot 10^{-31}$ kg) hat? Zu welchem Bereich des elektromagnetischen Spektrums würde dieses Photon gehören?

6 *Gravitationslinsen* Eine Galaxie kann wegen ihrer gewaltigen Masse das Licht noch weiter entfernter Lichtquellen ablenken und dabei ähnlich wie eine Sammellinse wirken. Wenn die Masse der Galaxie kugelsymmetrisch und gleichmäßig verteilt ist, entsteht als virtuelles Bild der Lichtquelle ein *Einsteinring*. ↑3 Erkläre mithilfe einer Zeichnung, wie er entsteht.

7 *Photonenenergie im Gravitationsfeld* Wirft man einen Gegenstand nach oben, so verliert er im Gravitationsfeld der Erde an kinetischer Energie und wird langsamer. Und was passiert, wenn man ein Photon „hochwirft"? Es kann sich ja als Energieportion des Lichts nur mit Lichtgeschwindigkeit fortbewegen! Um diese Frage zu beantworten, wurde 1960 folgendes Experiment durchgeführt: γ-Photonen wurden von den Atomkernen eines radioaktiven Präparats senkrecht nach oben emittiert und in 22,6 m Höhe von einem raffinierten und extrem empfindlichen Messgerät absorbiert. Dadurch konnten feinste Frequenzänderungen der γ-Photonen nachgewiesen werden.

3 Einsteinring (blau), aufgenommen vom Hubble Space Telescope

a Die Geschwindigkeit der γ-Photonen kann sich nicht ändern. Und wie sieht es mit Energie, Frequenz, Wellenlänge oder Masse aus?

b Um wie viele Prozent ändert sich die Frequenz des γ-Photons?

8 *Für Experten: Photonen im Schwerefeld der Sonne* Licht von Sternen wird in der Nähe der Sonne abgelenkt. Diese Ablenkung soll nun unter stark vereinfachenden Annahmen untersucht werden. ↑4
- Berechnungen werden mithilfe der newtonschen Mechanik durchgeführt.
- Beschleunigung eines Photons im Gravitationsfeld (grau markierter Bereich): $g = 275\ \frac{\text{m}}{\text{s}^2}$. Außerhalb ist sie gleich null.
- Kraft und Beschleunigung im Gravitationsfeld sind in y-Richtung gerichtet (und nicht zum Mittelpunkt der Sonne).

a Beschreibe die Form der Photonenbahn:
- vor Eintritt in das Gravitationsfeld
- im homogenen Gravitationsfeld
- nach dem Verlassen des Gravitationsfelds

b Gib den Funktionsterm der Bahnkurve an.

c Berechne die Geschwindigkeit eines Photons nach dem Verlassen des Gravitationsfelds. Was fällt dir am Ergebnis auf?

d Berechne den Ablenkungswinkel α.
Ergänzung: Eine genauere Berechnung ohne die ersten beiden Vereinfachungen führt zum gleichen Ergebnis: $\alpha = 0{,}87''$. Eine Berechnung mithilfe der Allgemeinen Relativitätstheorie führt zum doppelten Wert, der sehr genau mit den bei Sonnenfinsternissen gemessenen Werten übereinstimmt!

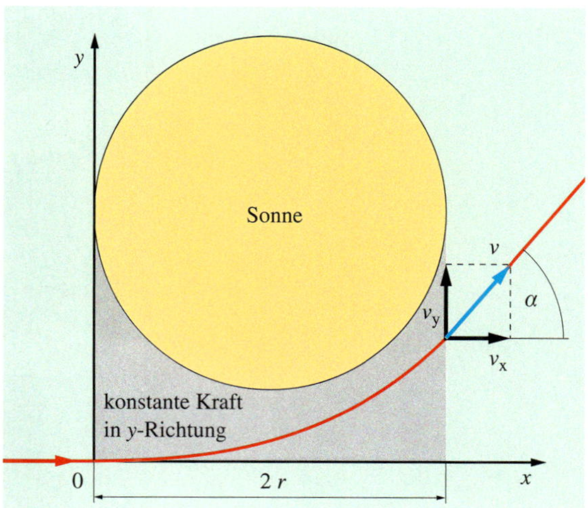

4

Elektronen als Quantenobjekte

Lange stellte man sich das Atom wie ein kleines Sonnensystem vor, bei dem sich Elektronen um den Atomkern herum auf Ellipsenbahnen bewegen – wie die Planeten um die Sonne. Gerne hätte man sich die Welt im Kleinen genauso vorgestellt wie die Welt im Großen!
Es gibt aber keine Elektronenbahnen, auch keine komplizierten. Man kann nur von Bereichen in der Nähe eines Atomkerns sprechen, in denen sich die Elektronen mit größerer Wahrscheinlichkeit aufhalten als in anderen. Diese Bereiche heißen *Orbitale*. ↑1

1 Computermodell eines Elektronenorbitals (der Atomkern ist nicht dargestellt)

Mit Elektronen „sehen"? Während die Mikroskope, die im Biologieunterricht eingesetzt werden, Licht für die Abbildung benötigen, verwenden Elektronenmikroskope bewegte Elektronen. ↑2 Mit modernen Elektronenmikroskopen kann man viel feinere Strukturen abbilden als mit Lichtmikroskopen und millionenfach vergrößerte Bilder erzeugen. Manche Geräte liefern mithilfe einer Computerauswertung gleich noch die chemische Zusammensetzung der untersuchten Oberfläche mit. ↑3
Das Abbilden immer feinerer Strukturen wird bei Lichtmikroskopen durch ein Wellenphänomen begrenzt: die Beugung. Und wie sieht es bei Elektronenmikroskopen aus: Elektronen sind doch keine Wellen – oder?

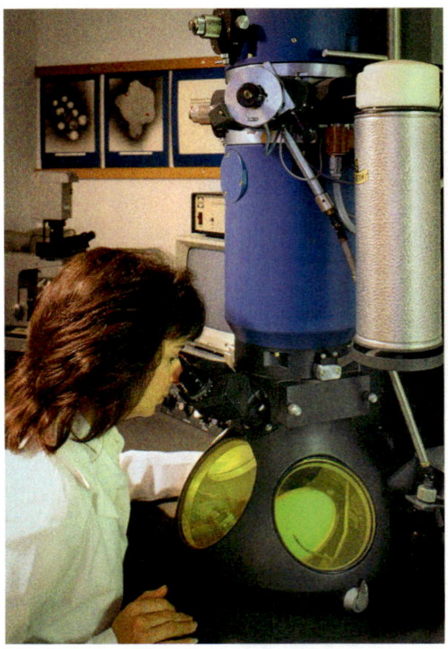

2 Analyse mit dem Elektronenmikroskop

3 Elektronenmikroskopaufnahme eines winzigen elektrischen Bauteils

Simulationsexperimente

Vielleicht hast du den Doppelspaltsimulator schon mit Elektronen ausprobiert … In der Simulation ist die Quelle so abgeschwächt, dass nur einzelne Elektronen zum Beobachtungsschirm gelangen. www 157-1
Was in der Simulation einfach ist, war im Labor nur sehr schwer durchzuführen. Erst 1961 gelang dem Physiker CLAUS JÖNSSON der Doppelspaltversuch mit Elektronen.

1 ▶ *Jönsson simuliert*

a Simuliere das Doppelspaltexperiment mit Elektronen: Spaltbreite 0,3 µm, Spaltabstand 1 µm, Beschleunigungsspannung 50 keV. Welches Ergebnis erwartest du?

b Spricht die Verteilung der Elektronen auf dem Schirm für die Teilchen- oder die Wellenvorstellung? Begründe deine Antwort. ◀

2 ▶ *Links oder rechts?* Lässt sich jeweils feststellen, durch welchen Spalt ein Elektron im Simulationsexperiment gelaufen ist?
Wenn du die Lampe hinter dem Doppelspalt anschaltest, wird ihre Strahlung von den Elektronen beim Durchgang durch den Doppelspalt gestreut, sodass sich nachweisen lässt, welchen Spalt die Elektronen „gewählt" haben.
Simuliere das Doppelspaltexperiment bei eingeschalteter Nachweisstrahlung. Was beobachtest du auf dem Schirm? Kannst du deine Beobachtung erklären? ◀

Aufgaben

3 ▶ *Wellenlänge von Elektronen?* Wenn Licht als elektromagnetische Welle auch Teilcheneigenschaften zeigt, zeigen Elektronen vielleicht auch Welleneigenschaften?
In seiner Doktorarbeit ordnete der französische Physiker LOUIS VICTOR PRINCE DE BROGLIE 1923 einem Elektron der Geschwindigkeit v hypothetisch eine Wellenlänge zu:

$$\lambda = \frac{h}{m_e \cdot v}.$$

a Diese Gleichung kannst du selbst herleiten! Gehe dazu von der Beziehung $E = h \cdot f$ aus und verwende die Äquivalenz von Energie und Masse.

b Welche Wellenlänge besitzt ein Elektron nach einer Beschleunigung durch eine Spannung von 5 kV? ◀

c *Ausblick:* Wie groß sollte der Abstand der Spalte beim Doppelspaltversuch mit 5-keV-Elektronen ungefähr sein, um Interferenz nachweisen zu können? *Hinweis:* Zum Elektronvolt siehe Seite 164.

4 *Ausblick: Jönsson simuliert* Hast du das Simulationsexperiment durchgeführt? Dann berechne doch einmal die „Wellenlänge" λ der Elektronen.
Hinweis: Rechne wie bei Wasserwellen (s. Seite 153):
$\sin \alpha_k = \frac{k\,\lambda}{b}$ (b: Spaltabstand; $k = 1, 2, 3, \ldots$).

GRUNDLAGEN: Das Elektron – noch ein Quantenobjekt

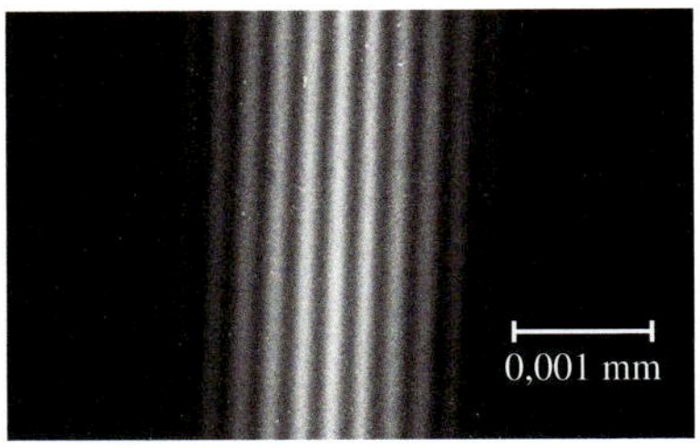

1 Interferenzbild von Elektronen beim Doppelspaltversuch (in den hellen Streifen sind besonders viele Elektronen aufgetroffen)

▶ Beim Doppelspaltversuch zeigen auch bewegte Elektronen zwei Eigenschaften, die sich in der klassischen Physik gegenseitig ausschließen: ↑1
- Das Interferenzbild kann durch Welleneigenschaften erklärt werden.
- Die punktförmige Registrierung auf dem Schirm weist auf Teilcheneigenschaften hin.

Elektronen sind keine „Kügelchen", sondern wie Photonen Quantenobjekte.

Aus der Gleichung $E_{Ph} = h \cdot f = m_{Ph} \cdot c^2$ und der Beziehung $c = \lambda \cdot f$ folgt für die Wellenlänge von Photonen:

$$\lambda = \frac{h}{m_{Ph} \cdot c}.$$

Entsprechend formuliert man für Elektronen der Geschwindigkeit v:

$$\lambda = \frac{h}{m_e \cdot v}.$$ ◀

Elektronen, die durch eine Spannung von 50 kV beschleunigt wurden, haben danach eine Wellenlänge von rund $5 \cdot 10^{-12}$ m – das ist nur etwa ein Hunderttausendstel der Wellenlänge von Photonen des Lichts! Beim realen Doppelspaltexperiment mit Elektronen liegen die Intensitätsmaxima daher so dicht nebeneinander (Mikrometerbereich), dass sie sich nur mit großem Aufwand voneinander unterscheiden lassen.

▶ Beim Aufprall auf den Schirm zeigt das Elektron zwar seine Teilcheneigenschaft. Doch an welchem Punkt es auftrifft, kann grundsätzlich nicht vorhergesagt werden. Es lässt sich nur für jeden Punkt berechnen, wie groß die *Wahrscheinlichkeit* ist, dass es dort registriert wird. ↑2 Dazu ordnet man dem Elektron eine *Wahrscheinlichkeitswelle* zu.
Wahrscheinlichkeitswellen sind pure Mathematik! Sie sind keine „Wasserwellen" aus Elektronen – und schon gar keine Elektronen, die auf Schlangenlinien „herumwedeln".
Die Wahrscheinlichkeitswelle, die dem Elektron zugeordnet ist, spaltet sich am Doppelspalt rechnerisch in zwei Teilwellen auf, die dann miteinander

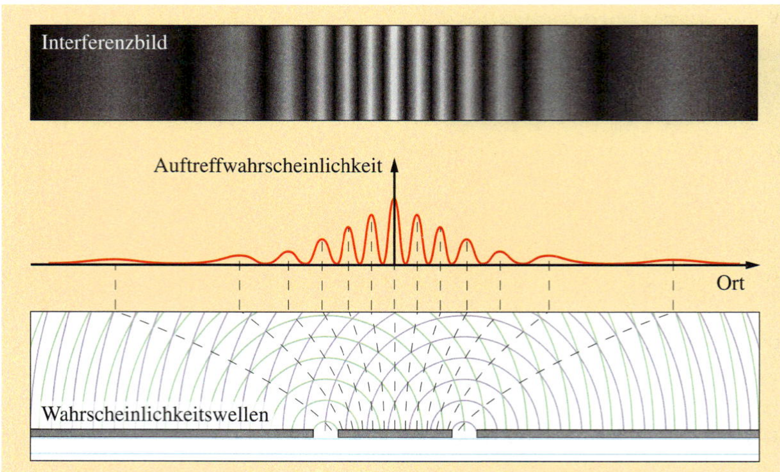

2 Interferenzbild und Wahrscheinlichkeit

interferieren. Das Ergebnis der mathematischen Interferenz ist die Auftreffwahrscheinlichkeit des Elektrons auf dem Schirm in Abhängigkeit vom Ort. In den Bereichen, wo sie besonders hoch ist, werden die meisten Treffer registriert, wenn man immer wieder einzelne Elektronen auf den Doppelspalt schießt. Diese Treffer ergeben zusammen das Interferenzbild, wie wir es vom Licht am Doppelspalt kennen.

Wie bei Photonen ist es nicht sinnvoll, von einer Flugbahn des Elektrons zu sprechen, die durch einen der beiden Spalte führt. In der Quantenphysik hat man erkannt: Solange man nicht bei einer Messung „nachschaut", kann man dem bewegten Elektron gar keinen Ort zuordnen. Mathematisch gesehen überlagern sich die dem Elektron zugeordneten Wahrscheinlichkeitswellen, die von den beiden Spalten kommen. Wenn man misst, welchen Spalt das Elektron nimmt, bricht diese Überlagerung zusammen: Aus allen Ortsmöglichkeiten wird eine spezielle ausgewählt. Quantenphysiker sagen dazu: Der Ortszustand des Elektrons wird *präpariert*. Dieser Zusammenbruch der Überlagerungen erklärt, weshalb das Interferenzbild auf dem Schirm hinter dem Doppelspalt verschwindet.

Quantenobjekte sind weder Teilchen noch Wellen:

- **Bei der Wechselwirkung mit Materie zeigen sie Teilcheneigenschaften und bei der Ausbreitung Welleneigenschaften.**
- **Jedem Quantenobjekt lässt sich eine rein mathematische Wahrscheinlichkeitswelle zuordnen, die alle möglichen Zustände des Quantenobjekts berücksichtigt. Sie erlaubt es beispielsweise, die Wahrscheinlichkeit zu berechnen, das Quantenobjekt an einem bestimmten Ort anzutreffen. Durch Messung präpariert man aus den möglichen Zuständen des Quantenobjekts einen heraus.**
- **Die beiden Modellvorstellungen Welle (→ Wellenlänge) und Teilchen (→ Masse, Geschwindigkeit) sind durch eine Gleichung verbunden:**

$$\lambda = \frac{h}{m \cdot v}.$$ ◀

Ausblick

Präparation Unter einer *Präparation* versteht man in der Physik ganz allgemein ein Verfahren, mit dem Objekte in einen bestimmten Zustand gebracht werden. Durch eine Präparation stellt man also physikalische Systeme mit bestimmten Eigenschaften her. Das kann z. B. durch eine Messung erfolgen.

Noch mehr Quantenobjekte Interferenzexperimente sind nicht nur mit Elektronen gelungen, sondern auch mit Atomen und sogar mit großen Molekülen (z. B. mit dem fußballförmigen Fulleren C_{60}, das aus 60 Kohlenstoffatomen besteht). Auch diese Objekte sind also keine „klassischen" Teilchen, sondern Quantenobjekte.

Ausblick Wellenfunktion und Schrödingergleichung

Wahrscheinlichkeiten berechnen – das ist die Kernaufgabe der Quantenphysiker. Dazu müssen sie die Wahrscheinlichkeitswellen kennen, die den Quantenobjekten zugeordnet sind. Mathematisch gesehen handelt es sich dabei um Funktionen: die *Wellenfunktionen*. Um sie zu berechnen, verwendet man eine Gleichung, die ERWIN SCHRÖDINGER 1926 entwickelte. Sie hat für den Mikrokosmos die gleiche fundamentale Bedeutung wie die Bewegungsgleichung $F = m \cdot a$ für makroskopische Vorgänge. Die Schrödingergleichung enthält u. a. Informationen über die Energie des Quantenobjekts und die Kräfte, die von außen einwirken. Während man aus der Bewegungsgleichung die Zeit-Ort-Funktionen – also die Bahnen – der bewegten Körper ableiten kann, gelingt das bei der Schrödingergleichung nicht. Die Wellenfunktionen liefern Wahrscheinlichkeitsaussagen über den Aufenthaltsort eines Quantenobjekts. Dass „nur" Wahrscheinlichkeitsaussagen möglich sind, liegt nicht an der Unvollkommenheit der Quantentheorie. Vielmehr spielt der Zufall eine zentrale Rolle.

Für EINSTEIN hatte der Zufall in einem grundlegenden physikalischen Verständnis der Natur keinen Platz. Die Quantenphysik widersprach seiner tiefen religiösen Überzeugung: „Gott würfelt nicht!" Der Wunsch nach einer zufallsfreien Theorie führte zu einer Reihe von Gegenentwürfen zu der von SCHRÖDINGER vertretenen Quantenphysik. Manche davon sind in ihrer „Vorhersagekraft" sogar identisch mit der Quantenphysik. Die Wahrscheinlichkeitsdeutung hat dennoch bis heute die meisten Physiker überzeugt.

Ausblick Elektronenmikroskope

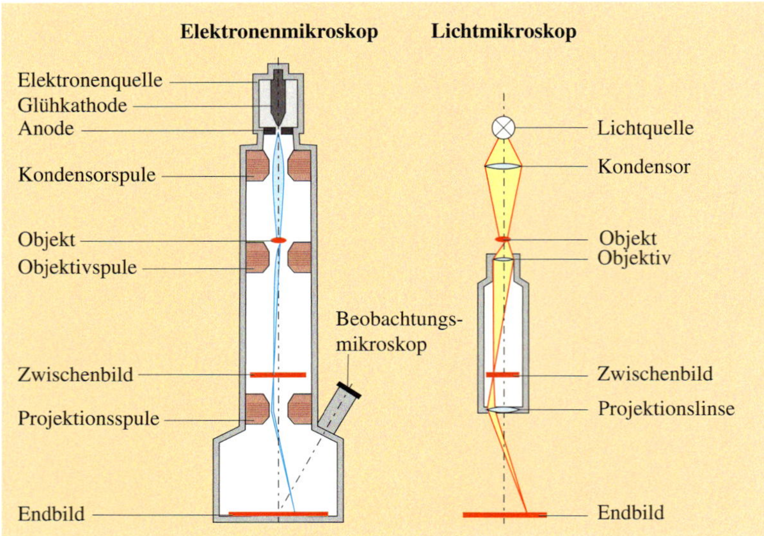

1 Mikroskopaufbau (Prinzip) im Vergleich

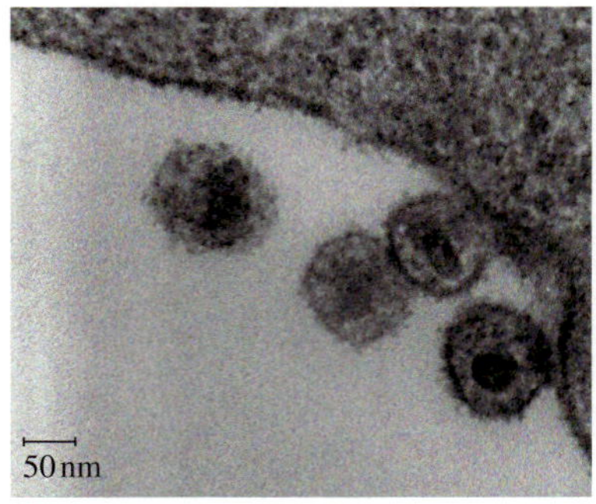

2 HI-Viren (TEM-Aufnahme)

Transmissionselektronenmikroskop (TEM) Im Prinzip funktioniert dieses Gerät ähnlich wie ein Lichtmikroskop. ↑1 Aber anstelle von Lichtstrahlen werden Elektronenstrahlen durch die Probe geschickt (lat. *transmittere:* hindurchschicken). Die „Linsen" sind Elektromagnete, ihre „Brennweite" hängt vom Spulenstrom ab.
Eine wichtige Größe zur Beschreibung von Mikroskopen ist das *Auflösungsvermögen*. Es ist umso größer, je kleiner der Abstand zweier Punkte der Probe ist, der gerade noch wahrnehmbar ist. Dieser Abstand liegt jeweils in der Größenordnung der Wellenlänge der verwendeten Strahlung. Die Elektronen werden beim Elektronenmikroskop auf so hohe Geschwindigkeiten beschleunigt, dass ihre Wellenlänge viel kleiner ist als die von Licht. Dadurch wird das Auflösungsvermögen des Elektronenmikroskops sehr groß. Es gelingt damit sogar, Viren sichtbar zu machen. ↑2

Rastertunnelelektronenmikroskop (STM) Für diese Erfindung erhielten GERD BINNIG und HEINRICH ROHRER 1986 den Nobelpreis in Physik. ↑3 Eine feine Metallspitze wird nach und nach erst in x- und dann in y-Richtung in geringem Abstand über den Gegenstand geführt: ↑4 Die Oberfläche wird „gerastert". Damit Elektronen von der Oberfläche zur Spitze übergehen, müsste ihnen nach unseren bisherigen Vorstellungen Energie zugeführt werden. In der Quantenphysik ist die Übergangswahrscheinlichkeit auch ohne zusätzliche Energie größer als null. Man spricht vom *Tunneleffekt*: Wie bei einem Tunnel durch einen Berg gelangt man zur anderen Seite, ohne über den (Energie-)Gipfel zu gehen. Der „Tunnelstrom" der Elektronen hängt vom Abstand zwischen Oberfläche und Spitze ab. Die Nadel wird so geführt, dass er immer gleich groß bleibt: Bei „Bergen" wird sie angehoben, bei „Tälern" gesenkt. Aus den Bewegungen der Nadel berechnet der Computer ein Bild der Oberfläche. ↑5

3 HEINRICH ROHRER und GERD BINNIG an ihrem Rastertunnelelektronenmikroskop (STM)

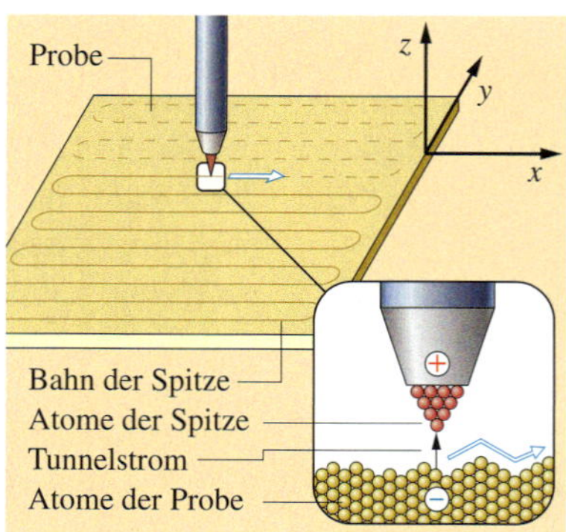

4 Funktionsweise eines STMs

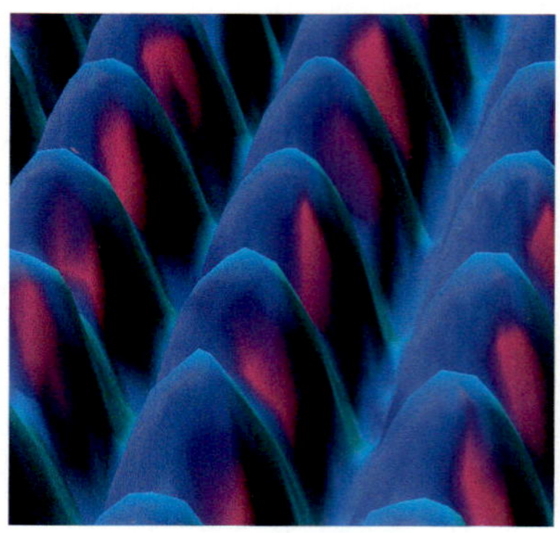

5 Atomhüllen einer Nickeloberfläche (STM-Aufnahme, eingefärbt)

Ausblick Die Interferenz von Elektronen wird nachgewiesen

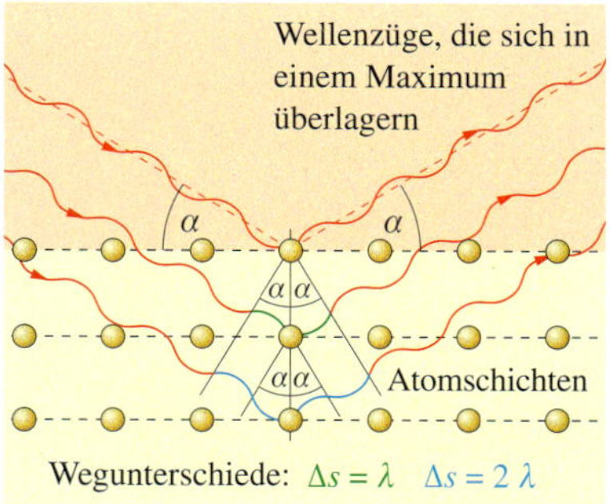

6 Verstärkung nach Reflexion von Röntgenstrahlung an Atomschichten im Kristall

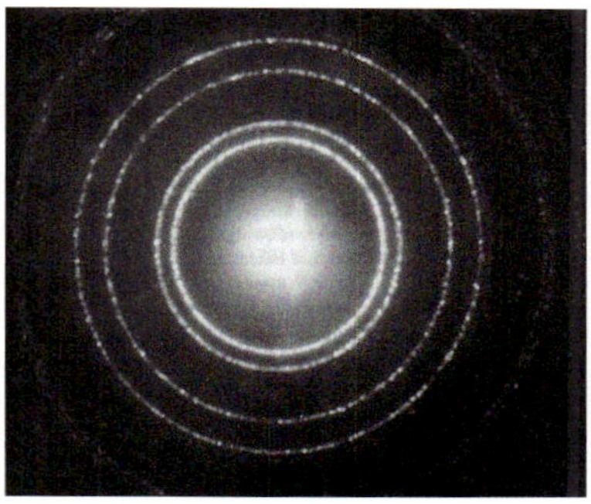

7 Elektroneninterferenz an einer Schicht aus Aluminiumpulver

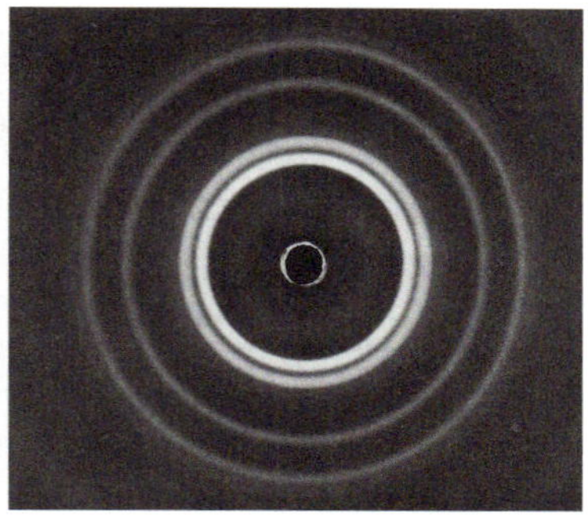

8 Zum Vergleich: Röntgeninterferenz an einer Schicht aus Aluminiumpulver

De Broglie behauptete in seiner Doktorarbeit 1923 die Möglichkeit von Elektronenwellen. Einen experimentellen Beweis für seine Hypothese hatte er nicht. Aber er vermutete, dass Elektronenstrahlen beim Durchdringen dünner Kristallschichten ähnliche Interferenzbilder wie Röntgenstrahlung erzeugen. Wenn nämlich ein Elektron von einer Spannung zwischen 10 und 100 kV beschleunigt wird, sollte seine Wellenlänge in der gleichen Größenordnung wie die von Röntgenstrahlung liegen.
Die Interferenz von Röntgenstrahlung ist allerdings viel schwieriger nachzuweisen als die von Licht. Sie zeigt sich wegen der viel kleineren Wellenlänge erst, wenn man statt optischer Gitter (das sind Blenden, in denen sich nicht nur zwei, sondern ganz viele parallele Spalte befinden) Kristalle verwendet. In ihnen sind die Atome sehr regelmäßig angeordnet und bilden Schichten, deren Abstand etwa so groß ist wie die Wellenlänge der Röntgenstrahlung. ↑6 Die Strahlung, die an der ersten Atomschicht reflektiert wird, überlagert sich z. B. mit der Strahlung, die erst an der zweiten Atomschicht reflektiert wird. Wenn der zweite Weg gerade um ein Vielfaches der Wellenlänge länger ist, kommt es bei der Interferenz zur Verstärkung. Ob dieser Fall eintritt, hängt einerseits vom Abstand der Schichten und dem Einfallswinkel ab und andererseits von der Wellenlänge der Strahlung.
Die Amerikaner Davisson und Germer führten 1927 Interferenzversuche mit Elektronen an Aluminiumpulver durch und konnten de Broglies Überlegungen überzeugend bestätigen. ↑7 ↑8 Statt der Interferenzstreifen ergaben sich allerdings Interferenzringe, weil die kleinen Kristalle im Aluminiumpulver unregelmäßig ausgerichtet sind.
Im Jahr 1955 gelang es den Deutschen Möllenstedt und Düker, die Wahrscheinlichkeitswellen von Elektronen an einem Draht in Teilwellen aufzuspalten und zur Interferenz zu bringen. ↑9 ↑10
Und 1961 führte Jönsson im Rahmen seiner Doktorarbeit bei Möllenstedt den Doppelspaltversuch mit Elektronen erfolgreich durch. Da der Spaltabstand von 2 µm immer noch sehr groß gegenüber der Wellenlänge war, lagen die Interferenzstreifen so dicht beieinander, dass sie nur mit einem Elektronenmikroskop bei millionenfacher Vergrößerung unterschieden werden konnten. In einer Umfrage der Zeitschrift „Physics Today“, an der 200 Physiker im Jahr 2002 teilnahmen, wurde dieser Versuch als schönstes Experiment der Physik überhaupt ausgezeichnet.

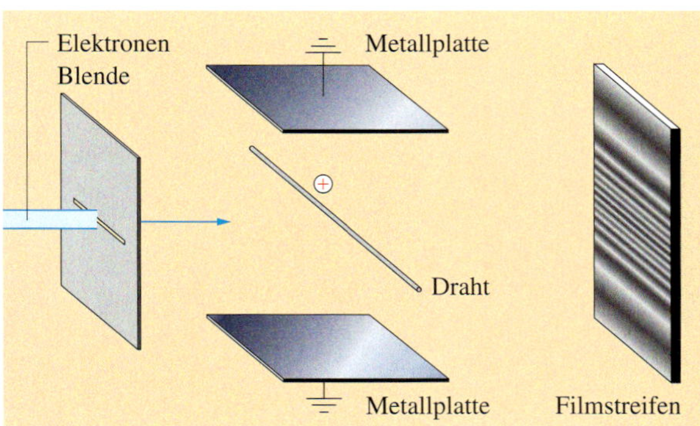

9 Versuch (Prinzip) von Möllenstedt und Düker

10 Interferenzbilder bei unterschiedlichen Spannungen zwischen dem Draht und den geerdeten Metallplatten

Aufgaben

1 ▶ *Doppelspalt – einmal anders* „Und jetzt kommen wir zu einem Urvater des Quantenmysteriums: dem berüchtigten Doppelspaltexperiment!" So beginnt Dr. Quantum seine Präsentation des Versuchs. ↑1 Schau ihm bei seinen launigen Erklärungen zu! www 172-1 Fasse die wesentlichen Aussagen zusammen, die in dem Trickfilm zum Doppelspaltexperiment gegeben werden. Achte dabei auch auf unpräzise Stellen. ◀

2 ▶ *Quantum versus Classic* Zwischen der klassischen Physik, wie sie z. B. durch die Gesetze NEWTONS beschrieben wird, und der Quantenphysik gibt es viele Unterschiede, aber auch Gemeinsamkeiten. Sammle Beispiele dazu in einer Tabelle. ◀

3 *Paarvernichtung* Zu jeder Materie gibt es Antimaterie. Das Antiteilchen des Elektrons ist das Positron: Es hat die gleiche Masse, trägt aber eine positive Elementarladung. Das Zusammentreffen von Elektron und Positron verläuft spektakulär. Die beiden Teilchen vernichten sich gegenseitig und es „blitzt" kurz auf: Zwei Photonen gleicher Wellenlänge werden abgestrahlt.

a Berechne die Wellenlänge der beiden Photonen, die bei dieser Paarvernichtung entstehen.
Hinweis: Gehe davon aus, dass Elektron und Positron mit ganz geringer Geschwindigkeit zusammenstoßen.

b Welche Energie wird frei, wenn sich 1 g Materie und 1 g Antimaterie gegenseitig vernichten? Wie viele Tonnen Sprengstoff TNT setzen bei einer Explosion die gleiche Energie frei?
Hinweis: 1 t TNT setzt eine Energie von 4 Milliarden Joule frei. Die Atombombe von Hiroshima hatte eine Sprengwirkung von 20 000 t TNT.

4 ▶ *Ausblick: Doppelspaltversuch – nicht nur mit Elektronen*

a Elektronen werden beschleunigt, bewegen sich durch einen sehr engen Doppelspalt und treffen auf einen Schirm. Welchen Abstand haben die beiden ersten Interferenzmaxima voneinander?
Hinweise: Beschleunigungsspannung: 1,0 kV (2,0 kV); Spaltabstand: 2 µm; Abstand Doppelspalt–Schirm: 40 cm

b Welcher Abstand ergibt sich, wenn Protonen anstelle der Elektronen beschleunigt werden?
Berechne auch die Wellenlänge der beschleunigten Protonen. ◀

1 Dr. Quantum

5 ▶ *Schrotkugeln und Tennisbälle*

a Berechne die Wellenlänge einer Schrotkugel ($m = 1$ g), die mit 200 $\frac{\text{m}}{\text{s}}$ abgeschossen wird. Ist damit ein Interferenzversuch möglich? ◀

b Welche Wellenlänge besitzt ein Tennisball (60 g), der mit 100 $\frac{\text{km}}{\text{h}}$ über das Netz saust? Wie verändert sie sich, wenn der Ball nur halb so schnell zurückgeschlagen wird?

6 *Quantenskifahrer* Dieser Cartoon hat durchaus etwas mit Quantenphysik zu tun. ↑2 Erkennst du den Zusammenhang?

2

7 ▶ *Auflösungsvermögen* Mit einem Mikroskop kann man Punkte, deren Abstand etwa so groß wie die Wellenlänge der verwendeten Strahlung ist, nicht mehr scharf voneinander getrennt wahrnehmen. Die Ursache dafür ist die Beugung.

a Erkläre diesen Zusammenhang genauer.

b Wievielmal enger benachbart dürfen Punkte sein, die nicht mit Licht, sondern mit 1-MeV-Elektronen „angesehen" werden? ◀

8 *Elektronenmikroskop als Teilchendetektiv* Neben der Welleneigenschaft nutzen manche Elektronenmikroskope auch die Teilcheneigenschaft der Elektronen. Der Benutzer erhält beim „Ansehen" der

Aufgaben

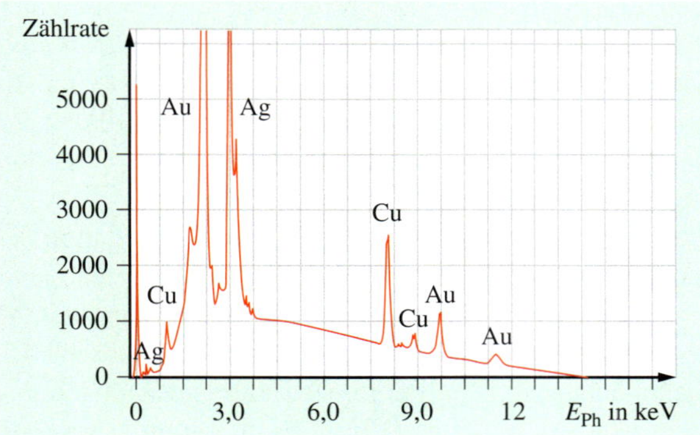

3 Spektrum eines Schmuckstücks – mit dem Elektronenmikroskop erzeugt

4

Probe auch gleich Informationen über die chemische Zusammensetzung. ↑3
Wie kommt das Spektrum des Schmuckstücks wohl zustande?

9 *Ausblick: Tunneleffekt*

a Was wäre, wenn der Tunneleffekt (s. Seite 170) in unserem „makrophysikalischen" Alltag eine Rolle spielen würde? ↑4 Denke dir noch weitere lustige oder spannende Beispiele aus.

b Die beiden Kontaktstifte eines Steckers haben nur scheinbar glatte Oberflächen. Wenn man sie unter dem Elektronenmikroskop betrachtet, bestehen die Oberflächen aus völlig unregelmäßig verteilten hohen „Bergen" und tiefen „Tälern". Die tatsächlichen Berührungsflächen mit den Kontakten in der Steckdose sind so gering (und zudem oft noch chemisch verunreinigt), dass nach der „klassischen" Elektrizitätslehre kaum ein Strom fließen dürfte! Dass es dennoch zu einem nennenswerten Strom kommt, hat unter anderem etwas mit Quantenphysik zu tun …

Simulationsexperiment

10 ▶ *Elektronenbeugung*

Beim Doppelspaltversuch beobachtet man eine Wellenerscheinung – das Interferenzmuster auf dem Schirm – nur dann, wenn man nicht „nachschaut", welchen der beiden Spalte die durchgelassenen Elektronen nehmen.

Beim Einfachspalt weiß man, auch ohne „nachzuschauen", welchen Spalt die durchgelassenen Elektronen genommen haben. Man könnte also vermuten, dass in diesem Fall keine Wellenerscheinung zu beobachten ist …

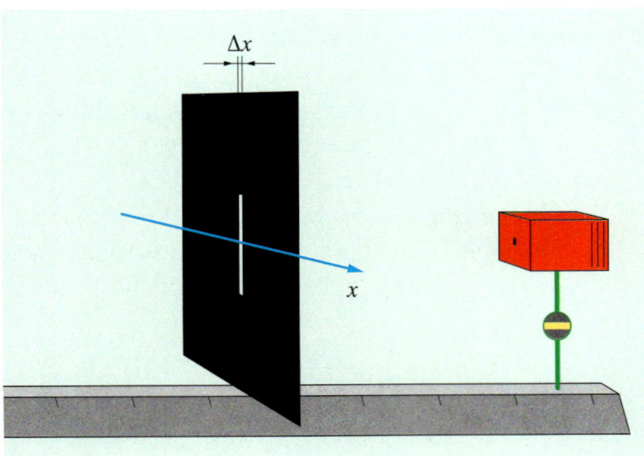

5

a Probiere es mit dem Doppelspaltsimulator selbst aus. Klicke auf die Blende und schließe einen der beiden Spalte. ↑5 Wähle Elektronen mit einer kinetischen Energie von $E_{kin} = 50\,\text{keV}$ und eine Spaltbreite von $\Delta x = 1000\,\text{nm}$. www 157-1
Starte die Elektronenkanone: Was beobachtest du?

b Verringere nun die Spaltbreite: erst einmal auf 200 nm und anschließend auf 100 nm. Wird dadurch auch der „Elektronenstreifen" auf dem Schirm schmaler?
Versuche die Beobachtung zu erklären. ◀

GRUNDLAGEN: Elektronen in Atomen – Orbitale

1 „Quantenpferch" (STM-Aufnahme)

48 Eisenatome bilden einen Ring von 14,3 nm Durchmesser auf einer glatten Kupferoberfläche. ↑1 In diesem „Quantenpferch" kann man eine kreisförmige Welle erkennen (ähnlich wie in einer Regentonne, wenn man im richtigen Takt auf die Wasseroberfläche tupft). Mit ihrer Hilfe kann man die Wahrscheinlichkeit berechnen, ein eingesperrtes Elektron an den verschiedenen Punkten innerhalb des „Pferchs" anzutreffen.

▶ Eingesperrte Elektronen gibt es nicht nur in exotischen „Quantenpferchen". In jedem Atom sind die Elektronen der Hülle durch die anziehenden elektrischen Kräfte an den Atomkern gebunden. Mithilfe der mathematischen Wahrscheinlichkeitswellen, die zu den Elektronen gehören, berechnet man Bereiche, in denen sich die Elektronen mit hoher Wahrscheinlichkeit aufhalten: die *Orbitale*. ↑2 Jedes Orbital kann von null, ein oder zwei Elektronen „besetzt" werden (vielleicht hast du im Chemieunterricht schon einmal davon gehört).

Zu jedem Orbital gehört eine ganz bestimmte Elektronenenergie. Die Elektronenenergien unterschiedlicher Orbitale sind verschieden. Bei den Elektronen im Atom sind nämlich nur Wahrscheinlichkeitswellen ganz bestimmter Wellenlängen möglich. (*Ausblick:* Die Situation ist mathematisch gesehen ähnlich wie bei „stehenden" Wellen.) Daher kann auch die Energie $E = \frac{h \cdot c}{\lambda}$ der Elektronen im Atom – diese Beziehung ist ähnlich wie bei Photonen – nicht beliebig sein.

Die Elektronen in den Atomhüllen kreisen nicht auf Bahnen um die Atomkerne. Es lassen sich nur Bereiche angeben, in denen man die Elektronen mit großer Wahrscheinlichkeit antreffen kann. Sie werden als Orbitale bezeichnet.

Die Elektronenenergie ist von Orbital zu Orbital verschieden. Die diskreten Energieniveaus beruhen darauf, dass zu den „eingesperrten" Hüllenelektronen Wahrscheinlichkeitswellen mit ganz bestimmten Wellenlängen gehören.

Wechselt ein Elektron von einem Orbital zum anderen, so ist damit die Aufnahme oder Abgabe einer ganz bestimmten Energieportion verbunden. Diese Energieportion kann ein Photon sein.

Beispiel: Beim Wasserstoffatom besitzen die Orbitale relativ einfache Formen. ↑2 Ein „sichtbares" Photon wird abgestrahlt, wenn das Elektron beispielsweise von einem 3d- in ein 2p-Orbital wechselt. ◀

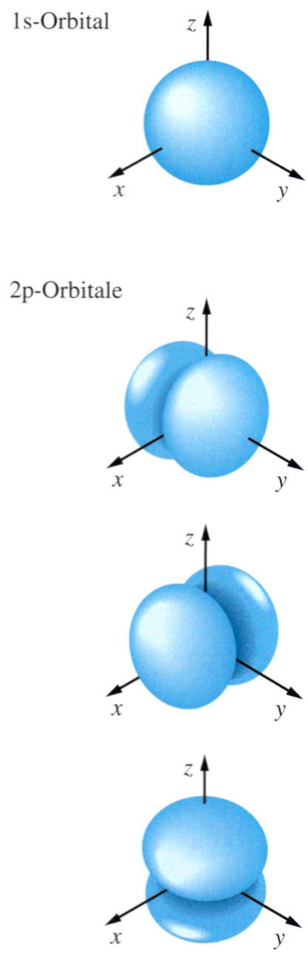

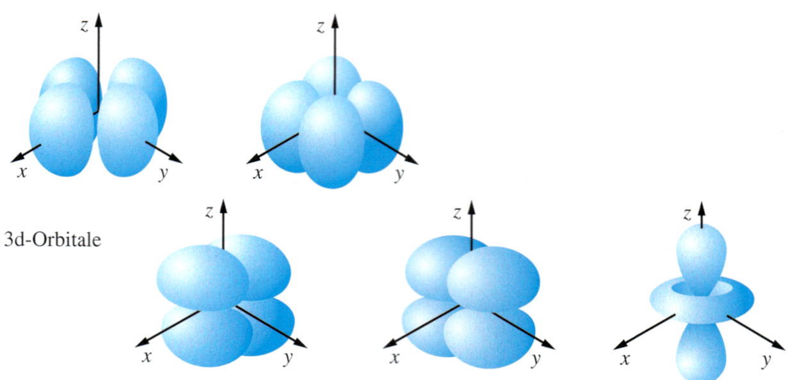

2 Orbitale des Wasserstoffatoms (Auswahl)

Ausblick Von Qubits und Quantencomputern

Eines der aktuellsten Forschungsgebiete der Quantenphysik ist der *Quantencomputer*. Er soll es in Zukunft ermöglichen, noch größere Datenmengen in noch kürzerer Zeit zu verarbeiten.

In unseren jetzigen PCs hat die kleinste Informationseinheit (Bit) die Werte „null" bzw. „eins". Diese Werte entsprechen in Schaltkreisen den beiden Zuständen „Strom aus" bzw. „Strom an". Damit lassen sich alle Buchstaben und Zahlen darstellen und man kann mit ihnen sogar rechnen.

In Quantencomputern sollen die Informationen dagegen in einem System aus Quantenobjekten gespeichert werden. Kleinste Informationseinheit ist das *Qubit* (sprich „Kjubit"; kurz für Quantenbit). Man kann dem Qubit analog zum herkömmlichen Computer die Zustände „null" und „eins" zuordnen. Es kann sich aber auch in einem überlagerten Zustand der beiden Möglichkeiten befinden (analog zur Überlagerung der beiden Wegmöglichkeiten für ein Elektron beim Doppelspalt).

In einem Modell eines Quantencomputers werden die Qubits durch Zustände von Ionen repräsentiert, die durch eine raffinierte Anordnung elektrischer Felder auf einer Linie gehalten werden. ↑3 Dabei entspricht ein Ion im Grundzustand einer „Null", im ersten angeregten Zustand einer „Eins". Die Eingabe von Daten in den Modellcomputer geschieht mithilfe von Laserpulsen, die die Ionen anregen. Danach befindet sich das Quantensystem in einer Überlagerung aus angeregten und nichtangeregten Zuständen. Für die Ausgabe von Daten wird es wieder durch Laserimpulse angeregt, Photonen auszusenden.

Das Besondere des Quantencomputers besteht darin, dass er eine große Datenmenge parallel verarbeiten kann. Würde ein herkömmlicher Computer Daten in Portionen von beispielsweise 10 Bits gleichzeitig verarbeiten, könnte ein Quantencomputer mit nur 10 Ionen bereits $2^{10} = 1024$ Qubits bewältigen! Leider reagieren überlagerte Zustände extrem empfindlich auf Einflüsse von außen: Die Einflüsse wirken wie eine Messung – die Überlagerung bricht zusammen. Daher konnte bisher nur ein Quantencomputer mit 8 Qubits realisiert werden.

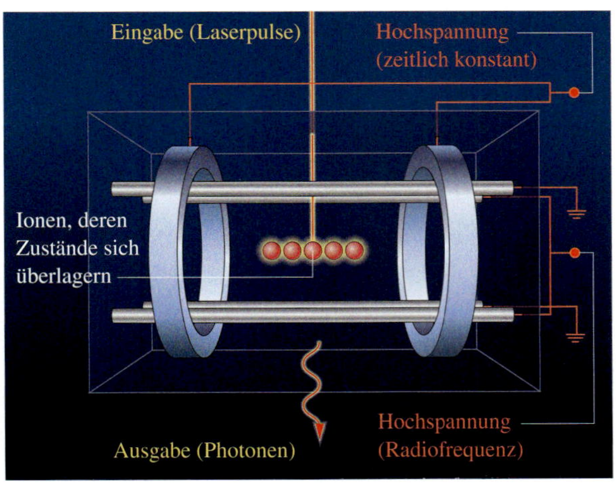

3 Modell eines Quantencomputers mit fünf Qubits

Bis Quantencomputer Marktreife besitzen, muss die Verschlüsselung von Daten revolutioniert werden. Die gängigen Verschlüsselungsverfahren beruhen auf der Primzahlzerlegung großer Zahlen und gelten als sehr sicher, da herkömmliche Rechner mehrere Millionen Jahre zur Dekodierung einer chiffrierten Meldung brauchen. Mit einem bereits entwickelten Faktorisierungsalgorithmus könnte ein Quantencomputer einen Geheimcode dagegen innerhalb weniger Stunden „knacken".

Die zukünftige Verschlüsselung mithilfe der Quantenphysik wird sich die Empfindlichkeit von überlagerten Quantenzuständen gegen äußere Einflüsse zunutze machen: Eine Person A („Alice") schickt an eine Person B („Bob") eine Nachricht, die mithilfe eines Schlüssels aus Zufallszahlen kodiert worden ist. Damit Bob die Nachricht dekodieren kann, bekommt er den Schlüssel in Form von Qubits auf einem Quantenkanal zugesandt. Versucht ein Lauscher diesen Kanal abzuhören, stört er den überlagerten Zustand: Die Überlagerung bricht zusammen, was Bob und Alice sofort merken. Im Experiment ist bisher schon ein Austausch von Qubits über mehr als 20 Kilometer gelungen.

Weltbilder im Wandel

1 GEORGES BRAQUE: Stillleben mit einer Violine und einem Krug, 1910

▶ Mit der Entwicklung der Quantenphysik Anfang des 20. Jahrhunderts begannen tief greifende Umwälzungen im physikalischen Weltbild.
Die Überzeugung, dass im Prinzip alles im Voraus berechenbar sei, wenn man nur die Anfangsbedingungen und die Wechselwirkungen genau genug kennt, war nicht mehr haltbar. Dass z. B. der α-Zerfall eines Atoms grundsätzlich nicht vorhergesagt werden kann, weil es für den Zeitpunkt des Zerfalls keine Ursache gibt, oder dass man für bewegte Elektronen keinen Ort angeben kann, solange man diese Größe nicht misst, war äußerst verwunderlich. Quantenobjekte führten offenbar ein „virtuelles Dasein", das erst durch die Beobachtung real wird. Eine fundamentale erkenntnistheoretische Frage musste nun beantwortet werden: Gibt es überhaupt eine vom Beobachter losgelöste Realität?
Auch die Welt der Geisteswissenschaften blieb nicht unberührt davon, dass im Mikrokosmos der Zufall herrscht. Holten sich etwa Künstler wie GEORGES BRAQUE und PABLO PICASSO für den analytischen Kubismus, der zeitgleich mit der Quantenmechanik entstand, Inspirationen aus der Physik? ↑1 Handelte es sich um eine „quantisierte, gleichzeitige Ansicht aus verschiedenen Blickwinkeln", also um eine quantenmechanische Interpretation der Realität?

Der Zufall beim Würfeln beunruhigt niemanden: Das Ergebnis kann einfach nicht vorhergesagt werden, weil man die Anfangsbedingungen nicht genau genug kennt.
Dagegen zeigte HEISENBERG in der Quantenphysik, dass es prinzipiell unmöglich ist, Ort und Impuls z. B. eines Elektrons zur gleichen Zeit exakt zu bestimmen. Diese „Unbestimmtheitsrelation" wurde bald als Metapher für das vergebliche Bemühen des Menschen gesehen, alles wissen und erklären zu können. Sie stand für die Unmöglichkeit, alle Wahrheiten eines Gegenstands oder beispielsweise des menschlichen Verhaltens gleichzeitig zu erfassen. Je eingehender man etwas aus einer bestimmten Perspektive betrachtet, desto unbestimmter erscheinen einem andere Aspekte. ↑2

2 SALVADOR DALÍ: Gala betrachtet das Mittelmeer, das sich in einer Entfernung von 18 Metern in das Bildnis Abraham Lincolns verwandelt.

Die Frage nach der Realität in der Welt der Quantenobjekte beschäftigte die Physiker von Anfang an. Dass die „Verrücktheiten" der Quantenwelt nicht einfach auf unsere Lebenswirklichkeit übertragen werden können, versuchte der Österreicher ERWIN SCHRÖDINGER 1935 mit einem Gleichnis zu verdeutlichen. Es wurde unter dem Namen „Schrödingers Katze" weltberühmt! ↑3

Eine Katze wird (natürlich nur in Gedanken!) in eine Stahlkammer gesperrt. In der Kammer ist eine „Höllenmaschine" aufgebaut, die gegen den direkten Zugriff der Katze gesichert ist. Vor einem Geigerzähler befindet sich ein schwach radioaktives Präparat: Im Lauf einer Stunde zerfällt vielleicht eines der Atome, ebenso wahrscheinlich aber auch keines. Geschieht ein Zerfall, so spricht der Zähler an und betätigt über ein Relais einen Hammer, der einen Kolben mit tödlicher Blausäure zertrümmert. Hat man dieses ganze System eine Stunde lang sich selbst überlassen, so wird man sagen, dass die Katze noch lebt, wenn inzwischen kein Atom zerfallen ist. Der erste Atomzerfall würde sie vergiftet haben. Die Wellenfunktion des ganzen Systems würde etwas ganz Merkwürdiges zum Ausdruck bringen: Die lebende und die tote Katze sind zu gleichen Teilen überlagert – solange man nicht in die Kammer schaut! Erst wenn man die Kammer öffnet und damit eine „Messung" durchführt, wird einer der beiden Katzenzustände realisiert.

Natürlich sagt uns der gesunde Menschenverstand, dass die echte Katze nicht gleichzeitig tot und lebendig sein kann. Sie steht ständig in Kontakt mit ihrer Umgebung, sodass sie gewissermaßen laufend „Messungen" auslöst. Dadurch brechen ihre Überlagerungszustände immer wieder in unvorstellbar kurzer Zeit zusammen. Die Katze befindet sich damit stets in genau einem der Zustände tot oder lebendig.

3 Gleichnis: SCHRÖDINGERS Katze

Die Quantenphysik gehört heute zu den experimentell am besten überprüften und bestätigten physikalischen Theorien.

Die von den meisten Physikern akzeptierte Interpretation der mathematischen Zusammenhänge ist als Kopenhagener Deutung bekannt. Sie wurde von NIELS BOHR und WERNER HEISENBERG 1927 formuliert. Dass nur Wahrscheinlichkeitsaussagen möglich sind, liegt nach dieser Deutung nicht an der Unvollkommenheit der Quantentheorie. Vielmehr spielt der Zufall bei den betrachteten Naturvorgängen eine entscheidende Rolle. Die Wellenfunktionen sind nicht in unmittelbarem Sinn real (so ist z. B. die Wellenfunktion eines Elektrons nicht gleich dem Elektron selbst). Sie ermöglichen es nur, die Wahrscheinlichkeit, dass ein reales Messergebnis eintritt, im Voraus zu berechnen. Diese Wahrscheinlichkeit hängt vom Amplitudenquadrat der Wellenfunktion ab (Deutung von MAX BORN). ◄

Es gibt auch andere Deutungen als die Kopenhagener. So nimmt man in der Viele-Welten-Interpretation nach HUGH EVERETT an, dass alle Einzelzustände eines überlagerten Quantenzustands realisiert werden: Die möglichen Messergebnisse existieren gleichzeitig in verschiedenen, unverbundenen Parallelwelten! In jeder davon nimmt ein Beobachter genau eines dieser Messergebnisse wahr. Da ständig Messungen stattfinden, spaltet die Welt inflationsartig in weitere Welten auf. Immerhin hat diese exotisch anmutende Interpretation unter Physikern die zweitgrößte Anhängerschaft nach der Kopenhagener Deutung.

Auf einen Blick

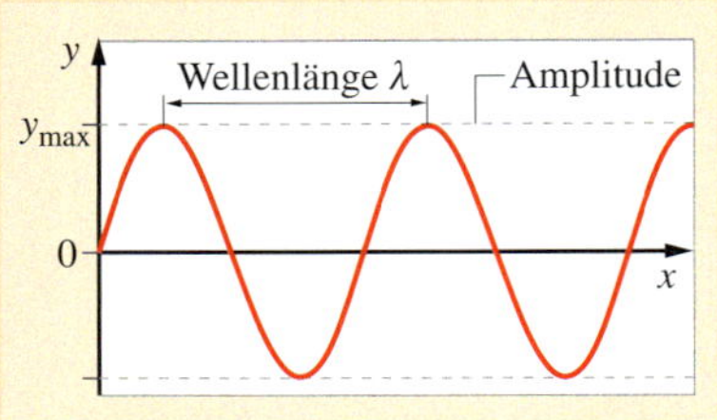

1 „Momentaufnahme" einer Welle

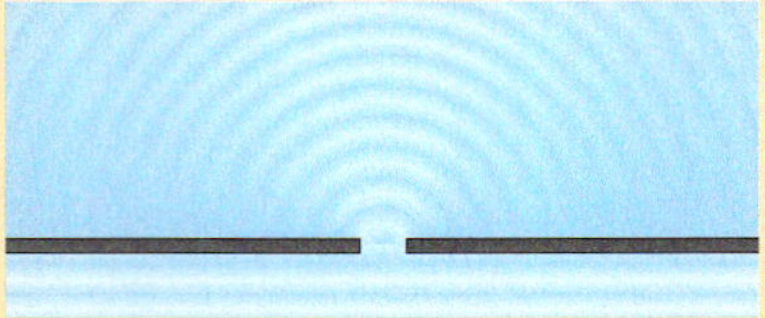
2 Beugung

Wellen ▶ Bei mechanischen Wellen breiten sich Schwingungen in Materie aus. Sie können Energie übertragen, ohne dass Materie transportiert wird. Bei transversalen Wellen ist die Ausbreitungsrichtung senkrecht zur Schwingungsrichtung der einzelnen Teilchen (*Beispiel:* Seilwellen). Bei longitudinalen Wellen sind Ausbreitungs- und Schwingungsrichtung parallel zueinander (*Beispiel:* Schallwellen).

- Die *Amplitude* einer sinusförmigen Welle ist ihre größte Auslenkung. ↑1
- Die *Wellenlänge* λ ist z. B. der Abstand zweier benachbarter Wellenberge.
- Die *Frequenz* f ist gleich der Schwingungsfrequenz der einzelnen Teilchen.
- Die *Ausbreitungsgeschwindigkeit* c der Welle beträgt: $c = \lambda \cdot f$.

Beugung: Wenn mechanische Wellen durch eine genügend kleine Öffnung dringen, werden sie merklich gebeugt. ↑2

Interferenz ist die Überlagerung von Wellen mit gleicher Frequenz. ↑3–↑5 Dabei treten Bereiche auf, in denen sich die Wellen verstärken, und Bereiche, in denen sie sich abschwächen. ◀

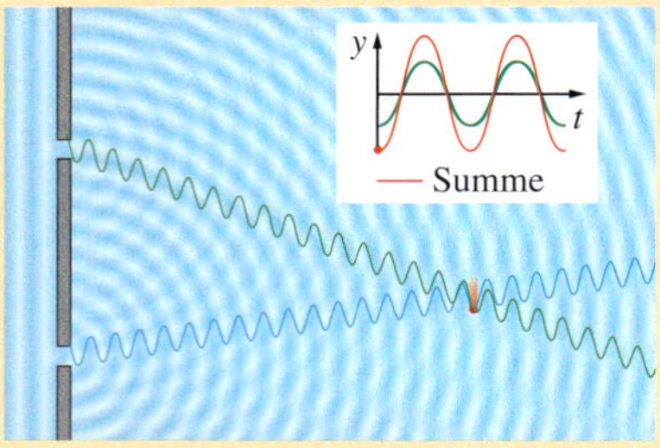

3 Verstärkung durch Interferenz

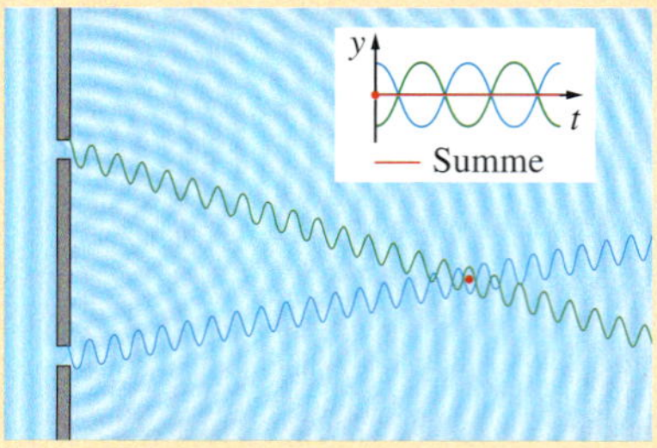

4 Auslöschung durch Interferenz

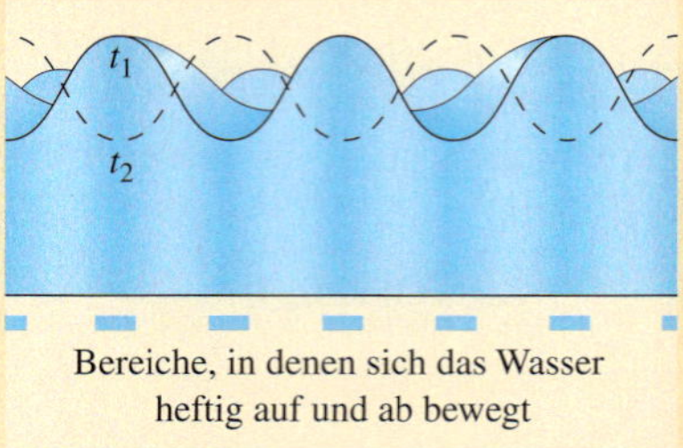

5 Blick durch eine gedachte Ebene, die parallel zur Doppelspaltebene ist

---

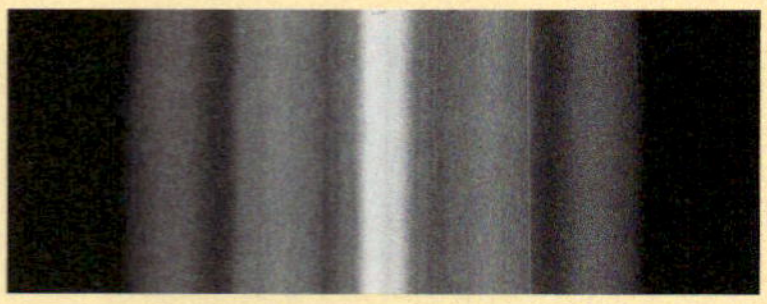
6 Interferenzbild des Lichts am Doppelspalt

7 Punktförmige Belichtung durch Photonen

8 Interferenzbild von Elektronen am Doppelspalt

Quantenphysik ▶ Licht verhält sich bei der Interferenz am Doppelspalt wie eine Welle. ↑6 Für die Ausbreitung von Lichtwellen gilt:

$c = \lambda \cdot f \quad \text{mit} \quad c = 2{,}997\,925 \cdot 10^8 \, \frac{\text{m}}{\text{s}}$.

Beim punktförmigen Belichten eines Films verhält sich Licht dagegen wie ein Strom aus einzelnen Teilchen. ↑7

Photonen sind weder Teilchen noch Welle, sondern *Quantenobjekte*. Wellenvorstellung (→ Frequenz) und Teilchenvorstellung (→ Energie) sind hier durch folgende Gleichung miteinander verbunden:

$E_{Ph} = h \cdot f \quad \text{mit} \quad h = 6{,}626 \cdot 10^{-34}\,\text{Js}$ (plancksche Konstante).

Beim Fotoeffekt überträgt jeweils ein Photon diese Energie vollständig auf ein Elektron in einer Metalloberfläche und setzt es damit frei.

Jedem Quantenobjekt wird eine rein mathematische Wahrscheinlichkeitswelle zugeordnet. Sie berücksichtigt alle möglichen Zustände des Quantenobjekts und erlaubt es, die Wahrscheinlichkeit für ein bestimmtes Verhalten zu berechnen. Durch Messung präpariert man aus den möglichen Zuständen des Quantenobjekts einen heraus.

Auch bei Elektronen kann man Interferenz- und Beugungserscheinungen an geeigneten Spalten beobachten. ↑8 Elektronen sind ebenfalls Quantenobjekte. Wellenvorstellung (→ Wellenlänge) und Teilchenvorstellung (→ Masse, Geschwindigkeit) sind durch folgende Gleichung miteinander verbunden:

$$\lambda = \frac{h}{m_e \cdot v}.$$

In den Atomhüllen lassen sich keine Elektronenbahnen angeben, sondern *Orbitale*, in denen sich die Elektronen mit großer Wahrscheinlichkeit aufhalten. ↑9 Die Energie der Elektronen ist von Orbital zu Orbital verschieden. Wechselt ein Elektron das Orbital, ist damit die Aufnahme oder Abgabe einer ganz bestimmten Energieportion verbunden. ◀

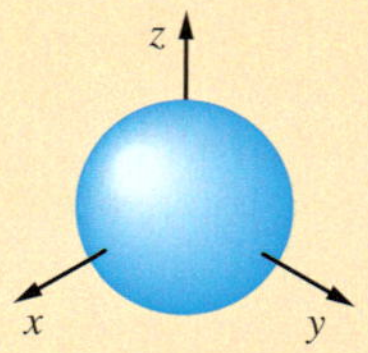

9 1s-Orbital des Wasserstoffatoms

Alles klar?

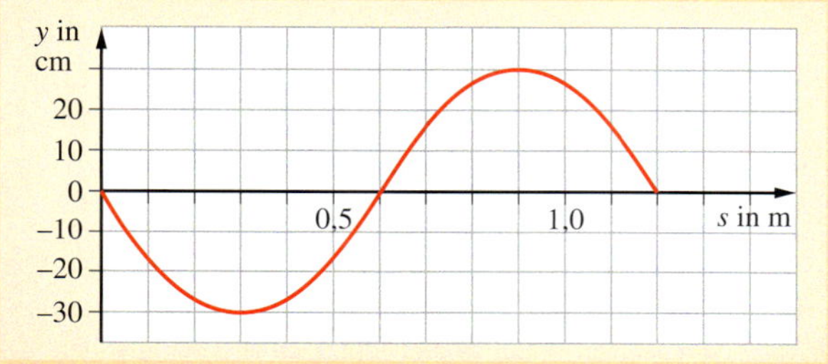

10

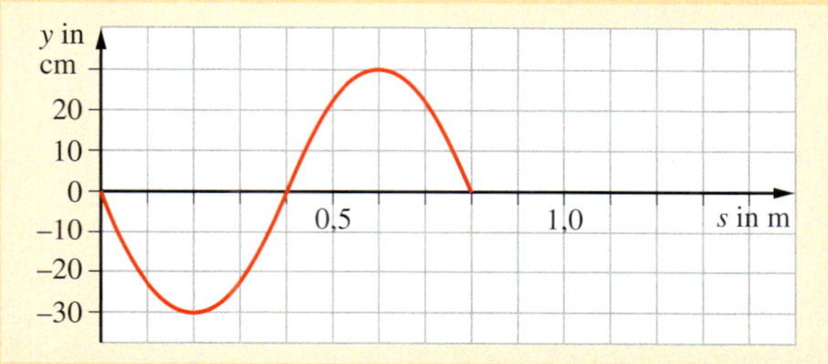

11

1 ▶ *Wellengrößen* Zwei Wellen 0,5 s nach ihrer Entstehung: Bestimme ihre Amplituden, Frequenzen und Ausbreitungsgeschwindigkeiten. ↑10 ↑11 ◀

2 *Gut gestimmt?* Der Klavierstimmer lässt gleichzeitig ein c' und ein g' klingen – und hört einen sanft immer wieder an- und abschwellenden Klang. Was schließt er daraus? Erkläre die veränderliche Lautstärke physikalisch.

3 ▶ *Handystrahlung* Marens Handy sendet elektromagnetische Wellen mit einer Frequenz von 1,4 GHz.

a Berechne die Energie (in J und in eV) der ausgesendeten Photonen.

b Reicht die Energie aus, um Ionisationen in menschlichen Körperzellen hervorzurufen? ◀

4 ▶ *Wellen über Wellen* Vergleiche Wasserwellen, Schallwellen, elektromagnetische Wellen, Lichtwellen und Wahrscheinlichkeitswellen. ◀

5 ▶ *Science-Fiction* Raumschiffe werden in Filmen oft von Photonentriebwerken angetrieben.

a Erkläre (ohne Rechnung), weshalb so eine Antriebsart zumindest theoretisch infrage kommt.

b „Die Teilcheneigenschaft von Photonen tritt umso mehr zutage, je kürzer die Wellenlänge des Lichts ist." Erkläre diese Aussage.
Tipp: Energie und Masse ◀

6 *Ausblick: Flammenrohr* ↑12 Bei bestimmten Frequenzen des Lautsprechers entstehen auffällige Flammenmuster.

a Erkläre, wie es zu den Flammenmustern kommt. Warum treten sie nicht bei jeder Frequenz auf?

b Mithilfe der Muster kannst du die Schallgeschwindigkeit im Erdgas berechnen. Verwende dazu die folgenden Messwerte: Frequenz 1,9 kHz; Entfernung zwischen benachbarten Flammentälern 12 cm.

12

Check up

1 ▶ *Schall* „Schall breitet sich in Form von Wellen aus."

a Erläutere die Aussage am Beispiel eines Lautsprechers, von dem Schall zum Ohr eines Hörers gelangt.

b Das menschliche Ohr nimmt Schall mit Frequenzen zwischen 16 Hz und 20 kHz wahr. Berechne, welche Wellenlängenbereiche diesem Frequenzbereich in Luft und Wasser entsprechen. *Hinweis:* Die Schallgeschwindigkeit beträgt in Luft 340 $\frac{m}{s}$, in Wasser 1485 $\frac{m}{s}$.

c Zwei Lautsprecher geben den gleichen Ton mit gleicher Lautstärke ab. ↑1 Der Hörer bewegt sich von der Mitte nach außen: Beschreibe und erkläre, was er hört. ◀

1

2 ▶ *Hightechtaschenlampe* Die Leistung eines Laserpointers beträgt 5 mW, die Wellenlänge 651 nm.

a Der Laserpointer erzeugt auf einer Wand einen Lichtfleck von 1 mm². Wie viel Energie fällt in einer Sekunde auf den Lichtfleck?

b Wie viele Photonen strahlt der Laserpointer pro Sekunde ab? Welche Farbe hat das Licht?

c Vergleiche das Ergebnis von Teil a mit der Energie, die von der Sonne in einer Sekunde auf 1 mm² der Erdoberfläche fällt.

Hinweis: Bei günstigen Bedingungen beträgt die Strahlungsleistung der Sonne rund 1 kW pro Quadratmeter der Erdoberfläche. ◀

3 ▶ *Doppelspalt*

a Farbtröpfchen, Licht und Elektronen werden jeweils auf einen geeigneten Doppelspalt gelenkt und auf einem Beobachtungsschirm dahinter registriert. Worin unterscheiden sich die Beobachtungen? Erkläre die Unterschiede. Wie wirkt sich jeweils die Schließung eines der beiden Spalte aus?

b Jönsson verwendete beim Doppelspaltversuch mit Elektronen einen Spaltabstand von 0,1 µm, die Beschleunigungsspannung betrug 50 kV.

– Berechne die Wellenlänge der Elektronen. *Hinweis:* Nimm zur Vereinfachung an, dass die Masse der Elektronen konstant bleibt.
– Skizziere das Bild, das sich auf einem Beobachtungsschirm hinter dem Doppelspalt ergibt, wenn jedes Elektron dort eine punktförmige Schwärzung hervorruft. ◀
– *Ausblick:* Berechne den Abstand zwischen dem 0. und dem 1. Interferenzmaximum. *Hinweis:* Der Abstand zwischen Doppelspalt und Schirm betrug 40 cm.

4 ▶ *Ein Objekt, zwei Eigenschaften* Einem Quantenobjekt der Masse m und der Geschwindigkeit v lässt sich eine Wellenlänge λ zuordnen: $\lambda = \frac{h}{m \cdot v}$.

a Nenne jeweils physikalische Phänomene, die eher durch die Wellen- bzw. die Teilcheneigenschaft des Objekts beschrieben werden.

b Wie breit müsste ein Spalt ungefähr sein, damit Elektronen gebeugt werden, die eine kinetische Energie von 2 keV haben?

c Beschleunigt man ein Elektron weiter, obwohl es schon nahezu Lichtgeschwindigkeit hat, wird es kaum noch schneller – aber seine Wellenlänge nimmt trotzdem ab. Wie ist das möglich? ◀

› Die Lösungen findest du im Anhang.

Schätze deine Kenntnisse und Fähigkeiten ein.
Ordne dazu deiner Lösung im Heft ein Smiley zu:
☺ Ich konnte die Aufgabe richtig lösen.
😐 Ich konnte die Aufgabe nicht komplett lösen.
☹ Ich konnte die Aufgabe nicht lösen.

Aufgabe	Fähigkeit	Hilfe findest du auf Seite ...
1, 3	Ausbreitung von Wellen beschreiben und zugehörige Größen berechnen.	144 f., 152 f., 158, 168 f., 178
1, 3, 4	Wellenphänomene mithilfe der Interferenz von Wellen deuten.	152 f., 158, 168 f., 178
2	Energie von Licht und Photonen berechnen.	158, 162, 178
3, 4	Wellen- und Teilcheneigenschaften von Quantenobjekten erläutern und zugehörige Größen berechnen.	152 f., 158 f., 168 f., 174, 178

Aus dem Profilbereich

Probleme aus der Dynamik

Physik auf dem Jahrmarkt

1 Aaaaaaaachterbahn!

Bereits die Vorstellung an eine Fahrt mit *Kingda Ka* – der derzeit höchsten (139 m) und schnellsten (206 $\frac{km}{h}$) Achterbahn der Welt – erzeugt bei den meisten Menschen Gänsehaut und Verspannungen. ↑1 Andere wiederum sehnen sich nach dem Thrill, der ihnen wohlige Adrenalinschauer bereitet. Der Wagen in dem Bild hat gerade den „Top Hat" (höchster Punkt) überschritten und es geht in einer 270°-Spirale senkrecht nach unten. Nun kommt dieses Gefühl … Wie viele in deiner Klasse wären bereit, in diese Achterbahn einzusteigen?
Der indische Stuntman und Kirmesakrobat BALVIR SINGH verdient mit seiner ganz eigenen Vorstellung von einem Kreisverkehr seinen Lebensunterhalt. ↑2 In der mit Holzbohlen primitiv zusammengenagelten „Todeswand" darf er nur nicht vom Pedal abrutschen und es dürfen sich keine Verankerungen lösen. Unten warten bereits die Nächsten mit ihrem Mofa. Sie sind noch Kinder.
Durch die häufigen Richtungs- und Geschwindigkeitswechsel verlieren viele Passagiere in den Fahrgeschäften die Orientierung. Ein Fotokünstler hat die Komplexität der Bahnkurven in einem ästhetisch eindrucksvollen Bild festgehalten. ↑3

2

3

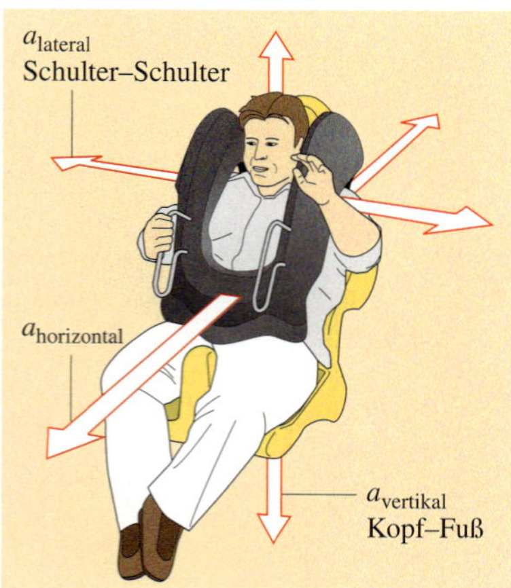

4

Die Fahrt mit einer Achterbahn ist sowohl eine gefühlsmäßige als auch körperliche Herausforderung für die Mitfahrer. Während die psychische Belastung nur indirekt über den Puls messbar ist, kann man die physische Belastung mithilfe der Gesetze der Physik genau beschreiben. Entscheidend für eine erlebnisreiche Achterbahnfahrt sind die „gespürten" Beschleunigungen und die damit verbundenen Kräfte.
Bei Fahrgeschäften in Deutschland achtet der TÜV darauf, dass Beschleunigungsgrenzwerte nicht überschritten werden. So darf in vertikaler Richtung (Kopf–Fuß) kurzzeitig höchstens die sechsfache Erdbeschleunigung ($6\,g$) erreicht werden, in lateraler Richtung (Schulter–Schulter) die doppelte Erdbeschleunigung ($2\,g$). ↑4
Was bedeutet eigentlich eine Beschleunigung von $6\,g$ für den menschlichen Körper? Wie kann man bei der Planung der Achterbahn berechnen, ob der Grenzwert eingehalten wird?

Damit der Wagen seine Richtung ändert und eine Kurve fährt, wirkt auf ihn die zum Kurvenmittelpunkt gerichtete *Zentripetalkraft*. Wegen ihrer Trägheit spüren die Insassen des Wagens aber eine genau entgegengesetzt gerichtete, gleich große Scheinkraft: die *Zentrifugalkraft*. Wir werden im Folgenden mit ihr arbeiten, weil uns die Kraft interessiert, die der Passagier spürt, und weil sie vereinfachte Aussagen erlaubt. Beachte jedoch immer: Die Zentrifugalkraft ist eine Scheinkraft – keine reale Kraft im Sinn der Gesetze von NEWTON!
Der große Vorteil der Zentrifugalkraft besteht darin, dass sich die gespürte Kraft $\vec{F_s}$ auf den Passagier als Summe der Kraftvektoren $\vec{F_G}$ (Gewichtskraft) und $\vec{F_{zf}}$ (Zentrifugalkraft) ergibt: $\vec{F_s} = \vec{F_G} + \vec{F_{zf}}$. ↑5

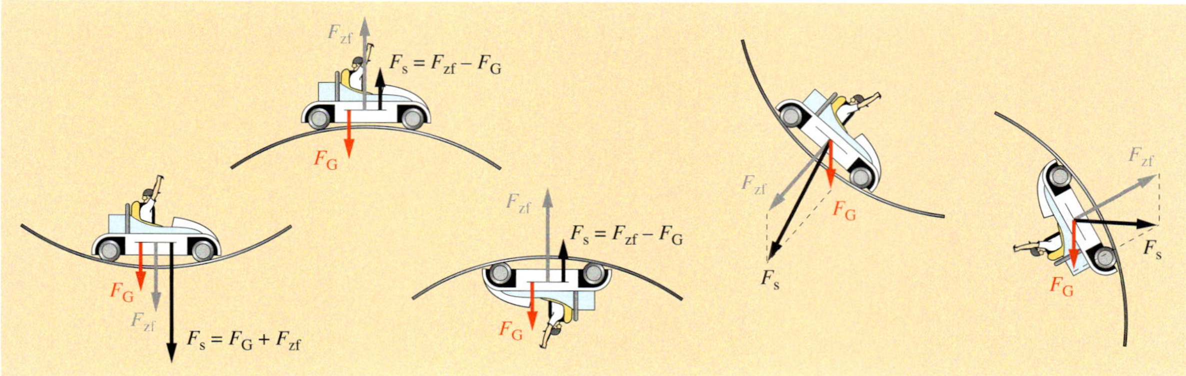

5 Kräfte, die der Passagier spürt

- Im tiefsten Punkt der Achterbahnwelle spürt der Passagier eine nach unten gerichtete Kraft mit dem Betrag: $F_s = F_G + F_{zf}$.
  Im höchsten Punkt ist die gespürte Kraft nach oben gerichtet und beträgt: $F_s = F_{zf} - F_G$.
- Allgemein erhält man die gespürte Kraft $\vec{F_s}$ auf den Passagier als Resultierende in dem Kräfteparallelogramm aus $\vec{F_G}$ und $\vec{F_{zf}}$.

Die Beschleunigung a_s des Passagiers und die Kraft F_s sind über das newtonsche Kraftgesetz miteinander verbunden: $F_s = m \cdot a_s$.
Wenn a_s 6-mal so groß ist wie die Erdbeschleunigung, spürt der Passagier eine Kraft, die 6-mal so groß ist wie die Gewichtskraft. Er fühlt sich dann so, als ob er 6-mal so schwer wäre wie im Alltag.
Besonderes Interesse gilt bei Achterbahnfahrern der „Airtime" – Augenblicke, in denen man sich schwerelos (oder noch leichter!) fühlt. In diesen Momenten ist die gespürte Kraft gleich null – oder sie wirkt in Richtung Himmel und man wird nur von den Bügeln zurückgehalten.

6

Ein besonders spannendes Fahrelement ist der Looping. ↑6 Die erste Achterbahn mit Looping auf dem Münchener Oktoberfest gab es 1950. Ihre abrupten Richtungs- und Geschwindigkeitsänderungen rüttelten die Fahrgäste so durch, dass kurz darauf der „Verein der Looping-Geschädigten" gegründet wurde. Die Achterbahnhersteller reagierten auf die Gesundheitsgefahren mit einer Veränderung der Loopingform. Der schneckenartige Aufbau („Klothoidenlooping) mit einem stetig kleiner werdenden Radius garantiert, dass die Beschleunigungen innerhalb der Grenzwerte liegen und nicht abrupt erfolgen. ↑7

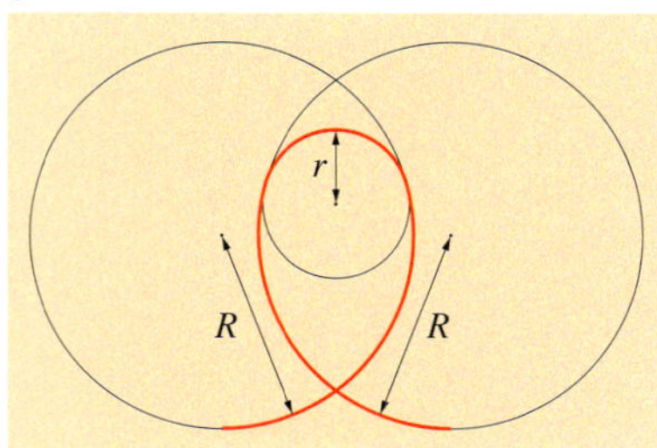

7

Aufgaben

1 *Olympia-Looping* Vielleicht ist dir diese Achterbahn vom Oktoberfest in München her bekannt. ↑1 Die größte erreichte Höhe beträgt 38 m.

a Die Wagen werden am Anfang mit einer Geschwindigkeit von $15\,\frac{\text{km}}{\text{h}}$ hochgezogen (grüner Streckenabschnitt).
Bei welchem Radius des ersten Loopings würden die Wagen gerade nicht mehr hinunterfallen? (Keine Sorge: Sicherungsschienen verhindern das Herabstürzen unabhängig von der Geschwindigkeit!)
Hinweise: Rechne mit einem konstanten Radius des ersten Loopings. Entnimm die nötigen Daten den Computergrafiken.

b Das Wievielfache der Gewichtskraft spürt ein Passagier an der höchsten Stelle bzw. an der tiefsten Stelle des ersten Loopings?

c Auf den violett markierten Abschnitten wird die Geschwindig-

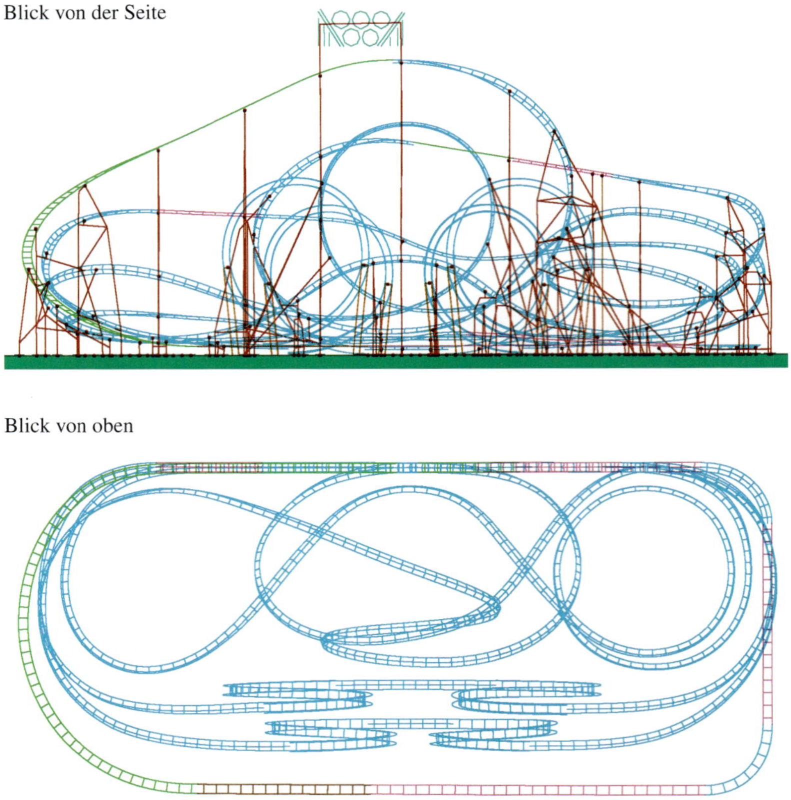

1 Achterbahn auf dem Oktoberfest (Grafiken aus einer Computersimulation)

Musteraufgabe

Für eine Achterbahn soll ein Looping so geplant werden, dass der Beschleunigungsgrenzwert von $6\,g$ nicht überschritten wird.

a Der Wagen soll mit einer Geschwindigkeit von $v_u = 35\,\frac{\text{m}}{\text{s}}$ unten in den Looping einfahren. ↑2
Wie groß muss der Radius R des Bodenkreises sein, damit die Beschleunigung des Passagiers im tiefsten Punkt des Loopings $6\,g$ beträgt?

b Der Looping soll eine Höhe von 20 m bekommen. ↑3 Wie groß muss der Radius r des kleinen Kreises oben sein, damit die Beschleunigung des Passagiers im höchsten Punkt des Loopings $6\,g$ beträgt?

Lösung:

a Eine Beschleunigung von $6\,g$ bedeutet, dass der Passagier eine Kraft F_s spürt, die 6-mal so groß ist wie die Gewichtskraft auf ihn:

$$\frac{F_s}{F_G} = 6.$$

Im tiefsten Punkt des Loopings gilt:

$$F_s = F_G + F_{zf}.$$

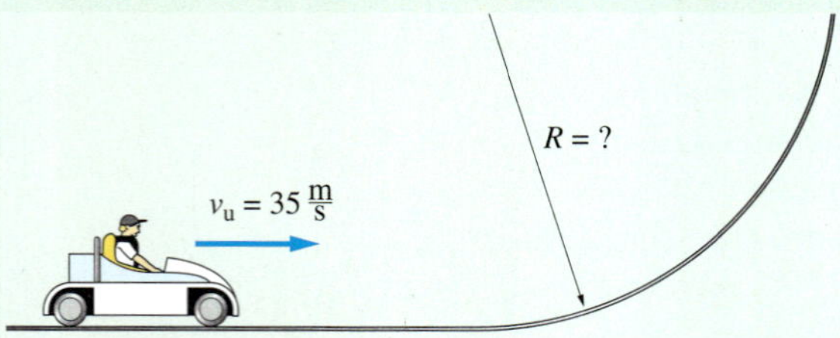

2

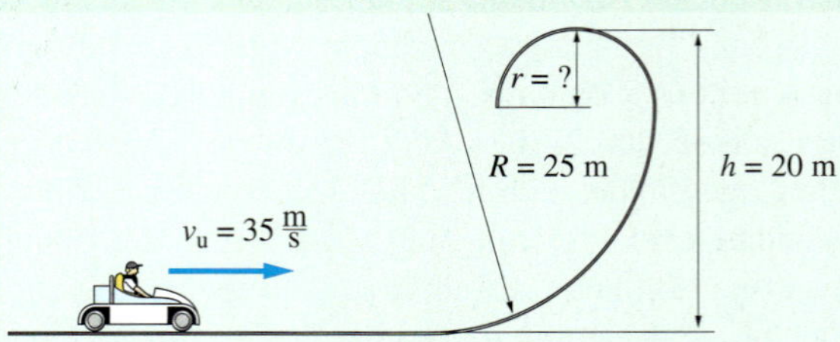

3

Aufgaben

keit jeweils um $10\,\frac{\text{km}}{\text{h}}$ verringert. Erläutere mithilfe geeigneter Rechnungen, weshalb diese Bremsstrecken notwendig sind.

d Die Wagen fahren mit $70\,\frac{\text{km}}{\text{h}}$ in die beiden kleinen Loopings hinein. Berechne die notwendige Form des Klothoidenloopings (s. Musteraufgabe). Vergleiche mit der tatsächlichen Form.

2 *Silver Star* Mit einer Höhe von 73 m ist sie die höchste Stahlachterbahn Europas. ↑4

a Schätze anhand des Höhenprofils ab, wie groß die Reibungsverluste bei dieser Achterbahnfahrt sind.

b Die Wagen der Achterbahn überfahren den „First Hat" (erster und höchster Punkt der Achterbahn) mit $12\,\frac{\text{km}}{\text{h}}$. Schätze mithilfe des Höhenprofils ab, wie stark die Passagiere dabei belastet werden (in Vielfachen der Gewichtskraft).
Versuche den tatsächlichen Wert zu recherchieren. Vergleiche ihn mit deinem Ergebnis.

c Warum ist das Höhenprofil nur eingeschränkt aussagekräftig, wenn es um die Belastung der Passagiere geht?

d Berühmt ist der Silver Star für seine langen „Airtimes": Werbebroschüren sprechen von bis zu 4 s. Überlege, ob das Werbeversprechen eingehalten werden kann. Gehe dabei auf die spezielle Architektur der Achterbahn ein. Beschreibe, wie ein Passagier „Airtimes" erlebt.

e Wo ist eigentlich der beste Platz in den Achterbahnwagen? Vergleiche dazu die „Dynamik", die Passagiere in der ersten und in der letzten Reihe bei der Fahrt über einen „Hat" erfahren. ↑5
Welche anderen Aspekte spielen noch eine Rolle für deine Antwort?

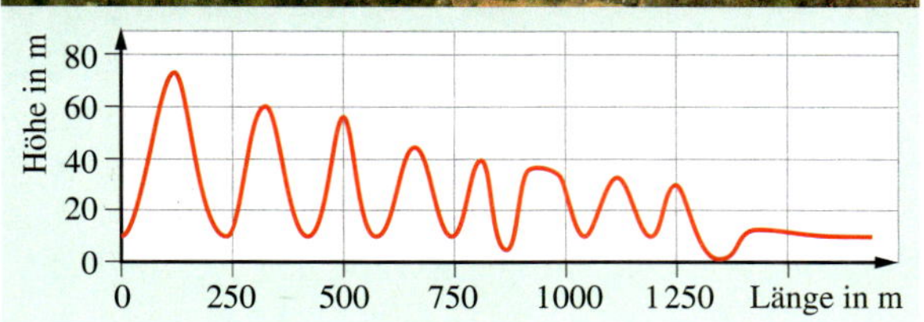

4 Silver Star und sein Höhenprofil

5

Damit folgt:

$$\frac{F_g + F_{zf}}{F_G} = 6$$

$$1 + \frac{F_{zf}}{F_G} = 6 \quad \text{bzw.} \quad \frac{F_{zf}}{F_G} = 5$$

$$\frac{\frac{m \cdot v_u^2}{R}}{m \cdot g} = 5 \quad \text{bzw.} \quad \frac{v_u^2}{R \cdot g} = 5$$

Umformen:

$$R = \frac{v_u^2}{5\,g}$$

Einsetzen:

$$R = \frac{(35\,\frac{\text{m}}{\text{s}})^2}{5 \cdot 9{,}81\,\frac{\text{m}}{\text{s}^2}} = 25\,\text{m}$$

Der Radius beim Einfahren in den Looping muss 25 m betragen.

b Im höchsten Punkt des Loopings gilt:
$F_s = F_{zf} - F_G$.

Damit folgt (Rechenschritte wie bei a):

$$\frac{F_{zf} - F_G}{F_G} = 6$$

$$r = \frac{v_o^2}{7\,g}$$

Die Geschwindigkeit v_o im höchsten Punkt des Loopings ergibt sich aus dem Energieerhaltungssatz. Es gilt:

$$E_{kin,u} = E_{kin,o} + E_{pot,o}$$

$$\tfrac{1}{2}\,m\,(35\,\tfrac{\text{m}}{\text{s}})^2 = \tfrac{1}{2}\,m \cdot v_o^2 + m \cdot 9{,}81\,\tfrac{\text{m}}{\text{s}^2} \cdot 20\,\text{m}$$

$$v_o^2 = (35\,\tfrac{\text{m}}{\text{s}})^2 - 2 \cdot 9{,}81\,\tfrac{\text{m}}{\text{s}^2} \cdot 20\,\text{m} = 832{,}6\,\tfrac{\text{m}^2}{\text{s}^2}$$

Einsetzen:

$$r = \frac{832{,}6\,\frac{\text{m}^2}{\text{s}^2}}{7 \cdot 9{,}81\,\frac{\text{m}}{\text{s}^2}} = 12\,\text{m}$$

Der Radius im oberen Teil des Loopings muss 12 m betragen.

Aufgaben

1 Big Loop

2 Teil der Achterbahn in Seitenansicht (zweidimensional)

3 „Double Corkscrew" in Seitenansicht (dreidimensional; gesehen vom linken „Ende" der oberen Seitenansicht her)

1 *Big Loop* ↑1 Die Achterbahn im Heide-Park Soltau hat zwei Loopings und den „Double Corkscrew" – zwei aneinandergereihte Korkenzieher. Sie ist wegen der ungewöhnlichen Streckenführung (lange gerade Strecke bis zur Einfahrt in den ersten Looping) und der geringen Geschwindigkeit in den Loopings von rund 60 $\frac{km}{h}$ etwas Besonderes.

a Die Computergrafik ↑2 zeigt einen Teil dieser Achterbahn. Nach den Loopings, die fast in einer Linie liegen, folgt eine 180°-Kurve mit einem Radius von rund 20 m. Danach wird der „Double Corkscrew" durchfahren. Skizziere diesen Teil der Achterbahn aus der Vogelperspektive.

b Bei den Loopings kannst du die Klothoidenform gut erkennen. Der größere Radius beträgt bei beiden etwa 18 m, der kleinere 7 m. Wie groß sind die Kräfte auf einen 60 kg schweren Passagier jeweils im obersten bzw. im untersten Punkt?
Hinweis: Die Geschwindigkeit beträgt im tiefsten Punkt 76 $\frac{km}{h}$, im höchsten Punkt 38 $\frac{km}{h}$.

c Damit die Passagiere keine laterale Belastung spüren, ist die 180°-Kurve „überhöht": Die äußere Schiene liegt etwas höher als die innere.
Berechne, wie groß die Überhöhung ist. *Hinweis:* Die Geschwindigkeit in der Kurve beträgt 70 $\frac{km}{h}$.

d Die untere Computergrafik zeigt den Teil der Bahn mit den Korkenziehern. ↑3 Skizziere den Wagen beim Durchfahren der Korkenzieher zu verschiedenen Zeitpunkten aus den drei Perspektiven (von vorne, von der Seite, von oben). Trage jeweils die (Schein-)Kräfte ein, die der Passagier spürt.
Welche Folgerungen kannst du insgesamt daraus ziehen?

2 *Physik der Liebe* ↑4 Eine ungewöhnliche Werbung für eine Beziehungskomödie: Warum hat man sich wohl für die Achterbahn entschieden? Suche zu den physikalischen Gesetzen beim Achterbahnfahren entsprechende Zusammenhänge in der Welt zwischenmenschlicher Beziehungen.

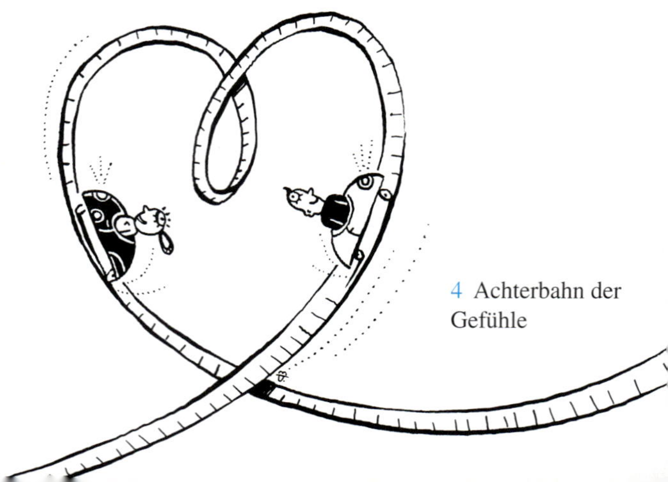

4 Achterbahn der Gefühle

Ausblick Antrieb und Bremsen von Achterbahnen

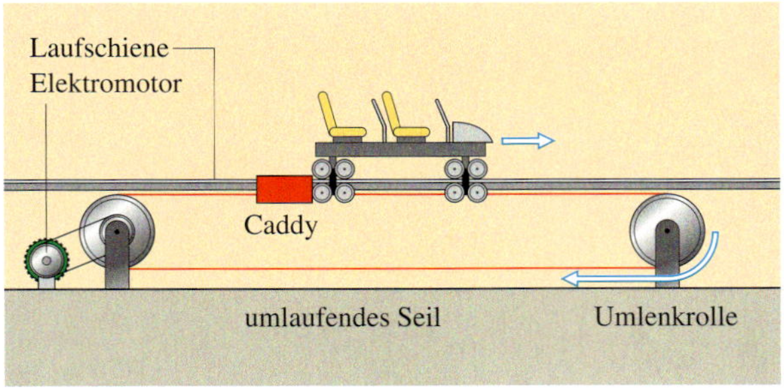

5 Katapultantrieb mit Schwungrad (vereinfacht)

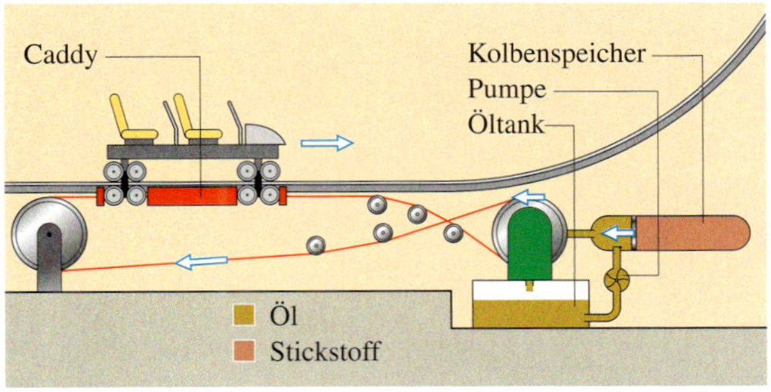

6 Katapultantrieb mit Hydraulik (vereinfacht)

Der Lifthügel hat bei modernen Achterbahnen ausgedient und ist durch Katapultantriebe ersetzt worden.
Die ersten Katapultantriebe arbeiteten mit einer acht Tonnen schweren Stahlscheibe, die von einem Elektromotor immer schneller gedreht wurde. ↑5 Beim Erreichen der gewünschten Drehzahl verband eine Rutschkupplung den Antrieb des Schwungrads mit einem Seilumlauf, an dem sich ein Mitnehmerschlitten (Caddy) für den Wagen befand. Innerhalb weniger Sekunden wurde die gespeicherte Energie auf den Wagen übertragen und katapultierte ihn direkt z. B. in einen Looping. Dieser Katapulttyp litt unter starkem Verschleiß.
Der Einsatz von Induktionsmotoren versprach in den 1990er Jahren verschleißfreies und nahezu unbegrenztes Beschleunigen. Die für den Start notwendige Leistung im einstelligen Megawattbereich (!) bedeutete allerdings so hohe Belastungsspitzen in der Energieversorgung, dass ganze Stromnetze ausfielen. Schwierigkeiten bereitete auch die komplizierte elektrische Ansteuerung der Anlagen.
Seit 2002 verwendet man z. B bei Kingda Ka eine hydraulische Antriebstechnik. ↑6 Öl wird zwischen den Startsequenzen von Pumpen in einen Kolbenspeicher befördert. Er ist mit einem nachgeschalteten Stickstoffbehälter verbunden. Das Ölvolumen wird stetig vergrößert, das Stickstoffvolumen verkleinert, sodass der Druck im Stickstoff bis auf 300 bar steigt. (*Zum Vergleich:* Der Druck in 10 m Wassertiefe beträgt 2 bar.) Beim Öffnen des Ventils am Kolbenspeicher wird die gespeicherte Energie innerhalb von 2 s über ein Getriebe an die Seilwinde abgegeben, die den Wagen antreibt. Dabei fließen fast 700 ℓ Öl durch die Zahnradmotoren des Getriebes. Der große Vorteil des Hydrauliksystems gegenüber den Induktionsmotoren liegt darin, dass sie den Druck über Pumpen mit einer Gesamtleistung von 250 kW kontinuierlich über 40 s lang aufbauen, um die „angesammelte" Energie dann mit einer Leistung von 10 MW schlagartig abzugeben. Damit hält sich die Belastung des Stromnetzes in Grenzen. Außerdem ist der Wirkungsgrad der Hydraulik dem von elektrischen Antrieben hoch überlegen.

Während die Startbeschleunigung für den „Kick" sorgen soll, ist ein Funktionieren des Bremssystems lebensnotwendig. Oft findet die Wirbelstrombremse Anwendung. ↑7 Wenn die „Bremsschwerte", die aus einer gut leitenden Kupferlegierung bestehen, durch den Magnetfeldbereich gleiten, entstehen durch Induktion Wirbelströme. Sie wirken der Induktionsursache entgegen (Regel von LENZ) und entziehen dem Wagen Bewegungsenergie. Dadurch wird er abgebremst.
Bei vielen Achterbahnen ist die Anordnung aus Bremsschwert und Wagen umgekehrt: An der Unterseite der Wagen sind Magnete montiert, die Bremsschwerte ragen zwischen den Schienen senkrecht nach oben.

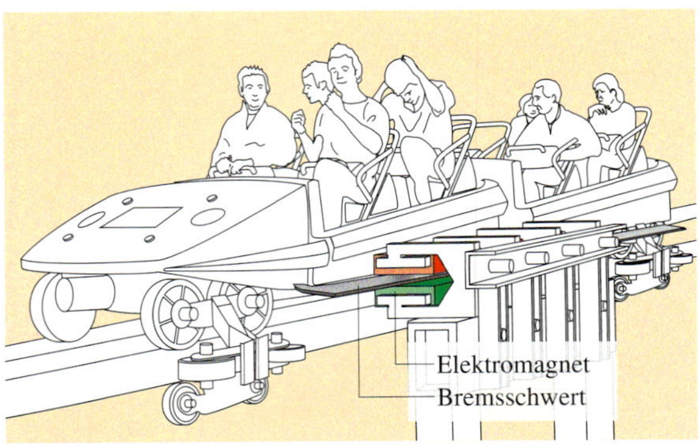

7 Gebremst durch Wirbelströme

Selbst erforscht

1 Videoanalyse

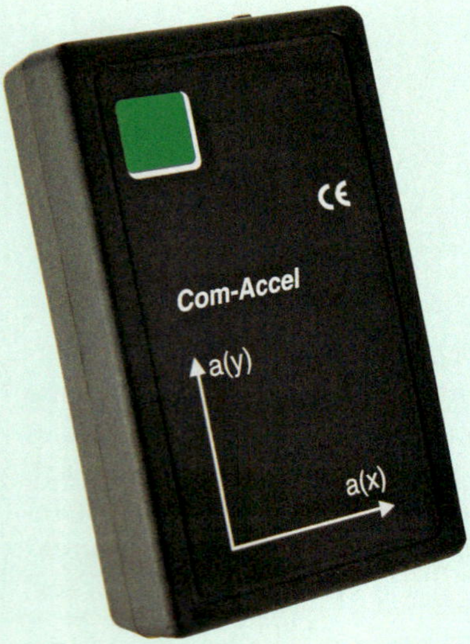

2 Mobiler Beschleunigungsmesser

Wie kann man die Kräfte und die Technik hinter den Fahrgeschäften sowie die aufregenden, skurrilen Bewegungen experimentell untersuchen? Anregungen dazu findet ihr auf den folgenden Seiten. Bildet am besten kleine Gruppen, die jeweils ein oder zwei Fahrgeschäfte genauer unter die Lupe nehmen, sich Fragen dazu überlegen und schließlich die Ergebnisse ihrer Forschung präsentieren.

Bereits mit Stoppuhr und Maßband lassen sich weitreichende Erkenntnisse gewinnen. Und mit Videoanalyse und Beschleunigungsmesssystem „bewaffnet", steigen Reiz und Aussagekraft der verschiedenen Einblicke in die Fahrgeschäfte noch einmal gewaltig. ↑1 ↑2

Autoscooter

Mit einer Digitalkamera (auf einem Stativ befestigt) wurde der Frontalzusammenstoß zweier Wagen gefilmt. Der Film ist dann mithilfe einer Videoanalyse ausgewertet worden. ↑3 www 188-1

a Das t-v-Diagramm gibt die Scheinwerferbewegung des linken Wagens wieder. Jeweils innerhalb von 0,1 s sind drei Messpunkte markiert worden.

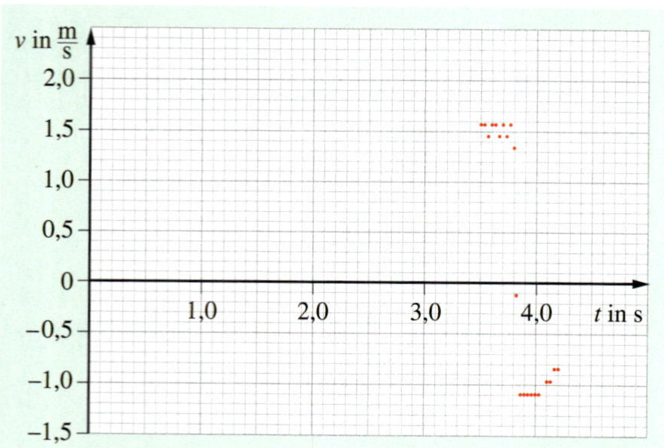

3

→ Beschreibe die Bewegung.

→ Zeichne das zugehörige t-x-Diagramm. Trage auch die Bewegung des rechten Wagens ein.

→ Ermittle aus dem t-v-Diagramm die Beschleunigung des Wagens. Stimmt diese Beschleunigung mit der Beschleunigung des Fahrers überein?

→ Schätze ab, ob sich der Fahrer so am Lenkrad abstützen konnte, dass er nicht nach vorne rutschte.

→ Entspricht der Frontalzusammenstoß zweier Wagen mit gleicher Geschwindigkeit dem Aufprall eines doppelt so schnellen Wagens auf eine Mauer? Überlege dir einen Versuch, mit dem du die Antwort finden kannst. Wo sind die Grenzen beim Übertragen auf den Straßenverkehr?

b Welchen Weg nimmt der elektrische Strom beim Autoscooter?

→ Beschreibe den Stromweg mithilfe einer Skizze.

→ Warum sieht man beim fahrenden Autoscooter Funken am oberen Netz und auf der Bodenplatte?

Vier Fahrgeschäfte und ihre Beschleunigungen

Mit einem Beschleunigungsmesser in der Hand wurden vier Fahrgeschäfte besucht. Aus den Messwerten hat ein Computer die *t*-*a*-Diagramme erzeugt. ↑4–↑7 Die rote Kurve zeigt jeweils die vertikale Beschleunigung entlang der Kopf-Fuß-Achse an, die blaue Kurve die laterale Beschleunigung entlang der Schulterachse.

→ Ordne die Beschleunigungsdiagramme den vier Fahrgeschäften auf der nächsten Doppelseite zu. Begründe deine Entscheidungen.

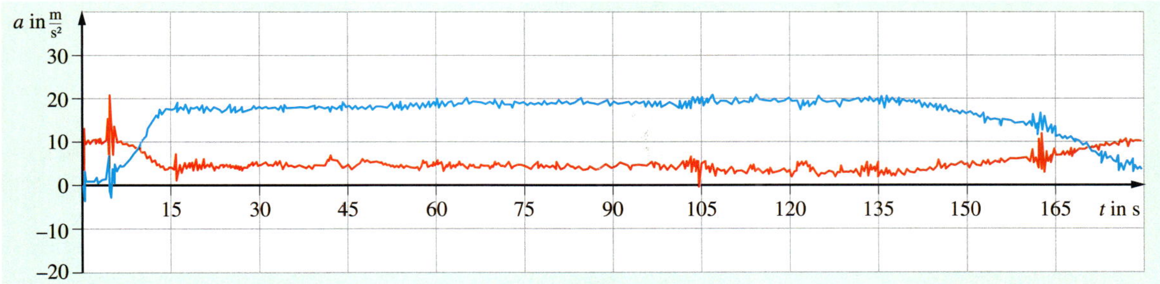

4

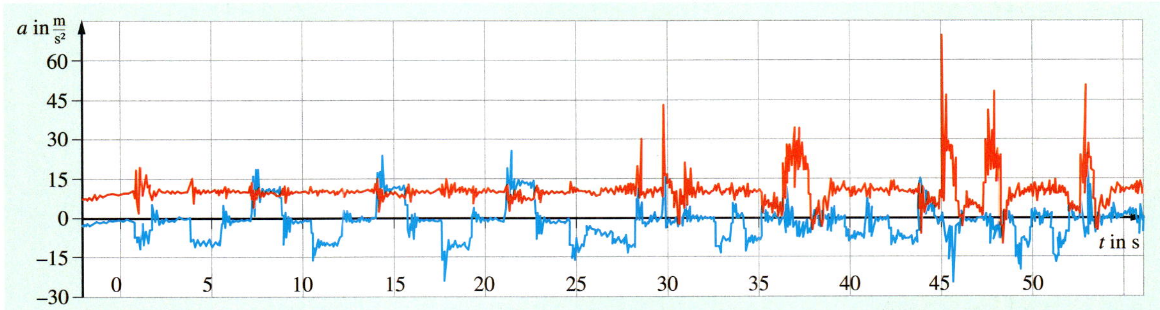

5

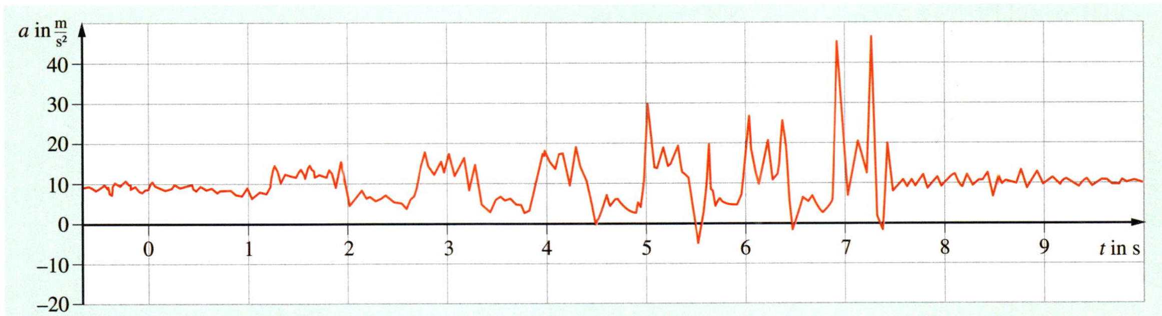

6

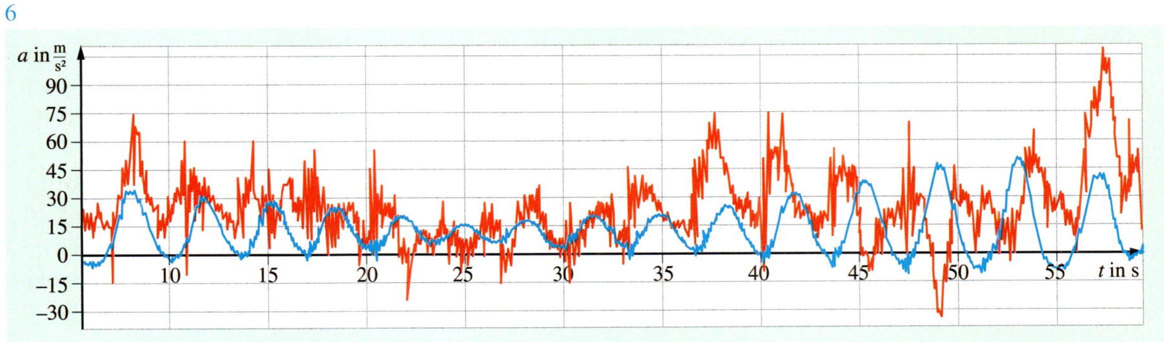

7

1

Wilde Maus

In einem kleinen Wagen für 4 Personen fährt man nach Erreichen des Lifthügels in einem recht verwinkelten Kurs umher. ↑1 Der Nervenkitzel scheint begrenzt, weil die Geschwindigkeit recht gering ist. Doch der Schein trügt!

a Die Achterbahn fährt zum Zeitpunkt auf dem Bild bescheidene $3\,\frac{\text{m}}{\text{s}}$.
Welchen minimalen Radius darf die Kurve zuvor haben, damit der Beschleunigungsgrenzwert von $6\,g$ nicht überschritten wird?

b Worin besteht der besondere Reiz der „wilden Maus“? Argumentiere mit deinem physikalischen Hintergrundwissen.
Warum kommen hier nur sehr kurze Achterbahnwagen zum Einsatz?

c Oft sind bei der Fahrt pfeifend zischende Geräusche zu hören. Erkläre, was passiert und welcher Zweck dahintersteckt.
Tipp: „Ausblick: Antrieb und Bremsen von Achterbahnen“

2

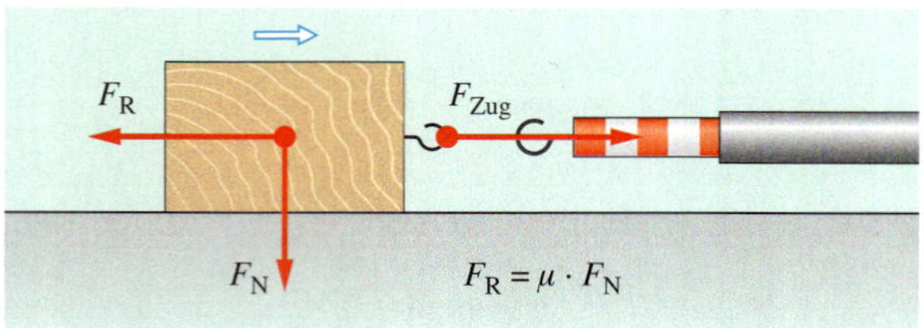

Die Reibungskraft F_R ist proportional zur Anpresskraft F_N, mit der der Körper senkrecht auf die Unterlage drückt: $F_R = \mu\, F_N$.
Die Reibungszahl μ beschreibt die Beschaffenheit der Oberflächen.

3

Münchner Rutschen

Eher gemütlich geht es auf einem Teppich sitzend nach unten. ↑2

a Skizziere das t-v-Diagramm der Fahrt.

b Schätze die durchschnittliche Neigung der Rutschbahn ab.
Skizziere die Rutsche und trage die Kräfte auf einen Rutschenden ein.
Hinweis: Die Reibungszahl beträgt: $\mu = 0{,}35$. ↑3

c Buckelpisten haben eine ähnliche Form. Wie entstehen sie?
Welche Kräfte wirken auf den Skifahrer beim geradlinigen Durchfahren der Buckelpiste?
Was passiert, wenn der Skifahrer immer schneller wird?

d Oft haben auch große Wasserrutschen eine Wellenform. Die rutschenden Personen verlieren dabei für längere Zeit den Kontakt mit der Rutsche.
Wie kommen die Konstrukteure auf diese Form und welche Parameter haben sie dabei zu beachten? Welche Rolle spielt dabei das Wasser, das die Rutsche herunterfließt?

Freestyle

Wie ein überdimensionaler, hin- und herschwingender Greifarm erscheint dieses Fahrgeschäft. ↑4 In dem „Greifer“ sitzen gut gesichert die Passagiere, die neben der Schwingung auch noch der Drehung des „Greifers“ ausgeliefert sind.

a Bestimme die Frequenz f und die Periodendauer T des Pendels aus dem Beschleunigungsdiagramm auf der vorigen Doppelseite.

b Schätze die Geschwindigkeit des Pendels im tiefsten Punkt ab.
Hinweise: Gehe davon aus, dass die Beschleunigung im Wesentlichen durch die Gravitationskraft der Erde bestimmt ist. Entnimm die notwendigen Größen dem Foto.

c Welche Kraft spürt ein Passagier ($m = 60\,\text{kg}$) im tiefsten Punkt? Vergleiche mit dem Wert aus dem Beschleunigungsdiagramm.

d Wie schnell müsste der „Greifer“ rotieren, damit bei waagerechter Pendelachse (Auslenkwinkel: 90°) eine Sitzreihe kräftefrei ist? Welche Sitzreihe ist das? Welche Kraft erfährt in diesem Moment ein Passagier ($m = 60\,\text{kg}$) auf der gegenüberliegenden Sitzreihe?

4

e Bei der Frage an den Betreiber, ob sich eine Fahrt bei geringer Auslastung und hohen Strompreisen überhaupt rechnet, antwortet dieser: „Der Energiebedarf für eine Fahrt ist relativ gering, da wir ja wieder etwas einspeisen.“ Was meint der Betreiber? Recherchiere und stelle eine Wirtschaftlichkeitsrechnung auf.

Rotor

Laut Patentschrift handelt es sich beim Rotor um einen „hohlen Rotationszylinder für Volksbelustigungen“. ↑5 Wenn sich der Rotor schnell genug dreht, wird der Boden abgesenkt – ohne dass die Menschen herunterfallen.

a Ein Schild vor dem Fahrgeschäft erklärt den Besuchern das Prinzip des Rotors. ↑6 Entwirf ein Schild, das die physikalisch korrekte Erklärung liefert.
Tipp: Information zur Reibung. ↑3

b Ein zweites Schild bietet zur Erklärung zusätzlich eine „einfache physikalische“ Formel an. ↑7 Welche Daten und welche Formel müssen Betreiber und TÜV tatsächlich kennen?

c Wie oft muss sich ein Rotor von 6,0 m Durchmesser pro Sekunde mindestens drehen, damit Menschen an seiner Innenwand haften bleiben, wenn der Boden unter ihren Füßen weggezogen wird?
Hinweis: Reibungszahl $\mu = 0{,}15$.
Wie groß ist in diesem Grenzfall die Geschwindigkeit der Menschen?

d Ist es den Passagieren möglich, sich umzudrehen und wie Fliegen an der Wand zu krabbeln? Schätze die Kraft ab, die ein Passagier braucht, um sein Bein oder seinen Arm zu bewegen.

e Bei der Wäscheschleuder handelt es sich im Prinzip auch um einen Rotor. Erkläre ihren Zweck und die Funktionsweise.

5

6

7

„Darf's ein bisschen mehr sein?" Auf den folgenden Seiten findest du noch mehr Fahrgeschäfte: von traditionellen wie dem Teufelsrad bis zu spektakulären wie dem modernen Cyberspace.

Teufelsrad

Bis zu 30 Personen nehmen auf einer nach außen hin abschüssigen Holzscheibe Platz. ↑1 Anfangs rotiert sie sehr langsam. Dann wird die Drehfrequenz erhöht …

a Beschreibe anhand einer Zeichnung, was bei der Erhöhung der Drehfrequenz zu erwarten ist. Gib eine physikalische Erklärung.
Wo ist der beste Platz auf der Scheibe, wenn man möglichst lange daraufbleiben will? Begründe deine Antwort mithilfe geeigneter Formeln.

b Mit einem Boxsack, der über der Drehachse aufgehängt ist, und herabgelassen werden kann, werden die hartnäckigsten Passagiere von der Scheibe gestoßen. Die Bahn des schwingenden Boxsacks wird von den Personen auf dem Teufelsrad anders wahrgenommen als von den Zuschauern. Wie ist das möglich?
Mit folgendem Versuch kannst du die Situation „nachstellen". ↑2 Die Spritze stellt den Boxsack dar. Um ihre Bahn aufzuzeichnen, ist sie mit Tinte gefüllt, die unten heraustropft. Versetze den Drehteller in Bewegung und lass die Spritze darüber pendeln. Ist die aufgezeichnete Bahn gerade?

c Ein sehr ähnlicher Versuch gelangte vor über hundert Jahren zu Weltruhm. Welche Tatsache wurde mit ihm nachgewiesen?

1

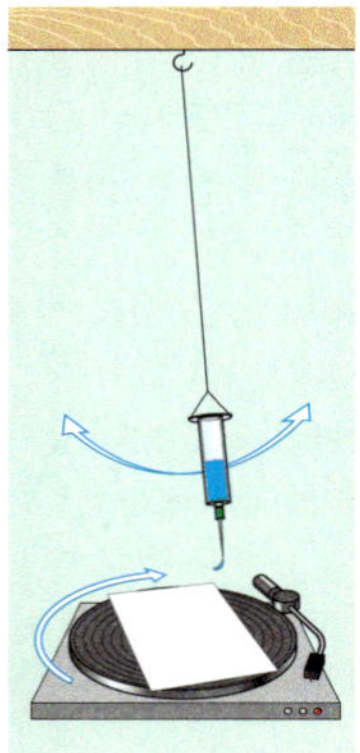
2

Mondlift

3

In der Längsachse drehbar gelagerte Gondeln hängen an einem kreisförmigen Metallgestänge, das sich während des Rotierens langsam aufrichtet. ↑3

a Bestimme aus dem Beschleunigungsdiagramm die Periodendauer T und die Drehfrequenz f. ↑4

b Berechne die Bahngeschwindigkeit der Gondeln.
Hinweis: Der Durchmesser des Rads beträgt 22 m.

c Wie groß muss die Bahngeschwindigkeit mindestens sein, damit ein Passagier bei senkrechtem Rotor nicht auf das Dach der Kabine fällt?

d Ist es möglich, dass bei geneigtem Rotor der Winkel zwischen Gondeln und Rotor genau 180° beträgt? Begründe deine Antwort.

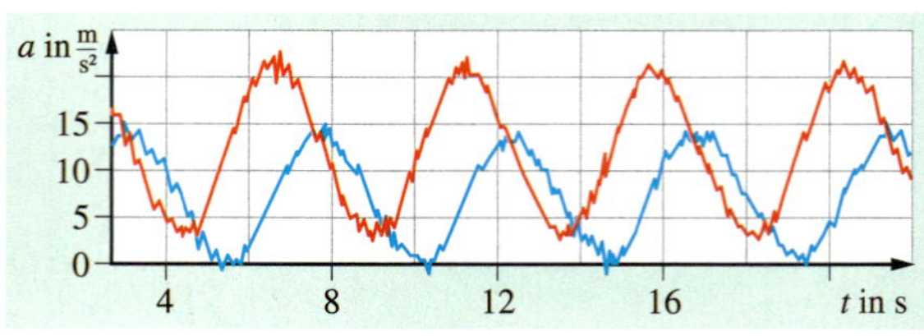

4

Starflyer

Diese Megaausführung eines Kettenkarussells befördert seine Fahrgäste in zwei Etappen bis in eine Höhe von 40 m. ↑5 Die Flugbahn umfasst dann einen Durchmesser von 30 m, die Geschwindigkeit erreicht 80 $\frac{km}{h}$!

5

a Skizziere das rotierende Karussel und zeichne bei einem Fahrgast die (Schein-)Kräfte ein, die er spürt.

b Zeige, dass die Schräglage (der Ausstellwinkel) unabhängig von der Masse des Fahrgasts ist. Berechne den Ausstellwinkel für die Angaben des Betreibers.

c Welche Bahngeschwindigkeit erhältst du, wenn du die Werte für die Rechnung aus dem Foto entnimmst?

d Ein Fahrgast hat seine Schlüssel nicht sachgerecht verstaut. Er merkt gerade noch, wie ihm das Bund aus der Tasche fällt. Leider kann er es nicht mehr festhalten.
Wo sollte er später am Boden zu suchen anfangen? Welche Informationen helfen ihm bei der Suche?

Skyshot

In verschiedenen Vergnügungsparks ist dieses Fahrgeschäft mit den unterschiedlichsten Namen zu finden. ↑6 Vielleicht wäre *Schleudersitz* der passende Begriff. Zwei Sitze stehen in einer Kugel bereit. Nachdem man festgezurrt wurde, wird man raketengleich in die Höhe katapultiert. Am Scheitelpunkt dreht sich die Kugel um die eigene Achse. Wer die Augen offen behält, genießt einen sensationellen Ausblick!

a Das Beschleunigungsdiagramm gibt den Start einer Reise mit dem Skyshot wieder. ↑7
Beschreibe diese Anfangsphase.
Wie könnte der weitere Verlauf des Beschleunigungsdiagramms aussehen, bis die Kugel ausgeschwungen ist und ihre Gleichgewichtslage wieder erreicht hat? Skizziere das vollständige Diagramm in deinem Heft.

b Laut Betreiber erreicht die Kugel nach dem Start eine Höhe von 90 m. Hat der Betreiber recht? Schätze die erreichte Höhe mithilfe des Beschleunigungsdiagramms ab.

c Für den Katapultstart werden viele parallele Stahlfedern hydraulisch gespannt. ↑8 Die Spannenergie wird dann an die Kugel mit den Passagieren abgegeben. Welche Überlegungen haben die Konstrukteure wohl zu dieser Entscheidung bewogen?
Tipp: „Antrieb und Bremsen von Achterbahnen".
Schätze die Federhärte der Stahlfedern ab.

6

8

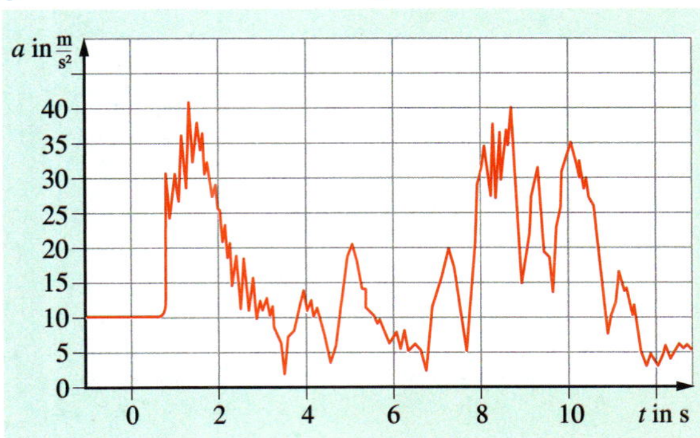

7

Steilwand

Von keiner Versicherung für Berufsunfähigkeit aufgenommen, rasen tollkühne Piloten mit Geschwindigkeiten bis zu $90\,\frac{\text{km}}{\text{h}}$ in einem halboffenen Zylinder im Kreis herum. ↑1 Auch die Zuschauer brauchen ein wenig Mut, wenn die Piloten wenige Zentimeter entfernt an ihnen vorbeibrausen.

a Mit welcher Geschwindigkeit muss der Motorradfahrer mindestens fahren, damit er an der senkrechten Wand seine Runden drehen kann? Wie schnell müsste ein Auto dafür fahren?
Hinweise: Motorrad und Fahrer haben zusammen eine Masse von 200 kg, beim Auto sind es 600 kg. Der Zylinderdurchmesser beträgt 12 m, die Reibungszahl zwischen Reifen und Holzbohlen beträgt: $\mu = 0{,}30$.

b Das Wievielfache der Gewichtskraft spüren die Fahrer bei den Geschwindigkeiten, die du gerade berechnet hast?
Welcher Belastung müssen die Verstrebungen bei diesen Geschwindigkeiten standhalten?

c Der Motorradfahrer erhöht seine Geschwindigkeit auf $75\,\frac{\text{km}}{\text{h}}$. Wie muss er mit seinem Motorrad auf die höhere Geschwindigkeit reagieren? Berechne den dazu notwendigen Wert.

d Vier Motorradfahrer sind gleichzeitig in dem Zylinder unterwegs. Wie lange hätte ein Fahrer höchstens Zeit, um zu reagieren, wenn dem Fahrer vor ihm ein Fehler unterläuft?

1

Cyberspace

Als besonders spektakulär wird von Fahrgästen das Cyberspace beschrieben. ↑2 An einem 30 m langen rotierenden Arm befinden sich acht bestens verschnallte Wagemutige in einer Gondel, die sich zu allem Überfluss auch noch um die eigene Achse dreht.

a Mittels Videoanalyse wurde eine Fahrt ausgewertet. ↑3 Es zeigt sich, dass dieses Fahrgeschäft an die vom TÜV vorgegebene Grenze der körperlichen Belastbarkeit geht. Im Diagramm ist die Geschwindigkeit in x-Richtung in Abhängigkeit von der Zeit dargestellt: Untersuche, wie nahe die Belastungsgrenze von $6\,g$ erreicht wird.

b Skizziere ein t-a-Diagramm für einen Umlauf.

c Zeichne für den gegebenen Zeitausschnitt ein t-y- und ein t-x-Diagramm.

d Welche Geschwindigkeit hätte die Gondel im höchsten Punkt, wenn das Antriebssystem ausfallen würde?

e Die Gondel rotiere nun noch um die eigene Achse. Dabei sei die Frequenz achtmal so hoch wie die des Dreharms. (In Wirklichkeit beobachtet man eher ein unrhythmisches Hin- und Herwackeln.) Skizziere die Bahnkurve des Kopfs eines Passagiers. *Tipp:* Fertige eine geeignete Schablone aus Pappe an und stelle die Bewegung nach.

2

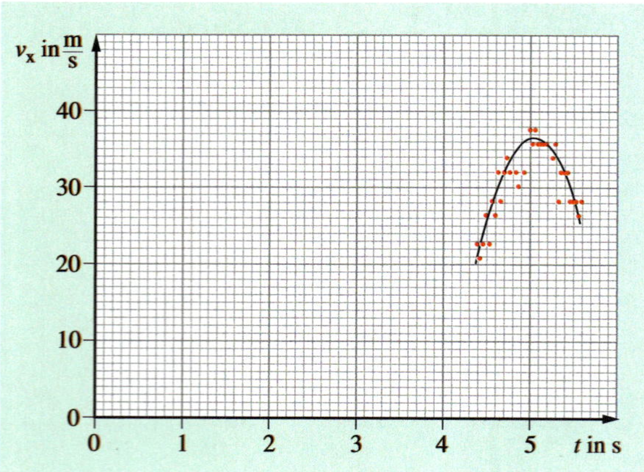

3

Playball

Einzelne kleine Gondeln befinden sich auf einer großen rotierenden Scheibe, die sich aus der Horizontalen aufrichtet. ↑4 Doch damit nicht genug: Die kleinen Gondeln fangen in einem Blitzlichtgewitter zu rotieren an. Man fühlt sich als Spielball der Kräfte.

a Zuerst dreht sich die große Scheibe mit $T = 3$ s in der Horizontalen; die kleinen Gondeln rotieren mit einer Frequenz von $f = 1$ Hz. Schätze die minimale und die maximale Beschleunigung der Passagiere ab.
Hinweise: Entnimm die notwendigen Daten dem Foto. Nimm zur Vereinfachung an, dass die Sitzebene der kleinen Gondeln parallel zur großen Scheibe ist.

b Skizziere für den gerade betrachteten horizontalen Fall die Bahnkurve eines Passagiers.

c Nun richtet sich die Scheibe auf und schließt mit der Horizontalen einen Winkel von 30° ein.

4

Erkläre anhand einer geeigneten Skizze, wie sich die Kräfte ändern, die ein Passagier spürt. Nimmt die Beschleunigung des Passagiers ab oder zu?

d In der Realität ruckeln die kleinen Gondeln scheinbar undefiniert herum. Überlege, wie sich dies zusammen mit der geneigten Sitzfläche beim Fahren und bei der Beschleunigung des Passagiers auswirkt.

Schiffsschaukel

Bereits jüngere Kinder vollziehen intuitiv eine Körperbewegung, die es ihnen ermöglicht, dass sie mit einer kleinen Schiffsschaukel immer höher schwingen. Wie ist es möglich, dass aus einer Auf- und Abbewegung des Körpers eine Hin- und Herbewegung der Schiffsschaukel entsteht? ↑5

Ein Modellversuch, der dir mit etwas Übung selbst gelingen wird, hilft bei der Antwort. ↑6 Das Fadenpendel beginnt bei rhythmischem Ziehen langsam mit immer größerer Amplitude zu schwingen. Wenn es z. B. bis zur Position 1 schwingt, zieht man die Kugel im Punkt 2 rasch zur Position 3 hoch. ↑7 Das verkürzte Pendel schwingt erst nach links und dann nach rechts bis zur Position 4 hinauf. Hier wird es wieder um die Strecke verlängert, die es anfangs hochgezogen wurde, und erreicht den Punkt 5. Insgesamt hat die Amplitude also zugenommen.

a Erkläre, warum das Pendel nach dem Hochziehen bis zur Position 4 schwingt. *Tipp:* Führe eine sorgfältige Energiebetrachtung durch.

b Moni behauptet: „Die gesamte hochgezogene Strecke wird dem Pendel beim Umkehrpunkt wieder zurückgegeben. Also kann es nicht mehr Energie haben als vorher.“ Was entgegnest du?

c Übertrage deine Erkenntnisse aus dem Modellversuch auf die Schiffsschaukel.

5

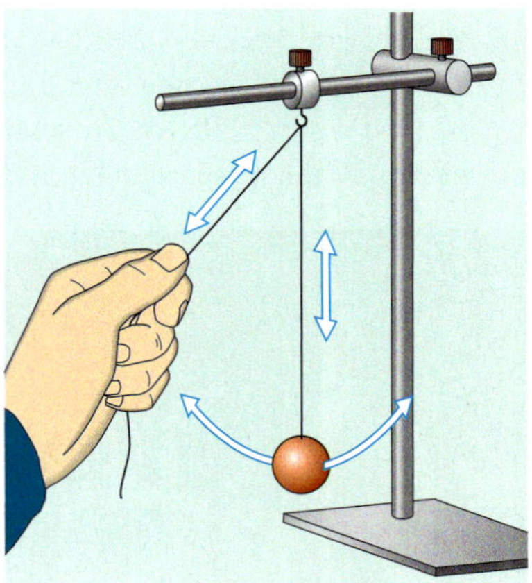
6

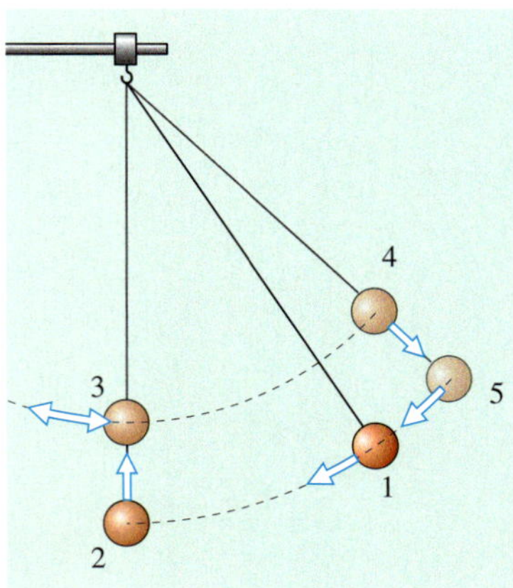

7

Raketenphysik

1 Apollo 11: BUZZ ALDRIN, fotografiert von NEIL ARMSTRONG

"That's one small step for a man, one giant leap for mankind!" ↑1 Der Astronaut NEIL ARMSTRONG sprach diese berühmten Worte am 21. Juli 1969 um 3.56 Uhr aus, als er die Mondoberfläche als erster Mensch betrat. Damit war das Ziel des 23,5 Milliarden Dollar teuren Apollo-Programms erreicht. Der uralte Traum vom Flug zum Mond fand seinen vorläufigen Höhepunkt.

2 Größenvergleich von Raketen mit der Frauenkirche in München

Visionär wird derzeit an verschiedenen Raketenmodellen für den Weltraumtourismus gearbeitet. So soll SpaceShipTwo Menschen in eine Höhe von 100 km befördern. ↑3 Bereits mehr als 200 Passagiere haben ein Ticket zum Preis von 200 000 Dollar in ihrer Tasche.
In diesem Kapitel werden zuerst die notwendigen Grundlagen für Raketenantriebe vorgestellt. ↑4 Anschließend kann das Wissen mit Wasser- oder Feststoffraketen in die Tat umgesetzt werden.

3 SpaceShipTwo (Vision)

4 Triebwerk der Saturn-V-Rakete

Probier's mal!

1 Beschleunigen mit NEWTON

Das Prinzip des Raketenantriebs lässt sich bereits mit diesem einfachen Versuch erkennen. ↑5 Dazu sollte man allerdings ein sicherer Inlineskater sein und freie Bahn nach vorn und hinten haben.

a Ein Ball wird aus dem Stand nach vorne geworfen: Was geschieht? Was verändert sich, wenn der Ball schneller (langsamer) abgeworfen wird? Oder wenn ein schwererer (leichterer) Ball genommen wird? Wie wird die Geschwindigkeit des Inlineskaters möglichst groß?

b Erkläre die Beschleunigung des Inlineskaters mithilfe der newtonschen Gesetze.

5

2 Luftballonrakete ↑6 ↑7

a Eine lange Angelschnur wird durch einen Trinkhalm gefädelt und dann quer durch den Raum gespannt. Ein aufgeblasener Luftballon, dessen Öffnung zugehalten wird, wird mit zwei Klebestreifen am Trinkhalm befestigt. ↑6 Um die Öffnung des Luftballons wird ein Kabelbinder gelegt, den man noch nicht allzu weit zuzieht (Durchmesser der Öffnung ca. 1 cm). Und nun kann der Countdown beginnen …

b Wie hängt die Beschleunigung des Luftballons von der Größe der Öffnung ab (Kabelbinder nach und nach zuziehen)? Um die Starts zu vergleichen, kann man sie filmen und die Videos analysieren.

c Zu zweit lässt sich mit etwas Geduld sogar eine Mehrstufenrakete aufbauen. ↑7 Beobachtet den Beschleunigungsvorgang. Begründe mithilfe physikalischer Gesetze den großen Vorteil von Mehrstufen- gegenüber Einstufenraketen.

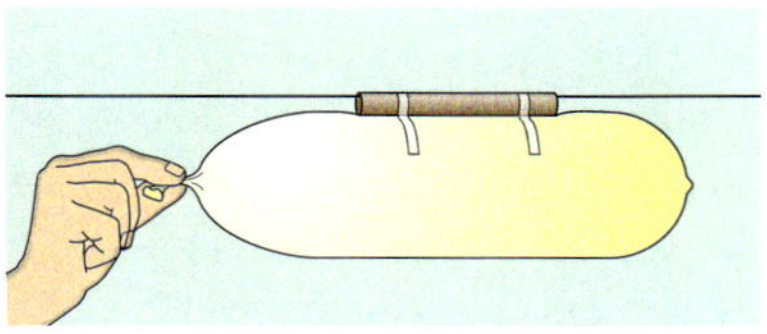
6

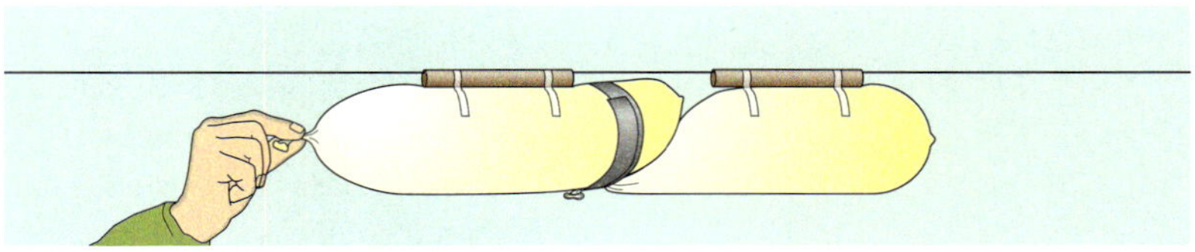
7

Experiment

3 Modellrakete

Besonders spritzig starten Wasserraketen aus der Physiksammlung. ↑8

a Die Rakete wird erst einmal zum Teil mit Wasser gefüllt und dann auf die Startrampe gesetzt. Dann pumpt man Luft in die Rakete. Wenn das Ventil geöffnet wird, saust die Rakete los.
Hinweis: Achtet darauf, dass nichts in der Flugbahn steht!

b Wie verändert sich die Beschleunigung, wenn man unterschiedlich viel Wasser einfüllt und dann mit ungefähr gleichem Druck wie zuvor startet?
Vergleicht die Beschleunigungen mithilfe einer Videoanalyse.

c Haltet nun die Wasserbefüllung jeweils konstant und verändert den Druck in der Rakete. Wie verändert sich dadurch die Beschleunigung der Rakete?

d Fasse deine Erkenntnisse zusammen. Versuche sie zu begründen.

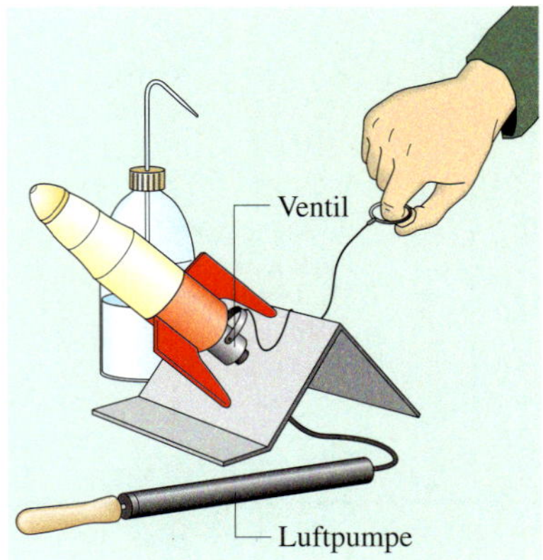

8

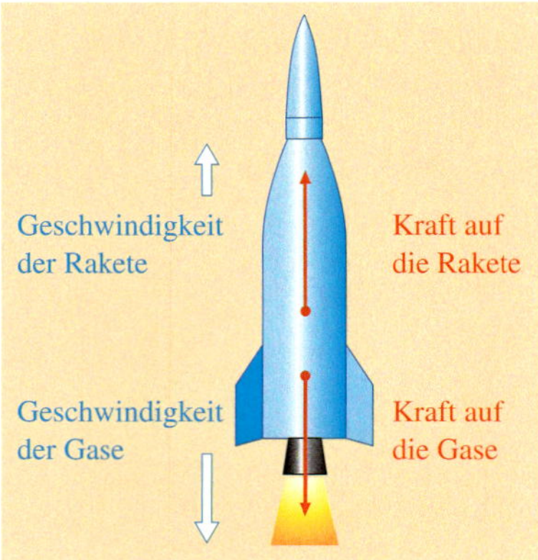

1 Aufwärts durch Rückstoß

GRUNDLAGEN: Raketen – Antrieb und Geschwindigkeit

Der Rückstoßantrieb bei Raketen basiert auf dem *Wechselwirkungsprinzip.* ↑1 Danach üben Körper immer nur wechselseitig Kräfte aufeinander aus. Die beiden Kräfte, die zwei Körper wechselseitig aufeinander ausüben, sind gleich groß und entgegengesetzt gerichtet. Sie greifen stets an zwei verschiedenen Körpern an.

Im Triebwerk einer Rakete verbrennen Treibstoffe explosionsartig. Die Verbrennungsgase strömen mit hoher Geschwindigkeit entgegengesetzt zur Flugrichtung aus einer Düse aus. Sie werden durch eine große Kraft beschleunigt. Die Wechselwirkungskraft beschleunigt die Rakete.

Die Beschleunigung a der Rakete hängt von der Schubkraft F_{Schub} und der Masse m der Rakete ab. Versuche zeigen, dass die Schubkraft F_{Schub} umso größer ist,

- je höher die Geschwindigkeit v_{rel} des ausgestoßenen heißen Gases relativ zur Rakete ist;
- je größer die Masse Δm des Gases ist, das pro Zeitspanne Δt ausgestoßen wird. Den Quotienten $\frac{\Delta m}{\Delta t}$ bezeichnet man als *Treibstoffdurchsatz*.

Zur Vereinfachung gehen wir davon aus, dass Reibung keine Rolle spielt. Dann gilt:

Die Schubkraft beträgt bei Raketen: $F_{\text{Schub}} = \frac{\Delta m}{\Delta t} \cdot v_{\text{rel}}$.

Große Raketentriebwerke stoßen in jeder Sekunde viele Tonnen Gas mit einer Geschwindigkeit von mehreren Tausend Metern pro Sekunde aus!

Wenn sich die Masse der Rakete nicht verändern würde, wäre es leicht, die Beschleunigung auszurechnen: $F_{\text{Schub}} = m \cdot a$. Die Masse nimmt aber wegen des Gasausstoßes ständig ab, sodass die Beschleunigung bei konstanter Schubkraft zunimmt. Um die Beschleunigung und damit auch die erreichten Geschwindigkeiten und Wege berechnen zu können, kann man „Schritt um Schritt", also iterativ, vorgehen. Ein Verfahren ist anhand eines Gedankenexperiments im Ausblick auf der nächsten Seite dargestellt.
Ohne Computerunterstützung fand der geniale Theoretiker KONSTANTIN ZIOLKOWSKI bereits 1903 das grundlegende Gesetz zur Berechnung der Geschwindigkeit von Raketen.

Die Geschwindigkeit einer Rakete, die von der Erdoberfläche aus durch eine konstante Schubkraft beschleunigt wird, beträgt:
$v(t) = v_{\text{rel}} \cdot \ln \frac{m_0}{m(t)} - g \cdot t.$ ↑2

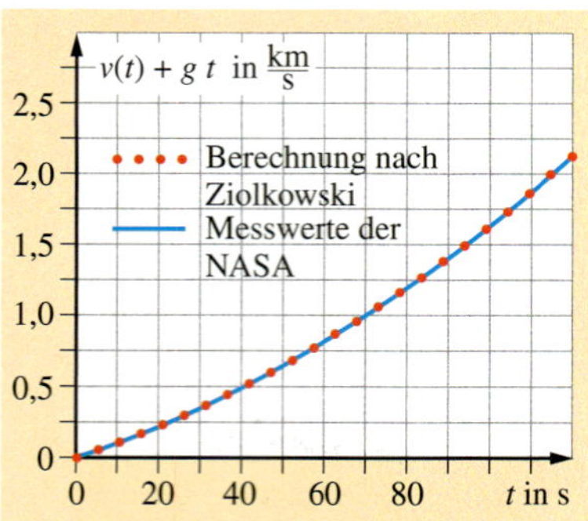

2 Geschwindigkeit von Apollo 12 beim Start

Dabei ist m_0 die Startmasse der Rakete und $m(t)$ die Masse der Rakete zum Zeitpunkt t. „ln" bezeichnet den natürlichen Logarithmus (Logarithmus zur Basis $e = 2{,}718\,281\,828\,459\,045\ldots$; e: eulersche Zahl).
Bei der Berechnung der Geschwindigkeiten von Raketen, die in den Weltraum geschossen werden, muss berücksichtigt werden, dass die Fallbeschleunigung g mit zunehmender Höhe geringer wird.

10 Inlineskater (jeweils $m = 50\,\text{kg}$) stehen im Abstand von 0,2 m in einer Reihe. ↑3 Jeder hat seine Hände auf die Schultern des nächsten gelegt und seine Arme angewinkelt. Skater 1 stößt sich mit der Kraft $F = 200\,\text{N}$ von den anderen ab. Die Stoßdauer beträgt $\Delta t = 0{,}5\,\text{s}$. Nun stößt sich sofort Skater 2 mit der gleichen Kraft in der gleichen Zeitdauer ab. Dann Skater 3 …

Während der Zeitschritte $\Delta t = 0{,}5\,\text{s}$ setzen wir die zur Berechnung notwendigen Werte als konstant an. Damit lässt sich die Geschwindigkeit der Inlineskater berechnen. Zur Vereinfachung geht man außerdem davon aus, dass die Skater reibungsfrei rollen.

Aus der Bewegungsgleichung $F = m \cdot a$ lässt sich jeweils die Beschleunigung berechnen. Damit können wir die nach jedem Abstoßen erreichte Geschwindigkeit bestimmen: $v(t + \Delta t) = a \cdot \Delta t + v(t)$.

Stoß 1: $v_{S1}(0{,}5\,\text{s}) = -\frac{200\,\text{N}}{50\,\text{kg}} \cdot 0{,}5\,\text{s} = -2\,\frac{\text{m}}{\text{s}}$

$v_{Rest}(0{,}5\,\text{s}) = \frac{200\,\text{N}}{450\,\text{kg}} \cdot 0{,}5\,\text{s} = 0{,}22\,\frac{\text{m}}{\text{s}}$

Stoß 2: $v_{S2}(1{,}0\,\text{s}) = -\frac{200\,\text{N}}{50\,\text{kg}} \cdot 0{,}5\,\text{s} + 0{,}22\,\frac{\text{m}}{\text{s}} = -1{,}78\,\frac{\text{m}}{\text{s}}$

$v_{Rest}(1{,}0\,\text{s}) = \frac{200\,\text{N}}{400\,\text{kg}} \cdot 0{,}5\,\text{s} + 0{,}22\,\frac{\text{m}}{\text{s}} = 0{,}47\,\frac{\text{m}}{\text{s}}$

Genauso werden die weiteren Werte berechnet. ↑4 ↑5

3

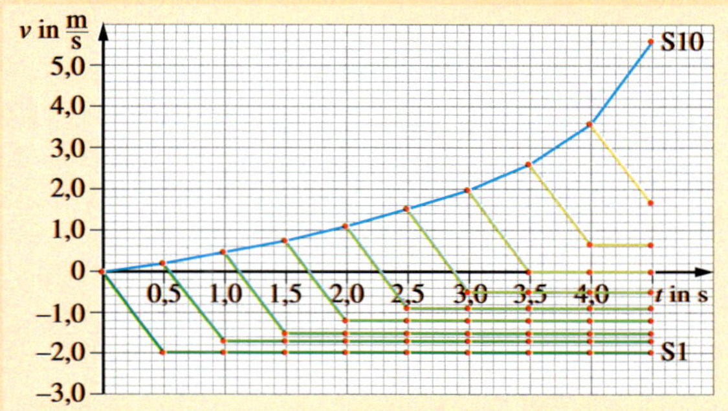

4

Stoß i	Gesamtzeit in s	Masse m_{Rest} der Kette nach Stoß i in kg	Geschwindigkeit v_{Rest} der Kette nach Stoß i in $\frac{\text{m}}{\text{s}}$	Geschwindigkeit v_{Si} des i-ten Skaters nach Stoß i in $\frac{\text{m}}{\text{s}}$
1	0,5	450	0,22	–2,00
2	1,0	400	0,47	–1,78
…	…	…	…	…
8	4,0	100	3,66	+0,66
9	4,5	50	5,66	+1,66

5

Mit dieser Methode lässt sich auch der Ort der einzelnen Inlineskater näherungsweise berechnen. Wir legen den Ursprung des Koordinatensystems in die Mitte zwischen dem fünften und dem sechsten Skater. Ähnlich wie bei den Geschwindigkeiten gilt:
$x(t + \Delta t) = \frac{1}{2} \cdot a \cdot (\Delta t)^2 + v(t) \cdot \Delta t + x(t)$. ↑6 ↑7

Beispiel: Ort des dritten Inlineskaters nach 0,5 s

$x_{S3}(0{,}5\,\text{s}) = \frac{1}{2} \cdot \frac{200\,\text{N}}{450\,\text{kg}} \cdot (0{,}5\,\text{s})^2 - 0{,}5\,\text{m} = -0{,}44\,\text{m}$

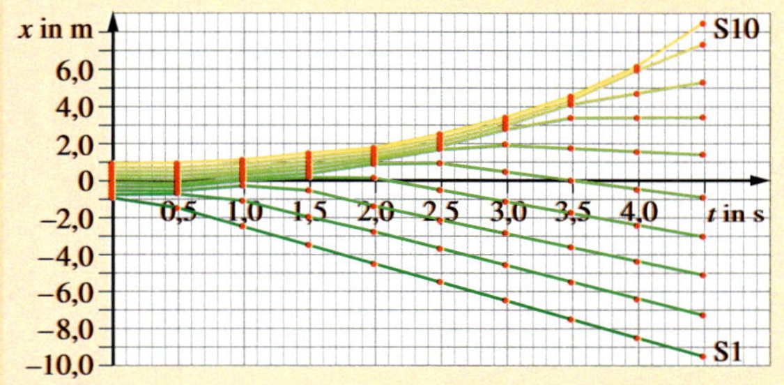

6

Gesamtzeit	x_{S1}	x_{S2}	x_{S3}	x_{S4}	x_{S5}	x_{S6}	x_{S7}	x_{S8}	x_{S9}	x_{S10}
0 s	–0,9 m	–0,7 m	–0,5 m	–0,3 m	–0,1 m	0,1 m	0,3 m	0,5 m	0,7 m	0,9 m
0,5 s	–1,4 m	–0,64 m	–0,44 m	–0,24 m	–0,04 m	0,16 m	0,36 m	0,56 m	0,76 m	0,96 m
…	…	…	…	…	…	…	…	…	…	…
4,5 s	–9,4 m	–7,25 m	–5,11 m	–2,99 m	–0,87 m	1,23 m	3,31 m	5,33 m	7,29 m	8,48 m

7

Ausblick: Gedankenexperiment zur iterativen Bestimmung der Geschwindigkeit einer beschleunigenden Rakete

Aufgaben

1

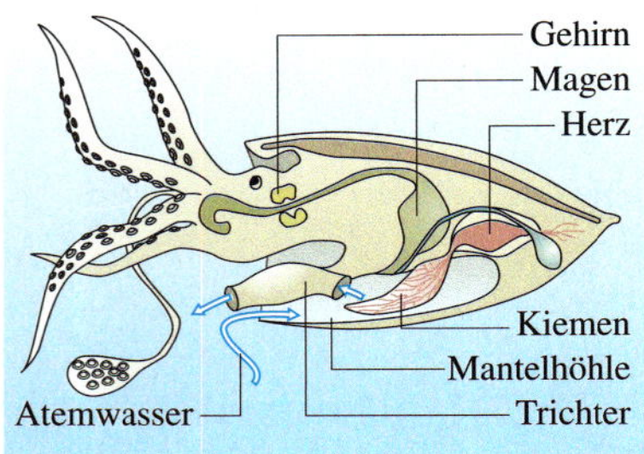

2

1 *Fortbewegung mit Prinzip* Quallen, Tintenfische und Raketen nutzen das gleiche physikalische Prinzip zur Fortbewegung. ↑1 ↑2

a Informiere dich über die Antriebstechnik der genannten Tiere und erkläre den Einführungssatz.

b Nach welchem Prinzip funktioniert der Wasserstrahlantrieb von Jetskis oder modernen Katamaranfähren?

2 *Lift off* Die Schubkraft beim Start des Spaceshuttles beträgt 31 MN. Die Verbrennungsgase strömen mit $2000\,\frac{m}{s}$ aus den Triebwerken heraus.

a Berechne den Treibstoffdurchsatz des Spaceshuttles.

b Welche Beschleunigung erfahren die Astronauten beim Start?
Hinweis: Die Startmasse des Spaceshuttles beträgt 2040 t.

c Berechne die Geschwindigkeit des Spaceshuttles nach 10 s:
- mit der Vereinfachung, dass die Masse konstant bleibt
- unter Berücksichtigung des Massenverlusts mithilfe der Formel von Ziolkowski
- unter Berücksichtigung des Massenverlusts mithilfe einer Iteration (Tabellenkalkulation)

Hinweise: Gehe zur Vereinfachung davon aus, dass keine Reibung auftritt und die Erdbeschleunigung konstant bleibt.

d Informiere dich über weitere Trägersysteme (Sojus, Saturn V ...) und ihre technischen Daten.

3 *Auf den Treibstoff kommt es an* Entscheidenden Einfluss für den optimalen Raketenschub hat die Wahl des richtigen Treibstoffs.

a Wie die explosive Mischung von Limo und Brausetabletten Modellraketen beschleunigt, zeigen Videos im Internet. Finde mit leeren Vitamintablettenröhrchen, Backpulver und Essig das optimale Treibstoffverhältnis für eine eigene Modellrakete heraus.

b Für Raketen werden unterschiedliche Treibstoffkombinationen eingesetzt. ↑3 Überlege, welche Daten außer den in der Tabelle genannten wegen des festen Tankvolumens raketentechnisch noch wichtig sind.

Treibstoff	Freigesetzte Wärme in $\frac{MJ}{kg}$	Ausströmgeschwindigkeit in $10^3\,\frac{m}{s}$
Wasserstoff + Sauerstoff	13,4	5,2
Kerosin + Sauerstoff	9,6	4,4
Alkohol + Sauerstoff	8,8	4,2
Benzin + Wasserstoffperoxid	8,0	4,0
Nitrocellulose (Feststoff)	6,7	3,7
Methanol und Salpetersäure	6,3	3,5
Hydrazin	5,0	3,2
Schwarzpulver (Feststoff)	2,9	2,4

3

4 *Kosten und Nutzen* Der Aufwand für die Weltraumfahrt ist beträchtlich. Ein Beispiel zum Vergleich: Die Saturn-V-Rakete verbrannte in der Startstufe 13 Tonnen Treibstoff pro Sekunde. Mit der gleichen Masse an Kerosin fliegt ein Airbus A319 von München nach Teneriffa. Informiere dich über die Kosten für den Bau und den Start einer Weltraumrakete. Sind sie vertretbar? Wie stehst du dazu?

Aufgaben

5 *Jet-Pack* Mit einem Raketenrucksack entkam James Bond in „Feuerball“ seinen Verfolgern. ↑4 Bei Einsätzen der Astronauten im Weltall außerhalb des Spaceshuttles haben sich die Jet-Packs bewährt. ↑5

a Der Treibstoff der ersten Modelle bestand im Wesentlichen aus Wasserstoffperoxid und reichte für eine Flugzeit von etwa 20 s. Eine Person konnte damit 9 m hohe Hindernisse überwinden.
Schätze die Austrittsgeschwindigkeit der 1300 °C heißen Verbrennungsgase ab.
Hinweise: Der Treibstoff hatte ein Volumen von 20 ℓ und eine Dichte von $1{,}45\,\frac{g}{cm^3}$. Schätze die Massen von Raketenrucksack und Person ab.

b Warum konnte sich der Raketenrucksack auf der Erde nicht durchsetzen, im Weltall hingegen schon?

c Bestimme mithilfe eines Tabellenkalkulationsprogramms die erreichbare Höhe und Endgeschwindigkeit für einen 60 kg schweren Piloten.
Hinweis: Verwende als Gasaustrittsgeschwindigkeit $v_{rel} = 750\,\frac{m}{s}$.
Variiere danach die verschiedenen Anfangsparameter.

6 *Saturn V* Die bisher größte Rakete hob beim Start majestätisch langsam ab und benötigte 12 s, um den 150 m hohen Tower hinter sich zu lassen.

a Die Beschleunigung der Saturn-V-Rakete während des Aufstiegs in die Erdumlaufbahn wurde bei der Apollo-12-Mission aufgezeichnet. ↑6
Erkläre den Verlauf des Diagramms.
Hinweise: CECO – Center Engine Cutoff; OECO – Outboard Engine Cutoff.

b Schon Jules Verne wollte 1865 in seinem Buch „Von der Erde zum Mond“ Menschen mit einem Kanonenprojektil aus einer 275 m langen Kanone zum Mond schießen. ↑7
Untersuche, ob dies möglich wäre.

7 *Zum Modellversuch „Inlineskater“*

a Vervollständige – unter Verwendung eines Tabellenkalkulationsprogramms – die fehlenden Zeilen in den beiden Tabellen.
Variiere dann die verschiedenen Anfangsparameter und erkläre die jeweiligen Veränderungen am Ergebnis.

b Erkläre anhand der beiden angegebenen Diagramme den Bewegungsablauf der einzelnen Rollschuhfahrer.

8 *Raketengleichung* Eine Rakete soll bei einer relativen Austrittsgeschwindigkeit der Gase von $4600\,\frac{m}{s}$ die Mindestgeschwindigkeit von $7900\,\frac{m}{s}$ für erdnahe Satelliten erreichen.

a Schätze mithilfe der Formel von Ziolkowski ab, wie viel Prozent der Anfangsmasse der Rakete auf den Treibstoff entfallen muss. Erstelle dazu eine Tabelle für verschiedene Massenverhältnisse.

b Begründe anhand der Formel den großen Vorteil der Mehrstufenraketen.

9 *Paradox?* Wie ist es möglich, dass eine Rakete bei einer relativen Austrittsgeschwindigkeit der Gase von $4600\,\frac{m}{s}$ eine Geschwindigkeit von über $9000\,\frac{m}{s}$ erreichen kann?

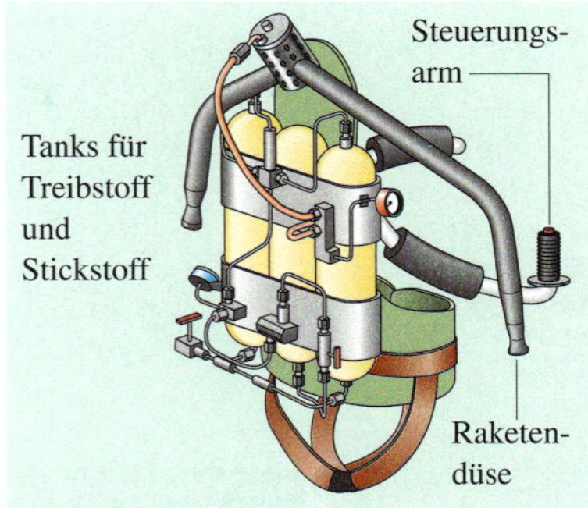

4 Jet-Pack (Aufbau)

5

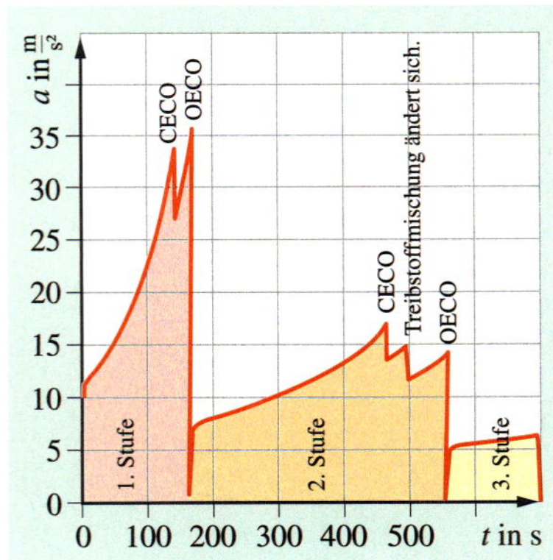

6

7

Selbst erforscht

Modellraketen bauen, starten und ihren Flug berechnen – darum soll es jetzt gehen. ↑1 Ein Überblick über den Raketenbau vom Mittelalter bis heute kann z. B. interessante Vergleichsdaten zur Leistungsfähigkeit eurer Modellraketen liefern. Die Teamarbeit soll als *Gruppenpuzzle* geschehen: ↑2

– Zuerst teilt die Klasse Gruppen mit verschiedenen Themen ein. Die folgenden Seiten geben dazu viele Anregungen. Die Gruppenmitglieder bilden sich dann zu Experten in ihrem Teilgebiet aus.
– Nun werden neue Gruppen gebildet: Aus jeder Expertengruppe erhalten sie einen Spezialisten.

Und dann heißt es nur noch: „Ignition, we have ignition!" Viel Spaß!

1

2

EG1: Von den Anfängen bis heute

Der Anfang des Raketenbaus geht auf die Chinesen um 1100 n. Chr. zurück. Überliefert ist der Versuch des Mandarins WAN HU aus dem 16. Jahrhundert: ↑3 Er wollte mit einem Stuhl, an dem 47 Feuerwerksraketen befestigt waren, zum Mond fliegen. Die Legende berichtet, dass nach der Zündung aller Raketen eine Explosion erfolgte und danach weder vom Stuhl noch von WAN HU etwas zu finden war.

→ Informiere dich über die Entwicklung des Raketenbaus vom 11. Jahrhundert bis heute. Stelle deine Ergebnisse auf einem Plakat oder in einer PowerPoint-Präsentation übersichtlich zusammen.

Neben den traditionellen Feststoff- und Flüssigkeitstriebwerken forscht man heutzutage an Alternativen. Die 1998 gestartete NASA-Raumsonde *Deep Space 1* war die erste, die einen *Ionenantrieb* nutzte.

→ Erkläre das Wirkprinzip eines Ionenantriebs. ↑4 Gehe auf die Größen ein, die für die Schubkraft entscheidend sind. Welche Rolle spielen wohl die Solarzellen der Sonde?

3

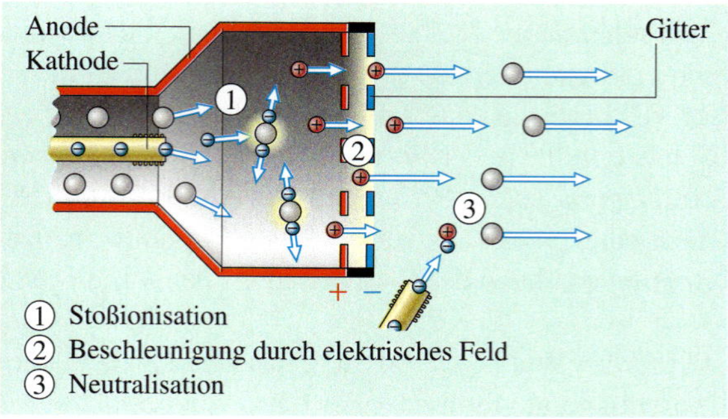

4

EG2: Bestimmung der Flughöhe

Die Flughöhe einer senkrecht aufsteigenden Rakete lässt sich mithilfe einer Winkelmessung bestimmen. ↑5

→ Baut den Winkelmesser selbst. Wie hängen die Höhe h und der Winkel α zusammen?

→ Testet das Verfahren zuerst anhand von Gebäuden, deren Höhe bekannt ist, dann mit bewegten Körpern (z. B. nach oben geschlagenen Tennisbällen).

→ Bei „Bogenlampen" hilft die Doppelpeilung. ↑6

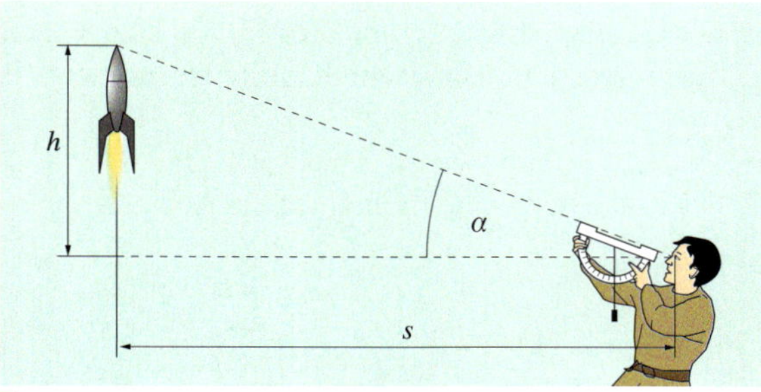

5

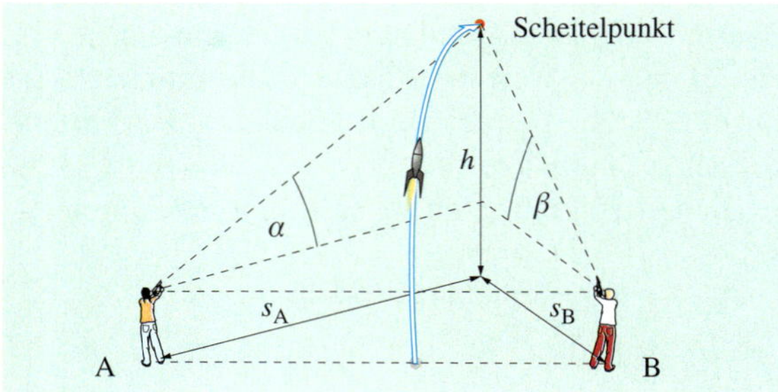

6

EG3: Bau von Wasserraketen

Mit handelsüblichen PET-Flaschen (0,5 bis 1,5 ℓ) kann man einfache Wasserraketen bauen und starten. ↑7

→ Für den Verschluss der Flasche braucht man: einen Korken, einen Fahrradschlauch mit Ventilschaft und ein Fahrradventil. ↑8 Als Erstes schneidet man aus dem Fahrradschlauch das Ventil aus. Achtet darauf, dass noch etwas Gummi von der Größe des Korkendurchmessers am Ventilschaft bleibt. Als Nächstes bohrt man längs durch den Korken ein Loch. Die Bohrung muss so groß sein, dass Ventilschaft mit Ventil und aufgeschraubter Ventilkappe gerade in den Korken eingeführt werden können. Der Korken wird in der Länge so weit gekürzt, dass das Ventilgewinde herausragt und das Pumpen mit einer Luftpumpe möglich ist. ↑9

→ Die Rakete wird zu 25 bis 30 % mit Wasser gefüllt und dann mit dem Korken verschlossen. Setzt die Rakete nun auf die Starthalterung: Sie gewährleistet, dass die Rakete senkrecht nach oben fliegt.

→ Mit der Pumpe wird ein immer größerer Druck in der Flasche erzeugt, bis sich der Korken aus dem Flaschenhals löst. Beachtet dabei unbedingt die Sicherheitshinweise! *Tipp:* Der maximal erreichbare Druck lässt sich durch Einsägen von Kerben im Flaschenhals und Festschrauben des Korkens mit einer Gartenschlauchschelle deutlich erhöhen.

→ Verwandelt die PET-Flasche auch optisch in eine richtige Rakete und versucht dabei, die Flugeigenschaften der Rakete zu verbessern.
Tipp: Im Internet gibt es viele Anregungen, wie man die Raketen optimieren kann.

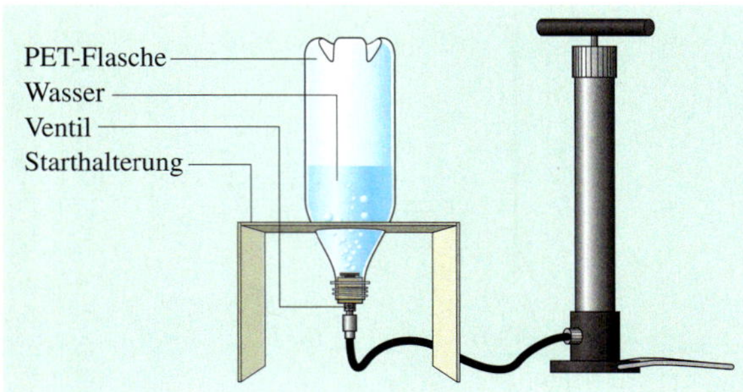

7

8

9

! Rakete immer senkrecht starten.
Während der Startphase: Nicht über die Rakete beugen, Beobachter stehen außerhalb des Gefahrenbereichs.
Keine beschädigten PET-Flaschen verwenden.
Schutzbrillen tragen (der Korken kann sich zum Geschoss entwickeln, die PET-Flasche kann platzen).

EG4: Bestimmung des c_W-Werts

Der c_W-Wert ist ein Maß für die „Windschnittigkeit“ der Rakete. Er geht in die Berechnung des Strömungswiderstands F_L der Luft ein, der jeder Bewegung auf der Erde entgegenwirkt:

$F_L = \frac{1}{2}\,\varrho \cdot A \cdot c_W \cdot v^2$.

Diesen Widerstand kennt man vom Radfahren.

→ Um den c_W-Wert der Rakete zu bestimmen, wird zunächst die Formel für den Strömungswiderstand nach c_W aufgelöst.

→ Die Querschnittsfläche A bestimmt man durch Parallelprojektion und Auszählen der Einheitsquadrate auf dem Schattenbild.

→ Der Strömungswiderstand F_L bei einer bestimmten Geschwindigkeit v wird mithilfe eines Windkanals ermittelt: $F_L = F_G - F$. ↑1

→ Die Geschwindigkeit v der Luft im Windkanal kann man mit dem prandtlschen Staurohr bestimmen: ↑2

$v = \sqrt{2\,\frac{p_{stau}}{\varrho}}$.

Oder man nutzt einen Windmesser (Anemometer).

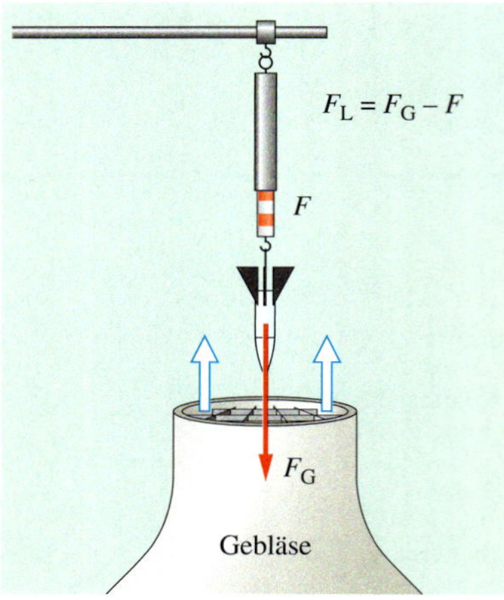

1

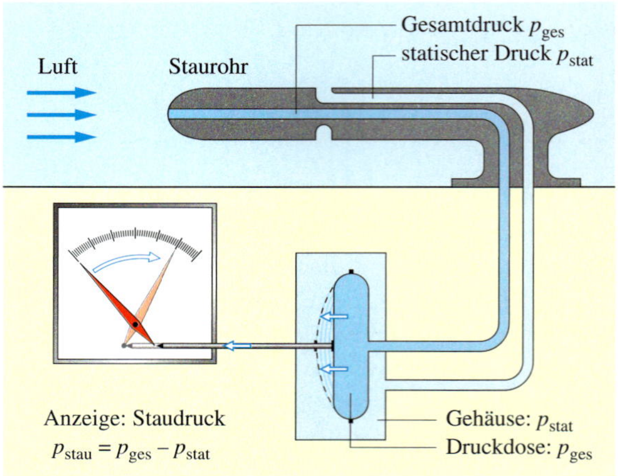

2

EG5: Schubkraft einer Wasserrakete

Die Experten der Gruppe E6 berechnen iterativ, wie hoch die Rakete steigen kann. Dazu müssen sie die Schubkraft F_{Schub} der Rakete kennen. Sie zu ermitteln ist eure Aufgabe.

→ Für die Schubkraft braucht man die Austrittsgeschwindigkeit v_{rel} des Wassers:

$F_{Schub} = \frac{\Delta m}{\Delta t} \cdot v_{rel}$.

Zur Vereinfachung wird zunächst angenommen, dass v_{rel} beim Startvorgang konstant bleibt.

In einem Versuch wird v_{rel} durch die Weite des aus der Rakete herausspritzenden Wassers bestimmt. ↑3

Baut die Wasserrakete waagerecht auf, pumpt bis zu einem festgelegten Druck Luft hinein und zieht dann den Korken über eine Schnur heraus. Für die Zeit t, bis das Wasser herausgespritzt ist, gilt:

$t = \frac{V_{Wasser}}{A \cdot v_{rel}}$.

Leitet die Beziehung mithilfe der Skizze her. ↑4

→ Berechnet die Schubkraft der Wasserrakete.

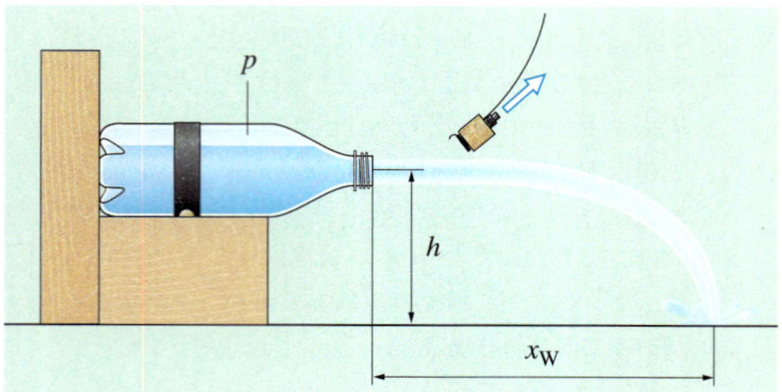

3

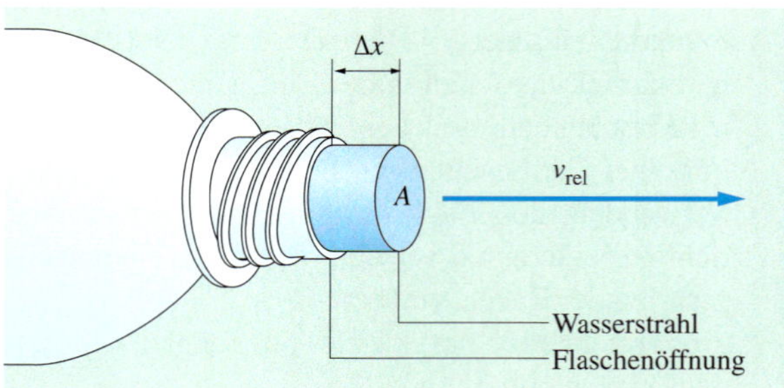

4

EG6: Berechnung des Raketenstarts

Der Bewegungsablauf und die Flughöhe der Modellrakete lässt sich nicht durch einfaches Einsetzen in die Bewegungsgleichung berechnen, da verschiedene Größen, die für Beschleunigung wichtig sind, nicht konstant bleiben. Daher soll der Start der Modellrakete mithilfe eines Tabellenkalkulationsprogramms iterativ berechnet werden. Hilfe dafür findet ihr im Kapitel „Bewegungsgleichungen – Schritt um Schritt gelöst".

Das Struktogramm gibt einige Hinweise, welche Punkte – unterschieden nach Wasser- oder Feststoffraketen – beim Programmieren zu beachten sind. ↑6

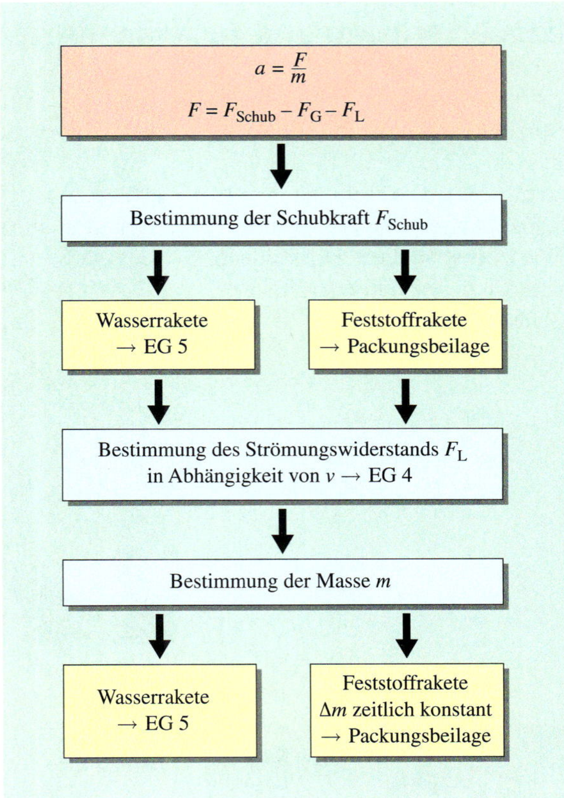

6

→ *Für Spezialisten:* Um noch genauer zu rechnen, muss man auf die Annahme der konstanten Ausströmgeschwindigkeit v_{rel} des Wassers verzichten. Es gilt:

$$v_{rel} = \sqrt{2 \frac{p}{\varrho_{Wasser}}}.$$

Dabei ist p der „Überdruck" (im Vergleich zum äußeren Luftdruck) in der Flasche und ϱ_{Wasser} die Dichte des Wassers.

Messungen mit einem Drucksensor zeigen, dass der Druck und damit die Ausströmgeschwindigkeit nicht konstant sind. ↑5 Verwendet das Diagramm zur exakteren Berechnung der Schubkraft der Wasserrakete.

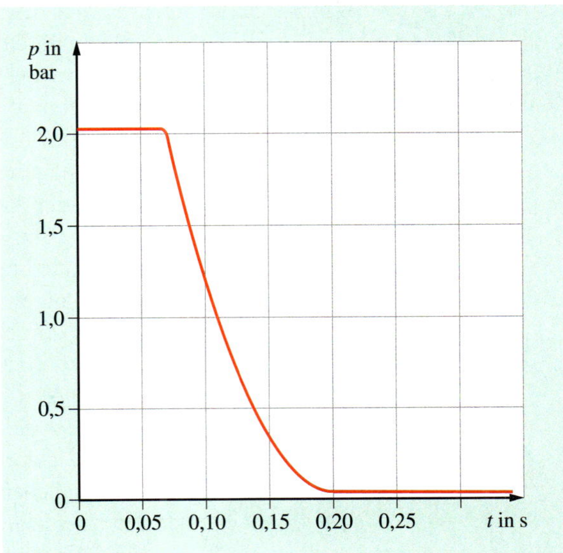

5 „Überdruck" in einer Rakete mit reiner Luftfüllung während der Startphase

Akustik

Klänge zerlegen und zusammensetzen

Spielt man auf einer Violine den gleichen Ton wie auf einer Oboe, so hört sich dies recht unterschiedlich an. ↑1 ↑2
Wie ist das möglich? Die Frequenz ist doch bei beiden Instrumenten gleich!

1

2

3 Wer trifft den Ton am besten?

Karaoke ist eine weltweit beliebte Freizeitbeschäftigung mit Ursprung in Japan. Amateursänger singen „Play-back" zu Songs auf speziellen CDs. ↑3 Diese enthalten neben den Instrumentalversionen der Musikstücke auch die Textinformationen – die Singstimme jedoch fehlt! Beim Abspielen der Karaoke-CD hören Sänger und Publikum die „Hintergrundmusik", der Sänger kann auf einem Bildschirm den Text ablesen.
Das Foto zeigt ein Karaoke-Spiel für den Computer. Eine der Aufgaben ist es, bekannte Rock- oder Popsongs so nachzusingen, dass die am Bildschirm vorgegebene Tonhöhe möglichst gut getroffen wird. Wie lässt sich kontrollieren, ob die Frequenz tatsächlich passt?

Wenn Papageien sprechen und Stare Handymelodien schmettern, zeugt das von ihrer Anpassungsfähigkeit an die Umwelt.
Ähnliche Fähigkeiten haben wohl auch Elefanten. ↑4 Ein Indiz dafür ist die Elefantenkuh Mlaika: Sie lebt in Kenia in einer Gruppe von Elefantenwaisen, gut drei Kilometer von der Fernstraße zwischen Nairobi und Mombasa entfernt. Nach Sonnenuntergang gibt Mlaika einige Stunden lang brummende Laute von sich. Forscher, die die „Sprache" der Elefanten untersuchten, trauten ihren Ohren zunächst nicht: Sie wussten nicht, ob sie Mlaika oder die „Brummis" auf der Fernstraße hörten. www 206-1
Daraufhin analysierten sie die Brummtöne und stellten fest: Die Frequenzen der Töne glichen denen der Lkws sehr genau. Von den Lauten anderer Elefanten unterschieden sie sich deutlich. Die Forscher untersuchen nun, ob Mlaika die Töne nur nachgemacht hat oder ob sie Kontakt aufnehmen wollte.
Wie man Klänge in Bezug auf ihre Frequenzen analysieren kann, zeigen die nächsten Seiten. Und auch der umgekehrte Weg wird vorgestellt: Aus einzelnen Tönen lassen sich komplexe Klänge aufbauen.

4

Experimente

1 Auf dem Weg zum erfolgreichen Karaokesänger

a Erzeuge den Kammerton a′ (f = 440 Hz) mit einem Tongenerator (Frequenzgenerator). Stelle den Ton auf dem Bildschirm eines Oszilloskops dar. ↑5

b Schließe ein Mikrofon am zweiten Kanal des Oszilloskops an und versuche den vorgegebenen Ton möglichst gut nachzupfeifen. Experimentiere auch mit höheren und tieferen Tönen.

c Versuche den Kammerton a′ nachzusingen.

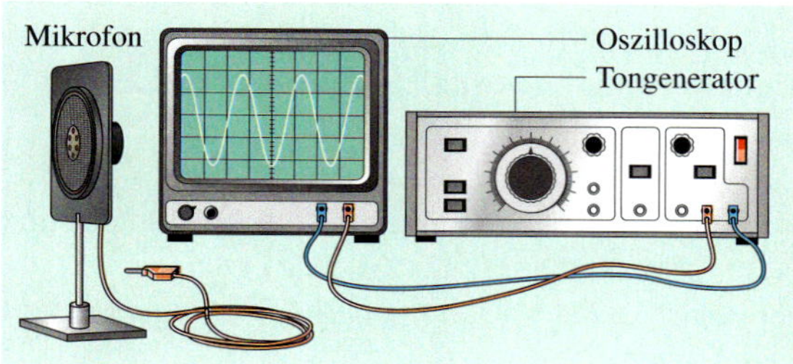

5

2 Zu zweit an den Start

a Pfeift zu zweit in ein Mikrofon, das an ein Oszilloskop angeschlossen ist. Beschreibt die Kurve, die ihr auf dem Bildschirm seht. Schafft ihr es, beide den gleichen Ton zu treffen?

b Stelle die Schwingungen zweier identischer Stimmgabeln zeitgleich auf dem Oszilloskop dar. Verstimme nun eine der Stimmgabeln geringfügig, indem du sie mit der Hand erwärmst (oder etwas Knetgummi an eine Zinke heftest). Wie verändert sich dadurch das gemeinsam erzeugte Bild auf dem Oszilloskop?

3 Versuch einer Analyse

Erzeuge ganz unterschiedliche akustische Signale und stelle sie mithilfe eines Mikrofons auf dem Oszilloskop dar. Kannst du jeweils herausfinden, welche Töne am Signal beteiligt sind?

GRUNDLAGEN: Töne und Klänge

Wenn eine Stimmgabel oder die Membran einer Trommel schwingt, erzeugt sie periodische Druckschwankungen in der Luft, die sie umgibt. ↑6 Diese Druckschwankungen breiten sich als Schallwellen aus.
Von einem Mikrofon werden die Schallwellen in Spannungsschwankungen umgewandelt und lassen sich dann mit einem Oszilloskop sichtbar machen.

– Der Schall einer Stimmgabel ergibt im Zeit-Spannung-Diagramm eine sinusförmige Kurve. ↑7 Die Schallwellen haben genau eine Frequenz, man spricht von einem *Ton*.

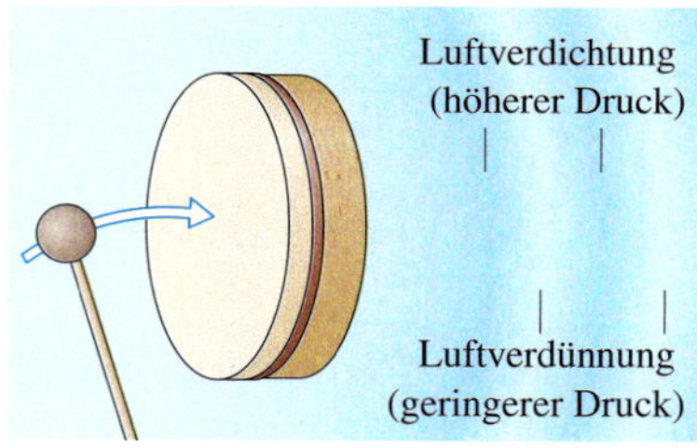

6

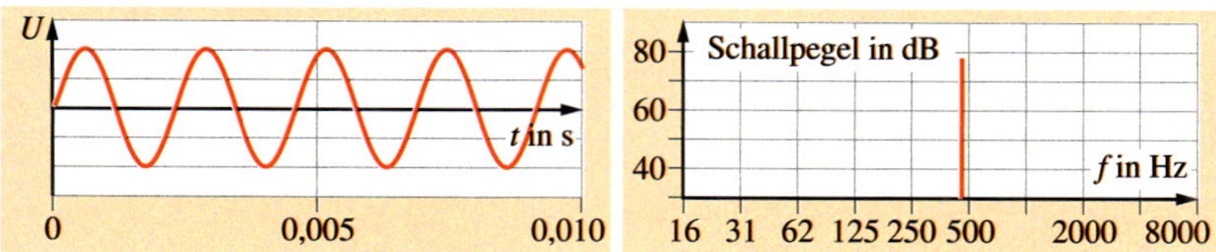

Frequenzspektrum: Auf der horizontalen Achse werden die Frequenzen der Töne dargestellt, auf der vertikalen Achse der jeweils zugehörige Schallpegel (er ist ein Maß für die Lautstärke).

7 Ton a′: Zeit-Spannung-Diagramm und Frequenz-Schallpegel-Diagramm (Frequenzspektrum)

– Musikinstrumente erzeugen *Klänge*, die sich jeweils aus mehreren Tönen zusammensetzen: einem Grundton und Obertönen. ↑8 Der Grundton hat die niedrigste Frequenz und gibt die „Tonhöhe" des Klangs an. Die Obertonfrequenzen sind ganzzahlige Vielfache der Grundfrequenz. Die Obertöne und ihre Lautstärke bestimmen die „Klangfarbe" des Instruments.

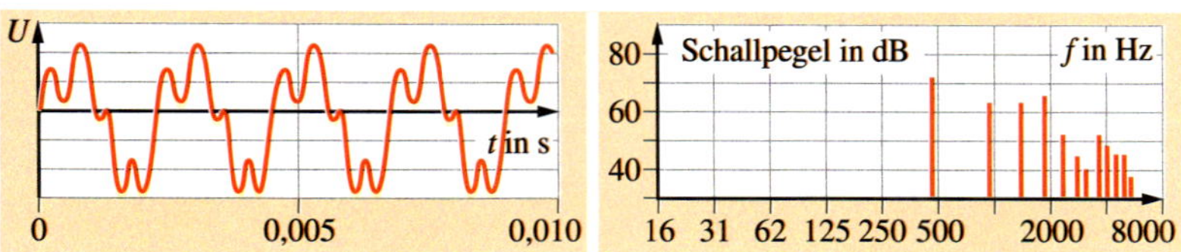

8 Klang einer Geige (Grundton a′): t-U-Diagramm und Frequenzspektrum

GRUNDLAGEN: Klanganalyse und -synthese

Bei den *t*-*U*-Diagrammen von Klängen und Tönen, die mithilfe eines Mikrofons von einem Oszilloskop aufgenommen werden, wiederholt sich jeweils nach gleichen Zeitabschnitten die gleiche Kurve immer wieder. Es handelt sich also um periodische Vorgänge. Wir stellen uns nun vor, die *t*-*U*-Kurven wären Graphen von Funktionen. Mathematiker bezeichnen diese Funktionen als *periodische Funktionen*. JEAN BAPTISTE JOSEPH FOURIER (1768 bis 1830) erkannte, dass sich jede solche Funktion – sei sie auch noch so kompliziert – aus einfachen Grundfunktionen zusammensetzen lässt.

Satz von Fourier: Jede periodische Funktion kann man durch eine Summe von Sinus- und Kosinusfunktionen aufbauen. Die Argumente der Sinus- und Kosinusfunktionen enthalten jeweils ganzzahlige Vielfache einer Grundfrequenz f_0.

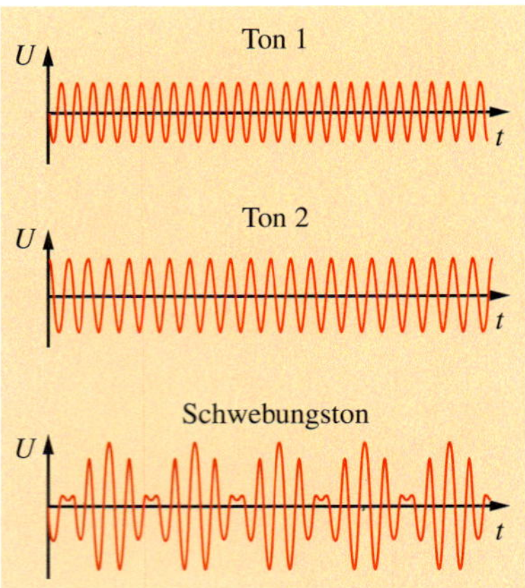

1 Schwebung: Überlagerung zweier Töne mit nahezu gleicher Frequenz

- Bei der *Fourieranalyse* startet man mit einer periodischen Funktion und „sucht" die Sinus- und Kosinusfunktionen, die sie erzeugen.
  Anwendung in der Akustik: Jeder Klang kann in einzelne Töne zerlegt werden, die ihn erzeugen.
- Bei der *Fouriersynthese* erzeugt man eine periodische Funktion aus Sinus- und Kosinusfunktionen.
  Anwendung in der Akustik: Aus einzelnen Tönen kann man jeden Klang aufbauen. Davon machen Synthesizer Gebrauch.

Die Fourieranalyse in der Akustik ist nicht auf Computer und technische Geräte beschränkt: Auch das menschliche Ohr kann Frequenzen analysieren. Es erlaubt uns, Musikinstrumente an ihrer Klangfarbe zu erkennen, bei einer Flötengruppe zu hören, ob Instrumente gegeneinander verstimmt sind … Allerdings ist das Ohr weniger trennscharf als die Fourieranalyse: Liegen die Frequenzen zweier gleichzeitig erklingender Töne sehr nahe beieinander, nimmt das Ohr nur einen Ton wahr, der periodisch lauter und leiser wird. ↑1 Diese Erscheinung wird als *Schwebung* bezeichnet.

Aufgaben

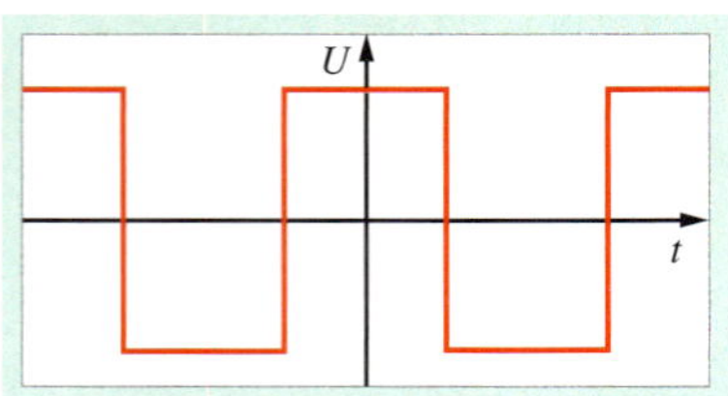

2 Rechtecksignal

In der Elektronik spielen Rechtecksignale eine Rolle. ↑2 Auch wenn die Graphen eckig sind – es handelt sich doch um periodische Funktionen. Nach dem Satz von FOURIER lassen sie sich daher als Summe von Sinus- und Kosinusfunktionen darstellen. ↑3 Je mehr geeignete Funktionen in der Summe hinzugenommen werden, desto näher kommt man der Rechteckform. Für eine perfekte Darstellung wäre allerdings eine Summe von unendlich vielen Sinus- und Kosinusfunktionen nötig.
So ähnlich kann man jedes periodische Signal „zusammenbasteln"!

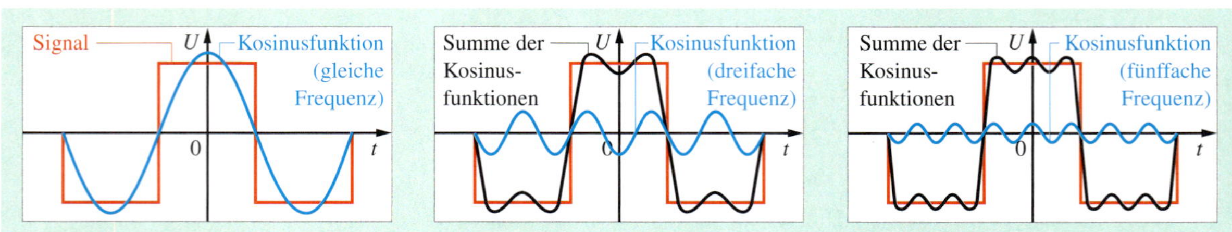

3 Annäherung an das Rechtecksignal durch eine Summe von geeigneten Kosinusfunktionen (Fouriersynthese)

Aufgaben

1 *Fouriersynthese eines Rechtecksignals per Hand*

a Zeichne in ein und dasselbe Diagramm die Graphen der Funktionen $y_1 = \sin(x)$ und $y_3 = \frac{1}{3}\sin(3x)$.

b Addiere die beiden Graphen, sodass du den Graphen der Summenfunktion $y_1 + y_3$ erhältst.

c Zeichne nun den Graphen von $y_5 = \frac{1}{5}\sin(5x)$ in das Diagramm ein.
Bilde wieder durch grafische Addition den Graphen der Summenfunktion $y_1 + y_3 + y_5$.

2 *Fouriersynthese eines Rechtecksignals mit dem Funktionsplotter*

a Zeichne in ein und dasselbe Diagramm die Graphen der Funktionen $y_1 = \sin(x)$ und $y_3 = \frac{1}{3}\sin(3x)$.

b Addiere die beiden Graphen, sodass du den Graphen der Summenfunktion $y_1 + y_3$ erhältst.

c Zeichne nun den Graphen von $y_5 = \frac{1}{5}\sin(5x)$ in das Diagramm ein.
Bilde wieder durch grafische Addition den Graphen der Summenfunktion $y_1 + y_3 + y_5$.

d Fahre fort bis zur Darstellung von $y_1 + y_3 + \ldots + y_{35}$.

e Nimm jetzt auch die Funktionen mit den geradzahligen Vielfachen in die Summe auf:
$y_2 = \frac{1}{2}\sin(2x)$; y_4: $\frac{1}{4}\sin(4x)$ …
Wie sieht der Graph der Summenfunktion jetzt aus?

3 *Harte und weiche Klänge* Vergleiche den „weichen" Klang einer Querflöte mit dem „harten" einer Trompete. Musikbeispiele dazu findest du im Internet. Öffne die Dateien mit einem *Audioeditor* (aus dem Internet). www 209-1

a Ermittle jeweils für den ersten „Ton" (physikalisch betrachtet ein Klang) beider Melodien die Tonhöhe. Bestimme dazu die Frequenz des Grundtons durch Messung der Periodendauer. *Hinweis:* Um die Genauigkeit deiner Messung zu erhöhen, solltest du über mindestens 10 Perioden mitteln.

b Vergleiche beide Signalformen: Wie unterscheiden sie sich?

c Erzeuge jeweils das Frequenzspektrum des ersten Tons. Wie unterscheidet sich der „harte" Ton vom „weichen"?

Experimente

4 Jedes Musikinstrument klingt anders
„Bewaffne" dich mit einem Mikrofon und einem digitalen Aufnahmegerät und sammle möglichst viele Klangbeispiele. Vergleiche ihre Frequenzspektren: Wie unterscheiden sich verschiedene Instrumente beim Spielen gleicher Töne? Gibt es auch Unterschiede, wenn z. B. zwei Cellos den gleichen Ton spielen? …

Kein Tier ist vollkommen lautlos, zumindest durch seine Bewegungen werden Geräusche erzeugt. Darüber hinaus produzieren die meisten Tiere bewusst Lautäußerungen: um Feinde zu erschrecken, mit möglichen Geschlechtspartnern in Kontakt zu treten …
An einigen Beispielen kannst du im Folgenden in die spannende „Akustik der Tiere" eindringen. Viele weitere Forschungsvorhaben zur Analyse (und Synthese) von Tierlauten sind denkbar.

5 Vogelstimmen
Nimm Gesänge von einheimischen Singvögeln auf und untersuche ihr Frequenzspektrum.
Erzeugen die Vögel eher „harte" oder eher „weiche" Klänge? *Tipp:* Siehe Aufgabe 3.

6 Stockenten
Sie sind zwar keine Singvögel, doch manchmal kann auch der Ruf eines Erpels über einem herbstlich verhangenen See sehr melodisch sein. Zeichne das Quaken von Enten sowie den Ruf eines Erpels auf und analysiere ihre Laute.

7 Wildschweine
Schnaufen oder Blasen sind bei Wildschweinen Warnlaute bei Beunruhigung. Meist bleiben die Tiere beim Lautausstoß wie erstarrt stehen und flüchten danach.

a Zeichne die Warnlaute von Wildschweinen in einer Audiodatei auf. Analysiere dann das Frequenzspektrum.

b Arteigene Laute bei Wildschweinen haben keine individuellen Merkmale, auch Nichtfamilienmitglieder fühlen sich angesprochen. Man kann daher zuvor aufgenommene Warnlaute zur Wildschadenverhütung einsetzen.
Oder man stellt diese Laute durch eine Synthese verschiedener Töne künstlich her. Versuche doch einmal mit einem Audioeditor, Warnlaute von Wildschweinen zu imitieren.

Physiologie des Ohrs – akustische Täuschungen

Gamelanmusik erklingt in Indonesien zu religiösen Feiern, als Begleitung zu Tanz, Puppentheater und Schattenspiel … Gespielt wird hauptsächlich auf Metallofonen mit bronzenen Klangplatten, Gongs und Trommeln. ↑1 Die Tonleitern haben 4, 5 oder 7 Töne pro Oktave, die einzelnen Tonschritte sind nicht immer gleich groß. Die Instrumente sind nach unserem Verständnis leicht gegeneinander „verstimmt": Die entstehenden Schwebungen sehen Javaner als schön und lebendig an. Eine „saubere" Stimmung nach westlichem Ideal empfinden die Indonesier eher als tot.

1 Gamelan-Ensemble

2 Trillerpfeife: leicht und laut

Triller- und Schrillpfeifen sind nicht nur bei den „Bobbys" der Londoner Polizei beliebt, sondern auch bei Schiedsrichtern, Demonstrationen, Sambatruppen … ↑2 Das Geheimnis ihres durchdringenden Klangs liegt darin, dass sie Einzeltöne erzeugen und überlagern, deren Frequenzen sich nur wenig voneinander unterscheiden. Bei der Trillerpfeife sorgt dafür eine Kugel, die beim Blasen im Hohlraum der Pfeife hin und her saust, sodass in regelmäßigen Abständen stehende Schallwellen mit unterschiedlichen Wellenlängen entstehen. Schrillpfeifen erzeugen dagegen die verschiedenen Einzeltöne in nebeneinanderliegenden und gleichzeitig angeblasenen Pfeifen.

Bei Triller- und Schrillpfeifen hört man erstaunlicherweise stets nur einen einzigen Ton! Ähnlich wie das Sehen besteht das Hören nämlich nicht nur daraus, Informationen zu empfangen. Unser akustischer Wahrnehmungsapparat aus Ohr und Gehirn hört die Außenwelt nicht einfach so, „wie sie ist". Schon im Innenohr laufen Prozesse ab, die einige der Signale verstärken und andere wegfiltern. Im Gehirn werden die Informationen dann gedeutet. Dabei kann es geschehen, dass man Töne wahrnimmt, die nachweisbar nicht von außen kommen! Solche „akustischen Täuschungen" sind ähnlich faszinierend wie die bekannteren optischen Täuschungen. Um ihnen auf die Spur zu kommen, muss man etwas tiefer in die Physiologie des Ohrs „einsteigen" und die Grenzen bei der Abbildung bzw. Wahrnehmung der physikalischen Realität näher kennenlernen.

Das menschliche Gehör besticht durch sein exquisites Leistungsvermögen: Mit einer Frequenzwahrnehmung von 16 bis 20000 Hz über einen sehr großen Lautstärkebereich ist das Ohr eines unserer fähigsten Sinnesorgane. Dazu bedurfte es allerdings einer langen Evolution …

Ausblick Hören – von Fischen zum Menschen

Das Leben kam aus dem Wasser an Land. Vermutlich hat sich das menschliche Ohr also aus einem ähnlichen Organ entwickelt, wie es Fische haben. Als Beispiel betrachten wir das Seitenlinienorgan eines Hais.
Auf beiden Seiten des Fischs befinden sich kleine Öffnungen (Poren) entlang einer Linie. ↑3 Sie führen alle zu einem dahinterliegenden Kanal, in dem sich Tasthaare befinden. ↑4 Selbst geringste Bewegungen im Wasser setzen die Tasthaare in Bewegung und reizen ihre Nerven. So können Haie auch die Druckschwankungen bei Schallwellen wahrnehmen.

Unser eigentliches Hörsinnesorgan, das mit Flüssigkeit gefüllte Innenohr, ist eine „Erfindung" aus dem Fischzeitalter: ein Empfänger für Schallwellen im Wasser. Mittelohr und Außenohr sind nur „Zusatzgeräte", um das Organ an die Schallwellen in Luft anzupassen:
Eine Welle wird an der Grenze zwischen zwei Stoffen umso stärker reflektiert, je stärker sich die Ausbreitungsgeschwindigkeiten unterscheiden. Im Wasser sind Schallwellen viermal so schnell wie in Luft. Beim Auftreffen des Schalls von Luft auf Wasser wird er daher zum größten Teil an der Wasseroberfläche reflektiert. Um nicht zu viel Schall durch Reflexion zu „verlieren", führt das Ohr daher zwei Umwandlungen durch:
Schallwellen in Luft → Druckwellen in Flüssigkeit → elektrische Nervenimpulse.

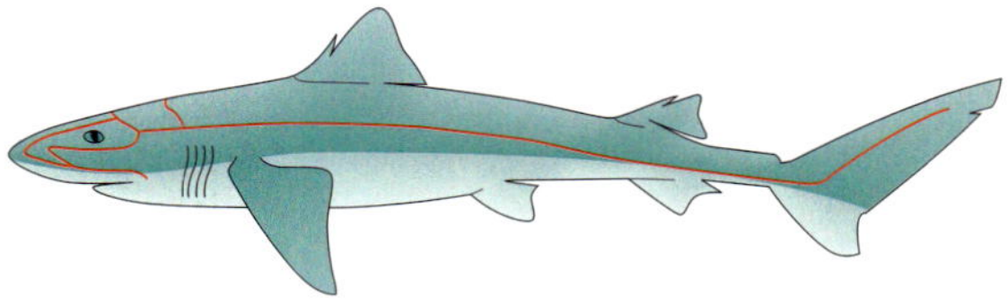

3 Hai mit Seitenlinienorgan (rot gekennzeichnet)

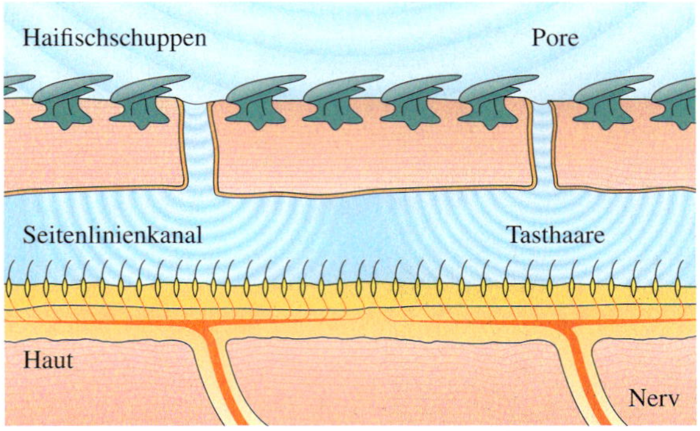

4 Aufbau des Seitenlinienorgans beim Hai

Die erste Umwandlung leistet in erster Linie das Mittelohr, die zweite das Innenohr. Die Wellen in der Körperflüssigkeit des Innenohrs bewegen etwa 24 000 feine Härchen, die den Tasthaaren des Hais entsprechen. Dabei können Spannungen an Nervenfasern erzeugt werden, die die elektrischen Impulse dem Gehirn zuführen.

GRUNDLAGEN: Aufbau des menschlichen Ohrs

Unser Ohr lässt sich anatomisch in drei Abschnitte mit unterschiedlichen Aufgaben unterteilen: Außenohr, Mittelohr und Innenohr. ↑5

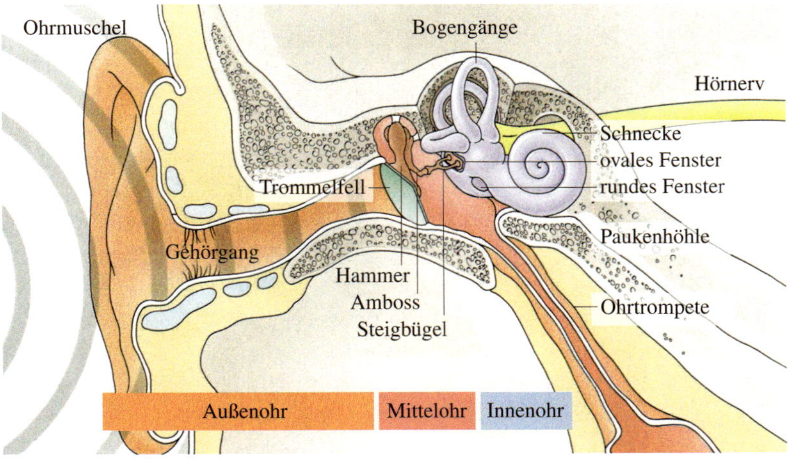

5 Aufbau des menschlichen Ohrs

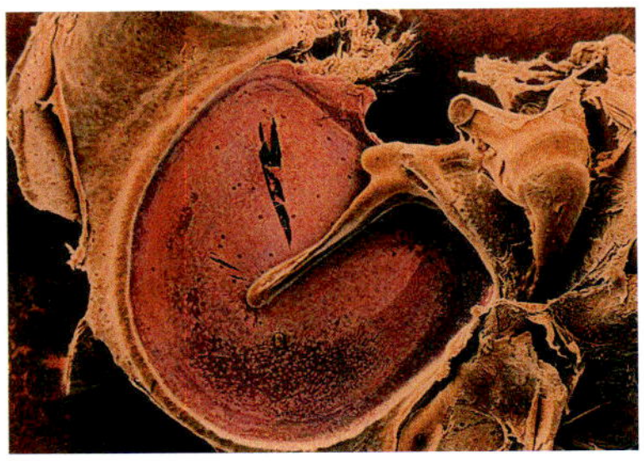

1 Blick auf Trommelfell und Hammer

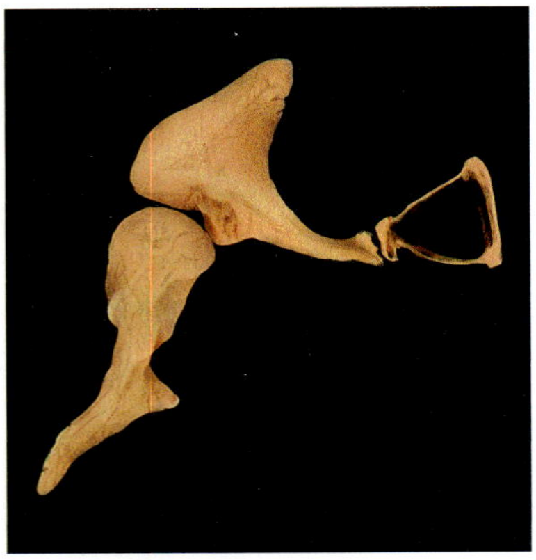

2 Hammer, Amboss und Steigbügel

Außenohr Das Außenohr wird von der offen sichtbaren Ohrmuschel und dem ca. 2,5 cm langen Gehörgang gebildet. Die Ohrmuschel besteht größtenteils aus einem elastischen Knorpel, ebenso der Anfangsteil des Gehörgangs; im Innern wird der Gehörgang knöchern. Im Zuge der Evolution entwickelte die Ohrmuschel eine Trichterform, sodass Schallwellen besser und nur mit geringem Reflexionsverlust aufgefangen und in den Gehörgang weitergeleitet werden.
Die Grenze zum Mittelohr bildet das Trommelfell, das durch die Schallwellen in Schwingungen versetzt wird. Es schließt den Gehörgang ab. ↑1

Mittelohr Das Mittelohr ist ein luftgefüllter Raum im Felsenbein. Die Gehörknöchelchen Hammer, Amboss und Steigbügel sind über elastische Bänder miteinander verbunden und leiten die Schwingungen des Trommelfells zum ovalen Fenster weiter. ↑2 Diese Membran bildet die Grenze zum Innenohr. Die Gehörknöchelchen wirken als Hebel, sie vergrößern die Kräfte, die von den Schwingungen des Trommelfells bewirkt werden. Über die Ohrtrompete besteht eine Verbindung zum Nasenrachenraum. Hierüber kann der Druck im Mittelohr dem Außendruck angeglichen werden. Eine rasche Drucksenkung der Außenluft, z. B. bei Fahrten im Gebirge, kann bei nicht ausreichender Belüftung des Mittelohrs während einer Erkältung zu einer schmerzhaften Wölbung des Trommelfells führen. Dadurch wird die Schwingungsfähigkeit des Trommelfells beeinträchtigt, sodass die Hörfähigkeit (vorübergehend) abnimmt.

Innenohr Die Schnecke besteht aus drei Kanälen, die mit verschiedenen Körperflüssigkeiten gefüllt sind. ↑3 Die vom Steigbügel ausgelösten Schwingungen des ovalen Fensters rufen Wellen in den Flüssigkeiten hervor. Dadurch wird die Basilarmembran zum Mitschwingen angeregt. Ihr Schwingungsmuster wird über die gesamte Länge von Haarzellen abgetastet. ↑4 Die gereizten Haarzellen senden elektrische Impulse über den Hörnerv ans Gehirn.

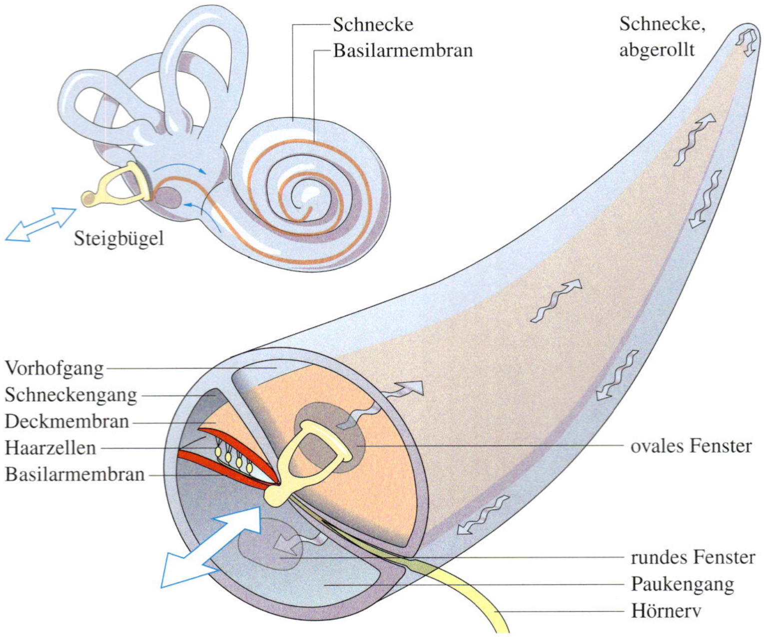

3 Aufbau der Schnecke

4 Haarzellen auf der Basilarmembran

GRUNDLAGEN: Ortstheorie des Hörens

Die Basilarmembran wird vom ovalen Fenster bis hin zur Schneckenspitze immer „steifer“ und die Flüssigkeitskanäle werden immer enger. Beides hat zur Folge, dass die Basilarmembran durch den Schall nicht überall zu gleich starken Schwingungen angeregt wird.

Die Amplitude der Welle, die über die Basilarmembran „wandert“, hat an einem bestimmten Ort ihr Maximum. Dieser Ort hängt von der Frequenz ab: Am Anfang der Schnecke werden die hohen Töne „gehört“, an der Schneckenspitze die tiefen.

Dieser Zusammenhang zeigt sich z. B. bei extrem lauten Tönen: Je nach Frequenz sterben Hörzellen an verschiedenen Stellen ab. Dadurch verliert man (dauerhaft) die Hörfähigkeit für Töne dieser Frequenz. Bei jeder Verdopplung der Frequenz verschiebt sich die geschädigte Stelle um den gleichen Wert (3,5 bis 4 mm) in Richtung Schneckenspitze.
Die Frequenzempfindung hängt nicht allein vom Maximum der Amplitude auf der Basilarmembran ab – die Interpretation der Daten im Gehirn spielt auch eine Rolle. Unterdrückt man z. B. bei einem Klang den Grundton, bleibt die „Tonhöhe“ subjektiv erhalten: Der Grundton wird weiterhin empfunden („Residuumston“), obwohl er objektiv gar nicht vorhanden ist und damit auch keinen Reiz auf der Basilarmembran auslöst.

GRUNDLAGEN: Wahrnehmung der Lautstärke

Schallwellen breiten sich in der Luft als Druckschwankungen aus. Sie rufen am Trommelfell des menschlichen Ohrs periodisch veränderliche Kräfte hervor, die das Trommelfell zu Schwingungen anregen. Dabei wird Energie auf das Trommelfell übertragen. Die Energie ist proportional zum Quadrat der Amplitude der Druckschwankungen. Den Quotienten aus übertragener Schallenergie pro Sekunde und Fläche (z. B. des Trommelfells) nennt man *Schallintensität J*. Unser Gehör ist sehr empfindlich: Es kann Schallintensitäten von gerade einmal $J_0 = 1 \cdot 10^{-16} \frac{\text{W}}{\text{cm}^2}$ wahrnehmen!
Bei doppelter Schallintensität empfinden wir Schall nicht als doppelt so laut wie zuvor. Dazu muss Schallintensität schon auf das Zehnfache steigen: Das menschliche Lautstärkeempfinden ist logarithmisch. Die Größe *Schallpegel L* trägt diesem Umstand Rechnung:

$L = 10 \log \frac{J}{J_0}$. Schallpegel werden in Dezibel (dB) angegeben.

Wie laut wir einen Ton empfinden, hängt nicht nur vom Schallpegel ab, sondern auch von der Frequenz. Das Ohr ist im Bereich von 3 bis 5 kHz am empfindlichsten. ↑5 Die Töne, die im Diagramm auf der gleichen Kurve liegen, werden als gleich laut empfunden: Einen Ton von 50 Hz bei 80 dB hören wir genauso laut wie einen Ton von 1000 Hz bei 60 dB. Der *bewertete Schallpegel*, angegeben in dB(A), trägt diesem Umstand Rechnung. Er entspricht weitgehend dem, was man unter Lautstärke versteht. *Beispiele:* 0 dB(A) definiert die Hörschwelle, eine Unterhaltung liegt bei 50 dB(A), in der Nähe eines fahrenden Motorrads beträgt die Lautstärke 80 dB(A) und die 120 dB(A) bei einem Rockkonzert bedeuten das Erreichen der Schmerzgrenze im Ohr.

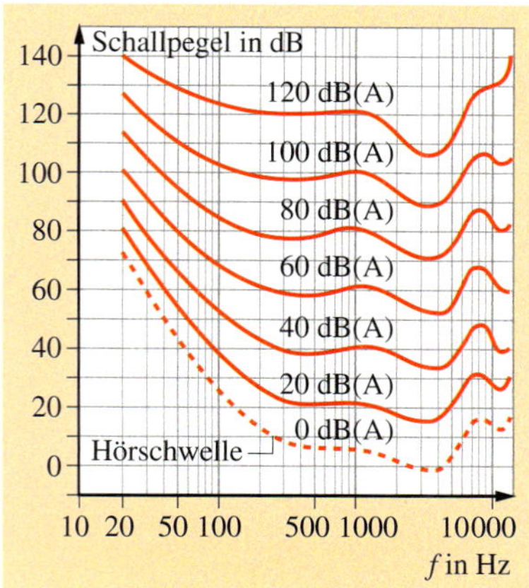

5 Frequenzabhängige Lautstärkeempfindung (Kurven gleicher Lautstärke)

Aufgaben

1 *Die eigene Stimme auf Tonband* Wenn du einmal deine eigene Stimme aufgenommen hast, hat es dich vielleicht überrascht, wie „dünn" sie bei der Wiedergabe klingt. Die Stimmen anderer Leute klingen dagegen beim Abspielen ganz normal! Wie kommt es zu dem Unterschied?

2 *Schwebung – begrenzte Trennschärfe des Ohrs* Mithilfe von Schwebungen kann man Musikinstrumente stimmen. Zum Stimmen einer Gitarre kann man z. B. die A-Saite anschlagen und gleichzeitig eine Stimmgabel. Dann ändert man die Saitenspannung so lange, bis keine Schwebung mehr zu hören ist. Nun enthält das Frequenzspektrum der klingenden Saite die Frequenz von 440 Hz.
Dass man Schwebungen hört, liegt an der begrenzten Trennschärfe des Ohrs, denn in Wirklichkeit sind ja immer noch zwei Töne vorhanden.

a Wie kann man erklären, dass das Ohr Töne mit nahezu gleicher Frequenz nicht unterscheiden kann?

b Den Schwebungston einer Schrillpfeife empfinden wir als viel lauter als die beiden Einzeltöne. Woran könnte das liegen?
Tipp: Wie verändert sich die Schallintensität bei der Interferenz der Einzeltöne (s. Seite 208, ↑1)?

c Erzeuge mithilfe von zwei Stimmgabeln eine Schwebung und nimm sie mit einem Mikrofon auf. Bestimme die Frequenzen der einzelnen Töne und die Frequenz des Schwebungstons.
Miss auch die Frequenz, mit der die Schwebung an- und wieder abschwillt.
Findest du Zusammenhänge zwischen den verschiedenen Werten?

d Mithilfe eines Audioeditors kannst du ein interessantes Phänomen kennenlernen. Lege dazu eine Stereodatei an. Gib auf einen Kanal einen Sinuston der Frequenz 440 Hz und auf den anderen einen leicht „verstimmten" Sinuston.
- Höre die Stereodatei einmal über zwei Lautsprecher ab und einmal über einen (Stereo-)Kopfhörer. Erkläre den unterschiedlichen Höreindruck.
- Konvertiere die Stereodatei in eine Monodatei. Spiele sie über deine Kopfhörer ab (und betrachte dabei die Wellenform): Was hörst du jetzt?
- Bestimme die Trennschärfe deines Ohrs: Ab welchem Frequenzunterschied nimmst du statt einer Schwebung zwei getrennte Töne wahr?
Hinweis: Spiele die Audiodatei über die externen Lautsprecher oder als Monodatei ab.

3 *Kombinationstöne* In Wirklichkeit sind die Verhältnisse in der Schnecke des Ohrs bei einer Schwebung noch komplizierter als beschrieben: Die Wellen überlagern sich nicht einfach nur. Im Innenohr werden die beiden Ausgangstöne zu einem neuen Ton „kombiniert"! Wenn die Frequenz f_u immer die untere Einzelfrequenz und f_o die obere angibt, gilt für die Frequenz f_k des Kombinationstons:
$f_k = 2f_u - f_o$.
Mit dem Audioeditor kann die Entstehung von Kombinationstönen demonstriert werden.

a Lege eine Stereodatei an. Erzeuge auf dem einen Kanal einen Sinuston von 400 Hz. Auf dem anderen Kanal soll ein Ton von 200 bis 800 Hz langsam aufwärtsgleiten.

b Spiele jetzt beide Kanäle gleichzeitig ab, sodass sie sich überlagern. Beschreibe deinen Höreindruck.
Hinweis: Kombinationstöne können erst bei relativ großer Lautstärke der beiden erzeugenden Töne gehört werden (→ Triller- und Schrillpfeifen!).

4 *Residuumstöne zum Geburtstag* Akustische Glückwunschkarten täuschen durch das Erzeugen von Residuumstönen tiefe Töne vor, die ihre Lautsprecher überhaupt nicht hergeben. Die in ihnen verpackten Lautsprecher können nämlich nur Töne oberhalb von 2 kHz mit hörbarer Lautstärke abgeben, für tiefere Töne sind sie ungeeignet.

a Analysiere mit einem Audioeditor das Frequenzspektrum der Melodie einer akustischen Glückwunschkarte.

b Den „Trick" der Glückwunschkarten kann man auch selbst durchführen: Überlagere mit einem Audioeditor Töne mit folgenden Frequenzen: 2000 Hz, 2100 Hz und 2200 Hz.
Spiele das Ergebnis über Lautsprecher ab. Beschreibe deinen Klangeindruck.
Hinweis: Die drei Einzeltöne sind die 20., 21. und 22. Oberschwingung des gleichen Tons.

c Gleitende Obertöne und damit einen gleitenden Residuumston kannst du im Internet anhören. www 214-1

5 *Lass dich täuschen* Spiele die Audiodatei zur Shepard-Tonleiter ab. www 214-2
Hier geht es mit der Tonhöhe offensichtlich immer weiter bergauf. Das Verblüffende dabei ist, dass man die Tonspirale beliebig lange laufen lassen kann, ohne dass der Ton an der Hörgrenze ankommt! Wie ist das möglich?

Ausblick Shepard-Tonleiter

Eine rundherum verlaufende Treppe kann doch nicht immer aufwärtsführen und trotzdem wieder zu ihrem Ausgangspunkt zurückkehren! ↑1 Dieser Konflikt entsteht, weil Auge und Gehirn nicht wie eine Kamera arbeiten, die einfach alles, was durch die Linse fällt, aufzeichnet. Vielmehr deutet das Gehirn das Gesehene: Wir können gar nicht anders, als die Figur räumlich zu sehen – sie ist aber nur eine (zweidimensionale) Zeichnung ohne räumliche Entsprechung.

Einen ähnlichen unendlichen Zyklus gibt es auch in der Akustik: die Shepard-Tonleiter. ↑2 Das Notenbild zeigt vier gleichzeitig gespielte Halbtonfolgen, die sich jeweils um eine Oktave voneinander unterscheiden. Die Frequenzabfolge übereinanderliegender Töne ist also: f_1, $2\,f_1$, $4\,f_1$, $8\,f_1$. Die Halbtonfolgen steigen um eine Oktave an, die Grundfrequenz wird beim Durchlaufen verdoppelt. Das besondere an der Shepard-Tonleiter sind die Lautstärken der Einzelstimmen (im Notenbild durch die Notengröße symbolisiert):

- Die Lautstärke der höchsten Stimme beginnt bei halbem Maximalwert und sinkt auf null.
- Die Lautstärke der zweithöchsten Stimme beginnt beim Maximalwert und sinkt auf das halbe Volumen.
- Die Lautstärke der dritthöchsten Stimme beginnt bei halbem Maximalwert und steigt zum Ende der Oktave auf den Maximalwert.
- Die Lautstärke der tiefsten Stimme beginnt bei null und steigt bis auf den halben Maximalwert.

Der letzte Klang ist also mit dem ersten identisch. Bei nahtloser Wiederholung der Tonfolge entsteht aber der Eindruck einer endlos steigenden Tonleiter.

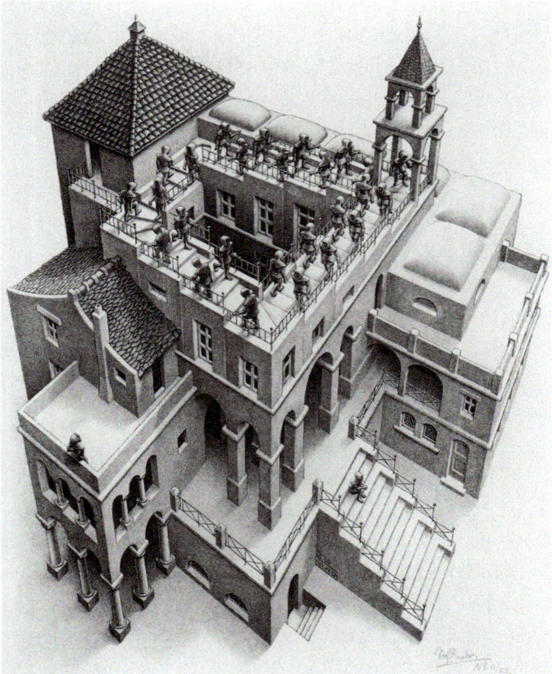

1 ESCHER: Treppauf und treppab

2 Shepard-Tonleiter

6 *Shepard-Tonleiter* Es ist schwierig, sie auf einem Klavier zu spielen. Aber mithilfe eines Computers lässt sich die Shepard-Tonleiter recht einfach erzeugen. Dafür muss der Audioeditor über einen Formeleditor verfügen. Dann kann ein Funktionsterm in Abhängigkeit von der Zeit *t* eingegeben werden, der vom Audioeditor in eine WAV-Datei umgesetzt wird. Die oben als Noten dargestellten Vierklänge können durch folgende Funktionsvorschrift erzeugt werden:

0.5*(0.5-m/24)*sin(2*pi*f*(1.0595^m)*t)+
0.5*(1-m/24)*sin(2*pi*f/2*(1.0595^m)*t)+
0.5*(0.5+m/24)*sin(2*pi*f/4*(1.0595^m)*t)+
0.5*m/24*sin(2*pi*f/8*(1.0595^m)*t)

Der Parameter „m“ gibt die Nummer des Tons in der Folge an und nimmt nacheinander die Werte 0 bis 12 an. Für die Frequenz „f“ muss ein Wert gewählt werden (z. B. 1600 Hz), den die Lautsprecher und Samplingraten gut wiedergeben. Wenn man auf diese Weise 13 Töne erzeugt hat, kann man daraus mithilfe der COPY-Funktion des Audioeditors die gesamte Tonleiter zusammensetzen.

Der Funktionsterm ist bei näherem Hinsehen recht gut zu verstehen: Jede Zeile entspricht einer der vier Stimmen. Der Vorfaktor „0.5“ ist so gewählt, dass die Gesamtamplitude den Wert 1 nicht übersteigt. Vor den Sinusfunktionen stehen jeweils fallende bzw. steigende lineare Funktionen des Parameters „m“, die für die Abnahme bzw. Zunahme der Lautstärke der Einzelstimmen sorgen. Schließlich stehen im Argument der Sinusfunktionen die jeweils um eine Oktave verschiedenen Frequenzen. Der Faktor „1.0595^m“ lässt die Frequenzen von Ton zu Ton um einen Halbtonschritt ansteigen. (1,0595 ist näherungsweise $\sqrt[12]{2}$.)

Ausblick MP3 – gleiche Hörqualität bei weniger Daten

Musikdateien sollen schnell aus dem Internet geladen werden können und nur wenig Speicherplatz belegen. Beim Aufnehmen des Songs einer Rockband entstehen aber Datenfluten, die die Verbindungen und Speicher schnell überschwemmen würden. Deshalb müssen die Audiodateien zunächst einmal komprimiert werden – nach Möglichkeit ohne Klangverlust. Dabei orientiert man sich unter anderem an Vorgängen im Innenohr: Treten beispielsweise in einem bestimmten Zeitintervall fast gleich hohe Töne ins Ohr ein, so wird der leisere einfach „weggefiltert". Wenn man diesen Ton, der ja ohnehin nicht gehört würde, aus der Audiodatei entfernt, ist die Datenmenge reduziert, ohne an Hörqualität zu verlieren.

MP3 ist die Abkürzung für das Audiokomprimierungsverfahren MPEGLayer-3. MPEG *(Moving Picture Experts Group)* ist eine Organisation, die Standards für die Kompression von Film und Audiodaten entworfen hat. Die Idee der Komprimierung von Audiodaten ist nicht neu, hat aber mit der Verbreitung des Computers eine rasante Entwicklung durchgemacht. Bereits seit über 20 Jahren wird an Kompressionsalgorithmen für Audiosignale gearbeitet. Der Idee lag ursprünglich der Wunsch zugrunde, Musik über die Telefonleitung zu übertragen. Da aber im Standardformat, in dem digitale Audiosignale normalerweise gespeichert werden, die Datenmenge sehr groß ist (vgl. dazu das nachfolgende Beispiel), ist eine Online-Übertragung auf diese Weise nicht sinnvoll zu bewerkstelligen.

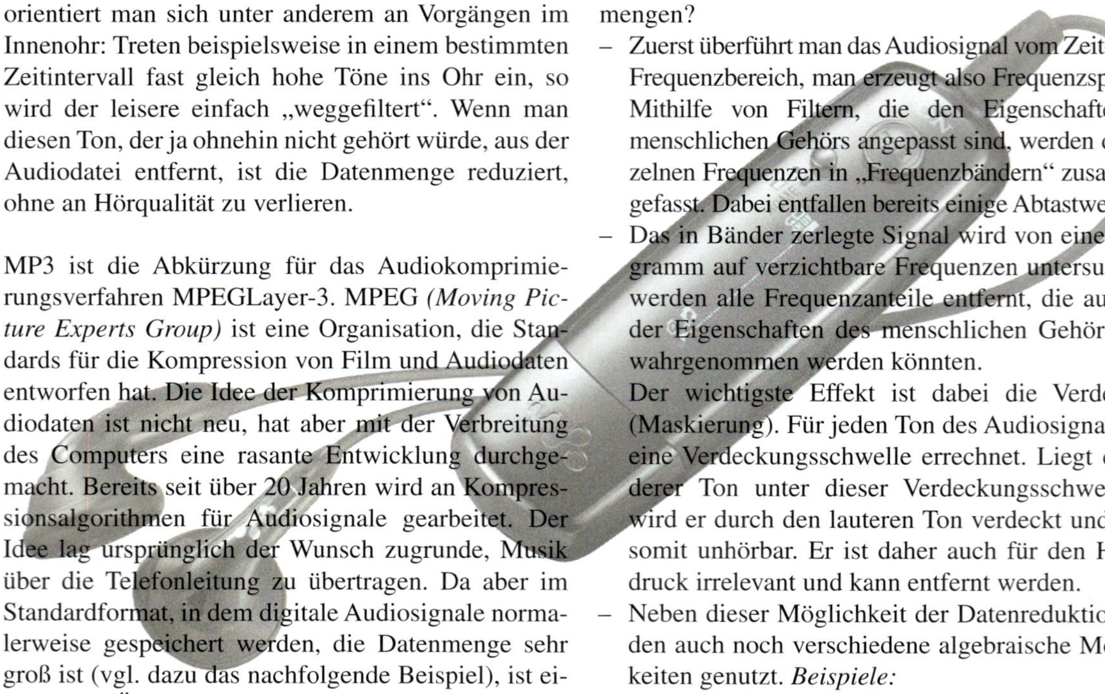

Beispiel:

- Zur digitalen Speicherung möchte man den kontinuierlichen Schall durch eine Reihe von diskreten Werten darstellen. Dazu misst man in festen Zeitabständen den Signalwert: Die Schallwellen werden in Spannungsschwankungen am Audioeingang umgewandelt, die Spannung wird gemessen. Diesen Prozess bezeichnet man als Abtasten (engl. *sampling*) eines Signals. Die Abtastwerte werden auch Samples genannt.
- Bei unkomprimierten Audiodateien für eine CD beträgt die Samplefrequenz 44 100 Hz, das Signal wird also 44 100-mal pro Sekunde abgetastet. Jedem Abtastwert wird ein 16-bit-Wert zugeordnet und das Ganze geschieht zweimal (Stereo): für jeden Kanal einmal. Das ergibt für eine Sekunde eines Stereo-Audiosignals eine Datenmenge von: $44\,100 \cdot 16\,\text{bit} \cdot 2 = 1\,411\,200\,\text{bit} \approx 172\,\text{kbyte}$.
- Bei MP3 genügen bereits 112 bis 128 kbit (8 bit = 1 byte), um CD-Qualität zu erreichen. Das heißt, dass die Datenmenge bei diesem Verfahren um das 10- bis 12-Fache reduziert wird. Damit lassen sich auf einer CD etwa 10 Stunden Musik unterbringen.

Wie funktioniert eigentlich die Reduzierung der Datenmengen?

- Zuerst überführt man das Audiosignal vom Zeit- in den Frequenzbereich, man erzeugt also Frequenzspektren. Mithilfe von Filtern, die den Eigenschaften des menschlichen Gehörs angepasst sind, werden die einzelnen Frequenzen in „Frequenzbändern" zusammengefasst. Dabei entfallen bereits einige Abtastwerte.
- Das in Bänder zerlegte Signal wird von einem Programm auf verzichtbare Frequenzen untersucht. Es werden alle Frequenzanteile entfernt, die aufgrund der Eigenschaften des menschlichen Gehörs nicht wahrgenommen werden könnten.
  Der wichtigste Effekt ist dabei die Verdeckung (Maskierung). Für jeden Ton des Audiosignals wird eine Verdeckungsschwelle errechnet. Liegt ein anderer Ton unter dieser Verdeckungsschwelle, so wird er durch den lauteren Ton verdeckt und bleibt somit unhörbar. Er ist daher auch für den Höreindruck irrelevant und kann entfernt werden.
- Neben dieser Möglichkeit der Datenreduktion werden auch noch verschiedene algebraische Möglichkeiten genutzt. *Beispiele:*
  Ein bei der Abtastung erhaltenes Signal wird durch ein 16 Bit großes Sample dargestellt. Es sind jedoch nicht immer alle 16 Bit nötig, um das Signal darzustellen. Man kann z. B. die „führenden" Nullen eines Samples weglassen: Aus 0000001011100101 wird 1011100101. Zum Rekonstruieren des Originalsignals benötigt der Decoder zwei Angaben: den Skalierungsfaktor (er beschreibt, an welcher Stelle im Sample sich die verbliebenen Bits ursprünglich befunden haben) und die Bit-Allocation (sie enthält die Information, wie viele Bits im Sample verblieben sind). Würde man dieses Verfahren für jedes Sample durchführen, wäre die Ersparnis nur gering. Daher teilen sich je zwölf Samples diese Werte.
  Ein anderer Datenreduktionsalgorithmus ist die Huffman-Kodierung. Dabei erhalten häufig auftretende Werte eine kurze Bitfolge, weniger oft auftretende Werte eine lange Bitfolge. Natürlich muss der Algorithmus dazu zuerst die Verteilung innerhalb der zu komprimierenden Daten ermitteln.

GRUNDLAGEN: Richtungshören

Nicht nur Fledermäuse, sondern auch Menschen können sich anhand des Schalls orientieren. Wir orten Schallquellen anhand der Lautstärke- und Laufzeitunterschiede der Schallwellen, die in beide Ohren eintreten.

- *Lautstärkeunterschiede*
  Wenn ein Ohr der Schallquelle zugewandt ist, wird das andere vom Kopf abgeschirmt. ↑1 Ob ein Schallschatten auftritt, hängt von der Wellenlänge des Schalls ab: ↑2 Ist die Wellenlänge bei genügend tiefen Tönen größer als der Kopfdurchmesser, so dringt Schall infolge von Beugung auch in den geometrischen Schattenraum ein. Damit entsteht kein Schallschatten und es ist schwieriger, die Schallquelle zu lokalisieren. Bei hohen Tönen sind die Wellenlängen kleiner als der Kopfdurchmesser und es ergibt sich ein (frequenzabhängiger) Intensitätsunterschied.
- *Laufzeitunterschiede*
  Wenn sich ein Ohr näher an der Schallquelle befindet als das andere, trifft der Schall nicht gleichzeitig ein. ↑3 Der Laufzeitunterschied wird vom Gehör als Richtungsinformation interpretiert.

In der Regel treten beide Unterschiede gemeinsam auf, ihre Wirkungen summieren sich. Insgesamt können wir die Richtung der Schallquelle bei Klickgeräuschen mit einer Winkelgenauigkeit von rund 3° bestimmen.

Ausblick

Tontechniker können Lautstärke- und Laufzeitunterschiede „entgegengesetzt“ einsetzen, sodass sie sich aufheben. Abhängig von der Frequenz entspricht ein Laufzeitunterschied von 1 ms Schallpegelunterschieden von 5 bis 12 dB.

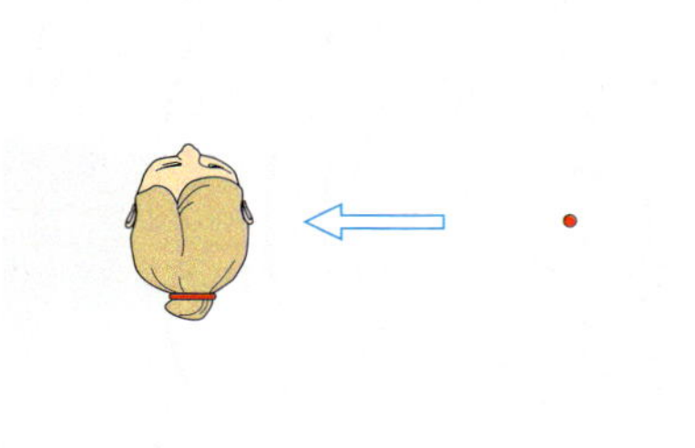

1 Schallschatten (hohe Frequenz)

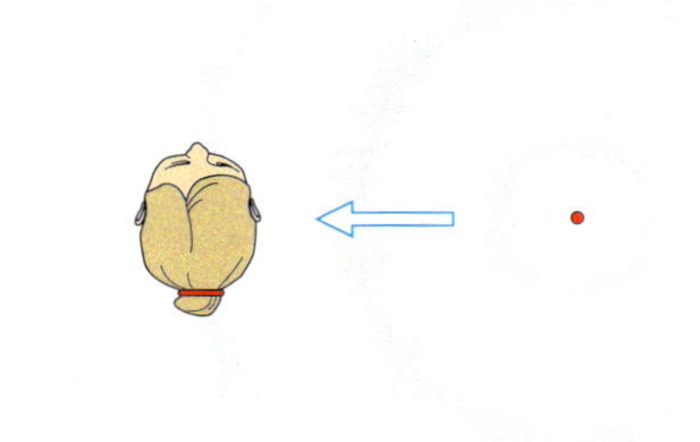

2 Kein Schallschatten (tiefe Frequenz)

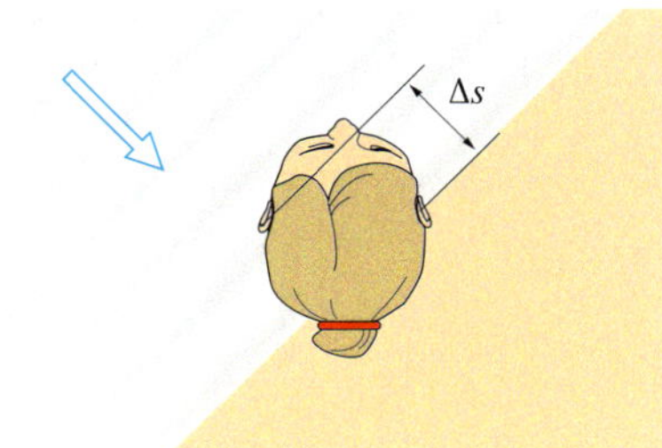

3 Längerer Weg – längere Zeit

Aufgaben

1 *Richtungshören* Zwei Schüler untersuchen, wie empfindlich ihre Ohren auf Laufzeitunterschiede reagieren. ↑4 Der eine klopft erst in der Schlauchmitte auf den Schlauch und dann immer weiter zu einem Ende hin. Der andere sagt „jetzt“, wenn er den Eindruck hat, dass das Signal nicht mehr von der Schlauchmitte kommt. Es zeigt sich, dass bereits eine Verschiebung der Klopfstelle um weniger als 10 mm von der Schlauchmitte ausreicht, um die Richtung der Schallquelle bestimmen zu können. Berechne den Weg- und den Laufzeitunterschied des Schalls bei einer Verschiebung von 10 mm.

2 *Wie viel sind 3° in Sekunden?* Wir können Schallquellen auf rund 3° genau orten. Was bedeutet das für den Laufzeitunterschied, den das Gehör gerade noch registrieren und verarbeiten kann?
Berechne, wie viel später der Schall einer Schallquelle, die 3° von der Symmetrieebene des Gesichts nach rechts abweicht, das linke Ohr erreicht. *Hinweis:* Der Kopfdurchmesser betrage 17 cm.

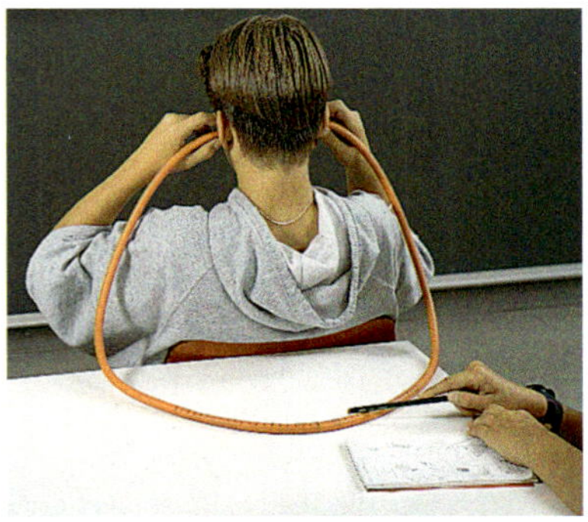

4

Grundwissen Physik

Jahrgangsstufe 7

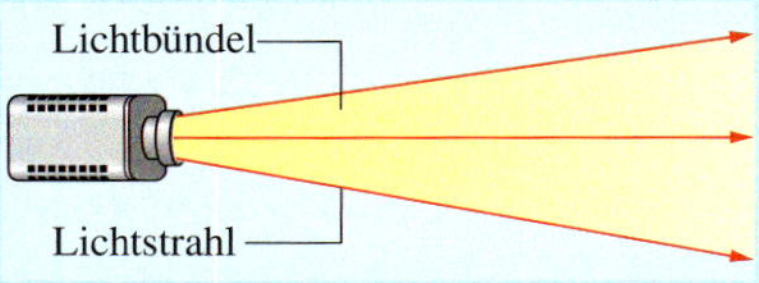

1 Geradlinige Lichtausbreitung im Modell

Lichtstrahlen und Bildentstehung Licht breitet sich geradlinig aus, solange es nicht daran gehindert wird. Die geradlinige Lichtausbreitung wird in Zeichnungen durch „Strahlen", wie sie aus der Geometrie bekannt sind, modellhaft dargestellt. ↑1 Durch Strahlenkonstruktion lässt sich die Bildentstehung bei Spiegeln und Sammellinsen erklären.

Spiegel reflektieren Licht. Der Einfallswinkel α ist stets so groß wie der Reflexionswinkel β: $\alpha = \beta$. ↑2 Einfallender Lichtstrahl, Einfallslot und reflektierter Lichtstrahl liegen in ein und derselben Ebene.
Das Spiegelbild eines Gegenstands sieht man genauso weit hinter dem (ebenen) Spiegel, wie der Gegenstand selbst davorsteht. ↑3 Das Spiegelbild ist ein Scheinbild (virtuelles Bild): Das Licht scheint von einem (nicht vorhandenen) Gegenstand hinter dem Spiegel zu kommen.

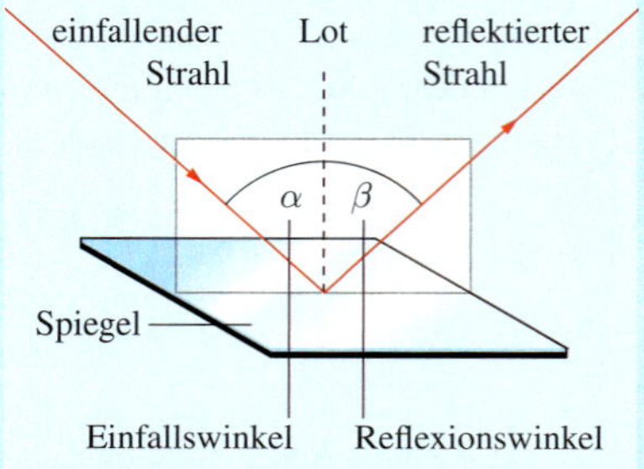

2 Reflexionsgesetz

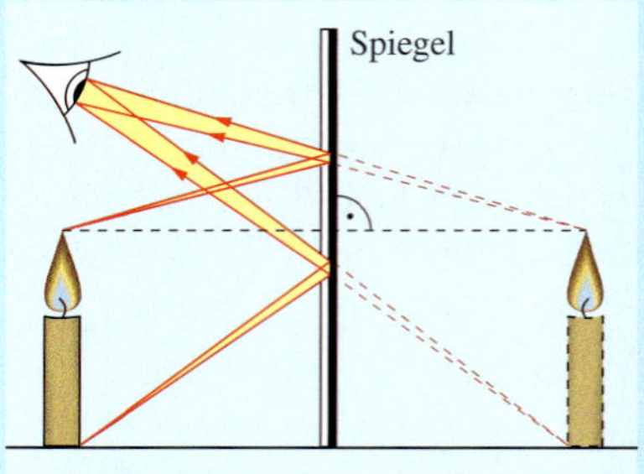

3 Spiegelbild

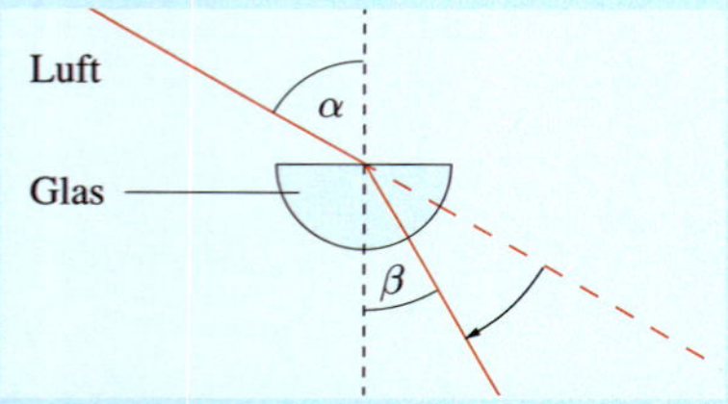

4 Brechung
Der Lichtweg ist umkehrbar.

Wenn Licht schräg durch eine Grenzfläche zwischen Luft und Glas (Luft und Wasser, Wasser und Glas …) hindurchtritt, erfährt es eine Richtungsänderung. ↑4 Diese Erscheinung nennt man *Brechung*. Nur bei senkrechtem Einfall wird das Licht nicht abgelenkt.
Bei Sammellinsen sorgt die Brechung dafür, dass alle Lichtstrahlen, die von *einem* Gegenstandspunkt ausgehen und durch die Linse treten, sich nach der Linse auch in *einem* Bildpunkt wiedertreffen. ↑5 (Voraussetzung: Der Abstand Gegenstand–Linse ist größer als die Brennweite.) Das Bild des Gegenstands steht auf dem Kopf und ist seitenverkehrt.
Die Bildpunkte kann man mithilfe von ausgewählten Lichtstrahlen in einem Modell geometrisch „konstruieren". ↑6

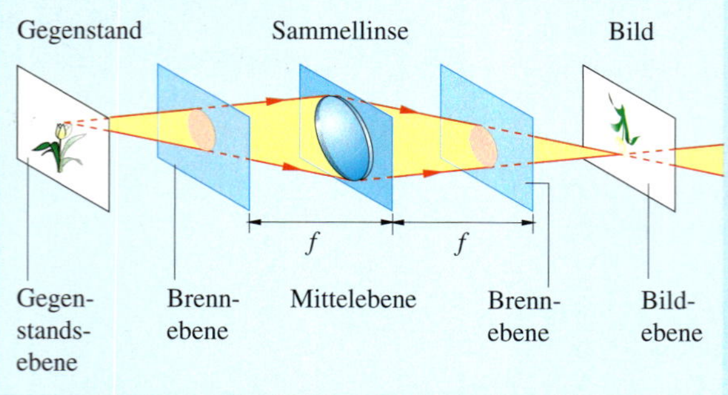

5 Bildentstehung bei der Sammellinse: Jeder Gegenstandspunkt wird auf einen Bildpunkt abgebildet.

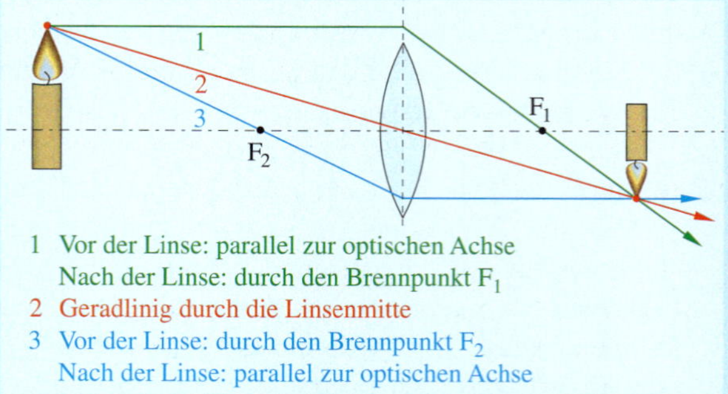

6 Geometrische Bildkonstruktion: Der Bildpunkt ergibt sich als Schnittpunkt der gebrochenen Lichtstrahlen.

Atommodell und elektrischer Strom Elektrisch geladene Teilchen sind Bestandteile aller Körper. ↑7
Beim engen Kontakt (z. B. durch Reiben) zweier Körper können Elektronen von einem Körper auf den anderen übergehen. Die Ladungen werden also nicht erzeugt, sondern nur getrennt. ↑8 ↑9
Wenn elektrische Ladung transportiert wird, spricht man von *elektrischem Strom.* ↑10

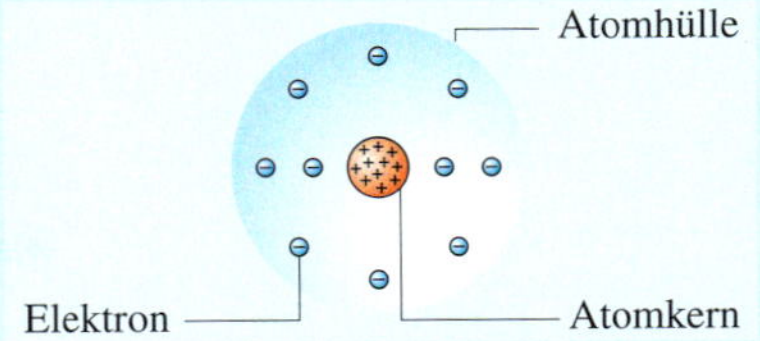

7 Kern-Hülle-Modell des Atoms

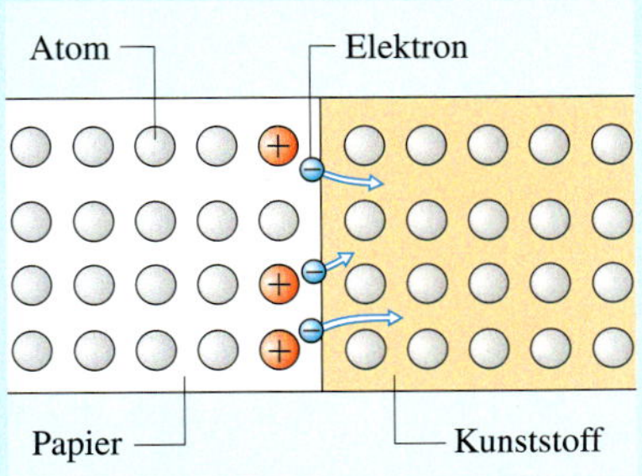

8 Enger Kontakt

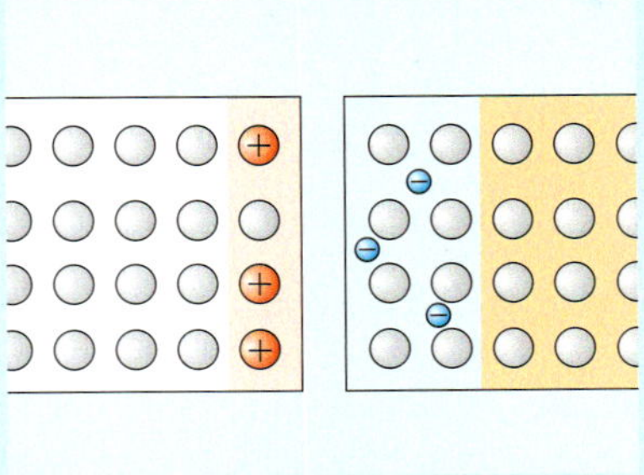
9 Ladungstrennung

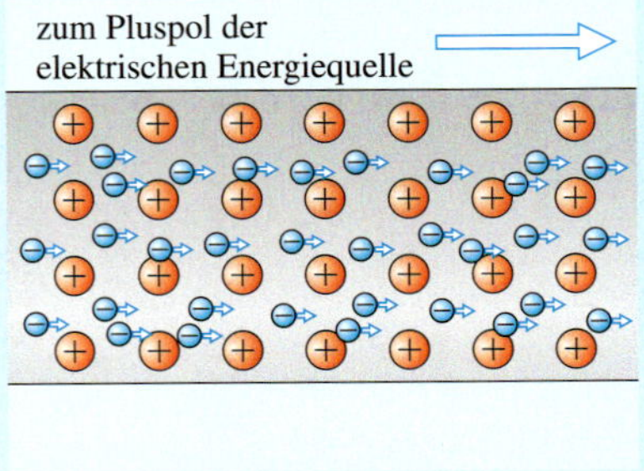

10 Elektrischer Strom im Metall

Stromstärke, Spannung, Widerstand Die elektrische *Stromstärke* gibt an, wie groß ein elektrischer Strom ist. Die Stromstärke I an einer beliebigen Stelle eines Drahts ist gleich dem Quotienten aus der Ladung Q, die in einer bestimmten Zeitspanne Δt durch den Drahtquerschnitt an der Stelle hindurchströmt, und dieser Zeitspanne:

$$I = \frac{Q}{\Delta t}.$$

Die Stromstärke beträgt 1 Ampere (1 A), wenn in einer Sekunde durch den Querschnitt eine Ladung von 1 Coulomb (1 C) hindurchtritt. Im Modell können wir die unterschiedlich großen Ladungen, die bei verschiedenen Stromstärken in gleicher Zeit durch einen Drahtquerschnitt strömen, mithilfe der Elektronen darstellen. ↑11
Stromstärkemessung: Man baut Strommessgeräte in den Stromkreis ein. Die Stromstärke ist im ganzen Stromkreis gleich groß. ↑12

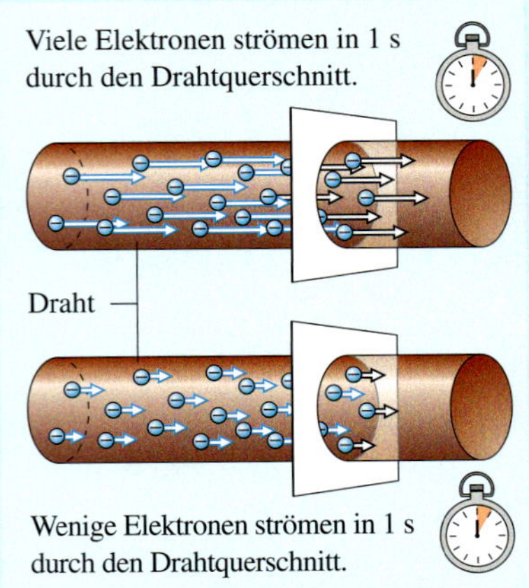

11 Große und kleine Stromstärke

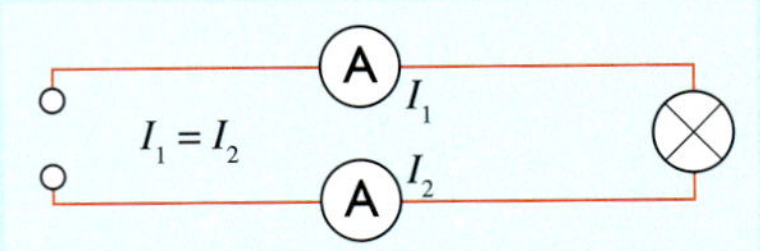

12 Gleich große Stromstärken

Die elektrische *Spannung* ist ein Maß für die „Stärke" der elektrischen Energiequelle, Ladung „anzutreiben". Je größer die elektrische Spannung zwischen den Polen einer (regelbaren) elektrischen Energiequelle ist, desto größer ist die Stromstärke, die sich in ein und demselben Stromkreis einstellt. ↑13

Der *Widerstand* eines elektrischen Bauteils in einem Stromkreis gibt an, wie sehr der Ladungstransport durch das Bauteil „behindert" wird. Je größer der Widerstand ist, desto kleiner ist die Stromstärke, die sich bei ein und derselben Spannung der Energiequelle einstellt.
Der elektrische Widerstand R eines Bauteils ist gleich dem Quotienten aus der Spannung U, die am Bauteil anliegt, und der Stromstärke I:

$$R = \frac{U}{I}.$$

Die Spannung einer elektrischen Energiequelle beträgt 1 Volt (1 V), wenn sich bei einem angeschlossenen Bauteil, das einen Widerstand von 1 Ohm (1 Ω) hat, eine Stromstärke von 1 Ampere (1 A) einstellt.

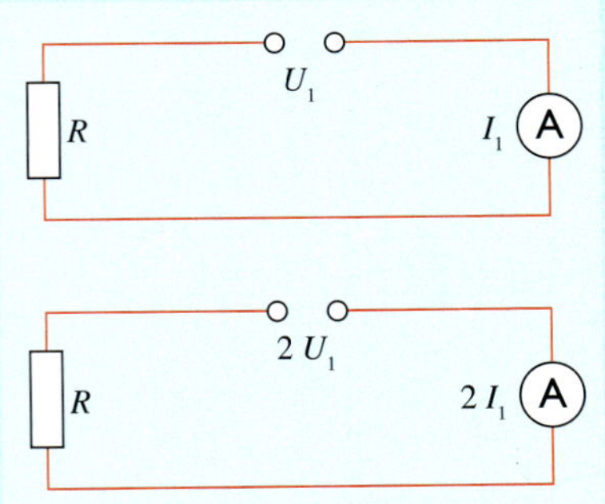

13 Größere Spannung → größere Stromstärke

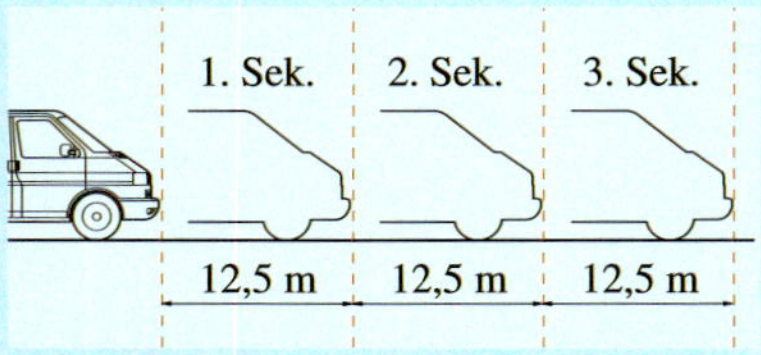

1 Konstante Geschwindigkeit

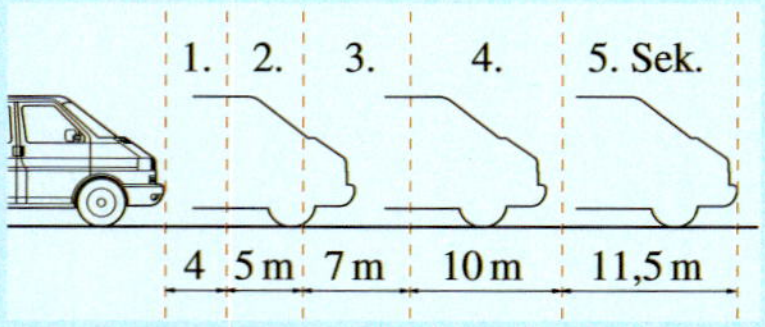

2 Veränderliche Geschwindigkeit: Beschleunigung

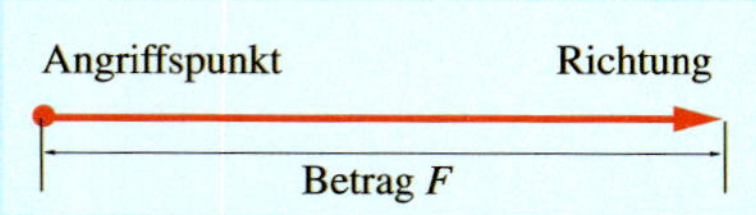

3 Darstellung der Kraft $\vec{F}$

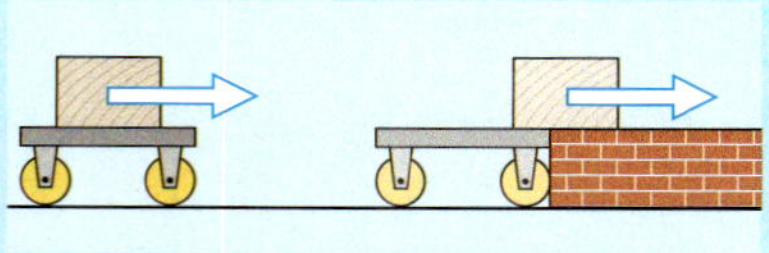
4 Trägheit

5 Krafteinheit 1 Newton (1 N)

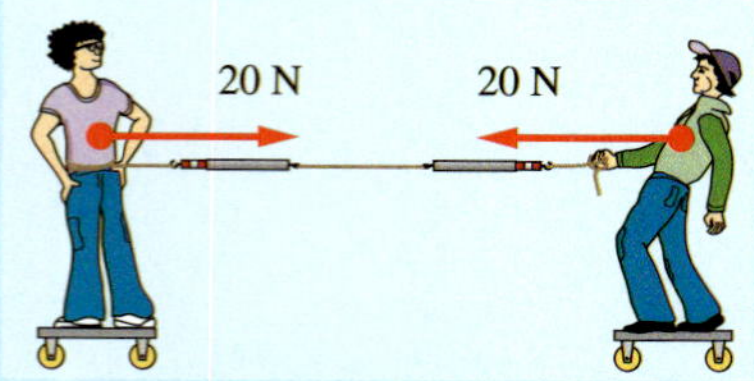

6 Wechselwirkungsgesetz

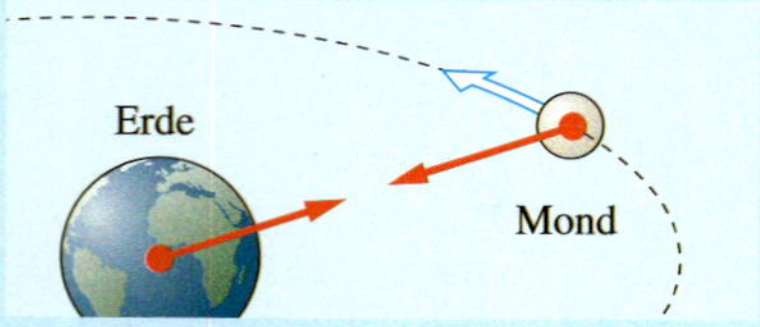

7 Gravitationskräfte

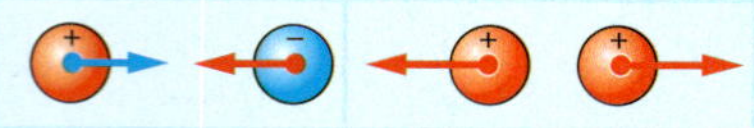
8 Elektrische Kräfte

Geschwindigkeit und Beschleunigung Die Geschwindigkeit v gibt an, wie schnell sich ein Körper während einer Zeitspanne Δt durchschnittlich bewegt: ↑1

$$\text{Geschwindigkeit} = \frac{\text{zurückgelegte Strecke}}{\text{benötigte Zeit}}; \quad v = \frac{\Delta s}{\Delta t}.$$

Die Einheit der Geschwindigkeit ist $1\,\frac{\text{m}}{\text{s}}$. Es gilt:

$$1\,\frac{\text{m}}{\text{s}} = 3{,}6\,\frac{\text{km}}{\text{h}} \quad \text{und umgekehrt} \quad 1\,\frac{\text{km}}{\text{h}} = \frac{1}{3{,}6}\,\frac{\text{m}}{\text{s}}.$$

Tachometer messen die Momentangeschwindigkeit (Δt sehr klein).
Die Beschleunigung a gibt an, wie schnell sich die Geschwindigkeit eines Körpers ändert: ↑2

$$\text{Beschleunigung} = \frac{\text{Geschwindigkeitsänderung}}{\text{benötigte Zeit}}; \quad a = \frac{\Delta v}{\Delta t}.$$

Die Einheit der Beschleunigung ist $1\,\frac{\text{m}}{\text{s}^2}$.

Kräfte Als Kräfte bezeichnet man in der Physik die Ursache dafür, dass ein Körper schneller oder langsamer wird, seine Bewegungsrichtung ändert oder dass er verformt wird. Kräfte unterscheiden sich in Angriffspunkt, Betrag (Größe) und Richtung. ↑3
Trägheitssatz: Jeder Körper bleibt im Zustand der Ruhe oder der geradlinigen Bewegung mit konstanter Geschwindigkeit, solange er nicht durch Kräfte von außen gezwungen wird, den Zustand zu ändern. ↑4
Die Masse gibt an, wie träge ein Körper ist. Ein Körper mit größerer Masse (z. B. ein Lkw) lässt sich schwerer beschleunigen oder abbremsen als einer mit kleinerer Masse (z. B. ein Pkw).
„Kraft = Masse · Beschleunigung“: Die Kraft F, die einen Körper beschleunigt, ist gleich dem Produkt aus der Masse m des Körpers und seiner Beschleunigung a: $F = m \cdot a$.
Eine Kraft von 1 N bewirkt bei einem Körper der Masse 1 kg eine Beschleunigung von $1\,\frac{\text{m}}{\text{s}^2}$: $1\,\text{N} = 1\,\text{kg}\,\frac{\text{m}}{\text{s}^2}$. ↑5
Wechselwirkungsgesetz: Körper üben immer nur wechselseitig Kräfte aufeinander aus. Die beiden Kräfte, die zwei Körper wechselseitig aufeinander ausüben, sind gleich groß und entgegengesetzt gerichtet. ↑6 Sie greifen stets an zwei verschiedenen Körpern an.

Alle Körper ziehen sich aufgrund ihrer Masse gegenseitig an. ↑7 Allerdings wird die Gravitationskraft erst bei großen Massen (z. B. von Planeten oder der Sonne) deutlich feststellbar.
Elektrisch geladene Körper ziehen sich gegenseitig an oder stoßen einander ab – je nachdem, ob sie gleichnamig oder ungleichnamig geladen sind. ↑8 Je größer die Ladungen der Körper sind, desto größer ist die elektrische Kraft. Gravitationskraft und elektrische Kraft nehmen mit zunehmendem Abstand zwischen den Körpern ab.

Rechnen mit Messwerten Keine Messung ist hundertprozentig genau. Daher gibt man bei Messwerten nur die Ziffern an, bei denen man davon ausgeht, dass sie genau sind, sowie die erste ungenaue Ziffer. *Beispiel:* Der Messwert 3,46 km hat drei „geltende“ Ziffern, die tatsächliche Länge kann also auch 3,455 km oder 3,464 km betragen.
Beim Rechnen mit Messwerten wird das Ergebnis auf die kleinste Anzahl geltender Ziffern gerundet, die man bei den verwendeten Messwerten findet.

Jahrgangsstufe 8

Energieprinzip Energie tritt in vielen Arten auf, die sich ineinander umwandeln können. ↑9 Ohne Eingriff von außen ändert sich die Gesamtenergie eines Systems nicht, Energie kann im System weder erzeugt noch vernichtet werden (Energieerhaltungssatz).

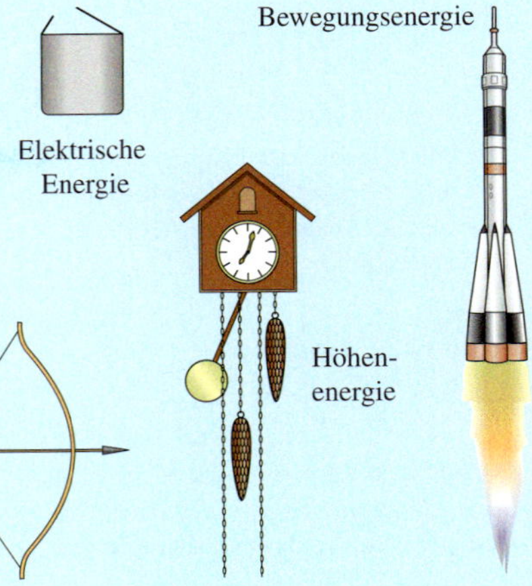

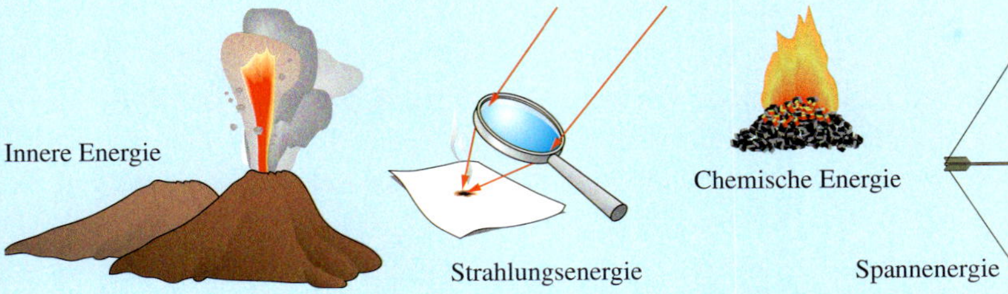

9

Goldene Regel der Mechanik Für alle Kraftwandler gilt: Was man an Kraft spart, muss man an Weg zulegen (und umgekehrt).
Das Produkt aus konstanter Kraft F_s in Wegrichtung und Weg Δs bleibt (für denselben Zweck) stets gleich groß: $F_s \cdot \Delta s = \text{konstant}$. ↑10

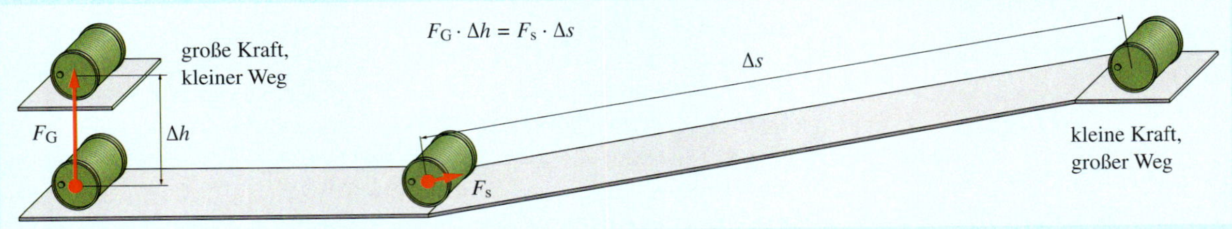

10

Mechanische Energie Die mechanischen Energieformen lassen sich auf zwei Grundformen zurückführen: kinetische und potenzielle Energie.
Die Energie eines Gegenstands der Masse m, der um die Höhe Δh angehoben oder auf die Geschwindigkeit v beschleunigt wurde, beträgt:
- $E_h = m \cdot g \cdot \Delta h$ Höhenenergie (potenzielle Energie) ↑11
- $E_{kin} = \frac{1}{2} m \cdot v^2$ Bewegungsenergie (kinetische Energie)

Die Energie einer Feder (Federkonstante D), die um die Strecke Δs gedehnt oder gestaucht wurde, beträgt:
- $E_{spann} = \frac{1}{2} D \cdot (\Delta s)^2$ Spannenergie (potenzielle Energie)

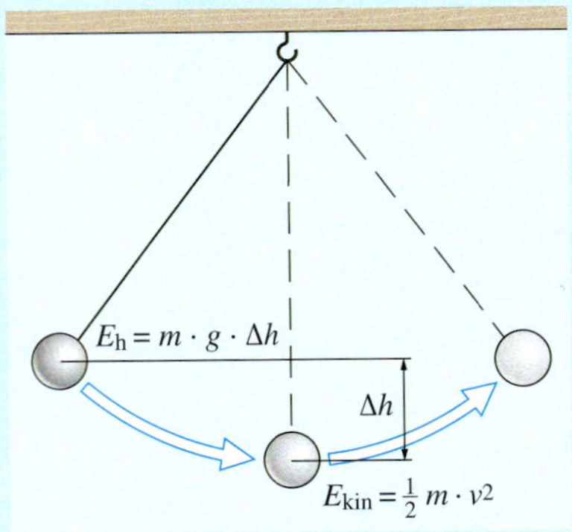

11

Einheit der Energie 1 Joule (1 J): 1 J = 1 Nm

Arbeit Die Arbeit W bezeichnet die einem Gegenstand oder System mechanisch (Kraft und Weg) zugeführte oder entzogene Energie ΔE. ↑12
Bei konstanter Kraft F_s in Bewegungsrichtung gilt: $W = F_s \cdot \Delta s$.

12

Leistung Sie gibt an, wie schnell eine Energie ΔE umgesetzt wird: $P = \frac{\Delta E}{\Delta t}$.
Die Einheit der Leistung ist 1 Watt (1 W): $1\,\text{W} = 1\,\frac{\text{J}}{\text{s}}$.

Wirkungsgrad Er gibt bei Energieübertragungen an, wie groß der Anteil der nutzbaren Energie an der aufgewandten Energie ist: $\eta = \frac{\Delta E_{nutz}}{\Delta E_{auf}}$. ↑13

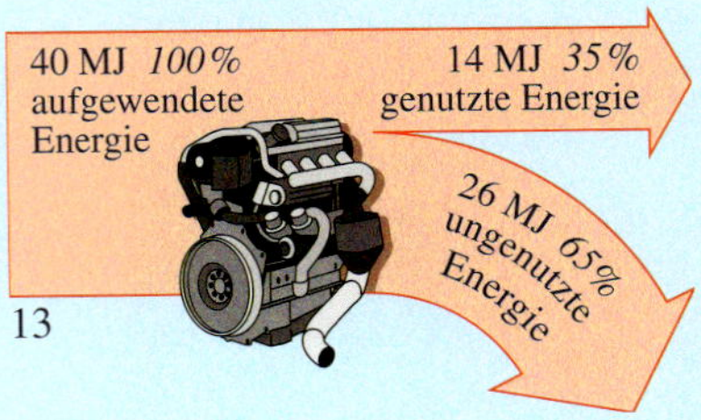

13

fest

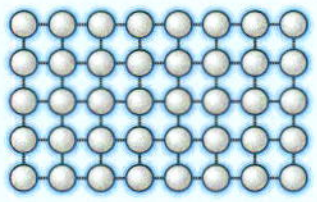

Die Teilchen von festen Körpern liegen sehr dicht beieinander und werden durch gegenseitige Anziehungskräfte an ihren Plätzen gehalten.

flüssig

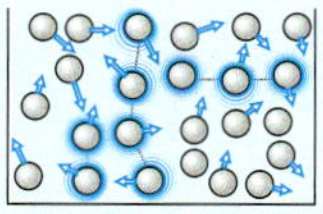

Bei flüssigen Körpern sind die Abstände auch sehr klein, aber die Bindungskräfte sind viel geringer als bei festen Körpern.

gasförmig

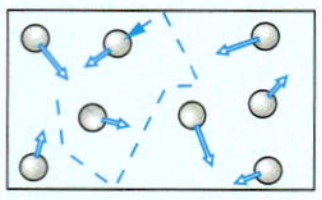

Die Teilchen von Gasen sind weit voneinander entfernt, zwischen ihnen wirken nahezu keine anziehenden Kräfte.

1 Teilchenmodell und Bewegung

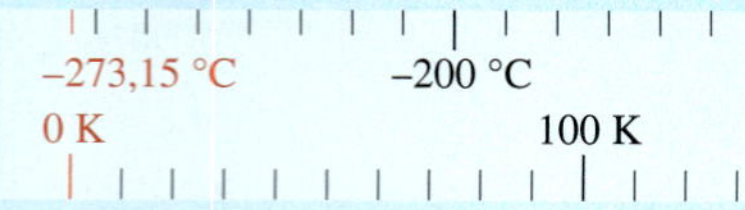

2 Absoluter Nullpunkt

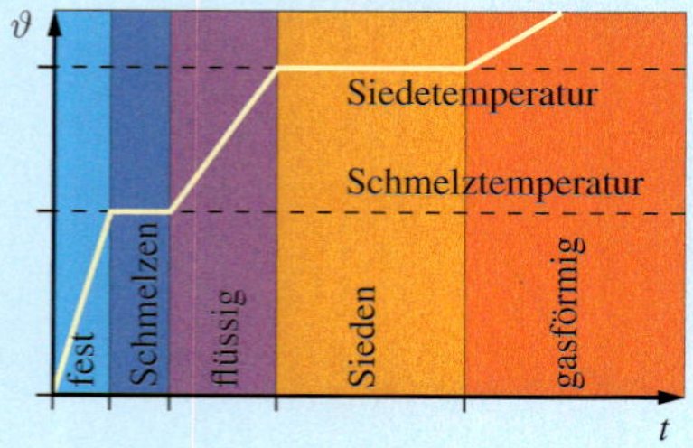

3 Temperaturverlauf beim Erwärmen

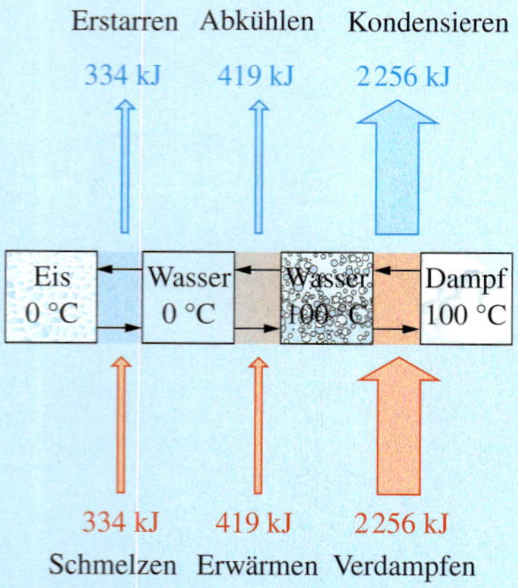

4 Zustandsänderungen von Wasser (1 kg): Temperatur- und Wärmewerte

Teilchenmodell Jede Materie besteht aus unvorstellbar kleinen *Atomen* und *Molekülen*. Um uns den Aufbau der Materie in den verschiedenen Aggregatzuständen vorzustellen, verwenden wir das *Teilchenmodell*: ↑1

- Die Materie ist aus winzigen Kügelchen aufgebaut, zwischen denen große Kräfte wirken, wenn sie sich nahe genug kommen.
- Die Teilchen befinden sich in ständiger Bewegung. Je höher die Temperatur eines Stoffs ist, desto schneller bewegen sie sich und desto größer ist ihre mittlere kinetische Energie.

Innere Energie eines Körpers Sie besteht im Teilchenmodell aus:

- der Summe aller kinetischen Energien seiner Teilchen und
- der Summe aller potenziellen Energien, die die Teilchen aufgrund gegenseitiger Kräfte haben.

Temperaturnullpunkt Es gibt eine tiefste Temperatur, die nicht unterschritten werden kann. Sie liegt bei –273,15 °C (0 K). ↑2 Im Teilchenmodell stellen wir uns vor, dass sich die Teilchen eines Körpers am absoluten Nullpunkt nicht bewegen, ihre kinetische Energie ist gleich null.

Temperatur und Volumen Körper dehnen sich in der Regel beim Erwärmen aus und ziehen sich beim Abkühlen zusammen.
Die Volumenänderung ist jeweils proportional

- zur Temperaturänderung (bei gleichem Ausgangsvolumen) bzw.
- zum Ausgangsvolumen (bei gleicher Temperaturänderung).

Bei festen Körpern und Flüssigkeiten hängt die Ausdehnung vom Material ab, bei Gasen nicht.
Wasser zieht sich beim Erwärmen von 0 °C auf 4 °C zusammen und dehnt sich erst danach aus (Anomalie des Wassers).

1. Hauptsatz der Wärmelehre Bei Energiezufuhr durch Arbeit oder Wärme nimmt die innere Energie eines Körpers zu. Umgekehrt kann die innere Energie eines Körpers bei Energieabgabe durch Wärme oder Arbeit abnehmen.
Wenn keine andere Energieumwandlung auftritt, gilt (Energieerhaltung):
Änderung der inneren Energie = Wärme + Arbeit.

Wärme und Änderung der inneren Energie Führt man einem Körper Wärme zu, steigt seine Temperatur oder sein Zustand ändert sich. ↑3 ↑4
Wie viel Wärme nötig ist, damit die Temperatur eines Körpers um 1 K steigt, hängt von Masse und Material ab. Das Erwärmen von Wasser erfordert besonders viel Energie: 4,19 kJ je Kilogramm und je Kelvin.
Auch die Wärme zum Schmelzen oder Verdampfen hängt von Masse und Material des Körpers ab. Während der Zustandsänderungen bleibt die Temperatur des Körpers konstant, weil die zugeführte Wärme zum Aufbrechen der Bindungen zwischen den Teilchen verwendet wird.
Kühlt man das Gas wieder ab, so laufen die Temperatur- und Zustandsänderungen „rückwärts“ ab.
Flüssigkeiten können unterhalb ihrer Siedetemperatur verdunsten und dabei abkühlen.

Energieentwertung Immer wenn bei einem Vorgang in einem System mechanische, elektrische (oder chemische) Energie in innere Energie umgewandelt wird bzw. Wärme von einem Gegenstand mit höherer Temperatur zu einem mit niedrigerer Temperatur fließt, wird Energie „entwertet“ – sie kann nach Ablauf des Vorgangs nicht noch einmal für denselben Zweck genutzt werden. Ein solcher Vorgang ist irreversibel, der Anfangszustand lässt sich ohne Energiezufuhr von außen nicht wieder erreichen.
Verbrennungsmotoren wandeln die innere Energie heißer Verbrennungsgase zum Teil in mechanische Energie der Kolben um. ↑5 Die restliche Energie wird entwertet und über den Kühler an die Umgebung abgeführt. Für einen großen Wirkungsgrad muss die Temperatur T_{zu} des Verbrennungsgases möglichst hoch und die Temperatur T_{ab} des Kühlers möglichst niedrig sein.

Stromstärke, Spannung, Widerstand Die Stromstärke I an einer beliebigen Stelle eines Drahts ist gleich dem Quotienten aus der Ladung Q der Elektronen, die in der Zeitspanne Δt durch den Drahtquerschnitt an dieser Stelle durchströmen, und dieser Zeitspanne: $I = \frac{Q}{\Delta t} = \frac{N \cdot e}{\Delta t}$.
Die Spannung U an einer elektrischen Energiequelle gibt an, wie viel potenzielle Energie ΔE_{pot} pro Ladung Q zur Verfügung steht: $U = \frac{\Delta E_{pot}}{Q}$.
Die Spannung U an einem elektrischen Bauteil gibt an, wie viel potenzielle Energie ΔE_{pot} pro hindurchfließender Ladung Q umgesetzt wird.
Erhöht man die Spannung an Metalldrähten, nehmen Stromstärke und Temperatur zu – und meistens auch der Widerstand. ↑6 Bei konstanter Temperatur ist der Widerstand eines (metallischen) Leiters konstant:
$\frac{U}{I} = R$ mit R = konstant (ohmsches Gesetz).
Bei *Reihenschaltungen* von Bauteilen gilt: ↑7
- $U = U_1 + U_2 + \dots$ $\quad I = I_1 = I_2 = \dots$ $\quad R_{ges} = R_1 + R_2 + \dots$
- Je größer der Widerstand eines Bauteils ist, desto größer ist die Teilspannung an ihm.

Bei *Parallelschaltungen* von Bauteilen gilt: ↑8
- $U = U_1 = U_2 = \dots$ $\quad I_{ges} = I_1 + I_2 + \dots$ $\quad \frac{1}{R_{ges}} = \frac{1}{R_1} + \frac{1}{R_2} + \dots$
- Je kleiner der Widerstand eines Bauteils ist, desto größer ist die Teilstromstärke in ihm.

Elektrische Energie und Leistung Die elektrische Leistung eines Bauteils gibt an, wie viel elektrische Energie es pro Zeitspanne umwandelt. Es gilt:
$P_{el} = \frac{\Delta E_{el}}{\Delta t} = U \cdot I$ (U, I konstant) und $\Delta E_{el} = U \cdot I \cdot \Delta t$.
Elektrische Energie gibt man oft in Kilowattstunden an: 1 kWh = 3,6 MJ.

Energieversorgung Die Menschheit wandelt jährlich rund $440 \cdot 10^{18}$ J Energie zum Heizen, Antreiben von Motoren, Beleuchten … um. Kohle, Erdöl und Erdgas sind die wichtigsten Primärenergieträger.
In Deutschland wird im Durchschnitt eine Primärenergie von 5,4 kJ pro Sekunde und Einwohner umgewandelt. Die umgesetzte Nutzenergie beträgt 3,5 kJ pro Sekunde und Einwohner. Die elektrische Energie (0,7 kJ pro Sekunde und Einwohner) wird uns hauptsächlich von Wärmekraftwerken zur Verfügung gestellt.

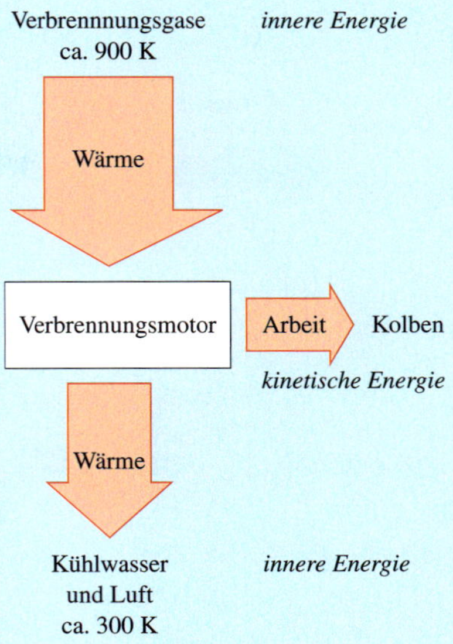

5 Energiefluss beim Motor

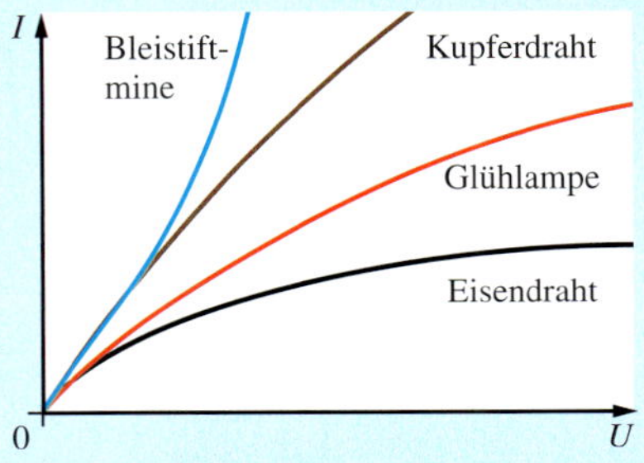

6 Widerstandskennlinien

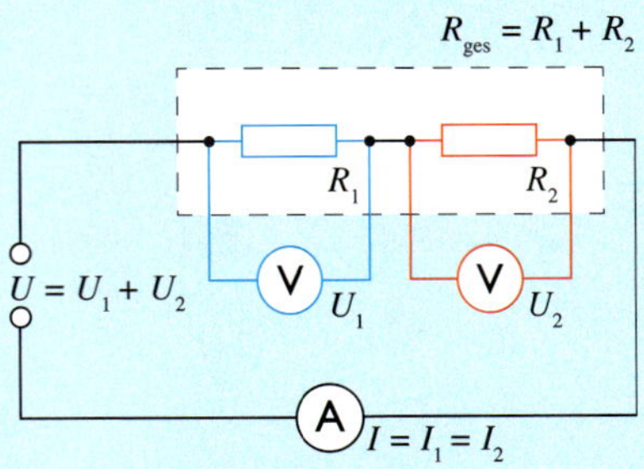

7 Gesetze der Reihenschaltung

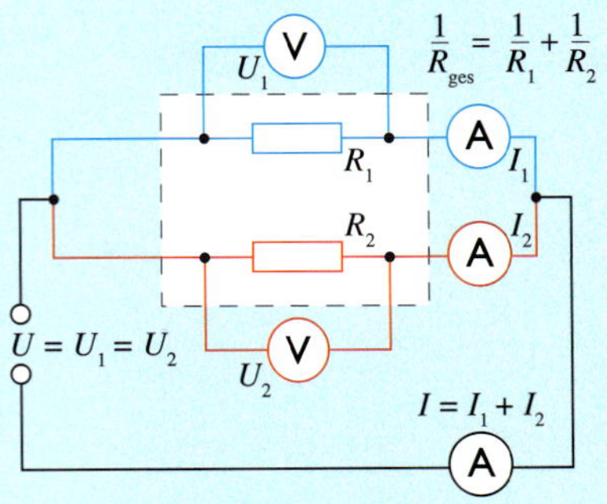

8 Gesetze der Parallelschaltung

Jahrgangsstufe 9

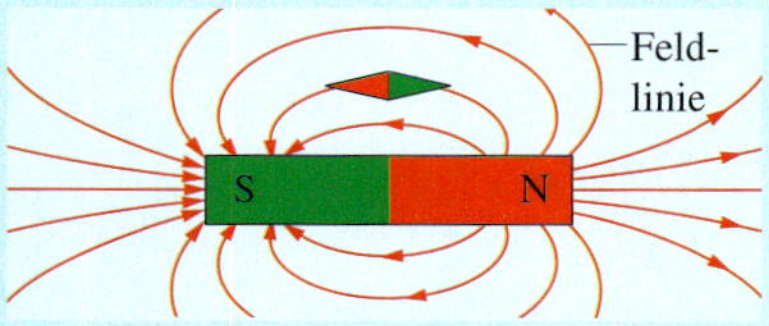

1 Feld eines Stabmagneten

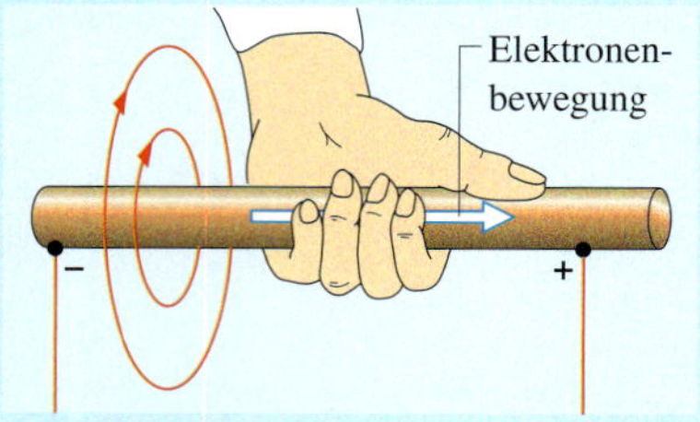

2 Linke-Faust-Regel

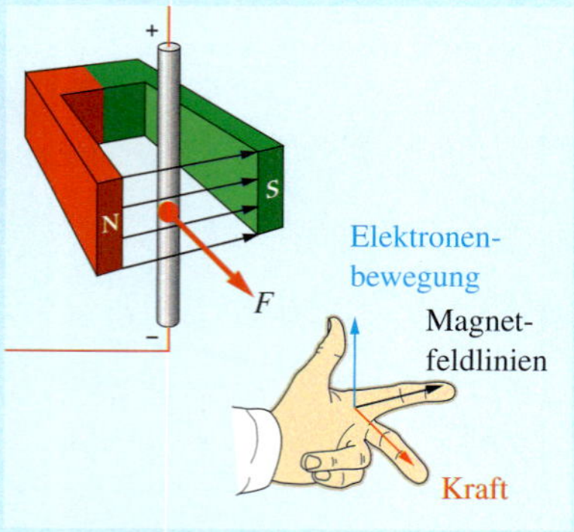

3 Linke-Hand-Regel

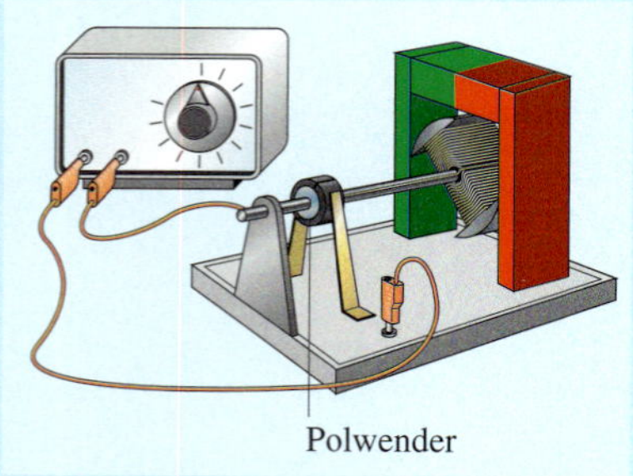

4 Elektromotor

Magnetfelder Das Magnetfeld eines Magneten oder eines stromführenden Drahts bewirkt, dass andere Magnete und Körper aus Eisen (Nickel, Cobalt) in ihrer Umgebung eine magnetische Kraft erfahren. ↑1 ↑2
Feldlinien sind eine Modellvorstellung, um Felder zu veranschaulichen und ihre Kraftwirkungen zu beschreiben. Durch jeden Punkt in der Umgebung eines Magneten (geladenen Gegenstands, Körpers mit Masse) kann man sich eine Feldlinie vorstellen. Feldlinien schneiden sich nie. Je größer die Kräfte in einem Feldbereich sind, desto dichter zeichnen wir die Feldlinien. Magnetfelder können Energie speichern und wieder abgeben.

Magnetische Kräfte auf elektrische Ströme Auf stromführende Drähte wirken in Magnetfeldern Kräfte. Diese Kräfte sind umso größer, je größer die Stromstärke ist, je stärker das Magnetfeld ist, je länger das Drahtstück im Feld ist und je näher der Winkel zwischen Feldlinien und Draht an 90° liegt. Die Kraftrichtung auf einen stromführenden Draht (senkrecht zu den Magnetfeldlinien) wird durch die „Linke-Hand-Regel" beschrieben. ↑3
Im *Elektromotor* wird eine stromführende Spule durch die magnetischen Kräfte gedreht. ↑4
Die *Lorentzkraft* wirkt auf bewegte geladene Teilchen im Feld eines Magneten. Elektronen, die sich senkrecht zu den Feldlinien bewegen, werden gemäß der „Linke-Hand-Regel" abgelenkt.

Induktion Während sich die Anzahl der gezeichneten Magnetfeldlinien ändert, die die Querschnittsfläche von Drahtwindungen durchsetzen, tritt zwischen den Drahtenden eine Induktionsspannung auf *(Induktionsgesetz)*. ↑6 Je rascher die Änderung erfolgt, desto größer ist die Induktionsspannung.
Im *Generator* werden eine Spule und ein Magnet so gegeneinander bewegt, dass durch Induktion eine Wechselspannung entsteht. ↑7 In einem angeschlossenen Stromkreis entsteht dadurch Wechselstrom.
Beim *Transformator* ruft der Wechselstrom in der Primärspule ein magnetisches Wechselfeld im Eisenkern hervor, das seinerseits eine Wechselspannung an der Sekundärspule bewirkt. ↑8 An der Spule mit größerer Windungszahl liegt auch die größere Spannung. In der Spule mit kleinerer Windungszahl fließt der größere Strom.
Die Stromstärke in Fernleitungen wird durch Hochtransformieren der Spannung verringert. Dadurch sinkt die Verlustleistung $P = R \cdot I^2$ der Leitungen.
Induktionsströme sind immer so gerichtet, dass sie der Induktionsursache entgegenwirken *(Regel von Lenz)*.

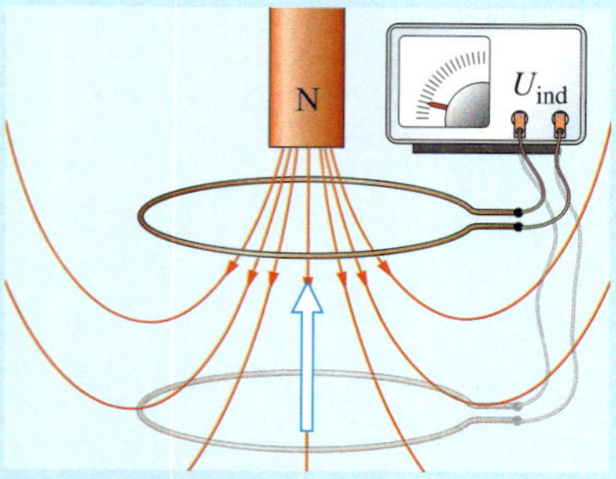

5 Induktion (Beispiel)

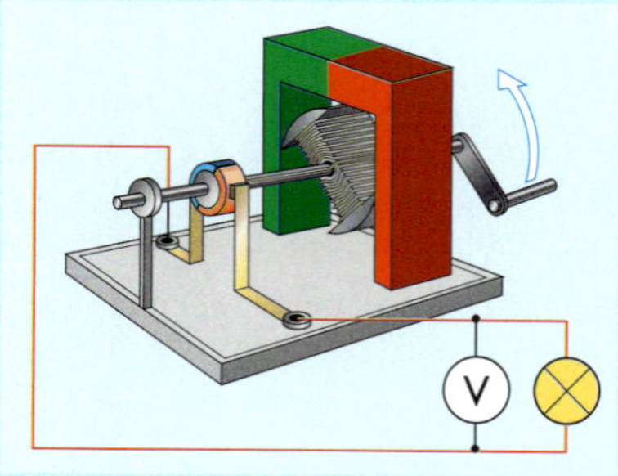

6 Generator

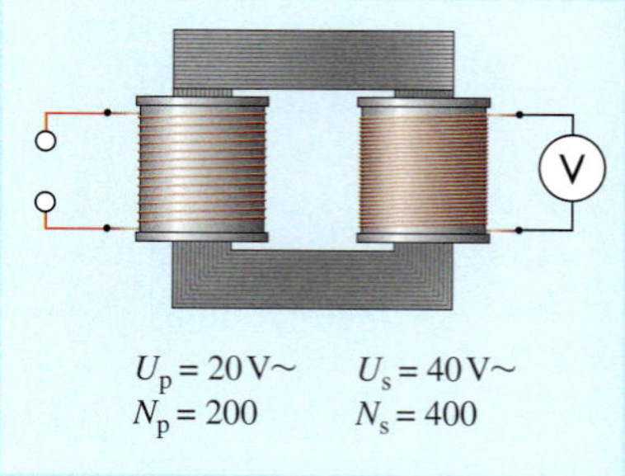

7 Transformator

Bewegungsabläufe in Diagrammen Die grundlegenden Informationen über die geradlinige Bewegung eines Gegenstands lassen sich in einem Zeit-Ort-Diagramm (t-x-Diagramm) und in einem Zeit-Geschwindigkeit-Diagramm (t-v-Diagramm) darstellen. Der Verlauf der Graphen gibt Aufschluss über die Bewegung. ↑8

Zeit-Ort

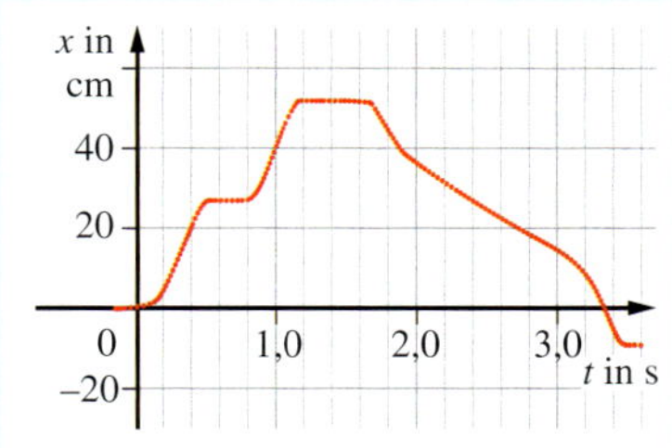

Diagramm	Verlauf des Graphen	Tatsächliche Bewegung
Zeit-Ort	horizontal	Gegenstand bewegt sich nicht.
	geradlinig ansteigend	Gegenstand bewegt sich mit konstanter Geschwindigkeit nach vorn. Je steiler der Graph ansteigt, desto schneller bewegt sich der Gegenstand.
	geradlinig abfallend	Gegenstand bewegt sich mit konstanter Geschwindigkeit zurück.
	immer steiler ansteigend	Gegenstand wird beschleunigt.
	immer flacher ansteigend	Gegenstand wird abgebremst.
Zeit-Geschwindigkeit	v positiv	Vorwärtsbewegung
	horizontal	Gegenstand bewegt sich mit konstanter Geschwindigkeit.
	geradlinig ansteigend	Gegenstand wird mit konstanter Beschleunigung schneller.
	geradlinig abfallend	Gegenstand wird mit konstanter Beschleunigung abgebremst.
	immer steiler ansteigend	Gegenstand wird schneller, Beschleunigung nimmt zu.
	immer flacher ansteigend	Gegenstand wird schneller, Beschleunigung nimmt ab.
	v negativ	Rückwärtsbewegung

Zeit-Geschwindigkeit

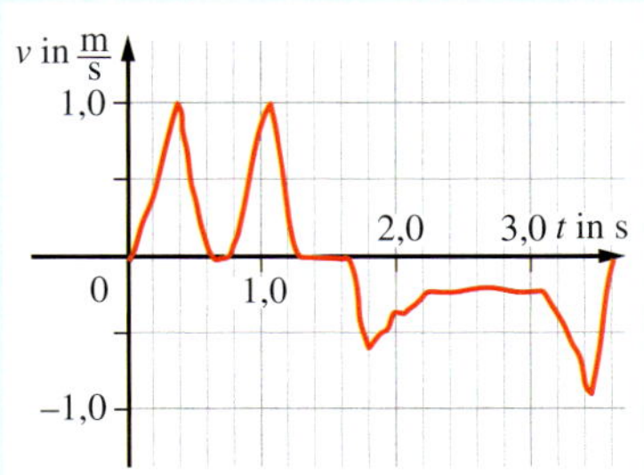

8

Bewegungsfunktionen Bewegungsverläufe lassen sich mathematisch durch Zeit-Ort- und Zeit-Geschwindigkeit-Funktionen beschreiben. Die Tabelle ↑2 zeigt Beispiele, bei denen davon ausgegangen wird, dass sich der bewegte Gegenstand zu Beginn der Beobachtung im Ursprung befindet. ↑9

Bewegung mit konstanter Geschwindigkeit v_0		Bewegung mit konstanter Beschleunigung a aus der Ruhe heraus		Freier Fall	
$x(t) = v_0 \cdot t$	$v(t) = v_0$	$x(t) = \frac{1}{2}\, a \cdot t^2$	$v(t) = a \cdot t$	$h(t) = -\frac{1}{2}\, g \cdot t^2$	$v(t) = -g \cdot t$

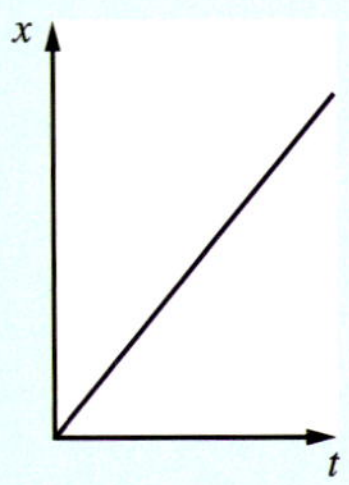

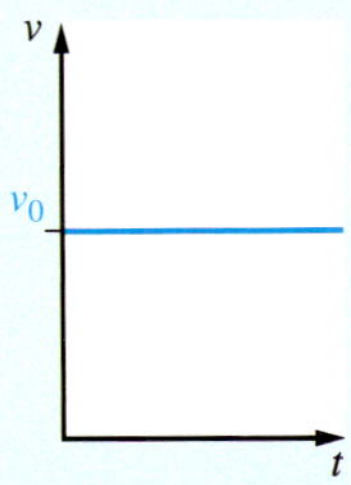

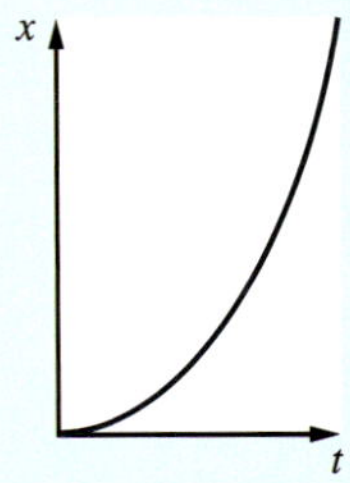

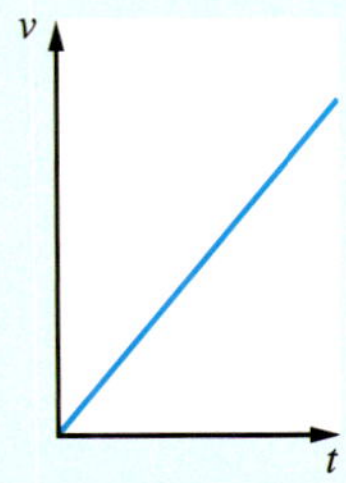

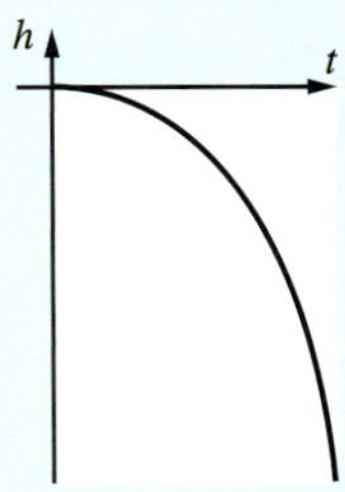

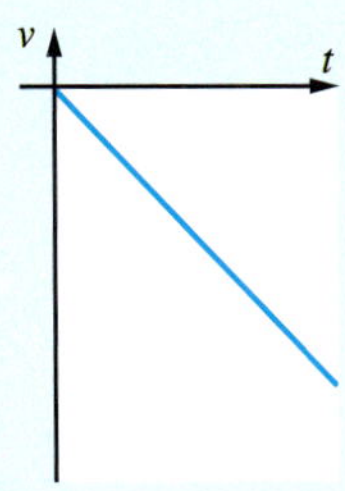

9

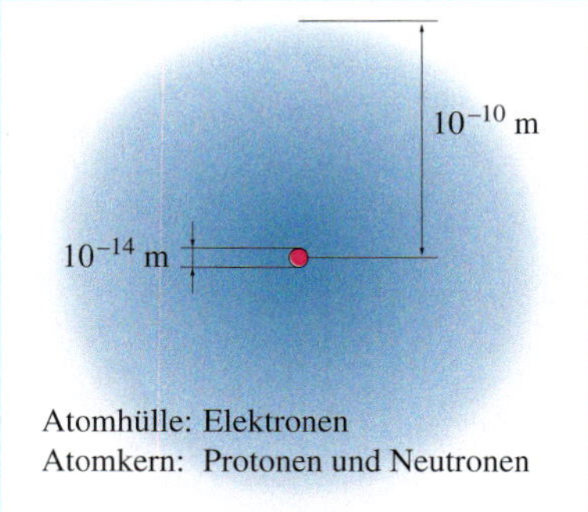

1 Größenordnungen im Atom (nicht maßstäblich)

Aufbau der Atome Der Radius von Atomen liegt bei einem Zehnmillionstel eines Millimeters: $r_{\text{Atom}} = 1 \cdot 10^{-10}\,\text{m} = 0{,}1\,\text{nm}$. ↑1
Der Radius des Atomkerns ist noch viel kleiner. Er beträgt nur ein Zehntausendstel des Atomradius: $r_{\text{Kern}} = 1 \cdot 10^{-14}\,\text{m}$.
Atomkerne bestehen aus Protonen (jeweils Ladung $+e$) und ungeladenen Neutronen. ↑2 Proton und Neutron sind jeweils rund 1800-mal so schwer wie ein Elektron. Im Atomkern gibt es genauso viele Protonen wie Elektronen in der Atomhülle: Das Atom ist nach außen hin elektrisch neutral.
Die Atome eines Elements haben stets die gleiche Protonenzahl (Ordnungszahl) und die gleichen chemischen Eigenschaften. Sie können sich in der Anzahl ihrer Neutronen unterscheiden (Isotope). ↑3

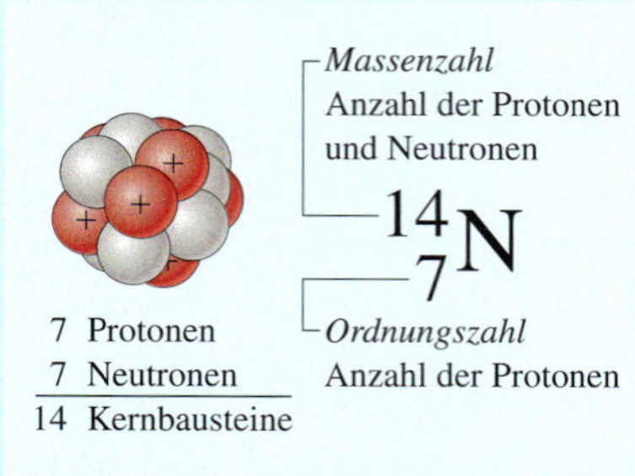

2

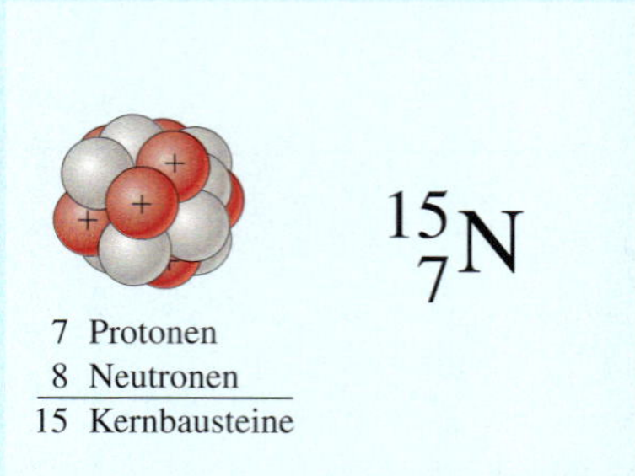

3

Aufnahme und Abgabe von Energie Leuchtende Körper können *kontinuierliche Spektren* oder *Linienspektren* aufweisen. ↑4 ↑5

4 Kontinuierliches Spektrum

5 Linienspektrum

Die Linienspektren geben Hinweise auf die chemische Zusammensetzung der Lichtquelle. Wir führen sie darauf zurück, dass die Elektronen der Atomhüllen nur *diskrete Energieniveaus* annehmen können – Zwischenwerte sind nicht möglich. ↑6 ↑7 Damit ein Hüllenelektron von einem Energieniveau auf ein anderes gelangt, muss es eine Energieportion aufnehmen oder abgeben, die genauso groß ist wie die Differenz zwischen den beiden Energieniveaus. Die bei Übergängen abgegebenen einzelnen Energieportionen bezeichnen wir als *Photonen*. Die Energie von Photonen des Lichts liegt im Elektronvoltbereich: Am roten Rand des Spektrums ist sie am geringsten, am violetten Rand am größten.

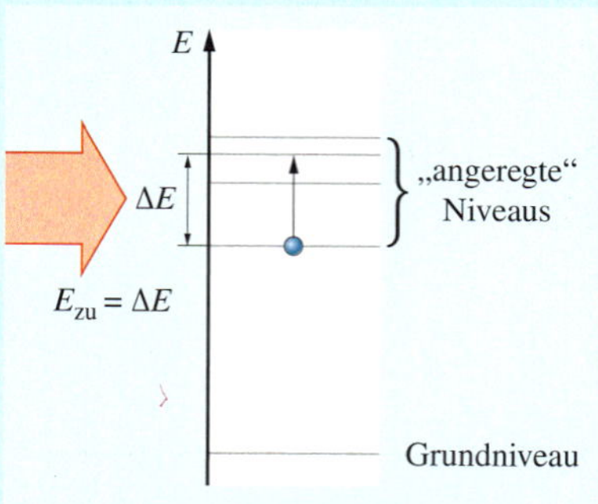

6 Diskrete Energieaufnahme

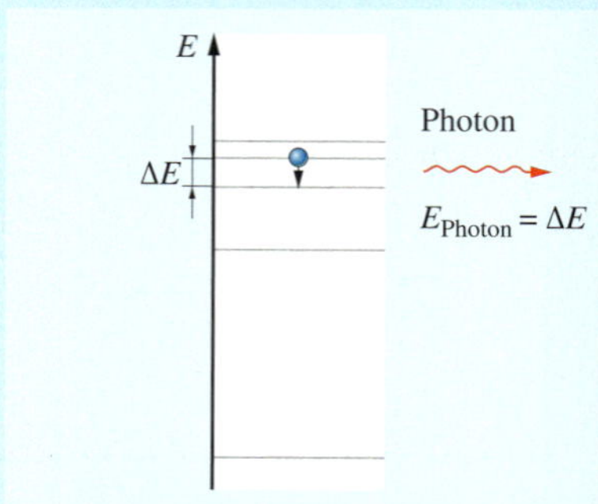

7 Diskrete Energieabgabe

Strahlung radioaktiver Körper Sie erreicht uns überall und ständig aus Boden, Wasser, Luft und aus dem Weltraum (Nulleffekt). Ihre Ionisationsfähigkeit wird genutzt, um die Strahlung nachzuweisen. ↑8 Wir unterscheiden α-, β- und γ-Strahlung. ↑9

Für ein einzelnes Atom lässt sich nicht vorhersagen, wann es zerfällt. Für den Zerfall sehr vieler radioaktiver Atome gilt dagegen, dass die *Aktivität* in immer der gleichen Zeitspanne jeweils um die Hälfte abnimmt. ↑10 Die *Halbwertszeit* ist von Stoff zu Stoff verschieden.

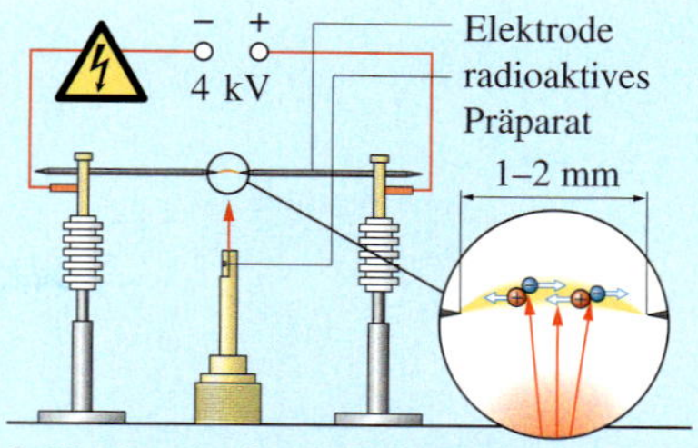

8 Nachweis durch Ionisierung

	α-Strahlung	β-Strahlung	γ-Strahlung
Art (Ladung)	Heliumkerne (2 *e*)	Elektronen (–*e*)	Photonen (0)
Geschwindigkeit	15 000 bis 30 000 $\frac{km}{s}$	bis 99 % der Lichtgeschwindigkeit	Lichtgeschwindigkeit
Wirkung	stark ionisierend	weniger stark ionisierend	schwach ionisierend
Abschirmung	Papier, Luftschicht (> 8 cm)	Aluminiumblech (> 5 mm)	dicke Bleiplatte
Entstehung	Kernzerfall	Neutronenzerfall im Kern	Energieübergang im Kern

9

Wegen ihrer ionisierenden Wirkung ruft die Strahlung Veränderungen in den Körperzellen des Menschen hervor. Wenn die Schäden nicht durch das körpereigene Reparatursystem beseitigt werden, können Krebserkrankungen auftreten oder Erbschäden bei den Nachkommen. Die schädigende Wirkung hängt von der *Äquivalentdosis* („absorbierte Energie pro Kilogramm mal Bewertungsfaktor") und der zeitlichen Verteilung der Bestrahlung ab.

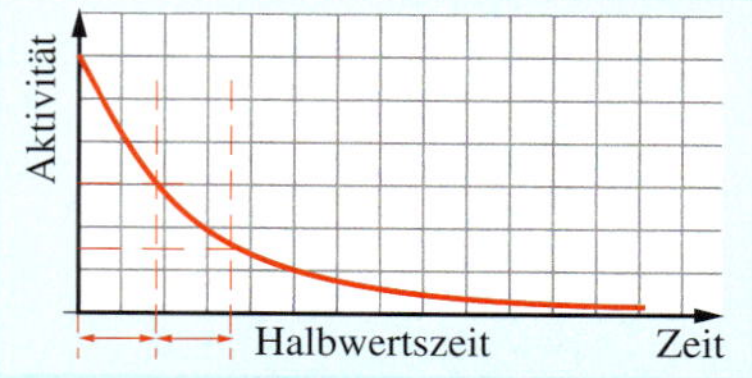

10 Halbwertszeit

Kernumwandlungen Bei einer *Kernspaltung* wird ein Atomkern z. B. durch Neutronenbeschuss in zwei (oder mehr) Trümmerkerne sowie in einige sehr energiereiche Neutronen zerlegt. ↑11

Bei einer *Kernfusion* verschmelzen zwei sehr leichte Atomkerne zu einem schwereren Kern. Dabei wird Energie abgegeben.

Bei Kernumwandlungen nimmt die (kinetische) Energie insgesamt zu, die Gesamtmasse der Teilchen nimmt ab: $E_{nach} - E_{vor} = (m_{vor} - m_{nach}) \cdot c^2$. ↑12 Energie und Masse können also in diesem Zusammenhang als gleichwertig angesehen werden *(Äquivalenz von Energie und Masse)*.

Beim Aufbau eines Atomkerns aus Protonen und Neutronen wird Bindungsenergie abgegeben. ↑13 Die Energiefreisetzung ist mit einer Massenabnahme verbunden *(Massendefekt)*. Wie groß die (mittlere) Bindungsenergie pro Kernbaustein ist, ist für jedes Isotop verschieden.

Bei der Fusion leichter Kerne und der Spaltung schwerer Kerne lässt sich Energie gewinnen, wenn die Bindungsenergien pro Kernbaustein für die Endkerne größer sind als für die Anfangskerne.

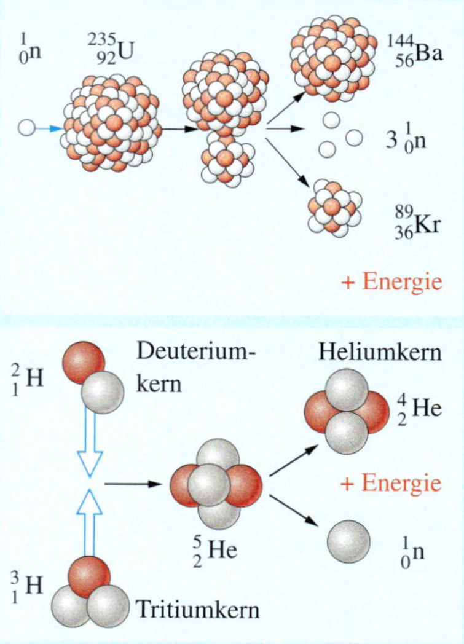

11 Kernspaltung und -fusion

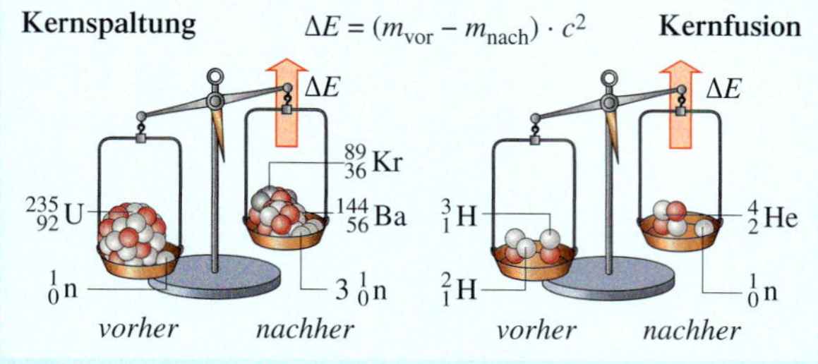

12 Masse-Energie-Äquivalenz bei Kernumwandlungen

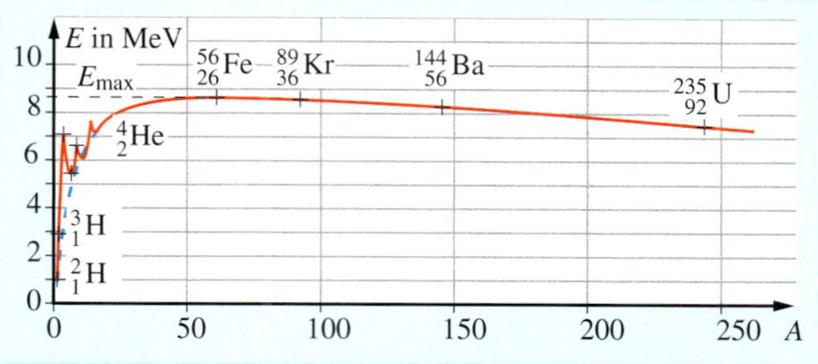

13 Mittlere Bindungsenergie pro Kernbaustein

Jahrgangsstufe 10

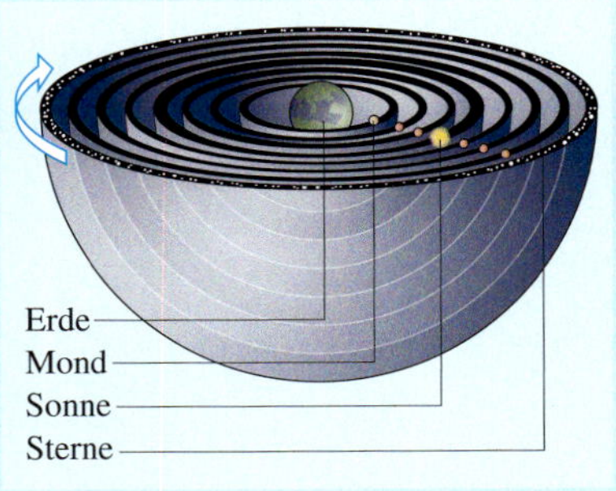

1

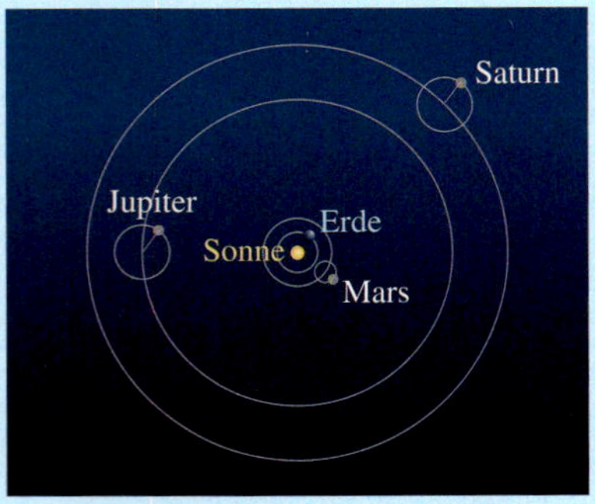

2

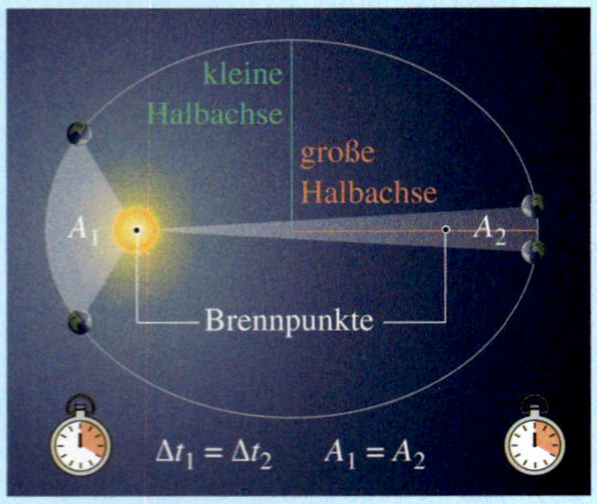

3

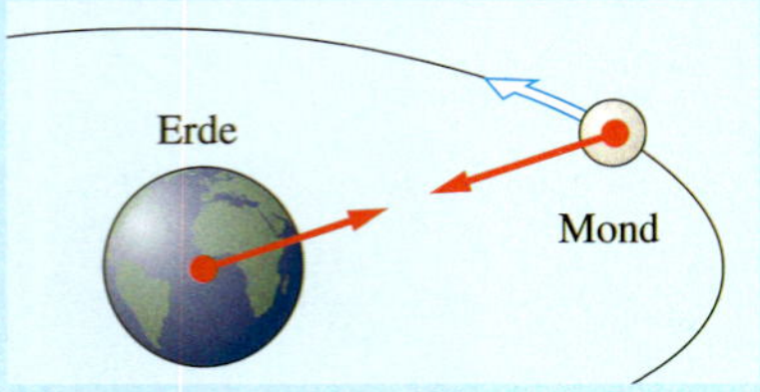

4

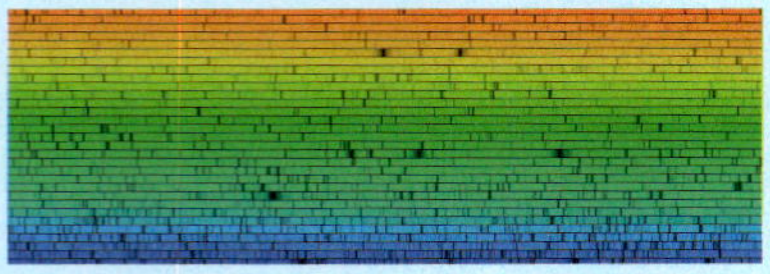
5

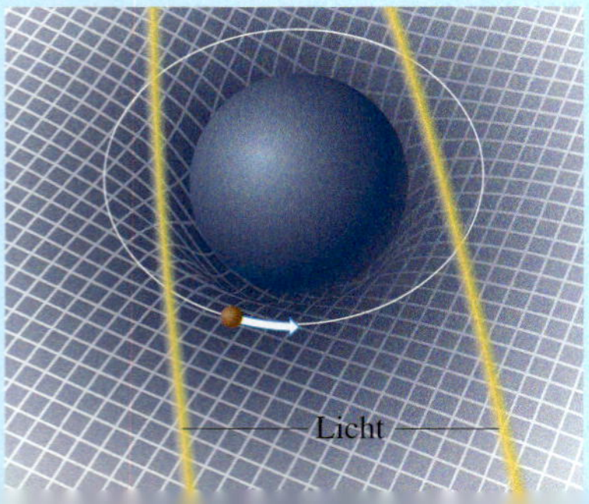

6

Geozentrisches Weltbild Ein geometrisches Modell von Himmel und Erde verdanken wir den Griechen ab dem 7. Jahrhundert v. Chr. Sie erklärten alle Bewegungen der Gestirne mithilfe von Kugelschalen um die Erde. ↑1 Himmelsmaterie war etwas völlig anderes als die vier Elemente Erde, Wasser, Luft und Feuer des Erdbereichs.
Dass die Sonne viel weiter von der Erde entfernt ist als der Mond, bewies ARISTARCHOS VON SAMOS um 260 v. Chr. Er fand heraus, dass die Sonne viel größer als die Erde ist: Deshalb glaubte er, dass die Sonne im Zentrum der Welt stehen müsse. PTOLEMAIOS fasste die Astronomie im 2. Jahrhundert n. Chr. in einem systematischen Handbuch, dem Almagest, zusammen.

Heliozentrisches Weltbild KOPERNIKUS „stellte" 1543 die Sonne in das Zentrum der Welt, die Erde und alle Planeten umkreisen sie. ↑2
GALILEI entdeckte mit dem neu entwickelten Fernrohr Mondgebirge, Jupitermonde (nicht auf Kugelschalen), Venusphasen …
KEPLER beschrieb zu Beginn des 17. Jahrhunderts die Planetenbewegungen in drei mathematischen Gesetzen: ↑3

- Die Planeten umlaufen die Sonne auf Ellipsen. Jeweils ein Brennpunkt dieser Ellipsen liegt in der Sonne.
- Die gedachte Verbindungslinie Sonne–Planet überstreicht in gleichen Zeitspannen gleich große Flächen.
- Die Quadrate der Umlaufzeiten zweier Planeten verhalten sich wie die dritten Potenzen der großen Halbachsen ihrer Bahnellipsen: $\frac{T_1^2}{T_2^2} = \frac{a_1^3}{a_2^3}$.

NEWTON zeigte Ende des 17. Jahrhunderts, dass große Massen riesige Gravitationskräfte ausüben, die Planeten und Monde auf ihren Bahnen halten. ↑4
Bewegungen auf der Erde und im Weltall können bei Kenntnis der Kräfte (Wechselwirkungen) zwischen Körpern mithilfe der newtonschen Gesetze erklärt werden: Trägheits-, Bewegungs- und Wechselwirkungsgesetz.

Kosmologisches Weltbild Mithilfe der Spektralanalyse ↑5 von FRAUNHOFER (1814) erkannte man, dass es im Weltall die gleichen chemischen Elemente gibt wie auf der Erde. Der Intensitätsverlauf der Strahlung von Sternen enthält Informationen über die Temperaturen an ihrer Oberfläche. Die Fixsternparallaxe wurde 1838 gefunden: Selbst die nächsten Fixsterne sind 100 Billionen Kilometer entfernt.
Im 20. Jahrhundert hat die Astronomie von EINSTEINS Relativitätstheorien sowie der neuen Atom- und Kernphysik profitiert:

- Bei der Fusion von Wasserstoff zu Helium setzen Sterne gewaltige Energien frei. Sind rund 10 % des Wasserstoffs verbraucht, blähen sie sich auf, explodieren und stoßen ihre Gashüllen ab. Dabei können Rote Riesen, Weiße Zwerge, Schwarze Löcher … entstehen.
- Nach EINSTEIN ist die Lichtgeschwindigkeit die höchste Geschwindigkeit im Kosmos. Raum und Zeit hängen vom Beobachter, dem beobachteten Körper und ihrer Bewegung ab. Die Krümmung von Raum und Zeit durch Materie führt zu den gekrümmten Bahnen von Planeten und Licht. ↑6
- Es gibt Billionen von Galaxien.
- Das Universum hat sich wahrscheinlich aus einem Urknall vor rund 14 Milliarden Jahren entwickelt und dehnt sich noch weiter aus.

Bewegungen – iterativ berechnet Der Grundgedanke des iterativen Verfahrens ist, dass das Ergebnis eines Rechenschritts zur Eingabe für den nächsten Rechenschritt wird. ↑7 Bei jedem Rechenschritt finden dieselben Operationen statt. *Beispiele:*

- *Fall mit Luftwiderstand* Die Kraft F auf den fallenden Körper setzt sich aus der abwärts beschleunigenden Gewichtskraft F_G und der bremsenden Luftwiderstandskraft F_L zusammen:
  $F = F_G - F_L$ mit $F_G = m \cdot g$ und $F_L = \frac{1}{2} c_W \cdot A \cdot \varrho \cdot v^2$.
  Da die Geschwindigkeit nach dem Start (aus der Ruhe) zunimmt, wird die Luftwiderstandskraft zunächst größer und die Gesamtkraft F folglich kleiner. Wenn die Luftwiderstandskraft genauso groß ist wie die Gewichtskraft, nimmt die Geschwindigkeit nicht weiter zu.
  Die Veränderungen von Kraft, Geschwindigkeit und Ort werden iterativ berechnet. ↑8 Die Diagramme zeigen bei längeren Fallzeiten den bremsenden Einfluss des Luftwiderstands im Vergleich zum freien Fall. ↑9 ↑10

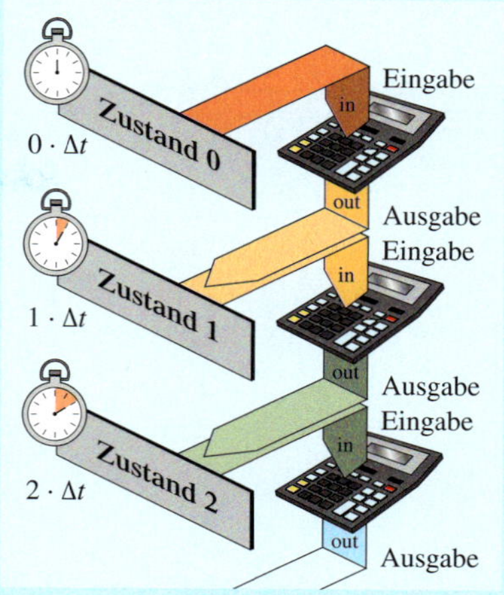

7 Prinzip der Iteration

$$F_0 = m \cdot g - \frac{1}{2} c_W \cdot A \cdot \varrho \cdot v_0^2$$
$$v_1 = v_0 + \frac{F_0}{m} \cdot \Delta t$$
$$x_1 = x_0 + \frac{1}{2} \cdot (v_0 + v_1) \cdot \Delta t$$
$$t_1 = t_0 + \Delta t$$
$$F_1 = m \cdot g - \frac{1}{2} c_W \cdot A \cdot \varrho \cdot v_1^2$$
...

8 Rechenschritt (Fall mit Luftwiderstand)

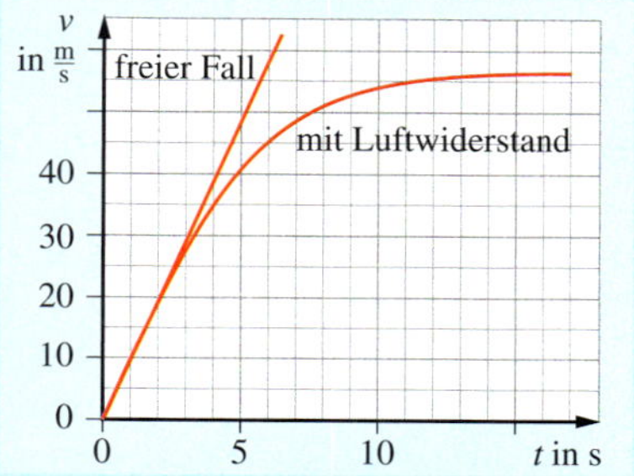

9 t-v-Diagramm ($\Delta t = 1$ s)

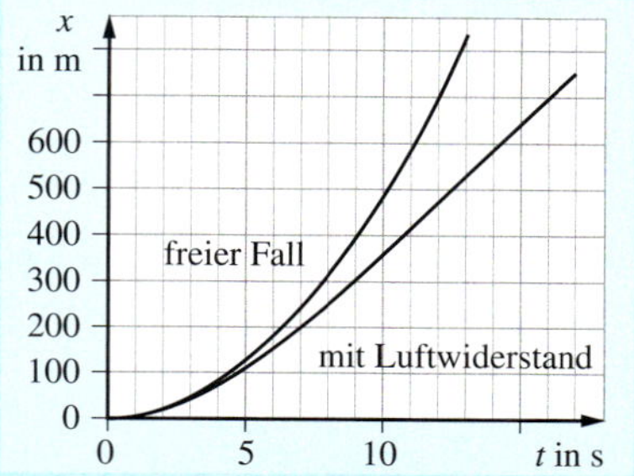

10 t-x-Diagramm ($\Delta t = 1$ s)

- *Harmonische Schwingungen* Lineare rücktreibende Kräfte $F = -k \cdot x$ bewirken harmonische Schwingungen. Die Bewegungsfunktionen sind Sinus- und Kosinusfunktionen. ↑11
  Allgemein gilt für die Periodendauer T harmonisch schwingender Pendel:
  $T = 2\pi \cdot \sqrt{\frac{m}{k}}$.
  Federpendel: $T = 2\pi \cdot \sqrt{\frac{m}{D}}$ $(k = D)$
  Fadenpendel: $T = 2\pi \cdot \sqrt{\frac{l}{g}}$ $(k = \frac{m \cdot g}{l}$ für kleine Auslenkungen)
  Die Frequenz f ist jeweils gleich dem Kehrwert der Periodendauer T:
  $f = \frac{1}{T}$.
  Iterationsbeispiel: ↑12 ↑13 Die Graphen der Bewegungsfunktionen verlaufen anfangs nahezu sinus- bzw. kosinusförmig. ↑14 Für größere Zeiten nimmt die berechnete Amplitude zu – im Gegensatz zur Realität.

$$x(t) = x_{max} \cdot \cos\left(2\pi \cdot \frac{t}{T}\right)$$
$$v(t) = -v_{max} \cdot \sin\left(2\pi \cdot \frac{t}{T}\right)$$
$$\text{mit } v_{max} = \sqrt{\frac{k}{m}} \cdot x_{max}$$
$$a(t) = -a_{max} \cdot \cos\left(2\pi \cdot \frac{t}{T}\right)$$
$$\text{mit } a_{max} = \frac{k}{m} \cdot x_{max}$$

11 Bewegungsfunktionen einer harmonischen Schwingung (Start mit maximaler Auslenkung aus der Ruhe heraus)

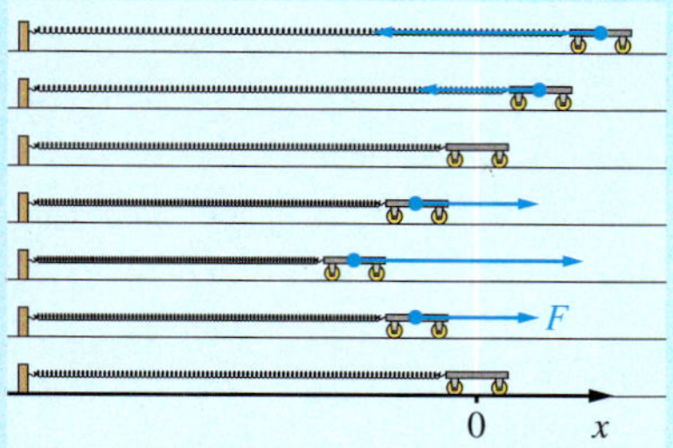

12 Federpendel

$$a_0 = \frac{-k \cdot x_0}{m}$$
$$v_1 = v_0 + a_0 \cdot \Delta t$$
$$x_1 = x_0 + \frac{1}{2} \cdot (v_0 + v_1) \cdot \Delta t$$
$$t_1 = t_0 + \Delta t$$
$$a_1 = \frac{-k \cdot x_1}{m}$$
...

13 Rechenschritt (Federpendel)

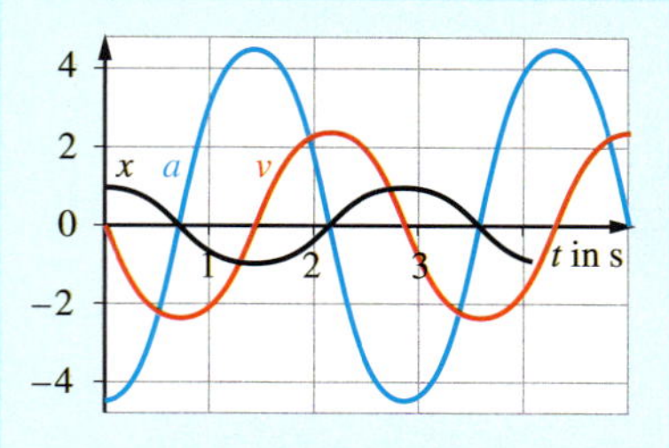

14 Iterativ berechnete Graphen

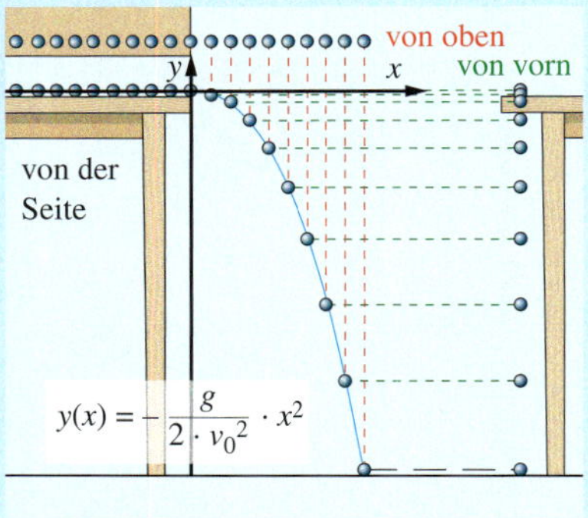

1

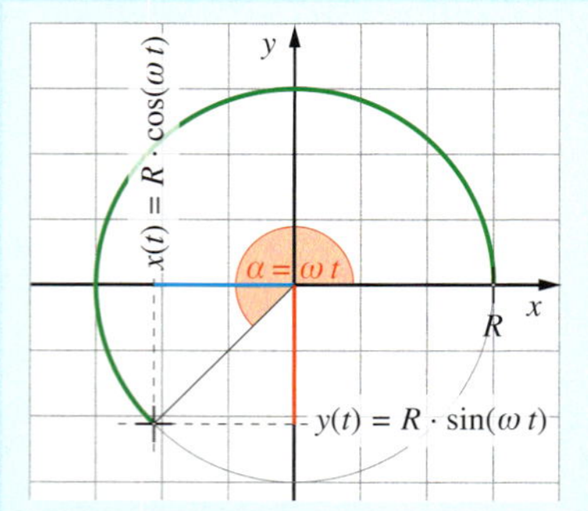

2

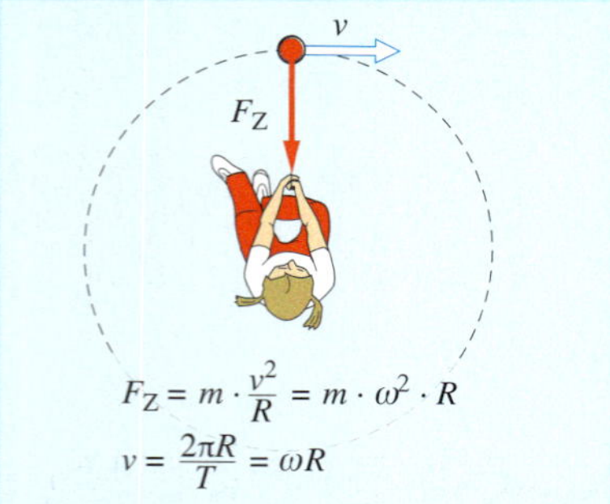

3

Ausblick: Waagerechter Wurf Der waagerechte Wurf lässt sich mithilfe zweier zueinander senkrechter Teilbewegungen beschreiben. ↑1 Ohne Luftwiderstand gilt:

- Von vorn beobachtet man einen freien Fall in negativer y-Richtung.
- Von oben beobachtet man eine Bewegung in x-Richtung mit konstanter Geschwindigkeit.

Die Bahnkurve ist Teil einer Parabel: $y(x) = -\frac{g}{2 \cdot v_0^2} \cdot x^2$.

Sie ist umso weiter geöffnet, je größer die Geschwindigkeit v_0 ist. Den Betrag der Bahngeschwindigkeit v erhält man aus den Teilgeschwindigkeiten: $v = \sqrt{v_0^2 + (g \cdot t)^2}$.

Gleichförmige Kreisbewegung Die Periodendauer T ist indirekt proportional zur Winkelgeschwindigkeit ω (im Bogenmaß):

$\omega = \frac{2\pi}{T}$ (Einheit der Winkelgeschwindigkeit: $\frac{1}{s}$).

Die Winkelgeschwindigkeit ω ist proportional zur Frequenz f der Kreisbewegung: $\omega = 2\pi f$.

Für die Bahngeschwindigkeit v des Körpers auf der Kreisbahn gilt:

$v = \frac{2\pi R}{T} = \omega R$ (R: Radius der Kreisbahn).

Befindet sich der Körper zur Zeit $t = 0\,\text{s}$ am Punkt $(R|0)$, dann lassen sich die t-x- und t-y-Funktionen als Sinus- und Kosinusfunktionen angeben: ↑2

$x(t) = R \cdot \cos(\omega t)$ und $y(t) = R \cdot \sin(\omega t)$.

Es wirkt ständig eine zum Mittelpunkt der Kreisbahn gerichtete *Zentripetalkraft* F_Z auf den Körper. ↑3 Es gilt:

Zentripetalkraft: $F_Z = m \cdot \frac{v^2}{R}$ bzw. $F_Z = m \cdot \omega^2 \cdot R$.

Zentripetalbeschleunigung: $a_Z = \frac{F_Z}{m} = \frac{v^2}{R}$ bzw. $a_Z = \omega^2 \cdot R$.

Der Impuls Je größer die Masse m und die Geschwindigkeit v eines Körpers ist, desto größer ist sein Impuls p:

$p = m \cdot v$. ↑4

Der Impuls ist wie die Geschwindigkeit eine gerichtete Größe, seine Richtung stimmt mit der Bewegungsrichtung überein.

Impulserhaltungssatz: In einem abgeschlossenen System bleibt der Gesamtimpuls zeitlich konstant. ↑5

Der Gesamtimpuls bleibt erhalten, auch wenn die kinetische Energie abnimmt.

Je größer die Impulsänderung in einer bestimmten Zeitspanne ist, desto größer ist die Kraft, die sie hervorruft:

$F = \frac{\Delta p}{\Delta t}$. ↑6

4 Impuls (Beispiel)

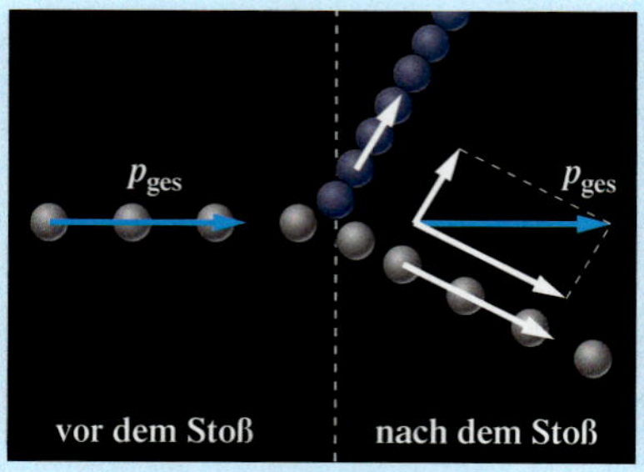

5 Impulserhaltung

6 Kraft und Impulsänderung

Wellen Bei mechanischen Wellen breiten sich Schwingungen in Materie aus. Sie können Energie übertragen, ohne dass Materie transportiert wird.
Bei transversalen Wellen ist die Ausbreitungsrichtung senkrecht zur Schwingungsrichtung der einzelnen Teilchen (*Beispiel:* Seilwellen). Bei longitudinalen Wellen sind Ausbreitungs- und Schwingungsrichtung parallel zueinander (*Beispiel:* Schallwellen).
- Die Amplitude einer sinusförmigen Welle ist ihre größte Auslenkung. ↑7
- Die Wellenlänge λ ist z. B. der Abstand zweier benachbarter Wellenberge.
- Die Frequenz f ist gleich der Frequenz der Teilchenschwingungen.
- Die Ausbreitungsgeschwindigkeit c der Welle beträgt: $c = \lambda \cdot f$.

Wenn mechanische Wellen durch eine genügend kleine Öffnung dringen, werden sie merklich gebeugt. ↑8
Interferenz ist die Überlagerung periodischer Wellen mit gleicher Frequenz. Dabei treten Bereiche auf, in denen sich die Wellen verstärken bzw. abschwächen. ↑9–↑11

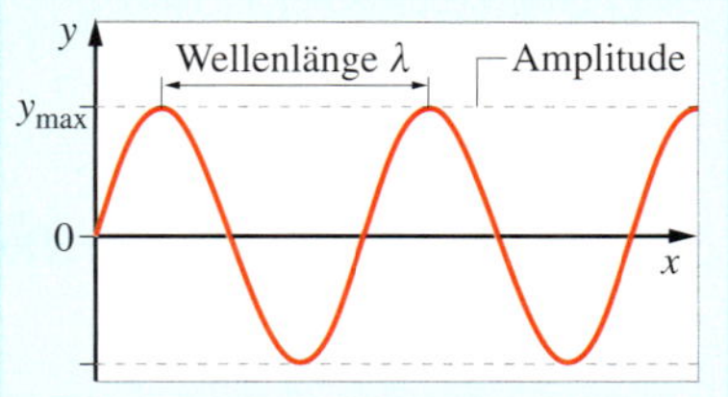

7

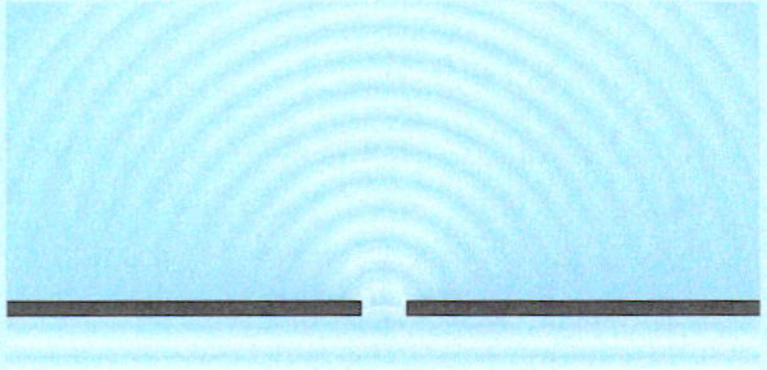
8 Beugung

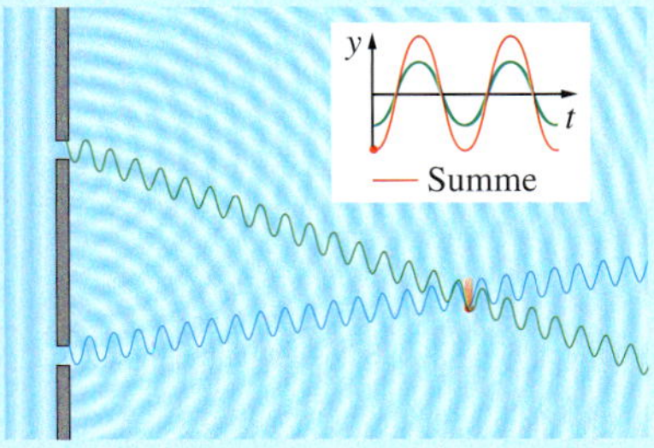

9 Verstärkung durch Interferenz

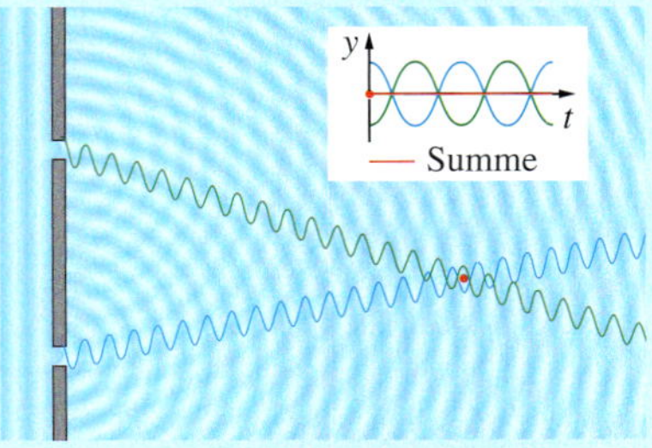

10 Auslöschung durch Interferenz

11 Blick durch eine gedachte Ebene, die parallel zur Doppelspaltebene ist

Quantenphysik Licht verhält sich bei der Interferenz am Doppelspalt wie eine Welle. ↑12 Für die Ausbreitung von Lichtwellen gilt:
$c = \lambda \cdot f$ mit $c = 2{,}997925 \cdot 10^8 \, \frac{\text{m}}{\text{s}}$.
Beim punktförmigen Belichten eines Films verhält sich Licht dagegen wie ein Strom aus einzelnen Teilchen. ↑13
Photonen sind weder Welle noch Teilchen, sondern *Quantenobjekte*. Wellenvorstellung (→ Frequenz) und Teilchenvorstellung (→ Energie) sind durch eine Gleichung verbunden:
$E_{Ph} = h \cdot f$ mit $h = 6{,}626 \cdot 10^{-34}$ Js (plancksche Konstante).
Beim Fotoeffekt überträgt jeweils ein Photon diese Energie vollständig auf ein Elektron in einer Metalloberfläche und setzt es damit frei.
Auch bei Elektronen kann man Interferenz- und Beugungserscheinungen an geeigneten Spalten beobachten. ↑14 Elektronen sind ebenfalls Quantenobjekte. Wellenvorstellung (→ Wellenlänge) und Teilchenvorstellung (→ Masse, Geschwindigkeit) sind hier durch folgende Gleichung verbunden: $\lambda = \frac{h}{m_e \cdot v}$.

12 Interferenzbild von Licht hinter einem Doppelspalt

13 Punktförmige Belichtung durch Photonen

14 Interferenzbild von Elektronen hinter einem Doppelspalt

Jedem Quantenobjekt wird eine mathematische Wahrscheinlichkeitswelle zugeordnet. Sie berücksichtigt alle möglichen Zustände des Quantenobjekts und erlaubt es, die Wahrscheinlichkeit für ein bestimmtes Verhalten zu berechnen. Durch Messung präpariert man aus den möglichen Zuständen einen heraus.
In den Atomhüllen lassen sich keine Elektronenbahnen angeben, sondern *Orbitale*, in denen sich die Elektronen mit großer Wahrscheinlichkeit aufhalten. ↑15 Die Energie der Elektronen ist von Orbital zu Orbital verschieden. Wechselt ein Elektron das Orbital, ist damit die Aufnahme oder Abgabe einer ganz bestimmten Energieportion verbunden.

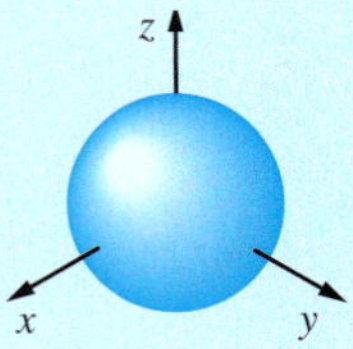

15 1 s-Orbital des Wasserstoffatoms

Lösungen der Check-up-Aufgaben

Astronomische Weltbilder (S. 46)

1 PTOLEMAIOS *und* KEPLER
PTOLEMAIOS: Die Erde steht unbeweglich im Zentrum der Welt. Die Planeten, inklusive der Sonne, umlaufen die Erde mit jeweils konstanter Geschwindigkeit auf Kreisbahnen (zum Teil auch mit zusätzlichen Kreisen). Die Fixsterne sind nicht viel weiter als etwa 18-mal der Abstand zwischen Erde und Sonne entfernt.
KEPLER: Die Sonne steht unbeweglich im Zentrum der Welt. Die Planeten umlaufen die Sonne auf Ellipsen, jeweils ein Brennpunkt dieser Ellipsen liegt in der Sonne. Die Bewegung der Planeten wird durch Kräfte verursacht. Die Fixsterne sind viel weiter entfernt als von PTOLEMAIOS gedacht.
KEPLER verzichtete auf folgende Annahmen: Die Planeten bewegen sich mit konstanter Geschwindigkeit auf Kreisbahnen um die Sonne herum. Die Kreisbewegung ist kräftefrei.

2 *Vollvenus*
Wenn die Venus nahezu als „Vollvenus" erscheint, wird sie von derselben Seite von der Sonne beschienen, wie wir von der Erde zu ihr sehen. Da sie dann am Himmel dicht neben der Sonne zu sehen ist, muss sie hinter der Sonne stehen, also weiter von der Erde entfernt sein als die Sonne. Nach dem geozentrischen Weltbild sollte aber ihre Bahn innerhalb der Sonnenbahn um die Erde verlaufen. Nach dem heliozentrischen Weltbild muss es aber gerade so sein: Wenn die Venus nahezu als „Vollvenus" erscheint, stehen sich Erde und Venus bezüglich der Sonne gegenüber.

3 *Gesetze von* KEPLER
a Verhältnis der Umlaufzeiten:
$a_V : a_E : a_M = 0{,}72 : 1 : 1{,}52 \quad {a_V}^3 : {a_E}^3 : {a_M}^3 = 0{,}37 : 1 : 3{,}51$
${T_V}^2 : {T_E}^2 : {T_M}^2 = 0{,}37 : 1 : 3{,}51 \quad T_V : T_E : T_M = 0{,}61 : 1 : 1{,}87$
b Verhältnis der Geschwindigkeiten:
$$v_V : v_E : v_M = \frac{a_V}{T_V} : \frac{a_E}{T_E} : \frac{a_M}{T_M} = 1{,}18 : 1 : 0{,}81$$
c $$\frac{{a_G}^3}{{T_G}^2} = \frac{{a_K}^3}{{T_K}^2} = 3{,}2 \cdot 10^{15}\,\frac{\text{m}^3}{\text{s}^2}$$
Achtung: Länge a in Meter und Zeit T in Sekunden umrechnen!

4 *Wie schwer sind Sonne und Erde?*
a Für alle Planeten, die die Sonne umkreisen, steht auf der rechten Seite der Gleichung die Masse der Sonne, also immer derselbe Wert. Somit hat der Quotient $\frac{a^3}{T^2}$ für alle Planeten denselben Wert. Das ist die Aussage des 3. Gesetzes von KEPLER.
b Für die Erde gilt:
$$\frac{a^3}{T^2} = \frac{1\,\text{AE}^3}{1\,\text{a}^2} = \frac{(150 \cdot 10^9\,\text{m})^3}{(365 \cdot 24 \cdot 3600\,\text{s})^2} = 3{,}39 \cdot 10^{18}\,\frac{\text{m}^3}{\text{s}^2}.$$
Für die Masse der Sonne ergibt sich daraus:
$$m_S = \frac{3{,}39 \cdot 10^{18}}{1{,}69 \cdot 10^{-12}}\,\text{kg} = 2{,}01 \cdot 10^{30}\,\text{kg}.$$
Entsprechend wird die Masse der Erde aus der Umlaufzeit (27,3 d) und dem Bahnradius ($389 \cdot 10^3$ km) des Monds berechnet:
$$\frac{a^3}{T^2} = 1{,}06 \cdot 10^{13}\,\frac{\text{m}^3}{\text{s}^2}; \quad m_E = 6{,}3 \cdot 10^{24}\,\text{kg}.$$

5 *Nahe Fixsterne?*
Bei einem Parallaxenwinkel $\gamma = 1'' = \frac{1}{3600}^\circ$ gilt für den Abstand des Sterns r (in AE) von der Erde:
$$\sin\gamma = \frac{a}{r} \quad \text{bzw.} \quad r = \frac{a}{\sin\gamma}$$
$$r = \frac{1\,\text{AE}}{\sin(1'')} \approx 0{,}2 \cdot 10^6\,\text{AE}$$
Der Abstand ist 0,2 Millionen Mal größer als der Abstand zwischen Sonne und Erde.

6 *Die Sonne – ein Kohleofen?*
a Eine Sekunde: Um eine Energie von $4 \cdot 10^{26}$ J freizusetzen, müsste folgende Menge an Kohle verbrannt werden:
$$m_{1s} = \frac{4 \cdot 10^{26}}{30 \cdot 10^6}\,\text{kg} = 13 \cdot 10^{18}\,\text{kg}.$$
Bei einer Sonnenmasse von $m_{So} = 2 \cdot 10^{30}$ kg ergibt sich daraus für die Brenndauer Δt:
$$\Delta t = \frac{2 \cdot 10^{30}}{13 \cdot 10^{18}}\,\text{s} = 1{,}5 \cdot 10^{11}\,\text{s} = 4{,}8 \cdot 10^3\,\text{a}.$$
b Die Sonne ist ungefähr 4,6 Milliarden Jahre alt („lebt" also schon rund eine Million Mal länger als der „Kohleofen" im Aufgabenteil a). Das Alter des Sonnensystems lässt sich z. B. anhand der noch vorhandenen Radioaktivität von Gesteinen aus der Frühphase des Sonnensystems bestimmen.
Im Innern der Sonne wird Energie durch Kernfusionen freigesetzt.

7 *Weltbilder im Wandel*
Beschreibung der Entwicklungsgeschichte über das geozentrische und heliozentrische zum kosmologischen Weltbild

Die Mechanik NEWTONS (S. 140)

1 *Klettermax*
a Mit $\Delta v = \frac{F}{m} \cdot \Delta t$ und dem Wechselwirkungsgesetz erhält man:
Rucksack: $\Delta v = \frac{150}{10} \cdot 0{,}2\,\frac{\text{m}}{\text{s}} = 3\,\frac{\text{m}}{\text{s}}$
Max: $\Delta v = \frac{150}{50} \cdot 0{,}2\,\frac{\text{m}}{\text{s}} = 0{,}6\,\frac{\text{m}}{\text{s}}$

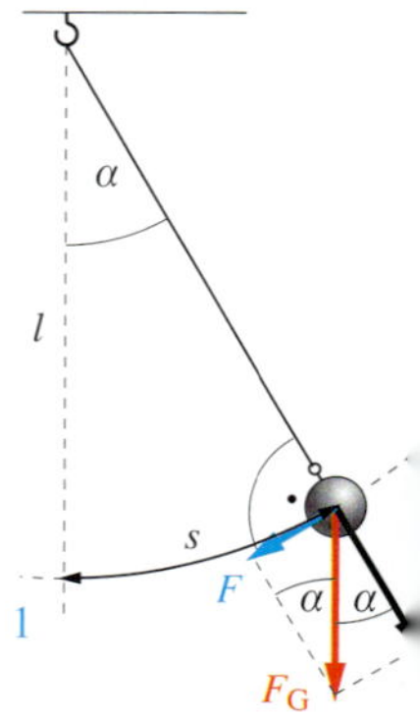

b Rücktreibende Kraft am Pendel (im Bogenmaß): ↑1
$F = -F_G \sin\alpha = -m\,g\,\sin\left(\frac{s}{l}\right)$
Für kleine Winkel gilt:
$\sin\left(\frac{s}{l}\right) \approx \frac{s}{l}.$
Man erhält eine lineare rücktreibende Kraft:
$F \approx -\frac{m\,g}{l} \cdot s.$
c Die Periodendauer T der harmonischen Schwingung des „Fadenpendels" beträgt:
$$T = 2\pi \cdot \sqrt{\frac{l}{g}}; \quad T = 2\pi \cdot \sqrt{\frac{4{,}0}{9{,}81}}\,\text{s} = 4{,}0\,\text{s}.$$
d Für harmonisch schwingende Fadenpendel gilt:
$v_{max} = \sqrt{\frac{g}{l}} \cdot x_{max}.$
Umformen nach x_{max} und Einsetzen der Zahlenwerte ergibt:
$$x_{max} = \sqrt{\frac{l}{g}} \cdot v_{max}; \quad x_{max} = \sqrt{\frac{4{,}0}{9{,}81}} \cdot 0{,}6\,\text{m} = 0{,}38\,\text{m}.$$
Winkel im Bogenmaß: $\alpha \approx \frac{0{,}38}{4{,}0} = 0{,}096$
Winkel in Grad: $\alpha \approx \frac{360^\circ}{2\pi} \cdot 0{,}096 = 5{,}5^\circ$

2 *Sprungturm*
a Zeichnung s. nächste Seite. ↑2
c Maries Anlauf ist 3 m länger. Bei einer Geschwindigkeit von $4\,\frac{\text{m}}{\text{s}}$ springt sie also 0,75 s später ab.
Flugzeit: $\Delta h = -\frac{g}{2} \cdot t^2; \quad t = \sqrt{\frac{2 \cdot \Delta h}{g}}; \quad t = \sqrt{\frac{16}{10}}\,\text{s} = 1{,}26\,\text{s}$
Sprungweite: $x_W = v_x \cdot t; \quad x_W = 4 \cdot 1{,}26\,\text{m} = 5{,}0\,\text{m}$
d Lea müsste beim Sprung immer senkrecht nach oben blicken.
e Lea taucht nach 1,26 s ins Wasser ein. Marie springt 0,75 s später ab, ihre Fallzeit bis zu Leas Eintauchen beträgt also 0,51 s.
Maries Falltiefe: $\Delta h = -\frac{g}{2} \cdot t^2; \quad \Delta h = -5 \cdot 0{,}51^2\,\text{m} = -1{,}3\,\text{m}$
Sie befindet sich also noch 6,7 m über dem Wasser.

3 *Unfall im All*

a Der Austronaut sollte das Werkzeug in Gegenrichtung zum Raumschiff von sich wegschleudern. Dadurch erhält er selbst eine Geschwindigkeit in Richtung Raumschiff.
Nach dem Impulserhaltungssatz ist sein Impuls genauso groß wie der des Werkzeugs, aber entgegengesetzt gerichtet.

b *Mit dem Wechselwirkungsgesetz:*

$F_{\text{As}} = -F_{\text{We}}$ bzw. $m_{\text{As}} \cdot a_{\text{As}} = -m_{\text{We}} \cdot a_{\text{We}}$

$m_{\text{As}} \cdot \frac{\Delta v_{\text{As}}}{\Delta t} = -m_{\text{We}} \cdot \frac{\Delta v_{\text{We}}}{\Delta t}$

Zuvor sind beide in Ruhe. Daher gibt Δv_{As} die Endgeschwindigkeit des Astronauten an, Δv_{We} die des Werkzeugs. Die Wechselwirkungsdauer Δt ist für beide gleich groß. Also gilt:

$v_{\text{As}} = -m_{\text{We}} \cdot \frac{\Delta v_{\text{We}}}{m_{\text{As}}}$.

Für die Zeit bis zum Erreichen des Raumschiffs erhält man:

$t = \frac{\Delta s}{v_{\text{As}}} = \Delta s \cdot \frac{m_{\text{As}}}{-m_{\text{We}} \cdot \Delta v_{\text{We}}}$.

Einsetzen der Werte ergibt: $t = 6 \cdot \frac{100}{2 \cdot 5}\,\text{s} = 60\,\text{s}$.

Der Astronaut erreicht die Luke noch rechtzeitig.

Mit dem Impulserhaltungssatz:
Vor dem Wurf sind die Geschwindigkeiten und der Gesamtimpuls von Astronaut und Werkzeug gleich null.
Folglich gilt nach dem Wurf:

$0\,\text{Ns} = m_{\text{As}} \cdot v_{\text{As}} + m_{\text{We}} \cdot v_{\text{We}}$ bzw. $v_{\text{As}} = -m_{\text{We}} \cdot \frac{\Delta v_{\text{We}}}{m_{\text{As}}}$.

Die weitere Rechnung verläuft wie oben.

4 *Drehscheibe*

Auf der Drehscheibe ist die Winkelgeschwindigkeit ω für alle Punkte gleich groß. Innere Punkte haben eine kleinere, äußere eine größere Bahngeschwindigkeit $v = \omega \cdot R$. Daher bietet sich für die Zentripetalkraft die Beziehung $F_Z = m \cdot \omega^2 \cdot R$ an. Die Zentripetalkraft nimmt nach außen hin zu. Daher muss man sich weiter außen auf der Drehscheibe stärker festhalten.
Bei der Kurvenfahrt wendet man die Gleichung $F_Z = \frac{m \cdot v^2}{R}$ an, weil man stillschweigend beim Vergleich von der gleichen Bahngeschwindigkeit ausgeht, mit der man in die Kurve fährt! Dann wird F_Z mit kleinerem Radius tatsächlich größer. Würde man mit der gleichen Winkelgeschwindigkeit in die engere Kurve fahren, wäre man langsamer und die Zentripetalkraft wäre kleiner.

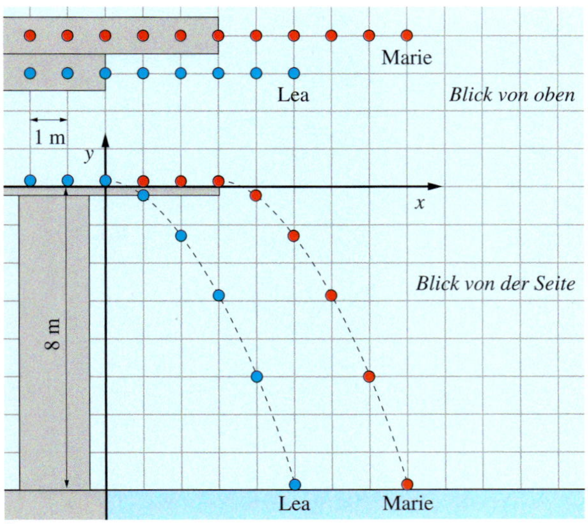

2

Wellenlehre und Einblick in die Quantenphysik (S. 180)

1 *Schall*

a Die schwingende Lautsprechermembran bewirkt in der angrenzenden Luftschicht abwechselnd Verdichtungen und -verdünnungen, die sich mit Schallgeschwindigkeit ausbreiten. Das Ohr nimmt sie als Schall wahr.

b $c = \lambda \cdot f$; $\lambda = \frac{c}{f}$

Luft: $\lambda = 17\,\text{mm}$ bis $21\,\text{m}$; Wasser: $\lambda = 74\,\text{mm}$ bis $93\,\text{m}$

c In der Mitte ist der Ton laut zu hören, wird dann nach außen hin leiser, schwillt wieder an, wird leiser …
Die Schallwellen von beiden Lautsprechern überlagern sich. Der Weg zur mittleren Hörposition ist für beide Schallwellen gleich lang, sodass es zur Verstärkung durch Interferenz kommt. Geht der Hörer zur Seite, unterscheiden sich die Wege irgendwann um eine halbe Wellenlänge: Abschwächung durch Interferenz. Geht der Hörer noch weiter, unterscheiden sich die Schallwege irgendwann um eine Wellenlänge: Verstärkung durch Interferenz.

2 *Hightech-Taschenlampe*

a Der Laserpointer strahlt eine Energie von $3 \cdot 10^{-3}\,\text{J}$ je Sekunde ab.

b Die Energie eines Photons beträgt:

$E_{\text{ph}} = \frac{h \cdot c}{\lambda}$; $E_{\text{ph}} = \frac{6{,}626 \cdot 10^{-34} \cdot 2{,}997\,925 \cdot 10^8}{651 \cdot 10^{-9}}\,\text{J} = 3{,}05 \cdot 10^{-19}\,\text{J}$.

Anzahl der Photonen in einer Sekunde: $N = \frac{3 \cdot 10^{-3}}{3{,}05 \cdot 10^{-19}} \approx 1 \cdot 10^{16}$

Die Farbe des Laserlichts ist orangerot.

c Bei günstigen Bedingungen beträgt die von der Sonne in einer Sekunde auf $1\,\text{mm}^2$ eingestrahlte Energie:

$E = 1 \cdot 10^3\,\frac{\text{J}}{\text{m}^2} \cdot 10^{-9}\,\text{m}^2 = 1 \cdot 10^{-6}\,\text{J}$.

Die vom Laserpointer auf $1\,\text{mm}^2$ eingestrahlte Energie ist rund 3000-mal so hoch!

3 *Doppelspalt*

a Farbtröpfchen verhalten sich wie „klassische“ Teilchen. Bei zwei genügend weit voneinander entfernten Spalten ergeben sich zwei Farbstreifen. Ist ein Spalt geschlossen, entsteht nur ein Streifen. Photonen und Elektronen sind Quantenobjekte und zeigen hier eine Welleneigenschaft: Auf dem Beobachtungsschirm entstehen Interferenzstreifen. Sie verschwinden, wenn ein Spalt geschlossen wird.

b Zunächst wird v mithilfe der kinetischen Energie berechnet:

$E_{\text{kin}} = 50\,\text{keV} = 8{,}0 \cdot 10^{-15}\,\text{J}$

$E_{\text{kin}} = \frac{1}{2} m \cdot v^2$; $v = \sqrt{\frac{2\,E_{\text{kin}}}{m}}$; $v = \sqrt{\frac{2 \cdot 8{,}0 \cdot 10^{-15}}{9{,}1 \cdot 10^{-31}}}\,\frac{\text{m}}{\text{s}} = 1{,}3 \cdot 10^8\,\frac{\text{m}}{\text{s}}$

$\lambda = \frac{h}{m \cdot v}$; $\lambda = 5{,}6 \cdot 10^{-12}\,\text{m}$

Interferenzbild ähnlich wie Bild 8 auf Seite 178.

Ausblick: $\Delta s_1 = b \cdot \sin \alpha_1 = 1 \cdot \lambda$

$\sin \alpha_1 = \frac{\lambda}{b}$; $\sin \alpha_1 = \frac{5{,}6 \cdot 10^{-12}}{0{,}1 \cdot 10^{-6}} = 56 \cdot 10^{-6}$; $\alpha_1 = 0{,}0032°$

$\Delta s_1 = 0{,}40\,\text{m} \cdot \tan(0{,}0032°) = 22\,\mu\text{m}$

4 *Ein Objekt, zwei Eigenschaften*

a Bei einem Quantenobjekt, das einen Doppelspalt passiert, kann es zur Interferenz kommen: Wo das Objekt auf dem Beobachtungsschirm hinter dem Doppelspalt auftreffen wird, kann nur mit einer berechenbaren Wahrscheinlichkeit angegeben werden. Auf dem Schirm ruft das Objekt eine punktförmige Schwärzung hervor (Teilcheneigenschaft).

b Die Elektronen werden gebeugt, wenn die Öffnung in der Größenordnung der Wellenlänge liegt (Rechnungen wie bei 3b):

$E_{\text{kin}} = 2\,\text{keV} = 3{,}2\;10^{-16}\,\text{J}$; $v = 27 \cdot 10^6\,\frac{\text{m}}{\text{s}}$; $\lambda = 2{,}7 \cdot 10^{-11}\,\text{m}$.

c Die Wellenlänge nimmt ab, weil die Masse zunimmt: $\lambda = \frac{h}{m \cdot v}$.

Tabellen

Größe	Symbol	Einheit		Weitere Einheiten	
Länge	l	1 Meter	1 m	1 Seemeile	1 sm = 1,852 km
Masse	m	1 Kilogramm	1 kg	1 Gramm	1 g = 0,001 kg
				1 Tonne	1 t = 1000 kg
Dichte	ϱ	1 Kilogramm pro Kubikmeter	$1\,\frac{kg}{m^3}$		
Zeit	t	1 Sekunde	1 s	1 Minute	1 min = 60 s
				1 Stunde	1 h = 60 min = 3600 s
Geschwindigkeit	v	1 Meter pro Sekunde	$1\,\frac{m}{s}$	1 Kilometer pro Stunde	$1\,\frac{m}{s} = 3{,}6\,\frac{km}{h}$
Beschleunigung	a	1 Meter pro Sekunde zum Quadrat	$1\,\frac{m}{s^2}$		
Kraft	F	1 Newton	1 N		
Impuls	p	1 Kilogramm mal Meter pro Sekunde	$1\,kg \cdot \frac{m}{s}$		
Druck	p	1 Pascal	1 Pa	1 bar	$1\,bar = 10^5\,Pa = 10\,\frac{N}{cm^2}$
Temperatur	T	1 Kelvin	1 K		
	ϑ	1 Grad Celsius	1 °C		
Energie	E	1 Joule	1 J	1 Kilowattstunde	1 kWh = 3,6 MJ
				1 Elektronvolt	$1\,eV = 1{,}6022 \cdot 10^{-19}\,J$
Leistung	P	1 Watt	1 W		
Elektrische Ladung	Q	1 Coulomb	1 C	1 Elementarladung	$e = 1{,}6022 \cdot 10^{-19}\,C$
Elektrische Stromstärke	I	1 Ampere	1 A		
Elektrische Spannung	U	1 Volt	1 V		
Elektrischer Widerstand	R	1 Ohm	1 Ω		
Aktivität	A	1 Becquerel	1 Bq		
Energiedosis	D	1 Gray	1 Gy		
Äquivalentdosis	H	1 Sievert	1 Sv		

1 Auswahl physikalischer Größen und ihrer Einheiten

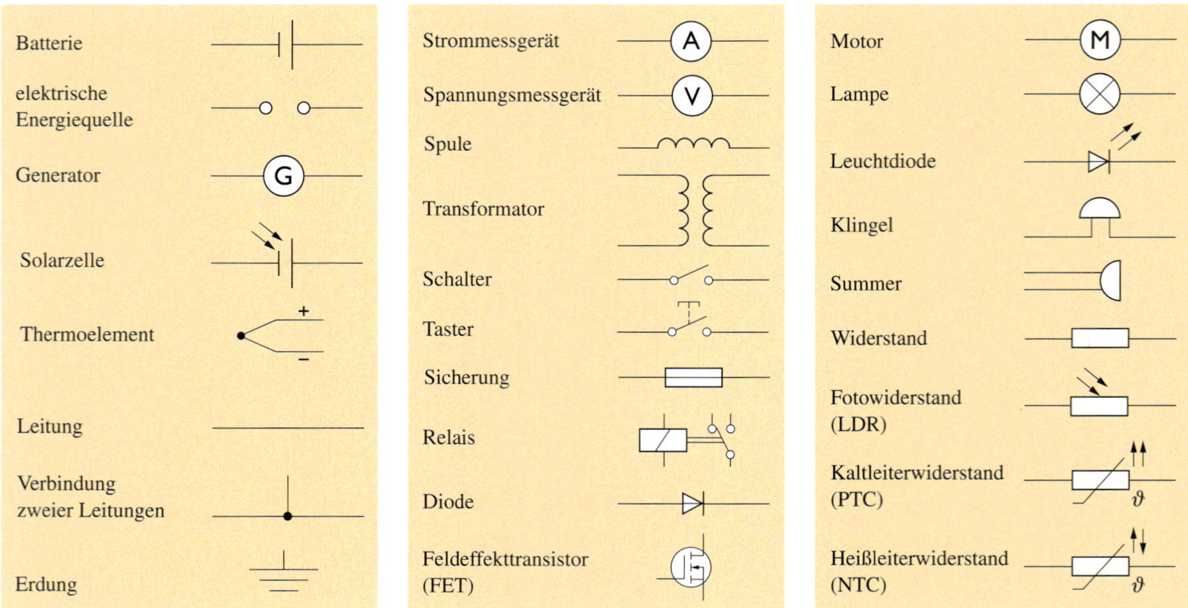

2 Einige Schaltzeichen

Größe	Formelzeichen	Wert
Vakuumlichtgeschwindigkeit	c	$299\,792\,458\,\frac{m}{s}$
Gravitationskonstante	G*	$6{,}6726 \cdot 10^{-11}\,N\frac{m^2}{kg^2}$
plancksche Konstante	h	$6{,}626075 \cdot 10^{-34}\,J\,s$
Elementarladung	e	$1{,}6021773 \cdot 10^{-19}\,C$
atomare Masseneinheit	u	$1{,}660540 \cdot 10^{-27}\,kg$
Ruhemasse des Protons	m_p	$1{,}672623 \cdot 10^{-27}\,kg$
Ruhemasse des Neutrons	m_n	$1{,}674929 \cdot 10^{-27}\,kg$
Ruhemasse des Elektrons	m_e	$9{,}109390 \cdot 10^{-31}\,kg$

3 Auswahl physikalischer Konstanten

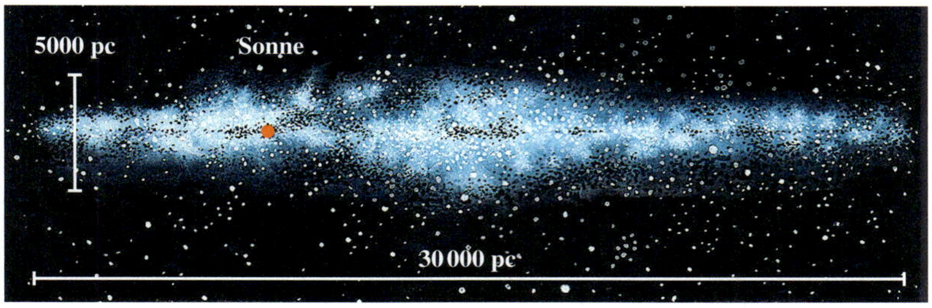

4 Schematischer Schnitt durch Scheibe und Zentralgebiet der Milchstraße

Astronomische Einheit 1 AE = $149{,}6 \cdot 10^6$ km
Lichtjahr 1 Lj = $9{,}467 \cdot 10^{12}$ km
Parsec 1 pc = $30{,}857 \cdot 10^{12}$ km

5 Längeneinheiten in der Astronomie

Durchmesser der diskusähnlichen Scheibe	30 000 pc
Dicke in den Randgebieten	1000 pc
Dicke im zentralen Kern	5000 pc
Mittlere Dichte	$\approx 10^{-23}\,\frac{g}{cm^3}$
Abstand der Sonne vom Zentrum der „Scheibe“	≈ 10 000 pc ≈ 32 600 Lj
Zeit für einen Umlauf der Sonne um das Zentrum	$\approx 250 \cdot 10^6$ a
Umlaufgeschwindigkeit der Sonne um das Zentrum	$\approx 250\,\frac{km}{s}$
Mit bloßem Auge sichtbare Sterne	≈ 6000
Gesamtanzahl der Sterne	$\approx 100 \cdot 10^9$

6 Einige Daten unseres Milchstraßensystems (Galaxis)

Planet	Mittlere Bahngeschwindigkeit in $\frac{km}{s}$	Mittlere Entfernung von der Sonne in 10^6 km	Äquatordurchmesser in km	Masse in Erdmassen	Mittlere Dichte in $\frac{g}{cm^3}$
Merkur	47,8	57,9	4 878	0,06	5,43
Venus	35,03	108,2	12 104	0,82	5,24
Erde	29,79	149,6	12 756	1	5,52
Mars	24,13	227,9	6 794	0,11	3,93
Jupiter	13,06	778,3	143 600	317,9	1,31
Saturn	9,64	1427	120 000	95,15	0,69
Uranus	6,81	2869,6	50 800	14,54	1,3
Neptun	5,43	4496,7	49 500	17,20	1,71

7 Planeten unseres Sonnensystems

1 Volumenverhältnisse im Sonnensystem (Abstände nicht maßstabsgerecht)

Größe	Formelzeichen	Wert
Radius	r_S	700 000 km = 109 Erdradien
Volumen	V_S	$1{,}414 \cdot 10^{18}\,km^3$ $= 1{,}3 \cdot 10^6\,V_E$
Masse	m_S	$2 \cdot 10^{30}\,kg$ $= 3{,}35 \cdot 10^5\,m_E$
Mittlere Dichte	ϱ_S	$1{,}41\,\frac{g}{cm^3} = 0{,}26\,\varrho_E$
Fallbeschleunigung an der Oberfläche	g_S	$274\,\frac{m}{s^2} = 27{,}94\,g_n$
Oberflächentemperatur	T	≈ 5800 K

2 Einige Daten zur Sonne

Größe	Formelzeichen	Wert
Radius am Äquator	$r_Ä$	6378 km
Radius am Pol	r_P	6357 km
Volumen	V_E	$1{,}083 \cdot 10^{12}\,km^3$
Masse	m_E	$5{,}976 \cdot 10^{24}\,kg$
Mittlere Dichte	ϱ_E	$5{,}52\,\frac{g}{cm^3}$
Normfallbeschleunigung	g_n	$9{,}80665\,\frac{m}{s^2}$
Luftdruck in Meereshöhe (Normdruck)	p_n	101,3 kPa
Mittlere Entfernung von der Sonne	r_{SE}	$149{,}6 \cdot 10^6\,km = 1\,AE$
Mittlere Bahngeschwindigkeit	v_E	$29{,}79\,\frac{km}{s}$
Umlaufzeit (siderisch) um die Sonne	T_{sid}	365,26 d

3 Einige Daten zur Erde

Größe	Formelzeichen	Wert
Mittlere Entfernung von der Erde	r_{ME}	384 400 km ≈ 60,3 Erdradien
Radius	r_M	1738 km ≈ 0,2725 Erdradien
Volumen	V_M	$2{,}192 \cdot 10^{10}\,km^3$ $\approx 0{,}02\,V_E$
Masse	m_M	$7{,}35 \cdot 10^{22}\,kg$ $= 0{,}0123\,m_E$
Mittlere Dichte	ϱ_M	$3{,}34\,\frac{g}{cm^3} = 0{,}61\,\varrho_E$
Fallbeschleunigung an der Oberfläche	g_M	$1{,}62\,\frac{m}{s^2} = 0{,}165\,g_n$
Mittlere Bahngeschwindigkeit	v_M	$1{,}02\,\frac{km}{s}$
Bahnneigung gegen die Erdbahn		5° 8′43″
Umlaufzeit (siderisch) um die Erde	T_{sid}	27,322 d

4 Einige Daten zum Mond

Doppelschrittverfahren

Die Grundidee dieses Iterationsverfahrens ist recht einfach:

- In jedem Zeitschritt berechnet man die neue Geschwindigkeit aus der Beschleunigung, die voraussichtlich in der Mitte des Zeitschritts herrscht.
- In jedem Zeitschritt berechnet man den neuen Ort aus der Geschwindigkeit, die voraussichtlich in der Mitte des Zeitschritts auftritt.

Allerdings ist die Umsetzung dieser Idee gar nicht so einfach. Es müssen entweder Zwischenschritte eingebaut werden oder man springt beim Rechnen in „Doppelschritten" um 2 Δt voran. ↑5

Zur Berechnung reicht beim Doppelschrittverfahren die Vorgabe von Ort und Geschwindigkeit in der „nullten" Zeile (x_0; v_0; a_0) nicht aus. Auch in der ersten Zeile müssen sie bekannt sein. Dazu kann man z. B. die erste Zeile mit dem bisher verwendeten einfachen Verfahren berechnen. ↑6 Die harmonische Schwingung eines Federpendels wird auf diese Weise viel besser angenähert als mit dem einfachen Iterationsverfahren. ↑7↑8 237-1

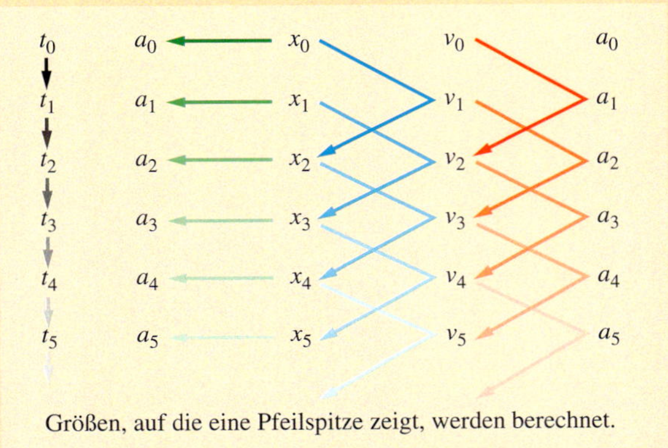

Grüne Pfeile

a_0 aus x_0 berechnen: $a_0 = -\frac{k}{m} \cdot x_0$

a_1 aus x_1 berechnen: $a_1 = -\frac{k}{m} \cdot x_1$

…

a_n aus x_n berechnen: $a_n = -\frac{k}{m} \cdot x_n$

Rote Pfeile

v_2 aus v_0 und a_1 berechnen: $v_2 = v_0 + a_1 \cdot 2\,\Delta t$

v_3 aus v_1 und a_2 berechnen: $v_3 = v_1 + a_2 \cdot 2\,\Delta t$

…

$v_{n+2} = v_n + a_{n+1} \cdot 2\,\Delta t$

Blaue Pfeile

x_2 aus x_0 und v_1 berechnen: $x_2 = x_0 + v_1 \cdot 2\,\Delta t$

x_3 aus x_1 und v_2 berechnen: $x_3 = x_1 + v_2 \cdot 2\,\Delta t$

…

$x_{n+2} = x_n + v_{n+1} \cdot 2\,\Delta t$

5 Doppelschrittverfahren (schematisch) für ein Federpendel

	A	B	C	D
1	**Δt in s**	**m in kg**	**k in N/m**	
2	0,01	0,5	25	
3				
4	**t in s**	**v in m/s**	**x in m**	**a in m/s^2**
5	0	0	1	=-C$2/B$2*C5
6	=A5+A$2	=B5+D5*A$2	=C5+(B5+B6)/2*A$2	=-C$2/B$2*C6
7	=A6+A$2	=B5+D6*2*A$2	=C5+B6*2*A$2	=-C$2/B$2*C7
8	=A7+A$2	=B6+D7*2*A$2	=C6+B7*2*A$2	=-C$2/B$2*C8
9	=A8+A$2	=B7+D8*2*A$2	=C7+B8*2*A$2	=-C$2/B$2*C9

Berechnung in der „nullten" Zeile (Zeile 5):

$a_0 = -\frac{k}{m} \cdot x_0$

Berechnungen in der „ersten" Zeile (Zeile 6) einfach:

$v_1 = v_0 + a_0 \cdot \Delta t;\ x_1 = x_0 + \frac{1}{2}(v_0 + v_1) \cdot \Delta t;\ a_1 = -\frac{k}{m} \cdot x_1$

Berechnungen in der Zeile 7 mit Doppelschritten:

$v_2 = v_0 + a_1 \cdot 2\,\Delta t;\ x_2 = x_0 + v_1 \cdot 2\,\Delta t;\ a_2 = -\frac{k}{m} \cdot x_2$

Dann Zeile 7 nach unten ziehen …

6 Rechenblatt für ein Federpendel

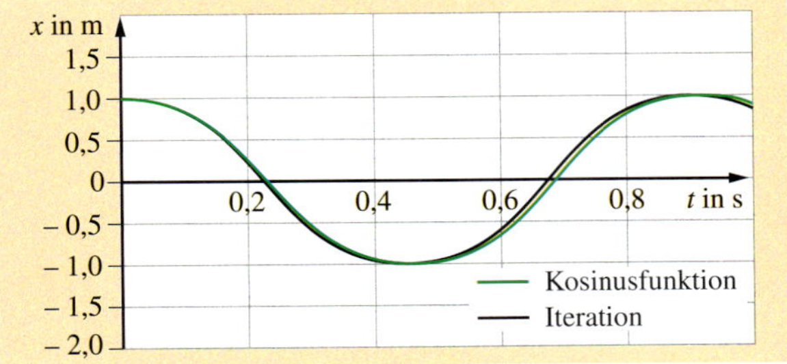

7 Doppelschrittverfahren: Vergleich mit Kosinusfunktion

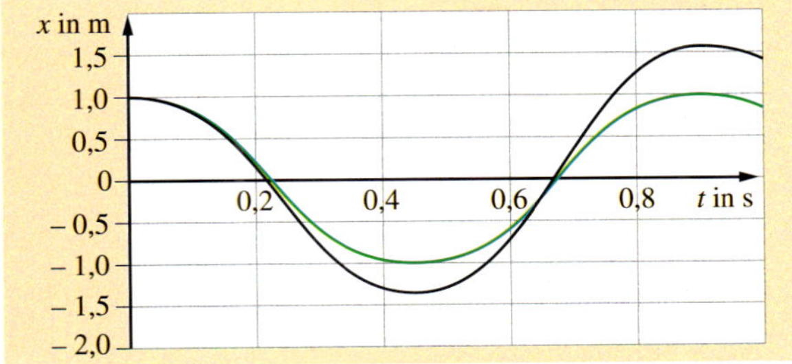

8 Einfache Iteration: Vergleich mit Kosinusfunktion

Periodensystem der Elemente

Ordnungszahl → 7 14,007 ← Atommasse
N ← Symbol
Name → Stickstoff

Die Atommassen in eckigen Klammern beziehen sich auf das längstlebige gegenwärtig bekannte Isotop des betreffenden Elements.

Periode	1 I. Hauptgruppe	2 II. Hauptgruppe	3 III. Nebengruppe	4 IV. Nebengruppe	5 V. Nebengruppe	6 VI. Nebengruppe	7 VII. Nebengruppe	8 VIII. Nebengruppe	9 VIII. Nebengruppe
1	1 1,008 H Wasserstoff								
2	3 6,94 Li Lithium	4 9,01 Be Beryllium							
3	11 22,99 Na Natrium	12 24,31 Mg Magnesium							
4	19 39,10 K Kalium	20 40,08 Ca Calcium	21 44,96 Sc Scandium	22 47,88 Ti Titanium	23 50,94 V Vanadium	24 51,996 Cr Chrom	25 54,94 Mn Mangan	26 55,85 Fe Eisen	27 58,93 Co Cobalt
5	37 85,47 Rb Rubidium	38 87,62 Sr Strontium	39 88,91 Y Yttrium	40 91,22 Zr Zirconium	41 92,91 Nb Niob	42 95,94 Mo Molybdän	43 [98] Tc* Technetium	44 101,07 Ru Ruthenium	45 102,91 Rh Rhodium
6	55 132,91 Cs Caesium	56 137,33 Ba Barium	57 bis 71 La–Lu	72 178,49 Hf Hafnium	73 180,95 Ta Tantal	74 183,84 W Wolfram	75 186,21 Re Rhenium	76 190,23 Os Osmium	77 192,22 Ir Iridium
7	87 [223] Fr* Francium	88 226,03 Ra* Radium	89 bis 103 Ac*–Lr*	104 [261] Rf* Rutherfordium	105 [262] Db* Dubnium	106 [266] Sg* Seaborgium	107 [264] Bh* Bohrium	108 [267] Hs Hassium	109 [268] Mt* Meitnerium

Elemente der Lanthanreihe

zu 6	57 138,91 La Lanthan	58 140,12 Ce Cer	59 140,91 Pr Praeseodym	60 144,24 Nd Neodym	61 [145] Pm* Promethium	62 150,36 Sm Samarium

Elemente der Actiniumreihe

zu 7	89 227 Ac* Actinium	90 232,04 Th* Thorium	91 231,04 Pa* Protactinium	92 238,03 U* Uran	93 [237] Np* Neptunium	94 [244] Pu* Plutonium

Metall	Halbmetall
Nichtmetall	Edelgas

schwarz: Feststoff
hellblau: Flüssigkeit
rot : Gas
weiß : künstliches Element
* : radioaktives Element

								18 VIII. Hauptgruppe
			13 III. Hauptgruppe	14 IV. Hauptgruppe	15 V. Hauptgruppe	16 VI. Hauptgruppe	17 VII. Hauptgruppe	2 4,003 He Helium
			5 10,81 B Bor	6 12,01 C Kohlenstoff	7 14,007 N Stickstoff	8 15,999 O Sauerstoff	9 18,998 F Fluor	10 20,18 Ne Neon
10 VIII. Nebengruppe	11 I. Nebengruppe	12 II. Nebengruppe	13 26,98 Al Aluminium	14 28,09 Si Silicium	15 30,97 P Phosphor	16 32,07 S Schwefel	17 35,45 Cl Chlor	18 39,95 Ar Argon
28 58,69 Ni Nickel	29 63,55 Cu Kupfer	30 65,39 Zn Zink	31 69,72 Ga Gallium	32 72,61 Ge Germanium	33 74,92 As Arsen	34 78,96 Se Selen	35 79,90 Br Brom	36 83,80 Kr Krypton
46 106,42 Pd Palladium	47 107,87 Ag Silber	48 112,41 Cd Cadmium	49 114,82 In Indium	50 118,71 Sn Zinn	51 121,76 Sb Antimon	52 127,60 Te Tellur	53 126,90 I Iod	54 131,29 Xe Xenon
78 195,08 Pt Platin	79 196,97 Au Gold	80 200,59 Hg Quecksilber	81 204,38 Tl Thallium	82 207,2 Pb Blei	83 208,98 Bi Bismut	84 [209] Po Polonium	85 [210] At* Astat	86 [222] Rn* Radon
110 [271] Ds* Darmstadtium	111 [272] Rg* Roentgenium	112 [272] Uub* Ununbium	113 [284] Uut* Ununtrium	114 [289] Uuq* Ununquadium	115 [288] Uup* Ununpentium	116 [291] Uuh* Ununhexium	117 Uus* Ununseptium	118 [294] Uuo* Ununoctium

63 151,97 Eu Europium	64 157,25 Gd Gadolinium	65 158,93 Tb Terbium	66 162,50 Dy Dysprosium	67 164,93 Ho Holmium	68 167,26 Er Erbium	69 168,93 Tm Thulium	70 173,04 Yb Ytterbium	71 174,97 Lu Lutetium

95 [243] Am* Americium	96 [247] Cm* Curium	97 [247] Bk* Berkelium	98 [251] Cf* Californium	99 [252] Es* Einsteinium	100 [257] Fm* Fermium	101 [258] Md* Mendelevium	102 [259] No* Nobelium	103 [262] Lr* Lawrencium

Register

Abbildungsverzeichnis

© 2008 The M.C. Escher Company-Holland. All rights reserved.: 215.1; A1PIX Ltd.: 190.2, 193.5, 195.5; ADAC, München: 58.1; AKG, Berlin: 24.2, vorderer Vorsatz (Hintergrund); argus/Frischmuth: 192.1; **Astrofoto**: 15.3, Numazawa 8.2, 156.3, Schoofs 22.1; aus: Möllenstedt, G. & Düker, H., 1956, Beobachtungen und Messungen an Biprisma-Interferenzen mit Elektronenwellen. Zeitschrift der Physik Bd. 145, S. 377–397 (1956): 171.10; aus: „What the bleep do we know?“, © 2004 Lord of the Wind Films, LLC – All Rights reserved: 172.1; aus: ww2010.atmos.uiuc.edu: 126.1+2; Backhaus, U., Essen: 45.7; Benefon, Salo (Finnland): 53.5 (Handy); Bildagentur Geduldig: 109.5; Bodmer, O., München: 194.1; **Bridgeman Art Library**: 25.3, Museum of Modern Art, New York 32.1, Staatliche Museen, Berlin 48.1; British Museum, London: 10.1, vorderer Vorsatz (Keilschrifttabelle); CDC/Gathany: 166.2; **Corbis**: 68,3, 181.1, Murray/Star Ledger 182.1, NASA/Ressmayer 68.2, 196.4; DaimlerChrysler: 61.7, 65.2, 66.5+7, 230.4+6; Dartmouth College, Hanover, USA: 170.2; ddp/Millauer: 58.2; Deutsches Museum, München: 23.4, 33.3, 36.1+3, 88.1, 127.4; DLR: 150.2; Earth Simulator Center, Yokohama: 82.0; Eggert, F., Berlin: 166.3; Enercon, Aurich: 116.1; esa: 47.1, 53.5 (GPS), 196.2 (Sojus, Spaceshuttle, Ariane); eso: 36.4, 39.4; Europapark Rust: 124.1, 185.4; Reinhard, B., Ursberg: 193.6+8; **Getty Images**: Grandadam 210.1, popperfoto.com 49.4; GNU/Scheer: 186.1; GNU/techcollector: 142.3; Goscinny/Uderzo, Paris: 114.1; Hobscheid, E., Paderborn: 182.3; iba AG, Fürth: 188.2; IBM: 83.3, 141.1, 170.3, 174.1, 176.0; Incorporated Research Institutions for Seismology, Washington, USA: 147.6; **iStockphoto.com**: 300dpi 114.3, Cathy Keifer 85.5 (Schmetterling), Eric Hood 150.3, forestpath 206.1, Frank de Meyer 104.2, Garret Bautista 86.2, Joe Gough 49.3, manfredxy 196.2 (Frauenkirche), Michael Chen 49.5, rphotos 86.1, Sabrina dei Nobili 52.0, Slawomir Jastrzebski 142.1, tcp 101.3; Jönsson, C., Tübingen: 168.8, 178.6, 231.14; Kirstein, TU Berlin: 108.3; Landesamt für Denkmalpflege und Archäologie Sachsen-Anhalt/Juraj Lipták: 8.1; Lawrence Livermore National Laboratory: 83.2; Lichtenberger, J., Fahren: 150.1, 156.2, 158.1+3, 178.6, 231.12; Max-Planck-Institut für extraterrestrische Physik, Garching: 137.4; Miele, Gütersloh: 125.4; Muthsam, K., Fuchstal: 157.5+6; **NASA**: 7.1, 9.4, 28.2, 37.6, 70.1, 125.6+7, 126.3, 128.3, 130.2, 133.3, 196.1+2 (Saturn V), 201.5, 236.1, hinterer Vorsatz (alle), esa/Bolton/SLACS 165.3, esa/Sankrit/Blair 137.3, JPL 9.0+135.3+136.0, MSFC 202.3, PM-RF/Galante 156.1, STScI: 40.2+3+41.6, WMAP Science Team 40.4, NOAA: 85.5 (Satellitenbild); Okapia/Otto: 114.2; picture alliance/united archives: 18.3; picture-alliance: 56.2; picture-alliance/akg-images/Lessing: 9.5, 23.3, 26.3; picture-alliance/dpa: 16.1, 24.1, 101.4, 104.1, 118.1+2, 123.5+8, 133.6, 142.2, 194.2, 206.2, 210.2, vorderer Vorsatz (Kopernikus); picture-alliance/kpa: 35.4, vorderer Vorsatz (Sonnensystem); picture-alliance/ZB: 133.5, 206.3; PIXELIO/VGMeril: 192.3; REUTERS/Fayaz Kabli: 182.2; Robert Austin/Lyman Page, Princeton University: 158.2, 178.7, 231.13; Salvador Dalí, Fundació Gala-Salvador Dalí/VG Bild-Kunst, Bonn 2008/THE BRIDGEMAN ART LIBRARY: 176.2; Sander, P., Dachau: 188.1, 190.1, 191.4–7, 195.4; Science Museum/Science & Society Picture Library, London: 34.3; Silvestris, Kastl: 183.6, 206.4; Slawik/Reichert: Atlas der Sternbilder: 15.2; Sony: 216.0; **SPL/Focus**: 29.5, 170.5, Burgess 35.6, Charmet 28.1, Cuthbert 48.2, Garlick 38.2, Gschmeissner 212.1+4, Laguna Design 166.1, Marten 38.1 (Antennen), NASA/WMAP Science Team 42.2, NOAO 37.7+45.5, Roberts 212.2, Scagell 38.1 (Jocelyn Bell), Terry 22.2; Sportimage: 56.1; Tatja van Vark/Mark Vogt: 16.2, vorderer Vorsatz (Mechanismus); Thanner, A., Weilheim: 202.1; Trekstor: 114.5; US Air Force: 68.1; VG Bild-Kunst, Bonn 2008/THE BRIDGEMAN ART LIBRARY: 176.1; virgingalactic: 196.3; Westend61/Faltermaier: 106.2; **WILDLIFE**: Visage 106.1, Cole 200.1; nolimitscoaster.com: 184.1, 186.2+3

Titelbild: Composit aus X-ray: NASA/CXC/CfA/M.Markevitch et al.; Optical: NASA/STScI; Magellan/U.Arizona/D.Clowe et al.; Lensing Map: NASA/STScI; ESO WFI; Magellan/U.Arizona/D.Clowe et al.

Alle anderen Fotos: Cornelsen, Berlin (Auftragsfotos: Bild Art/Volker Döring, Hohen Neuendorf; Fotostudio Mahler, Berlin)

Die Vertreibung des Menschen aus der Mitte der Welt Bis in die Neuzeit war die Erde das ruhende Zentrum der Welt. Sie schien als etwas Besonderes geschaffen worden zu sein, um den Menschen eine Heimat zu sein. Seit der kopernikanischen Revolution ist die Erde eine sich drehende Kugel, die zusammen mit anderen Planeten die Sonne umläuft. Seit dem 18. Jahrhundert ist bekannt, dass auch die Sonne nicht der Mittelpunkt des Weltalls ist. Sie ist nur einer von unzählig vielen Sternen, die unser Milchstraßensystem bilden und dessen Zentrum umkreisen.
Und heute wissen wir: Unsere Galaxis ist nur ein „Atom im Gas“ der unzählig vielen Galaxien des Universums, das schon viel länger existiert, als es Menschen gibt, und sich weiterentwickeln wird, auch wenn auf der Erde alles Leben schon längst erloschen sein wird.

Gravitationslinsen Manch eine sehr weit entfernte Galaxie scheint gleichzeitig an verschiedenen Himmelsorten zu stehen. Ein Teil ihres Lichts wird z. B. durch die große Masse einer dazwischenliegenden Galaxie zusammen mit dem Raum „gebogen“ und erreicht auf verschiedenen Wegen die Erde, sodass wir mehrere virtuelle Bilder sehen.

Schwarze Löcher Das Zentrum unserer Galaxie ist ein Schwarzes Loch von mehreren Millionen Sonnenmassen. Seinem gewaltigen Gravitationsfeld kann nicht einmal Licht entkommen, seine Gravitationskraft hält die ganze Galaxie zusammen.